普通高等教育计算机类"十二五"规划教材

计算机网络

徐雅斌　周维真　施运梅　编著

西安交通大学出版社
XI'AN JIAOTONG UNIVERSITY PRESS

内容简介

本书是作者在多年从事教学和科研的基础上，结合所积累的理论与实践知识和当前主流的技术与成果，对计算机网络的有关内容进行归纳和梳理后形成的。

全书共计 20 章。前 5 章主要介绍网络基础知识，其中，第 1 章为绪论；第 2～5 章分别阐述数据编码、检错与纠错、流量控制与差错控制、交换技术；第 6～8 章分别讲述有线局域网、无线局域网和广域网三种不同的物理网络；第 9 章讲述互联网接入技术；第 10～14 章是有关互联网的内容，分别介绍网际协议、路由协议、多播技术、端到端传输控制、拥塞控制与服务质量；第 15～18 章着重介绍网络应用方面的内容，包括常规网络服务、多媒体网络应用、网络管理、网络安全；最后两章分别介绍网络的高可用性技术和网络系统集成技术。

本书每章之前有学习指导，每章之后有小结，并附有练习题。本书适合作为高等院校计算机相关专业计算机网络课程的教材，也可供有关技术人员阅读参考。

图书在版编目（CIP）数据

计算机网络/徐雅斌，周维真，施运梅编著. —西安：西安交通大学出版社，2011.12 （2018.2 重印）
ISBN 978-7-5605-3871-6

I.①计⋯　II.①徐⋯　②周⋯　③施⋯　III.①计算机网络　IV.①TP393

中国版本图书馆 CIP 数据核字（2011）第 034619 号

书　　名	计算机网络	
编　　著	徐雅斌　周维真　施运梅	
责任编辑	杨　璠	

出版发行　西安交通大学出版社
　　　　　（西安市兴庆南路 10 号　邮政编码 710049）

网　　址	http://www.xjtupress.com	
电　　话	（029）82668357　82667874（发行中心）	
	（029）82668315（总编办）	
传　　真	（029）82668280	
印　　刷	陕西元盛印务有限公司	

开　　本	787mm×1092mm　1/16　印张 27.5　字数 665 千字
版次印次	2011 年 12 月第 1 版　2018 年 2 月第 2 次印刷
书　　号	ISBN 978-7-5605-3871-6
定　　价	42.00 元

读者购书、书店添货，如发现印装质量问题，请与本社发行中心联系、调换。
订购热线：　（029）82665248　（029）82665249
投稿热线：　（029）82664954
读者信箱：　jdlgy@yahoo.com

前 言

随着世界各国对信息高速公路建设的不断投入,以互联网为代表的计算机网络技术得到了飞速发展,计算机网络已经成为信息技术领域的核心和基础,在信息技术领域乃至全社会中的地位和作用日益明显。各高校信息技术类学科在教学安排上,已普遍将其作为核心和主干课程。

计算机网络作为计算机技术和通信技术相互渗透而又密切结合的一门交叉学科,经过几十年的发展,尤其是近十年的发展,已经形成了自身较为完备的体系。在本书的编写过程中,我们遵循结构优化、内容新颖、突出重点和提高质量的原则。力求做到:知识体系流畅,一环紧扣一环;讲解既深入、透彻,又简洁、明了。紧紧把握计算机网络的技术发展脉络,按照网络基础、物理网络、互联网络和网络应用这样一条主线,以 TCP/IP 协议为主要内容,循序渐进的安排教学内容。

本书在着重阐明计算机网络的基本概念、基本原理和基本方法的同时,做到理论联系实际,并力求反映网络技术的最新进展,将最近出现的各种网络新技术紧密融合到网络的各个部分中进行介绍,而不是孤立的列在最后做个简单的介绍。比如,在有线局域网部分中我们增加了万兆以太网的内容,在交换技术内容中增加了软交换的内容,在路由技术部分中增加了多协议标记交换 MPLS 的介绍,在无线局域网部分内容中,增加了无线自组网和无线传感器网的介绍,在互联网部分中增加了 IPV6 协议的介绍,等等。同时,我们还将二层交换机、三层交换机和路由器、防火墙和入侵检测系统等网络设备结合到各个相应的章节中讲述。此外还专门增加了多播技术,网络服务质量 QoS,多媒体网络应用,P2P 网络和内容分发网络,网络综合布线和网络系统集成,以及集群、Raid 和网络存储等网络高可用性技术等内容。

为便于教学,在本书每章之前都有学习指导,对本章的教学意义和讲解内容作了指导性的介绍。每章之后有小结,对本章的重点、疑点和难点进行了简要的归纳和总结,起到了画龙点睛的作用。此外,每章还安排了适量的例题和习题,以进一步加深对内容的理解和掌握,达到学以致用、举一反三的效果。由于各学校的课程内容和学时安排等方面可能存在一定的差异,因此在采用本教材进行教学时,可以酌情对内容进行取舍。本书的参考学时为 64 学时。如果理论学时在 64 学时以上,可以考虑讲授书中全部内容。如果理论学时在 48 学时左右,可以考虑只讲授书中前 15 章内容。

本书第 1~6 章由周维真负责编写,第 7 章、第 9 章、第 13~17 章、第 19~20 章由徐雅斌负责编写,第 8 章、第 10~12 章、第 18 章由施运梅负责编写。在本书的编写过程中,结合教学、科研和应用实践,广泛参考了近年来国内和国外出版的一些重要的教材和著作中的部分内容,以及网上登载的相关内容和标准,对此已列于参考文献,在此向这些教材和著作的作者表示感谢。由于作者时间仓促,水平有限,书中难免有不妥之处,敬请广大读者批评和指正。

编 者

2010.3.22

目　录

1

9

第1章　绪论

计算机技术的发展带来了科学、工业、商业、教育等各个社会领域的巨大变革。计算机网络的出现和日益广泛的应用改变了人们的生活方式、工作方式和学习方式。如今,靠单台计算机独立进行运算的传统概念已被网络计算、网络存储、网络服务等网络资源共享的概念所替代。自上世纪七十年代以来,IT(Information Technology)领域的发展趋势是计算机技术同网络通信技术逐渐走向融合,计算机产业同通信产业日趋重合。这种融合与重合包括:IT类设备在功能上的综合,如计算机配置有通信和网络功能的软硬件,传统的通信类设备如路由器、交换机等具有CPU、存储器及系统软件等;从元器件制造商、系统集成商到软硬件生产厂商的原有产品领域界限已被打破;各类网络,包括电话网、广电网、数据通信网、计算机网络的逐渐综合,将语音、视频、数据传输等合并为统一通信(Unified Communication:UC)系统已是当今网络技术与系统的发展趋势。因此,对于计算机类专业的学生,学习和掌握通信和网络的基本知识和技术是十分必要的。

本教材为计算机类专业的本科学生较全面地介绍数据通信和计算机网络领域的有关知识,着重阐述主要网络技术的基本原理,同时也及时反映了该领域中新技术发展的内容。

本章作为绪论,主要对数据通信和计算机网络的有关术语、系统的基本组成,以及网络分层体系结构等内容进行介绍。

1.1　数据通信与计算机网络简介

1.1.1　数据通信系统

数据通信系统可看作计算机网络的基础设施。数据通信系统的基本组成如图1-1所示,其主要成分可包括以下六个要素。

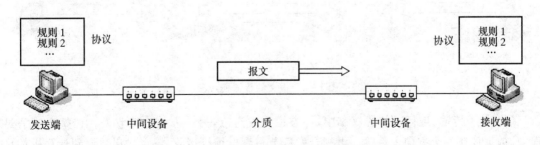

图 1-1　数据通信系统基本组成

(1) 发送端:发送端实现数据的产生及发送,亦称为信源。发送端设备包括计算机、扫描仪、电话话筒、摄像机等。

（2）接收端：接收端实现数据的接收，亦称为信宿。接收端设备包括计算机、打印机、电话耳机、显示器等。

（3）中间设备：中间设备实现数据传输过程中的中继、交换、路由等功能，亦称为中间节点。中间设备包括转发器、网桥、交换机、路由器、网关等。

（4）传输介质：传输介质实现数据传输的物理通路。常用的介质包括双绞线、同轴电缆、光纤、无线信道等。

（5）报文：此处的报文泛指在传输信道上承载的具有特定结构的数据单元。如因特网中的 IP 分组、异步传输模式中由起始位和终止位定界的比特块、以太网中的帧等。

（6）协议：协议是指相互通信的双方（或多方）为进行数据交换须共同遵循的规则，如数据格式、字段含义、操作顺序，以及流量控制、差错控制、同步机制等。

1.1.2 计算机网络

计算机网络是在数据通信技术和设施的基础上，由网络操作系统、网络管理、网络安全等系统软件对端系统和网络设备进行的管理，并侧重于资源共享和面向应用。下面列举几种对计算机网络的代表性描述：

（1）计算机网络是以能够共享资源的方式相互连接起来，各自具有独立功能的计算机系统的集合体。

（2）计算机网络是计算机技术与通信技术相结合，使多台计算机相互连接起来，实现远程处理和资源共享的系统。

（3）计算机网络是建立在数据通信网基础上的面向应用的网络，是计算机通信网的高级实现形式。

（4）计算机网络＝数据通信网＋网络操作系统＋网络应用系统

其中的网络应用系统是指管理信息系统、分布式数据库系统、远程检索系统、电子数据交换系统、电子邮件系统等。

1.1.3 传输模式

报文的传输模式分为单工传输、半双工传输、全双工传输三种模式，如图 1-2 所示。

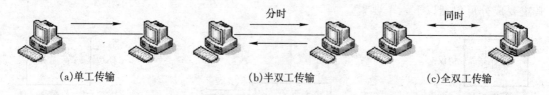

（a）单工传输　　　　　（b）半双工传输　　　　　（c）全双工传输

图 1-2　报文的传输模式

（1）单工传输：进行通信的双方中，一方恒为发送方，另一方恒为接收方。在整个通信过程中，数据仅在一个方向上传输。电视台发送节目到电视机接收，键盘输出数据到计算机都是日常生活中单工传输的实例。

（2）半双工传输：进行通信的双方中，在一个时间段内一方为发送方，另一方为接收方；而在另一个时间段内原发送方转变为接收方，原接收方转变为发送方。在每一个时间段内，数据仅在一个方向上传输;而在另一个时间段中,数据可在相反方向上传输。在出租汽车行业中使用的步话机即是半双工传输的应用例子。步话机的发送和接收使用同一个无线频带,故发送期间不能接收,接收期间也不能发送。

(3) 全双工传输:进行通信的双方中,各方均同时作为发送方和接收方。在任何时间段内,数据可同时在两个方向上传输。全双工传输方式的例子包括有线电话和无线手机,以及以太网网卡端口上物理信号的发送与接收。在全双工传输中,一种实现方式是设置物理上相分离的两条链路,各自承载一个方向上的传输;也可采用信号复用技术,如频分复用、波分复用、码分复用等,在一条物理链路中形成各自的信道。(注:以太网网卡对数据帧的发送和接收是半双工传输方式,这将在第 6 章中介绍)。

1.1.4　节点连接方式

节点指的是网络通信设备,包括端设备和中间设备。节点连接方式是指相邻设备的通信端口之间的连通关系,可分为以下两种连接方式:

(1) 点到点连接:一条链路仅在其两端连接两个节点(或者说,仅两个设备的通信端口通过一条链路相连),如图 1-3 所示。其特点是该链路为两个端节点所享用的专用链路。

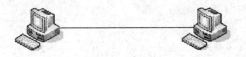

图 1-3　点到点连接

(2) 多点连接:一条链路上连接有多个节点(或者说,多个设备的通信端口接于同一条链路)。此连接方式也称为"共享式链路"或"广播式链路"。对此类链路上的通信,需要"介质访问控制规则(协议)",以协调多个节点的发送和接收,减少或避免可能的冲突。多点连接方式的实例如图 1-4 所示。

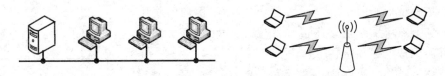

图 1-4　多点连接

1.1.5　网络拓扑结构

多个节点通过多条链路的连接可构成不同拓扑结构的网络。

1. 网状拓扑结构

网状拓扑结构如图 1-5 所示。在该拓扑结构的网络中,每两个节点之间均有一对端口通过一条专用链路实现点到点连接。

网状拓扑结构的优点是,任意两节点间的通信由专用链路承载,利于实现高速率传输;便于故障发现和故障隔离。缺点是设备的端口较多,所需连线的长度较大,敷设成本较高。网状

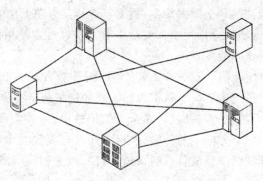

图 1-5　网状拓扑结构

拓扑结构一般用于近距离(如机房内)大型主机、服务器之间的互连,以提供大数据量、高数据率的传输环境。

2. 总线型拓扑结构

总线型拓扑结构如图 1-6 所示。在该拓扑结构的网络中,多个端节点均连接到一条共用链路上,由该共享链路实现各端节点之间的互通。

总线型拓扑结构的优点是,设备的端口少,所需连线的长度较短,敷设成本较低。缺点是对端设备的增添和撤除不便,不利于故障发现和故障隔

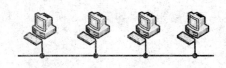

图 1-6　总线型拓扑结构

离,总线上的故障将影响到整个网络。总线型拓扑结构的网络属于共享介质连接方式(广播式链路),因此需要有介质访问控制机制。总线型拓扑结构出现在早期的有线局域网中,如 IEEE 802.3 中的 10Base-5 和 10Base-2 以太网。无线局域网的端节点使用相同频带,共享同一无线传输介质,其物理拓扑属于总线型拓扑结构。

3. 环型拓扑结构

环型拓扑结构如图 1-7 所示。在该拓扑结构的网络中,每两个相邻节点由一条链路连接,诸链路依次相接形成环路,数据在环路中按单一方向流动。

环型拓扑结构的优点是,环路上每个节点的收发器对信号进行整形和转发,可建立较长距离的环路。缺点是环路上的故障将影响到整个网络。环型拓扑结构的网络属于共享介质连接方式(广播式链路),需有介质访问控制机制。环型拓扑结构出现在早期的有线局域网中,如 IEEE 802.5 令牌环网。

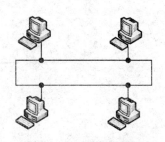

图 1-7　环型拓扑结构

4. 星型及树型拓扑结构

星型拓扑结构如图 1-8 所示。在该拓扑结构的网络中,每个端节点均通过一条专用链路连接到中央节点,由中央节点的转发实现各端节点之间的互通。树型拓扑结构是星型结构的级联,是扩展的星型结构。树型拓扑结构如图 1-9 所示。

星型拓扑结构(及树型结构)的优点是,设备的端口少,所需连线的长度较短,敷设成本较低;便于端设备的增添和撤除;利于故障发现和故障隔离。缺点是中央节点的故障将影响到整

个网络,并且若中央节点的处理能力不高则形成传输瓶颈。星型拓扑结构在局域网中得到了广泛应用,如 100Base-T 以太网。

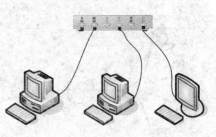

1.1.6　网络类型

按照网络规模的不同,可将网络分为以下类别:

1. 局域网

局域网(Local Area Network:LAN)的特点是:

图 1-8　星型拓扑结构

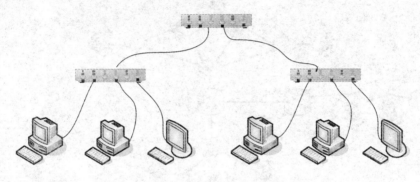

图 1-9　树型拓扑结构

- 网络覆盖范围较小,一般范围为百米到几千米。通常由部门自主管理。
- 介质传输速率较高,一般为 10 Mb/s 到 1 Gb/s。
- 早期多采用共享介质的广播传输方式(物理总线型、物理环型,以及由共享式集线器构建的"物理星型/逻辑总线型"网络)。使用介质访问控制技术是早期局域网的重要技术特征。现代局域网多采用交换机构建"物理星型/逻辑星型"网络。若交换机和端系统均使用全双工端口通信,则不再需要介质访问控制机制。关于介质访问控制的有关概念将在第 6 章中介绍。

2. 广域网

广域网(Wide Area Network:WAN)的特点是:

- 网络覆盖范围广(几百千米到几千千米),数据速率差异大(几 kb/s 到几 Gb/s)。
- 拓扑结构复杂,多为不规则的网状型拓扑,一般具有明显的两级子网结构,即通信子网和用户子网,亦称核心网络和边缘网络。核心网络是指由交换机、路由器等中间节点及相关链路构成的网络部分,而边缘网络是指由端节点和相关链路构成的网络部分。

广域网一般采用交换式传输方式,节点之间使用非共享信道的点到点连接方式。

3. 互联网

互联网(Internet)的特点是:

- 对多个不同的物理网络(不同的局域网、不同的广域网等)基于网际互联协议和网络互连设备所形成的虚拟网络(即网络的网络)。
- 具有全网统一的高层协议体系结构,即在互联层之上形成全局同构的互通环境。
- 网络结构复杂,并且其组成随时间在不断变化。

互联网的示意图如图 1-10 所示。

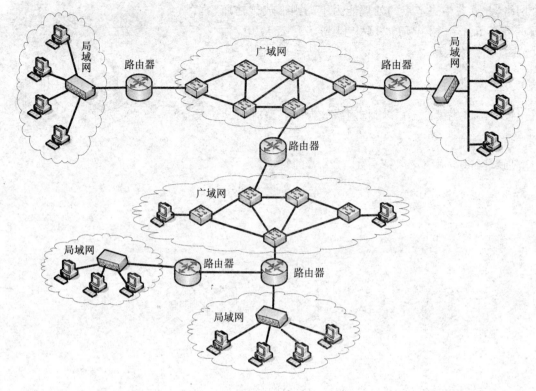

图1-10 互联网示意图

1.2 网络体系结构

网络是个复杂的系统,包含有多种多样的软硬件部件,并要完成多方面的功能和任务。为了便于网络系统的设计、开发、维护和更新,现代网络系统根据模块化的设计思想,将网络设备所承担的诸多任务和功能划分成相对简单的模块,模块之间形成有序的信息传递和处理关系。各模块由相对简单的软硬件实现。这就是下面将介绍的网络分层体系结构的概念。

1.2.1 功能分层的概念

下面以两个异国的科学家进行学术对话("通信")的简单过程为例,说明将整个通信任务按功能进行分层的必要性。假定这两个科学家每人承担本方的全部通信任务,则需每个科学家不仅要具备对所讨论的同一学科的专业知识,还需要掌握双方均懂的一门语言,以及会使用某种相同的信息传递手段(如使用 E-Mail、Fax,视频会议系统,或者采用撰写信件并投递到邮箱等手段)。这种将全部任务集于一身的方式,使各方的任务繁重、功能庞杂,且若一方的某项功能内容改变(如一方所用的语言改变),将要求对方整体改变(需更换对话的科学家)。

将上述通信任务作功能分层的概念和做法是,两个科学家只需顾及所要讨论的共同学术内容(即相同的主题)。各方由一个翻译各自掌握同本方的科学家交流的语言(对本方上层服务的接口),两个翻译之间使用同一语言。各方分别由一个秘书为本方的翻译服务。一方的秘书受理翻译的结果并传递出去;另一方的秘书接收传递来的报文,将其提交给本方的翻译。两方的秘书之间采用相同的传递方式(如 E-Mail、Fax,或信件等)。该分层结构如图 1-11 所示。

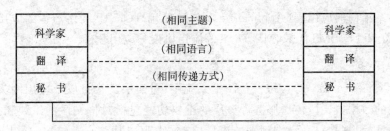

图 1-11 对话过程的功能分层

上述功能分层的做法将每方的任务按功能分解,划分成若干个功能模块。每一方中的诸模块之间呈现从下对上的"服务"关系,形成层次结构。两方的对等模块之间以相同规则形成对等层间的"虚拟通道"。分层带来的好处是:复杂的任务被分解为较简单的相对独立的功能块,利于开发和维护;某一层内的具体实现内容的改变,不影响本方的其他层。比如,两个翻译原使用英语作为双方的共同语言,之后要改为法语,这种改变不会影响到双方的上层科学家模块层及下层秘书模块层。又如,一方的科学家由德语改为西班牙语,只需在本方的翻译模块内部以及对层间接口作相应的局部改变,并不影响到其他层,更不影响到对方各层。

将网络通信任务按功能进行分层,构成了"网络体系结构"。在网络体系结构中,一个重要的概念是"协议"。所谓协议,是指通信双方(或多方)的对等层之间为进行交互所遵循的共同规则。每个功能层通过本层的协议实体为网络的数据传输任务提供特定的服务。由各层协议组成的层次型集合称为协议栈或协议族。

1.2.2 因特网的层次体系结构

因特网是当今时代应用最广泛的互联网。因特网的层次体系结构也称为 TCP/IP 协议族。目前的各个网络设备制造商、网络运营商都提供对 TCP/IP 协议族的支持。而传统的开放系统互连(Open System Interconnection,OSI)网络体系结构模型虽然在对网络功能的理论描述上具有清晰和严谨的特点,但如今却很少在实际网络中被使用,故本节重点放在对当今普遍应用的因特网分层体系结构的讨论上,而对 OSI 模型只在下节作简单的介绍。

因特网的体系结构按五层划分,如图 1-12 所示。

五层结构	各层中的协议
应用层	HTTP,FTP,DNS,…
传输层	TCP,UDP,SCTP,…
网际层	IP,ICMP,ARP,…
网络接入层	物理网络定义的协议
物理层	物理网络定义的协议

图 1-12 因特网的五层体系结构

1. 应用层

因特网体系结构的应用层（Application Layer）使用 TCP/IP 网络环境的应用协议与应用程序，如 HTTP、FTP、SMTP、SNMP、DNS 等应用协议与应用软件。

2. 传输层

传输层（Transport Layer）一般仅位于端系统中（对四层交换机以及应用网关例外），向上层提供端到端的数据报文段传送服务。该层的主要功能包括对报文段的组装和拆装，对上层应用进程的地址标识（端口号），端到端的流量控制（对 TCP 协议），差错控制，以及端到端的连结管理（对 TCP 协议）等。

由于端系统中可有多种应用（如电子邮件、文件传输、网页浏览等），虽然各应用的协议（包括报文格式）不同，但有以下方面的共同要求：报文本身的无差错传输，收发双方的流量控制以及端到端的连结管理等，这些要求并不因应用的不同而不同。因此，将这些共同性的功能不放到应用层中的各个具体协议中，而将其单独构成一个功能层，为上层多个具体应用提供共同的服务，这即是设置传输层的必要性。

3. 网际层

网际层（Internet Protocol Layer）使用 IP 协议实现异构物理网络在该层的互通，对上层屏蔽掉了下层各类不同物理网络的差异。通过网际层将异构物理网络互联后，在端节点和中间节点（路由器）的网际层使用统一的互联协议，实现了数据报格式以及控制和处理规则的统一。网际层的主要功能包括：在发送端的该层构建数据报（分组），在路由器的该层对数据报进行路由选择，以及在接收端的该层进行数据报解析，将其中的数据提交给上层等。本教材的后续章节在涉及到该层时，根据上下文也称为网络层。

4. 网络接入层

前述的三个层次同具体的物理网络无关。网络接入层（Network Access Layer）实现对具体物理网络的访问，其主要任务是为同一个物理网络中的两个节点间的通信提供可靠的数据链路通道。该层的具体协议和实现取决于具体的物理网络类型，如以太网、帧中继网、ATM网等。该层的协议实体将上层通用的数据分组封装到具体物理网络所规定的特定格式的数据单元中（包括封装源、宿地址，生成校验字，产生帧序号，设置同步标志和控制字等），以及执行地址识别、同步控制、介质访问控制（在共享介质场合）、链路级的流量控制、差错控制等。

不同的物理网络具有不同的网络接入层协议和具体实现，因此不同的物理网络不能在网络接入层实现互通。

5. 物理层

物理层（Physical Layer）的功能包括在链路上建立和拆除电气连接；进行信号变换（包括信号的幅度、极性、编码规则等）；信号的发送和接收，以及对信号的差错检测及同步信号监测等。物理层协议还包括网络设备同传输介质之间的接口规范，其中包括机械规范、电气规范、功能规范、过程规范。机械规范是指物理接口需符合的机械尺寸；电气规范是指物理接口所要求的电气指标；功能规范是指各管脚的功能定义；过程规范是指各管脚的信号状态之间的逻辑因果关系。

【例 1-1】由两个路由器将三个物理网络进行连接所构成的互联网如图 1-13 所示。从图中可见,应用层和传输层只配置在端系统中。相同的网际层在各端系统、中间节点(路由器)中均存在,各节点中的网际层上的数据包格式是相同的。而同一的网络接入层及物理层只存在于各物理网络范围内,即网络 1 中的物理信号形式及数据帧格式(包括地址命名方式等)可以不同于网络 2 中的物理信号形式及数据帧格式。

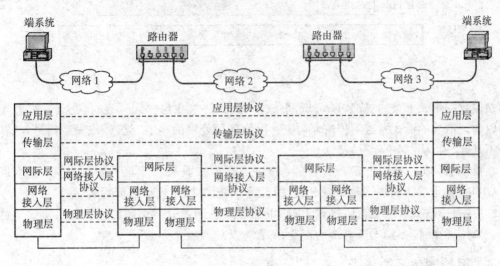

图 1-13　网络互联示意图

图中同层之间的虚线表示该虚线两端的同层对等协议实体之间交互的逻辑通路。在相邻节点之间的实线表示两个物理层实体之间信号实际传输的物理通路。

1.2.3　OSI 参考模型

OSI 参考模型是由国际标准化组织制定的网络分层体系结构,共包含七层。OSI 模型同 TCP/IP 协议族各层的对应关系如图 1-14 所示。OSI 体系结构模型未能在市场上获得成功,其主要原因是在掌握市场先机上落后于 TCP/IP 协议族,在市场呈现需求时未能及时提供出成熟可用的产品,而当时 TCP/IP 协议族已具有现成的产品。另一个原因是 OSI 模型相对复杂,不如 TCP/IP 体系结构简洁。对 OSI 模型较详细的讨论可参看一些早期出版的网络书籍。

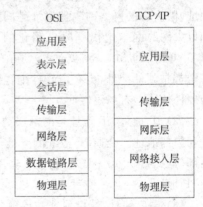

图 1-14　OSI 模型同 TCP/IP 体系结构的对应关系

按照上述两个体系结构存在的对应关系,为了兼顾历史形成的流行术语,在本书的后续章节,根据上下文对网际层亦称为网络层,对网络接入层亦称为数据链路层。

1.2.4　协议数据单元

在上述的网络分层体系结构中,各层协议实体构造、发送、接收、处理的数据单元称为该层的"协议数据单元(Protocol Data Unit:PDU)",如图 1-15 所示。

在发送方,以自上而下的顺序,各层的协议实体接收来自上层的数据单元,根据本层协议

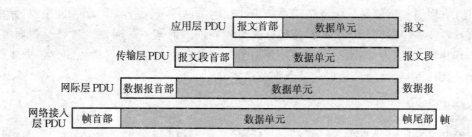

图 1-15 协议数据单元

规则在该数据单元上添加首部(Header)形成本层的"协议数据单元",逐层向下传递,直至物理层以物理信号的形式发送到传输介质上。因物理层处理的是数字信号或模拟信号,故在物理层不具有"协议数据单元"的概念。

在接收方,以自下而上的顺序,各层的协议实体接收来自下层的数据单元,即本层的PDU。再根据本层协议规则解析该 PDU 的首部,可能的操作包括地址判别、差错检测等。处理完成后,去掉该 PDU 的首部,将该 PDU 中的数据单元部分向上层传递。各层协议实体的操作主要体现在对本层 PDU 首部的构造、解析以及处理上。

1.2.5 因特网体系的地址

在因特网体系结构中,使用到三种不同类型的地址。如图 1-16 所示。

(1) 物理地址:物理地址是网络接入层地址,其寻址范围限于同一个物理网络内。物理地址有时亦称为硬件地址,因为有的网络的物理地址是固化在硬件设备上的,如以太网的网卡上出厂时已固化的 48 比特地址(俗称 MAC 地址,即 Medium Access Control)。但该层地址不一定都是硬件地址,也有由软件配置的,因此称物理地址为硬件地址是有局限性的。

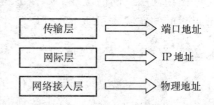

图 1-16 因特网的地址类别

(2) IP 地址:IP 地址是网际层地址,用于标识网络设备的接口。IP 地址又可分为全局地址和内部地址。全局 IP 地址的寻址范围为全球因特网。内部 IP 地址的寻址范围限于本地网内部(详见第 9 章)。IP 地址是由软件设置的。IPv4 采用 32 bit 的 IP 地址,IPv6 采用 128 bit 的 IP 地址。

(3) 端口地址:端口地址是传输层地址,用于标识同一个端系统中的不同进程。因特网的传输层采用 16 bit 的端口地址。

【例 1-2】 在图 1-17 中,左上角处的端系统中的进程 n 发送报文给图中左下角处的端系统中的进程 m。前者的 IP 地址为 A,物理地址(MAC 地址)为 a。后者的 IP 地址为 F,物理地址为 f。传送路径经过由两个路由器连接的三个网络。有关的 IP 地址、物理地址以及进程端口号如图中所示。

源端系统的传输层接收应用层的用户数据,添加传输层首部后封装成报文段。在传输层首部中,含源进程号 n 和目的端进程号 m。源端系统的网际层将传输层传递下来的报文段作为本层 PDU 中的数据单元,在其前面添加本层的首部后封装成分组。在分组的首部中,含源

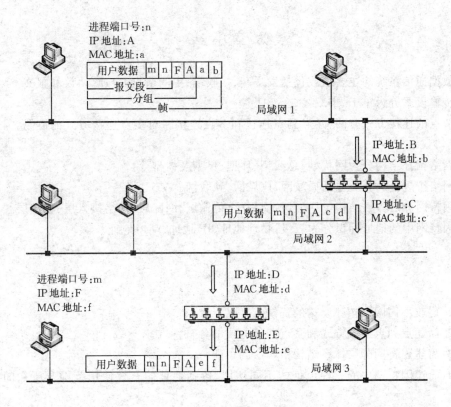

图 1-17 数据转发过程

端 IP 地址 A 和目的端 IP 地址 F。源端系统的数据链路层将分组封装成帧,在帧的首部中,源物理地址是源端系统的物理地址 a,而目的物理地址是位于同一局域网中的路由器入口的物理地址 b。该帧被发送到局域网 1 上。

第一个路由器收到该帧。路由器的数据链路层经对帧首部中目的物理地址的判别,接受该帧,并将帧中的数据单元部分(即上一层的 PDU)送交网际层。网际层协议实体根据该层 PDU(即 IP 分组)首部的目的 IP 地址 F,经查找路由表,发现应转发到本地出端口(即物理 MAC 地址 c)以及下一路由器的 IP 地址 D。该路由器从上述出端口发送"地址解析报文(ARP 报文)",内含下一路由器的 IP 地址 D。第二个路由器收到该地址解析报文后,回送地址解析响应报文,内含 IP 地址 D 对应的物理地址 d。第一个路由器的网际层协议实体收到该响应报文后,得知下一路由器的物理地址为 d。随后将分组以及两个物理地址(源物理地址 c,目的物理地址 d)传递给数据链路层。数据链路层将新的源、宿物理地址封装到帧首部的地址字段中,从输出端口发送帧到局域网 2 上。

第二个路由器的转发过程类似。不同之处仅在于,由于该例中最终的目的端系统直接连接在第二个路由器的一侧端口所接的网络上,第二个路由器在查找路由表时,从表中得到的将不是下一路由器的 IP 地址,而是得到目的端系统的 IP 地址 F。随后对 F 执行类同的地址解析、封装帧、发送帧过程,不再赘述。

由上图可见,进程地址的标识范围仅在本机内;物理地址仅限于各物理网络范围内,只具有本地的效用;IP 地址作为在该互联网范围内的寻址标识,在该范围内具有唯一性和全局性。

本章小结

◆ 数据通信系统的主要组成包括发送端、接收端、中间节点、介质、协议和报文。

◆ 传输模式分为单工、半双工、全双工。

◆ 节点的连接方式有两种：点到点连接和多点连接。对多点连接方式的链路，需有介质访问控制协议。

◆ 网络拓扑结构分为网状型、总线型、环型、星型及树型等。

◆ 网络按规模的分类包括局域网、广域网、互联网。

◆ 因特网分层体系结构包括五层：应用层、传输层、网际层、网络接入层、物理层。

◆ 因特网中的地址标识分为三级：物理地址、IP 地址、端口地址。

习　题

1-1　比较不同网络拓扑结构的优缺点。

1-2　简述点到点连接方式和多点连接方式的各自特点。

1-3　简述因特网分层体系结构中各层的功能。

1-4　简述因特网中的三种地址的不同功用，包括地址的有效使用范围及所在的协议层次。

1-5　简述 PDU 概念。为何要称为"协议数据单元"？

1-6　举出生活中将功能或任务分解成若干相对简单的有序模块的例子。

1-7　举出生活中在双方进行交互或通信过程中需要"共同的规则或协议"的例子。

1-8　设发送节点的应用层 PDU 长度为 320 字节，传输层报文段的首部长度为 20 字节，网际层数据报的首部长度为 20 字节。数据链路层的帧的首部长度为 14 字节，尾部长度为 4 字节。由于该数据链路层对帧的最大允许长度为 160 字节（含首部和尾部），则数据链路层在组帧前，需将上层到来的过长的 PDU 分片后再封装成帧。在下一节点的数据链路层共收到了几帧？共含多少字节？

1-9　下述情况是可能的：将高一层的多个 PDU 封装到下层的一个 PDU 的数据单元中，或将高一层的一个 PDU 分片到下层的多个 PDU 的数据单元中。在前一种情况下，是否下层这一个 PDU 的数据单元中必须都保留高一层的多个 PDU 各自原来的首部？在后一种情况下，是否下一层的多个 PDU 的数据单元中都必须分别包含那个高层 PDU 首部的副本？

第 2 章   数据编码

通信系统和计算机网络最基本的一项功能是将端系统产生的信息转换为适合传输介质承载的电磁物理量，以便通过传输介质传送到接收方。该转换过程即称为数据编码。本章首先介绍数据与信号的分类，之后分别对数字传输和模拟传输进行讨论。其中数字传输部分又分别介绍数字数据转换为数字信号和模拟数据转换为数字信号的不同数字编码技术。模拟传输部分介绍数字数据的模拟调制技术，而对模拟数据的模拟调制技术则由于篇幅所限而省略。

2.1   数据与信号

从通信的角度，可狭义地将数据和信号的概念表述为：

(1) 数据：在向通信介质发送之前（或从通信介质接收之后）的信息实体。例如，存储于内存、硬盘、光盘、磁带上的记录，或由传感器产生的物理量，如热敏器件产生的电压量、数码相机中 CCD 芯片上产生的电子图像阵列等。

(2) 信号：在通信介质上传送的电磁物理量。例如，电话线中的电流、网线中的方波电压、光纤中的红外光波、手机发送的无线电波，等等。

2.1.1   模拟数据与数字数据

数据又分为模拟数据和数字数据两类：

(1) 模拟数据：在时间上和幅度上作连续变化的数据，例如人的自然语音，一天中的气压值及温度值等。

(2) 数字数据：以 0/1 形式存储或记录的信息，例如计算机内存、磁盘、光盘等介质中存储的内容等。

2.1.2   模拟信号与数字信号

信号也分为模拟信号和数字信号两类。模拟信号与数字信号的时域波形的表示如图2-1所示。

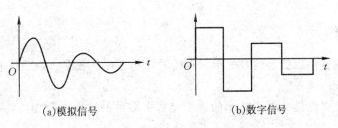

(a)模拟信号　　　　　　　　　(b)数字信号

图 2-1   模拟信号与数字信号

（1）模拟信号：在时间上和幅度上作连续变化的信号，例如电话线上传送的由语音产生的电流信号，无线通信中的各种高频信号（如微波电视信号、手机信号、无线局域网的射频信号），等等。

（2）数字信号：在幅度上为有限状态的方波信号，例如计算机串行接口上的电压信号。根据傅里叶信号分析理论，任何物理信号都是由若干不同频率的正弦信号合成的。时域中变化快的信号，所含的高频成分丰富；时域中变化慢的信号，所含的低频成分丰富。由图 2-1(b)可见，数字信号在时域中存在频繁的瞬变，表明数字信号中存在极高频率的成分；数字信号在时域中又频繁地存在定常状态（即方波的平顶），表明数字信号中存在较丰富的低频成分。因此，数字信号中含有的频率成分分布于低频率至无限高频率的范围。然而任何介质的传输频带都是有限的，故将数字信号直接在介质上传输会产生不同程度的失真。对数字信号的传输，工程上通常使用有效带宽的概念，即将数字信号中主要能量集中的某个频率分布范围作为该数字信号的带宽度量。

图 2-2 所示为模拟数据、数字数据、模拟信号、数字信号不同组合的四种应用场合。图 2-2(a)是由模拟数据产生模拟信号，应用示例为传统的电话机，将模拟语音数据转换为模拟电流信号，以便在适合低频模拟信号传送的电话线上传输。图 2-2(b)是由数字数据产生模拟信号，应用场合为使用 Modem 将计算机产生的数字数据变换为适合模拟电话线传送的模拟信号。图 2-2(c)是由模拟数据产生数字信号，应用场合为使用数字编码器将用户端的模拟数据变换为适合数字传输网传送的数字信号。图 2-2(d)是由数字数据产生数字信号，应用场合为计算机的网卡将计算机内部数字数据变换为适合网线传送的数字信号。

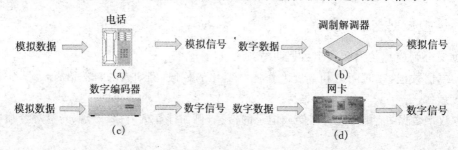

图 2-2　模拟与数字数据同模拟与数字信号的应用场合

2.2　数字编码

2.2.1　数字传输

所谓数字传输是指以数字信号的形式在传输介质上传送数据。数字传输具有的主要优点包括：

（1）现代超大规模集成电路技术的进步使数字器件的速度不断提高，而成本、功耗、体积不断下降。

（2）数字信号在传输过程中通过转发器进行信号整形，可避免误差积累。

（3）数字信号便于以"时分"方式实现传输介质的复用，以充分利用介质的传输容量。

（4）数字信号便于进行压缩、加密的处理，利于传输过程的安全和保密。

用数字信号进行数字传输的代价在于，数字信号具有的频谱有效带宽较大，对传输介质的带宽有更高的要求。而数字传输的限制在于，数字信号具有较丰富的低频成分，只能在有线介质中传输。若要使用无线介质传递数字数据，必须采用调制技术将数字数据转换为高频模拟信号，以模拟传输方式传送。

2.2.2　数字数据的数字编码

对数字数据的数字编码是指将二进制 0/1 数字数据变换成具有一定极性、幅度、比特速率、跳变规则的方波波形（数字信号），如图 2-3 所示。

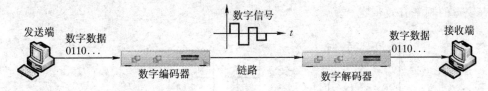

图 2-3　数字数据的数字编码

下面介绍在通信和网络中常用的几种数字编码方案：

1. NRZ 码

NRZ(Non Return Zero)码亦称为不归零码。通信中常用的两种 NRZ 码为 NRZ-L 和 NRZ-I 码，分别如图 2-4 和图 2-5 所示。两种码的共同特点是双极性（该优点是使平均功

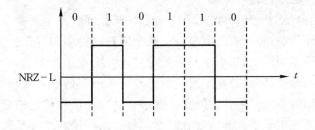

图 2-4　NRZ-L 码示例

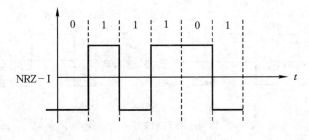

图 2-5　NRZ-I 码示例

率较低）；具有直流成分（该缺点是使在隔直流的通信系统中产生基线漂移，引起判决错误）；NRZ-L 码缺少自同步机制（对连续的 0 或 1 比特序列，信号单元间无跳变，使接收方的比特

基准无法与发送端同步）。NRZ-I 称为差分码。差分码的特征是，当前信号单元的电平不仅取决于当前的数据值，也与前面的信号单元电平有关。NRZ-I 的编码规则为：数据 0 对应的信号单元电平（极性、幅度）同于前个信号单元电平，数据 1 对应的信号单元电平相对前个信号单元电平取反。接收方对 NRZ-I 码的解码规则是，根据信号单元电平是否变化来判决数据为 0 还是 1，因此避免了通信系统在沿途多个节点中可能出现的线对接反所带来的极性模糊问题。

2. RZ 码（归零码）

RZ 码如图 2-6 所示。其特点是在每个信号单元的中间均有跳变，为接收方提供了自同步机制（接收方根据该跳变对本方的时钟基准进行调整）。RZ 码仍具有直流成分。RZ 码信号占有较宽的频率有效带宽。

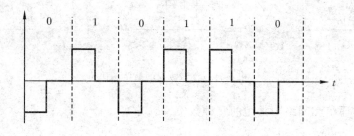

图 2-6　RZ 码示例

3. 曼彻斯特码和差分曼彻斯特码

曼彻斯特码和差分曼彻斯特码如图 2-7 所示。其共同特点是在每个信号单元的中间均有跳变，具有了自同步机制；不具有直流成分。曼彻斯特码的编码规则为：数据 0 对应的信号单元的前半期为正，后半期为负；数据 1 对应的信号单元的前半期为负，后半期为正。差分曼彻斯特码为差分码，编码规则为：数据 1 对应的信号单元的起始电平（极性、幅度）同于前个信号单元的电平，即在信号单元开始处无跳变。数据 0 对应的信号单元的起始电平相对前个信号单元的电平取反，即在信号单元开始处有跳变。曼彻斯特码和差分曼彻斯特码信号占有较宽的频率有效带宽。

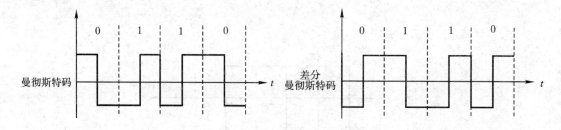

图 2-7　曼彻斯特码和差分曼彻斯特码示例

4. AMI 码

AMI 码（Alternate Mark Inversion）如图 2-8 所示。其特点是数据 1 对应有两个电平

（正、负极性）。后一个数据 1 产生的电平相对于前一个数据 1 产生的电平取反，使该码型不具有直流成分。AMI 码不具有自同步机制（连续多个数据 0 将使接收方失步）。针对 AMI 码无自同步机制的缺点，有两种对 AMI 码的连续多个数据 0 采取填充跳变脉冲的编码作法，分别称为 HDB3 码和 B8ZS 码，可参看有关书籍，此处不作赘述。

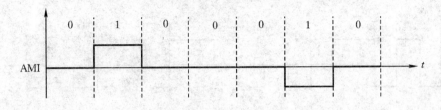

图 2-8　AMI 码示例

5. 2B1Q 码

2B1Q 码属于 $mBnL$ 编码的一种。所谓 $mBnL$ 编码是指将 m 比特的二进制数据编码为 n 个数字信号单元，其中每个信号单元出现的状态数（电平级别数）为 L，且有 $2^m \leqslant L^n$。

2B1Q 编码是将每 2 位二进制数据编码成 1 个具有四种可能状态的数字信号单元，如图 2-9 所示。对 2B1Q 编码的比特率计算如下：

$$比特率=信元速率×每个信元含的比特数$$
$$=信元速率×\log_2 L=信元速率×\log_2 4$$
$$=信元速率×2$$

即在信元速率一定的条件下比特率提高了 1 倍。

2B1Q 码

当前 比特	当前电平
00	+1
01	+3
10	-1
11	-3

图 2-9　2B1Q 码示例

6. 8B6T 码

8B6T 编码也属于 mBnL 编码中的一种。8B6T 编码是将每 8 位二进制数据编码成 6 个数字信号单元，其中每个信号单元具有三种可能状态，如图 2-10 所示。8 位二进制数有 256 个数码，6 位三进制数有 729 个数码，8B6T 编码使用了 729 个数码中的 256 个作为准用码字，并选取每个准用码字的 6 位电平的正负之和（称为权重之和）为零或一个"＋"。为保证避免直流分量，8B6T 码采用下述规则：在发送端，若对前面记录的 6T 信元组的权重之和为"＋"，则对再出现的权重之和为"＋"的 6T 信元组整个取反，使其权重之和为"－"，以抵消前面的

"＋",保证直流分量为零。图 2－10 中的第三个 6T 码字是"＋－－＋0＋",权重之和为"＋"。由于第一个 6T 码字的权重之和也为"＋",第二个 6T 码字的权重之和为零,则对第三个 6T 码字按其反产生波形,即实际的信号为"－＋＋－0－",权重之和为"－"。在接收端,对权重之和为"－"的 6T 码字取反即可恢复原码字。

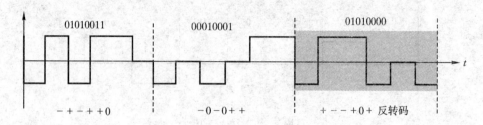

图 2－10　8B6T 码示例

7. MLT－3 码

MLT－3 码如图 2－11 所示。MLT－3 码的编码规则为:若当前数据为 0,则信号单元电平维持不变,即相同于前一个信号单元电平。若当前数据为 1,则根据前个信号单元电平是正、负或零来决定当前的信号单元电平。具体地说,对前个信号单元电平是正或负的情况,则取当前信号单元电平为零;若前个信号单元电平是零,则根据更之前的最后非零电平的极性,按其反极性来设置当前信号单元的电平。MLT－3 码属于差分码,该码的优点是信号有效带宽较窄。

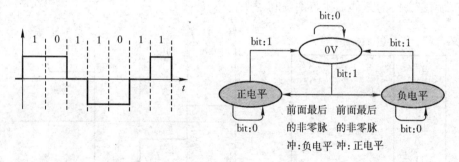

图 2－11　MLT－3 码示例

2.2.3　模拟数据的数字编码

对模拟数据的数字编码过程由三个环节组成:取样,量化,编码,如图 2－12 所示。

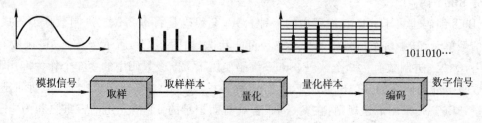

图 2－12　模拟数据的数字编码过程

（1）取样：取样是对模拟量在时间上的离散化。取样后得到的时间离散脉冲称为"样本"，样本在幅度上仍是连续的。对模拟信号的取样频率须满足奈奎斯特取样定理，即取样频率要不小于原始模拟信号最高频率的 2 倍，则可实现样本信号的无失真恢复。

（2）量化：量化是对样本在幅度上的离散化，将原幅度连续的样本近似归到有限个幅度级别上。由此产生的误差称为量化误差，亦称量化噪声。量化造成的误差是不可恢复的。

（3）编码：编码是对量化后的样本用二进制数码进行表示。编码后的数字信号（实际上为数字数据，为进行数字传输还待编码为数字方波信号）的比特率同取样频率、编码字长的关系为：

$$比特率 = 取样频率 \times \log_2(样本量化级别数)$$
$$= 取样频率 \times 每样本的编码比特长度 (b/s)$$

【例 2 - 1】某模拟信号的频率范围为 300～4 000 Hz，要将其转换为数字信号。对取样后的样本量化为 256 级，再对量化样本作数字编码。计算该数字信号的比特率。

【解】根据奈奎斯特取样定理，取样频率要不小于原始模拟信号最高频率的 2 倍。取样频率最低为 4 000 Hz $\times$ 2 = 8 000 Hz，即每秒最少要取 8 000 个样本。样本量化为 256 级，因 256 = 2^8，即要用 8 bit 表示每个量化后的样本。由此，该数字信号的比特率为

$$比特率 = 8 \text{ bit}/样本 \times 8\ 000\ 样本/s = 64\ 000\ \text{bit/s} = 64\ \text{kb/s}$$

2.3　数字调制

2.3.1　模拟传输

在一些应用场合，需使用模拟传输方式。例如，对于无线介质，只能传输高频模拟信号（如长波、中波、短波、微波、红外光波、可见光波）。又如，对传统电话网中的本地线路（local loop），传输信道的频带范围为 300～3 300 Hz，只适合音频范围的模拟信号通过。

要对数字数据进行模拟传输，需先将数字数据转换为模拟信号，此转换过程称为数字调制。所谓数字调制是指用数字数据去改变载波（即正弦波）三要素（幅度、频率、相位）中的一个或两个。该数字数据称为"调制信号"，单一频率的高频正弦波称为"载波"，被数字数据改变了某一两个要素后的载波称为"已调波"。数字调制过程的示意图如图 2 - 13 所示。

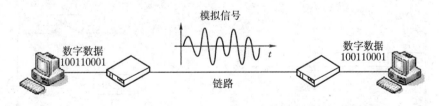

图 2 - 13　数字调制

在数字调制中，用到的术语如下：

（1）数字调制中的信元——已调信号中以正弦波三要素的不同相区分的波形区段。

（2）波特率——每秒中传送的信元数，量纲为 baud 或 Bd。

（3）数字调制中的比特率 = 波特率 $\times \log_2$（每个信元的状态数）

$$= 波特率 \times 每个信元含的比特数 (b/s)$$

2.3.2 幅移键控

幅移键控(Amplitude Shift Keying：ASK)是用数字数据改变载波信号的幅度。调制信号、载波信号、已调信号三者的关系见图2-14。图2-15中的电路结构示意了ASK的调制原理。由调制信号$m(t)$控制双向开关,分别接通上、下接点,使同一个载波信号分别通过不同的电阻而受到不同的衰减,以产生不同的输出幅度。由于ASK通过信号幅度携带数据信息,而传输过程中噪声对信号幅度容易造成影响,故ASK抗噪声的能力不强。

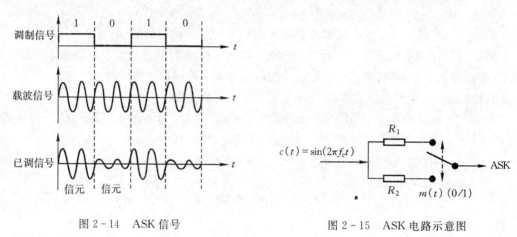

图2-14　ASK信号　　　　　　　　　　　　　图2-15　ASK电路示意图

2.3.3 频移键控

频移键控(Frequency Shift Keying：FSK)是用数字数据改变载波信号的频率。FSK已调信号的示例见图2-16。图2-17中的电路结构示意了FSK的调制原理。由调制信号$m(t)$控制上下两个开关的开闭,分别接通两个不同频率的载波信号,产生不同频率的已调FSK输出信号。实际的FSK调制电路采用压控振荡器原理,由数字调制信号产生不同频率的调频信号。由于FSK通过信号的频率携带数据信息,而传输过程中的噪声对信号频率不易造成影响,故FSK抗噪声的能力较强。FSK的缺点主要在于信号占用的频带相对较宽。

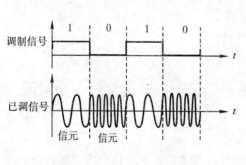

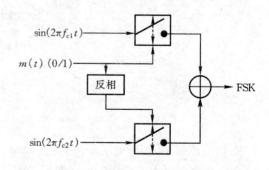

图2-16　FSK信号　　　　　　　　　　　　图2-17　FSK电路示意图

2.3.4　相移键控

相移键控(Phase Shift Keying:PSK)是用数字数据改变载波信号的相位。PSK 已调信号见图 2-18。图 2-19 中的电路结构示意了 PSK 的调制原理。由调制信号 $m(t)$ 控制上下两个开关的开闭,分别接通同频率的相位相差 π 的两个载波信号,产生同频率但相位相反的已调 PSK 输出信号。由于 PSK 通过信号的相位携带数据信息,而传输过程中的噪声对信号相位不易造成影响,故 PSK 抗噪声的能力较强。PSK 信号的频带相同于 ASK 信号的频带。

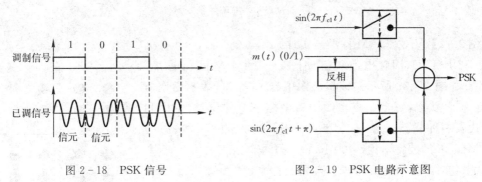

图 2-18　PSK 信号　　　　　　　　图 2-19　PSK 电路示意图

2.3.5　正交幅度调制

正交幅度调制(Quadrature Amplitude Modulation:QAM)将 ASK 和 PSK 相结合,改变载波信号的幅度和相位。QAM 调制系统示意图如图 2-20 所示。将输入的数字数据每 $2n$ 比特为一组,经串并转换分为上下两路,每路 n 比特,由 D/A 变换器分别产生 2^n 个级别的数字信号 $d_1(t)$ 和 $d_2(t)$。由两路数字信号 $d_1(t)$ 和 $d_2(t)$ 采用 ASK 方式分别调制两个相位相差 90 度的同频率载波。两路已调信号再相加合成为 QAM 输出信号。输出 QAM 信号的表达式为

$$s(t) = d_1(t) \cdot \cos(2\pi f_c t) + d_2(t) \cdot \sin(2\pi f_c t)$$

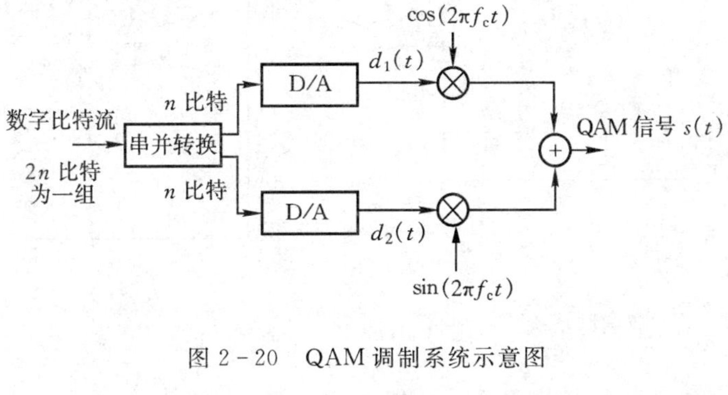

图 2-20　QAM 调制系统示意图

QAM 解调系统示意图如图 2-21 所示。根据三角函数公式,易于推出下图中经低通滤波后的结果(推导过程留给读者自行完成)。

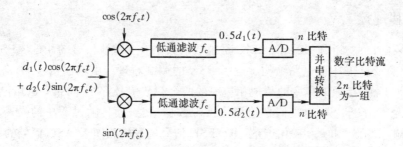

图 2-21　QAM 解调系统示意图

【例 2-2】 V.32 QAM 标准与实现原理

V.32 是 ITU（国际电信联盟）的 16-QAM Modem 标准。其星座图如图 2-22 所示。该星座图中有 16 个点，表示已调信号可有 16 种状态，每个星点在图中极坐标系上的位置（幅度和相位）代表一种状态。这 16 个星点共有 12 种相位，3 种幅度。V.32 Modem 的波特率为 2 400 baud。因每个信元有 L＝16 个可能状态，亦即每个信元含 4 比特，则比特率＝2 400×$\log_2 16$＝2 400×4＝9 600 b/s。

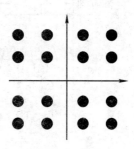

图 2-22　V.32 星座图

V.32 Modem 将输入数据流中每 4 bit 分成两路，每路 2 bit，各产生四个电平信号，分别去调制两路正交载波（调幅），之后迭加（调相），如图 2-23 所示。根据三角函数的和差化积公式，易于得到表 2-1 中所示的由两路已调信号相加合成的信号幅度与相位结果，即 A1 和 A2 幅度及相位共提供 8 个星点（2 种幅度，4 种相位），A3 幅度及相位共提供 8 个星点（1 种幅度，8 种相位）。

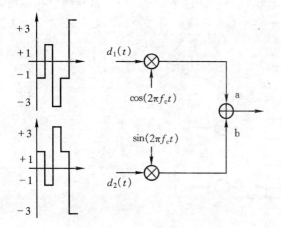

图 2-23　V.32 调制系统示意图

表 2-1　两路合成的幅度和相位

a	b	幅度	相位
±3	±3	A1	四种相位
±1	±1	A2	（相位同上）
±3	±1	A3	另四种相位
±1	±3	A3	再另四种相位

本章小结

◆ 数据分为模拟数据和数字数据。

◆ 信号是用于传输的电磁物理量,包括模拟信号和数字信号。

◆ 数字数据的数字编码,包括 NRZ 码,RZ 码,曼彻斯特码和差分曼彻斯特码,AMI 码,2B1Q 码,8B6T 码,MLT - 3 码等。

◆ 数字数据的不同数字编码方案影响到数字信号的频率有效带宽、自同步机制、直流成分以及能否避免相位模糊等。

◆ 模拟数据的数字编码,包括取样、量化、编码三个环节。要无失真恢复取样信号,要求取样频率大于原始模拟信号最高频率的 2 倍。编码后的数字信号的比特率由取样频率和对样本的量化级数(或每样本的编码位数)决定。

◆ 数字调制包括 ASK、PSK、FSK、QAM。调制后的模拟信号的比特率取决于模拟信元的速率和每个模拟信元中所含的比特数。

习　题

2-1 数字比特序列为 10011010。画出对应的 NRZ - L,NRZ - I,曼彻斯特码,差分曼彻斯特码,2B1Q 码,MLT - 3 码。假设在上述数字比特序列的第一个比特之前的信号电平为负。

2-2 下图是对某个数字序列采用曼彻斯特编码后的信号,也是对另一个数字序列采用差分曼彻斯特编码后的信号。写出对应的两个数字序列。

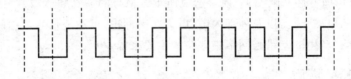

2-3 某个模拟信号的频带为 1 000~5 000 Hz。要将该模拟信号转换为数字信号,量化级别要求为 128 级。转换后的数字信号的最低比特率是多少?

2-4 某 QAM 星座图具有 256 个星点,那么每个信元有多少比特? 若比特率为 19 200 b/s,则波特率是多少? 若载波频率为 2 400 Hz,则每个信元中包含几个载波周期?

2-5 某调制方式的星座图上的星点位置为(1,0)、(0,1)、(−1,0)、(0,−1),对应的数据依次为 00,01,10,11。若此调制方式的波特率为 1 200 baud,比特率为多少? 若载波频率为 2 400 Hz,画出数字序列 10010011 对应的已调波形。(设载波为初相位为 0 的正弦波。)

2-6 判断下述星座图所代表的调制方式是 ASK、PSK,还是 QAM?

(1) (0,1)、(0,2); 　(2) (1,0)、(−1,0); 　(3) (1,1)、(−1,1)、(−1,−1)、(1,−1)。

2-7 QAM 解调系统示意图如图 2-21 所示,推导出图中经低通滤波后的结果。

第 3 章 检错与纠错

对通信系统和计算机网络的一个基本要求是尽可能正确地将数据通过传输系统或网络传送给接收方，但任何现实的物理传输系统都不可避免地会出现差错。在一些应用场合，少许的差错是允许的，例如在数字化语音的实时传送中，个别比特差错不会显著影响接听效果。但在另一些应用场合，差错是完全不允许的，例如对文件的传输。对此类场合，需要引入差错控制机制。差错控制包括用于发现差错的检测策略以及对所发现差错的纠正措施。

本章首先介绍差错控制的基本概念，包括差错来源、冗余编码原理、差错控制能力的度量等。之后对几种常用的差错控制编码进行讨论，包括奇偶校验码、汉明纠错码、CRC 码、校验和等。

3.1 差错控制概述

3.1.1 差错来源

在通信和网络系统中所传输的数据会出现差错。产生差错的主要原因在于：

（1）通信设备（如调制解调器、编码器、交换机、中继器等）中的软硬件可能出现的故障使在其中处理、存储的数据出现差错。由于现代通信设备的差错率已经很低，此类差错已不是目前通信和网络中差错的主要来源。

（2）由于介质传输特性的限制，介质会造成所承载信号的失真和衰减。另外，通信设备之间、线路之间相互的电磁干扰，以及外部闪电、电火花等冲击，可造成信号数据的破坏。由传输介质特性和电磁干扰产生的差错是网络中差错的主要来源。

3.1.2 减少差错的措施

（1）提高线路的传输质量，如改善信道的信噪比，设计合理的传输频率特性，以及提升设备的可靠性、稳定性等。

（2）采用差错控制机制，如对传输的数据进行检错或纠错。检错是指发现数据中的差错，舍弃错误数据。纠错分为两类处理方式，一类处理方式是通过发现差错数码出现的位置，对其取反实现纠正。此方式的纠错操作只在接收方进行，不向发送方反馈信息，由此称为前向差错纠正。另一类处理方式是设法让发送方得知数据出错，再由发送方重新发送数据，称为重发纠错。本章介绍的纠错内容限于前向差错纠正，而重发纠错的内容将在第 4 章中介绍。

3.1.3 差错控制方法

在差错控制技术中广泛采用数据冗余法。所谓数据冗余是指，发送方在数据中按一定的逻辑关系加入校验位或校验字段（统称为校验码），一并发送给接收方。接收方对收到的包括有校验码的数据按相应逻辑关系进行验算。这种对数据按一定逻辑关系生成校验码的做法称作"差错控制编码"。

3.2　差错控制编码原理

3.2.1　冗余编码

冗余编码的概念如图 3-1 所示。发送方对原相互无关的 n 比特数据按照一定规则产生出相互间具有一定逻辑约束的 m 比特数据($m>n$)。在接收方,检验 m 比特的数据序列是否符合预知的规律性,以判断有否差错。

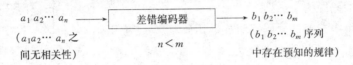

图 3-1　冗余编码示意图

【例 3-1】有消息集合{A,B}。最初的编码方案为:对消息 A 发送数据 0(信息码),对消息 B 发送数据 1(信息码)。由于数据 0 或 1 在传输中均可能被改变成为 1 或 0,接收端对收到的数据 1 或 0 无从辨别其真伪,因此该编码方案不具有差错控制能力。

对原编码方案修改如下:

编码方案 1:在消息 A 的信息码 0 后面加入一个"0"(冗余码),即对消息 A 发送 00(准用码字);在消息 B 的信息码 1 后面加入一个"1"(冗余码),即对消息 B 发送 11(准用码字)。而另两个码字"01"和"10"作为禁用码字。当两个准用码字各只出现 1 位错时,将变成禁用码字。接收方若收到禁用码字,则可判定为出错。因此,称此编码方案具有 1 位的检错能力,但并无纠错能力(因不知收到的禁用码字是由哪个准用码字变来的)。当这两个准用码字各出现两位错时,将变成对方,仍为准用码字,此错误不能被接收方发现。

编码方案 2:在信息码之后加入 2 位冗余码,即消息 A 为 000(准用码字),消息 B 为 111(准用码字)。另六个码字 001,010,011,100,101,110 为禁用码字。对此例可从检错和纠错两个方面进行讨论:

检错能力:当两个准用码字各只出现 1 位错或 2 位错时,将变成禁用码字。接收端若收到禁用码字,则判断有错。因此称此编码方案具有 1 位至 2 位的检错能力。

纠错能力:上述两个准用码字若各错 1 位,不会变成同一个禁用码字(因 000 错 1 位,仍有两个 0;111 错 1 位,仍有两个 1)。若已确信传输系统对每个码字最多只会出现 1 位差错,则从收到的禁用码字可判定是由哪个准用码字出错变来的,即可恢复为对应的准用码字。因此称此编码方案具有 1 位纠错能力。

上例表明,在原信息码基础上加入了冗余码后,使其具有了一定的差错控制能力,代价是增大了额外开销,降低了信道的数据传输效率。因此,对不同的应用场合需采用不同的差错编码方案。

3.2.2 汉明距离与差错控制能力

1. 码距的概念

（1）两个码字的码距：两个等长码字在对应位上不同数码的总位数。

（2）码字集的码距：在码字集合中，各对码字间的最小码距。亦称作"汉明距离"。

图 3-2 所示为三维码字空间的码距示意图。参照该图，对有关码距的主要概念说明如下：

（1）在 n 位二进制数码组成的 2^n 个码字的完备集中，每个码字是 n 维空间中 n 维正方体上的一个顶点。

（2）任意两个码字间的码距是这两个顶点间的边数。

（3）完备集的码距为 1。

（4）在完备集中选择部分码字组成准用码字集，使准用码字集的码距>1，以提高检错纠错能力。

（5）码字集的码距愈大，该码字集的检错和纠错能力就愈强。

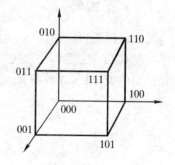

图 3-2 三维码字空间

2. 检错纠错能力同码距的关系

（1）为检测 m 位错，要求汉明距离 $d \geqslant m+1$。

如图 3-3 所示。设码字 A 同码字 B 的汉明距离为 $m+1$。则码字 A 出现 $1 \sim m$ 位错时，将不会超出 A 为圆心，m 为半径的圆，即不会错成准用码字 B，仍为禁用码字，由此可检测出差错。但不能纠错，因无法判定错码是来自 A 还是来自 B。

在已确定传输系统的出错位数在 m 位以内的条件下，可设计汉明距离为 $m+1$ 的编码方案以实现 $1 \sim m$ 位的检错。

（2）为纠正 t 位错，要求汉明距离 $d \geqslant 2t+1$。

如图 3-4 所示。设码字 A 同码字 B 的汉明距离为

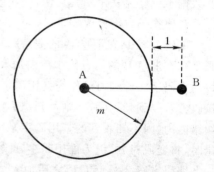

图 3-3 检测 m 位错的检错圆

$2t+1$，则码字 A 或 B 出现 $1 \sim t$ 位错时，将不会超出各自码字为圆心，t 为半径的圆，即不会由其他准用码字错成，由此可判定差错码字应恢复为哪一个准用码字，即纠正 $1 \sim t$ 位错。

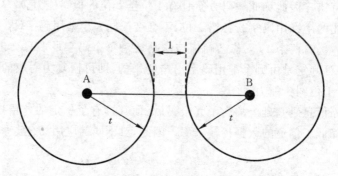

图 3-4 纠正 t 位错的纠错圆

在已确定传输系统的出错位数在 t 位以内的条件下,可设计汉明距离为 $2t+1$ 的编码方案以实现 $1\sim t$ 位的纠错。

(3) 为纠正 t 位错,并能检测 m 位错($m>t$),要求汉明距离 $d\geqslant m+t+1$。

首先说明上述"纠错并检错"的含义:在已确定传输系统的出错位数不大于 m 的条件下,若接收码字中的实际差错位数不大于 t,可自行纠正;若大于 t,但不大于 m,可检测出来,但不能纠正。

分析(见图 3-5):要能纠正 t 位错,要求 A～B 的汉明距离 $d\geqslant 2t+1$;要能检测 m 位错,要求 A 至 B 的纠错圆距离 $d'\geqslant m+1$,即当 A 出现 m 位错时,不落入 B 的纠错圆内,不被纠正为码字 B。前式 $d'\geqslant m+1$ 可表示为 A 至 B 的汉明距离 $d\geqslant m+t+1$。

上述 $d\geqslant 2t+1$ 和 $d\geqslant m+t+1$ 两个要求合并为 $d\geqslant m+t+1$。

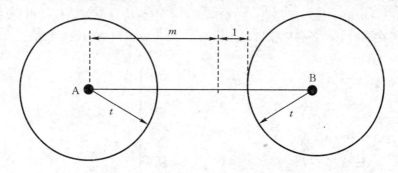

图 3-5 纠正 t 位错,并检测 m 位错

【例 3-2】设某编码方案产生的准用码字集为{0000,1111},可知该码字集的 $d=4$。

(1) 仅检错时,由 $d\geqslant m+1$,能检出 $1\sim 3$ 位错。

(2) 仅纠错时,由 $d\geqslant 2t+1$,能纠正 1 位错。

(3) 检错并纠错时,由 $d\geqslant m+t+1$,能检测出 2 位错,纠正 1 位错。即在保证差错位数不多于 2 位的情况下,收到 1 位错的禁用码字 0010 将纠正为准用码字 0000;收到 2 位错的禁用码字 0101,判为出错,但不能纠正。若传输系统的差错位数可达 3 位,则禁用码字 0010 可以是 0000 错 1 位所致,也可能是 1111 错 3 位所致,不能区分,则无法纠正。因差错位数达 3 位,超出了该例检错并纠错的范围。

3.3 常用的差错控制编码

3.3.1 奇偶校验码

1. 偶校验码

在发送方,对 n 比特数据 $a_i(i=1,\cdots,n)$ 经模 2 加法运算,产生 1 比特的校验位 r:

$$r = \sum a_i \quad (模 2 加法)$$

r 取 0 或 1 值,使总的 n+1 比特中 1 的数目为偶数,因此称为偶校验。

在接收方,对收到的 n+1 比特数据经模 2 加法运算,产生 1 比特的验证位 s:

$$s = (\sum a_i) + r \quad (模 2 加法)$$

其结果若为 0,表示无错;若为 1,表示有错。

奇校验的做法差别仅在于对上述模 2 运算后的结果取反,使 n+1 比特中 1 的数目为奇数。根据上述模 2 加法的原理,当出现错误的总位数为奇数时可由奇偶校验码检测出来,因此奇偶校验码的检测概率为 50%。

2. 纵横奇偶校验码

在数据通信中常出现突发性差错,其差错序列长度大于 1。对此,可将前述一维奇偶校验码扩展为二维纵横奇偶校验码,如图 3-6 所示。先对每行数据作横向奇偶校验,再对已含有校验位的多行数据在纵向上作奇偶校验。按行的顺序将数据发送到信道上,在传输中即使出现多位错,只要错的总位数长度小于行长度,则在接收方按行顺序排列后,在纵向上仍呈现为单比特错,由此可由纵向的奇偶校验位发现该差错。由图 3-6 可见,在传输过程中,第二行的后 4 位以及第三行的前 4 位出现差错。由横向的各行中的检验位无法检测出行内的 4 位(偶数位)错误。但在纵向上的各列中仅出现 1 位错,故可由纵向列中的检验位检测出来。

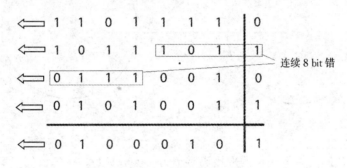

图 3-6　纵横奇偶校验码

3.3.2　汉明纠错码

汉明纠错码用于前向差错纠正。前向纠错码的关键是确定差错比特的位置。对于差错长度为 1 的情况,为了表示总长度为 n 比特的码字中的 n 个可能出错的比特位置以及无差错状态,需要一定位数的冗余码来表示这 n+1 个状态。

设在 n 比特码字中,原始数据为 k 比特,冗余码为 m 比特,即有 n=k+m。因此,m 比特的冗余码必须能够表示 k+m+1 个不同状态,即为纠正 1 比特错,冗余码的位数 m 需满足 $2^m \geqslant k+m+1$。

汉明纠错码编码方案:

(1) 根据原始数据比特长度 k,由公式 $2^m \geqslant k+m+1$ 确定冗余码长度 m。

(2) 用 k 个数据比特建立 m 个集合,对每个集合中的数据比特进行模 2 加,得到 m 个冗余比特 r_i,i=0,1,…,m-1。如下式所示:

$$r_0 = \left(\sum a_i\right)_{\text{set\_0}}$$

$$r_1 = \left(\sum a_i\right)_{\text{set\_1}}$$

$$r_i = \left(\sum a_i\right)_{\text{set\_i}}$$

$$\vdots$$

$$r_{m-1} = \left(\sum a_i\right)_{\text{set\_}m-1}$$

发送方将 k 个原始数据比特以及 m 个冗余比特发送给接收方。

接收方根据下式（模 2 运算）计算出 m 个验证比特 s_i，$i=0,1,\cdots,m-1$：

$$s_0 = r_0 + \left(\sum a_i\right)_{\text{set\_}0}$$

$$s_1 = r_1 + \left(\sum a_i\right)_{\text{set\_}1}$$

$$s_i = r_i + \left(\sum a_i\right)_{\text{set\_}i}$$

$$\vdots$$

$$s_{m-1} = r_{m-1} + \left(\sum a_i\right)_{\text{set\_}m-1}$$

根据模 2 运算的性质，由上式可知，若接收到的 n 个比特均无差错，各 s_i 必为 0。因此，m 比特长度的码字"$s_{m-1}s_{m-2}\cdots s_1 s_0$"必为"$00\cdots 0$"。

若仅 1 个 r_i 出错，由于每个 r_i 只参与对一个 s_i 的运算，只使一个 s_i 由 0 变为 1，则"$s_{m-1}s_{m-2}\cdots s_1 s_0$"的值必为"$0\cdots 010\cdots 0$"形式（仅 1 个"1"，$n-1$ 个"0"），即 $s_{m-1}s_{m-2}\cdots s_1 s_0 = 2^i$。换言之，$s_{m-1}s_{m-2}\cdots s_1 s_0$ 为"$\cdots 8、4、2、1$"中的一个值。

建立数据比特的 m 个集合的原则是，在 k 个原始数据比特中任 1 个比特出错时，产生的 m 比特码字"$s_{m-1}s_{m-2}\cdots s_1 s_0$"的值要满足两个要求：①相异；②不为"$\cdots 8、4、2、1$"。由此，就可由 $s_{m-1}s_{m-2}\cdots s_1 s_0$ 的值唯一标识出错状态。要满足第①个要求，只需各个 a_i 所影响到的 s_k 不完全相同，换句话说，在上面的运算公式中，各个 a_i 所出现的行位置不完全相同。要满足第②个要求，只需各个 a_i 参与不少于两个 s_k 的运算，换句话说，即各个 a_i 要出现在不少于两个运算集合中。

下面通过一个实例对上述设计原则作进一步的具体说明。

【例 3-3】原始数据为 5 比特。设计汉明纠错码方案。

【解】由 $k=5$，取 $m=4$，保证了 $2^m=2^4=16 > k+m+1 = 5+4+1 = 10$。作出下表，根据前面所述的规则，选取原始数据的 $m=4$ 个集合（每行中画"v"记号的所有 a_i 组成一组 a_i 之集合）。具体的作法是，根据各个 a_i 影响不同的 s_k 所产生的校验字"$s_3 s_2 s_1 s_0$"的值各不相同且不为"$8、4、2、1$"的原则来按列设置"v"记号。对各个 a_i 参与的运算集可有多种选择，只须保证各个 a_i 产生的验证字的值不同。在该例中，选择了 a_0 出错时产生的 $s_3 s_2 s_1 s_0$ 为 3，即"0011"，则 a_0 需参与对 s_1、s_0 的运算；选择了 a_1 出错时产生的 $s_3 s_2 s_1 s_0$ 为 5，即"0101"，则 a_1 需参与对 s_2、s_0 的运算；对 a_2、a_3、a_4 参与运算的集合以此类推，如图所示，不再赘述。从图中可看到，在表左侧的五列中，各列"v"记号的组合均不完全相同，且每列上至少有两个"v"记号。

a_4	a_3	a_2	a_1	a_0	r		s	
v					r_3		s_3	(8)
	v	v	v		r_2		s_2	(4)
		v	v		v	r_1	s_1	(2)
v	v		v		v		r_0	s_0 (1)

s 值：　9　　7　　6　　5　　3　　8　　4　　2　　1

（某 1 *bit* 错，产生的 s 值）

上表中的各行构成了各个相应的运算集合。由此可写出发送端校验码公式和接收端验证码公式：

发送端校验码：　　　　　　　　接收端验证码：

$r_3 = a_4$　　　　　　　　　　　　$s_3 = r_3 \oplus a_4$

$r_2 = (a_3 \oplus a_2 \oplus a_1)$　　　　　$s_2 = r_2 \oplus (a_3 \oplus a_2 \oplus a_1)$

$r_1 = (a_3 \oplus a_2 \oplus a_0)$　　　　　$s_1 = r_1 \oplus (a_3 \oplus a_2 \oplus a_0)$

$r_0 = (a_4 \oplus a_3 \oplus a_1 \oplus a_0)$　　　$s_0 = r_0 \oplus (a_4 \oplus a_3 \oplus a_1 \oplus a_0)$

根据接收端验证码公式，可得到以下结果。

差错状态	校验码（二进制）	（十进制）
若接收无差错，	$s_3 s_2 s_1 s_0 = 0000$	0
若 a_0 出错，改变 s_1，s_0	$s_3 s_2 s_1 s_0 = 0011$	3
若 a_1 出错，改变 s_2，s_0	$s_3 s_2 s_1 s_0 = 0101$	5
若 a_2 出错，改变 s_2，s_1	$s_3 s_2 s_1 s_0 = 0110$	6
若 a_3 出错，改变 s_2，s_1，s_0	$s_3 s_2 s_1 s_0 = 0111$	7
若 a_4 出错，改变 s_3，s_0	$s_3 s_2 s_1 s_0 = 1001$	9
若 r_3 出错，改变 s_3	$s_3 s_2 s_1 s_0 = 1000$	8
若 r_2 出错，改变 s_2	$s_3 s_2 s_1 s_0 = 0100$	4
若 r_1 出错，改变 s_1	$s_3 s_2 s_1 s_0 = 0010$	2
若 r_0 出错，改变 s_0	$s_3 s_2 s_1 s_0 = 0001$	1

对上述具体实例，在接收端的汉明码硬件纠错电路如图 3-7 所示。

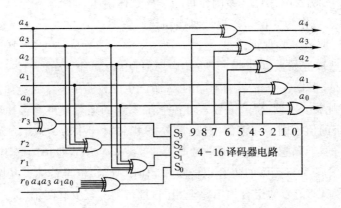

图 3-7　例 3-3 中的汉明码的硬件纠错电路

按照前述逻辑公式，图中产生四位"$s_3 s_2 s_1 s_0$"的硬件电路用模 2 加法器电路实现（对两个以上输入的情况，模 2 加法实际是对输入逐个异或的结果，故图中采用异或门表示）。"$s_3 s_2 s_1 s_0$"作为"4-16 译码器"的输入，该译码器的第 9、7、6、5、3 个输出端分别同 a_4、a_3、a_2、a_1、a_0 作异或。例如，若 a_3 出错，产生 $s_3 s_2 s_1 s_0 = 0111$，使译码器的第 7 个输出端为"1"。该输出线上的数字"1"同 a_3 异或的结果是将 a_3 取反，即完成对 a_3 的纠错。

上述汉明码仅能纠正 1 比特错。使用下述传送方案可用汉明码实现多比特差错的纠正，如图 3-8 所示。在发送端,对每 4 个原始数据比特采用 3 比特冗余码构成 7 比特的汉明码字。多个码字排成二维阵列,按纵向以列顺序发送。在信道上出现了连续 4 比特差错。在接收端按列接收,4 个差错比特分布到了各行中,每行仅有 1 个差错比特,由此使各行的汉明码仍可以有效地进行纠错。

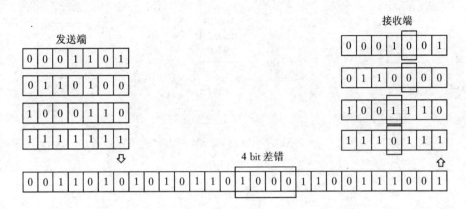

图 3-8　汉明码的二维使用方式

3.4　循环冗余校验码 *CRC*

3.4.1　CRC 校验码的计算

CRC(*Cyclic Redundant Code*)称为循环冗余码。所谓循环码是指在具有循环码性质的码字集中,任一个码字的循环移位后得到的码字仍然是该码字集中的码字。对循环码的深入讨论超出本教材的范围,感兴趣的读者可参阅有关书籍。本节只对使用 *CRC* 实现冗余编码进行差错检测的方法作一简要介绍。

CRC 差错检验的核心概念是,发送方和接收方使用同一个满足一定数学特性的 n+1 位二进制码字作为除数。在发送方,将待发送的原始二进制数据尾部添加 n 个"0"后作为被除数,再除以上述除数,得到 n 位的余数。该余数作为冗余码,用余数替换原后缀的 n 个"0"。将由原始数据和余数组成的码字一起发送给接收方。接收方用收到的码字作为被除数,用相同的除数去除。若余数为零,表明无差错;若余数不为零,表示有差错。

发送方和接收方运算过程的示例分别如图 3-9 中的 (*a*)、(*b*)、(*c*) 所示,其中的图 3-9(*a*) 是发送方产生冗余码的计算过程,图 3-9(*b*) 是接收方接收到的数据无差错时的情况,图 3-9 (*c*) 是接收方接收到的数据在左起第 3 位出现差错的情况。该例中的除数 1011 为 4 位二进制码字,因此发送方的被除数是在原数据之后添加 3 个"0"构成。*CRC* 除法的运算规则类似于代数中的长除法,不同之处有以下几点:①将代数除法中的竖式相减在 *CRC* 运算中改为模 2 加法;②每步竖式运算(模 2 加)后去掉运算结果中的最高位,保留 n 位(此例中 n=3);③商的各位的值取为当前竖式运算中被减数最高位的值。

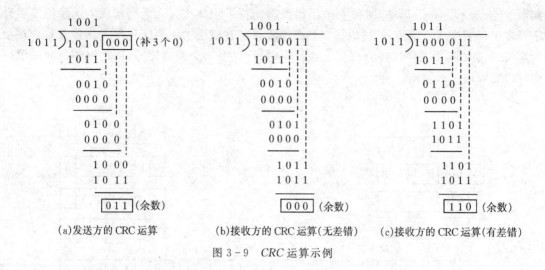

图 3-9　CRC 运算示例

3.4.2　二进制数据的多项式表示

对 CRC 的性能一般采用多项式的方法进行分析。可将二进制码字用多项式表示,示例如下。

	a_5	a_4	a_3	a_2	a_1	a_0
二进制码字	1	0	0	0	1	1
对应的多项式	$1x^5$	$+\ 0x^4$	$+\ 0x^3$	$+\ 0x^2$	$+\ 1x^1$	$+\ 1x^0$
缩写形式			x^5	$+\ x$	$+\ 1$	

二进制数据的模 2 加(异或运算)对应于多项式表示形式下的相同指数项相加(仍为模 2 加运算),并且减法同于加法。二进制数据的左移操作在多项式形式下表示为乘法。下面以具体实例说明有关的运算规则。

【例 3-4】 两个二进制数据分别为 0101000,1100000。二进制数据的直接模 2 加运算表示为 0101000+1100000=1001000。这两个二进制数据的多项式表示下的加法为 $(x^5+x^3)+(x^6+x^5)=x^6+(x^5+x^5)+x^3=x^6+x^3$,两种运算结果相符。

对二进制数据 10011 进行左移 3 比特操作的结果为 10011000。该数据在多项式表示下乘以 x^3 的运算过程为 $(x^4+x+1)x^3=x^7+x^4+x^3$,两种运算结果相符。

3.4.3　CRC 性能

设原始数据多项式用 $d(x)$ 表示,除数用多项式 $g(x)$ 表示(亦称为生成多项式),商由多项式 $q(x)$ 表示,余数由多项式 $r(x)$ 表示,传输中产生的差错用多项式 $e(x)$ 表示,接收到的数据用多项式 $c(x)$ 表示。

发送方发送的数据可表示为 $x^n d(x)+r(x)$。接收方收到的数据是在无差错数据上叠加了差错多项式 $e(x)$,因此可表示为 $c(x)=x^n d(x)+r(x)+e(x)$。接收方的 CRC 检测是对

c(x)用 g(x)去除，查看余数是否为零。可将接收方的除法运算表示为

$$c(x)/g(x)=[x^nd(x)+r(x)+e(x)]/g(x)$$
$$=[x^nd(x)]/g(x)+r(x)/g(x)+e(x)/g(x)$$
$$=q(x)+r(x)/g(x)+r(x)/g(x)+e(x)/g(x)$$
$$=q(x)+[r(x)/g(x)+r(x)/g(x)]+e(x)/g(x)$$
$$=q(x)+0+e(x)/g(x)$$

由上面除法的结果可知，只要 e(x)不能被 g(x)整除，则接收方作除法后的余数不为零，即可由此发现差错。

CRC 的检测能力取决于对生成多项式 g(x)的设计。通过数学上对各种差错类型 e(x)的分析，为达到高的检测概率，对 g(x)的形式提出了若干要求。对 g(x)在数学方面的更具体内容，读者可参阅有关对 CRC 作较详细讨论的书籍。在通信和网络中常用的几种 CRC 生成多项式 g(x)如表 3-1 所示。

表 3-1　常用的几种 CRC 生成多项式

x^8+x^2+x+1
$x^{10}+x^9+x^5+x^4+x^2+1$
$x^{16}+x^{12}+x^5+1$
$x^{32}+x^{26}+x^{23}+x^{22}+x^{16}+x^{12}+x^{11}+x^{10}+x^8+x^7+x^5+x^4+x^2+x+1$

设上述各生成多项式的最高次数为 r，则这些生成多项式所能达到的检测概率为：

- 对差错长度不超过 r 的差错的检测概率为 100%；
- 对差错长度为 $r+1$ 的差错的检测概率为 $1-(1/2)^{r-1}$；
- 对差错长度大于 $r+1$ 的差错的检测概率为 $1-(1/2)^r$。

3.5　校验和

校验和算法的基本概念是，将发送的数据分成特定长度的若干个组进行相加求得之和，将该和之负数作为校验字（即校验和），将数据与校验字一起发送给接收方，接收方对所收到的数据与校验字作相加运算。因为校验字取为数据之和的负数，则对无差错的传输，接收到的数据与校验字的相加运算结果为零。接收方的检验判定规则为：数据与校验字相加运算结果为零，判为无差错，否则判为出现差错。

计算校验和的具体方法是采用二进制反码运算作加法。根据二进制反码运算规则，负数的表示是将数据各位取反，因此将相加结果取反（取负）之后作为校验字。

【例 3-5】发送方要发送的帧中有 5 个数据字段，每个数据字段长度为 4 比特。发送方和接收方使用校验和算法的过程如图 3-10 所示。在发送方，先对校验和字段置零，再同 5 个数据字段作反码相加运算，对相加之和取反后作为帧中校验和字段的值。接收方对收到的 6 个字段作反码相加运算，再对之和取反。若无差错则结果为零。

该例中对 4 位字长的码字进行反码运算，在第 5 位上的进位等价于在前 4 位上加了"1111"后再在最低位上加 1，而在反码表示中"1111"$=(-0)_{10}$，则实际等价于在最低位加一个

"1",即第 5 位上的进位回送到最低位。对第 6 位上的进位等价于在第 5 位上的两次进位,即等价于在最低位的两次加 1,或等价于在次最低位的一次加 1。

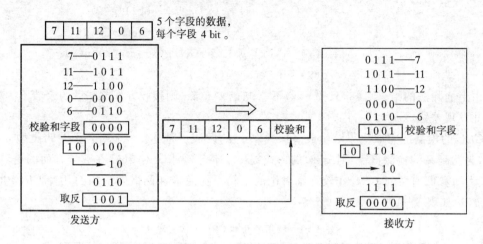

图 3-10 例 3-5 的校验和运算过程

本章小结

◆ 差错检测和前向纠正采用了冗余编码的原理。

◆ 码字集的汉明距离反映了码字集中诸码字的差异大小。经差错编码后的码字集的检错、纠错、检错并纠错的位数取决于汉明距离,包括了三个公式。

◆ 奇偶校验码,包括一维计算公式和扩展为二维的应用方式。

◆ 汉明纠错编码方案包括纠错原理、设计规则、发送方的校验码公式、接收方的验证码公式,以及纠错的硬件实现等。

◆ CRC 校验码的内容包括:除数多项式、发送方和接收方的运算规则,检测性能等。

◆ 校验和的要点是对划分为定长的诸数据单元作反码求和运算,再取反作为检验和之值。

习　题

3-1 计算下述码字集的最小汉明距离:

(1) {000,011,110}　　　(2) {101010,111111,010110}

3-2 已知某码字集的最小汉明距离为 7。

(1) 若对该码字集仅检错,能保证检测出多少位差错?

(2) 若对该码字集仅纠错,能保证纠正多少位差错?

(3) 若对该码字集既要检错又要纠错,能保证检测和纠正各多少位差错?

3-3 根据汉明纠错编码设计方案的原理和规则,试证明该编码方案产生的码字集的最小码距为 3。

3-4 数据码为 1011。设计汉明纠错码,并计算出冗余码。若传输过程中原数据码被改变为 1111，接收方是如何发现的？

　3-5　对数据 10110010 产生 CRC 校验码，除数为 10111。若传输过程中数据部分被改变为 10100010，验证该差错可由 CRC 检验出来。

　3-6　初始数据多项式为 x^6+x^3+1，除式为 x^3+1。携带了 CRC 校验码的数据多项式是什么？

　3-7　发送方的数据为 10101010、11001100、01010101 三个字节，采用 8 bit 的检验和算法进行差错检测。计算检验和，并验证若传输无差错在接收方的校验结果。

第4章 流量控制与差错控制

由于发送方和接收方在数据处理速度、存储容量等方面可能存在差异,相互通信的双方需要对数据流量进行协调,以避免发送方的输出数据量过大,使接收方来不及处理而造成缓冲区数据溢出。流量控制是接收方根据本方的接收、处理状态,协调发送方的数据发送量的机制。

数据在传输过程中会出现差错。差错控制是指发现差错,并对发现的差错进行纠正的措施。在第3章中已介绍了几种差错检测和前向差错纠正编码方法。本章将讨论的差错控制是使用差错检测编码来发现数据中的内容错误,以及通过对数据帧编号来发现数据帧的丢失、重复或乱序等错误。对发现出错的数据帧,本章介绍的纠错方式是在有线网络中广泛使用的由发送方采取重发方式进行纠正的策略(在第3章中介绍的前向差错纠正方式主要应用于无线网络)。

本章首先介绍流量控制,之后讨论建立在流量控制协议基础上的差错控制协议。

4.1 无差错信道的流量控制协议

无差错信道是指数据在传输过程中不发生错码、丢失、乱序等错误。对此类信道,收发双方只需对数据流量进行协调,防止由于接收方来不及处理造成缓冲区溢出的情况发生。

4.1.1 停止—等待流量控制协议

停止—等待流量控制的基本概念是,发送方每发送完一帧,必须等待对方返回的应答允许后才能发送下一帧,俗称为"乒乓"式流量控制。两方收发的具体规则为:发送方发送一帧后,即进入停止等待状态;接收方收到一帧并进行处理,当存储空间和处理能力允许继续接收新帧时,则回送确认帧。发送方收到确认帧后,才能继续发送下一帧。停止—等待流量控制的时序图如图4-1所示。

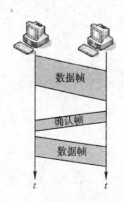

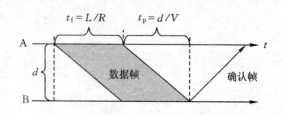

图4-1 停止—等待流量控制的时序图　　　　图4-2 停止—等待流量控制的传输效率

信道利用率(亦称传输效率)定义为:在传送周期内用于实际传输数据的时间比率。对停止—等待流量控制方式下的信道利用率的计算参见图 4 - 2 所示。其中 t_f 为帧发送时间,t_p 为传播时间,L 为帧长度(比特),R 为比特率,d 为传输距离,v 为传播速度。图中忽略确认帧的帧长度以及节点内部的处理时间。发送方收到对方的确认帧后,可以开始下一帧的发送。由图可以看出,停止—等待流量控制的最大传输效率为 $U = t_f/(t_f + 2t_p)$。可见,若长距离传送较短的帧,信道利用率将是较低的。

4.1.2　滑动窗口流量控制协议

为提高传输效率,可采取发送方连续发送多帧的策略:

(1) 允许发送方连续发送 N 帧,在此期间无需等待接收方的应答确认。

(2) 每帧给予一个帧序号标识。

(3) 接收方向发送方回送的确认应答中,给出期望要接收的下一帧的帧序号值。应答确认帧 ACK j 表示:接收方已收到第 j 号帧之前的所有帧,并已准备好接收自第 j 号帧(含)之后的 N 个帧。

(4) 发送方收到确认帧 ACK j 后,被允许发送第 j 号帧(含)之后的 N 个帧。

发送方保存有将允许发送的帧序号表;接收方保存有准备接收的帧序号表。"帧序号表"亦称作"帧窗口",该窗口范围是移动的,故又称为"滑窗流量控制"。

发送方的滑动窗口如图 4 - 3(a)所示。参见该图,整个发送缓冲区分为四个部分。最左侧的部分是曾已发送并已被对方确认的帧序号范围(实际上是已被回收的缓冲区);最右侧的部分是当前不允许发送的帧序号范围(即使这些帧已被存储到缓冲区中);中间的两个部分组成了发送窗口,这两个部分是组成发送窗口的典型情况。前一个部分是已发送但尚未得到对方确认的帧序号范围,后一部分是允许发送但当前尚未发送的帧序号范围。当然,发送窗口可以全部是上述前一部分,即发送窗口内的帧全部发送完了。此情况下,在得到对方确认之前已不能再发送了。发送窗口也可以全部是上述的第二部分,即当前发送窗口中的帧均未发送(可能的原因是还未存放帧)。

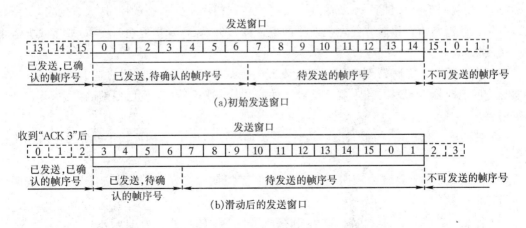

图 4 - 3　发送方的滑动窗口

当发送方收到对方的确认帧 ACK 3 之后,移动发送窗口位置,如图 4 -3(b)所示。ACK 3

表示对方已确认收到了 2 号帧及其之前各帧,以及期望接收自第 3 号帧起的 N 帧(图中 $N=$ 15)。根据此规则,发送方将窗口右移至自第 3 号帧开始处。新的窗口中增加了当前可允许发送的帧序号,即第 15、0、1 号帧。

如图 4-4 所示,发送方发送了窗口中的所有 N 帧,假设接收方在收到第一帧后回送确认帧,且逐帧确认(在后面的内容会看到,不一定要在第一帧收到就确认,也不必逐帧确认)。发送方收到每个确认帧后移动窗口一个序号位置,则可发送新的一帧。由图可见,在上述假设下,滑动窗口流量控制的最大传输效率为 $U=N\times t_f/(t_f+2t_p)$,是停止—等待流量控制传输效率的 N 倍。

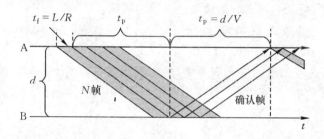

图 4-4 滑动窗口流量控制的传输效率

4.2 停止等待 ARQ

有差错信道是指数据在传输过程中可能发生错码、丢失、乱序、重复等错误。

停止等待 ARQ(Automatic Repeat reQuest)协议是在原停止—等待流量控制协议的基础上,增加了以下策略以实现对差错的控制:

(1) 发送方每发送出一帧,保存该已发帧的副本,并设置该帧的定时器。

(2) 接收方对收到的内容出错帧(通过校验码检测),丢弃,不回送确认帧。对收到的内容正确(通过校验码检测)但序号不符的帧,丢弃,但按期望序号回送确认帧(接收方判定,之所以发送方重发此帧是由于接收方在之前回送的确认帧丢失,导致发送方超时所致,故接收方需再次回送确认帧)。

(3) 若发送方在定时器到时前收到接收方的确认帧,则清除已发帧的副本,停止定时器。若发送方的定时器至超时时还未收到接收方的确认帧,则发送方重发已发帧的副本,并重新启动定时器。

(4) 帧的序号依次由"0"或"1"标识,(按模 2 加法逐帧加 1)。因此帧中的序号字段为 1 比特字长。

(5) 确认帧中的确认序号表明两个含义:既代表所期望接收的下一帧的序号,同时表明对该序号之前一帧的确认。

(6) 停止等待 ARQ 的发送窗口 W_S 和接收窗口 W_R 的尺寸均为 1(帧)。

【例 4-1】停止等待 ARQ 示例

在图 4-5 中,初始的发送窗口和接收窗口位于 1 号帧位置。发送方发送出 1 号帧(图中用"1♯"表示)后,用阴影标识发送窗口中已发送的帧序号。1 号帧在传输过程中丢失,使得在发送方对该帧设置的定时器发生超时。由定时器超时重发了 1 号帧。重发的 1 号帧被接收方确认，发送方收到确认 ACK 0 后停止定时器。随后某个时刻发送了 0 号帧，接收方回送确认帧 ACK 1。但该确认帧丢失，导致发送方对该帧的定时器超时，重发了 0 号帧。该重发的 0 号帧被接收方接收，但对接收方来说这不是期望的帧序号（因 0 号帧已被成功接收，期望的是接收 1 号帧），则接收方丢弃该帧，并发回确认帧 ACK 1。发送方收到该确认帧，清除 0 号帧副本，关闭定时器。

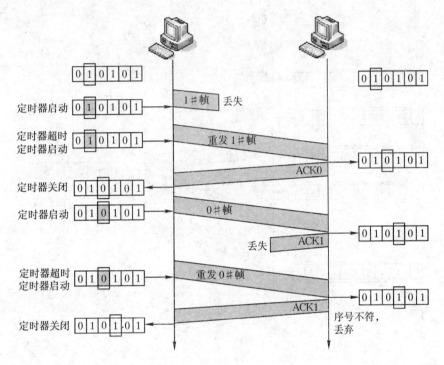

图 4-5　停止等待 ARQ 示例

4.3　Go-Back-N ARQ

Go-Back-N ARQ 协议是在原滑窗流量控制协议的基础上，增加了以下策略，以实现对差错的控制：

（1）接收和确认机制：接收方的接收窗口大小为 1，即仅接收符合当前窗口序号的到来帧。

接收方对收到的正确帧（内容正确且序号正确）予以接受，并适时进行确认。确认具有累计作用，即确认帧 ACK j 表示对第 j 号帧之前的所有帧的确认。

接收方对发现有差错的帧（内容差错或序号不符），仅作丢弃处理，不回送应答帧。

（2）重发机制：若发送方的定时器超时，重发所有尚未被确认的已发送帧（即回退 N 帧）。

（3）发送窗口大小：Go-Back-N ARQ 的发送窗口的尺寸限制为 $W_s \leqslant 2^m - 1$，其中 m 为帧序号字段的比特位数。

【例 4-2】Go-Back-N ARQ 示例

如图 4-6 所示，1 号帧丢失，2 号帧已发出。接收方未收到 1 号帧，则对到达的 2 号帧予以丢弃,接收窗口序号仍为1号帧。发送方对1号帧设置的定时器超时,则重发1号帧和2号帧。接收方对重发的两个帧均正确收到,回送了两个确认帧 ACK 2 和 ACK 3(在不造成超时的条件下,接收方可仅发送 ACK 3 来累计确认2号帧和3号帧),但 ACK 2 丢失。只要在后一个 ACK 3 到达发送方之前未发生1号帧定时器超时,则 ACK 3 的确认累计作用使丢失 ACK 2 不对发送方造成影响。发送方收到确认帧 ACK 3 后,清除已被确认的已发帧副本,将发送窗口移至尚未被确认的最小序号帧的位置。

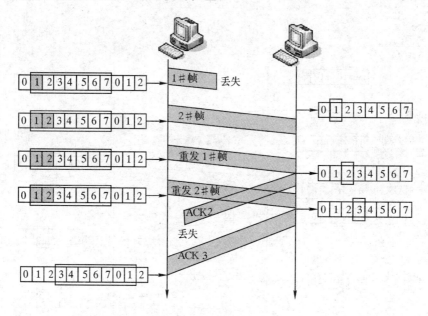

图 4-6　Go-Back-N ARQ 示例

4.4　选择重传 ARQ

选择重传 ARQ 协议是在滑窗 Go-Back-N ARQ 协议的基础上,增大了接收窗口,改变了接收策略,以进一步提高信道的利用率:

(1)接收和确认机制:接收方的接收窗口大于1,可接收当前窗口内所含序号的所有到来帧。

若接收到的所有帧均内容正确、序号连续,则接收方对收到的帧进行确认,且确认具有累计作用,即对第 j 号帧的确认(ACK $j+1$)表示对 j 及之前所有帧的确认。

对接收到的内容正确的帧,若在序号上出现不连续,则接收方回送对首个不连续帧的否认帧(NAK 帧),以告知发送方该帧未被收到。

接收方对发现有内容差错的帧,仅作丢弃处理,不回送应答帧。

(2)重发机制:若发送方的某个定时器超时,则重发该定时器对应的帧。若发送方收到接收方回送的否认帧,则重发该否认帧所指明的已发帧。

(3)窗口限制:选择重传 ARQ 的发送窗口和接收窗口的尺寸限制为 $W_S \leqslant 2^{m-1}$,$W_R \leqslant 2^{m-1}$,其中 m 为帧序号字段的比特位数。

选择重传 ARQ 的接收窗口示意图见图 4-7。

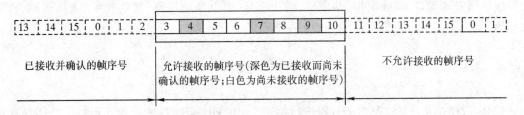

图 4-7　选择重传 ARQ 的接收窗口

【例 4-3】 选择重传 ARQ 示例

如图 4-8 所示,1 号帧丢失,2 号帧已发出。接收方未收到 1 号帧,但对到达的内容正确的 2 号帧予以接收。由于 1 号帧尚未收到,接收方收到 2 号帧后发现已到达帧的序号不连续,回送对 1 号帧的否定应答 NAK 1。发送方收到了 NAK 1 后,重发了 1 号帧。接收方收到重发的 1 号帧,此时 1 号帧、2 号帧均已正确收到且序号连续,则接收方回送确认帧 ACK 3,表示对 1 号帧、2 号帧(及其之前各已发帧)的确认。

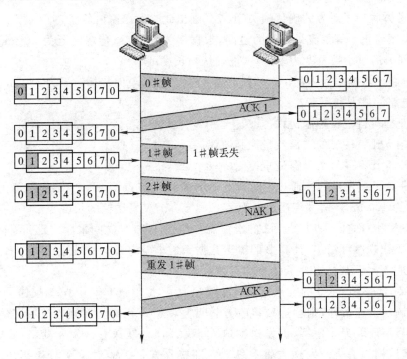

图 4-8　选择重传 ARQ 示例

本章小结

◆ 流量控制协议,包括停止—等待流量控制协议,滑动窗口流量控制协议。要点是发送方窗口的移动规则以及传输效率的概念和计算。

◆ 差错控制协议,分为停止等待 ARQ,Go-Back-N ARQ,选择重传 ARQ。各协议中涉及的概念包括发送窗口、接收窗口、帧序号、确认序号、窗口移动规则、接收规则、确认机制、重发规则等。

习　题

4-1 数据帧长度为 2 000 bit,发送数据率为 10 Mb/s,两站相距 100 km,信号传播速度为 2×10^8 m/s。

(1) 若采用停止—等待流量控制协议,求信道利用率。

(2) 若采用滑窗流量控制协议,发送窗口大小为 4 帧,求信道利用率。

4-2 帧序号字段为 3 比特,发送窗口大小为 5。发送方已发送了 3♯帧和 4♯帧。

(1) 画出此时发送窗口的状态。

(2) 发送方收到了对方的确认帧 ACK 4。画出此时发送窗口的状态。

(3) 发送方发送出 5♯帧和 6♯帧后,收到对方的确认帧 ACK 6。画出此时发送窗口的状态。

(4) 发送方收到了对方的确认帧 ACK 7。画出此时发送窗口的状态。

4-3 采用停止—等待流量控制的链路,数据率为 5 kb/s,传播时延为 20 ms。为使链路利用率达到 60%,最小帧长度为多少?(设确认帧长度可略。)

4-4 链路的数据率为 1 Mb/s,帧长度为 1 000 比特,单向传播时延为 130 ms。对以下各情况,计算链路的最大利用率。

(1) 停止—等待流量控制协议。

(2) 使用 5 比特序号的滑窗流量控制协议。

(3) 使用 8 比特序号的滑窗流量控制协议。

4-5 端节点 A 发送的帧通过中间节点 B 转发给端节点 C。A 与 B 的距离为 400 km,B 与 C 的距离为 100 km。信号传播速度为 2×10^8 m/s。A 发送帧的长度为 1 000 比特,数据率为 1 Mb/s。A 和 B 之间采用 $W_S = 3$ 的滑窗流量控制,B 和 C 之间采用停止—等待流量控制。为使节点 B 不出现缓存溢出,计算 B 的输出数据率最小需为多少?(思路:A 与 B 之间的平均有效数据率应不大于 B 与 C 之间的平均有效数据率。)

4-6 Go-Back-N ARQ 的发送窗口尺寸限制为 $W_S \leqslant 2^m - 1$,其中 m 为帧序号字段的比特位数。若不满足上述条件,则会造成接收方将重复帧错误判定为新帧。试用实例予以说明。(提示:帧序号字段取为 2 比特,但发送窗口大小取为 4。发送方连发 4 帧,接收方对每帧确认,但 4 个确认帧均丢失。发送方将重发。验证接收方是否能对重发帧和新帧作出正确判断。)

4-7 选择重传 ARQ 的发送窗口和接收窗口的尺寸限制为 $W_S \leqslant 2^{m-1}$,$W_R \leqslant 2^{m-1}$,其中 m 为帧序号字段的比特位数。若不满足上述条件,将会造成接收方对重复帧错误判定为新帧。试用实例予以说明。(提示:帧序号字段取为 2 比特,但发送窗口和接收窗口大小取为 3。发送方连发 3 帧,接收方对每帧确认,但 3 个确认帧均丢失。发送方将重发。验证接收方是否能对重发帧和新帧作出正确判断。)

第5章 交换技术

本章讨论网络交换技术。首先介绍交换技术的分类,之后依次讨论传统的电路交换网以及近几十年来得到极大发展的两种分组交换网,即虚电路网络和数据报网络。在对各交换网络的原理和特点讨论之后,分别介绍电路交换机和分组交换机的结构和工作原理。

5.1 交换式网络

通信系统和计算机网络的基本目的是在多个端设备间传送信息。连接端设备有不同的方式。各端设备之间的直接互连可提供专用通道,但建设成本高,线路利用率低。采用共享介质的多点连接方式,如总线拓扑结构,适于端设备数目不多、距离较近的场合。对于跨度大、端设备数目多的网络,不宜采取上述两类连接方式,而通常采用由交换设备构成的交换网。

所谓交换,是指依靠网络中的交换设备在端设备之间建立暂时的连接通路,如图5-1所示。

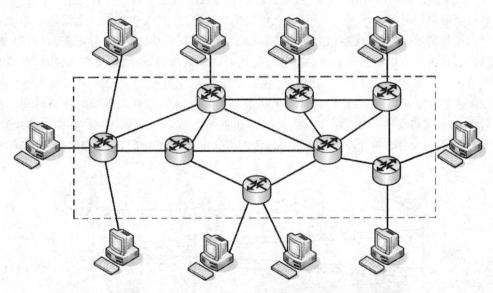

图 5-1 交换网络

交换网络的分类如图5-2所示。电路交换是目前电话网仍在普遍使用的交换技术。分组交换出现于上世纪60年代,有两个分支:数据报网络和虚电路网络。目前交换网的发展呈现数据报网络和虚电路网络走向融合的趋势。报文交换在目前已较少使用,本章不作介绍。

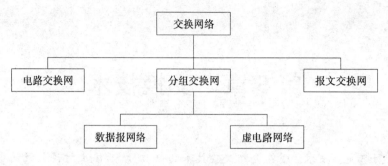

图 5-2   交换技术的分类

5.2   电路交换技术

5.2.1   电路交换原理

电路交换具有以下特点：

(1) 在端设备之间通过网络中的交换机建立一条暂时的连接。

(2) 采用同步时分复用(早期采用频分复用)，以时隙位置对应用户标识。

(3) 数据以恒定的速率传送。

(4) 在连接存在期间，用户数据传送途经相同的路径，且用户独占各自的信道。

电路交换网的时延如图 5-3 所示。在传输用户数据之前，需在端设备之间建立连接。发送端发出连接请求，经沿途交换机对请求进行辨识、处理，以及建立记录、分配资源(内存、端口等)和转发，直至接收端收到该请求。接收端回送对请求的应答，经沿途交换机转发，直至发送端。此请求和应答的握手过程占用的时间包括了请求和应答帧的发送时间以及往返传播时间。在连接建立起来以后，数据传送阶段包括数据的发送时间以及端到端的传播时间。在数据传输结束后，需将在相关节点中建立的连接信息进行清除，称为拆除连接。在拆除连接阶段，一端发起拆除连接请求，沿途交换机和另一端依次清除连接记录并释放该连接占用的资源。

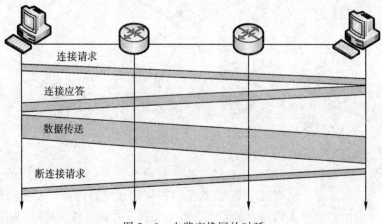

连接请求

连接应答

数据传送

断连接请求

图 5-3   电路交换网的时延

电路交换的优点是,在连接建立后,数据传输在各中间节点的时延小,数据率恒定,适合于实时的交互式通信。缺点是,由于在连接存在期间用户独占已分配的信道资源,因此对间歇性数据的传输将浪费信道资源,降低了信道利用率。

5.2.2 电路交换机

电路交换机可分为空分交换机和时分交换机两类。

1. 空分交换机

(1) 交叉点式空分交换机

如图 5-4 所示,交叉点式空分交换机由 N 路输入,M 路输出以及 $N \times M$ 个交叉点开关组成。第 i 行第 j 列的开关闭合,使第 i 路输入信号经该开关从第 j 路输出。交叉点式空分交换机的优点是,任一对尚未进行通信的输入输出端之间可保证随时接通,即无阻塞。缺点是开关数目和输入输出路数受到制作工艺和设备尺寸的限制,并且开关的利用率低。

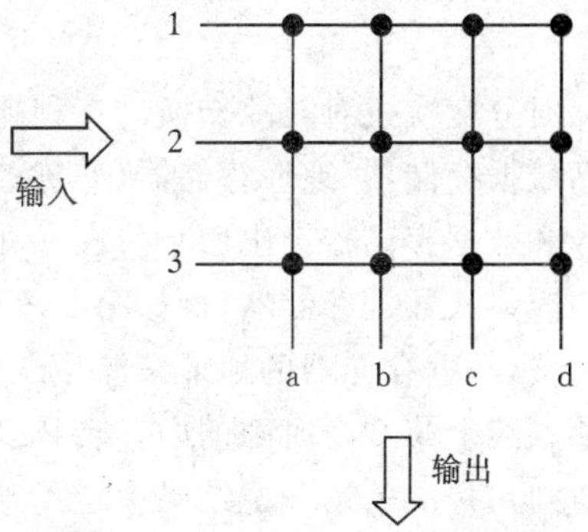

(2) 级联式空分交换机

为实现较多路数的交换,可将多个交叉点式空分交换机进行级联。

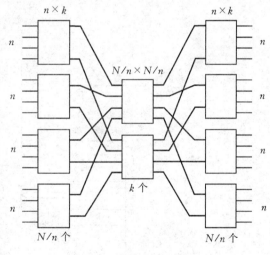

图 5-4 交叉点式空分交换机

图 5-5 所示为三级的级联式空分交换机。总输入线数为 N。其中第一级的每个交叉点式交换机具有 n 个输入,k 个输出。则第一级有 N/n 个交叉点式交换机。第二级交叉点式交换机的数目等于前一级每个交换机的输出线数,即 k。而第二级每个交叉点式交换机的输入线数目等于前一级的交换机数目,即 N/n。第三级的结构是第一级的镜像。级联式空分交换机相对原交叉点式空分交换机,在总输入输出线数相同的条件下,显著减少了总的开关数目。

对图 5-5 的实例,第二级可提供 8 路输入的同时交换。因此对第一级总数为 16 的输入路数,最多可有 8 路同时进行通信,此期间对另外 8 路输入将呈现阻塞。

图 5-5 级联式空分交换机

2. 时分交换机

时分交换是通过改变时分复用(Time Division Multiplexing:TDM)线路上原时隙内容所在的时隙位置来达到交换目的的,如图 5-6 所示。在时分交换机输入侧,各用户的数据依次占用各自的时隙,如第 1 个用户的数据"a"在第 1 个时隙中。假设要将第 1 个用户的数据交换给接收方的第 6 个用户,时分交换机只需将输入序列中原第 1 个时隙的内容"a"放入输出序列中的第 6 个时隙。在 TDM 解复用器处,第 6 个时隙的内容将被传输到第 6 条输出线上,被接收方的第 6 个用户收到。

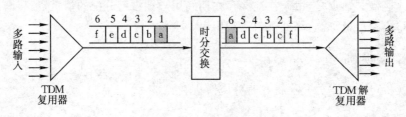

图 5-6   时分交换

时分交换机对时隙交换的一种典型工作过程如图 5-7 所示。该时分交换机的主要部件包括数据存储器、地址存储器(亦称控制存储器)以及地址选通器。交换过程分为数据存储器写入和数据存储器读出两个阶段。在数据存储器的写入阶段,按时隙序列顺序依次将各时隙的内容写入数据存储器,例如第 2 个时隙的内容"a"写入数据存储器的第 2 个单元位置。在写入阶段,数据存储器的地址来源于顺序地址(由计数器产生的地址)。在地址存储器中,根据要将输入线上第 2 个时隙的内容转移到输出线上第 86 个时隙中去的要求(由连接建立阶段,交换机对用户的信道分配结果决定了地址存储器的内容),在该地址存储器的第 86 个单元中存放的数值为 2。在数据存储器的读出阶段,由地址存储器的内容作为数据存储器的读出地址。在第 86 个时隙期间,地址存储器输出的内容为 2,则从数据存储器读出的是第 2 个单元的内容,即内容"a"在第 86 个时隙期间被输出,实现了时隙的交换。

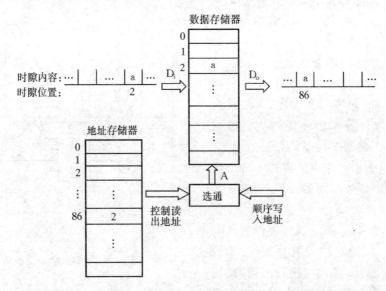

图 5-7   时隙交换过程

5.3   分组交换网中的虚电路交换技术

5.3.1   虚电路交换的特点

虚电路交换属于分组交换,具有以下特点:

（1）数据以特定格式的帧（或分组）结构进行传送（此项同于将在后面介绍的数据报交换）。

（2）在两端设备之间通过网络中的交换机建立一条暂时的连接（此项同于前述的电路交换）。

（3）帧中需有在链路范围内有效的用户连接标识。

（4）帧在中间节点存在随机的排队时延（此项同于数据报交换）。

（5）在连接存在期间，用户数据传送途经相同的路径，但用户不独占信道。

5.3.2　虚电路交换的原理

虚电路网络的交换机中存放有一个用于控制转发操作的表，称为逻辑信道表。该表具有 4 列，分别为输入端口、输入帧的 VCI 值（Virtual Circuit Identifier，见后述）、输出端口、输出帧的 VCI 值。

虚电路网络在数据传送之前需在两端建立起连接，在数据传送结束后要拆除连接。下面首先介绍连接建立过程。

1. 建立连接

连接的建立过程分为由发起连接的主动方发送"连接请求"以及响应方回送"连接响应"两个步骤组成。

连接请求过程如图 5-8 所示。在连接建立之前，各交换机的逻辑信道表中尚无反映该连接的记录表项。端系统 A 发送"连接请求"帧，该帧首部中含有源端地址 A 和宿端地址 B。第一个交换机从端口 1 收到该帧，经路由决策（根据路由表）确定从端口 3 转发；由此在逻辑信道表中建立一行记录，其中的入端口和出端口字段的值分别为 1 和 3，该交换机自主产生入端的 VCI 值 23（后面将进一步对 VCI 产生策略进行说明），而出端 VCI 字段为空。此时该行记录的索引同源地址 A 及宿地址 B 绑定（待出端 VCI 被填充后，则取消该绑定。这将在后面介绍）。该交换机将该帧从端口 3 转发，被第二个交换机的端口 1 接收。

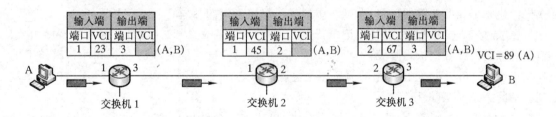

图 5-8　连接请求过程

第二个交换机接收到该帧后，经路由决策，确定从端口 2 转发；并在本交换机的逻辑信道表中建立一行记录，其中的入端口和出端口字段值分别为 1 和 2，该交换机自主产生入端的 VCI 值 45，出端 VCI 字段为空。此时该行记录的索引同源地址 A 及宿地址 B 绑定。该交换机将该帧从端口 2 转发，被第三个交换机的端口 2 接收。

第三个交换机接收到该帧后，经路由决策，确定从端口 3 转发；并在逻辑信道表中建立一行记录，其中的入端口和出端口字段值分别为 2 和 3，且自主产生入端的 VCI 值 67，出端 VCI 字段为空。此时该行记录的索引同源地址 A 及宿地址 B 绑定。该交换机将该帧从端口 3 转发，被端系统 B 接收。

端系统 B 收到该帧，由帧首部中的地址得知该帧是端系统 A 发送的。端系统 B 自主产生

VCI 值 89,并存储下来作为 A、B 之间连接的标识。

　　连接响应过程如图 5-9 所示。端系统 B 回送"连接响应"帧,在其中含有源地址 A 及宿地址 B,还携带有该端系统产生的 VCI 值 89。

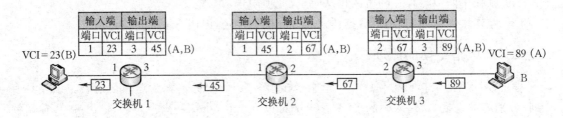

图 5-9　连接响应过程

　　第三个交换机收到该帧,根据地址 A、B 的索引确定该响应帧在逻辑信道表中对应的记录行(仅由第三个交换机的端口 3 这个条件不足以确定记录行,因另外的端系统也可能正向 B 建立连接)。将帧中携带的 VCI 值 89 填入该行中尚空的出口 VCI 字段。用该行原已记录的入口 VCI 值 67 覆盖该帧中的原 VCI 值 89,根据行记录指示从端口 2 转发出去。

　　第二个交换机收到该帧,根据地址 A、B 的索引确定该响应帧在逻辑信道表中对应的记录行。将帧中携带的 VCI 值 67 填入该行尚空的出口 VCI 字段。用该行原已记录的入口 VCI 值 45 覆盖该帧中的原 VCI 值 67,根据行记录指示从端口 1 转发出去。

　　第一个交换机收到该帧,根据地址 A、B 的索引确定该响应帧在逻辑信道表中对应的记录行。将帧中携带的 VCI 值 45 填入该行尚空的出口 VCI 字段。用该行原已记录的入口 VCI 值 23 覆盖该帧中的原 VCI 值 45,从端口 1 转发出去。

　　端系统 A 收到该帧,根据帧中地址 A、B 得知该帧中的 VCI 值 23 代表 A 和 B 的连接,将该 VCI 值 23 存储下来作为 A、B 之间连接的标识。由此,在端系统 A、B 以及沿途相关的各交换机内建立了相互关联的记录,在网络中形成了一条确定的"路径"。

　　在"连接响应"过程中,当各表记录行中的出端 VCI 字段被填充后,即可取消对该行的源、宿地址绑定。在数据传输阶段,不再需要源、宿地址,每段链路的各 VCI 值标识了该链路上的各条信道(channel)。各段链路的前后相互关联的 VCI 所代表的各段信道相串连构成了源端到宿端的一条通路(path)。

　　由于虚电路标识符 VCI 只具有局部意义,可以用较短的字长表示,比采用较长的全局地址减小了传输的开销。

2. 数据传送

　　在连接建立阶段,在逻辑信道表中建立了相应记录,形成了源端到目的端的一条通路。数据传送阶段如图 5-10 所示。端系统 A 发送给端系统 B 一个数据帧。该帧并不含 A、B 的地址,而是以 VCI=23 标识该帧是 A 给 B 的。第一个交换机从端口 1 收到该帧,根据到来端口号 1 以及帧中的 VCI 值 23 查找逻辑信道表,得到匹配行记录,得知输出端口为 3,输出 VCI 为 45。该交换机将帧中的原 VCI 值 23 用新的 VCI 值 45 替换,从端口 3 转发该帧。第二个交换机从端口 1 收到该帧,根据到来端口号 1 以及帧中的 VCI 值 45 查找逻辑信道表,得到匹配行记录,得知输出端口为 2,输出 VCI 为 67。该交换机将帧中的原 VCI 值 45 用新的 VCI 值 67 替换,从端口 2 转发该帧。第三个交换机从端口 2 收到该帧,根据到来端口号 2 以及帧中的 VCI 值 67 查找逻辑信道表,得到匹配行记录,得知输出端口为 3,输出 VCI 为 89。该交换机将帧中的原 VCI 值 67 用新的 VCI 值 89 替换,从端口 3 转发该帧。端系统 B 收到 VCI 为 89 的数据帧,根据保存的 VCI 记录,得知该帧是由端系统 A 发送来的。

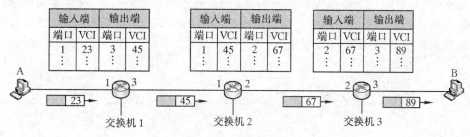

图 5-10　数据传送

5.3.3　虚电路网络的时延

如图 5-11 所示,虚电路网络在传输数据之前,需在端设备之间建立连接。建立连接的过程包括了请求和应答帧的发送时间以及往返传播时间。在连接建立起来以后,数据传送阶段包括各节点收到整个数据帧后进行存储、处理、排队、发送的时间,以及端到端的传播时间。在数据传送结束后,需进行连接拆除。在拆除连接阶段,一端发起拆除连接请求,沿途交换机和另一端逐个清除连接记录并释放该连接占用的资源。

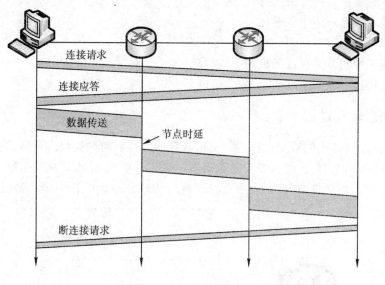

图 5-11　虚电路网络的时延

5.4　分组交换网中的数据报交换技术

5.4.1　数据报交换原理

在数据报网络中,无需连接建立过程。各数据报(分组)在网络中作为独立的单元进行传送。如图 5-12 所示,端系统 A 向端系统 B 发送了 4 个数据报。网络中的第一个路由器在陆续收到这些数据报中的每一个时,根据当时的路由表内容将该数据报转发到某个输出端口。由于路由表随着网络状态的变化在不断更新,所以第一个路由器对这 4 个数据报的输出端口不一定相同,由此造成一个端系统对另一个端系统发送的诸数据报可出现"殊途同归"的现象,并且由于各路径延迟的不同而导致在宿端出现数据报的错序。在数据报网络中,由目的端系统负责发现和处理丢失、错序的数据报。

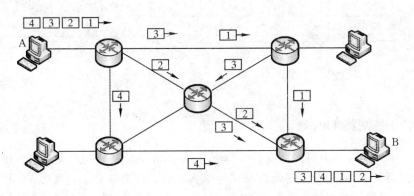

图 5-12　数据报网络

数据报交换具有以下特点:

- 数据以特定格式的分组进行传送。
- 在两端设备之间不建立连接。
- 数据报中需有用户标识(地址)。
- 数据报在中间节点存在随机的排队时延。
- 数据报传送可经不同路径,不独占信道。

5.4.2　数据报转发过程

数据报网络中的各中间节点(路由器)根据自身的路由表对数据报进行转发。最简单的路由表如图 5-13 所示(实际的路由表要复杂得多,见第 11 章)。路由器从某个端口收到数据报后,取出首部中的目的地址,在路由表中查找同该目的地址匹配的行记录。若发现匹配行,则

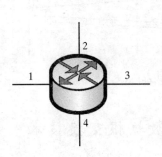

目的地址	输出端口
⋮	⋮
175.23.45.12	1
198.34.56.78	2
⋮	⋮

图 5-13　数据报网络的路由表

根据该行的出端口字段内容的指示将该数据报从此端口转发出去。路由器将根据网络状态动态修正路由表(见第10章)。

5.4.3 数据报网络的时延

如图5-14所示,数据报网络在传输数据之前无需在端设备之间建立连接。在数据传送阶段,各节点要对整个数据报进行存储、处理、排队和发送。

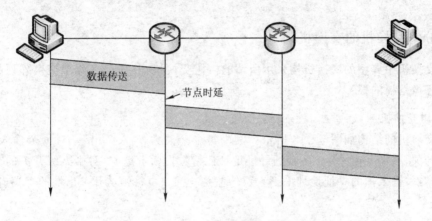

图5-14 数据报网络的时延

5.5 分组交换机

5.5.1 分组交换机的结构

分组交换机的典型结构如图5-15所示,其中的路由决策将在第11章中讨论。

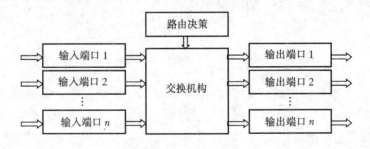

图5-15 分组交换机的一般结构

输入端口的结构如图5-16所示,处理环节包括对信号的接收,对帧的定界、检错,以及在输入队列中排队。

图5-16 分组交换机的输入端口

输出端口的结构如图 5-17 所示，处理环节包括在输出队列中排队，对帧生成校验码，封装帧，以及编码、发送等。

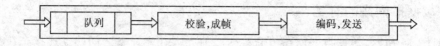

图 5-17　分组交换机的输出端口

5.5.2　分组交换机的交换机构

分组交换机中典型的交换机构采用所谓的榕树交换机，其命名来源于交换阵列的排列和连线形式好像榕树的根。

1. 榕树交换机

榕树交换机的结构如图 5-18 所示。其中每个开关为"2 入 2 出"。对 n 个输入，每级设置 $n/2$ 个开关，共需 $\log_2 n$ 级。各帧的寻址地址比特数也为 $\log_2 n$。对第 k 级开关的交换规则为：根据该开关输入帧的寻址地址中第 k 位的值是 0(或 1)，将帧从开关出端的上端口(或下端口)输出。

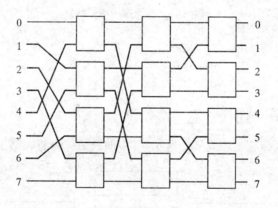

图 5-18　榕树交换机的结构

【例 5-1】一个三级的榕树交换机如图 5-19 所示。在输入端 0 和 3 的数据帧的寻址地址分别为 110 和 001。图中示出了各级的转发路径。可见，由于寻址地址是 110 和 001，即十进制的 6 和 1，这两个数据帧转发到了输出端 6 和 1。

榕树交换机存在出现内部冲突的问题。所谓内部冲突，是指即使两个帧要到达的最终输出端口不同，但在交换机内部却可能在占用内部端口上出现冲突。如图 5-20(a)所示，若第 k 级的一个开关的两个输入端上的两个寻址码的第 k 位相同，则在该开关内部出现冲突。一种解决冲突的策略如图 5-20(b)所示，只要在榕树交换机的输入端按寻址地址码的大小排序，则不会出现内部冲突。

解决榕树交换机内部冲突以及外部输出端冲突的措施如图 5-21 所示。先由"排队处理环节"对各帧的输出端是否相同进行检测，若发现寻址地址相同的帧，则将这些帧进行排队处理，即由并行转换为串行，以避免输出端冲突。再采用白切尔交换机对各路输入数据帧根据寻

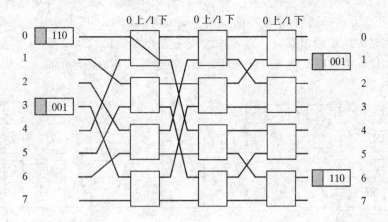

图 5-19 例 5-1 的示例图

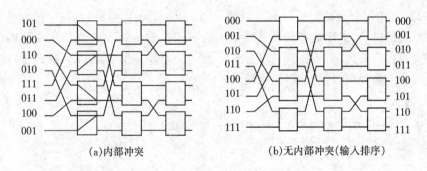

(a)内部冲突   (b)无内部冲突(输入排序)

图 5-20 榕树交换机的内部冲突

址地址进行排序(白切尔交换机的结构以及排序功能和防止内部冲突的作用将在后面进行介绍)。

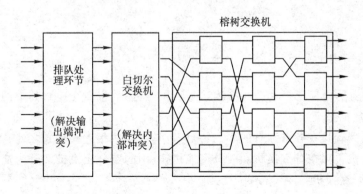

图 5-21 解决冲突的措施

2. 白切尔交换机

白切尔交换机的作用是将数据帧按照寻址地址的大小在输出端进行排序,其结构如图

5-22所示。白切尔交换机的每个"2入2出"开关比较两个输入数据帧寻址地址的大小,地址大的送到箭头所指方向的端口,地址小的送到箭尾方向的端口。若开关的输入端仅有一个数据帧,则送到箭尾方向的输出端口。对 n 输入端/n 输出端的白切尔交换机,当有 k 个($k \leqslant n$)数据帧输入时,这 k 个数据帧将按寻址地址大小的顺序排列在输出端的前 k 条线上。

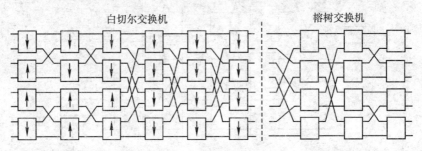

图 5-22   白切尔交换机解决榕树交换机内部冲突

【例 5-2】白切尔交换机的排序示例如图 5-23 所示。由图可见,四路寻址地址无序的数据帧经白切尔交换机后,有序地排列在其输出端的前四条输出线上。经排序后的四个数据帧再作为榕树交换机的输入,将不出现内部冲突。此例的白切尔交换机内部的具体排序过程由读者根据上述的交换规则自行完成(见习题 5-4)。

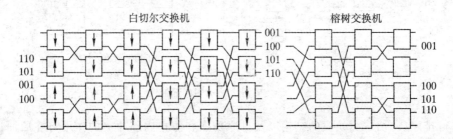

图 5-23   白切尔交换机的排序示例

本章小结

◆ 交换网络分为电路交换和分组交换(以及已不常用的报文交换),其中的分组交换又分为虚电路交换和数据报交换。

◆ 各种交换网既具有各自独有的不同特点,也具有某些相近或相同之处。

◆ 电路交换机包括空分交换机和时分交换机,其中的空分交换机又分为交叉点式空分交换机和级联式空分交换机。

◆ 虚电路交换的要点包括 VCI 概念、逻辑信道表的建立过程以及数据传送过程。

◆ 数据报交换的要点包括全局地址的概念和路由转发过程。

◆ 分组交换机的要点包括交换机的典型结构,榕树交换机的结构和交换过程,以及白切尔交换机的结构和交换过程。

习 题

5-1 比较三种主要的交换技术各自的特点和异同之处。

5-2 设计一个 20 路输入和输出的三级级联空分交换机。第一级使用四个交叉点式交换机,第二级使用三个交叉点式交换机。画出该三级级联交换机的布局图。该交换机同时最多允许多少路信号被接通?

5-3 对虚电路网络,同一个交换机的逻辑信道表中,

(1) 允许两行记录的输入端口相同吗?

(2) 允许两行记录的输出端口相同吗?

(3) 允许两行记录的输入 VCI 值相同吗?

(4) 允许两行记录的输出 VCI 值相同吗?

(5) 允许两行记录的输入端口以及输入 VCI 值均相同吗?

(6) 允许两行记录的输出端口以及输出 VCI 值均相同吗?

5-4 完成【例 5-2】的逐级转发过程。

5-5 在虚电路交换网中的连接建立阶段,连接建立的主动方是被动地接受相邻交换机赋予的 VCI 值作为该连接的唯一标识;而连接建立的被动方是主动产生 VCI 值作为该连接的唯一标识。在全双工通信场合,一个端系统可以同时作为连接的主动方和被动方。如何避免对于一个端系统同时出现两个连接(一个是主动建立的,另一个是被动建立的)具有相同 VCI 的问题?

第6章 有线局域网

自上世纪80年代以来,局域网得到了迅速的发展和广泛的应用,出现了多种类型的局域网技术和系统,其中的有线局域网如以太网、令牌环网、令牌总线网、FDDI光纤环网等,均在一定时期、一定地域得到了不同程度的应用。在当今的有线局域网中,以太网技术逐渐占据了最广泛的市场,并成为该领域的主流技术。鉴此,本章主要介绍以太网技术。首先对以太网的介质访问控制技术进行讨论,随后介绍以太网的各种标准。

6.1 随机访问控制技术

早期的局域网主要使用共享介质的多点连接方式,多个端系统共同占用广播式信道,因此当时的局域网技术的关注点是对共享介质的访问控制机制。主要的介质访问控制技术包括:多种随机访问控制技术,信道预约技术以及信道复用技术,等等。早期的以太网使用的是随机访问控制技术,故本章仅对此技术进行介绍,其他技术从略。

6.1.1 ALOHA 局域网

上世纪70年代,夏威夷大学设计实现了世界上第一个无线局域网,称为 ALOHA(Alternate Link on Hawaii)。由于各端系统使用相同的无线频带,所以该无线网的拓扑结构为共享介质的总线型结构。最初时期的 ALOHA 网络对各个端系统的发送不做控制,在任何时刻只要有数据帧即可发送。当不止一个端系统发送的帧同时出现在信道(空中的无线频带)上时,将造成帧之间的冲突,如图 6-1 所示。

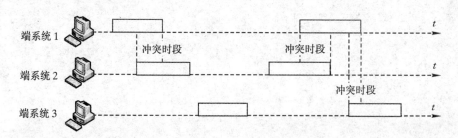

图 6-1 纯 ALOHA 系统中的冲突

对冲突造成数据帧损坏的处理策略是,每个端系统发送出一帧后,等待一个合理的时间(如往返时间)。若在此时间内收到接收方返回的确认帧,则认为发送成功。若等待至超时仍未收到确认帧,则判断帧损坏,随即进入重发过程。重发过程采取"二进制退避指数"算法(见图 6-2 中所示的产生整数 K、R 的环节)生成随机等待时间,在等待时间到时重发原帧,但对重发次数有所限制。工作流程如图 6-2 所示。

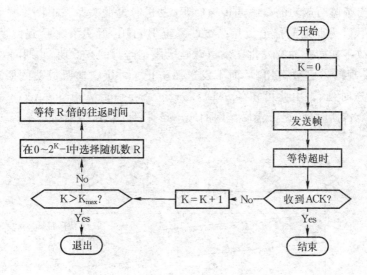

图 6-2　纯 ALOHA 系统发送方的流程图

由于纯 ALOHA 系统的冲突概率较高,因此造成网络的信道利用率较低。随后对原 ALOHA 网络做了改进,设计了时隙 ALOHA 系统,旨在减少冲突,提高信道利用率。时隙 ALOHA 系统的技术要点是各个端系统在时间上保持同步,各个端系统均仅在统一的时隙间隔开始时刻才能发帧。该措施大幅度降低了冲突,使信道的最大吞吐量比原 ALOHA 网络提高了一倍。

6.1.2　载波侦听多路访问 CSMA

为进一步减小冲突概率,在 ALOHA 技术的基础上增加了监听环节,即各个端系统在发送前首先对信道进行监听,若发现此时信道上已有信号则不发送。监听策略可减少冲突,但不能消除冲突,这是由于网络中的端系统之间存在传播时延,见图 6-3。图中,端系统 B 在 t_1 时刻向总线上发送了一帧,在 t_2 时刻,端系统 D 有帧要发送,则对信道进行监听。由于 B 至 D 之间有一定距离,B 发出的信号在 t_2 时刻尚未到达 D,故 D 在 t_2 时刻监听到信道空闲,则 D 发送了帧。两个帧在总线上相遇,发生了冲突,造成数据损坏。图中的阴影部分为由冲突损坏的信号。

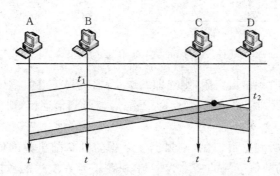

图 6-3　由于传播时延造成监听无效的示意图

图 6-4 示出了监听成功的概率同传播时延、发送时延的关系。由图可见,传播时延区段是监听的无效期,因为此期间信道虽然已被端系统 B 占用,但端系统 D 在此期间即使监听也是监听不到的,故不能防止冲突发生。发送时延区段是监听的有效期,此期间要发送帧的端系统通过监听可发现信道已被占用,从而不发送而防止了冲突。监听成功的概率＝发送时延/(传播时延＋发送时延)。由此可知,CSMA(Carrier Sensing Multiple Access)的有效应用条件是:发送时延≫传播时延,这符合局域网的应用条件:距离近,传播时延小。

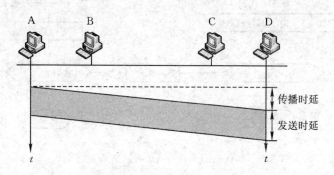

图 6-4 监听成功的概率同传播时延、发送时延的关系

在 CSMA 协议中,可采取不同的"坚持"策略。所谓坚持策略,包括两个方面的规则,一是指若监听到信道空闲,是否可立即发送。二是指若监听到信道忙,是继续监听,还是过会儿再来监听。有三种坚持策略,分别称为"1-坚持"、"非坚持"、"p-坚持",如图 6-5 所示。

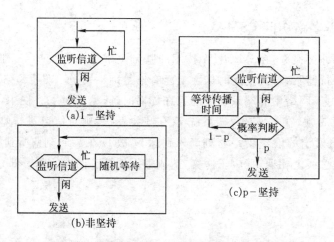

图 6-5 坚持策略

(1) 1-坚持:若监听到信道空闲,则立即发送;若监听到信道忙,则继续监听。

(2) 非坚持:若监听到信道空闲,则立即发送;若监听到信道忙,则等待一个随机时间后再监听。

(3) p-坚持:若监听到信道空闲,则根据一个均匀分布随机数的值决定是否发送。该随机数出现在允许发送的数值范围的概率为 p,出现在不允许发送的数值范围的概率为 1-p。若允许发送,则立即发送;若不允许发送,则再等待一个时间段(一般为传播时延)后再监听信道。若监听到信道忙则继续监听。

6.1.3　CSMA/CD

CSMA/CD 中的"CD"是指"冲突检测（Collision Detection）"，此机制的目的是为了减少冲突发生后已损坏帧继续占用信道的时间，在监听的基础上增加了发现冲突后的处理措施。具体做法为：每个端系统在发送帧期间持续对信道进行冲突检测，一旦发现有冲突发生，立即停止发送数据帧，而转为发送一个较短的"强化冲突信号帧"。这样做的目的是，一则减少了已损坏的数据帧继续占用信道的时间，二则强化了冲突信号，便于其他端系统检测到冲突。CSMA/CD 减少损坏帧占用信道时间以及发送强化冲突信号帧的示意图见图 6-6。如图所示，端系统 A 在 t_1 时刻发送的帧同端系统 C 在 t_2 时刻发送的帧发生了冲突（有冲突损坏的信号由浅灰色区域表示）。端系统 C 在 t_3 时刻检测到冲突，则停止继续发送数据帧，改为发送强化冲突信号帧（该帧由深灰色区域表示）；端系统 A 在 t_4 时刻检测到冲突，则停止继续发送数据帧，改为发送强化冲突信号帧（也由深灰色区域表示）。

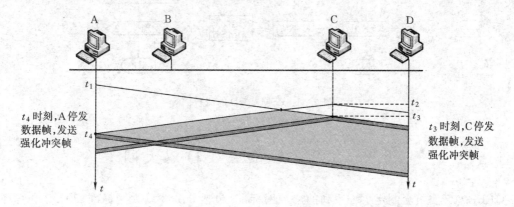

图 6-6　CSMA/CD 减少损坏帧占用信道时间的示意图

由于是在发送帧期间进行冲突检测，故对帧的发送时间有所要求。如图 6-7 所示，端系统 A 发送了一帧，发送时间的长度 $t_f = t_3 - t_1$。在该帧即将到达端系统 B 的前一瞬间 t_2，B 监听到信道闲，也发送了一帧，两帧产生了冲突。该冲突信号经传播时间 t_p 后于 t_4 时刻到达 A。

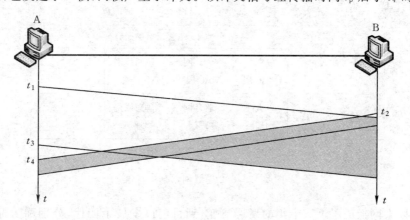

图 6-7　最小帧长度的限制

若 $t_f < 2t_p$，即 $t_3 < t_4$，则 A 在冲突信号到达之前已发送完毕，而发送完毕后不再进行冲突检测，故 A 未发现有冲突发生，以为自己已成功发送了帧。CSMA/CD 机制对发送时延的限制是 $t_f \geq 2t_p$，由此可保证冲突能在帧发送期间被检测到。由于 $t_f =$ 帧长度/比特率，则对已定的比特率和传播时延，限定了最小的帧长度。

图 6-8 示出了 CSMA/CD 的流程图。发送方若至发送帧结束时尚未检测到冲突，则认为发送成功，不再保存已发帧的副本。CSMA/CD 不采用对方确认的机制。对传输中出现的其他差错，由上层协议解决。

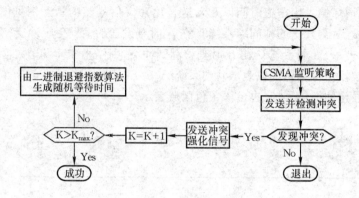

图 6-8　CSMA/CD 的流程图

6.2　802.3 CSMA/CD 以太网

IEEE 802 委员会制定了一系列的局域网标准，包括 802.3 以太网标准、802.5 令牌环网标准、802.6 令牌总线网标准等，如图 6-9 所示。该系列标准规定了各种局域网物理层和数据链路层的协议。其中数据链路层又划分为各种局域网所不同的 MAC(介质访问控制)子层和各种局域网所相同的 LLC(逻辑链路控制)子层。目前，LLC 子层已不经常被使用，上层协议可直接访问 MAC 子层，故本章略去对 LLC 子层的讨论。并把对局域网的讨论集中在 802.3 以太网的内容上。

数据链路层	LLC(逻辑链路层)			
	以太网 MAC 层	令牌环网 MAC 层	令牌总线网 MAC 层	…
物理层	以太网 物理层	令牌环网 物理层	令牌总线网 物理层	…
	802.3	802.5	802.6	

图 6-9　802 局域网系列的标准

802.3 以太网经历了近三十年的发展演变，到目前已发展了四代，分别称为标准以太网、快速以太网、千兆以太网和万兆以太网，如图 6-10 所示。

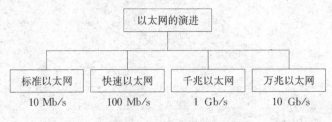

图 6-10　802.3 以太网的演进

6.2.1　标准以太网的 MAC 子层

标准以太网采用 CSMA/CD 的 1-坚持协议。帧结构如图 6-11 所示。

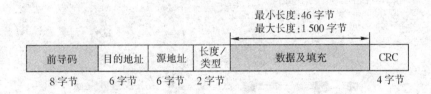

图 6-11　802.3 帧结构

帧的前端为 64 比特的前导码,模式为"101010…101011",即前 62 个比特为"10"的重复,最后 2 个比特为"11"。该前导码是为接收方进行同步所用的,使接收方确定帧的起始位置。

帧中含有 14 字节的首部以及 4 字节的尾部。首部由三个字段组成,包括 6 字节的目的地址、6 字节的源地址以及 2 字节的长度字段(或类型字段)。802.3 标准兼容了原 DIX 以太网标准。若"长度/类型"字段的值小于 1 500,解释为长度字段(802.3 标准);若大于 1 500,解释为类型字段,用于标识帧中的数据是由哪个上层协议所产生(原 DIX 以太网标准)。帧尾部的 4 字节为使用 32 位余数的 CRC 校验。数据字段的最小长度为 46 字节,加上帧首部和尾部共计 64 字节。限定最小帧长度是基于前面所述的保证冲突检测有效的条件($t_t > 2t_p$)。标准以太网取往返时延为 51.2 μs,对于数据率 10 Mb/s,最小帧长度应为 10 Mb/s×51.2 μs= 512 bit=64 字节。若数据部分的实际长度不到 46 字节,则需填充至 46 字节。

可注意到,以太网帧中无序号字段,也无确认字段。而在后面将介绍的无线局域网 802.11 的帧中,具有序号字段和确认字段。其原因在于以太网是在短距离范围工作的有线网,差错的主要来源是冲突。以太网由冲突检测机制来发现冲突,若未发现冲突则认为帧发送成功。而无线局域网的无线传播方式易受到外部干扰,在传输过程中错码概率较大,对差错控制的要求更高。

6.2.2　标准以太网的物理层

标准以太网经历了演变和发展的过程。在发展过程中,虽然其 MAC 子层未发生变化,但其物理层出现了四种类型的实现方式,如图 6-12 所示。标准以太网的信号编码为曼彻斯特码。

最早出现的以太网是采用粗同轴电缆介质的总线型以太网 10Base-5,如图 6-13 所示。

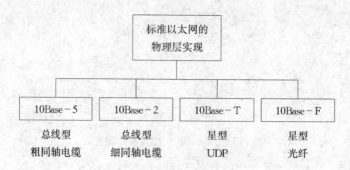

图 6-12 标准以太网的物理层

10Base-5 命名规则的含义是指：10 Mb/s 的数据基带传输率，每个网段最长为 500 m。目前，10Base-5 网络已不再使用，不作赘述。

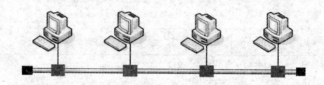

图 6-13 10Base-5 粗同轴电缆介质的总线型以太网

之后出现的以太网是采用细同轴电缆介质的总线型以太网 10Base-2，如图 6-14 所示。10Base-2 命名规则的含义是指：10 Mb/s 的数据基带传输率，每个网段最长为 185 m。目前，10Base-2 网络也已几乎不再使用，不作赘述。

图 6-14 10Base-2 细同轴电缆介质的总线型以太网

得到了广泛使用的标准以太网是采用双绞线介质的星型以太网 10Base-T，如图 6-15 所示。10Base-T 命名规则的含义是指：10 Mb/s 的数据基带传输率，双绞线介质。10Base-T 每条双绞线链路的长度限于 100 m，但可通过 Hub 的级连进行扩展（最多允许 4 个 Hub 级连 5 段链路）。

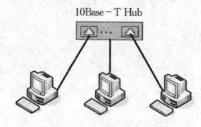

图 6-15 10Base-T 双绞线介质的星型以太网

另一种星型结构是采用光纤介质的星型以太网 10Base - F,如图 6 - 16 所示。10Base - F 命名规则的含义是指:10 Mb/s 的数据基带传输率,光纤介质。10Base - F 采用多模光纤(光芯直径为 62.5 μm,光波波长为 0.85 μm),光纤链路的传输长度限制为 500 m。

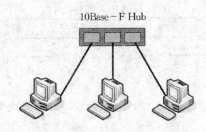

图 6 - 16　10Base - F 光纤介质的星型以太网

6.3　快速以太网

在标准以太网之后出现的快速以太网命名为 IEEE 802.3u,数据传输率为 100 Mb/s。

6.3.1　快速以太网的 MAC 子层

快速以太网依然采用 CSMA/CD 机制,其帧格式与标准以太网相同。为与标准以太网兼容,在快速以太网产品中引入了端口间自动协商功能:端设备启动时,网卡端口发送 33 比特的 NRZ - I 码,前 17 比特为同步信号,后 16 比特为协商信息。双方根据协商信息配置成共同具有的最高优先级工作模式。

6.3.2　快速以太网的物理层

快速以太网的物理层实现有三种形式,如图 6 - 17 所示。

图 6 - 17　快速以太网的物理层实现

100Base - Tx 采用 2 对 5 类 UTP 双绞线作为传输介质。编码步骤是:先进行 4B/5B 编码(增加数据中"1"的数目),再进行 MLT - 3 编码(信号波形产生),如图 6 - 18(a)所示。

100Base - Fx 采用 2 根光纤作为传输介质。编码步骤是:先进行 4B/5B 编码,再进行 NRZ - I 编码,如图 6 - 18(b)所示。

100Base - T4 采用 4 对 3 类 UTP 双绞线作为传输介质,使用 8B/6T 编码方案。4 对双绞线中,有一对线始终用作输出,一对线始终用作输入,另两对线根据设备是处于发送或接收状态动态设置成输出或输入,如图 6 - 18(c)所示。由于采取三路并行的传输方式,使得较低传

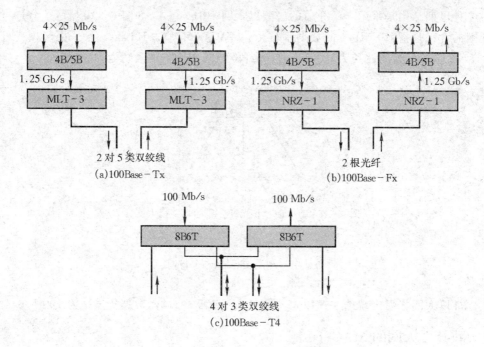

图 6-18　快速以太网的物理层

输速率的 3 类双绞线可实现较高的数据率要求。

6.4　千兆及万兆以太网

6.4.1　千兆以太网

千兆以太网命名为 IEEE 802.3z。帧格式同于标准以太网 802.3。介质访问控制方式分为两种,即传统的 CSMA/CD 半双工方式以及无 CSMA/CD 机制的全双工方式。在全双工方式下,输入和输出不仅在介质上物理分离,而且在发送和接收的控制关系上也独立,因此无需 CSMA/CD 机制。而对于使用 CSMA/CD 机制的设备,即使传输介质是分离的,但当本方在用输出线发送帧期间,接收线是用作"冲突信号检测"的,而不是用于接收对方数据帧的;当对方在发送时,本方通过接收线监听到信道忙,故不能从输出线上发送数据帧。因此,若使用 CSMA/CD 机制,即使输入和输出传输线是分离的,对数据帧的传送仍是半双工的。

千兆以太网对半双工方式下的 MAC 子层协议作了两处修改:

1. 帧扩展措施

在 10 Mb/s 以太网中,规定最小帧长为 512 比特,最小发送时间为 51.2 μs。在 100 Mb/s 以太网中,最小帧长仍为 512 比特,而最小发送时间为 5.12 μs。若在千兆以太网中仍使用同样的最小帧长,则最小发送时间将为 0.512 μs,即往返时延 $2t_p$ 不得大于此值,使得半双工模式下的网络跨距小到不现实的程度。

对此,半双工方式下的千兆以太网采用"帧扩展"措施:若帧长度大于 4 096 比特(512 字节),则不填充扩展位;否则,进行填充扩展位使帧长度达到 4 096 比特,从而增大了最小发送时间(40.96 μs),也就增大了允许的网络跨距。

2. 帧突发措施

在大量短帧传输的情况下,上述帧扩展作法会增加大量的填充位,造成系统带宽的浪费。对此,采用"帧突发"措施予以缓解。

当一个站点有多个短帧要发送时,先发送第一个带有扩展位的帧。若未发现冲突,随后连续发送不带扩展位的短帧,帧之间用"禁用码"填充以占用信道,如图 6-19 所示。连续发送的所有短帧和填充位的总长度要求小于 1 500 字节。

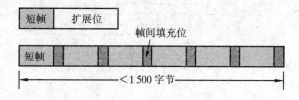

图 6-19　帧突发措施

千兆以太网的物理层实现有四种方式,如图 6-20 所示。

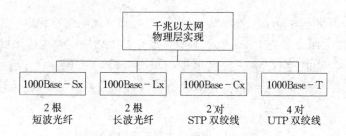

图 6-20　千兆以太网的物理层实现类别

1000Base-X(包括 1000Base-Sx,1000Base-Lx,1000Base-Cx)的编码方式如图 6-21 所示。其中光纤介质的 1000Base-Sx 和 1000Base-Lx 采用了 NRZ 编码,双绞线介质的 1000Base-Cx 采用了 NRZ-I 编码。

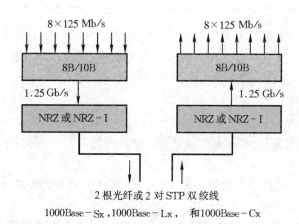

图 6-21　1000Base-X 的编码方式

1000Base-T 的编码方式如图 6-22 所示。1000Base-T 采用 4 对 UTP 双绞线作为传输介质,使用 4D-PAM5 编码方案。由于采取四路并行的传输方式,使得较低传输速率的双绞线可实现较高的数据率要求。

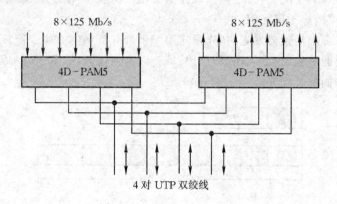

图 6-22　1000Base-T 的接线图以及编码方式

6.4.2　万兆以太网

近年来,随着网络业务量的快速增加,对以太网达到更高的速率提出了迫切的要求。目前最高速率的万兆以太网命名为 IEEE 802.3ae,采取全双工传输。万兆以太网物理层的实现方式如表 6-1 所示。其中 10GBase-S 表示采用短波红外,10GBase-L 表示采用长波红外,10GBase-E 表示采用扩展波段红外。随着光波波长向长波方向的扩展,传输距离得到了显著的增大。

表 6-1　万兆以太网的物理层实现

	10GBase-S	10GBase-L	10GBase-E
介质	850nm 短波红外 多模光纤	1 310nm 长波红外 单模光纤	1 550nm 长波红外 单模光纤
最大长度	300 m	10 km	40 km

万兆以太网主要用于连接大容量交换机和服务器集群,也可以用于构建广域网和城域网,以及实现局域网之间的连接。以光纤为传输介质的高速(千兆、万兆)以太网在同传统的广域网传输和组网技术(如 ATM)的竞争中已显现出优势。

6.4.3　网卡简介

(1)网卡的功能:计算机同局域网的连接是通过网络接口卡实现的。网络接口卡又称为网络适配器,俗称"网卡"。

网卡是工作在数据链路层和物理层的组件。虽然目前网卡的种类较多,但其功能大同小异。网卡的主要功能包括:

① 数据帧的封装与解封。发送端的网卡将网络层传递下来的数据单元加上首部和尾部构成帧。接收端的网卡将收到的帧去掉首部和尾部,然后提交给网络层。

② 介质访问控制管理，主要是 CSMA/CD 协议的实现。

③ 编码与译码，即数据同信号之间的变换。

　　网卡同介质之间是以串行传输方式进行的，而网卡同计算机之间则是通过计算机主板上的 I/O 总线以并行传输方式进行的。因此，网卡要对收发的数据进行串行/并行转换。由于网络上的数据率和计算机总线上的数据率并不相同，因此在网卡中需有对数据进行缓存的存储芯片。

　　（2）网卡的分类：网卡的种类较多，可按不同的标准进行分类。

　　① 按网卡对计算机总线的接口类型划分

　　按网卡的总线接口类型不同，可分为 ISA 接口网卡、EISA 网卡、PCI 接口网卡、服务器上 PCI－X 总线接口网卡、笔记本电脑所使用的 PCMCIA 接口网卡，以及 USB 接口的外置式网卡。目前，PCI 接口网卡以其高性能、易用性和增强了的可靠性使其在以太网网络中被广泛采用。

　　② 按网卡对网络介质的接口类型划分

　　根据所连接的传输介质不同，网卡的介质接口有 AUI 接口（粗同轴电缆）、BNC 接口（细同轴电缆）、RJ－45 接口（双绞线）以及 SC 型标准光纤接口四种接口类型。其中的 AUI 接口和 BNC 接口在目前已很少见。

　　③ 按网卡的数据率划分

　　目前主流的网卡主要有 10 Mb/s 网卡、100 Mb/s 网卡、10 Mb/s/100 Mb/s 自适应网卡、1 000 Mb/s 千兆网卡四种。万兆以太网网卡也已在市场上出现。

　　④ 按网卡的应用场合划分

　　根据网卡所应用的计算机类型，可以将网卡分为应用于工作站的网卡和应用于服务器的网卡。工作站网卡也可应用于普通的服务器上。但是对于承载大数据量的服务器通常采用专门的网卡。这类网卡相对于工作站所用的普通网卡来说，在数据率（主流的服务器网卡采用 64 位千兆网卡）、接口数量、稳定性、纠错能力等方面都有比较明显的优势。有的服务器网卡还支持冗余备份、热拔插等服务器专用功能。

6.5　局域网连接

　　局域网之间可由互连设备连接起来。常用的互连设备包括转发器、共享式 Hub、网桥、交换机、路由器、网关等。各种互连设备工作的协议层如图 6－23 所示。

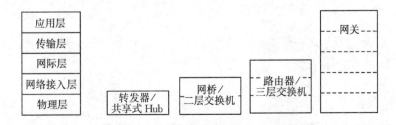

图 6－23　局域网互连设备工作的协议层

6.5.1　转发器与共享式 Hub

　　转发器与共享式 Hub 属于物理层设备。转发器连接网段的示意图如图 6-24 所示。转发器将任一个端口收到的信号无选择地转发到其他端口,使互连的网段形成为一个共享介质的广播域。

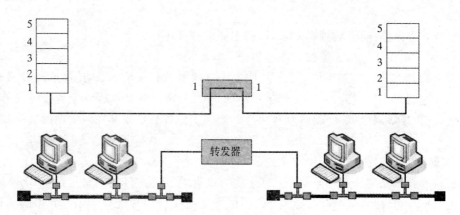

图 6-24　转发器连接网段的示意图

　　共享式 Hub 同样属于物理层设备,由共享式 Hub 连接网段的示意图如图 6-25 所示。虽然由共享式 Hub 连接所构成网络的物理拓扑为星型(或树型)结构,但其逻辑拓扑却为总线型结构。共享式 Hub 的内部结构如图 6-26 所示。Hub 将任一输入端口收到的信号整形后转发到其他输出端口;若多于一个输入端口收到信号,则向各输出端口发出"强化冲突信号"。共享式 Hub 互连的各网段形成为一个共享介质的广播域。

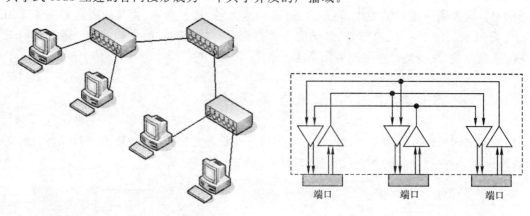

图 6-25　共享式 Hub 的物理拓扑　　　　　图 6-26　共享式 Hub 的内部结构

6.5.2　网桥

　　网桥属于数据链路层(网络接入层)设备。由网桥连接网段的示意图如图 6-27 所示,网桥内保存有一个"转发表",表中记录了各个端系统的地址以及该端系统所在的网桥端口方向(稍后将介绍表内容的建立过程)。网桥的某个端口收到一个数据帧后,根据帧中的目的地址查找转发表。若无匹配项,则向除入端口以外的所有其他端口转发该帧(即广播);若有匹配项,则比较该帧的入端口和该表项中记录的端口值是否相同:若相同,表明目的站在该帧的入端口侧,则不必转发而丢弃该帧;若不同,将该帧转发到表项中端口值所指的端口。

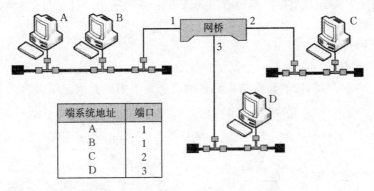

端系统地址	端口
A	1
B	1
C	2
D	3

图 6 - 27　由网桥连接网段的示意图

　　使用网桥的主要场合是,网络中各网段以网段内部的通信流量为主,而在网段之间的流量相对较少。采用网桥连接网段,既提供了网段间的互通,又隔断了一个网段的内部通信对其他网段的干扰。由此带来的收益是,减小了冲突域范围和冲突概率,提高了网段的有效吞吐量。

　　图 6 - 28 所示为网桥在一个端口收到一帧后的转发策略以及修订转发表项的学习规则。转发过程已在前面说明,下面对学习过程作一介绍。在学习阶段,网桥检查到来帧的源地址是

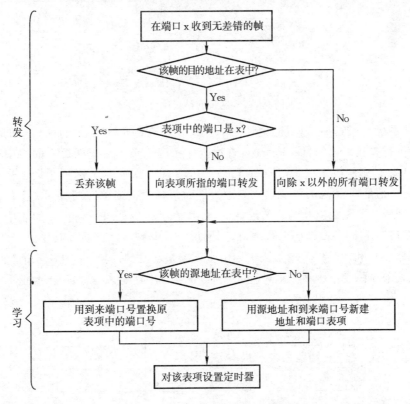

图 6 - 28　网桥的转发和学习流程图

否同表中地址存在匹配项。若无匹配项,则新建一条表项,将该帧的源地址和入端口分别填入该表项的地址字段和端口字段。若存在匹配项,则用该帧的入端口号覆盖该匹配表项中的端口字段,以应对该源地址的端系统转移到网桥其他端口的变化情况。对新建的表项以及修改的表项,均设置定时器。若至定时器超时时还未发生该表项的修订事件,则删除该表项,以避免使用过时的表项内容。

【例6-1】 网桥学习过程示例

由三个网桥连接的网络以及三个网桥转发表的初始内容如图6-29所示。端系统C向端系统A发送了一帧。写出该帧转发结束时各网桥转发表中建立的记录内容。

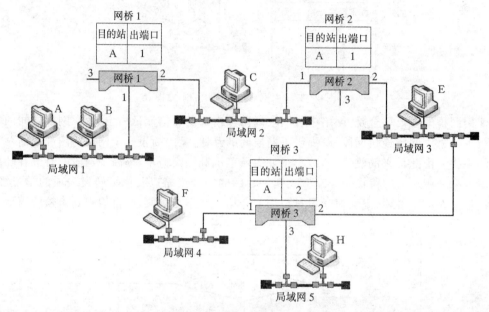

图6-29　网桥的学习过程示例

【解】 端系统C发送一帧,目的地址为A。该帧发送到局域网2上,网桥1的端口2收到此帧。网桥1首先找出帧的目的地址A,查找表中相应记录。由于网桥1的表中有地址为A的记录,端口为1,则网桥1将此帧向端口1转发,端系统A收到。网桥1接下来进入学习过程,将该帧的源地址C和入端口2填入表中。同时该帧也被连接在局域网2上的网桥2的端口1收到。网桥2首先找出帧的目的地址A,查找表中相应记录。网桥2的表中有地址为A的记录,但端口为1,同于该帧的到来端口,则网桥2丢弃该帧。网桥2接下来进入学习过程,将该帧的源地址C和入端口1填入表中。由于该帧未转发到局域网3上,网桥3未收到此帧,故网桥3的表未作修改。该帧传输过程完成后,各网桥中转发表建立的记录如图6-30所示。

网桥1		网桥2		网桥3	
目的站	出端口	目的站	出端口	目的站	出端口
A	1	A	1	A	2
C	2	C	1		

图6-30　【例6-1】示例结果

上述网桥在网络中的设置和网桥转发表的配置无需端系统知晓和参与,对于端系统而言,网桥是不可见的,因此也称为"透明网桥"。透明网桥的协议是 IEEE 802.1d。另有"源路由网桥"协议,本章从略。

对于存在多个网桥的复杂互连网络,可能形成环路。对采用透明网桥的网络,需避免环路出现。下面举例说明环路对透明网桥带来的问题。

【例 6-2】 如图 6-31(a)所示,设端系统 E 发送一帧给端系统 B。初始时三个网桥中均无目的端系统 B 的表项记录。可写出该帧的传送路径如图 6-31(b)所示。易见该帧将在环路中呈现绕圈子式的无休止传送。

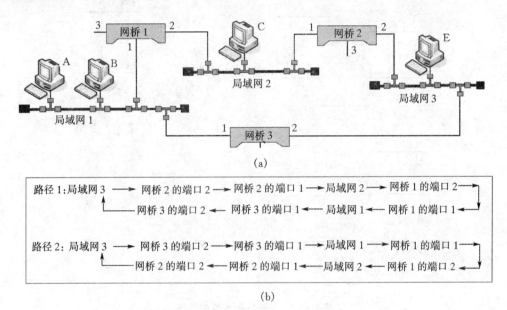

图 6-31 环路造成的绕圈子现象

为避免环路拓扑结构,在每个网桥上运行"支撑树生成算法",使某些网桥的某些端口处于"阻塞"状态,以保证互连网络的逻辑通路为支撑树拓扑(不含环路)。

对支撑树生成算法说明如下:

① 在各网桥中,选择一个网桥为"根桥(root bridge)"。实现方法是:各网桥定期发送一种用于协商的帧,内含本网桥地址标识、输出端口号、累计代价。各网桥只转发地址标识小于本网桥地址标识的协议帧,转发后不再发送本网桥的协议帧。最终各网桥得知最小地址标识的网桥,作为"根桥"。

② 各网桥确定自身的"根端口(root port)"。根端口定义:本网桥通向根桥方向累计代价最小的端口。实现方法是:各网桥根据前述协议帧中的累计代价决定自身的根端口。若两端口的累计代价相同,可任取一个端口,如取端口号较小的作为根端口。

③ 每个局域网确定一个"指定桥(designated root)"。指定桥定义:本局域网经过该桥到根桥为最小代价,并称指定桥同该局域网相连的端口为"指定端口(designated port)"。实现方法是:根桥为所在局域网的指定桥;同一局域网上的各网桥相互收发特定的协商帧,比较至根桥的代价。代价较大的网桥放弃要求,最小代价的网桥作为该局域网的指定桥。

④ 根桥置所有端口为"转发(forwarding)"状态;其他网桥置自身的指定端口和根端口为

"转发"状态；置其余端口为"阻塞（blocking）"状态。

【例 6 - 3】支撑树生成算法举例

如图 6 - 32(a)所示，六个局域网由七个网桥相互连接，网络中存在多个环路。各网桥运行支撑树生成算法，生成的根桥、根端口、指定桥如图 6 - 32(b)所示。对各端口进行相应的"转发/阻塞"状态设置后，呈现的消除了环路的网络逻辑拓扑如图 6 - 32(c)所示。图例见图 6 - 32(d)。

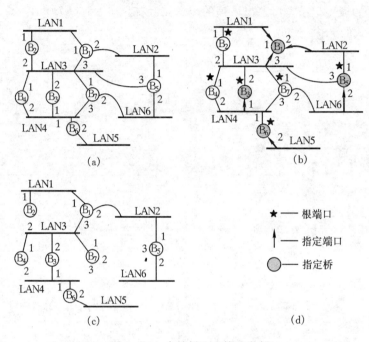

图 6 - 32　支撑树生成算法举例

6.5.3　二层交换机

二层交换机的转发原理同于多端口网桥，不同之处是为提高性能实现了一些特殊要求，如增加端口数量、提高交换速率、实施差错控制等。

二层交换机属于数据链路层（网络接入层）设备，根据数据帧中的目的 MAC 地址对数据帧进行转发，并将数据帧的源 MAC 地址和所对应的端口记录下来。具体的工作过程如下：

当交换机的某个端口收到一个数据帧，它先读取帧首部中的目的 MAC 地址，在转发表中查找该地址对应的端口。如果转发表中已有同该目的 MAC 地址对应的端口，则把数据帧输出到该端口上；如果转发表中找不到同该目的 MAC 地址对应的端口，则把数据帧广播到除入端口以外的所有端口上。交换机再读取帧的源 MAC 地址，用该源 MAC 地址和入端口更新转发表中的记录，由此学习到网中各个端系统的 MAC 地址。

二层交换机的特点包括：

① 交换机对各端口的数据同时进行并行交换，具有较高的交换总线速率。

② 二层交换机中 MAC 地址表的大小影响到交换机的接入容量。

③ 二层交换机一般都采用处理数据帧转发的 ASIC 专用硬件芯片。由于不同厂家所采

用的 ASIC 芯片有所不同,因此不同的交换机产品存在着一定的性能差异。

二层交换机可分为两类:

(1) 直通方式的二层交换机:直通方式的二层交换机(Cut-through switch)只读取帧首部的目的地址,查询交换机中的转发表,将输入帧直接通过交换阵列转发到输出端口,如图6-33所示。

图 6-33　直通方式的二层交换机

直通方式的二层交换机的优点在于转发速度快,延迟小。缺点是不提供差错检测,不能连接不同速率的端口,以及输出端口可能产生冲突。此类交换机适用于小规模的网络。

(2) 存储/转发方式的二层交换机:存储/转发方式的二层交换机(Store and forward switch)接收整个帧,将其存储于输入缓存区中,进行差错检验,查询转发表,再将输入缓存中的帧通过交换阵列转存到输出端口的缓存队列中,如图 6-34 所示。

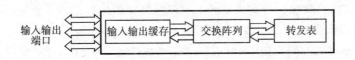

图 6-34　存储/转发方式的二层交换机

存储/转发方式的二层交换机的优点在于,可提供差错检测,可匹配不同的端口速率,以及可进行帧格式的转换。其缺点是转发延迟大,成本高。

6.5.4　三层交换机

前面已作介绍的二层交换机是数据链路层的设备。在二层交换环境下,数据帧在源端节点与目的端节点之间进行传送,数据帧对于其他端节点是不可见的。但是,当某一个端节点在网上发送广播帧或某一端节点发送了一个其目的地址在交换机的转发表中无记录的帧时,交换机将对该帧进行广播。网上的所有端节点都将收到这一广播帧,整个交换网形成了一个广播域。多个二层交换机可互连成为一个较大的局域网,但不能划分子网。广播风暴会使网络的传输效率显著降低。针对二层交换机暴露出的广播风暴和安全性控制较弱等问题,出现了交换机上的虚拟局域网技术(见下节)。

虚拟局域网是一个逻辑广播域。为了避免在网络大范围进行广播所引起的广播风暴,可将网络划分为多个虚拟局域网。在一个虚拟局域网内,由一个端节点发出的广播帧只能发送到属于相同虚拟局域网内的其他端节点,另外的虚拟局域网中的节点收不到这些广播帧。采用虚拟局域网的好处有:可控制网络上的广播风暴;增加网络的安全性;便于集中化的管理控制等。

但是,采用虚拟网技术也引发出了一些新问题。在交换式局域网环境下将用户划分在不同虚拟网上,但虚拟网之间的通信是不被二层交换机所允许的,这也包括虚拟网之间地址解析

（ARP）包的传送。一种解决方式是采用路由器（对路由器更具体的讨论见第 11 章）进行虚拟网互连。但出现的矛盾是：用二层交换机虽速度快，但不能解决广播风暴问题；采用虚拟网技术可以解决广播风暴问题，但又要用路由器来解决虚拟网之间的互通；而采用路由器会增加路由选择时间，降低数据传输效率，且路由器价格昂贵、结构复杂，一旦要增加子网就要增加路由器的端口，使成本增加。

为了解决这个矛盾，出现了第三层交换技术。三层交换机可对网络协议的第三层进行操作，起到路由决策的作用以实现网段间的互通，又几乎保持了第二层交换的速度。

所谓三层交换机是指将第三层路由功能和第二层交换功能进行有机组合的设备。三层交换机中与路由有关的第三层功能由硬件模块和配合于硬件的定制软件实现。第三层交换具有的优点为：硬件化处理提高了数据交换速度；优化的软件提高了路由效率；大部分数据转发过程由第二层交换处理。

下面对三层交换机的工作过程作具体说明：

源节点 A 要给目的节点 B 发送数据帧。A 首先判断 B 的 IP 地址是否与自己位于同一网段（对虚拟网同理）。如果 A 和 B 是在同一网段（或虚拟网），但 A 不知道目的节点 B 的 MAC 地址，A 就发送（在本网段上广播）一个 ARP 请求，经交换机的二层交换模块广播给该网段上的所有节点。B 收到后，在应答帧（单播）中返回其 MAC 地址。A 将此目的 MAC 地址封装到数据帧首部中并发送给交换机。交换机的二层交换模块根据数据帧首部的目的 MAC 地址查找 MAC 地址表，将数据帧转发到 B 所在的端口。上述交换过程不使用第三层交换模块。若 A 和 B 两个节点不在同一网段内，源节点 A 则向“缺省网关”发出 ARP 请求，缺省网关的 IP 地址对应于交换机的第三层交换模块。当第三层交换模块收到 A 对缺省网关的 ARP 请求时，如果第三层交换模块已知 B 节点的 MAC 地址，则向 A 回复 B 的 MAC 地址；否则第三层交换模块根据路由表信息（基于目的 IP）向 B 所在的网段广播 ARP 请求。B 得到此 ARP 请求后，用 ARP 响应向第三层交换模块回复其 MAC 地址。第三层交换模块将该 MAC 地址传递给第二层交换模块的转发表，并通过 ARP 响应将此 MAC 地址回复给源节点 A。之后，A 向 B 发送的其他数据帧便全部由第二层交换模块处理。由于三层交换机不对数据帧做任何拆包、打包的操作，经过它的数据帧不被修改，所以交换的速度很快。

三层交换机根据第三层功能实现方式的不同分为两大类：

（1）基于硬件的三层技术采用 ASIC 芯片，使用硬件方式进行路由表的查找和刷新。特点是速度快，性能好，负载能力强，但技术实现较复杂，成本高。

（2）基于软件的三层技术采用软件的方式查找路由表。特点是实现较简单，但速度较慢。

三层交换机区别于路由器（对路由器的更具体讨论见第 11 章）的方面还包括：

① 三层交换机的输入帧和输出帧首部中的 MAC 地址保持不变；而路由器的输入和输出帧首部中的 MAC 地址不同，分别为输入网段和输出网段的源、宿 MAC 地址。

② 三层交换机仅对应三层交换模块设置有一个 IP 地址和一个 MAC 地址；而路由器对每个端口均设置一个 IP 地址和一个 MAC 地址。

③ 三层交换机内对数据的实际转发在同一个二层交换模块中进行；而路由器中各端口对应的二层模块相互独立无关。

根据前面的讨论，可对不同的交换设备所适用的不同应用场合作如下归纳：

二层交换机主要用在小型局域网中（机器数量在几十台以下）。此场合，二层交换机对广播风暴的影响不大,其快速交换功能、多个接入端口和低廉价格适合小型网络。在这种小型网络中,无需路由功能。

三层交换机适用于大型局域网。为了减小广播风暴的危害,需把大型局域网按功能或地域划分成多个较小的网段。对于不同网段之间较大量的互访,不能由二层交换机实现。而路由器的端口数量有限,路由速度较慢。在这种环境下,由二层交换技术和路由技术有机结合而成的三层交换机就最为适合。

路由器适合于在大型网络之间的互连。一般大型网络需互连的端口不多,对互连设备的主要功能要求是选择最佳路径,以及进行负载均衡。三层交换机的主要功能是进行大型局域网内部的数据交换,路由功能没有专门的路由器强。在网络流量很大的情况下,如果三层交换机既做网内的交换,又做网间的路由,将会加重负担,影响速度。此时,可用三层交换机做网内的交换,由路由器负责网间的路由,以发挥不同设备的优势。如果出于成本考虑,也可采用三层交换机兼做网间互连。

6.6　虚拟局域网 VLAN

6.6.1　VLAN 概念

随着交换机技术的发展和网络应用的需求,出现了虚拟局域网技术。在传统的局域网中,同一个网段上的端系统处在一个广播域上。若一个端系统要更换到其他网段上,只能通过物理迁移的手段实现。而具有虚拟局域网功能的交换机可将各端口进行分别组合,形成逻辑上的广播域,如图 6-35 所示。

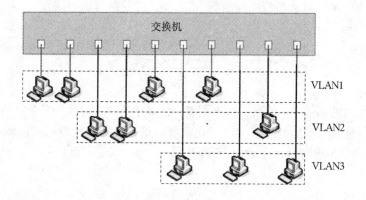

图 6-35　VLAN 划分的示意图

VLAN 的特点是:各 VLAN 的划分由软件设置。VLAN 是逻辑的,而不是物理的。每个 VLAN 建立了一个逻辑意义上的广播域,即仅同一个 VLAN 中的所有成员能够接收到发送到该 VLAN 上的广播帧。

6.6.2　VLAN 配置

VLAN 可有不同的划分规则,简介如下:

（1）根据交换机的端口划分 VLAN。作法是：将交换机的端口作不同组合，划分到相应的 VLAN 中。按此规则划分后，从交换机某个端口进入的广播帧将被转发到该端口所属 VLAN 中的其他所有端口。该种划分作法的缺点是，端系统作物理端口转移时，需对 VLAN 的端口重新配置。

（2）根据 MAC 地址划分 VLAN。作法是：将端系统的 MAC 地址作不同组合，划分到相应的 VLAN 中。该种划分方法的优点是，端系统进行物理端口转移时，无须重新配置。缺点是，当网络的用户较多时，配置工作繁重。

（3）根据 IP 地址划分 VLAN。此划分方式的优点是，端系统作物理转移时，无需重新配置，且可由修改 IP 地址改变其所属的 VLAN。缺点是交换处理速度慢。

（4）根据 IP 组播地址划分 VLAN。作法是：将不同的 IP 组播地址配置为相应的 VLAN。其优点是动态配置，灵活性高。缺点也是交换处理速度慢。

6.6.3 VLAN 相关技术

（1）在 VLAN 间的路由：不同 VLAN 上的成员间的通信需通过路由器（网络层）。由于第三层交换机将交换功能、路由功能一体化，因此第三层交换机兼有 VLAN 内的转发和 VLAN 间的路由功能。

（2）在 VLAN 交换机之间的通信：对 VLAN 交换机之间通信的解决方式包括：

① 表维护（Table maintenance）

各交换机根据 VLAN 成员表对帧进行转发。对 VLAN 成员表的维护包括人工方式和半自动/自动方式。人工方式是由管理员人工配置各交换机中的 VLAN 成员表。半自动/自动方式是各交换机根据所定规则，动态生成及更新 VLAN 成员表信息，定期相互交换（如按 MAC 地址划分 VLAN，则动态检测帧的源 MAC 地址，更新所属的端口）。

② 帧标记（Frame tagging）

在交换机间转发帧时，在帧首部设置"VLAN ID"字段，用以标识该帧的目的站所属的 VLAN。

③ 时分复用（TDM）

将交换机之间的数据链路分作 N 个时隙，对应于 N 个 VLAN。发送方交换机对不同 VLAN 的帧在不同的时隙中发送。接收方交换机根据帧所在的时隙判断该帧所属的 VLAN。（此方式存在浪费信道资源的缺点，故较少使用。）

本章小结

◆ 局域网中目前主要应用的介质访问控制技术是随机访问控制技术，其中包括 ALOHA，CSMA，CSMA/CD。在 CSMA 策略中，又包含三种监听和发送的"坚持"策略，即非坚持、1-坚持、p-坚持。

◆ 802.3 CSMA/CD 局域网（以太网）包括标准以太网，快速以太网，千兆以太网，万兆以太网。

◆ 局域网的连接设备包括转发器与共享式 Hub（物理层设备），网桥和二层交换机（数据链路层设备）、三层交换机及路由器（网络层设备）。

◆ 虚拟局域网 VLAN 通过对交换机的软件配置,实现逻辑广播域的划分。

习　题

6-1 在 p-坚持协议中规定:若监听到信道闲,则以概率 p 允许发送;或以概率 1-p 不允许发送,并再等待一个时间段(一般为传播时延)后再监听信道。为什么要"再等待一个时间段(一般为传播时延)"?

6-2 初始时,网桥 1 和网桥 2 的转发表均为空。填写当以下事件依次发生后的网桥 1 和网桥 2 中转发表的表项内容。

(1) 站 A 发送一帧给站 D;　(2) 站 E 发送一帧给站 A;　(3) 站 B 发送一帧给站 C。

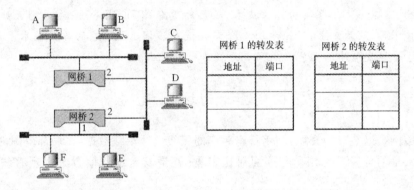

6-3 一个局域网采用 CSMA/CD 协议。在该局域网最远的两个端系统之间的往返传播时延为 50 μs,数据率为 10 Mb/s,帧长度为 400 bit。一个站发送了一帧,随后某时刻另一站也发送了一帧。如果发生冲突,前一个站一定能发现该冲突吗? 请说明理由。

6-4 简要解释:为什么 CSMA/CD 协议中的"CD"机制要求"$t_f > 2t_p$"?

6-5 简要解释:为什么 CSMA 协议的适用场合为"$t_f \gg t_p$"?

6-6 简要解释:为什么即使发送线和接收线是物理分离的,但采用 CSMA 协议进行数据帧交换的双方通信方式却是半双工的?

第7章 无线局域网

无线局域网是指利用无线电波作为数据载体的网络,它与有线局域网络的用途完全相似,两者最大的不同之处在于传输数据的媒介不同。但是无线局域网络绝不是为了取代有线局域网络而存在的,其作用在于不同程度的弥补有线局域网络在机动性及便利性上的不足,以达到网络延伸的目的。

本章将从 802.11 无线局域网的特点出发,首先介绍无线局域网的系列标准、无线局域网的组成与结构、信道与无线终端的接入技术,然后简单介绍 IEEE 802.11 系列无线局域网物理层的各种技术,在此基础上,进一步深入介绍无线局域网 MAC 层的各种技术。最后,还将简要介绍处于快速发展中的无线自组网和无线传感器网络。

7.1 无线局域网概述

无线局域网是以空气为介质,利用特定频率的无线电波承载数据,在局部范围内实现相互通信与资源共享的计算机网络。与前面对比来看,就是以无线通信方式实现有线局域网的功能。

7.1.1 无线局域网的特点

线缆故障常常是有线网络故障的主要原因。设备连接处松动或接触不良是最令网络维护人员和用户头痛的事。偶尔因工程施工而导致光缆或电缆中断往往会导致大面积断网,需要花费大量的物力和财力,以及大量的人力和时间来恢复和解决。

此外,在有些环境中使用有线网络是不适宜的。比如,一个历史建筑或名胜古迹,如果要通过穿墙打孔或挖沟架线来构建网络不仅会破坏其建筑结构,而且还可能会影响其寿命和外观。再比如,建筑物之间需要跨越道路或河流,这时进行网络布线施工不仅工程造价很高,而且造成的影响也很大,甚至有时也是不允许的。

对于临时性的活动场所组建有线网络也是不恰当的。比如,临时会议、军事行动等,或者对于一些流动性较大的工作单位,如建筑施工、地质勘探等。如果每更换一个场所都要建立有线网络,就要重复布线,重新组网。这样不仅会造成一定的损失,而且工程进度也慢。

与有线局域网相比,无线局域网具有以下明显的优势:

(1) 不需要布线,从而减少了大量的线路成本和施工成本;

(2) 不受场地限制,适应各种不同的地理位置和工作环境;

(3) 可以快速组网,满足各种紧急情况和临时需要;

(4) 支持漫游,在无线网络的覆盖范围内,可以实现移动过程中网络应用的不间断性;

(5) 便于笔记本电脑、个人数字助理(Personnal Digital Assistant,PDA)、智能手机等各种无线移动终端的接入。

　　无线局域网的最大优势就是:在网络覆盖范围内,可以实现随时、随地,甚至是移动上网。

　　但无线局域网也有以下不足:

　　(1) 传输的信号容易受到干扰,干扰可能来自周边的电磁场、雷电等,也可能来自其他信号源的同频信号,如其他无线网络。

　　(2) 网络的保密性相对比较差,使一些重要的和机密的应用受到限制。

　　从目前局域网的普遍应用情况来看,仍是以有线局域网为主,无线局域网作为有线局域网的补充,覆盖一些有线局域网延伸不到的地方,扩大局域网络的覆盖范围。虽然当前无线网络发展的势头很猛,很多学校和企业都在建立无线校园网和无线企业网,很多城市都在提出和建设无线城市,但是从未来一段时间的发展和变化来看,相信有线网络和无线网络不会存在谁取代谁的问题,而是会互相促进,共同发展。

7.1.2　无线局域网的标准

　　目前,无线局域网络领域主要有 IEEE 802.11x 和 Hiper LAN/x(欧洲无线局域网)两个标准系列。但 IEEE 802.11x 系列一般被视为国际标准,其影响范围要远远大于 Hiper LAN/x 系列。因此,本书只对 IEEE 802.11x 系列标准进行介绍。

　　1990 年 IEEE 802 局域网络标准委员会组建了 IEEE 802.11 无线局域网络工作组,但是直到 1997 年才开始发布第一个无线局域网络标准 IEEE 802.11,此后又于 1999 年发布了 IEEE 802.11b、IEEE 802.11a 两个无线局域网络标准,2003 年发布了 IEEE 802.11g 无线局域网络标准,2009 年 9 月发布了最新的 IEEE 802.11n 标准。此外,还有一个关于汽车通信的标准 IEEE 802.11p。除了这 6 个基本标准以外,还有若干涉及认证、安全、漫游、兼容、语音通信等标准,下面首先介绍这 6 个基本标准,然后再介绍其他的补充标准。

　　(1) 802.11:主要用于解决小型局域网中用户终端的无线接入,业务主要限于数据存取,速率最高只能达到 2 Mb/s。由于它在速率和传输距离上都不能满足人们的需要,因此,IEEE 小组又相继推出了 802.11b 和 802.11a 两个新标准,前者已经成为目前的主流标准。

　　(2) 802.11b:利用 2.4 GHz 的频段,2.4 GHz 的 ISM 频段被世界上绝大多数国家通用,且无需申请无线频率许可证,因此 802.11b 得到了最为广泛的应用。它的最大数据传输速率为 11 Mb/s。在动态速率转换时,如果射频情况变差,可将数据传输速率降低为 5.5 Mb/s、2 Mb/s 和 1 Mb/s。支持的范围:室外可达 300 米;室内可达 100 米。802.11b 使用与以太网类似的连接协议和数据包确认,来提供可靠的数据传送和网络带宽的有效使用。

　　(3) 802.11a:标准是得到广泛应用的 802.11b 标准的后续标准。它可以工作在 5 GHz UNII(Unlicensed National Information Infrastructure,无需许可证的国家信息基础设施),即经美国联邦通信委员会认证的 4 个频段:5.15~5.25 GHz,5.25~5.35 GHz,5.47~5.725 GHz,5.725~5.825 GHz。但是一定要注意:前面的 3 个频段只是在美国可以不申请许可证,而在其他国家是不可以的。而最后一个频段刚好处于 ISM 频段之内,在全球范围基本上是通用的,无须申请许可证,所以可以考虑使用最后一个频段。但是,考虑到与 ISM 频率范围的一致性,所以普遍使用从 5.725 GHz 到 5.85 GHz 的整个 ISM 频段。

　　802.11a 的物理层传输速率可达 54 Mb/s(如果需要的话,数据率可降为 48,36,24,18,12,9 Mb/s 或者 6 Mb/s),传输层可达 25 Mb/s。802.11a 拥有 12 条不相互重叠的频道,8 条用于室内,4 条用于点对点传输。因此,尤其适用于办公室环境。它不能与 802.11b 进行互操作,除非使用了对两种标准都适用的设备。可提供 25 Mb/s 的无线 ATM 接口和 10 Mb/s 的以太网无线帧结构接口,以及 TDD/TDMA 的空中接口;支持语音、数据、图像业务;一个扇区可接入多个用户,每个用户可带多个用户终端。

由于 2.4 GHz 频带已经被广泛应用,因而采用 5 GHz 的频带使 802.11a 具有冲突更少的优点。然而,高载波频率也带来了负面效果。802.11a 几乎被限制在直线范围内使用,这导致必须使用更多的接入点;同样还意味着 802.11a 不能传播得像 802.11b 那么远,因为它更容易被吸收。在干扰方面,它要优于 802.11b 规范,这是因为 802.11a 提供了更多的可用信道。

(4) IEEE 802.11g 工作在 2.4 GHz 频段,使用 CCK 技术可以与 802.11b 后向兼容,通过采用 OFDM 技术支持高达 54 Mb/s 的数据流,可以说 802.11g 融合了 2.4 GHz 及 5 GHz 两个频段。

从 802.11b 到 802.11g,可以发现 WLAN 标准不断发展的轨迹:802.11b 是所有 WLAN 标准演进的基石,未来许多的系统大都需要与 802.11b 向后兼容,802.11a 是一个非全球性的标准,与 802.11b 不向后兼容,但采用 OFDM 技术,支持的数据流高达 54 Mbit/s,提供几倍于 802.11b/g 的高速信道,如 802.11b/g 提供 3 个非重叠信道,而 802.11a 可达 8~12 个。

可以看出,在 802.11g 和 802.11a 之间存在与 Wi-Fi 兼容性上的差距,为此出现了一种桥接此差距的双频技术——双模(dual band)802.11a+g,它较好地融合了 802.11a/g 技术,工作在 2.4 GHz 和 5 GHz 两个频段,服从 802.11b/g/a 等标准,与 802.11b 后向兼容,使用户简单连接到现有或未来的 802.11 网络成为可能。

(5) IEEE 802.11n:在传输速率方面,802.11n 可以将 WLAN 的传输速率由目前 802.11a 及 802.11g 所提供的 54 Mb/s 提高到 300 Mb/s,甚至高达 600 Mb/s。这得益于将 MIMO(多入多出)与 OFDM(正交频分复用)技术相结合而形成的 MIMO OFDM 技术,提高了无线传输质量,也使传输速率得到极大提升。和以往的 802.11 标准不同,802.11n 协议为双频工作模式(包含 2.4 GHz 和 5.8 GHz 两个工作频段),保障了与以往的 802.11a/b/g 标准的兼容。

在覆盖范围方面,802.11n 采用智能天线技术,通过多组独立天线组成的天线阵列,可以动态调整波束,保证让 WLAN 用户接收到稳定的信号,并可以减少其他信号的干扰。因此其覆盖范围可以扩大到好几平方公里,使 WLAN 的移动性得到了极大提高。

在兼容性方面,802.11n 采用了一种软件无线电技术,它是一个完全可编程的硬件平台,使得不同系统的基站和终端都可以通过这一平台的不同软件实现互通和兼容,使得 WLAN 的兼容性得到了极大改善。这意味着 WLAN 将不但能实现 802.11n 向前后兼容,而且可以实现 WLAN 与无线广域网络的结合,比如 3G。

(6) 802.11p:802.11p 是针对汽车通信的特殊环境而出炉的标准。设计目标是在 300 米距离内达到 6 Mb/s 的传输速度。它工作于 5.9 GHz 的频段,并拥有 1 000 英尺的传输距离和 6 Mb/s 的数据传输速率。802.11p 将应用于收费站交费、汽车安全业务以及汽车的电子商务等很多方面。从技术上来看,802.11p 对 802.11 进行了多项针对汽车这样的特殊环境的改进,如热点间切换更先进,更支持移动环境,增强了安全性,加强了身份认证等。

以上 6 种基本标准都采用相同的 CSMA/CA(将在后面 7.3.1 介绍)共享信道访问控制机制和一致的数据帧格式。它们的主要区别就在于物理层,有关物理层内容将在 7.2 介绍。

(7) 802.11c:在媒体接入控制/链路连接控制(MAC/LLC)层面上进行扩展,旨在制订无线桥接运作标准。

(8) 802.11d：和 802.11c 一样，在媒体接入控制/链路连接控制（MAC/LLC）层面上进行扩展，对应 802.11b 标准，解决不能使用 2.4 GHz 频段国家的使用问题。

(9) 802.11e：802.11e 是 IEEE 为满足服务质量（QoS）方面的要求而制订的 WLAN 标准。在一些对时间敏感、有严格要求的业务（如话音、视频等）中，QoS 是非常重要的指标。因此，在 802.11MAC 层，802.11e 加入了 QoS 功能。它的分布式控制模式可提供稳定合理的服务质量，而集中控制模式可灵活支持多种服务质量策略，保证多媒体的顺畅应用，WIFI 联盟将此称为 WMM（Wi-Fi Multimedia）。

(10) 802.11f：802.11f 追加了 IAPP（Inter-Access Point Protocol）协定，确保用户端在不同接入点间的漫游，让用户端能够平顺、无障碍地切换访问区域。802.11f 标准确定了在同一网络内接入点的登陆，以及用户从一个接入点切换到另一个接入点时的信息交换。

(11) 802.11h：802.11h 是为了与欧洲的 Hiper LAN2 相协调的修订标准。美国和欧洲在 5 GHz 频段上的规划和应用上存在差异，这一标准的制订目的，是为了减少对同处于 5 GHz 频段的雷达的干扰。类似的还有 802.16（WIMAX），其中 802.16B 即是为了 Wireless HUMAN 协调所制订。

802.11h 涉及两种技术，一种是动态频率选择（DFS），即接入点不停地扫描信道上的雷达，接入点和相关的基站随时改变频率，最大限度地减少干扰，均匀分配 WLAN 流量；另一种技术是传输功率控制（TPC），总的传输功率或干扰将减少 3 dB。

(12) 802.11i：802.11i 是为解决 WLAN 安全认证问题而制订的新安全标准，也称为 Wi-Fi 保护访问。它是一个存取与传输安全机制。由于在此标准未定案前，Wi-Fi 联盟已经先行暂代地提出比 WEP（Wired Equivalent Privacy）更高防护力的 WPA（Wi-Fi Protected Access），因此 802.11i 也被称为 WPA2。

WPA 使用当时密钥集成协议进行加密，其运算法则与 WEP 一样，但创建密钥的方法不同。为加强认证，它引用了几种重要的管理算法以及动态的会话密匙（session key），新的加密算法有高级认证标准（AES）和即时密钥集成协议（Temporal Key Integrity Protocol，TKIP）等。

(13) 802.11j：802.11j 是为适应日本在 5 GHz 以上应用的不同而定制的标准。日本从 4.9 GHz开始运用，同时，他们的功率也各不相同，例如同为 5.15～5.25 GHz 的频段，欧洲允许 200 MW 功率，日本仅允许 160 MW。

(14) 802.11k：802.11k 为无线局域网应该如何进行信道选择、漫游服务和传输功率控制提供了标准。它提供无线资源管理，让频段（BAND）、通道（CHANNEL）、载波（CARRIER）等更灵活动态地调整和调度，使有限的频段在整体运用效益上获得提升。

在一个无线局域网内，每个设备通常连接到提供最强信号的接入点。这种管理有时可能导致对一个接入点过度需求而使其他接入点利用率降低，从而导致整个网络的性能降低，这主要是由接入用户的数目及地理位置决定的。在一个遵守 802.11k 规范的网络中，如果具有最强信号的接入点以其最大容量加载，而一个无线设备连接到一个利用率较低的接入点，在这种情况下，即使其信号可能比较弱，但是总体吞吐量还是比较大的，这是因为此时网络资源得到了更加有效的利用。

(15) 802.11l：由于（11l）字样与安全规范的（11i）容易混淆，并且很像（111），因此被放弃编列使用。

(16) 802.11m：802.11m 主要是对 802.11 家族规范进行维护、修正、改进，以及为其提供解释文件的。802.11m 中的 m 表示 Maintenance。

(17) 802.11o：802.11o 针对 VOWLAN(Voice Over WLAN)制订，其更快速的无限跨区切换以及读取语音(Voice)比数据(Data)有更高的传输优先权。

(18) 802.11q：制订支援 VLAN(Virtual LAN，虚拟区域网路)的机制。

(19) 802.11r：着眼于减少漫游时认证所需的时间，802.11r 将有助于支持语音等实时应用。使用无线电话技术的移动用户必须能够从一个接入点迅速断开连接，并重新连接到另一个接入点。这个切换过程中的延迟时间不应该超过 50 毫秒，因为这是人耳能够感觉到的时间间隔。但是目前 802.11 网络在漫游时的平均延迟是几百毫秒，这直接导致传输过程中的断续，造成连接丢失和语音质量下降。所以对广泛使用的基于 802.11 的无线语音通讯来说，更快的切换是非常关键的。

802.11r 改善了移动的客户端设备在接入点之间运动时的切换过程。协议允许一个无线客户机在实现切换之前，就建立起与新接入点之间安全且具备 QoS 的状态，这会将连接损失和通话中断减到最小。

(20) 802.11s：制订与实现目前最先进的 MESH 网路，提供自主性组态(self-configuring)、自主性修复(self-healing)等能力。无线网状网把多个无线局域网连在一起能覆盖一个大学校园或整个城市。当一个新接入点加入进来时，它可以自动完成安全和服务质量方面的设置。整个网状网的数据包会自动避开繁忙的接入点，找到最好的路由。

(21) 802.11t：802.11t 提供提高无线电广播链路特征评估和衡量标准的一致性方法标准，用于衡量无线网络性能。

(22) 802.11u：802.11u 解决与其他网络的交互性。以后更多的产品将兼具 Wi-Fi 与其他无线协议，例如 GSM、Edge、EV-DO 等。该工作组正在开发在不同网络之间传送信息的方法，以简化网络的交换与漫游。

(23) 802.11v：无线网络管理。V 工作组是新成立的小组。802.11v 主要面对的是运营商，致力于增强由 Wi-Fi 网络提供的服务。

(24) 802.11w：这一标准保护了曾经用来优化无线连接的无线管理框架。现在，Wi-Fi 客户可以接收并遵循"脱离网络"的指令，因为这样的指令可能是由于入侵者使用虚假 MAC 地址而产生的。802.11w 标准会切断这样的攻击。

1999 年 Intel 和其他一些公司联合组成了无线局域网联盟，并注册了 Wi-Fi(Wireless Fidelity，无线保真度)商标，因此也经常称之为 Wi-Fi 联盟，致力解决符合 802.11 标准产品的生产和设备兼容性问题，促进 802.11 无线技术的普及和市场化。该联盟有一项 Wi-Fi 无线网络认证，凡是通过该认证的产品，可以顺利的进入市场，用于组建无线网络，并可与其他通过该认证的无线局域网产品相兼容。

7.1.3　无线局域网的结构与组成

IEEE 802.11 系列无线局域网定义了两种基本的工作模式，一种是基础网络工作模式，一种是自组网络工作模式。本部分内容仅对基础网络工作模式加以介绍，自组网络工作模式将在 7.4 中介绍。

基础网络工作模式的网络结构如图 7-1 所示。图中出现了一个新设备，叫接入点(Access Point,AP)。接入点 AP 的最基本功能就是控制和管理无线局域网络中共享信道对无线终端的分配和使用,并作为转接设备实现无线终端之间,以及无线终端与有线终端之间的通信。例如,无线终端 A 和无线终端 C 之间的通信需要通过 AP1,无线终端 A 和有线终端之间的通信也需要通过 AP1,而无线终端 A 和无线终端 B 之间的通信则需要通过 AP1 和 AP2 两个接入点。即使 A 和 C 位于同一个无线局域网络内,相互之间的通信也需要通过 AP1 进行。

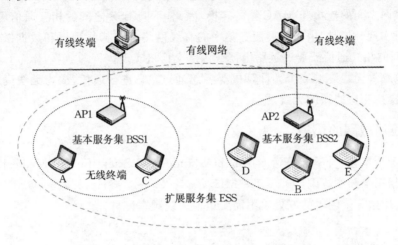

图 7-1　基础网络工作模式的网络结构

实际上,AP 具有双重身份。一方面,AP 与无线终端之间使用 IEEE 802.11 系列标准所规定的底层技术和协议规范进行数据交换;另一方面,AP 又作为以太网的一个连接结点,按照 IEEE 802.3 系列标准所规定的底层技术和协议规范与以太网交换设备或主机进行数据交换。AP 的体系结构如图 7-2 所示。

图 7-2　AP 的体系结构

从图中可以看出,AP 就相当于一个网桥,在数据链路层实现两个不同网络的连接。一方面将来自于 IEEE 802.11 无线局域网的 MAC 帧转换成 IEEE 802.3 以太网的 MAC 帧,另一方面将来自于 IEEE 802.3 以太网的 MAC 帧转换成 IEEE 802.11 无线局域网的 MAC 帧。在帧格式转换完成后,将数据转发给另外一个网络。

每个接入点 AP 和它所覆盖的无线终端构成无线局域网的一个基本模块,称为基本服务集(Basic Service Set,BSS)。图 7-1 中,接入点 AP1 所覆盖的无线终端构成基本服务集BSS1,接入点 AP2 所覆盖的无线终端构成基本服务集 BSS2。一个基本服务集通常能够实现几十至几百个无线终端的接入。由于是共享无线信道,因此,如果接入设备太多,将会导致网络带宽下降。AP 的信号覆盖范围取决于 AP 发射的功率和天线的种类,通常覆盖半径可达百米。为了能够覆盖更多的无线终端,可以配置多个 AP 并构成多个基本服务集 BSS。多个基本服务集通过有线网络连接到一起则可以构成一个扩展服务集(Extended Service Set,ESS),即将多个基本模块通过有线网络组合到一起。

随着以太网在有线网络中所占比例越来越高,并逐渐成为绝对主流的网络,连接基本服务集的有线网络基本上都采用以太网。由于 AP 相当于网桥,可以实现以太网和 IEEE 802.11系列无线局域网之间的连接和 MAC 帧的转换,因此,不同 BSS 之间的相互通信可以通过 AP和二层交换机实现。但是,由于扩展服务集中的有线网络只包括物理层和数据链路层,因此,不同 ESS 之间的相互通信需要通过路由器或三层交换机实现。

笔记本电脑等无线终端或个人计算机等要想通过 AP 进行通信,成为无线局域网中的一员,需要配备支持相应协议的无线网卡。

7.1.4 无线局域网的信道

目前,分配给工业、科学和医学专用的 ISM(Industrial Scientific and Medical)频段(不包括红外线)包括三个频率范围:902~928 MHz,2.4~2.4835 GHz,5.725~5.850 GHz,如图7-3所示。使用这 3 个频段的好处是不需要申请无线频率许可证。

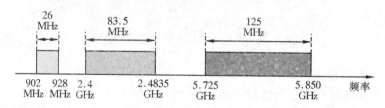

图 7-3   工业、科学和医学专用的 ISM 频段

其中,902~928 MHz 频段可用于 RFID 射频读取设备、无线收发器、无线鼠标、无线键盘、遥控器等。2.4~2.4835 GHz 是通用性最强,同时也是应用最为广泛的频段,802.11b/g无线局域网使用的就是这个频段。5.725~5.850 GHz 频段主要用于 802.11a 无线局域网。关于 5 GHz 频段,中国只批准了 5 个信道,批准使用最多的是美国,12 个信道。欧洲有 19 个,日本有 4 个。可以看出,不仅信道数量差别较大,而且频段分布差别也很大。

在每个基本服务集 BSS 内,AP 与无线终端之间使用共享无线信道进行数据通信,并通过IEEE 802.11 系列标准定义的无线信道访问控制机制争用共享的无线信道。为了让更多的无线用户能够进行相互通信,IEEE 802.11 系列标准提供了多个不同频率的信道。IEEE 802.11b 和IEEE 802.11g 的信道分布情况如图 7-4 所示。

从图 7-4 中可以看出,IEEE 802.11b 和 IEEE 802.11g 在 2.4~2.4835 GHz 的频率范围内,定义了 14 个不同频段的无线信道,每个频道的中心频率相差 5 MHz。中国、欧洲和日本等国的无线电管理标准规定可以使用其中的 1~13 信道,而美国和加拿大规定只能使用其中的 1~11 信道。考虑到兼容性,就只能考虑 1~11 信道。从图中可以看出,1~11 信道中只有 1、6、11 信道是完全无重叠的。因此,为了连接更多的无线终端,在同一区域内,最多可以使用 1、6、11 这 3 个互不重叠的信道,建立 3 个基本服务集 BSS。这样,该区域内的无线终端之间的通信受到的相互干扰才能达到最小。如果在同一区域内,采用相同的或者有部分重叠的

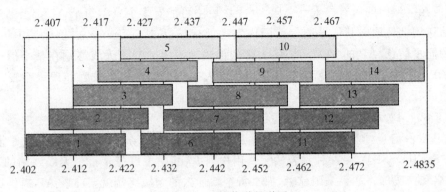

图 7-4　无线信道频谱图

频段作为无线信道进行通信,必定会产生严重的干扰,影响正常通信。但是不在同一区域内,是完全可以采用相同的或者有部分重叠的频段作为无线信道进行通信的。实际上,要进行区域的无缝覆盖,就必然有部分频段出现重叠,为了确保重叠部分也能够正常通信,而不会相互干扰,就要在每个接入点的信号覆盖范围内,分别采用不同的频段,如图 7-5 所示。假定中间的基本服务集采用 11 信道,那么周边的基本服务集就不能采用 11 信道,而只能采用 1 信道和 6 信道。如果要继续向外扩展,那么相应的基本服务集就应该再采用信道 11,依此类推。

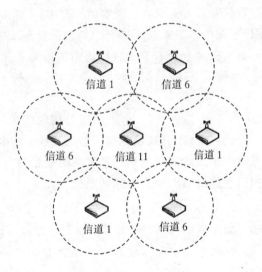

图 7-5　无线组网信道分配图

7.1.5　无线终端的认证、关联与漫游

1. 无线终端的认证

当一个无线终端进入一个无线局域网的信号覆盖区域内(BSS)时,该区域内的接入点 AP 就要首先对这个无线终端进行身份认证,查验其所提供的身份信息,以防止非法用户接入。之后接入点 AP 与该无线终端进行关联,通过关联使得 AP 接受该无线终端,并将其作为无线局域网的一个无线结点,与其进行数据通信。

当一个无线终端启动其无线网卡工作时,它就开始在不同频段的无线信道上进行信号扫描,查找所在区域内的所有接入点 AP。每个区域中可能有多个 AP,每个 AP 都会通过其所在的无线信道周期性地向其信号覆盖范围内发送信标帧(beacon frame)。信标帧中包括:与无线终端的同步信息、AP 的 MAC 地址、支持的传输速率等。当该无线终端在某个信道上接收到多个 AP 广播的信标帧时,就会自动选取或者人工选取其中信号较强和误码率较低的 AP,提取其中的有关信息,并开始与这个 AP 进行身份认证和关联。

IEEE 802.11 无线局域网的身份验证过程如下:每个无线终端首先向选中的某个接入点 AP 提供其身份信息。身份信息可以有两种形式,一种是每个基本服务集的服务集标识符(Service Set ID,SSID),另一种是合法无线用户列表,其中可以包含每个无线终端的 MAC 地址、用户名和密码等。如果采用前者,那么每个新加入的无线终端就要向该 AP 提供这个服务集标识符 SSID,如果和 AP 中的 SSID 匹配,就会通过身份认证,否则将被拒绝。如果采用后者,那么每个新加入的无线终端只有向这个 AP 提供合法的 MAC 地址、用户名和密码等信息,才能通过身份认证。

为了提高无线局域网的安全性,IEEE 802.11 无线局域网还提供了加密认证机制,可以对无线终端与接入点 AP 之间传输的认证信息进行加密。即使第三方获得加密的认证信息,也无法解密,因此不会泄密。

2. 无线终端的关联

身份认证通过以后,接着就要进行关联。在关联的过程中,无线终端与接入点 AP 之间要根据信号的强弱协商数据传输速率。当无线终端与 AP 相距较远或中间存在障碍时,就会导致接收的信号较弱。那么,此时就要选择较低的传输速率进行关联。以 IEEE 802.11b 为例,存在 5.5 Mb/s 和 11 Mb/s 两种速率,如果信号较弱,就会自动选择 5.5 Mb/s 的速率进行关联。

当无线终端从一个基本服务集移动到同一个扩展服务集内的另一个基本服务集时,无线网卡就要重新扫描并寻找一个新的 AP,并切换到这个新的 AP 所使用的无线信道与之重新进行认证与关联。此外,如果某个无线终端与当前 AP 之间的通信信号太弱,或者误码率太高,这时,无线网卡也将尝试扫描其他的 AP,提供选择和替换。

3. 无线终端的漫游

与手机在 GSM 网络、CDMA 网络以及 3G 网络覆盖的不同城市之间的漫游相类似,无线终端在无线局域网中的漫游,是指允许无线终端在无线局域网的不同接入点 AP 之间进行移动,并且在移动过程中能够保证网络应用不会出现中断,保持正常的数据发送和接收。漫游分为基本漫游和扩展漫游两种。

基本漫游是指无线终端的移动局限在一个扩展服务集内的不同基本服务集之间。由于无线终端仍然处于同一个扩展服务集内,改变的仅仅是不同的基本服务集,而相应的网络层信息并不需要改变,因而不会影响到正在进行的网络应用。但前提是能够有效地找到新的基本服务集中的 AP,并快速通过认证和关联。IEEE 802.11 无线局域网支持这种在同一扩展服务集内的基本漫游。

扩展漫游是指无线终端从一个扩展服务集移动到另外一个扩展服务集,这意味着无线终端将从一个局域网移动到另外一个局域网。此时,无线终端的 IP 地址以及网关(路由器)的 IP 地址等网络配置参数都将发生变化。此外,不仅要保证无线终端与一个新的接入点 AP 进行重新认证和关联,而且还要求该无线终端所发送和接收的所有 IP 包首部信息都要做相应的改变。由于 IEEE 802.11 系列标准只是一个物理层和 MAC 层的技术标准,对于上层的改变无能为力,因此并不支持这种跨扩展服务集的扩展漫游。

如果要实现这种扩展漫游,需要使用 IETF 于 1996 年发布的移动 IP 技术标准(Mobile IP,RFC2002～2006)。由于这部分内容属于互联网协议的范畴,故此处不做介绍。

7.2　无线局域网的物理层

7.2.1　常规无线局域网的物理层技术

1. IEEE 802.11 FHSS

FHSS(跳频扩频法)使用 2.4 GHz ISM 频带。这个频带被分成 79 个 1 MHz 的子频带(还包括一些防护频带)。由伪随机数字生成器选择调频序列。在 FHSS 中的调制技术可以是二电平 FSK 或四电平 FSK(1 或 2 位/波特),这使得数据速率是 1 或 2 Mb/s,如图 7-6 所示。

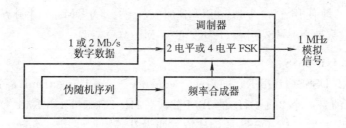

图 7-6　IEEE 802.11 FHSS 的物理层

2. IEEE 802.11 DSSS

DSSS(直接序列扩频法)使用 2.4 GHz 的 ISM 频带。这个调制技术是在 1 Mb/s 下的 PSK。系统允许 1 位或者 2 位/波特(BPSK 或 QPSK),其数据速率是 1 Mb/s 或 2 Mb/s,如图 7-7 所示。

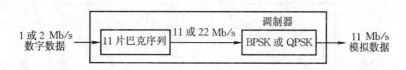

图 7-7　IEEE 802.11 DSSS 的物理层

3. IEEE 802.11 红外线

IEEE 802.11 红外线是指 800 nm 到 950 nm 范围中的红外线,相应的调制技术称为脉冲位置调制(Pulse Position Modulation,PPM)。要达到 2 Mb/s 的数据传输速率,需要将 4 位序列先映射成 16 位序列,在这个 16 位序列中只有 1 位置成 1,其余各位置成 0。如果数据传输速率为 1 Mb/s 的话,可以将 2 位序列先映射成 4 位序列,在这个 4 位序列中只有 1 位置成 1,其余位置成 0。然后将映射后的序列转换成光纤信号,光存在为 1,光不存在为 0。如图 7-8 所示。

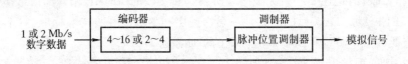

图 7-8 IEEE 802.11 红外线的物理层

4. IEEE 802.11a OFDM

IEEE 802.11a OFDM(Orthogonal Frequency-Division Multiplexing,正交频分多路复用)的工作原理是如下:将无线信道分成若干正交子信道,然后将高速的数据信号转换成并行的低速子数据流,并调制到每个子信道上进行传输。同时在接收端,OFDM 也采用了类似的方法,将正交信号分开,从而减少了子信道之间的相互干扰,信道的均衡性也更加容易实现。由于 OFDM 允许每个频带可以有不同的调制方法,因而可以增加子载波的数目,从而大大提高了数据的传输速率。

其产生的信号用的是一个 5 GHz 的 ISM 波段。频带被划分为 52 个频带,其中有 48 个子频带每次发送 48 个位组,另外四个子频带用于控制信息。将频带划分为子频带可以减少干扰的影响。如果随机地使用子频带,还可以增加安全性。OFDM 的调制方式分为 PSK 和 QAM,其通用的数据速率是 18 Mb/s(PSK)和 54 Mb/s(QAM)。

5. IEEE 802.11b DSSS

IEEE 802.11b DSSS(High-Rate Direct Sequence Spread Spectrum,高速率直接序列扩频)产生的信号用的是一个 2.4 GHz 的 ISM 波段。HR-DSSS(High-Rate DSSS)与 DSSS 的主要区别在于编码方式。HR-DSSS 的编码方式叫做补码键控(Complementary Code Keying,CCK)。CCK 编码将 4 位或 8 位编码成一个 CCK 符号。为了与 DSSS 向后兼容,HR-DSSS定义了四种数据速率:1,2,5.5 和 11 Mb/s。前两种使用与 DSSS 相同的调制技术。5.5 Mb/s版本使用 BPSK,其传输速率为 1.375 Mb/s,带有 4 位的 CCK 编码。而 11 Mb/s版本使用 QPSK,其传输速率为 1.375 Mb/s,带有 8 位 CCK 编码。IEEE 802.11b 的物理层如图 7-9 所示。

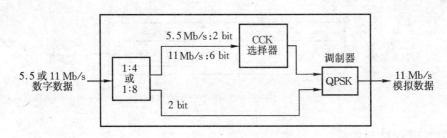

图 7-9 IEEE 802.11b 的物理层

6. IEEE 802.11g

为了实现 54 Mb/s 的传输速度,802.11g 采用了与 802.11b 不同的 OFDM(正交频分复用)调制方式。因此,为了兼容 802.11b,802.11g 除本身特有的调制方式以外,还具备使用与 802.11b 相同的调制方式进行通信的功能,可以根据不同的通信对象切换调制方式。在 802.11g

和 802.11b 终端混用的场合,802.11g 无线接入点 AP 可以为每个数据包根据不同的对象单独切换不同的调制方式。也就是说 AP 以 802.11g 调制方式同 802.11g 终端通信,以 802.11b 调制方式同 802.11b 终端通信。

7.2.2　IEEE 802.11n 的物理层技术

IEEE 802.11n 主要的物理层技术涉及了 MIMO、MIMO-OFDM、40 MHz、Short GI 等技术,从而将物理层吞吐率提高到了 600 Mb/s。

1. MIMO

MIMO(多入多出)是 802.11n 物理层的核心,指的是一个系统采用多个天线进行无线信号的收发。这样就可以通过多条通道并发传递多条空间流,从而成倍地提高系统的吞吐量。这样做的目的是改善接收端的信号质量。其基本原理如下:

对于来自发射端的同一个信号,由于在接收端使用多天线接收,那么这个信号将经过多条路径(多个天线)被接收端接收。多条路径质量同时都很差的几率应该是非常小的,一般来说,总有一条路径的信号是比较好的。那么在接收端就可以使用某种算法,对各接收路径上的这些信号进行加权汇总(显然,信号最好的路径分配最高的权重),实现接收端的信号改善。当多条路径上信号都不太好时,仍然通过最大比率组合(Maximal-Ratio Combining,MRC)技术获得较好的接收信号。

MIMO 系统支持空间流的数量取决于发送天线和接收天线的最小值。如发送天线数量为 3,而接收天线数量为 2,则支持的空间流为 2。MIMO/SDM(多入多出/空分多路复用)系统一般用"发射天线数量×接收天线数量"表示。显然,增加天线可以提高 MIMO 支持的空间流数。但是综合成本、实效等多方面因素,目前业界的 WLAN AP 都普遍采用 3×3 的模式。

MIMO 是当前无线网络技术中最热门的技术,无论是 3G、IEEE 802.16e WIMAX,还是 802.11n,都把 MIMO 列入射频的关键技术。

2. MIMO-OFDM

由于存在多条传输路径,信号在接收侧很容易发生码间干扰(ISI),从而导致高误码率。OFDM 调制技术是将一个物理信道划分为多个子载体(sub-carrier),将高速率的数据流调制成多个较低速率的子数据流,通过这些子载体进行通信,从而减少 ISI 机会,提高物理层吞吐率。OFDM 在 802.11a/g 时代已经成熟使用,到了 802.11n 时代,它将 MIMO 支持的子载体从 52 个提高到 56 个。需要注意的是,无论是 802.11a/g,还是 802.11n,它们都使用了 4 个子载体作为 pilot 子载体,而这些子载体并不用于数据的传递。所以 802.11n MIMO 将物理速率从传统的 54 Mb/s 提高到了 58.5 Mb/s(即 54×52/48)。

3. FEC(Forward Error Correction,前向纠错)

按照无线通信的基本原理,为了使信息适应在无线信道这种不可靠的媒介中传递,发射端将把信息进行编码并携带冗余信息,以提高系统的纠错能力,使接收端能够恢复原始信息。802.11n 所采用的 QAM-64 的编码机制可以将编码率(有效信息和整个编码的比率)从 3/4 提高到 5/6。所以,对于一条空间流,在 MIMO-OFDM 基础之上,物理速率从 58.5 Mb/s 提高到了 65 Mb/s(即 58.5 乘 5/6 除以 3/4)。

4. Short GI(Short Guard Interval,短的保护间隔)

由于多径的影响,信息符号(information symbol)将通过多条路径传递,这样彼此之间就可能会发生碰撞,导致码间干扰。为此,802.11a/g 标准要求在发送信息符号时,必须保证在信息符号之间存在 800ns 的时间间隔,这个间隔被称为 Guard Interval(GI)。802.11n 仍然缺省使用 800ns GI。当多径效应不是很严重时,用户可以将该间隔配置为 400ns,对于一条空间流,可以将吞吐率提高近 10%,即从 65 Mb/s 提高到 72.2 Mb/s。当然,对于多径效应较明显的环境,不建议使用 Short Guard Interval(Short GI)。

5. 40 MHz 绑定技术

对于无线技术,提高所用频谱的宽度,可以最为直接地提高吞吐量。这个技术最为直观:就好比是马路变宽了,车辆的通行能力自然提高了。传统 802.11a/g 使用的频宽是 20 MHz,而 802.11n 支持将相邻两个频宽绑定为 40 MHz 来使用,所以可以最直接地提高吞吐率。

需要注意的是:对于一条空间流,并不是仅仅将吞吐量从 72.2 Mb/s 提高到 144.4(即 72.2×2) Mb/s。对于 20 MHz 频宽,为了减少相邻信道的干扰,在其两侧预留了一小部分的带宽边界。而通过 40 MHz 绑定技术,这些预留的带宽也可以用来通信,可以将子载体从 104 Mb/s(即 52×2)提高到 108 Mb/s。按照 72.2×2×108/104 进行计算,所得到的吞吐能力达到了 150 Mb/s。

6. MCS(Modulation Coding Scheme,调制编码机制)

在 802.11a/b/g 时代,配置 AP 工作的速率非常简单,只要指定特定的无线通信类型(802.11a/b/g)所使用的速率集,速率范围从 1 Mb/s 到 54 Mb/s,一共有 12 种可能的物理速率。

到了 802.11n 时代,由于物理速率依赖于调制方法、编码率、空间流数量、是否 40 MHz 绑定等多个因素。这些影响吞吐率的因素组合在一起,将产生非常多的物理速率供选择使用。比如基于 Short GI,40 MHz 绑定等技术,在 4 条空间流的条件下,物理速率可以达到 600 Mb/s(即 4×150)。为此,802.11n 提出了 MCS 的概念。MCS 可以理解为这些影响速率因素的完整组合,每种组合用整数来唯一标示。对于 AP,MCS 普遍支持的范围为 0~15。

现将无线局域网中几个物理层协议的特征归纳如表 7－1 所示。

表 7－1　无线局域网的物理层协议

IEEE	技术	频段	调制	速率(Mb/s)
802.11	FHSS	2.4 GHz	FSK	1,2
	DSSS	2.4 GHz	PSK	1,2
		红外	PPM	1,2
802.11a	OFDM	5.725 GHz	PSK 或 QAM	6~54
802.11b	DSSS	2.4 GHz	PSK	5.5,11
802.11g	OFDM	2.4 GHz	不同	22,54
802.11n	MIMO-OFDM,Short GI, FEC,40 MHz 绑定技术,MCS	2.4 GHz,5.8 GHz	MCS	600

7.3　无线局域网的 MAC 层

7.3.1　无线局域网对共享信道的访问控制

IEEE 802.11 系列无线局域网标准在 MAC 层提供了两类对共享信道的访问控制机制，一种是分布式协调功能（Distributed Coordination Function，DCF），一种是点协调功能（Point Coordination Function，PCF）。它们之间的关系如图 7-10 所示。

从图中可以看出，PCF 建立在 DCF 基础之上。

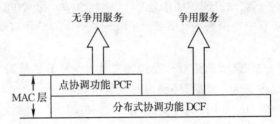

图 7-10　PCF 和 DCF 之间的关系

1. 分布式协调功能 DCF

（1）CSMA/CA 机制

在有线局域网的情况下，一旦某个结点发现传输介质出现空闲，就可以发送帧了，并且只要没有检测到冲突，就可以认为该帧发送成功了。由于冲突信号只是沿着铜线介质向两端扩散，因而冲突信号的损耗比较小，那么检测介质上可能出现的冲突信号是比较容易的。但无线局域网与此不同，发送出去的帧如果在遥远的空中发生冲突，那么冲突信号将向四面八方扩散，衰减的程度是很严重的，因此要想检测到可能变得非常微弱的冲突信号，将是一件很困难的事。

也就是说，无线局域网要想实现冲突检测是不现实的。既然冲突检测行不通，那么就只能避免出现冲突。为此，无线局域网的 MAC 子层中采用了一种 CSMA/CA 协议。CSMA 与 CSMA/CD 中的 CSMA 含义是一致的，而 CA 代表冲突避免（Collision Avoidance）。

由于无线信道的传输质量远不如有线信道，为了确保可靠性，IEEE 802.11 系列无线局域网在使用 CSMA/CA 协议的同时，还使用了停止—等待协议来实现链路层的确认。也就是说，接收方每收到一帧，都要进行差错检测，然后向发送方返回一个确认帧。无线局域网中的每个结点在每发送完一帧后，要等待接收方返回的确认帧，根据确认帧来决定是发送下一帧还是重发前一帧。

为了减少冲突的机会，IEEE 802.11 系列无线局域网采用了一种虚拟载波监听（Virtual Carrier Sense）机制。该机制规定把源结点发送数据所占用的信道时间（包括目的结点发回确认帧所需的时间）写入到所发送的数据帧首部的持续时间字段中（以微秒为单位），以便其他所有结点在这一段时间内都不会发送数据。

每个要发送数据的结点在监听信道等待发送的过程中，检测到正在信道中传送的数据帧首部中的持续时间字段后，就会调整自己的网络分配向量（Network Allocation Vector，NAV），NAV 用于指示信道处于忙状态的持续时间。

IEEE 802.11 系列无线局域网定义了三种不同的帧间隔，即短帧间隔 SIFS、分布式协同帧间隔 DIFS 和点协同帧间隔 PIFS，如图 7-11 所示。

① 短帧间隔（Short Inter-Frame Spacing，SIFS）：这是 3 个帧间隔中最短的一个。因此，使用这个帧间隔将获得最高的优先级，得以优先发送帧。无线局域网中的各种控制帧以及对

所接收数据的确认帧都采用这个时间参
数作为发送帧之前的等待时延。

　　② 分布式协同帧间隔(DCF Inter-
Frame Spacing,DIFS):这是 3 个帧间隔
中最长的一个。使用这个帧间隔将获得

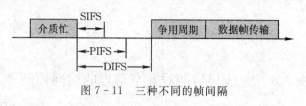

图 7 - 11　三种不同的帧间隔

最低的优先级,因此,只能最后发送帧。
无线局域网中所有的数据帧都采用 DIFS 作为等待时延。

　　③ 点协同帧间隔(PCF Inter-Frame Spacing,PIFS):PIFS 位于 SIFS 和 DIFS 之间,因而
具有中等级别的优先级。PIFS 主要作为 AP 定期向服务区内发送管理帧或探测帧的等待时
延。

　　在监听信道等待发送的过程中,为了尽量避免出现冲突,CSMA/CA 协议要求所有的结
点在发送完成后,还要再继续监听很短的一段时间,才能继续发送下一帧。这段时间被称为帧
间隔(Inter Frame Space,IFS)。帧间隔的长短取决于该结点所要发送的帧的类型。高优先级
帧的帧间隔 IFS 较短,低优先级帧的帧间隔 IFS 较长。因此要发送高优先级帧的结点等待的
时间就短,就可以优先获得发送权。而同时要发送低优先级帧的结点由于其帧间隔 IFS 较长,
因此在经过较长的等待时间后,就会发现信道已经被占用,于是就只好推迟发送。这样不仅可
以确保重要的帧得到优先发送,而且更重要的是减少了冲突的机会。

　　CSMA/CA 的数据传输过程如下:

　　任何要发送数据帧的结点,在发送之前,首先监听信道,根据下面的不同情形进行不同的
处理:

　　① 如果信道空闲,持续监听信道,当信道空闲时间达到一个长帧间隔 DIFS 后,发送数据
帧;如果目的结点接收到数据帧,在等待一个短帧间隔 SIFS 后,发送对该数据帧的确认帧。
所有其他结点都维护网络分配向量 NAV 的值,在 NAV 指定的时间周期结束之前,这些结点
是不会尝试发送数据的。该数据传输过程如图 7 - 12 所示。

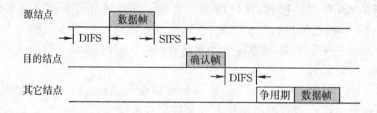

图 7 - 12　信道空闲情况下的数据传输过程

　　② 如果信道忙,则执行退避算法,选取一个随机回退计数值。仍持续监听信道,在监听到
信道忙时,保持这个计数值不变;在监听到信道空闲时,递减这个计数值。直到这个计数值递
减到 0。此时,信道进入空闲状态。如果信道空闲时间能够持续一个长帧间隔,则发送数据
帧。

　　③ 如果发送结点发送完数据帧并经过一个短帧间隔后,接收到目的结点返回的表明帧传
输错误的确认帧,或者没有接收到目的结点发回的确认帧(忽略信号传播时延和结点对数据的
处理时延),或者监听到信道上正在传输其他的数据帧,则说明最初所发送的数据帧传输失败,

接下来就按照上面的算法重传该数据帧。

④ 如果发送结点发送完数据帧并经过一个短帧间隔后,接收到目的结点返回的表明帧传输正确的确认帧,则按照上面的算法发送下一个数据帧。

(2) CSMA/CA 的扩展方案

尽管前面介绍的 CSMA/CA 机制能够减少冲突的出现,但仍然不能完全避免发生冲突。例如,存在典型的隐藏结点问题。隐藏结点的问题如图 7-13 所示。假定结点 A 正在向接入点 B 发送数据,结点 C 也想向接入点 B 发送数据,尽管要先进行信道监听,但由于结点 A 和 C 相距较远,结点 C 无法监听到 A 在给 B 发送数据,于是也向结点 B 发送数据,结果在接入点 B 处发生冲突。

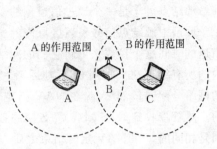

图 7-13　隐藏站问题示例

为了解决隐藏结点问题,IEEE 802.11 系列无线局域网还提供了一种 CSMA/CA 的扩展方案,允许要发送数据的结点事先对信道进行预约。具体做法如下:

源结点在发送数据帧之前,首先发送一个请求发送(Request To Send,RTS)帧,其中包括源地址、目的地址和本次数据传输所持续的时间(从发送数据开始,直至接收到确认帧)。若信道空闲,目的结点就会发回一个允许发送(Clear To Send,CTS)帧,其中同样包括这次数据传输所持续的时间。当源结点收到 CTS 帧后,就可以发送其数据帧。无线局域网中的其他结点通过提取所接收到的 RTS 帧或 CTS 帧中的这个时间参数而动态维护网络分配向量 NAV 的值,在 NAV 所指定的时间周期内任何接收到 RTS 帧或 CTS 帧的结点都不会尝试向网络中发送数据,这样就达到了信道预约的目的。

信道预约的工作过程如图 7-14 所示。图中源结点首先向目的结点发送一个 RTS 帧,RTS 帧具有最低的信道使用优先级,RTS 帧的发送按照 CSMA/CA 协议中对普通帧定义的信道争用规则进行。如果源结点成功发送一个 RTS 帧,将会使源结点信号覆盖范围内的其他结点了解到信道将要被占用以及所占用的时间,那么其他结点就会因此而避开这个时间周期再尝试发送数据。

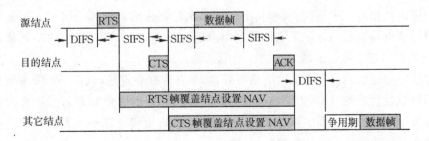

图 7-14　信道预约工作过程

RTS 帧的目的结点接收到 RTS 帧后,在等待一个短帧间隔 SIFS 后,就返回一个允许发送帧 CTS 作为对 RTS 帧的回复。CTS 帧的发送则可以使得在目的结点所覆盖区域中的其他结点了解到信道将要被占用以及所占用的时间,那么其他结点就会因此而避开这个时间周期再尝试发送数据。

源结点在接收到目的结点返回的允许发送帧 CTS 后,在等待一个短帧间隔 SIFS 后,就开始发送数据帧。目的结点在接收到该数据帧,并等待一个短帧间隔 SIFS 后,就返回一个确认帧给源结点。于是一个通过信道预约功能实现的数据帧传输过程到此结束。

网络中源结点信号覆盖区域内的所有结点在接收到 RTS 帧后,就会根据 RTS 帧中占用信道的时间这个参数来更新它们的网络分配向量 NAV。同样,网络中目的结点信号覆盖区域内的所有结点在接收到 CTS 帧后,就会根据 CTS 帧中占用信道的时间这个参数来更新它们的网络分配向量 NAV。在 NAV 指定的时间周期结束之前,这些结点是不会尝试发送数据的。尽管接收到 RTS 帧或 CTS 帧的各结点 NAV 定时器的启动时间不同,但最终的结束时间是相同的。在 NAV 定时结束之后,各结点就可以通过载波监听来争用信道。接着,争用到信道的结点就开始发送数据帧。

在信道预约机制中,有三点需要引起我们的注意:

① 源结点最初发送的 RTS 帧因隐蔽结点问题仍然可能会与其他结点发出的数据帧发生冲突。

② 只有源结点最初发送的 RTS 帧使用具有最长的帧间隔争用信道,一旦信道争用成功,就意味着双方之间所发送的任何帧都不会与双方信号覆盖范围内的其他结点发送的帧产生冲突了,因此接下来双方之间所传送的所有帧都将采用最短的帧间隔,以减少传输时延。

③ 当源结点接收到目的结点发回的确认帧后,就意味着这一段无冲突发生的周期到此结束,所有结点将进入下一个信道争用周期。

2. 点协调功能 PCF

PCF 是 IEEE 802.11 系列无线局域网提供的另一种共享信道访问控制机制,仅适用于基础网络工作模式的无线局域网。PCF 通过无线接入点设备 AP 控制同一区域中各结点对共享信道的使用。AP 周期性地向信号覆盖范围内的每个无线终端发送探寻帧,只有在无线终端接收到这个探询帧后才能够使用共享信道发送数据。这样无线终端就能够轮流使用共享信道与 AP 交换数据,以时分多路复用方式无竞争的使用信道。

进入 PCF 控制模式之前,无线接入点 AP 首先向信号覆盖范围内发送一个信标帧。信标帧对共享信道的使用具有中等优先级,其中包括本次数据传输所持续的时间。区域中的其他无线终端根据该时间参数动态维护它们的网络分配向量 NAV。当信标帧成功地争用到信道以后,AP 就依次向信号覆盖区域中发送轮询消息帧。

每个无线终端接收到 AP 的轮询消息帧后,如果有数据要发送,就向 AP 发送数据帧。一方面为了提高数据传输的效率(由于已经进入到一种无竞争的工作状态),另一方面为了避免区域中还有某个结点发送帧而出现冲突,因此 AP 发出的轮询消息帧和无线终端发送的数据帧全部采用最高优先级优先使用信道。

当 AP 结束与每个无线终端的数据传输以后,再向每个无线终端发送一个结束消息帧,通告这一数据传输周期的结束。每个无线终端接收到 AP 的结束消息帧后,就将它们的网络分配向量 NAV 的值清 0。之后,区域内的无线终端就进入到一种新的竞争状态。

PCF 共享信道访问控制过程如图 7-15 所示。

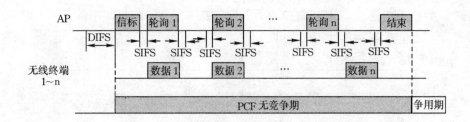

图 7 - 15　PCF 共享信道访问控制过程

7.3.2　无线局域网的帧结构

IEEE 802.11 系列无线局域网按照控制字段的不同取值定义了三种不同类型的 MAC 帧,即数据帧、控制帧和管理帧。下面以数据帧为例,介绍 IEEE 802.11 系列无线局域网 MAC 帧的结构。

IEEE 802.11 系列无线局域网数据帧的结构形式如图 7 - 16 所示。

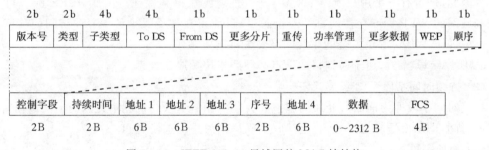

图 7 - 16　IEEE 802.11 局域网的 MAC 帧结构

（1）控制字段

控制字段包含 11 个子字段。各字段含义如下：

① 版本号字段:用于标识协议的版本号,目前其值为 0；

② 类型字段:用于区分是数据帧、控制帧还是管理帧；

③ 子类型字段:用于进一步区分是 RTS 帧还是 CTS 帧；

④ ToDS 字段:用于表明该帧发送到跨 BSS 的有线网络系统；

⑤ FromDS 字段:用于表明该帧来自于跨 BSS 的有线网络系统；

⑥ 更多分片字段:置 1,表明该帧后面还有分片；

无线信道的通信质量通常比较差,误码率比较高。因此无限局域网的数据帧就不宜太长,以降低每个帧的误码率,从而减少重传的帧,提高传输效率。为此,在通信质量比较差的时候,就需要将一个帧分割成许多较短的分片。那么在信道预约成功后,就可以连续发送这些分片。每个分片有自己的校验码,仍然采用停止—等待协议,每发送一个分片后,需要等收到确认帧后再发送下一个分片。

分片传输过程如图 7 - 17 所示。

⑦ 重试字段:置 1,表明这是重传帧；

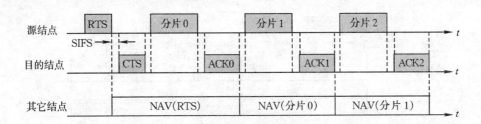

图 7 - 17　分片传输过程

⑧ 电源管理字段：由 AP 使用，AP 利用这个字段使目的结点进入睡眠状态，或从睡眠状态唤醒；

⑨ 更多数据字段：置 1，指明源结点还有更多的帧要发送给目的结点；

⑩ WEP 字段：置 1，表明该帧已经用 WEP 加密处理过；

有线对等加密（Wired Equivalent Privacy，WEP）是 IEEE 802.11 系列无线局域网提供的一种最基本的安全标准。WEP 标准中，无线结点与 AP 使用相同的共享密钥进行加密和解密操作。因此，倘若有一个用户泄露了密钥，安全性就无法得到保证。因此，IEEE 802.11 系列无线局域网的 WEP 标准存在严重的安全隐患，目前正在被受保护的 Wi-Fi 访问（Wi-Fi Protected Access，WPA）等更安全的无线网络安全机制所替代。

⑪ 顺序字段：置 1，用于通知目的结点必须严格按顺序来处理。

（2）持续时间字段

持续时间字段即为前面所介绍的虚拟载波监听和信道预约机制中提到的本次数据传输所持续的时间，即从发送数据开始，直至接收到确认帧为止的这段时间。

（3）地址字段

4 个地址字段中的两个分别用于源地址和目的地址，另外两个分别用于标识无线结点跨 AP 漫游时的源 AP 和目的 AP。每个地址的含义由 ToDS 字段和 FromDS 字段的值指明。具体使用情况结合图 7 - 18 说明如下：

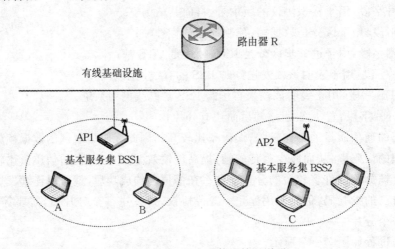

图 7 - 18　地址字段使用情况说明

① 一个基本服务集内部的两个无线结点进行数据传输时(假定 A 发送数据给 B),由于不需要 AP 进行转发,那么,此时地址 1 应为接收数据的目的结点(B)的地址,地址 2 应为发送数据的源结点(A)的地址,地址 3 为无线终端所在的基本服务集(BSS1)的标识符。此时,对应的 ToDS 字段和 FromDS 字段的值均为 0。

② 当一个基本服务集(BSS1)中的无线终端(A)发送数据给另一个基本服务集(BSS2)中的无线终端(C)时,那么,此时地址 1 应为接收数据的基本服务集(BSS2)中的无线访问点(AP2)的地址;地址 2 应为发送数据的基本服务集(BSS1)中的无线访问点(AP1)的地址;地址 3 应为接收数据的目的结点(C)的地址;地址 4 应为发送数据的源结点(A)的地址。此时,对应的 ToDS 字段和 FromDS 字段的值均为 1。

③ 当一个基本服务集(BSS1)中的无线终端(A)发送数据给扩展服务集以外的有线网络(以太网)时,地址 1 应为接收数据的无线访问点(AP1)的地址;地址 2 应为发送数据的源结点(A)的地址;地址 3 则应该为路由器 R 的地址(目的地址)。AP1 接收到这个 IEEE 802.11 MAC 帧以后,就将其转换为有线网(以太网)的 MAC 帧并发送给路由器 R。此时,对应的 ToDS 字段和 FromDS 字段的值分别为 1 和 0。

④ 当扩展服务集以外的有线网络(以太网)发送数据给一个基本服务集(BSS1)中的无线终端(A)时,地址 1 应为目的结点(A)的地址;地址 2 应为接收数据的无线访问点(AP1)的地址;地址 3 则应该为路由器 R 的地址(目的地址)。AP1 接收到这个来自路由器 R 的有线网(以太网)的 MAC 帧以后,就将其转换为 IEEE 802.11 系列无线局域网的 MAC 帧,并发送给目的结点 A。此时,对应的 ToDS 字段和 FromDS 字段的值分别为 0 和 1。

(4) 序号字段

序号字段用于实现数据帧的确认与重传,区分是新发送的帧还是重传的帧。序号字段共 16 位。其中,12 位用于给帧编号,4 位用于给分片编号。

(5) 数据字段

数据字段存放的是数据帧的数据,或者是管理帧和控制帧的扩展信息。其长度可变,最小长度为 0,未加密的帧的数据部分最大长度为 2 304 字节,经过 WEP 加密的帧的最大长度为 2 312字节,多出来的 8 个字节为 WEP 加密算法所要求携带的信息。

(6) 帧校验序列 FCS

帧校验序列 FCS 记录了帧的 32 位 CRC 校验码,通过对首部和数据部分的各字段进行校验码计算而得到。

7.3.3　IEEE 802.11n 的 MAC 层技术

IEEE 802.11n 主要是结合物理层和 MAC 层的优化来充分提高 WLAN 的吞吐量。主要的物理层技术涉及了 MIMO、MIMO-OFDM、40 MHz、Short GI 等技术,从而可以将物理层的吞吐量提高到 600 Mb/s。如果仅仅提高物理层的速率,而没有对空口访问等 MAC 协议层的优化,802.11n 的物理层优化将无从发挥。就好比即使铺设了很宽的路,但是如果车流的调度和管理跟不上,使用效率仍然很低,甚至会经常出现拥堵的情况。所以 IEEE 802.11n 对 MAC 采用了帧聚合、Block 确认等技术,大大提高了 MAC 层的效率。

1. 帧聚合

帧聚合技术包括针对来自于上层的 MAC 服务数据单元(MAC Service Data Unit,

MSDU)的聚合(A-MSDU)和针对 MAC 协议数据单元(MAC Protocol Data Units,MPDU)的聚合(A-MPDU)。

　　A-MSDU 技术是指把多个 MSDU 通过一定的方式聚合成一个较大的载荷。这里的 MSDU可以认为是 Ethernet 报文。通常,当 AP 或无线客户端从协议栈收到报文(MSDU)时,会打上 Ethernet 报头,我们称之为 A-MSDU 子帧;而在通过射频口发送出去前,需要一一将其转换成802.11 报文格式。而 A-MSDU 技术旨在将若干个 A-MSDU 子帧聚合到一起,并封装为一个802.11 报文进行发送,从而减少了发送每一个802.11 报文所需的 PLCP 前导码、PLCP头和802.11MAC 头的开销,同时减少了应答帧的数量,提高了报文发送的效率。

　　A-MSDU 报文是由若干个 A-MSDU 子帧组成的,每个子帧均是由子帧头(Ethernet 头)、一个 MSDU 和0～3个字节的填充组成,如图7-19 所示。

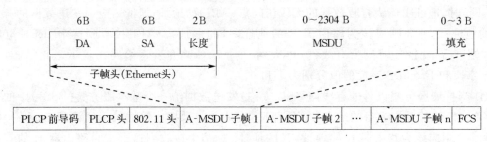

图 7-19　A-MSDU 报文结构

　　A-MSDU 技术只适用于所有 MSDU 的目的端为同一个 HT STA 的情况。

　　与 A-MSDU 不同的是,A-MPDU 聚合的是经过802.11 报文封装后的 MPDU,这里的 MPDU 是指经过802.11 封装过的数据帧。通过一次性发送若干个 MPDU,减少了发送每个802.11 报文所需的 PLCP 前导码、PLCP 头,从而提高了系统的吞吐量。A-MPDU 的报文格式如图7-20 所示。

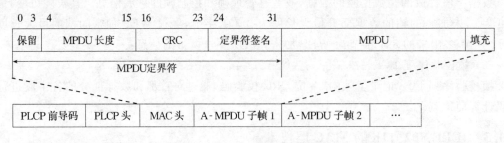

图 7-20　A-MPDU 报文格式

　　其中 MPDU 格式和802.11 定义的相同,而 MPDU 定界符是为了使用 A-MPDU 而定义的新格式。A-MPDU 技术同样只适用于所有 MPDU 的目的端为同一个 HT STA(高吞吐量站点)的情况。

2. Block ACK

　　为保证数据传输的可靠性,802.11 协议规定每收到一个单播数据帧,都必须立即回应以 ACK 帧。A-MPDU 的接收端在收到 A-MPDU 后,需要对其中的每一个 MPDU 进行处理,因此同样针对每一个 MPDU 发送应答帧。Block 应答机制通过使用一个 ACK 帧来完成对多个

MPDU 的应答，以降低这种情况下 ACK 帧的数量。

Block Ack 机制分三个步骤实现：

① 通过 ADDBA Request/Response 报文协商建立 Block ACK 协定。

② 协商完成后，发送方可以发送有限多个 QoS 数据报文，接收方会保留这些数据报文的接收状态，待收到发送方的 BlockAckReq 报文后，接收方则回应以 BlockAck 报文来对之前接收到的多个数据报文做一次性回复。

③ 通过 DELBA Request 报文来撤消一个已经建立的 Block Ack 协定。

Block Ack 的实现过程如图 7 - 21 所示。

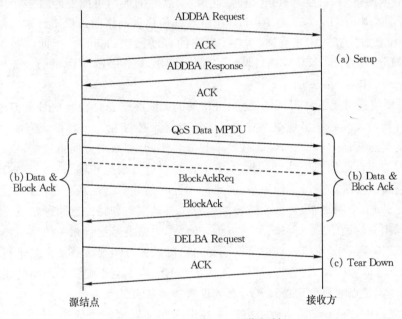

图 7 - 21　Block Ack 工作机制

3. 兼容 a/b/g

802.11n 设备发送的信号可能无法被 802.11a/b/g 的设备解析，造成 802.11a/b/g 设备无法探测到 802.11n 设备，从而往空中直接发送信号，导致信道使用上的冲突。为解决这个问题，当 802.11n 运行在混合模式（即同时有 802.11a/b/g 设备在网络中）时，会在发送的报头前添加能够被 802.11a 或 802.11b/g 设备正确解析的前导码。从而保证 802.11a/b/g 设备能够侦听到 802.11n 信号，并启用冲突避免机制，进而实现 802.11n 设备与 802.11a/b/g 设备的互通。

7.4　无线自组网

7.4.1　无线自组网概述

无线自组网的前身是分组无线网（Packet Radio NETwork，PRNet）。PRNET 是美国国防部高级研究计划局（Defense Advanced Research Project Agency，DARPA）于 1972 年开始

启动的一个研究项目,目的是满足战争环境下通信的需要。项目持续了近二十年的时间,形成了当今的无线自组网并开始军事应用,后逐渐转为民用。1990 年成立的 IEEE 802.11 标准委员会采用了"Ad hoc 网络"一词来描述这种特殊的对等式无线移动网络。

Ad hoc 网络是一种无中心、自组织的多跳无线局域网络,它不以任何已有的固定设施为基础,也不以任何设备为中心,更没有固定的结构形式,无线终端高度自治,可以随时、随地,甚至是在移动的过程中自行组建临时性网络。结点之间采用无线通信技术进行数据传输,如果要进行通信的两个结点互相不在对方的信号覆盖范围之内,将无法进行直接通信。那么,通过在信号覆盖范围之内的相邻结点之间不断的数据转发,最终实现源和目的结点之间的通信。

在 Ad hoc 网络中,结点具有报文转发能力,结点间的通信可能要经过多个中间结点的转发,即经过多跳(MultiHop),这是 Ad hoc 网络与其他移动网络的最根本区别。结点通过分层的网络协议和分布式算法相互协调,实现了网络的自动组织和运行。因此它也被称为多跳无线网(MultiHop Wireless Network)、自组织网络(SelfOrganized Network)或无固定设施的网络(Infrastructureless Network)。

Ad hoc 网络通常是这样形成的:每个可移动的无线终端总是在其信号覆盖范围内定期扫描,看是否有新的无线终端出现或原有的邻居结点是否还存在。一旦发现有新的无线终端出现,则立即发起连接请求,请求与该无线终端建立自组网,如果对方同意连接,则维护自己的路由表,将对方加为自己的邻居结点。此后,双方就可以进行数据传输了。一旦发现原有的邻居结点已经不存在,就维护自己的路由表,将已经不存在的邻居结点从自己的路由表中删去。

可见,在 Ad hoc 网络中,每个无线终端(结点)兼具主机和路由器两种角色。一方面,作为主机,要运行相关的网络应用程序;另一方面,还要作为路由器运行相关的路由协议,进行路由发现和路由维护等操作,对接收到的信宿不是自己的数据分组要按照路由表进行转发。

每个结点可以随时加入和离开网络,任何结点的故障不会影响整个网络的正常运行,具有很强的抗毁性。结点通过分层协议和分布式算法协调各自的行为。

在实际应用中,Ad hoc 网络除了可以单独组网实现局部的通信外,还可以作为末端子网通过接入点或网关接入到其他无线或有线的网络中,与 Ad hoc 网络以外的无线终端或有线终端进行通信。因此,Ad hoc 网络也可以作为各种通信网络的无线接入手段之一。

7.4.2　Ad hoc 网络的结构与关键技术

1. 结点的组织方式

Ad hoc 网络一般有三种结构:单体结构、级联结构和层次结构。单体结构也叫平面结构,它将所有的终端结点看作一个整体的网络。网络中每个结点的地位和作用都是相同的,没有主次之分,既实现数据的发送和接收,又要互相作为其邻居结点(在其直接通信范围内的结点)的路由器。由此可以看出,这也是一种典型的对等网。

这种网络的工作模式如图 7-22 所示。图中,假定结点 A 要给结点 B 传输数据,那么,结点 A 就要首先查找相邻结点 C 和 D,看谁有抵达结点 B 的路径信息。假定结点 C 有,那么就首先将要发送给结点 B 的信息,转发给结点 C,然后结点 C 再按照路由信息转发给结点 B。此处,经过了 2 跳。

单体结构的网络比较简单,网络中所有结点是完全对等的,原则上不存在瓶颈,所以比较健壮。它的缺点是可扩充性差:每个结点都需要知道到达其他所有结点的路由。维护这些动态变化的路由信息需要大量的控制消息。

在结点数量较大的情况下,根据结点地理分布位置的疏密程度不同,可以将分布相对较为密集的一些结点看成一个簇,由此形成若干个簇。为了便于管理,需要从每个簇中选择一个簇头,这样,每个簇就由一个簇头和多个簇成员组成。簇成员的功能比较简单,不需要维护复杂的路由信息,而簇头结点较为复杂,必须要知道与其所有成员之间的所属关系,而且还要维护到达其他簇头的路由。

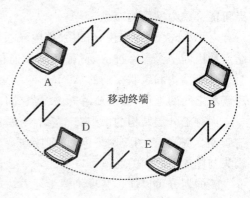

图 7-22 单簇结构自组网

具有多个簇的自组网的一种最简单的结构,就是将多个簇以级联的方式连接到一起,形成级联结构的自组网。在这种情况下,两个簇之间需要选择一个同时位于两个不同簇中的结点作为网关,负责实现两个簇之间的联络和数据转发,如图 7-23 所示。

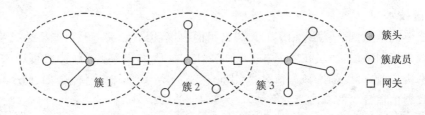

图 7-23 级联结构自组网

为了实现簇与簇之间的直接选择和快速通信,还可以将某个位于区域中心位置的簇作为管理簇,通过这个簇实现与各个不同簇之间的连接与通信,从而形成两级簇结构的自组网,形式如图 7-24 所示。依此过程,还可以构成多级簇结构的自组网。在多级结构的自组网中,管理簇中的结点负责实现簇间数据的转发。

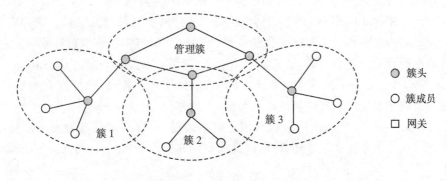

图 7-24 分层结构自组网

在分层结构的网络中,由于簇成员不需要维护路由信息,就大大减少了网络中路由控制信息的数量,因此具有很好的可扩充性。另外,由于簇头结点可以随时选举产生,因此多级结构具有很强的抗毁性。多级结构的缺点是,维护多级结构需要结点执行簇头选举算法,而簇头结点可能会成为网络的瓶颈。

对 Ad hoc 网络来说,可以采用单频通信也可以采用多频通信。所谓单频通信,是指所有结点使用同一个频率进行通信;而多频通信是指不同层次的结点使用不同的频率进行通信。对于单簇结构和级联结构的 Ad hoc 网络来说,显然采用单频通信是比较适宜的。但是为了实现簇头之间的通信,必须要有网关结点(同时属于两个簇的结点)的支持。

而对于分层结构的 Ad hoc 网络来说,完全可以采用多频通信,即不同层次采用不同的通信频率。例如,在两级网络中,管理簇与每个簇头之间可以采用频率 1 进行通信,而每个簇的簇头与簇成员之间的通信可以采用频率 2 进行通信。

簇的划分可以通过某种机器学习方法或者是聚类算法来实现,算法要能根据网络拓扑的变化重新分簇。簇头可以预先指定,也可以由结点使用算法自动选举产生。级联结构和分层结构网络中的每个结点都可以成为簇头,所以需要适当的簇头选举算法。

一般来说,当网络的规模较小时,可以采用简单的单级结构;而当网络的规模增大时,宜应用分层结构。目前实际的 Ad hoc 网络的规模都很小,一般不超过 20 个结点,无线链路的速率也很低,一般在 1.2 kb/s 到 2 Mb/s。

2. 关键技术

令人遗憾的是,目前还没有相应的无线自组网协议,因此相关产品可能会缺乏兼容性。但是对于无线自组网来说,底层技术基本上是成熟的,物理层和 MAC 层协议可以采用 802.11 系列无线网协议,也可以采用一些针对 Ad hoc 网络的 MAC 层改进协议,如:MACA 协议,控制信道和数据信道分离的双信道方案和基于定向天线的 MAC 协议等。

无线自组网的关键技术主要集中于网络层以上,主要涉及以下几个方面:

(1) 路由技术:Ad hoc 是在结点实现路由功能,而不是在传统的路由器。面临的主要挑战有:①如何设计专用、高效的无线多跳路由协议;②如何适应网络拓扑的动态变化;③如何避免路由环路;④如何控制结点的路由算法开销;⑤如何使路由协议与全球卫星自动定位(GPS)技术相结合,为自组网中的结点提供位置信息,从而为结点聚类、路由发现等提供有价值的数据等。目前,一般普遍得到认可的代表性成果有 DSDV、WRP、AODV、DSR、TORA 和 ZRP 等。至今,路由协议的研究仍然是 Ad hoc 网络中最热门的部分。

(2) QoS 保证:Ad hoc 网络出现的初期主要用于传输少量的数据信息。随着应用的不断扩展,在 Ad hoc 网络中传输多媒体信息已成为必然的需求,但多媒体信息对分组丢失率、时延和时延抖动等都具有一定的要求,这就要求 Ad hoc 网络必须提供一定的 QoS 保证。

(3) 网络管理:Ad hoc 网络管理涉及面较广,包括移动性管理、地址管理和服务管理等,需要相应的机制来解决结点定位和地址自动配置等问题。

(4) 网络安全技术:Ad hoc 网络相对固定网络来说,更容易遭受各种安全威胁,如窃听、伪造身份、重放、篡改报文和拒绝服务等,因此需要研究适用于 Ad hoc 网络的安全体系结构和安全技术。

(5) 节能控制:可以采用自动功率控制机制来调整移动结点的功率,以便在传输范围和干扰之间进行折衷;还可以通过智能休眠机制,采用功率意识路由和使用功耗很小的硬件来减少结点的能量消耗。

7.4.3 无线自组网的特点与应用

1. Ad hoc 网络的特点

Ad hoc 网络是一种特殊的无线自组网络。与普通的无线网络和有线网络相比,具有以下特点:

(1) 分布式:Ad hoc 网络没有类似于服务器的专门的网络管理和控制中心,管理功能分布到各个结点。

(2) 自组织:网络的建立不依赖于任何其他的网络设施。每个结点可以随时加入和离开网络,不受任何限制。

(3) 多跳路由:当某个结点要与其覆盖范围之外的结点进行通信时,往往需要经过多个中间结点,进行多次转发。与固定网络的多跳路由不同,Ad hoc 网络中的多跳路由是由普通的网络结点实现的,而不是由专门的路由器完成的。

(4) 动态结构:Ad hoc 网络是一个动态可变的网络,没有固定的结构形式。每个网络结点都可以随处移动,也可以随时开机和关机,这些都可能会使先前的网络结构随时发生变化。

(5) 可靠性高:任何结点的故障不会影响整个网络的运行,具有很强的抗毁性。

(6) 生存期短:无线自组网通常都是因为某些特定的原因或某些特殊的任务而临时建立的,使用完以后,随着所有结点的退出和关机,网络就会自行消失。

(7) 结点资源有限:由于这类无线终端所具有的移动性特点,决定了这类无线终端的处理能力较弱,存储空间也往往不大,因此如果要运行过于复杂的路由算法、安全验证算法等,必然影响网络的性能。

(8) 安全性较差:由于结点资源有限,另外还要保证各类结点的持续加入和退出,因此,安全验证算法不可能过于复杂。另外无线通信本身也存在信息暴露的安全隐患,网络容易被盗用,信息可能被窃取和伪造等。

这些特点使得 Ad hoc 网络在体系结构、网络组织、协议设计等方面都与普通的蜂窝移动通信网络和固定通信网络有着显著的区别。

2. Ad hoc 网络的应用领域

由于 Ad hoc 网络的特殊性,其应用领域与普通的有线网络或无线网络有着比较明显的区别。它主要适用于无法或不便布设固定网络设施的场合,以及需要快速自动组网的情况等。归纳起来,Ad hoc 网络主要有以下几个应用领域:

(1) 军事领域:由于 Ad hoc 网络的研究源于军事需要,因此军事领域仍是 Ad hoc 网络的一个重要应用领域。比如,在行军途中或战场上,部队需要快速推进或转移,在这种情况下要布设具有固定设施的网络进行数据通信是不太现实的,而迫切需要能够临时、快速、自动的组网。正是由于 Ad hoc 网络所具有的无需布设固定网络设施,可快速展开和抗毁性强等特点,决定了它是军事环境中数字化通信的首选技术。Ad hoc 网络技术目前已成为美军战术互联网的核心技术。美军的数字电台和无线互联网控制器等主要通信装备都使用了 Ad hoc 网络技术。

(2) 紧急和临时场合:在遭受了强烈地震、重大水灾、强热带风暴等重大灾难打击后,一些固定的网络设施(如有线通信网络、蜂窝移动通信网络的基站等网络设施、卫星通信地球站以及微波中继站等)可能会被摧毁或损坏,无法正常通信。当抢险救灾人员进入后,短期内恢复原有通信设施可能是不现实的,那么这时就可以利用所携带的手提电脑、PDA 等设备自动、快速地构建 Ad hoc 网络。此外,对于野外工作人员,当处于边远或偏僻地区时,同样无法临时搭建固定的网络设施进行组网通信。由于 Ad hoc 网络所具有的独立组网能力和自组织特点,成为在这些场合进行数据通信的最佳选择。

(3) 传感器网络:后面将要介绍的传感器网络所采用的就是 Ad hoc 网络技术。对于很多特定的应用场合来说,传感器网络只能采用无固定设施的无线通信技术。考虑到节能等因素,传感器的发射功率不可能很大,因此采用 Ad hoc 网络,通过结点之间的持续转发实现多跳通信是非常实际的一种解决方案。分散在各处的传感器通过自组织形成 Ad hoc 网络,通过传感器之间的数据转发就可以最终将每个传感器所实时监测到的数据发往监测和控制中心进行分析和处理。

(4) 个人通信:个人局域网(Personal Area Network,PAN)也是 Ad hoc 网络技术的一个应用。通过自组织的形式临时组网,就可以实现随身携带的手提电脑、PDA、手机等个人电子通信设备之间的数据交换。比如,临时传输一些诸如通信录、文件、通知、音乐等信息。

7.5　无线传感器网络

7.5.1　无线传感器网络概述

1. 什么是无线传感器网络

无线传感器网络的构想最初是由美国军方提出的,美国国防部高级研究计划局(DAR-PA)于 1978 年开始资助卡耐基-梅隆大学进行分布式传感器网络(Distributed Sensor Network,DSN)的研究,这被看成是无线传感器网络(Wireless Sensor Networks,WSN)的雏形。从那以后,类似的项目在全美高校间广泛展开,著名的有:UC Berkeley 的 Smart Dust 项目,UCLA 的 WINS 项目,以及多所机构联合攻关的 Sens IT 计划等。在这些项目取得进展的同时,其应用也从军用转向民用。无线传感器网络以其低功耗、低成本、分布式和自组织的特点带来了信息感知的一场变革。

无线传感器网络 WSN 是由大量密集部署在监控区域内的带有嵌入式处理器、传感器以及无线收发装置的智能结点以自组织方式构成的无线网络。它通过结点间的协同工作来采集和处理网络覆盖区域内的各种环境或监测对象的数据,并将这些数据以无线通信方式传送给监控中心进行分析和处理。无线传感器网络综合了传感器、嵌入式计算、现代网络及无线通信、分布式信息处理等先进技术。

2. 无线传感器网络的组成

一个平面结构的无线传感器网络系统的组成结构如图 7-25 所示。从图中可以看出,它是由大量功能相同或不同的无线传感器结点和一个 sink 结点(汇聚结点)组成的,传感器结点将采集到的数据以多跳、无线通信的方式首先传送给 sink 结点,再由 sink 结点通过 Internet 或通信卫星传送给监控中心。

一个分层结构的无线传感器网络系统的组成结构如图 7-26 所示。与无线自组网类似,

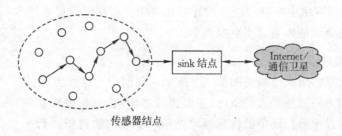

图 7-25　无线传感器网络系统的组成形式

可以根据结点分布情况,将监测区域分成若干个簇,每个簇有一个簇首结点和若干个簇成员。簇首结点不仅负责其辖下簇内信息的收集和融合处理,还负责簇之间数据的转发。每个簇就有一个 sink 结点,各个簇之间通过 sink 结点进行通信,由最后一个 sink 结点通过 Internet 或通信卫星传送给监控中心。

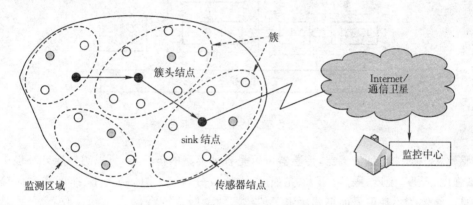

图 7-26　无线传感器网络系统的组成形式

3. 无线传感器网络的特点

要实现大范围的数据采集和处理,就需要布设大量传感器结点,但有些特殊的环境或监测对象往往无法靠近,不允许人为布设,所以就需要采取随机投放的方式,甚至是飞机播撒的方式。在这种情况下要部署固定的网络基础设施就更加困难,这样传感器结点的位置就不能预先确定,因此就无法形成特定结构形式的网络,只能按照自组织方式组网,采用多跳方式进行通信。

由此可见,无线传感器网络就是一种特殊的无线自组网,因此完全可以将无线自组网的相关技术应用到无线传感器网络中。但是无线传感器网络与无线自组网相比,还具有以下特点:

(1) 无线传感器网络中的传感器数量非常庞大,在一个监测区域内,往往要部署成千上万个传感器结点,它们密集部署在监测区域内,结点数量要远远大于 Ad hoc 网络;

(2) 无线传感器网络中的传感器结点虽然是静态的,位置一般不会发生变化,但无线传感器网络的拓扑结构却会因结点的失效、睡眠或者被唤醒而经常发生变化;

(3) 无线传感器网络的各个结点一般都部署在一个开阔的环境中,长时间无人值守,因此传感器结点的供电方式、电源功率、节能设计较 Ad hoc 网络的要求更高,很多结点可能会长时间处于睡眠状态,只有需要某个结点工作时才将其唤醒;

（4）无线传感器网络中的各个结点的计算处理能力和存储容量等较 Ad hoc 网络更弱，因此其路由算法和安全认证体系就要更加简单。

4. 无线传感器结点

无线传感器结点的组成结构如图 7-27 所示。从图中可以看出，它是一个具备感知能力、计算能力和通信能力的微型嵌入式系统，主要由传感模块、数据处理模块、无线收发模块以及电源模块组成。经过传感模块中的传感器对外部环境中的物理量进行采集，转换为模拟的电信号，经过放大、A/D 转换后形成数字数据，送到数据处理模块的内存中，微控制器单元（Micro Controller Unit，MCU）对其进行必要的处理后，再送到无线收发模块的缓冲区中，由发送装置通过天线发送给其他结点。

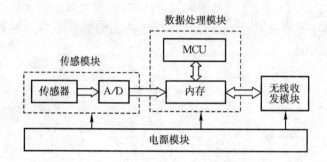

图 7-27　传感器网络结点的组成结构

传感模块中的关键是传感器，传感器可以是各种类型的传感器，可以感知所处环境中的地震、电磁强度、温度、湿度、噪声、压力、光强度、土壤成分、移动物体的大小、速度和方向等各种状态信息。被监测物理信号的形式决定了传感器的类型。

数据处理模块中的 MCU 通常选用嵌入式 CPU，如 Motorola 的 68HC16，ARM 公司的 ARM7 和 Intel 的 8086 等。因为需要进行较复杂的任务调度与管理，系统需要一个微型化的操作系统，UC Berkeley 为此专门开发了 TinyOS，当然，μCOS-II 和嵌入式 Linux 等也是不错的选择。

无线收发模块主要由低功耗、短距离的无线通信模块组成，比如 RFM 公司的 TR1000 等。

在无线传感器网络结点中，由于电源往往无法更换，因此，设计有效的策略以延长无线传感器结点的生命周期成为无线传感器网络的核心问题。当然，从理论上讲，太阳能电池能持久地补给能源，但工程实践中生产这种微型化的电池还有相当的难度。

7.5.2　无线传感器网络的体系结构与实现技术

1. 物理层协议

在物理层面上，无线传感器网络遵从的主要是 IEEE 802.15.4 标准。依照此标准，物理层主要进行如下工作：无线收发器的激活和休眠、无线信号的检测、信道频率的选择、数据的发送与接收等。

IEEE 802.15.4 标准规划了几个工作频段。其中，2.4 GHz 频段的物理层可提供 250 kb/s

的数据传输率,适用于高吞吐量、低延时或低作业周期的场合;工作在 867/715 MHz 频段的物理层则能提供 20 kb/s 的数据传输率,适用于低速率、高灵敏度和大覆盖面积的场合。

依据 IEEE 802.15.4 标准的协议被称为 Zigbee,其传输带宽虽然没有 Wi-Fi 和 Blue Tooth(蓝牙)的大,但是能耗较低,非常适合无线传感器网络。

2. MAC 层协议

无线传感器网络经常使用的有三种 MAC 协议:传感器协议(S-MAC),分布式能量意识协议(DE-MAC)和协调设备协议(MD)。S-MAC 协议通过调配结点的休眠方式来有效地分配信道;DE-MAC 则采用周期性监听和休眠机制,避免空闲监听和串音,其目的是减少能耗和增加网络的生存周期;MD 协议则能为大规模、低占空比运行的结点提供不需要高精度时钟的可靠通信。

MAC 层是目前研究最多的一层,多集中在媒体接入控制上,原因在于无线传感器携带能量的局限性。携带能量的有限使得功率控制在各个环节都显得尤为重要,媒体访问控制的研究旨在降低结点访问媒体时的功耗。

3. 路由协议

在具备底层传输协议的保障后,信息怎样快速地从源传输到目的地就需要由路由协议来解决了。简单来说,路由要实现两个基本功能:确定最佳路径和通过网络传输信息。数据传输的途径存于路由表,由路由算法初始化并负责维护。

无线传感器网络与普通的网络不同,它有自己的特点。比如能量的限制,决定了结点之间不能频繁的交换路由信息。因此,常规网络的路由协议并不一定能适应无线传感器网络。

下面来介绍几种常见的路由协议:

(1) 泛洪式路由。这是一种非常传统的路由协议。泛洪式路由不进行网络拓扑维护和相关路由计算,只负责以广播形式转发数据包,因此效率不高。

(2) SPIN。SPIN 是一组基于协商并且具有能量自适应功能的协议。结点之间通过协商来确定是否有发送信号的必要,并通过实时监控网络中的能量负载来改变工作模式。

以上两种协议都是平面路由协议,依照这种协议,结点并不进行分区归类。

(3) LEACH。LEACH 是一种分层网络协议,它以循环的方式随机选择簇首结点,将全网络的能量负载平均分配到每个传感器结点,从而达到降低网络能源消耗的目的。

(4) PEGASIS。PEGASIS 可谓 LEACH 的升级版本。按照其规定,只有最为邻近的结点才相互通信,结点与汇聚点轮流通信,当所有的结点都与汇聚点通信后,结点再进行新一回合的轮流通信。

4. 能量管理

能耗是无线传感器网络所面临的最大问题,因为结点长期处于无人值守的状况下,有效的能耗策略必不可少。

目前最常使用的策略是休眠机制,即在结点空闲时,使其处于休眠状态,此时其能耗降到最低。但是休眠的结点在转回正常状态的时候,往往会消耗大量的能量,因此寻找合理的状态转换策略是确保休眠机制成功的关键。

数据融合是另一项节能技术。多个邻近结点经常会采集同样的信息,发送这些冗余信息就会给系统增加不必要的负担。因此,通过本地的计算和筛选,确保发送出最有效的信息就是数据融合的任务。

其他能量管理策略还有冲突避免和纠错以及多跳短距离通信,这里不再一一叙述。

5. 软件的支持

无线传感器网络也有一个属于自己的操作系统——TinyOS。这个系统不同于传统意义上的操作系统,它更像一个编程构架,在此构架下,搭配一组必要的组件,就能方便地编译出面向特定应用的操作系统。

TinyOS 由众多组件组成,包括主组件、应用组件、执行组件、传感组件、通信组件和硬件抽象组件。每一个组件在其内部都封装了命令处理程序和事件处理程序,它们通过接口声明所调用的命令和将要触发的事件。调度器则负责根据任务的轻重缓急来安排系统的工作。

Crossbow 公司生产的 MICA 传感器平台上就使用了 TinyOS 系统。实践证明,其基本应用只占用很少的系统资源,能圆满的完成数据采集、处理和通信组网以及数据传输等任务。

7.5.3 无线传感器网络的应用

无线传感器网络是一种全新的信息获取平台,能够实时监测和采集网络分布区域内的各种监测对象的信息,因此具有非常广阔的应用前景。目前,传感器网络的应用领域主要包括:军事、环境、健康、家庭和其他商业领域。此外,在空间探索和灾难拯救等特殊领域,传感器网络也有其得天独厚的技术优势。

1. 军事领域

由于传感器网络是由大量随机分布的传感器结点组成的。其自组织能力和容错能力使其不会因为某些结点在攻击中受损而导致整个网络的瘫痪。正是因为这一点,使传感器网络非常适合应用于恶劣的战场环境中,包括监控我军兵力、装备和物资,监视冲突区,侦察敌方地形和布防,定位攻击目标,评估损失,侦察和探测核、生物和化学攻击。在战场,指挥员往往需要及时准确地了解部队、武器装备和军用物资供给的情况,铺设的传感器将采集相应的信息,并通过汇聚结点将数据发送到指挥所,再转发到指挥部,最后融合来自各战场的数据形成我军完备的战区态势图。在战争中,对冲突区和军事要地的监视也是至关重要的,通过铺设传感器网络,以更隐蔽的方式近距离地观察敌方的布防;当然,也可以直接将传感器结点撒向敌方阵地,在敌方还未来得及反应时迅速收集利于作战的信息。传感器网络也可以为火箭和制导系统提供准确的目标定位信息。在生物和化学战中,利用传感器网络及时、准确地探测爆炸中心将会为我军提供宝贵的反应时间,从而最大可能地减少伤亡。传感器网络也可避免核反应部队直接暴露在核辐射的环境中。

2. 农、林业

通过在农田中布设大量无线传感器结点,并将数据传输给监控中心,就可以实时监测土壤的温度、湿度、酸碱度、肥力以及农作物的光照度、病虫害、庄稼生长情况等。此外,还可以监测特定区域的降雨量、河水水位,并依此预测爆发山洪的可能性。准确、及时地观测森林火灾的发生、发展和变化情况。

3. 环境监测

通过无线传感器网络不仅可以获取特定区域内的温度、湿度、风力等数据,而且还可以监测大气质量,河流、海域污染情况,饮用水水源的水质等。此外,还可以对人难以接近的污染源进行有效的监测,及对工业有害物质排放量的监测等。

4. 医疗健康

如果在住院病人身上安装特殊用途的传感器结点,如心率和血压监测设备,利用传感器网络,医生就可以随时了解被监护病人的病情,进行及时处理。还可以利用传感器网络长时间地收集人的生理数据,这些数据在研制新药品的过程中是非常有用的。此外,在药物管理等诸多方面,它也有新颖而独特的应用。总之,传感器网络可以为远程医疗提供更加方便、快捷的技术实现手段。

5. 空间探索

探索外部星球一直是人类梦寐以求的理想,借助于航天器布撒的传感器网络结点实现对星球表面长时间的监测,是一种经济可行的方案。NASA 的 JPL(Jet Propulsion Laboratory)实验室研制的 Sensor Webs 就是为将来的火星探测进行技术准备的,已在佛罗里达宇航中心周围的环境监测项目中进行了测试和完善。

6. 其他应用

自组织、微型化和对外部世界的感知能力是传感器网络的三大特点,这些特点决定了传感器网络在工业和商业领域也具有非常广泛的应用前景。比如,在灾难监测与控制、物流运输、仓储管理、产品追踪等众多领域,无线传感器网络都发挥了很大的作用。

美国商业周刊和 MIT 技术评论在预测未来技术发展的报告中,分别将无线传感器网络列为 21 世纪最有影响的 21 项技术和改变世界的 10 大技术之一。传感器网络、塑料电子学和仿生人体器官又被称为全球未来的三大高科技产业。

本章小结

◆ 无线局域网是以空气为介质,利用特定频率的无线电波承载数据,在局部范围内实现相互通信与资源共享的计算机网络。在网络覆盖范围内,可以实现随时、随地,甚至是移动上网。

◆ 主要的无线局域网络标准包括 802.11、802.11b、802.11a、802.11g 和 802.11n,其传输速率分别为 2、11、54(5 GHz)、54(2.4 GHz)和 600 Mb/s。

◆ AP 相当于一个网桥,在数据链路层实现有线局域网和无线局域网的连接。无线终端加入无线局域网需要由 AP 提供认证和关联,并提供对漫游的支持。

◆ IEEE 802.11 系列无线局域网标准在 MAC 层提供了两类对共享信道的访问控制机制。一种是分布式协调功能 DCF,采用 CSMA/CA 协议争用信道;一种是点协调功能 PCF,以时分多路复用方式无竞争的使用信道。

◆ Ad hoc 网络是一种无中心、自组织的多跳无线局域网络,它不以任何已有的固定设施为基础,也不以任何设备为中心,更没有固定的结构形式,无线终端高度自治,可以随时、随地,甚至是在移动的过程中自行组建临时性网络。

◆ 无线传感器网络 WSN 是由大量密集部署在监控区域内的带有嵌入式处理器、传感器以及无线收发装置的智能结点以自组织方式构成的无线网络。它通过结点间的协同工作来采集和处理网络覆盖区域内的各种环境或监测对象的数据,并将这些数据以无线通信方式传送给监控中心进行分析和处理。

习 题

7-1 无线局域网采用什么作为数据传输介质？数据以什么形式进行传输？

7-2 无线局域网具有哪些特点？适合应用在哪些场合？

7-3 目前主流的无线局域网标准有哪些？各自占用的频带及传输速率是多少？从这些标准的发展历程，可以得出什么结论？

7-4 什么是 Wi-Fi？Wi-Fi 和 WLAN 是否为同义词？

7-5 试说明接入点设备的功能、作用及其体系结构。

7-6 何谓 ISM 频段？其频率范围是多少？为什么局域网普遍采用 ISM 频带传输数据？具有什么好处？

7-7 同一空间范围内，WLAN 最多可以使用几个接入点 AP？

7-8 如何实现无线局域网的认证、关联？如何支持其漫游？

7-9 试说明无线局域网中几个物理层协议所使用的物理层技术和调制技术，以及所使用的频带和具有的传输速率。

7-10 IEEE 802.11 系列无线局域网标准在 MAC 层提供了哪些对共享信道的访问控制机制？各自具有什么特点？它们之间的关系是怎样的？

7-11 为什么无线局域网不使用 CSMA/CD 介质访问控制机制，而要使用 CSMA/CA 介质访问控制机制？

7-12 说明有线局域网和无线局域网的数据帧传输控制协议是否相同，如果你认为不同，说明如何不同，为什么不同？

7-13 为什么无线局域网在发送完数据帧后，需要等待对方发回确认帧，而有线局域网却不需要？

7-14 为什么无线局域网的站点在发送数据帧时，当检测到信道空闲后，仍然要等待一段时间？为什么在发送数据帧的过程中不继续对信道进行检测？

7-15 简述 CSMA/CA 协议的数据传输过程。

7-16 在 CSMA/CA 的扩展方案中主要解决了什么问题？是如何解决的？

7-17 点协调功能 PCF 是怎样实现对无线信道的访问控制的？

7-18 IEEE 802.11 系列无线局域网数据帧中的地址字段是如何设定的？

7-19 什么是帧聚合？在 IEEE 802.11n 中是如何实现帧聚合的？

7-20 何谓 Block Ack 技术？

7-21 试解释什么是无线自组网，Ad hoc 网络是怎样建立起来的？

7-22 无线自组网有哪些种结构形式？各自具有什么特点？

7-23 Ad hoc 网络具有哪些特点？

7-24 何谓无线传感器网络？无线传感器网络系统的组成结构是什么样的？

7-25 无线传感器网络与无线自组网相比，具有哪些特点？

7-26 试给出无线传感器结点的组成结构，并说明各组成部分之间的关系。

7-27 说明无线传感器结点的可能应用领域。

7-28 WLAN 的 MAC 协议中的 SIFS、PIFS 和 DIFS 的作用是什么？

第 8 章　广域网

在所有的网络类型中,广域网是最复杂的,因为它包括所有的网络类型,实现所有的技术功能。在广域网的通信中,数据要经过不同类型的网络,通过路由转发,经过长距离传输,最终到达接收端。对广域网技术的了解,是计算机网络技术不可或缺的一部分。

本章将从三个方面介绍广域网技术:广域网中的基本概念、SONET 和 SDH 以及多协议标记交换协议 MPLS。在广域网技术概述一节中,对 DDN、X. 25、FR 和 ATM 等几种较早期出现的广域网技术进行了简单介绍;同步光纤网络 SONET 和同步数字系列 SDH 是目前广泛使用的光纤传输标准,第二节中就 SONET 和 SDH 的帧格式、特点和应用进行了介绍,并比较了两者之间的差异;第三节对多协议标记交换 MPLS 中涉及的概念、工作原理、首部格式和应用等几方面展开了讨论。

广域网技术广泛而复杂,受篇幅限制,本章只能对广域网中涉及的一些主要技术进行简略的介绍,如需进一步了解,还需要查阅关于广域网技术的专著。

8.1　广域网技术概述

8.1.1　广域网的基本概念

广域网(Wide Area Network,WAN)通常跨接很大的物理范围,所覆盖的范围从几十公里到几千公里,它能连接多个城市、国家,或横跨大洋大洲,提供远距离通信。WAN 可以利用公用分组交换网、卫星通信网和无线分组交换网,将分布在不同地区的 LAN 或计算机系统互连起来,达到资源共享的目的。WAN 和 LAN 存在下列差别:

(1) WAN 覆盖范围广,通信距离远,可达数千公里甚至全球。往往要经过多个广域网设备转发,传播延迟比 LAN 大得多,可从几毫秒到几百毫秒(使用卫星信道时)。

(2) 通常 WAN 的数据传输速率较 LAN 低,WAN 的速率从 56 kb/s、155 Mb/s、622 Mb/s到 2.5 Gb/s、10 Gb/s 或者更高一些。

(3) WAN 没有固定的拓扑结构。

(4) WAN 一般由电信部门负责组建、管理和维护,并向全社会提供面向通信的有偿服务、流量统计和计费问题。

(5) WAN 一般最多只包含 OSI 参考模型的下三层:物理层、数据链路层和网络层,目前大部分 WAN 都采用存储转发方式进行数据交换:WAN 中的节点机先将发送给它的分组完整地接收下来,然后经过路径选择找出一条输出线路,节点机再将接收到的分组发送到该输出线路上去,以此类推,直到将分组发送到目的端。

从层次上来看,WAN 的最高层是网络层。网络层为连接在网络上的主机提供的服务可以分为两大类:数据报服务和虚电路服务。虚电路分为两种:永久虚电路(Permanent Virtual

Circuit,PVC)和交换虚电路(Switched Virtual Circuit,SVC)。PVC 是指通信双方的电路在用户看来是永久连接的虚电路;SVC 是在发送方向网络发送建立连接请求,要求与远程机器通信时建立的,一旦通信会话完成,便取消虚电路。PVC 的用法与 SVC 相同,但它是由用户和电信运营商经过商讨而预先建立的,因而它一直存在,用户不需要建立链路而可直接使用它,PVC 类似于租用的专用线路。

1. 广域网结构

WAN 是由许多交换机/路由器组成的,交换机/路由器之间采用点到点线路连接,几乎所有的点到点通信方式都可以用来建立 WAN,包括租用线路、光缆、微波、卫星信道。目前全球最大的广域网当属互联网,它通过海底光缆组建的传输系统实现各个国家、地区之间的网络互联;使用陆地光缆实现国家骨干网各个节点间的连接;使用电话线、双绞线、同轴电缆、光纤等连接互联网上的每个用户。

WAN 的接入理论上可以达到 40 Gb/s,目前电信骨干网络中核心节点之间的互连一般都是 2.5 Gb/s 和 10 Gb/s,比如互联网的广州和北京节点互连,或者地市和省互连等。

WAN 的基本结构可以划分为三部分:接入网、传送网和核心网。

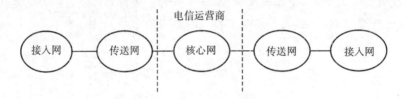

图 8-1 广域网的基本结构

接入网是指骨干网络到用户终端之间的所有设备。其长度一般为几百米到几公里,因而被形象地称为"最后一公里"。接入网的接入方式包括铜线(普通电话线)接入、光纤接入、光纤同轴电缆(有线电视电缆)混合接入、无线接入和以太网接入等几种方式。

传送网负责数据的中继传输,传送网主要是以 SDH 为基础的大容量光纤网络。根据传输媒介的不同,传送网可分为微波通信、光通信等;根据复用方式的不同,传送网又可分为模拟通信(频分复用)、数字通信(时分复用),其中数字通信又分为 PDH、SDH/SONET 两种。

核心网是指由电信运营商提供的高速交换网络,以提供快速的交换为主要目的,例如:ATM 网络、IP 交换网络。

在 WAN 中,数据先进入接入网,然后经过传送网的长距离传输到达电信运营商提供的核心网,经核心网中高速交换机的数据交换,再通过长距离的传输到达接受方的接入网,最终数据由接受方连接的接入网传输给用户。

2. 广域网连接方式

广域网连接方式常见的有两种:专线连接和交换连接。

按数据交换方式的不同,可以将交换连接划分为电路交换和分组交换。

(1) 专线连接:专线连接指 WAN 的连接线路是永久存在的,是一条专用线路,即使没有数据的传输,这条线路也必须存在而不能用作他用。典型的专线连接网采用模拟线路、T1 线路、T2 线路。特点是技术简单、安全稳定、价格高。我国第一条连接到互联网的专线于 1993

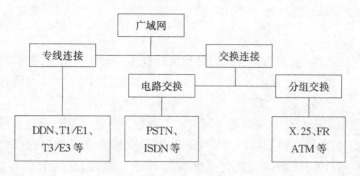

图 8-2 广域网的连接方式

年 3 月 2 日正式开通,当时该专线的速率仅为 64 kb/s。这是由中科院高能物理所租用美国 AT&T 公司的国际卫星信道建立的,该专线直接接入美国 SLAC 国家实验室。

(2)电路交换:电路交换是指计算机终端之间通信时,一方发起呼叫,另一方收到发起端的信号,双方才可进行通信的交换方式。在整个通信过程中双方一直占用该电路。电路交换属于面向连接的交换方式,需要有电路的建立、保持和拆除机制,其特点是实时性强、时延小、开销小、易实现。但同时也带来线路利用率低,电路接续时间长,通信效率低,不同的终端用户之间不能通信的缺点。综合业务数字网 ISDN 就是一种采用电路交换的广域网技术。

(3)分组交换:分组交换采用存储转发交换方式,它将需要的信息划分为一定长度的分组(包),以分组单位进行存储转发。分组交换可以采用面向连接和面向无连接两种连接方式,向上提供虚电路和数据报两种服务。目前,多数的 WAN 一般都采用分组交换技术,如 X.25、帧中继和 ATM 等。

8.1.2 几种早期的广域网技术

广域网从产生到现在,经历了多种技术的变化,包括公用电话交换网(PSTN)、分组交换网(X.25)、数字数据网(DDN)、帧中继(FR)和异步传输模式(ATM)、SONET/SDH、MPLS 等,下面就将其中部分早期产生、使用的广域网技术进行介绍。

1. DDN

数字数据网(Digital Data Network,DDN)是一种利用数字信道提供数据通信的传输网,它主要提供点到点及点到多点的数字专线,可承载语音、传真、视频等多种业务。DDN 的传输介质主要有光纤、数字微波、卫星信道等。DDN 可以向用户提供多种速率的数字数据专线服务,可以提供 2.4 kb/s,4.8 kb/s,9.6 kb/s,19.2 kb/s,N×64(N=1~31) kb/s 及 2 048 kb/s 速率的专用电路。

DDN 提供的信道是非交换、用户独占的永久虚电路 PVC。一旦用户提出申请,电信运营商便可以通过软件命令改变用户专线的路由或专网结构,而无须经过物理线路的改造扩建工程,因此 DDN 极易根据用户的需要,在约定的时间内接通所需带宽的线路。

DDN 为用户提供的基本业务是点到点的专线。从用户角度来看,租用一条点到点的专线就是租用了一条高质量、高带宽的数字信道。用户在 DDN 上租用一条点到点数字专线与租用一条电话专线十分类似。DDN 专线与电话专线的区别在于:电话专线是固定的物理连接,而且是模拟信道,带宽窄、质量差、数据传输率低;DDN 专线是半固定连接,其数据传输率和路由可随时根据需要申请改变。由于 DDN 专线是数字信道,所以可以提供较高的通信质量。

2. X.25

X.25 是分组交换网,采用面向连接的分组交换技术,X.25 网络提供的数据传输率一般为 64 kb/s。X.25 于 1976 年 3 月成为国际标准。X.25 对应于 OSI 参考模型的物理层、数据链路层和网络层。

X.25 的物理层用于定义主机与物理网络之间物理、电气、功能以及过程特性,物理层协议采用 X.21。X.25 的数据链路层描述用户主机与分组交换机之间数据的可靠传输,包括帧格式定义、差错控制等。X.25 数据链路层一般采用 LAP-B 协议,这是 HDLC 的一个子集。网络层的主要功能是允许用户建立虚电路,然后在已建立的虚电路上发送最大长度为 128 个字节的报文,报文可靠且按顺序到达目的端。X.25 网络层采用分组级协议(Packet Level Protocol,PLP)。

X.25 支持交换虚电路 SVC 和永久虚电路 PVC,可以在一条物理电路上同时开放多条虚电路供多个用户同时使用。X.25 同时提供流量控制机制,以防止发送方的发送速度过快超过接收方的接收速度。X.25 网为了保障数据传输的可靠性,在每一段链路上都要执行差错校验和出错重传,为用户数据的安全传输提供了很好的保障。

由于 X.25 分组交换网络是在早期低速、高误码率的物理链路基础上发展起来的,为保证可靠传输而设计了反复的错误检查过程,增加了传输时间。X.25 的特性已不适应目前高速远程连接的要求,属于一种趋于淘汰的网络交换技术。

3. FR

帧中继(Frame Relay,FR)出现于 20 世纪 80 年代,是在 X.25 分组交换技术的基础上发展起来的一种面向连接的分组交换技术。帧中继采用光纤作为传输介质,速率范围从 56 kb/s 到 1.544 Mb/s。帧中继仅限于传输数据,不适于传输诸如语音、视频等实时信息。

帧中继一般使用光纤作为传输介质,误码率低,能实现近似无差错传输。因此,帧中继技术不提供差错控制、确认和流量控制机制,当帧中继交换机接收到一个损坏的帧时只是将其丢弃,差错控制和流量控制均交由终端完成。这样帧中继在传送数据时可以使用较为简单的通信协议,减少结点的处理时间,提高了网络的传输率。

帧中继提供了防止拥塞的机制。当帧中继网拥塞时,帧将会被适宜地丢弃,或根据用户指定的级别丢弃。例如,用户可以指明当发送拥塞时可以丢弃不是很关键的通信帧。

帧中继是基于虚电路的,帧中继的虚电路是源点到目的节点的逻辑链路,它提供终端设备之间的双向通信路径,并由 DLCI 唯一标识。帧中继采用复用技术,将大量虚电路复用为单一物理电路以实现跨网络传输,这种能力可以降低连接终端的设备和网络的复杂性。

图 8-3 显示了帧中继分组的帧结构。标志字段 F 和帧校验序列 FCS 的作用与 HDLC 中的类似。F 字段用以标志帧的起始和结束,采用二进制比特序列 01111110,可采用零比特填充法实现数据的透明传输。在接收方,帧将重新计算,得到一个新的 FCS 值并与 FCS 字段的值比较。如果它们不匹配,分组就被丢弃。FCS 具有很强的检错能力,它能检测出在任何位置上的 3 个以内的错误、所有的奇数个错误、16 个比特之内的连续错误以及大部分的大量突发错误。开始的标志字段 F 后面是帧中继首部——地址字段,地址字段的主要用途是区分同一链路上的多个连接,以便实现帧的复用/分用。地址字段一般由 2 个字节组成,必要时最多

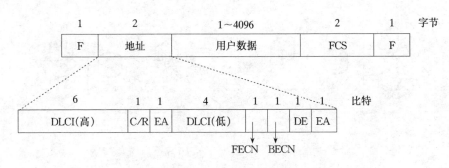

图 8-3 帧中继的帧结构

可扩展到 4 个字节。地址通常包含以下内容：

数据链路连接标识符（Data Link Connection Identifier, DLCI）：DLCI 是帧中继帧的关键部分，由高、低两部分共 10 比特组成。通过帧中继中的 DLCI 字段，可以区分出该帧属于哪一条虚电路，或者可以说，每一条复用到物理链路的虚拟连接都使用一个唯一的 DLCI 识别。DLCI 值只是本地有效，所以同一条连接的两端所使用的 DLCI 可以不同。帧中继可以提供两种虚电路：永久虚电路 PVC 和交换虚电路 SVC。SVC 是一种临时性的连接，主要适用于数据传输量较少的数据终端设备（DTE）之间的网络连接。PVC 创建的是一种永久性的连接，主要用于经常需要进行持续性的数据传输的 DTE 设备之间的网络连接，网络运营商为用户提供固定的虚电路连接，用户可以只申请一条 PVC，也可以申请多条 PVC，通过帧中继网络交换连接到不同的远端用户。

命令/响应位（C/R）：与高层应用有关，帧中继本身并不使用。

扩展地址（EA）：帧中继的地址字段可以扩展到 3 个字节（对应的 DLCI 为 17 位）或 4 个字节（对应的 DLCI 为 24 位）。EA＝0，表示后续字节仍然是地址字段；EA＝1，表示本字节为地址字段的最后字节。

前向显示拥塞通告（Forward Explicit Congestion Notification, FECN）：发送方将 FECN 置 1，用于通知接收方网络出现阻塞。

反向显示拥塞通告（Backward Explicit Congestion Notification, BECN）：接收方将 BECN 置 1，用于通知发送方网络出现阻塞。

可丢弃位（DE）：DE＝1，表示当网络发生阻塞时，该帧可被优先丢弃。

地址字段扩展位（EA）：决定地址字段是否扩展。

在帧中继网络中，每一个转发节点内部都有一个路由表。当用户需要建立端到端的永久虚电路 PVC 连接时，就是建立一条由多段 DLCI 连接成的端到端的逻辑连接。当节点接收到用户发来的帧后，节点机根据帧中地址字段的 DLCI 值查找路由表以确定下一段逻辑连接的 DLCI 值，并将帧从指定端口按 DLCI 值规定的链路传递到下一个节点。下一个节点接收到该帧后，再按相同方式往下一个节点传递，直到目的节点。

图 8-4 是一个帧中继网络通过 DLCI 转发的示例：主机 PC1 要通过帧中继网络访问主机 PC2。

路由器 R1 收到 PC1 的数据后，查找路由表，得到 DLCI 值为 100，然后将数据封装到帧中继的帧中，此时帧中地址字段的 DLCI 值定为 100。交换节点 A 收到此帧后，查转发表，将

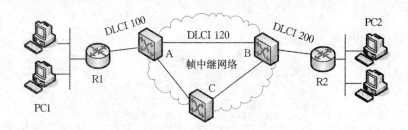

图 8-4　FR 中通过 DLCI 转发帧

DLCI 的值从 100 改变为 120，并决定下一个接收此帧的节点为 B。节点 B 收到此帧后，将 DLCI 的值从 120 变换为 200，并将此帧传递给路由器 R2。路由器 R2 通过路由表查看到目的地址是指向 PC2 后，将数据传递给主机 PC2。

帧中继是继 X.25 后发展起来的数据通信方式。从原理上看，帧中继与 X.25 同属于分组交换。帧中继与 X.25 协议的主要差别有：

（1）帧中继带宽较宽。

（2）帧中继的层次结构中只有物理层和链路层。

（3）帧中继不需要考虑传输差错问题，其中帧中继交换机只做帧的转发操作，不需要执行接收确认和请求重发等操作，差错控制和流量控制均交由高层端系统完成，大大缩短了节点的时延，提高了网内数据的传输速率。

4. ATM

ATM 和 X.25、帧中继类似。异步传输模式（Asynchronous Transfer Mode，ATM）也是一种面向连接的分组交换技术，它是一种为多种业务设计的面向连接的传输模式，支持多种媒体的传输，如声音、视频图像和数据。ATM 网络支持的数据传输率主要是 155 Mb/s 和 622 Mb/s 两种。选择 155 Mb/s 的速率是考虑到对高清晰度电视的支持以及与同步光纤网 SONET 相兼容。

在 ATM 中，所有的信息按长度较小且大小固定的信元进行传输。信元的长度为 53 个字节，分为 2 个部分。其中信元头是 5 个字节，有效载荷部分占 48 字节。ATM 信元的结构如图 8-5 所示。

5 字节的信元头采用两种不同的格式：用户-网络接口（User-Network Interface，UNI）和网络-网络接口（Network-Network Interface，NNI），前者应用于主机和 ATM 网络之间的边界，后者应用于两台 ATM 交换机之间。

通用流量控制（General Flow Control，GFC）：一般流量控制，只用于 UNI 接口，没用时置为 0000。

虚路径标识符（Virtual Path Identifier，VPI）：在一个接口上将若干个虚通道（VC）集中起来组成一个虚路径（VP），并以虚通道为网络管理的基本单位。VPI 在 UNI 中为 8 位，在 NNI 中为 12 位。

虚通道标识符 VCI（Virtual Channel Identifier）：标识虚路径内的虚通道，VPI/VCI 一起标识一个虚连接。在信头的各个组成部分中，VPI/VCI 是最重要的，这两个部分合起来构成了一个信元的路由信息，该信息表示这个信元从哪里来，到哪里去。ATM 交换就是依据各个

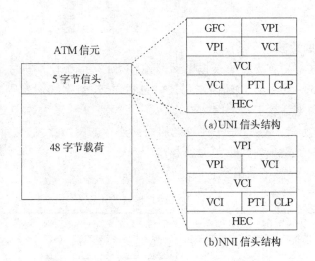

图 8-5　ATM 信元的结构

信元上的 VPI/VCI 来决定把分组送到哪一条输出线上去。图 8-6 是 STM 的 VPI 和 VCI 示意图。

载荷类型标识符(Payload Type Identifier,PTI):用于指明信元中的载荷类型,即后面 48 个字节数据字段的信息类型。

信元丢弃优先权(Cell Loss Priority,CLP):该字段用于拥塞控制,说明在发生信元冲突时,该信元是否可以丢掉。当网络出现拥塞时,首先抛弃 CLP 等于 1 的信元。

信头错误校验(Head Error Control,HEC):该字段用来保证整个信头的正确传输。

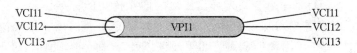

图 8-6　ATM 的 VPI 和 VCI

ATM 采用了虚连接技术,在传输数据前首先建立逻辑的虚连接。ATM 设立虚路径 VP 和虚通道 VC 两级寻址,VP 是由两结点间复用的一组 VC 组成的。在一条链路上可以建立多个 VP。在一条 VP 上传输的数据单元均在相同的物理线路上传输,且保持其先后顺序,因此克服了分组交换中无序接收的缺点,保证了数据的连续性,更适合于多媒体数据的传输。

ATM 网络工作过程大致是:ATM 交换机接收来自特定输入端口的、带有标记的 VPI/VCI 字段和表明属于特定虚电路的信元,然后检查路由表,从中找出从哪个输出端口转发该信元,并设置输出信元的 VPI/VCI 值。

ATM 将数据链路层的纠错、流量控制功能转移到用户端完成,由于 ATM 技术简化了交换过程,去除了不必要的数据校验,采用易于处理的固定信元格式,所以 ATM 降低了网络时延,提高了交换速度,交换速率大大高于 X.25、DDN、帧中继等。

ATM 网络采用了一些有效的流量监控机制,对网上用户数据进行实时监控,把网络拥塞发生的可能性降到最小。对不同业务赋予不同的优先权,如语音的实时性特权最高,一般数据文件传输的正确性特权最高,网络对不同业务分配不同的网络资源,尽量满足不同业务的不同需求。

5. 几种广域网的比较

PSTN 是采用电路交换技术的模拟电话网；当 PSTN 用于计算机之间的数据通信时，其最高速率不会超过 56 kb/s。ISDN 向用户提供包括语音、数据和图像等多媒体的综合业务，用户可以在一条普通电话线上边上网边打电话。DDN 是一种采用数字交叉连接的全透明传输网，它不具备交换功能。X.25 是一种较老的面向连接的网络技术，它允许用户发送可变长短的报文分组。帧中继是一种数据包交换技术，与 X.25 类似。ATM 采用信元交换技术，可以处理多媒体数据。表 8-1 给出了它们之间的一些比较。

表 8-1　几种广域网的比较

	DDN	X.25	FR	ATM
面向连接	否	是	是	是
电路交换/分组交换	—	分组交换	分组交换	分组交换
分组长度固定	否	否	否	是
是否支持 PVC	是	是	是	是
数据传输率(b/s)	2.4 k～2.048 M	64 k～2.048 M	64 k～2.048 M	155 M/622 M

8.2　同步光纤网 SONET 和同步数字系列 SDH

同步光纤网络(Synchronous Optical NETwork,SONET)和同步数字系列(Synchronous Digital Hierarchy,SDH)是一组有关光纤信道上的同步传输的标准协议，规范了数字信号的帧结构、复用方式、传输速率等级等特性。SONET 体制是由美国国家标准协会(ANSI)主持制订的美国标准，应用于美国和加拿大等北美地区以及亚洲的部分国家，SDH 体制是由国际电信同盟(ITU)负责制订的国际标准，应用于欧洲和亚洲部分地区。

SONET 和 SDH 是针对准同步数字体系(Plesiochronous Digital Hierarchy,PDH)的一些缺陷而发展来的。在 PDH 体系中：

① 存在相互独立的两大类速率标准，导致国际互通难以实现。

PDH 只有地区性数字信号速率和帧结构标准，而没有国际标准。国际上有两大系列的准同步数字体系，一种以 1.544 Mb/s 为第一级(一次群，或称基群)速率，采用的国家有北美各国和日本；另一种以 2.048 Mb/s 为第一级(一次群)速率，采用的国家有西欧各国和中国。

② 信号采用同步复用和异步复用两种复用结构。

PDH 仅有 1.544 Mb/s 和 2.048 Mb/s 的基群信号采用同步复用，即各路信号是在同一个时钟系统的控制下进行复接的，其余高速等级信号都采用异步复用，这样需要逐级码速调整来实现复用和解复用。增加了设备的复杂性，容易使信号产生损伤。

③ 没有统一的网管接口。

由于没有统一的网管接口，导致了用户在购买某生产厂家的设备后，就需买一套该厂家的网管系统，不利于形成统一的电信管理网。

美国 Bell 通信研究所针对 PDH 的不足，提出了同步光网络 SONET 结构，后将 SONET

修订后成为同步数字体系 SDH。从 SONET 到 SDH,其实质和内容及主要规范并没有很大变化,而且随着国际标准化工作的不断进行,两者也越来越趋于一致,因此两者一般被统称为光同步传输网。但是 SONET 和 SDH 之间存在一些细微差别,主要的差异在于基本的 SDH 和 SONET 帧格式,SDH 和 SONET 在 STS－3 信号等级以上本质相同。这些部分细节上的差异,导致两种体制不能完全互通和兼容。

　　SONET 以 51.84 Mb/s 为基准进行递增,对于基于铜缆的电信号传输称为第一级同步传送信号(STS－1),对于基于光纤的光信号传输称为第一级光载波(OC－1)。SONET 中高等级的数字信号系列如 155 Mb/s(STS－3)、622 Mb/s(STS－12)、2.5 Gb/s(STS－48)等,可通过将低速率等级的信息模块(例如 STS－1)通过字节间插的方式复用而成。SDH 最基本的帧为 STM－1,4 个 STM－1 同步复用构成 STM－4,16 个 STM－1 或 4 个 STM－4 同步复用构成 STM－16,即多个 STS－1 信号可以复用起来,形成一个 STS－N 信号。目前常用的 SONET/SDH 数据传输率列表如下:

表 8－2　SONET/SDH 的传输率

SDH 等级	SONET 等级/光载波等级	传输速率(Mb/s)
	STS－1/OC－1	51.84
STM－1	STS－3/OC－3	155.52
	STS－9/OC－9	466.56
STM－4	STS－12/OC－12	622.08
	STS－18/OC－18	933.12
	STS－24/OC－24	1 244.16
	STS－36/OC－36	1 866.24
STM－16	STS－48/OC－48	2 488.32
	STS－96/OC－96	4 976.64
STM－64	STS－192/OC－192	9 953.28
STM－256	STS－768/OC－768	39 813.12

　　从表中可以看出,SONET 和 SDH 的速率等级不同,SONET 的速率等级较多,SONET 的最低速率是 51.84 Mb/s,而 SDH 的最低速率是 155.52 Mb/s。

8.2.1　SONET

1. 帧结构

　　STS－1 是 SONET 的基本帧,图 8－7 是 STS－1 的帧结构,每一帧共包含 810 个字节,从逻辑上可以将 STS－1 帧看做具有 9 行,每行 90 字节的矩阵。每行的前 3 个字节为传输开销(TOH),包括帧结构、差错监控、管理和有效载荷指针信息;每行余下的 87 字节供数据使用,其中第 1 个字节为通道开销(POH)。每个帧从第一个字节开始,按图 8－7 中从左到右、从上到下的方向进行传输,传输一个帧需要 125 μs,每秒传输 $1/125 \times 1\,000\,000 = 8\,000$ 帧。对 STS－1 而言,每帧中包含的比特数为 $8 \times (9 \times 90) = 6\,480$ bit,所以 STS－1 的传输速率为

6 480×8 000＝51.84 Mb/s。

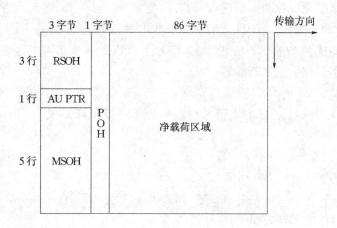

图 8-7　STS-1 帧结构

传输开销 TOH 部分中前三行的 3 个字节(总共 9 个字节)用于再生段开销(Regenerator Section OverHead,RSOH),第 4 行的 3 个字节用于管理单元指针(AU PTR),从第 5 行开始,后面的五行共 15 个字节为复用段开销(Multiplex Section Over Head,MSOH)。可见,在 STS-1 的帧结构中,用于开销的部分包括:RSOH、AU PTR、MSOH 和 POH 这四部分。

2. SONET 特点

(1) 接口方面:在电接口和光接口方面,SONET 体制采用世界性统一标准规范。规范的内容包括数字信号速率等级、帧结构、复接方法、线路接口、监控管理等。这使得 SONET 设备容易实现多厂家环境下的互连,也就是说在同一条线路上可以安装不同厂家的设备,体现了 SONET 广泛的兼容性。

(2) 复用性:由于低速 SONET 信号是以字节间插方式复用到高速 SONET 信号的帧结构中的,这样就使低速 SONET 信号在高速 SONET 信号的帧中的位置是固定的、有规律的。这样就能从高速 SONET 信号(例如速率为 2.5 Gb/s 的 STS-48)中直接插/分出低速 SONET信号(例如速率为 51.84 Mb/s 的 STS-1)。

另外,SONET 采用了同步复用方式和灵活的映射结构,可将 PDH 低速支路信号(例如 1.5 Mb/s)映射到 SONET 信号的帧中去(STS-N),这样使低速支路信号在 STS-N 帧中的位置也是可预见的,于是可以从 STS-N 信号中直接分/插出低速支路信号,例如 1.5 Mb/s、2 Mb/s、45 Mb/s 与 140 Mb/s 等低速信号。

(3) 兼容性:SONET 有很强的兼容性,可以用 SONET 网传送 PDH 业务,另外,ATM、以太网、FDDI 信号等其他体制的信号也可用 SONET 网来传输。

8.2.2　SDH

SDH 网络是一个基于时分多路复用技术的数字传输网络。SDH 技术现在已经是一种成熟的、标准的技术,在骨干网中已被广泛采用。

SDH 是数字信号传输网络,提供一条高速的物理信道,是目前一些广域网的基础网络,SDH 是目前世界各国采用的最主要的传输技术。国际电话电报咨询委员会 CCITT 于 1988

年接受了 SONET 概念并重新命名为 SDH,使其成为不仅适用于光纤也适用于微波和卫星传输的通用技术体制。

SDH 信号最基本也是最重要的模块信号是 STM - 1,其速率为 155.520 Mb/s(STM - 1 每秒钟的传输速率为 $9×270×8×8\ 000＝155.52$ Mb/s)。更高等级的 STM - N 是将 STM - 1 同步复用而成的。

1. STM - 1 的帧结构

SDH 采用块状的帧结构,图 8 - 8 是 STM - 1 的帧结构,每帧由纵向 9 行和横向 270 字节组成,共包含 2 430 个字节。

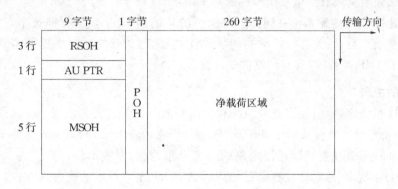

图 8 - 8　STM - 1 的帧结构

SDH 的基本模块 STM - 1 的帧结构与 STS - 1 类似,只是相应字节长度变为原来的 3 倍而已。整个帧结构分成段开销(Section OverHead,SOH)区、载荷区和管理单元指针(AU PTR)区三个区域:

① 段开销区(SOH):主要用于网络的运行、管理、维护,以保证载荷区域的数据能够正常灵活地传送。SOH 又分为再生段开销(Regenerator Section OverHead,RSOH)和复用段开销(Multiplex Section OverHead,MSOH)。

② 数据载荷区:由 POH 和净载荷区域两部分组成。其中净载荷区域用于存放真正用于信息业务的比特;POH 是通道开销字节,用于通道维护管理。

③ 管理单元指针(AU PTR)用来指示净载荷区域内的信息首字节在 STM - 1 帧内的准确位置,以便接收时能正确分离数据载荷。

SDH 的帧传输是按由左到右、由上到下的顺序进行的。第 1 行第 1 列的字节最先传输,第 2 行第 1 列的字节紧随着第 1 行第 270 列的字节传输。每帧传输时间为 125 μs,每秒传输 $1/125×1\ 000\ 000＝8\ 000$ 帧。对 STM - 1 而言,每帧中包含的比特数为 $8×(9×270)＝19\ 440$ bit,则 STM - 1 的传输速率为 $19\ 440×8\ 000＝155.520$ Mb/s;故 STM - 4 的传输速率为 $4×155.520$ Mb/s＝622.08 Mb/s;STM - 16 的传输速率为 $16×155.520$(或 $4×622.08$)＝2 488.32 Mb/s。

2. SDH 的特点

SDH 之所以能够快速发展是与它自身的特点分不开的,其具体特点如下:

(1)统一的世界标准:SDH 把北美、日本和欧洲、中国使用的两大准同步数字体系在

STM-1等级上获得了统一,第一次实现了数据传输媒体上的世界标准。

(2) 复用性:SDH 基本信号传输结构等级是同步传输模块 STM-1,高等级的数字信号可将低速率等级信号通过字节间插同步复用而成,复用的个数是 4 的倍数,例如高等级的数字信号 622 Mb/s(STM-4)、2.5 Gb/s(STM-16)等可以通过 STM-1 复用而成。

(3) 光接口:SDH 在光接口方面的处理和 SONET 相同。标准的开放型光接口可以在基本光缆段上实现横向兼容,降低了联网成本。

(4) 传输介质:SDH 可以使用多种传输介质,例如双绞线、同轴电缆、光纤等,但 SDH 用于传输高数据率时则需用光纤。这一特点表明:SDH 既可用作干线通道,也可用作支线通道。例如,我国的国家与省级有线电视干线网就是采用 SDH 技术。

(5) 兼容性:SDH 传输系统在国际上有统一的帧结构,数字传输标准速率和标准的光路接口,使网管系统互通,因此有很好的横向兼容性,它能与现有的准同步数字体系 PDH 完全兼容,支持 ATM、IP 等传输,具有广泛的适应性。

3. SDH 的应用

由于 SDH 的众多特性,使其在 WAN 和专用网上得到了巨大的发展。我国的电信、联通等电信运营商都已经大规模建设了基于 SDH 的骨干光传输网络,利用大容量的 SDH 环路承载 IP 业务、ATM 业务或直接以租用电路的方式出租给企、事业单位。而一些大型的专用网络也采用了 SDH 技术,他们架设自己系统内部的 SDH 光环路来承载各种业务,比如电力系统的专用网络,利用了 SDH 环路承载内部的数据、远控、视频、语音等业务。

SDH 技术与其他技术相结合,如光波分复用(WDM)、ATM 技术(ATM over SDH)、Internet技术(IP over SDH)等,使 SDH 网络的作用越来越大。SDH 已被各国列入 21 世纪高速通信网的应用项目,被电信界公认为数字传输网的发展方向。

8.2.3　SONET 和 SDH 的差异

从 SONET 到 SDH,其实质和内容及主要规范并没有很大变化,而且随着国际标准化工作的不断进行,两者也越来越趋于一致,因此两者一般被统称为(光)同步传输网。但由于 SONET体制由 ANSI(美国国家标准协会)主持制订,应用于美国和加拿大等北美地区以及亚洲的部分国家,而 SDH 体制由 ITU-T 负责制订,应用于欧洲和亚洲部分地区,两者在部分细节规定上存在一些差别,从而导致了两种体制不能完全互通和兼容。

SDH 和 SONET 都是同步传输体制,但两者不能完全兼容:

(1) 速率等级不同。SONET 的速率等级较多,SDH 不支持 SONET 的 STS-1 (51.84 Mb/s)和 STS-24(1 244.160 Mb/s);SONET 传输基本比特率是 51.84 Mb/s(STS-1)的多倍速率,而 SDH 是基于 STM-1,数据传输率为 155.52 Mb/s,与 STS-3 相当。

(2) 时钟规范目前也不能兼容。具体体现在对网络时钟规范的参数定义的不同上。

(3) PDH 业务应用范围不同。SONET 产品和 SDH 产品一般应用于相应地区标准的 PDH 体制。例如 SONET 产品一般支持北美地区的数字信号体系的 PDH 信号,例如 DS1 (1.5 Mb/s)、DS3(45 Mb/s)信号(即 T1、T3),而 SDH 设备一般应用于欧洲 PDH 信号体系,例如 E1、E3 等。

8.3 多协议标记交换 MPLS

8.3.1 MPLS 的概念

MPLS(Multi-Protocol Label Switching)即多协议标记交换,由因特网工程任务组(Internet Engineering Task Force,IETF)于 20 世纪 90 年代提出,是一种基于标记(label)的包交换技术,将二层(数据链路层)交换和三层(网络层)路由相结合,是高速骨干网络的交换标准。MPLS 提供的是一种简单的交换机制,在第二层执行硬件式交换,减小了数据包传送的延迟,增加了网络传输的速度。采用 MPLS 技术可以提供灵活的流量工程、虚拟专用网等业务。

MPLS 中的"多协议"是指 MPLS 位于传统的第二层和第三层协议之间,其上层协议与下层协议可以是当前网络中的各种协议,如:IPX,APPLETALK、PPP、ATM、FR、Ethernet 等;"标记"是一个长度固定、只具有本地意义的标识符,某一分组的标记代表它所属的 FEC,决定分组的转发方式。FEC(Forwarding Equivalence Class)的含义是转发等价类。MPLS 是一种分类转发技术,可以将具有相同源地址与目的地址、或转发路径相同、或具有相同服务质量需求的分组归为一类,并按相同方式处理,这种按相同方式处理的 IP 数据报的集合就称为 FEC。属于相同 FEC 的分组都被分配相同的标记,在 MPLS 网络中将获得完全相同的处理。

MPLS 使用标记交换,路由器只需要判别标记后即可进行转送处理。在 MPLS 网络中每个 IP 数据报被分配一个标记,并由此决定数据报的路径以及优先级。MPLS 路由器接收到数据报后,读取该标记,决定转发路径。MPLS 通过在每一个节点的标签交换来实现包的转发。它不改变现有的路由协议,并可以在多种第二层的物理媒质上实施,目前的媒质有 ATM、FR、Ethernet 以及 PPP 等。

MPLS 是一个可以在多种二层媒质上进行标记交换的网络技术,所以这一技术结合了二层交换和三层路由的特点,将第二层的基础设施和第三层的路由有机地结合起来。第三层的路由在网络的边缘实施,而在 MPLS 的网络核心采用二层交换。

MPLS 网络可以作为现有的 ATM、DDN、FR 和电话网的骨干网,各种业务流汇集到统一的 MPLS 网络中进行高速交换。电信运营商利用 MPLS 技术作为多业务网络平台,可以充分利用已有的设备资源,保护现有的网络投资,如 ATM、DDN、FR 等,并在 MPLS 网络基础上实现扩容,扩大业务覆盖面,还能同时实现如上所述的不同网络用户之间的互通,这样既节省投资又降低运营维护费用。

8.3.2 MPLS 的工作原理

1. MPLS 网络的组成

MPLS 网络由处于 MPLS 网络边缘的标记边缘路由器(Label Edge Router,LER)和位于 MPLS 网络核心的标记交换路由器(Label Switching Router,LSR)组成,如图 8-9 所示。

LER 负责 IP 数据报进入和离开 MPLS 网络,其中入口 LER 接收 IP 数据报,完成第三层的路由功能,并给 IP 数据报加上标记;出口 LER 将标记分组中的标记去掉后按传统的 IP 数据报转发。

LSR 同时具有标记交换和路由选择两种功能,目的是在 MPLS 网络中提供高速交换功

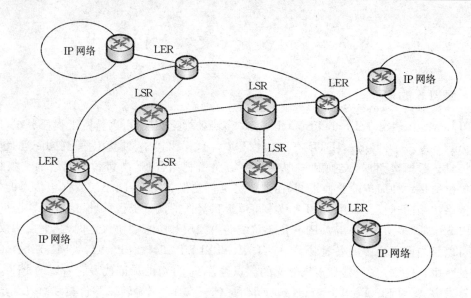

图 8 - 9　MPLS 网络的组成

能。LSR 的路由和交换功能主要由 LSR 中的控制平面与数据平面实现,如图 8 - 10 所示。

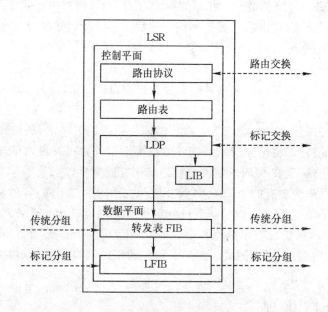

图 8 - 10　LSR 的组成

（1）控制平面

控制平面的作用是和其他 LSR 交换三层路由信息,以此建立路由表;交换标记和路由的绑定信息,以此建立标记信息库（Label Information Base,LIB）;根据路由表和 LIB 生成 FIB（Forwarding Information Base）表和 LFIB（Label Forwarding Information Base）表。

对于控制平面中使用的路由协议,可以是传统路由协议中的任何一种,如 OSPF、RIP、BGP 等,其主要功能是和其他设备交换路由信息,生成路由表。控制平面中的 LDP（Label

Distribution Protocol)协议的功能是用于对本地路由表中的每个路由条目生成一个本地的标记,由此生成 LIB 表。

标记分配协议(Label Distribution Protocol,LDP)是 MPLS 的控制协议,负责 FEC 的分类、标记的分配与转发,基于传统的路由协议构建 LIB,并根据网络拓扑结构,在 MPLS 网络边缘的入口节点(入口 LER)与出口节点(出口 LER)之间建立标记交换路径(Label Switched Path,LSP)等。LSP 是通过 MPLS 网络的一条虚拟路径。LSP 是单向的虚电路,因此要在两个 LER 之间传送数据报,必须建立至少两个 LSP,每个方向一个。目前,不同的组织支持不同的 LDP,例如 IETF 支持三种 LDP:普通标记分配协议 LDP、限制路由的标记分配协议(Constraint Route Label Distribution Protocol,CR-LDP)以及扩展的资源预留协议(RSVP Extension);而在 ITU-T 中,仅支持 LDP 和 CR-LDP。

(2) 数据平面

数据平面的主要功能是根据控制平面生成的 FIB 表和 LFIB 表转发 IP 分组和标记分组。当进来的是一个 IP 数据报时,检查 FIB 表,并按常规的分组处理,直接转发出去,如果进来的是标记包,查 LFIB 表。

LFIB 是 MPLS 转发的关键,使用标记来进行索引,相当于传统网络中的路由表。LFIB 的内容包括:入标记、出接口、出标记、下一跳、目标网络等字段,见表 8-3。

表 8-3 LSR 的 LFIB

入标记	出接口	出标记	下一跳	目标网络

LFIB 的建立过程:

① 运行传统的路由协议(RIP、OSPF、EIGRP、IS-IS、BGP),学习路由信息,建立路由表。

② 为路由表中的每个路由条目分配标记,并把标记的分配情况向邻居通告。标记的分配依赖 LDP 协议。LDP 针对本地路由表中的每个路由条目生成一个本地的标记,并由此生成 LIB,再把路由条目和本地标记的绑定通告给邻居 LSR,同时把邻居 LSR 通告的路由条目和标记绑定接收下来放到 LIB 中,最后在网络路由收敛的情况下,参照路由表和 LIB 表的信息生成 FIB 表和 LFIB 表。

2. MPLS 网络的转发机制

MPLS 网络采用基于标记的转发机制,它为进入 MPLS 网络中的 IP 数据报分配标记,并通过对标记的交换来实现 IP 数据报的转发。在 MPLS 网络内部,数据报在所经过的路径沿途通过交换标记来实现转发;当数据报要离开 MPLS 网络时,去除封装的 MPLS 首部信息,继续按照 IP 数据报的路由方式到达目的地。标记交换的详细流程如下:

当 IP 数据报到达 MPLS 网络中的入口 LER 时,MPLS 第一次应用标记。在 LER 中,分组按照不同转发要求划分成不同 FEC,进入网络的每一分组都被指定到某个 FEC 中。数据报分配到一个 FEC 后,LER 就可以根据 LIB 为其生成一个标记,并将数据报用该标记进行封装,即将 MPLS 的首部插入到数据报中(压入标记)。

当一个带有标记的数据报到达 LSR 时,LSR 提取入数据报中标记,同时以它作为索引在

LFIB 中查找入标记字段。当 LSR 找到匹配的信息后,取出对应的出标记字段,并由出标记代替入标记(交换标记),从转发表中所指定的下一跳接口送出数据报。

最后,数据报到达位于 MPLS 网络另一端的 LER。在出口 LER 中,数据报被剥去封装的 MPLS 首部(弹出标记),按照 IP 数据报的路由方式将报文继续传送到目的地。

上面介绍的 MPLS 网络转发分组的过程,涉及到了 MPLS 路由器对标记的动作,包括:

(1) 压入(Impose):将标记插入到分组中。

(2) 交换(Swap):交换为下一跳的标记,或者 MPLS 标记栈中的标记。MPLS 网络中的路由器接收到分组时,首先查看数据链路层的首部信息,如果二层包头值为 800,那么后面就是 IP 数据报,然后查 IP 转发表,执行常规的转发;如果是 8848,表明后面携带的是标记分组,因此搜索 LFIB,此时执行的动作是标记交换(Swap)。

(3) 弹出(Pop):将标记从分组中取出。

图 8-11 所示为分组在 MPLS 网络中的转发过程,主要经过以下步骤:

① R1 为 MPLS 网络的入口,在入口 LER 中要为分组分配标记,根据图 8-11 中给出的数据,压入的标记值应为 6,并且将分组从 1 接口转发;

② R2 路由器为位于 MPLS 网络核心的 LSR,分组到达后,路由器根据分组中的标记值 6 查找 LFIB 表,执行标记交换,将出标记修改为 2,然后发送分组到相应的接口;

③ R3 路由器和 R2 路由器执行类似的标记交换操作,之后从 1 接口转发分组;

④ 最后分组到达 R4 路由器,此路由器位于 MPLS 网络的出口,是出口 LER。出口 LER 根据 LFIB 查找的结果进行标记的弹出操作(POP),然后再按照第三层 IP 地址按常规路由方式进行转发。

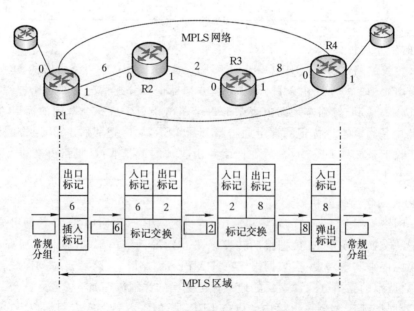

图 8-11 MPLS 网络中转发分组过程中的标记操作

8.3.3 MPLS 首部

MPLS 中的标记格式取决于分组封装所在的介质。如:

- ATM 封装：采用 VPI/VCI 作标记；
- 帧中继 PDU：采用 DLCI 作标记；
- 通用 MPLS 封装：对于通用 MPLS 封装格式，在第二层与第三层头之间插入一个首部（Shim 标记头），如图 8-12 所示：

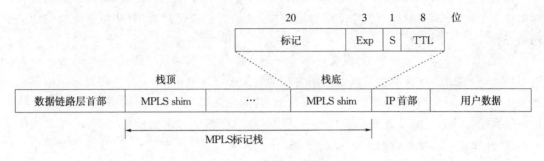

图 8-12　MPLS 首部格式

Shim 由 4 个字节构成，它包含一个 20 比特的标记值、一个 3 比特的 CoS（服务类别）值、一个 1 比特的堆栈指示符和一个 8 比特的 TTL（生存期）数值。

① 标记：占 20 比特。该字段用于选择相应的 LSP，MPLS 的标记根据不同的数据链路层协议有不同的格式：在点到点网络中，封装到 PPP 头的后面；而在 ATM 网络中，则将标记映射到 VPI/VCI 中。

② Exp：占 3 比特，保留位，协议中没有明确规定，通常用于 CoS（Class of Service），用来指定服务质量的类别。

③ S（Stack）：占 1 比特。该字段用于表示是否是 MPLS 标记栈的栈底，S=1，表示是标记栈的栈底，否则 S=0。

④ TTL：该字段用于防止报文在 MPLS 网络中被无限传输，每经过一个路由器，TTL 减一，当 TTL=0 时，丢弃该报文。

第三层封装	IP 首部			
MPLS 封装	MPLS 首部			
第二层封装	ATM	FR	PPP	Ethernet
	VCI/VPI	DLCI		

图 8-13　MPLS 首部的封装

标记栈是一系列按照"后进先出"方式组织起来的标记，从栈顶开始处理标记。若一个分组的标记栈深度为 m，则位于栈底的标记为 1 级标记，位于栈顶的标记为 m 级标记。未打标记的分组可看作标记栈为空（即标记栈深度为零）的分组。标记分组到达 LSR 通常先执行标记栈顶的出栈操作，然后将一个或多个特定的新标记压入标记栈顶。如果分组的下一跳为某个 LSR 自身，则该 LSR 将栈顶标记弹出并将由此得到的分组"转发"给自己。此后，如果标记弹出后标记栈不空，则 LSR 根据标记栈保留信息做出后续转发决定；如果标记弹出后标记栈为空，则 LSR 根据 IP 分组头路由转发该分组。

8.3.4　MPLS 应用

1. 流量工程

流量工程（Traffic Engineering，TE）的作用是平衡网络中不同的链路、路由器和交换机之间的业务负荷，使所有这些设备既不会过度使用，也不会未被充分使用，从而有效地利用整个网络的资源。

传统 IP 网络一旦为一个 IP 报文选择了一条路径，则不管这条链路是否拥塞，数据报都会沿着这条路径传送，这样就会造成整个网络在某处资源过度利用，而另外一些地方网络资源闲置不用。MPLS 可以在网络中建立一条或数条，甚至全连接的 LSP，对网络流量进行调度，实现网络流量的均衡。通常在网络中有一些链接可能负荷饱满甚至超负荷，而有一些链接却流量较少，在建立进行流量旁路的 LSP 的时候，就需要绕开负荷较大的链路，选择负荷较小的链路。因此就可以有目的的把流量从负荷较大的链路转移到负荷较小的链路，从而达到平衡网络流量的目的。

图 8-14 所示的网络中，R1 到 R8 均为路由器，R1 和 R3 之间的链路带宽是 60 Mb/s，R3 和 R4 之间的链路带宽是 155 Mb/s，R4 和 R6 之间的为 34 Mb/s，R6 和 R8 之间的是 155 Mb/s。

在采用路由协议选路的情况下，R1 到 R8 的流量可能会选择路径 R1→R3→R4→R6→R8；而 R2 到 R8 的流量可能会选择路径 R2→R3→R4→R6→R8。

如果 R1 到 R8 需要的流量为 20 Mb/s，R2 到 R8 需要的流量为 40 Mb/s，则从 R3→R4→R6→R8 一共需要 60 Mb 的带宽。由于 R3→R4 的链路带宽为 155 Mb/s，所以带宽够用，但是 R4→R6 的链路带宽仅为 34 Mb/s，此时就会有 26 Mb/s 流量被丢弃，所以最后 R8 收到的流量也只有 34 Mb/s；而此时拓扑下方的路径 R3→R5→R7→R6 处于空闲，这就出现了流量的不均衡。

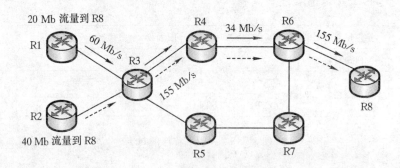

图 8-14　采用路由协议时的流量分布

如果启用 MPLS TE 技术，则流量会发生改变。假设 R1→R8 已经建立路径为 R1→R3→R4→R6→R8，此时 R2 也需要建立到 R8 的通道，通过资源预留协议会发现 R4→R6 的剩余带宽为 14 Mb/s，无法满足 R2→R8 需要的 40 Mb/s，所以 R2→R8 的通道路径会选择 R2→R3→R5→R7→R6→R8，这样链路基本达到了均衡。如图 8-15 所示。

MPLS 流量工程具有以下特点：

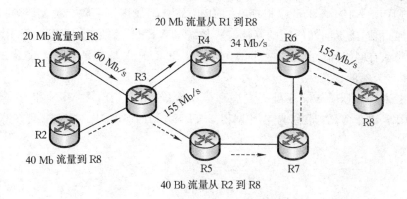

图 8-15　采用 MPLS TE 技术时的流量分布

（1）支持带宽约束：对于有带宽要求的 LSP，支持 MPLS 的流量工程可以计算出一条满足带宽要求的 LSP。

（2）支持 LSP 的抢占：对于比较重要的 LSP 或比较重要的用户，有较高的抢占优先级，可以去抢占其他 LSP 的资源；对于一些不是非常重要的 LSP，则可以被抢占。同样，一些 LSP 在建立好了以后可能就不希望它被抢占。现在的 MPLS 流量工程支持 8 个抢占优先级和 8 个保持优先级。

（3）支持着色：每个链路可以含有一个或多个颜色，它可以被用来标识这个链路是否支持 Voip 业务，或者只支持尽力传输业务，也可以用来标识链路的地理位置。在建立 LSP 的时候保证在一个区域里的 LSP 不会绕出本区域。

2. MPLS QoS

QoS（Quality of Service）即服务质量。为了能够在 IP 网络上支持语音、视频等实时业务，需要有 QoS 的支持，以便保证重要的、敏感的或者实时性较强的数据流在网络中得到优先处理。IP QoS 的主要解决方案有：综合服务模型（IntServ），区分服务模型（DiffServ），多协议标记交换＋区分服务（MPLS＋DiffServ）和流量工程（MPLS TE）等。MPLS QoS 往往通过区分服务模型 DiffServ 来实施 QoS。但是 MPLS QoS 与传统 IP QoS 有所不同，传统的 IP QoS 根据 IP 的优先级来判断业务的服务等级，实现区分服务；MPLS QoS 则需要根据 Exp 的值来区分不同的数据流，实现区分服务，保证语音、视频数据流的低延时、低丢包率，保证网络的高利用率。

MPLS QoS 主要完成以下功能：

根据需要在 PE 上对业务流进行分类。例如，可以将 Exp 值为 1 的流分为一类，Exp 值为 2 的流分为一类，对分类后的流量可以进行流量监管和重标记。

PE 在给报文加标记时，把 IP 报文携带的 IP 优先级标记映射到 MPLS shim 的 Exp 字段，这样原来由 IP 携带的类型信息，现在由标签携带。

在 P 路由器和 PE 之间，根据 MPLS shim 的 Exp 字段，进行有差别的调度，即在一条 LSP 上为携带标记的业务流提供有差别的 QoS。

3. MPLS VPN

MPLS VPN 就是通过 LSP 将私有网络在地域上的不同分支联结起来，形成一个统一的网络。采用 MPLS VPN 技术可以把现有的 IP 网络分解成逻辑上隔离的网络,可用于解决企业互连、政府的相同或不同部门间的互连等。传统的 VPN 一般通过 GRE、L2TP、PPTP 等隧道协议来实现私有网络间数据流在公网上的传送,而 LSP 本身就是公网上的隧道,用 MPLS 来实现 VPN 有天然的优势。

从整体来说,MPLS VPN 还处于发展和成型阶段,MPLS BGP VPN 相对来说发展得比较成熟。MPLS BGP VPN 也称为三层 MPLS VPN。MPLS BGP VPN 组网方案如图 8-16 所示:

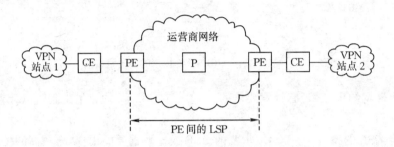

图 8-16　MPLS BGP VPN 的组网方案

MPLS BGP VPN 组网方案主要包含下列组件:

① PE(Provider Edge):骨干网边缘路由器,用于存储 VPN 路由转发表 VRF(Virtual Routing Forwarding),处理 VPN-IPv4 路由,是 MPLS 三层 VPN 的主要实现者。PE 路由器上基于每个 VPN 都有属于它的 VPN 路由表转发(VRF)。

② CE(Customer Edge):用户网边缘设备,可以是路由器,也可以是交换机,分布于用户网络路由中。

③ P 路由器(Provider Router):骨干网核心路由器,负责 MPLS 转发。

④ 站点(site):是 MPLS VPN 中的一个孤立的 IP 网络,一般来说,站点间不通过骨干网,不具有连通性。公司总部、分支机构都可以作为 MPLS VPN 的站点。

MPLS BGP VPN 使用类似传统路由的方式进行 IP 分组的转发。在路由器接收到 IP 数据报以后,通过转发表查找 IP 数据报的目的地址,然后使用预先建立的 LSP 进行 IP 数据跨运营商骨干网的传送。运营商网络通过其路由器(包括 PE)和客户路由器(CE)间的 RIP、OSPF、BGP 等路由协议,获得用户站点的可达信息,并用这些信息来建立上述 LSP。

本章小结

◆ WAN 通常跨接很大的物理范围,它能连接多个城市或国家并能提供远距离通信。WAN 的基本结构可以划分为三部分:接入网、传送网和核心网。WAN 连接方式常见的有两种:专线连接和交换连接。

◆ DDN 是一种采用数字交叉连接的全透明传输网,它不具备交换功能;X.25 分组交换网是最早用于数据传输的 WAN,它的特点是对通信线路要求不高,缺点是数据传输率较低;FR 是从 X.25 网络改进而来的,它简化了 X.25 协议,提高了数据传输率。

◆ SONET 和 SDH 是一组有关光纤信道上的同步传输的标准协议,规范了数字信号的帧结构、复用方式、传输速率等级等特性。SONET 由 ANSI 主持制订,应用于美国、加拿大等北美地区以及亚洲的部分国家,SDH 由 ITU-T 负责制订,应用于欧洲和亚洲部分地区。

◆ SDH 和 SONET 都是同步传输机制,但两者在速率等级、时钟规范和 PDH 业务应用范围不能完全兼容。

◆ MPLS 是一种基于标记的包交换技术,MPLS 网络由处于 MPLS 网络边缘的标记边缘路由器 LER 和位于 MPLS 网络核心的标记交换路由器 LSR 组成,数据包在 MPLS 网络中沿 LSP 转发,LSP 由 MPLS 的控制协议 LDP 负责建立。

◆ MPLS 的应用主要包括 MPLS TE、MPLS Qos 和 MPLS VPN。

习　题

8-1 广域网的连接方式分别有哪几种? 请分别简述。

8-2 在 DDN、X.25、FR 和 ATM 这几种早期的广域网技术中,分别有哪几个采用了虚电路连接? 采用的是 PVC 还是 SVC? 采用虚电路连接的优点都有哪些?

8-3 为什么 X.25 分组交换网会发展到帧中继? 帧中继有什么优点?

8-4 帧中继的数据链路连接标识符 DLCI 的用途是什么? DLCI 的“本地有效”是什么含义? 它对帧中继网络有什么意义?

8-5 请简单叙述帧中继的差错控制和拥塞控制机制。

8-6 ATM 中的 VCI 和 VPI 各有何用处? 试举例说明。

8-7 SDH 的特点有哪些?

8-8 STM-1 的帧结构分为哪几个区域? 各有什么作用?

8-9 多协议标记交换 MPLS 的“多协议”是什么含义?

8-10 MPLS 网络中的 LER 和 LSR 分别指什么设备? 在 MPLS 网络中起着什么作用?

8-11 试用一个实例说明在 MPLS 网络的转发过程中标记的作用。

8-12 MPLS 的应用一般包括哪些方面? 请分别简述。请收集资料说明我国的 MPLS 网络的发展现状。

第9章 互联网接入技术

目前,人们已经不满足于在单一的物理网络范围内进行相互通信和共享资源,迫切需要接入到互联网进行更大范围的信息传递和获取更广泛的资源。鉴此,本章将首先对各种可能的互联网接入技术进行概括和全面的介绍,然后分别就目前常用的几种互联网接入技术从实现原理、技术方案与性能指标几个方面进行深入浅出的论述。

9.1 互联网接入技术概述

由于 Internet 网上资源和服务越来越丰富,人们对上网的需求越来越强烈。为了满足不断增长的用户需求,Internet 的主干网和区域网的覆盖范围将越来越大,带宽也将不断提高(可提供的带宽往往是超前于需求的),相对来说,建设的比较完善。所以目前,困扰 Internet 应用的主要问题就是接入方式和接入技术,这也就是人们常说的信息高速公路的最后一公里问题。

每个用户要直接连接到 Internet 的主干网或区域网上是不太现实的,往往需要借助于某种接入网。接入网通过一个或多个出口连接到 Internet 的主干网或区域网上。因此,用户需要首先就近选择一种接入网,并与之相连接。形式如图 9-1 所示。

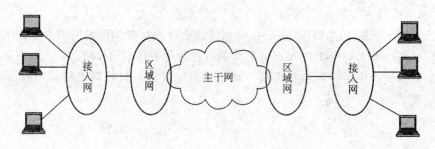

图 9-1 接入网与 Internet 主干网、区域网的关系

目前,主要有三种形式的接入网:计算机网、公共电话网和广播电视网,分别用于传输数字信号、语音/传真信号和视频信号。尽管早期这三种网络所使用的传输介质和传输机制各不相同,但近期都在快速地向数字化的方向发展,无论采用的介质还是技术都在很大程度上出现了趋同,都可以支持数据、语音和视频数据的传输,甚至部分业务还出现了重叠和交叉。因此,三种网络之间的界限已经越来越模糊,社会各界人士对三网融合的呼声也越来越高。但长期以来,我国的这三种网络是分属于不同部门进行建设和管理的,如果要进行融合,首先需要解决的就是体制问题,因此,真正的融合尚待时日。但不管何时融合与是否融合,它们都可以独立承担接入 Internet 的服务,实行统一的认证、授权和计费管理。用户可以自由选择一种费用最低、服务质量最好的方式实现接入。

目前,可提供的宽带接入技术包括:借助于公共电话网的 xDSL 接入技术、基于广播电视网的光纤-同轴电缆混合 HFC 接入技术、局域网接入技术、光纤接入技术、无线网接入技术、移动网接入技术、微波接入技术和电力载波接入技术等。各种接入技术可提供的数据传输特性如表 9-1 所示。我们可以形象的将各种 Internet 接入方式比喻为通向信息高速公路的入口。

表 9-1　接入技术特性一览表

接入方式	电缆类型	接入技术	数据传输特性
有线接入	铜缆	Modem	上行 34.6 kb/s,下行 56 kb/s
		ISDN	对称,单通道:64 kb/s,双通道:128 kb/s,4.6~5.5 km
		ADSL	上行:640 kb/s~1 Mb/s,下行:6~8 Mb/s,2.7~3.6 km
		HDSL	对称,双对线,1.544 Mb/s,2.7~3.6 km
		SDSL	对称,单对线,160 kb/s~2 Mb/s(1.544 Mb/s),3 km
		RADSL	上行:128 kb/s~1 Mb/s,下行:640 kb/s~12 Mb/s,0.9 km
		VDSL	上行:1.3~2.3 Mb/s,下行:13~55 Mb/s,0.3~1.5 km
	双绞线	802.3	对称,10/100/1000 Mb/s,10 Gb/s
	光纤	APON	对称:155 Mb/s,非对称:622 Mb/s
		EPON	对称:1 Gb/s
	光纤-同轴	Cable Modem	上行:1 Mb/s,下行:256 kb/s~8 Mb/s
	电力线	PLC	2~100 Mb/s
无线接入	固定	802.11a	5 GHz,54 Mb/s
		802.11b	2.4 GHz,11 Mb/s
		802.11g	2.4 GHz,54 Mb/s
		802.11n	高速无线局域网:5 GHz,100 Mb/s,2006.5 颁布
		802.16d	高速无线城域网:2~66 GHz,75 Mb/s,2004.5 颁布
	移动	802.16e	高速无线城域网:2~6 GHz,30 Mb/s,移动+漫游,2006.2
		GPRS	171.2 kb/s
		3G	高速无线广域网:144 kb/s~10 Mb/s

由于通过局域网和光纤实现统一接入具有共享带宽的优势,因此,这两种接入方式被各种组织机构(包括机关、企业、事业单位)普遍采用。此外,由于电信运营商和 Internet 接入服务商为抢占接入服务的市场,出现了争抢新建居民小区建筑物的综合布线并免费组建局域网的局面,并在此基础上提供局域网直接接入或光纤接入服务。因此,居民用户也越来越多的开始享受通过局域网或光纤实现带宽共享而带来的低资费优势。

随着无线局域网、无线城域网和移动网(尤其是 3G 网络)技术的快速发展,其带宽限制和安全等问题都得到了有效的解决,再加上无线网络不需要布线所具有的成本优势,因此,无线接入是一种非常有潜力的接入方式。当前,已经有越来越多的城市正在规划和建设"无线城市",已经在部分或全部的提供无线接入服务。

9.2 拨号接入技术

迄今为止,公共电话交换网(Public Switched Telephone Network,PSTN)还是全球第一大通信网络,无论是覆盖率还是接入数量都稳居第一。因此,如果能够借助公共电话交换网实现 Internet 接入将是建设成本最低、使用最方便的接入方式。早期曾经采用的接入技术有两种,一种是 MODEM 拨号接入,一种是 ISDN 拨号接入。

MODEM 即调制解调器,它采用前面讲过的调制解调原理,实现数字信号和模拟信号之间的转换。但它占用语音频带传输数据,因此,数据通信和电话通信不能同时进行。使用上很不方便,而且带宽很窄,上网速度很慢。下行最高速率为 56 kb/s,上行最高速率为 34.6 kb/s。基于 MODEM 实现拨号接入的网络连接形式如图 9-2 所示。

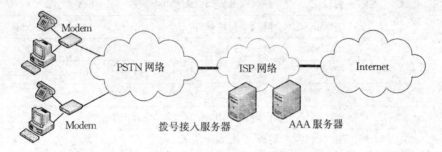

图 9-2 基于 Modem 拨号接入的网络连接形式

ISDN(综合业务数字网)提供以 64 kb/s 速率为基础的端到端的数字连接和透明传输。ISDN 的接口标准有两种:一种是主要为住宅和办公室上网提供的基本速率接口(BRI),即 2B+D。其中 B 为 64 kb/s 的数字信道,既可以用于传输数据也可以用于传输语音;通过采用时分复用技术,可以实现数据和语音在两条信道上的共同传输。D 为 16 kb/s 的数字信道,用于传输控制信息,合计可提供的数据传输速率为 128 kb/s。另一种是为企事业单位提供的集群速率接口(PRI),即 30B+D 或 23B+D。其中 B 和 D 均为 64 kb/s 的数字信道,B 信道同样用于传输数据,D 信道同样用于传送控制信息。可提供的传输速率为 2 Mb/s 和 1.544 Mb/s,分别称之为 E1 和 T1 接口,用于进行大量的数据传输。基于 ISDN 实现拨号接入的连接形式如图 9-3 所示。

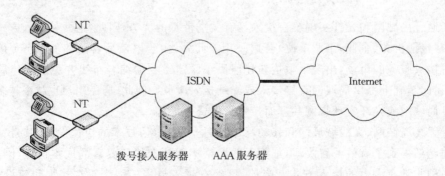

图 9-3 基于 ISDN 拨号接入的网络连接形式

拨号接入的一般过程如下:上网的用户需要事先在电信运营商暨 Internet 服务提供商 (ISP)那里注册一个特服号,同时获取用户名和密码,然后在要上网的 PC 机上安装 TCP/IP 协议和 ISP 提供的基于 PPP 协议的远程登录软件。当用户启动远程登录软件后,就会通过 PPP 协议拨号连接到拨号接入服务器,如果通过身份认证,拨号接入服务器就会为其分配一 个 IP 地址,那么该 PC 机就成为 Internet 上的一台主机,就可以采用 TCP/IP 协议使用 Internet 上提供的任何可用资源和服务了。当该用户退出网络时,拨号接入服务器收回其 IP 地 址,以便分配给其他用户,循环使用。

以上两种拨号接入都属于窄带接入技术,随着大量多媒体数据的上网传输,窄带接入技术 已经远远满足不了用户对带宽的需求。于是又出现了很多新的宽带接入技术。

9.3　数字用户线 xDSL 接入技术

如前所述,公共电话交换网是连接千家万户的全球第一大通信网络。目前公共电话交换 网采用的电话线在理论上有接近 2 MHz 的带宽,在 4 km 以内,可用带宽超过 1 MHz,而语音 通信只需要使用 0~3 400 Hz 的带宽就足够了。因此,电话线在传输容量上还具有很大的潜 力,这正是开发公共电话交换网实现 Internet 接入的动机。

xDSL 是各种数字用户线 DSL(Digital Subscribe Line)的总称,包括一系列利用现有普通 电话线在不影响语音通信的前提下为家庭或办公室提供宽带接入,实现不同性能的宽带数据 传输服务。

ADSL(Asymmetric Digital Subscribe Line)即非对称数字用户线,"非对称"是指上下行 数据传输速率不对称,这种技术完全与人们大量下载网页、文件、视频等信息而很少上传数据 的网络应用习惯一致,使用起来既经济又实惠。因此 ADSL 是 xDSL 技术中市场响应最积极、 应用最普遍的技术。它能够在现有的普通电话线上提供高达 6~8 Mb/s 的高速下行速率,而 上行速率只有 640 kb/s~1 Mb/s,传输距离可达 2.7~3.6 km。

ADSL 的接入方式如图 9-4 所示。经 ADSL Modem 编码后的信号通过电话线传送到本 地电话局端的 DSL 接入复用器(DSL Access Multiplexer,DSLAM),DSLAM 对信号进行识 别和分离,将语音信号传送到电话交换机上,将数字信号经 ISP 网络接入到 Internet。

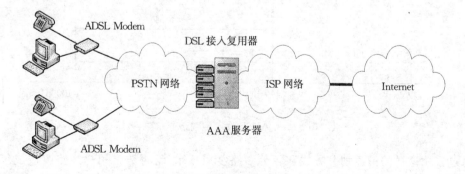

图 9-4　ADSL 拨号接入的网络连接形式

其中,AAA 是验证(Authentication)、授权(Authorization)、记账(Accounting)三个英文 单词的简称。其主要作用是验证用户是否可以获得访问权限;授权用户可以使用哪些服务;记录用户使用网络资源的情况。目前 AAA 的唯一标准就是 RADIUS(Remote Authentication Dial In User Service)协议,是基于 UDP 的一种客户机/服务器协议,由 IETF 的 RFC2865,2866 定义。

AAA 服务器负责接收用户的连接请求,对用户身份进行认证,并为客户端返回所有为用户提供服务所必须的配置信息。当用户提供了用户名和密码后,AAA 服务器可以采用多种方式来鉴别用户身份的合法性。为确保在不安全的网络上传输信息的安全性,客户端和 AAA 服务器之间的所有交互都需要经过共享保密字的认证,在客户端和 AAA 服务器之间的任何用户密码都是被加密后传输的。

RADIUS 协议旨在简化认证流程。其典型认证授权工作过程是:

(1)用户输入用户名、密码等信息到客户端;

(2)客户端产生一个"接入请求(Access-Request)"报文到 AAA 服务器,其中包括用户名、口令、客户端(NAS)ID 和用户访问端口的 ID。口令经过 MD5 算法进行加密;

(3)AAA 服务器对用户进行认证;

(4)若认证成功,AAA 服务器向客户端发送允许接入包(Access-Accept),否则发送拒绝加接入包(Access-Reject);

(5)若客户端接收到允许接入包,则为用户建立连接,对用户进行授权和提供服务,并转入 6;若接收到拒绝接入包,则拒绝用户的连接请求,结束协商过程;

(6)客户端发送计费请求包给 AAA 服务器;

(7)AAA 服务器接收到计费请求包后开始计费,并向客户端回送开始计费响应包;

(8)用户断开连接,客户端发送停止计费包给 AAA 服务器;

(9)AAA 服务器接收到停止计费包后停止计费,并向客户端回送停止计费响应包,完成该用户的一次计费,记录计费信息。

ADSL 调制解调器使用频分多路复用技术,将用户电话线带宽划分为 3 个频段,如图 9-5 所示。其中,0～4 kHz 用于传送电话信号,20～50 kHz 用于传送上行数字信息,150～500 kHz 或 140～1 100 kHz 则分别用于速率为 1.5 Mb/s 和 8 Mb/s 的下行数字信息的传输。通过采用回波抑制技术,还可将下行频段的下限拓宽到与上行频段的上限更接近的位置,从而可加大下行带宽至 10 Mb/s。

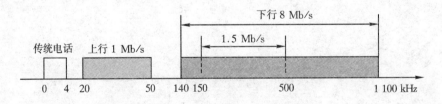

图 9-5　ADSL 技术的频谱分布图

通过采用这样的信道划分方式和频分多路复用技术,就将数字用户线路改造成了具有 3 条独立信道的通信管道,彼此可以互不干扰的传输各自的数据,如图 9-6 所示。

为了满足不同用户的带宽需求,ISP 还可进一步对上行和下行信道进行复用,复用成几条带宽不等的信道,为具有不同需求的用户提供不同带宽的服务。ISP 对家庭用户接入一般提供虚拟拨号(PPPoE)接入方式,对于局域网用户接入可提供专线(静态 IP)接入方式。

目前，ADSL 有三种技术标准。一种为 AT&T Paradyne 给出的无载波振幅相位调制 (Carrierless Amplitude Phase，CAP) 标准，它是以正交振幅调制 (Quadrature Amplitude Modulation，QAM) 技术为基础发展而来的，目前已很少应用。第二种是由 Amati 公司制定的离散多音调制 (Discrete Multi-Tone，DMT) 标准，该标

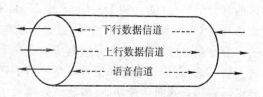

图 9-6　ADSL 管道

准已被 ANSI 采纳，并成为 T.413 国际标准。DMT 将可用带宽划分为 256 个子信道（每个子信道带宽为 4 kHz），然后将数据自适应地动态分配给每个子信道，这就使得在约 1 MHz 的可用带宽内实现超过 8 Mb/s 的数据率。DMT 支持 1.5 Mb/s 的高速上行速率和 8 Mb/s 的高速下行速率，但要求用户端安装 POTS 分离器；第三种为 G.Lite 标准，该标准已经被 ITU-T 接纳，成为 G.922.2 标准。G.Lite支持 384 kb/s 的上行速率和 1.5 Mb/s 的下行速率。虽然 G.Lite 的速率较低，但却省去了 POTS 分离器。

ADSL 技术的主要特点是可以充分利用现有的电话网络，只要在线路两端加装 ADSL 设备即可为用户提供高带宽的数据传输服务。ADSL 的另外一个优点在于它可以与普通电话共存于一条电话线上，在一条普通电话线上接听、拨打电话的同时进行数据传输而又互不影响。

xDSL 技术可分为对称和非对称两类，对称 DSL 技术提供的双向数据传输带宽是相同的，主要用于替代传统的 T1/E1 接入技术。目前，对称 DSL 类技术主要有 HDSL 和 SDSL。属于非对称 DSL 类的技术主要有 ADSL、RADSL 和 VDSL。

HDSL（High-bit-rate DSL）通过使用 2 对双绞线以全双工方式进行传输，支持 N×64 kb/s 的各种速率，最高可达 E1 速率，传输距离可达 3.6 km。

SDSL（Single-line DSL）即为 HDSL 的单线对版本，性能与 HDSL 基本相同。

RADSL（Rate Adaptive DSL）即速率自适应技术，它允许服务提供者调整 xDSL 连接的带宽，以解决线长和传输质量问题来适应实际需要。下行速率的范围为 640 kb/s 到 12 Mb/s，上行速率范围为 128 kb/s 到 1 Mb/s。它利用一对双绞线同时支持语音和数据传输，而且支持同步和非同步两种传输方式。

VDSL（Very-high-data-rate DSL）为超高速数字用户线技术，目前尚处于研究和开发阶段。虽然已有产品推出并有所应用，但正式规范还未发布。该技术可以支持在相对较短的距离内（如 300m）达到最高 52～55 Mb/s 的下行传输速率和 6.4 Mb/s 的上行速率。当用户线路长度在 1 000～1 500 m 时，下行速率可以达到 13 Mb/s 或更高；上行速率可以达到 1.3 Mb/s，甚至更高。

9.4　光纤同轴混合 HFC 接入技术

CATV（CAble TeleVision）在城镇的入网用户数很多，而且绝大多数 CATV 采用光纤同轴混合网络 HFC（Hybrid Fiber and Coaxial）。即主干网为光缆，将光信号从局端传输到居民小区，用光接收机将光信号转换为电信号后，再通过同轴电缆传输到用户家中，用户则使用电缆调制解调器 Cable Modem 接入到网络。

HFC 网络的结构如图 9-7 所示。整个网络呈树状结构，头端经光纤连接到每个居民小

区的光分配结点(Optical Distribution Node,ODN)。一个 ODN 可以连接 1～6 根同轴电缆。光信号在 ODN 被转换为电信号,通过同轴电缆向分布在不同方向的建筑物的多个分路器传送。分路器可以级联,每个分路器可以连接 1～8 户居民住宅。头端到居民住宅需要经过多个放大器,以提高信号强度和信号质量。但 HFC 网络中的放大器是单向的,要接入 Internet 就要求网络具有双向传输功能,因此就要求放大器具有双向放大能力,为此需要对现有的 HFC 网络进行改造。与同一个 ODN 连接的居民住宅共享光纤的带宽,一般可以为 300～500 个居民用户提供接入服务。

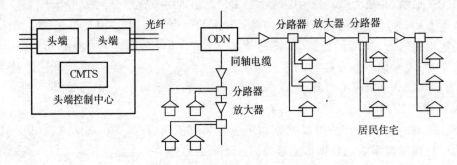

图 9-7 HFC 网络结构

CATV 头端控制中心的主要设备是线缆调制解调器端接系统(Cable Modem Termination System,CMTS),它包括信号分用和复用,以及数据调制和解调功能。对于下行信道,它将通信或图像数字信号及 CATV 模拟信号按照一定的频谱分配方案进行射频(RF)调制,并通过光纤传输干线传送到各光分配结点。对于上行信道,它接收来自用户端的数字及控制信号,进行分离处理后,送往 VOD 服务器、Internet 的路由器或电话交换机。

进入每个居民住宅的引入线连接到一个用户接口盒(User Interface Box,UIB)。UIB 提供 3 个接口,一个接口通过同轴电缆连接到机顶盒(Set-Top Box),然后再连接到用户的电视机。另一个接口可以通过双绞线连接到用户的电话机。第 3 接口则通过线缆调制解调器(Cable Modem)连接到用户的计算机。

目前,HFC 网络的频带划分还没有统一的国际标准。国家广电总局对 HFC 网络提出的带宽要求为 5～1 000 MHz,具体划分情况如下:

5～42 MHz:为上行通道,用于传输 VOD 信令、IP 电话和状态信息等。

54～550 MHz:为下行通道,用于传输模拟电视节目,按照每路带宽为 6～8 MHz,可以传送各种不同制式的电视信号达 60～80 路。

550～750 MHz:用于传送数字视频信号以及各种双向交互通信业务。

750～1 000 MHz:用于未来可能出现的各种双向通信业务。

频带划分情况如图 9-8 所示。

图 9-8 HFC 网络频谱划分

　　线缆调制解调器(Cable Modem)的主要功能是将用户的上行数字信号调制到规定的上行RF 范围,以及将头端调制的下行射频信号中的数字信息解调出来。其传输机理与普通Modem 相同,不同之处在于它是通过有线电视 HFC 网络的某个传输频带进行调制解调的,而普通 Modem 的传输介质在用户与交换机之间是独立的,即用户独享通讯介质。Cable Modem属于共享介质系统,其他空闲频段仍然可用于有线电视信号的传输。

　　Cable Modem 的下行速率一般在 3～10 Mb/s 之间,最高可达 36 Mb/s;而上行速率一般为 0.2～2 Mb/s,最高可达 10 Mb/s。

　　Cable Modem 在物理层采用的下行调制方式主要有 QAM64 和 QAM256,上行调制方式主要有 4 相移相键控调制(Quaternary Phase Shift Keying,QPSK)和 QAM16。由于上行频段容易受到各种噪声的干扰,而 QPSK 则具有良好的抗干扰性能,因而 QPSK 获得了广泛应用。Cable Modem 的 MAC 层协议必须解决由于用户群共享上行信道而可能出现的冲突问题,这和以太网的争用信道是非常相似的。

　　目前,Cable Modem 的标准有两个:一个是 IEEE 802.14 标准,规定下行调制采用QAM64,上行调制使用 QPSK 和 QAM16;另一个是由 MCNS(Multimedia Cable Network System)发展而来的 ITU-T J.112 标准,规定下行调制采用 QAM64 和 QAM256,上行调制使用 QPSK 和 QAM16。

　　HFC 网络存在的主要问题有 3 个:①HFC 属于模拟技术,不符合数字化的发展方向。尽管可以实现模拟信号与数字信号共存,但在较长时间内仍要以模拟信号为主;②需要对现有的CATV 网络进行双向传输改造,这需要大量的资金和时间;③由于上行信道采用共享方式,因此存在传输冲突问题;而且下行信道的带宽也略显不足。

9.5　FTTx 接入技术

　　由于光纤通信具有数据容量大、传输质量高、抗干扰能力强、性能稳定、保密性强等优点,因此在各种不同类型的骨干网中得到了广泛的应用,但是作为光接入网(OAN)还处于起步阶段。相信在不远的将来,将成为一种主流接入技术。

　　光接入网(OAN)是指从本地交换机到用户之间全部或部分采用光纤通信的系统。同xDSL 的表示方式相似,FTTx 是光纤接入技术的总称,包括光纤到路边(Fiber To The Curb,FTTC)、光纤到小区(Fiber To The Zone,FTTZ)、光纤到楼(Fiber To The Building,FTTB)、光纤到户(Fiber To The Home,FTTH)等不同的光纤接入方式。

　　光纤到路边(FTTC)、光纤到小区(FTTZ)和光纤到楼(FTTB)接入技术的共同特点是光纤到达相应的位置后就通过光电转换器转换成电信号,然后再通过双绞线(或同轴电缆等)分配给每个用户。在这种接入方式中,由于一对光纤连接多个用户,因此建设成本可以由多个用户分担,那么每个用户的接入费用就大大下降了。

　　光纤到户(FTTH)是家庭接入的最终解决方案,但是由于成本费用问题以及当前的需求情况,FTTH 还需要较长的时间逐步过渡。但国外和国内目前已经都有应用,使用的技术主要有波分复用光纤到户技术、无源光网络光纤到户技术和点对点光纤到户技术三种,速率可以达到 155 Mb/s。

9.6　宽带无线接入技术

宽带无线接入技术是指在本地交换机和终端用户之间的接入网部分或全部采用无线传输方式，为用户提供固定或移动的宽带无线接入服务。这里所说的宽带无线接入服务是指带宽超过 2 Mb/s 的无线接入技术。由于宽带无线接入技术具有投资少、建网周期短等优势，因此非常具有市场潜力。

在 20 世纪末期，宽带无线接入（BWA）技术得到了迅速的发展，典型的技术有：802.11 无线局域网（WLAN）、本地多点分配业务（Local Multipoint Distribution Service，LMDS）、多路微波分配系统（MMDS）等。但由于缺少全球性的统一标准以及技术和成本上的限制，市场推广一直不尽如人意。

虽然 802.11 无线局域网（WLAN）技术得到了很大的成功，但是由于用户数和覆盖范围的限制，无法用于大范围的无线接入。随着新世纪初专门满足宽带无线接入（BWA）的 802.16 无线城域网（WMAN）标准的颁布和世界微波接入互操作性（World interoperability for Microwave Access，WiMAX）论坛的出现，宽带无线接入（BWA）技术才开始出现转机，并快速进入实际应用。

尽管 IEEE 802.11 和 IEEE 802.16 两个标准都是针对无线环境的，但由于两者的应用对象不同，因此解决问题的重点也有所不同。IEEE 802.11 标准重点解决小范围内的移动结点通信问题，而 IEEE 802.16 标准的重点是解决更大范围（如若干建筑物之间）的固定结点数据通信问题，正如 IEEE 802.16 标准的全称是"固定带宽无线访问系统空间接口"一样。相比而言，IEEE 802.16 覆盖的范围更广，可供接入的用户数更多，提供的接入带宽更大。事实上，IEEE 802.16 与目前已经获得广泛应用的 802.15 无线个人局域网（WPAN）和 802.11 无线局域网（WLAN）形成了不同层次上的互补。

目前，作为固定宽带无线接入标准的 IEEE 802.16d 是 IEEE 802.16 系列协议中相对比较成熟并具实用性的一个版本，具有经典的点到多点（PMP）结构，即一个基站为多个用户站提供服务，从基站到用户站的链路称为下行链路，从用户站到基站的链路称为上行链路，业务仅在基站和用户站之间传送，如图 9-9 所示。

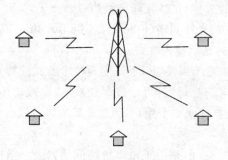

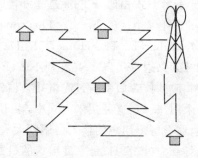

图 9-9　802.16d 网络拓扑结构　　　　　图 9-10　802.16f 网络拓扑结构

IEEE 802.16e 是在 IEEE 802.16d 的基础上增加移动特性，允许客户端在 IEEE 802.16 基站之间自由切换和漫游。而 IEEE 802.16f 则具有网格结构，业务可以不通过基站直接在用户站之间传送,也就是说业务可以通过其他用户站转发,如图 9 - 10 所示。

无线广域网(WWAN)是指覆盖全国或全球范围内的无线网络,可以使笔记本电脑或其他设备装置在网络覆盖的任何位置接入到互联网。与无线局域网和无线城域网相比,除了可以提供更大范围的无线接入外,还主要体现在快速移动性上。但从目前的应用来看,其信息传输速率并不高,一般无法满足多媒体应用的需要,只能适用于手机、PDA 等处理能力较低的弱终端,而对于具有高强处理能力的笔记本电脑来说,是不太适宜的。典型的无线广域网包括卫星通信系统、GSM 和 CDMA 移动通信系统,以及未来的 3G、超 3G 和 4G 技术。无线广域网的标准为 IEEE 802.20。

本章小结

◆ 计算机网、公共电话网和广播电视网是目前最主要的三种接入网。
◆ MODEM 拨号方式是指借助于公共电话网通过共享语音信道实现的窄带接入技术。
◆ ISDN 拨号方式是指借助于综合业务数字网实现数据与语音分离的窄带接入技术。
◆ xDSL 接入方式是指一系列借助于公共电话网实现的互联网宽带接入技术。
◆ HFC 网接入方式是借助于广播电视网实现的互联网宽带接入技术。
◆ FTTx 接入方式是利用光纤城域网实现的互联网接入技术。
◆ 宽带无线接入方式是指利用无线网实现互联网接入的技术。

习　题

9 - 1 何为信息高速公路的最后一公里问题?

9 - 2 常说的 3 网融合指的是哪 3 种网络? 你认为前景如何?

9 - 3 Internet 的可能接入方式有哪些? 作为家庭用户、办公室用户分别适合采用哪种接入方式? 可获得的最大带宽为多少? 哪一种接入方式将是未来最有潜力的接入方式?

9 - 4 ISDN 拨号接入方式需要用到哪些设备? 可获得的带宽是多少? 性能如何? 并叙述其实现原理。

9 - 5 试述 ISDN 接入方式的信道利用情况,采用什么技术? 可获得的带宽是多少?

9 - 6 xDSL 的含义是什么? 其中使用最多的接入方式是哪种?

9 - 7 简述 ADSL 接入方式的实现原理和技术特点。

9 - 8 HFC 接入方式需要用到哪些设备? 基本实现原理是什么? 可获得的带宽是多少?

9 - 9 何为 FTTx 接入方式? 其实现前景如何?

9 - 10 宽带无线接入方式的标准和技术有哪些? 检测你所处环境目前可以接入的无线网有哪些? 未来发展前景如何?

第 10 章　网际协议

网际层向上与传输层交互,在发送数据时接收从传输层向下传递的协议数据单元,在接收数据时向传输层传递数据;网际层协议与下层交互,在发送端向下传递 IP 数据报,在接收端接收下层传递的数据。

本章将介绍数据在网络层中传输所使用的协议,包括 IP、ARP、ICMP 等协议,这些协议是 TCP/IP 协议族的重要组成部分。

本章首先介绍分类的 IP 地址,在此基础上进一步介绍子网划分、CIDR 的概念和方法。对 IP 数据报格式进行详细解释后,分别从不带子网掩码、带子网掩码的路由表的路由转发算法以及对 CIDR 地址的转发三个层面介绍路由器对 IP 数据报的转发。然后介绍地址解析协议 ARP 和因特网控制报文协议 ICMP。在本章的最后讲述 IPv6 的相关内容,包括报文格式、地址表示、自动地址配置等。

10.1　IP 地址

通过局域网连接因特网的用户一般都有这样的经验,需要为上网的 PC 机配置一个十进制的地址,例如:172.118.106.26,这种地址我们称为 IP 地址。准确地说,这里的 IP 地址应该称为 IPv4 地址。这里的 v4 是指 IP 协议版本 4。为简单起见,本书中除非特别声明,IP 地址都是指 IPv4 地址。

通过 IP 地址可以唯一地识别因特网上的某一台主机。那么是不是一台主机就只能有一个 IP 地址呢? 对于一般用户来说,只需为 PC 机配置一个 IP 地址就足够了,但是像路由器这样的多接口设备,每个接口都必须分配一个全球范围内唯一的 IP 地址。

IP 地址为 32 位二进制数。它有两种表示方式,一种是二进制表示法,例如:10000000 00001000 00000010 00011110,但是这种表示方式不容易使用和记忆,所以经常使用的是另外一种方式,称为"点分十进制"法,即将地址中每 8 位二进制数用其对应的十进制数值表示,并将得到的四个十进制数用点分隔开。例如可以将上面二进制表示的 IP 地址用点分十进制表示为 128.8.2.30。

1. 分类的 IP 地址

32 位的 IP 地址由网络号和主机号两部分组成,网络号用于标识主机所在的网络,主机号唯一地标识网络中的某台主机,形式如下:

IP 地址＝{网络号,主机号}

为接入因特网的网络分配 IP 地址的管理机构称为因特网名字与号码指派协会(Internet Corporation for Assigned Names and Numbers,ICANN)。ICANN 只负责分配网络号,主机号由各机构的网络管理员负责分配。为了便于 IP 地址的管理,IP 地址被划分为 A、B、C、D、E 共 5 种类型,分别称为 A 类地址,B 类地址,C 类地址,D 类地址和 E 类地址,如图 10-1 所示。

图 10-1　IP 地址的分类

（1）A 类地址：网络号 8 位，最高位为 0，即最多容纳 2^7-2 个网络，主机号 24 位，即每个 A 类网络可接入多达 $2^{24}-2$ 个主机，所以 A 类适用于大规模的网络。

（2）B 类地址：网络号 16 位，最高两位为 10，即最多容纳 $2^{14}-2$ 个网络，主机号 16 位，即每个 B 类网络最多可接入 $2^{16}-2$ 个主机，所以 B 类适用于中等规模的网络。

（3）C 类地址：网络号 24 位，最高三位为 110，即最多容纳 $2^{24}-2$ 个网络，主机号 8 位，所以每个 C 类网络最多可接入 2^8-2 个主机，C 类适用于小规模的网络。

（4）D 类地址：最高 4 位为 1110，为多播地址（也称组播地址）。所谓多播是指一个发送端对应多个接收端，比如视频会议就是一个多播的应用。在多播时使用的 IP 地址为多播地址。关于多播的详细内容将在第 12 章"多播技术"中介绍。和多播地址相对应的还有单播地址和广播地址。所谓单播，就是一对一的发送，目的端为单个主机；广播就是在全网范围内发送，目的端为指定网络上的所有主机。

（5）E 类地址：最高位是 11110，是保留的地址。

A、B、C 类网络的网络数和主机数分配如表 10-1 所示。

表 10-1　IP 地址的可用范围

网络类别	可用网络数	可用网络号范围	可用主机数
A 类	$2^7-2=126$	1.0.0.0～126.0.0.0	$2^{24}-2$
B 类	$2^{14}-2=16\ 382$	128.0.0.0～191.255.0.0	$2^{16}-2$
C 类	$2^{21}-2=2\ 097\ 150$	192.0.0.0～247.255.255.255	2^8-2

注意：在计算网络中的主机数时都做了减 2 运算，其原因是：

① IP 地址中的主机号不能全 1，全 1 表示广播地址；

② IP 地址中的主机号不能全 0，全 0 代表整个网络。

2. 特殊的 IP 地址

在 IPv4 地址空间中，保留有一些特殊的 IP 地址，如表 10-2 所示。

表 10 - 2 特殊的 IP 地址

类别	网络号	主机号	说明	使用情况
特殊的源地址	全 0	全 0	本机	源地址
	全 0	任意	本网络上的特定主机	源地址
回环地址	127	任意	回环地址	目的地址
广播地址	全 1	全 1	受限的广播地址,路由器不转发	目的地址
	任意	全 1	指向网络的广播地址	目的地址

(1) 网络号全 0、主机号全 0。没有分配 IP 地址的主机在发送 IP 数据报时将网络号和主机号全为 0 的 IP 地址用作本机地址。对于 IP 地址的分配方式有两种:静态分配和动态分配。所谓静态分配是由网络管理人员事先为主机分配好一个 IP 地址,动态分配是由 DHCP 协议分配 IP 地址。当主机启动 DHCP 协议时,主机为了获得动态的 IP 地址需要向 DHCP 服务器发送 IP 报文,此报文中的源 IP 地址就是一个全 0 的地址,代表本机地址。关于 DHCP 协议的详细讨论请参见 15.6。

(2) 网络号全 0。网络号全 0 的 IP 地址表示本网络上的特定主机,即由主机号指定的某台主机。

(3) 网络号 127。使用 127 开头的 IP 地址不允许用作网络接口的地址,当一台主机发送目的地址以 127 开头的 IP 数据报时,该数据报不会被发送到网络上,而是在本主机中进行传输,所以该类地址称为回环(loopback)地址。

(4) 网络号全 1、主机号全 1。32 位全 1 的 IP 地址称为受限的广播地址,受限意味着分组永远不被路由器转发。具有这样目的 IP 地址的分组只能在本网络内进行广播,分组被发送到本网络中的所有主机。

(5) 主机号全 1。主机号全 1 的地址称为直接广播地址。路由器接收到目的地址为直接广播地址的报文时,将报文转发到指定的网络,并在网络内进行广播。

10.2 IP 地址的扩展技术

接入互联网的主机其 IP 地址必须是全球唯一的,是经过 ICANN 分配的。随着接入因特网的主机数量的增加,没有分配的 IP 地址越来越少。

IPv4 的地址空间为 32 位,从理论上讲,IPv4 可以提供的 IP 地址有 43 亿之多,但实际上由于 A、B、C 等地址类型的划分,浪费了很多的地址。例如对于 B 类地址,一个 B 类网络可以拥有 $2^{16}-2(65\ 534)$ 个地址,但是对于大多数机构来说,这个地址空间实在是太大了,相当一部分 IP 地址被闲置,并且不能被再分配。对于 C 类地址,由于一个 C 类地址包含 $2^8-2(254)$ 个 IP 地址,地址利用率会高一些,但同样存在地址浪费问题。此外,还相继出现了两个问题:一是网络增长。例如,某单位申请到一个 C 类地址,但是当其所需的 IP 地址超过 254 时,必须申请另一个或若干个 C 类网络。另一个问题是导致路由表暴涨。在因特网中,外部路由是以网络数为基础的,使用 C 类地址意味着分配更多的网络,路由器要记录更多的表项,这将影响路由器的工作效率。

一方面是大量的 IP 地址被浪费,另一方面是互联网快速发展,许多国家和地区 IP 地址不够用。这些原因最终导致了因特网的地址耗尽问题。到目前为止,A 类和 B 类地址已经用完,只有 C 类地址还有少量剩余。使用私有地址和网络地址转换、子网划分和可变长子网掩码、无类域间路由技术可以在一定程度上缓解地址将要耗尽的问题。

10.2.1　私有地址和 NAT

所谓私有地址是指只能在企业或机构的内部局域网上使用的 IP 地址,不可以在因特网上使用,路由器不对具有私有地址的 IP 数据报进行转发。不同的企业、机构可以在其局域网内部使用相同的私有地址而不会发生冲突。私有地址的使用节约了有限的 IP 地址资源。在 A、B、C 类地址中,分别有如下 3 个范围的地址属于私有地址:

- A 类网络　10.0.0.0～10.255.255.255
- B 类网络　172.16.0.0～172.31.0.0
- C 类网络　192.168.0.0～192.168.255.255

既然路由器不对具有私有地址的 IP 数据报进行转发,那么配置了私有地址的主机如何才能访问到因特网? 网络地址转换(Network Address Translation,NAT)可以解决这个问题。简单地说,NAT 技术实现了将内部的私有 IP 地址转换成因特网上可用的公有 IP 地址,从而实现内部 IP 地址与外部公网的通信。有了这项技术,不同的局域网内部可以配置相同的私有 IP 地址,而不会发生地址冲突。网络地址转换通常在路由器上实现,能够实现网络地址转换功能的路由器称为 NAT 路由器。

在实现网络地址转换时,要求网络中至少有一个全球公有的 IP 地址,将该 IP 地址分配给某个连接到因特网的设备(例如路由器),通过该设备和因特网进行通信。具体地说,当一台使用私有地址的内部网主机试图和因特网上具有公有 IP 地址的外部主机通信时,一般要经历如下几个过程:

发送时:

(1) 从源主机到 NAT 节点:源主机向外部主机发送一个 IP 数据报,该数据首先被 NAT 节点接收。IP 地址数据报中的源 IP 地址和目的 IP 地址分别为:私有 IP 地址、外部主机的公有 IP 地址。

(2) 从 NAT 节点到外部主机:NAT 节点接收到数据后,将向外部主机转发该 IP 数据报。在转发前,将 IP 数据报中的源 IP 转换为 NAT 节点所拥有的公有 IP。此时 IP 数据报中的源 IP 地址和目的 IP 地址分别为:NAT 节点的公有 IP 地址,外部主机的公有 IP 地址。

接收时:

(1) 从外部主机到 NAT 节点:外部主机返回一个 IP 数据报,该数据首先被 NAT 节点接收。此时返回的 IP 数据报的源 IP 地址和目的 IP 地址分别为:外部主机的公有 IP 地址、NAT 节点的公有 IP 地址。

(2) 从 NAT 节点到源主机:NAT 节点接收到外网发来的 IP 数据报后,查找 NAT 转换表,将 IP 数据报中的目的 IP 转换为内网的私有 IP,然后将返回的 IP 数据报转发给源主机。此时 IP 数据报的源 IP 地址和目的 IP 地址分别为:外部主机的公有 IP 地址、私有 IP 地址。

在上述过程中需要注意两个问题:

① NAT 节点是指可以实现地址转换的设备,路由器常作为网络地址转换设备。

② 在 NAT 节点进行私有地址和外部公有地址的转换时,地址转换由 NAT 节点上的 NAT 转换表负责。最简单的转换表中只有两个字段:私有 IP 地址和外部主机的公有 IP 地址。

图 10-2 展示了 NAT 的工作原理。

在图 10-2 中,局域网内部的主机要访问因特网的服务器,内部主机只分配了私有地址172.16.2.1,需要通过 NAT 路由器进行地址转换,NAT 路由器的公有 IP 地址是200.12.6.8,主机要访问的服务器的 IP 地址是157.24.5.6。

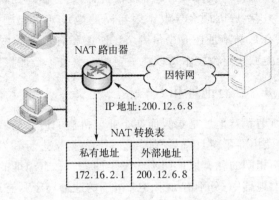

图 10-2　NAT 工作原理

主机和服务器之间的通信过程是这样的:当内部主机172.16.2.1发送 IP 数据报时,其源地址为172.16.2.1,通过 NAT 路由器将该私有地址转换为200.12.6.8,这是全球范围内惟一的地址。当因特网上的服务器接收到这个 IP 数据报时,它会认为数据报来自200.12.6.8。当服务器发送目的地址为200.12.6.8的 IP 数据报时,NAT 路由器又将其目的地址转换为172.16.2.1,这样内部主机就可以接收到返回的 IP 数据报了。

上述网络地址转换过程只是一个简化了的模型,还存在一些缺陷,例如由于 NAT 路由器只提供一个公有 IP 地址,所以当同一局域网内部几个拥有私有地址的主机想同时和外部的某个服务器通信时,NAT 转换表就无法正确地进行地址映射。在实际的应用中,通常采用的方法是:多地址 NAT 和端口映射 NAT。多地址 NAT 是指 NAT 节点提供了不止一个公有 IP 地址,例如为 n 个,此时,配置了私有地址的内网最多可以同时有 n 个主机连接到因特网。端口映射 NAT 是指在 NAT 转换表中不仅有 IP 地址映射关系,还保存有端口信息,通过不同的端口区分不同的连接。表 10-3 中给出了使用端口号的 NAT 转换表,在表中还出现了三个新名词:端口、传输层协议和 TCP,这三个概念将在第 13 章"端到端的传输控制"中详细介绍。

表 10-3　使用了端口号的 NAT 转换表

私有地址	端口号	外部地址	端口号	NAT 端口	传输层协议
172.16.2.1	1500	157.24.5.6	80	1400	TCP
172.16.2.2	1501	157.24.5.6	80	1401	TCP
…	…	…	…	…	…

使用私有地址和 NAT 技术节约了 IP 地址资源,缓解了 IP 地址紧张的问题,除此之外,VLSM 和 CIDR 技术也在一定程度上缓解了 IP 地址将要耗尽的问题。这两种技术将在10.2.2节"子网划分和 VLSM"和10.2.3 节"无类域间路由 CIDR"中介绍。

10.2.2　子网划分和 VLSM

1. 子网划分

所谓子网划分就是将一个大的网络划分成一些小的网络,称为子网(Subnet)。将主机位

中的一部分拿出来最为子网号,用以识别网络中的子网,此时 IP 地址结构成为:
$$IP\ 地址＝\{网络号,子网号,主机号\}$$

例如当某机构申请到一个 C 类地址 211.169.98.0,则意味着该机构拥有了 $254(2^8-2)$ 个 IP 地址。该机构下属有 4 个部门,为便于管理,将网络划分为 4 个子网,方法是从主机位中拿出 2 位形成 $4(2^2)$ 个子网(对于子网划分来说,全 0 和全 1 可以作为子网号),每个子网最大可以有 $62(2^6-2)$ 个 IP 地址。如图 10-3 所示。

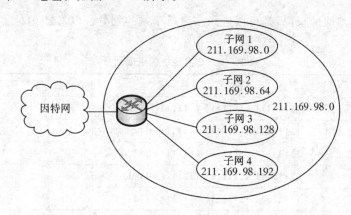

图 10-3　子网划分示意图

子网划分有助于解决以下问题:

(1) 简化网络管理。例如对于 A 类网络,每一个 A 类网络包含多达 $2^{24}-2$ 个 IP 地址,如此庞大的地址,管理起来是一件耗时费力的事。

(2) 减小路由表长度。因特网上的主机越来越多,路由器中的路由表也越来越大,子网划分有助于减小路由表的长度。例如在图 10-3 中,内部划分成了 4 个子网,但是对外部的因特网来说仍然只是一个网络,网络地址是 211.169.98.0,因特网上的路由器只需要一条路由信息就可指向该网络。但是如果图中的 4 个子网是作为 4 个独立的网络存在,那么因特网上的路由器则分别需要 4 条路由指向这 4 个不同的网络。

2. 子网掩码

子网掩码的作用是用来获得 IP 地址的网络号和子网号。判断 IP 地址是否属于同一子网,方法是将 IP 地址和子网掩码进行逐位相与运算。所以在子网掩码中,对应网络号和子网号的部分应该为全 1,而对应主机位的地方应该为全 0。例如给定 IP 地址 192.168.98.200,其对应的子网掩码是 255.255.255.0,将 IP 地址和子网掩码进行逐位与运算,则可以知道它所在的网段是 192.168.98.0;如果它对应的子网掩码是 255.255.255.192,则该 IP 地址所在网段是 192.168.98.192。

对于分类的 A、B、C 类地址来说,有着默认的子网掩码,如表 10-4 所示。

从表中可见,子网掩码也采用点分十进制表示,对应网络号的部分全部取 1,对应主机的二进制位全部取 0。例如,A 类网络的网络号占第一个字节,因此对应子网掩码的第一个字节为 255,其余 3 个字节取 0。IP 地址和子网掩码逐位相与后自然就得到 IP 地址所在的网段,路由器正是依靠子网掩码取出 IP 数据报中目的 IP 地址的网络部分,然后查找通往该网络的正确路径。路由器的路由过程将在第 11 章"路由协议"中介绍。

表 10 - 4 默认掩码表

分类的网络	网络号位数	默认子网掩码
A 类	8	255.0.0.0
B 类	16	255.255.0.0
C 类	24	255.255.255.0

对于 A、B、C 类地址来说,都可以进一步进行子网的划分。以 C 类地址为例,子网的划分如表 10 - 5 所示。

表 10 - 5　C 类地址的子网划分

C 类地址子网掩码	掩码的二进制表示	子网数	每个子网内的主机数
255.255.255.192	11111111 11111111 11111111 11000000	4	62
255.255.255.224	11111111 11111111 11111111 11100000	8	30
255.255.255.240	11111111 11111111 11111111 11110000	16	14
255.255.255.248	11111111 11111111 11111111 11111000	32	6
255.255.255.252	11111111 11111111 11111111 11111100	64	2

3. 子网划分举例

【例 10 - 1】某公司有 125 台机器,位于 192.168.1.0 这个 C 类网段中。现在要求将该网段划分成 5 个独立的子网,每个子网分配 25 台机器。试求子网地址和子网中的 IP 地址。

【解】 由于需要划分为 5 个子网,所以至少应该从最后一个字节的主机位中取出前三位作为子网号($2^3 = 8$),对应的子网掩码为:255.255.255.224。

由于从最后一个字节的主机位中取出了三位作为子网号,所以对于每一个子网,主机号是 5 位,最多可以容纳 30($2^5 - 2$)个 IP 地址,可以满足每个子网 25 台机器的要求。解题结果用表 10 - 6 表示。可以从表 10 - 6 中任选 5 个子网即可满足本题要求。

表 10 - 6　子网和 IP 地址

子网	最小 IP 地址	最大 IP 地址
192.168.1.0	192.168.0.1	192.168.0.30
192.168.1.32	192.168.0.33	192.168.0.62
192.168.1.64	192.168.0.65	192.168.0.94
192.168.1.96	192.168.0.97	192.168.0.126
192.168.1.128	192.168.0.129	192.168.0.158
192.168.1.160	192.168.0.161	192.168.0.190
192.168.1.192	192.168.0.193	192.168.0.222
192.168.1.224	192.168.0.225	192.168.0.254

【例 10 - 2】已知某单位网络申请到一个 B 类地址 152.8.0.0,若将该网络划分为 6 个子网,请回答下列问题:

(1)试确定各子网的网络号及掩码;

（2）各子网的 IP 地址范围、主机数量；

（3）若某一主机的 IP 地址为 152.8.186.35，试确定该主机落在哪个子网内。

【解】

（1）B 类地址的网络号为前 2 个字节，若要划分成 6 个子网，则至少需要从第三个字节中取出前 3 位作为子网号。此时，可以划分 8 个子网，任取其中 6 个，子网号分别是：

152.8.32.0，152.8.64.0，152.8.96.0，152.8.128.0，152.8.160.0，152.8.192.0

这 6 个子网都具有相同的子网掩码：255.255.255.224。

（2）子网的 IP 地址范围分别为：

152.8.**001**0 0000.0000 0001～152.8.**001**1 1111.1111 1110　152.8.32.1～152.8.63.254
152.8.**010**0 0000.0000 0001～152.8.**010**1 1111.1111 1110　152.8.64.1～152.8.95.254
152.8.**011**0 0000.0000 0001～152.8.**011**1 1111.1111 1110　152.8.96.1～152.8.127.254
152.8.**100**0 0000.0000 0001～152.8.**100**1 1111.1111 1110　152.8.128.1～152.8.159.254
152.8.**101**0 0000.0000 0001～152.8.**101**1 1111.1111 1110　152.8.160.1～152.8.191.254
152.8.**110**0 0000.0000 0001～152.8.**110**1 1111.1111 1110　152.8.192.1～152.8.223.254

在每个子网中可以拥有的主机数量为 $2^{13}-2$，即 8 190 台。

（3）要判断 IP 地址 152.8.186.35 属于哪个子网，计算依据是地址的第三个字节。将 186 换算成二进制为：1011 1010，根据前三位可以判断出该 IP 地址在子网 152.8.160.0 内。

4. 变长子网掩码 VLSM

变长子网掩码（Variable Length Subnet Mask，VLSM）是指一个网络可以用长度不同的子网掩码进行配置。在没有使用 VLSM 的情况下，一个网络只能使用一种子网掩码，这意味着一个单位内部的子网都必须划分成相同的大小，这可能会造成在某些主机数量少的子网内出现 IP 地址浪费的现象；使用 VLSM 后，一个单位进行子网划分时，可以根据需要划分出规模大小不同的网络，避免了地址的浪费。

【例 10 - 3】某单位申请到了一个 C 类地址，网络号为 192.168.10.0，现在需要将其划分为三个子网，其中一个子网有 100 台主机，其余的两个子网各有 60 台主机。试求每个子网的地址以及 IP 地址范围。

【解】由于子网中包含的主机数量不同，因此每个子网大小应该根据实际情况划分成大小不同的子网，否则会造成地址的浪费。此时使用的子网掩码长度也应有所不同，即采用变长子网掩码 VLSM。

子网 1，含 100 台主机，至少需要 7 位主机位（$2^7=128$），因此可以用 1 位作为子网号：

子网掩码 255.255.255.128　IP 地址范围：192.168.10.1～192.168.10.126

子网 2 和子网 3，各含 60 台主机，至少需要 6 位主机位（$2^6=64$），可以用 2 位作为子网号：

子网 2 的子网掩码 255.255.255.192　IP 地址范围：192.168.10.129～192.168.10.190

子网 3 的子网掩码 255.255.255.192　IP 地址范围：192.168.10.192～192.168.10.254

从上面的示例可以看出：合理使用子网掩码，能使 IP 地址更加便于管理和控制。

10.2.3　无类域间路由 CIDR

无类域间路由（Classless Inter-Domain Routing，CIDR）的基本思想是取消 IP 地址的分类结构，将多个地址块聚合在一起生成一个更大的网络，以包含更多的主机。

1. CIDR 斜记法

CIDR 的地址标记方法为：

$$IP 地址 = \{<网络前缀>, <主机号>\}$$

在 CIDR 地址中，不再有网络号的说法，取而代之的是网络前缀，因为在 CIDR 地址中，不再将地址进行分类。CIDR 使用长度可变的网络前缀来组建不同容量的网络，使得 IPv4 中无法利用的资源被释放出来，可以重新利用，明显地扩充了 IPv4 的地址范围，缓解了地址紧张的问题。

CIDR 常用的标记方法是斜记法。斜记法是在十进制的 IP 地址后面加一个斜杠，斜杠后面的数据表示网络前缀的位数。例如 IP 地址为：130.64.14.34/20，该地址表示前 20 位是网络地址，而主机地址是后 12 位。即这个网络有 $2^{12}-2=4\,094$ 个主机号，12 位主机号的取值为：00000000 0001~11111111 1110，最小的地址是 130.46.0.1，最大的地址是 130.46.15.254。

一个网络前缀形成一个 CIDR 地址块，表 10-7 是常用的 CIDR 地址块表。

表 10-7　常用的 CIDR 地址块

CIDR 前缀长度	掩码十进制表示	主机地址数	相当 C 类网络数
/13	255.248.0.0	$2^{19}=512$ K	2048 个
/14	255.252.0.0	$2^{18}=256$ K	1024 个
/15	255.254.0.0	$2^{17}=128$ K	512 个
/16	255.255.0.0	$2^{16}=64$ K	256 个
/17	255.255.128.0	$2^{15}=32$ K	128 个
/18	255.255.192.0	$2^{14}=16$ K	64
/19	255.255.224.0	$2^{13}=8$ K	32
/20	255.255.240.0	$2^{12}=4$ K	16
/21	255.255.248.0	$2^{11}=2$ K	8
/22	255.255.252.0	$2^{10}=1$ K	4
/23	255.255.254.0	$2^{9}=512$	2
/24	255.255.255.0	$2^{8}=256$	1
/25	255.255.255.128	$2^{7}=128$	1/2
/26	255.255.255.192	$2^{6}=64$	1/4
/27	255.255.255.224	$2^{5}=32$	1/8

从表 10-7 中可以看到，CIDR 所提供的地址块可以用来表示多个分类的 IP 地址，这称为路由聚合(router aggregation)，也称为构造超网(supernetting)。例如/13 地址块相当于 2 048 个 C 类网络。在路由表中原本需要 2 048 条路由信息，现在只需一条路由信息，由此可见，CIDR 支持路由聚合，能够将路由表中的许多路由条目合并为更少的数目，因而可以限制路由器中路由表的规模。由于采用了 CIDR，在因特网中使路由表的长度由 1995 年的 7 万条记录下降到 1996 年的 3 万条。

例如一个 ISP 被分配了一个 213.79.0.0/16 地址块，该地址块中包含了 256 个 C 类地址，如果采用分类的 IP 地址,该 ISP 需要向外提供 256 条路由表项,但是由于采用了 CIDR 技术,该 ISP 只需向外提供一个路由表项,任何目的网络地址为 213.79.0.0 的 IP 数据报都会被转发到该 ISP 的路由器上,如图 10 - 4 所示。

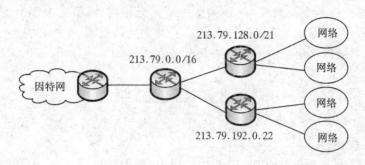

图 10 - 4　路由聚合

对内,该 ISP 可以根据用户需要继续分配 213.79.0.0/16 地址块中的 IP 地址。如果某企业需要 2 048 个 IP 地址(相当于 8 个 C 类地址),高校需要 1 024 个 IP 地址(相当于 4 个 C 类地址),则可以为他们分配地址块:213.79.128.0/21 和 213.79.32.0/22。如表 10 - 8 所示。

表 10 - 8　地址块的分配

单位	地址块	二进制	地址数
ISP	213.79.0.0/16	**11010101 01001111** 00000000 00000000	256 个 C 类地址
某企业	213.79.192.0/21	**11010101 01001111** 10000000 00000000	8 个 C 类地址
某高校	213.79.128.0/22	**11010101 01001111** 11000000 00000000	4 个 C 类地址

当然,表 10 - 8 中只是列出了一种分配方案,在该示例中还存在多种其他分配方法。注意:表中二进制表示的黑体字,只要保证是在地址块 213.79.0.0/16 中分配地址(几个地址块的前两个字节必须相同),并且网络前缀不相同即可。

该高校和企业从 ISP 处获得地址块之后,又可以在其内部继续下一步的地址划分,原则和上述相同。但是无论他们在内部如何划分,在 ISP 的路由表中对应高校的路由条目只有一条:213.79.32.0/22,对应企业的路由条目也只有一条:213.79.32.0/22,因此起到了路由聚合的作用。

2. CIDR 应用举例

【例 10 - 4】假设有一组 C 类地址为 192.168.8.0~192.168.15.0,如果用 CIDR 将这组地址聚合为一个网络,其聚合后的地址应该是什么?

【解】先将该组地址的第三个字节转换成二进制:

192.168.8.0　　192.168.**0000 1**000.0

192.168.9.0　　192.168.**0000 1**001.0

192.168.10.0　　192.168.**0000 1**010.0

192.168.11.0　　192.168.**0000 1**011.0

192.168.12.0　　192.168.**0000 1**100.0

　　192.168.13.0　　192.168.**0000 1**101.0
　　192.168.14.0　　192.168.**0000 1**110.0
　　192.168.15.0　　192.168.**0000 1**111.0

可以看出,这一组 C 类地址中,除前两个字节完全相同外,第三个字节的前 5 位完全相同,只有后 3 位不相同,因此可以将形同的前 21 位作为网络前缀,这些 C 类地址就被聚合在一个网络中。聚合后的网络地址应该为 192.168.8.0/21。

10.3　IP 数据报

1. IP 数据报的格式

　　网际协议(Internet Protocol,IP)是 TCP/IP 协议族中的核心协议,IP 协议的协议数据单元被称为 IP 数据报(IP datagram),或者简称为数据报(Datagram)。IP 数据报由首部和数据两部分组成,其中报头由 20 字节的固定长度字段和长度可变的选项字段组成。IP 数据报格式如图 10-5 所示。

0　　　　4　　　　8　　　　　　16　　　　　　　　　　　　31

版本	首部长度	服务类型	总长度
标识符		标志	片偏移
生存时间	上层协议	首部校验和	
源 IP 地址			
目的 IP 地址			
选项(长度可变)			
数据(长度可变)			

图 10-5　IP 数据报的格式

　　(1) 版本:指示 IP 协议的版本号,占 4 比特。当值为 4 时,表示使用的是 IPv4 协议;为 6 时,表示使用的是 IPv6 协议。

　　(2) 首部长度:指示 IP 报头的长度,占 4 比特。报头长度的计算方法是用首部长度值乘以 4,即以 4 字节为计算单位。例如,当一个 IP 数据报只有 20 字节的固定报头时,首部长度的值是 5。由此可见,一个 IP 报头的最大长度为 15×4 个字节,即 60 个字节。

　　(3) 服务类型(Type of Service,ToS):占 8 比特,该字段目前主要用于因特网区分服务,关于因特网区分服务的概念将在 14.6 中介绍。服务类型字段的组成如图 10-6 所示:

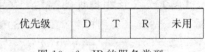

优先级	D	T	R	未用

图 10-6　IP 的服务类型

　　前三位用于设置 IP 报文的优先级,取值范围为 0~7,0 为最低优先级,7 为最高优先级,优先级的值为 IP 数据报的丢弃提供了依据。因为因特网向用户提供的是不可靠服务,当网络发生拥塞时,会发生数据报丢弃的现象。D、T、R 三位用于设置服务类型,即 IP 报文希望达到的传输效果。D(Delay)表示低延迟,T(Throughout)表示高吞吐率,R(Reliability)表示高可靠性。最后两个比特保留未用。

(4) 总长度:占 16 比特,指示整个 IP 数据报的长度,单位为字节,一个 IP 数据报的最大长度为 65 535 个字节。

(5) 标识符:占 16 比特。用来控制 IP 数据报的分片(fragmentation)和重组(reassembled)。当 IP 数据报长度超出了物理网络的最大传输单元 MTU 值时,需要将其分片,然后在接收端重组,同一 IP 数据报的分片具有相同的标识符。

标识符字段以及下面将要介绍的标志位和片偏移字段为 IP 数据报的分片和重组提供了必要的信息。

R	DF	MF

图 10-7 标志字段的组成

(6) 标志:占 3 比特,表示分片标志。第一位不用;第二位 DF (Don't Fragment)是分片标志位,DF=1 表示不分片,DF=0 表示允许分片;第三位 MF(More Fragment)表示 IP 数据报的分片是否结束,MF=0 表示是最后一片,MF=1 表示后面还有分片。如图 10-7 所示。

(7) 片偏移:占 13 比特,表示每个分片的偏移顺序,以 8 字节为偏移单位。例如若一个 IP 数据报被分为 3 片,每片长度为 512 字节,则第一片的片偏移量为 0 片,第二片偏移量为512/8=64,第三片偏移量为 1 024/8=128。由于 IP 数据报不能保证按序到达,所以利用片偏移量进行重组。

(8) 生存时间(Time To Live,TTL):占 8 比特,该字段用于防止数据报在网络中循环或无限制地传递。当每台主机将数据送入因特网时,就为 IP 数据报设置了一个最大生存时间。IP 数据报每经过一台路由器时,TTL 值减 1,当 TTL 值为 0 时,则丢弃该 IP 数据报,并向发送端发回一个差错控制报文。关于差错控制报文的概念将在 10.3 节"网际控制报文协议 ICMP"中介绍。

(9) 协议:占 8 比特,用于指示向上交付的协议类型。例如,若将 IP 数据报向上交付给 TCP 协议,则协议类型值是 6;如果是 UDP 协议,则值为 17;如果是 ICMP 协议,值为 1;如果是 IGMP 协议,值为 2;如果是 OSPF 协议,值为 89。如图 10-8 所示。

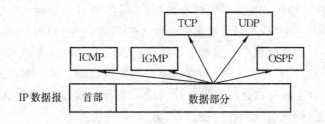

图 10-8 IP 数据报通过首部的协议字段指示向上交付的协议类型

(10) 首部校验和:占 16 比特。IP 数据报只校验首部信息,不对数据部分进行校验。

(11) 源地址:占 32 比特,是发送端的 IP 地址。

(12) 目的地址:占 32 比特,是接收端的 IP 地址。

(13) 选项:该字段长度可变,在必要的时候插入值为 0 的填充字节,以保证 IP 数据报的首部长度始终是 4 字节的整数倍。

2. IP 数据报的分片和重组

所谓分片和重组是指 IP 协议在传输数据报时,将数据报划分为若干长度更小的分片进行传输,并在目标主机中进行重组。

IP 数据报在传输过程中可能通过不同类型的物理网络,不同网络所能传送数据的最大长度是不相同的,这个最大长度称 MTU。不同的物理网络具有不同的 MTU,例如以太网的MTU 是 1 500 字节。表 10 - 9 中列出了不同物理网络对 MTU 的限定。物理网络一般通过MTU 限制每次发送数据帧的最大长度。

图 10 - 9　IP 数据报的长度必须小于等于物理网络的 MTU 值

表 10 - 9　不同物理网络的 MTU

协议	MTU/B
DIX 以太网	1 500
802.3 以太网	1 492
令牌环(IBM,16 Mb/s)	17 914
令牌环(802.5,4 Mb/s)	4 464
FDDI	4 352
PPP	296
X.25	576

在 IP 数据报的总长度字段中定义了 IP 数据报的最大长度可达 65 535 字节,但是 IP 数据报的长度还要受到在传输过程中所经历的物理网络的 MTU 的限制。任何时候 IP 层接收到一个要发送的 IP 数据报时,首先选择要转发的接口,并查询该接口的 MTU 值,然后把 MTU与 IP 数据报的长度进行比较,如果数据报的长度大于该接口的 MTU 长度,则需要对 IP 数据报进行分片,使每一片的长度都小于或等于 MTU 值。分片一般发生在中间路由器上。如果已经分片的数据要经过拥有更小 MTU 的网络,那么这些已经分片的数据还可以再次进行分片,数据报在到达终点之前可以进行多次分片。IP 数据报分片以后,在中间节点不进行重组,只有到达目的地才进行重组。重组由目的端的 IP 层来完成。

IP 数据报分片后,每一个分片必须有自己的 IP 首部,其中的一些首部字段值保持不变,另一些字段要发生变化,总长度字段的值要改为该片的实际长度。标识符、标志和片偏移三个字段用于 IP 数据报的分片和重组。每一个 IP 数据报的分片具有相同的标识,但是标志和片偏移字段则根据在分片中的位置进行填充。

IP 协议采用的是分组交换技术,并且 IP 协议向上提供的是"尽最大努力的服务",即它向上提供的是不可靠的交付。IP 数据报被分片后,每一片都成为一个分组,具有自己的 IP 首部,并在选择传输路径时与其他分组独立。当数据报的分片到达目的主机时,顺序可能会变化,发生分片失序的情况,此时 IP 层根据片偏移进行重组。如果发生数据丢失的情况,IP 协议不负责数据的重传,它只是把数据报丢弃并发送一个 ICMP 差错报文给发送端。

【例 10-5】 主机 A 要将一个长度为 4 020 字节的 IP 数据报(含 20 个字节的首部)传送到主机 B,中间顺次经过令牌环、FDDI 和 DIX 以太网(如图 10-10 所示),试问该 IP 数据报在传输过程中是否需要分片? 如果需要,该如何分?

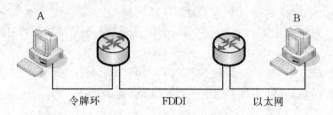

图 10-10 IP 数据报在不同的物理网络中传输

【解】 令牌环(IBM,16 Mb/s)、FDDI 和 DIX 以太网的 MTU 分别为 17 914、4 352 和 1 500 字节,要传送的 IP 数据报的长度为 4 020 字节,只有以太网的 MTU 长度小于该数据报长度,所以在经过以太网时需要分片。

IP 数据报的长度为 4 020 字节,减去首部的 20 字节,数据部分长度为 4 000 字节,分成 3 个分片:2 个大小为 1 400 字节的分片(分别为 0~1 399 字节,1 400~2799 字节)和 1 个大小为 1 200 的分片(2 800~4 000 字节)。1 400 字节的数据加上 20 字节的首部,前两个分片的总长度均为 1 420 字节,最后一个分片的总长度为 1 200+20=1 220 字节,分片的总长度都小于1 500 字节,符合以太网 MTU 的要求。

第一个分片:DF=0　MF=1　片偏移=0/8=0

第二个分片:DF=0　MF=1　片偏移=1 400/8=175

第三个分片:DF=0　MF=0　片偏移=2 800/8=250

分片以后的情况如图 10-11 所示:

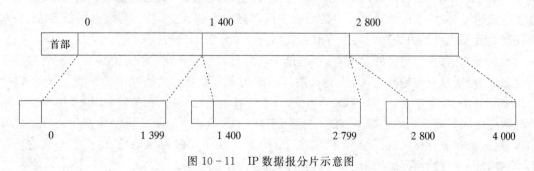

图 10-11 IP 数据报分片示意图

10.4　IP 数据报的转发

将 IP 数据报从源主机传送到位于不同物理网络的目的主机时需要经过网络互联设备路由器的转发(Forwarding)。IP 数据报的转发是路由器的一项重要功能。路由器根据路由表中的内容,对所传输的 IP 数据报进行转发。

互联网是由许多不同的物理网络通过路由器连接而成的,因此连接到互联网的计算机在与网络中其他计算机通信时,发送端的源主机与接收端的目的主机可能在同一个物理网络中,也可能不在同一个物理网络中。根据这两种不同的连接情况,数据报被传递到目的主机的过程中,其转发方式也分两种:直接交付(Direct delivery)和间接交付(Indirect delivery)。

如果源主机和目的主机不在同一物理网络,数据报的传递要经过若干网络和路由器,最后一个路由器与目的主机连接在同一物理网络中,此时最后一个路由器将数据报直接交付给目的网络;如果源主机和目的主机处于同一物理网络,数据报不需要经过路由器的转发,采用直接交付。

当目的主机和源主机不在同一物理网络时,采用间接交付。间接交付是指源主机或路由器将 IP 数据报传送到目的站,中间需要经过其他路由器的转发。

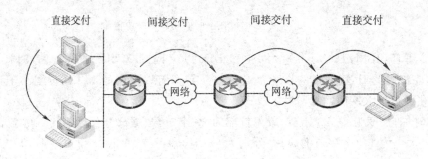

图 10-12　直接交付与间接交付

在 IP 数据报的转发过程中,路由器中的路由表起了重要的作用。路由器根据转发算法,查找路由表,选择适当的接口,将 IP 数据报直接交付给目的网络或者间接交付给下一个路由器。

IP 数据报通过直接交付或者间接交付的形式到达目的主机,但是网际协议 IP 并不能保证数据报能可靠到达,它只能尽最大努力交付(best effort delivery),向上提供不可靠(unreliable)的服务。所以,IP 协议转发的 IP 数据报在到达目的主机时,有可能是重复的、不按发送次序到达或延迟到达,也可能数据报中的数据字段部分发生了改变,甚至是数据报被丢失,根本无法到达目的主机。因特网的可靠传输由高层协议来保证。

回顾前面的内容,分类的 A、B、C 类地址采用的是二级地址结构,即 IP 地址由网络号和主机号组成,对于每一类地址,其网络号长度是固定的,如 A 类地址的网络号长度为 1 字节,B 类为 2 字节,C 类为 3 字节。对于这类地址,路由器在进行 IP 数据报的转发时,采用不带子网掩码的路由表转发算法。如果网络进行了子网划分,IP 地址由二级地址结构变化为三级地址结构,路由器在进行路径选择时不仅要判断该 IP 数据报所属的网络地址,还需要知道它所在的子网地址,此时路由器采用带子网掩码的路由表的转发算法。

1. 不带子网掩码的路由表的转发算法

在主机和路由器中都有一张路由表,主机和路由器根据路由表进行数据报的转发。最基本的 IP 路由表包含如下内容:

(目的网络,下一跳,接口)

其中,目的网络表明目的主机所在的网络地址,对于处于同一局域网的主机或路由器,它们有着相同的网络地址。对于分类的 A、B、C 类地址而言，它们的网络地址长度固定不变，路由器很容易获取 IP 地址中的网络地址。路由表中的下一跳字段指明下一步把数据报发往何处。不带掩码的路由表的搜索算法包括三个阶段：

第一阶段：搜索特定主机路由。

路由器在路由表中搜索掩码为 255.255.255.255 的特定主机路由，将搜索到的地址与 IP 数据报中的目的 IP 地址相比较。若匹配，则把该数据报发送到表中指明的下一跳，然后退出；否则进入下一个阶段。

第二阶段：搜索到目的主机的路由（包括默认路由）。

路由器遍历路由表中的所有记录，选择匹配的表项或者默认路由。

第三阶段：丢弃分组/转发分组。

如果找到匹配项，则根据匹配项转发该分组；若没有找到任何匹配的路由，并且也没有默认路由，则此分组被丢弃。

特定主机路由是路由表中目的网络字段是一台主机的 IP 地址的路由表项。

默认路由一般是网络地址为 0.0.0.0，掩码也为 0.0.0.0 的路由表项，任何一个数据报都可以根据默认路由转发。如路由器搜索了整个路由表中特定主机路由、到目的主机的路由都不能为数据报找到路由，则路由器将该数据从默认路由转发出去。使用默认路由器的目的是为了减少路由表中的路由表项的条目。

不带子网掩码的路由表的转发算法如下：

从收到的数据报首部提取目的 IP 地址 D；

if 路由表中有 D 的一个特定主机路由

　　把数据报发送到路由表中指明的下一跳；

计算地址 D 的网络号 N

if N 与任何一个直接相连的网络地址匹配；

　　通过该网络把数据报交付给目的站 D(直接交付)；

else if 路由表中包含一个针对网络 N 的路由

　　把数据报发送到表中指明的下一跳；

else if 路由表中包含一个默认路由

　　把数据报发送到路由表中指明的默认路由器；

else 报告转发分组出错

转发算法首先搜索特定主机路由，当搜索了整个路由表仍然没有找到匹配项时，路由器再次搜索路由表，遍历路由表中的记录，查找与 IP 数据报的目的 IP 地址相匹配的表项。如果查找到匹配的地址，则按匹配地址进行转发；如果没有找到匹配的地址，若存在默认路由，则按默认路由转发分组，否则丢弃分组。

在上面的转发算法中有两点要注意：

（1）IP 数据报被转发时，有两个字段的数据需要重新计算：生存时间 TTL 和校验和。每经过一个路由器，IP 数据报中的 TTL 减 1，若 TTL 减到 0，则丢弃该数据报；否则，执行转发算法。

（2）在转发算法中隐含了把目的 IP 地址 D 解析成一个 MAC 地址（物理地址），封装帧并发送帧的过程。

IP 地址解析为 MAC 地址的过程由地址解析协议 ARP 完成,关于 ARP 协议的具体内容将在 10.5 节"ARP 地址解析协议"中说明。

2. 带子网掩码的路由表的转发算法

在划分了子网的内部网络中进行数据报的转发,需要在 IP 数据报的 IP 地址中分辨出子网号和主机号,以便将 IP 数据报在子网间进行转发。因此,在上面给出的基本路由表中要增加子网掩码字段,其形式为:

(目的网络,子网掩码,下一跳,接口)

在不带掩码的路由转发算法中,由于 A、B、C 类地址的划分是固定的,算法知道如何从 IP 地址中获取网络地址和主机地址,而对于带子网掩码的路由转发算法,必须在路由表中提供子网掩码字段,否则无法确定目的网络地址。

和不带子网掩码的路由转发算法一样,带子网掩码的路由表的转发算法也包括 3 个阶段,具体算法如下:

从收到的数据报首部提取目的 IP 地址 D;

if 路由表中有 D 的一个特定主机路由

把数据报发送到路由表表中指明的下一跳;

else if D 的网络地址与任何一个直连的网络地址匹配

将分组直接交付;

else if D 和路由表中每一项的子网掩码相"与",结果与该表项的目的网络地址匹配

将分组传送给该表项中指明的下一跳;

else if 路由表中包含一个默认路由

把数据报发送到表中指明的默认路由器;

else 报告转发分组出错

带掩码的路由转发算法和不带掩码的路由转发算法存在许多相同的地方,但是也要注意两者的不同:在搜索到目的主机的路由时,需要使用子网掩码。

【例 10-6】假设目的地址为 213.79.136.130 的 IP 数据报到达某路由器 R1,R1 的路由表为表 10-10 所示。试求该 IP 数据报的下一跳。

表 10-10　R1 的路由表

目的网络	子网掩码	下一跳	接口
212.82.136.128	255.255.255.128	R2	0
198.45.137.0	255.255.255.0	R3	1
211.79.136.0	255.255.255.0	R4	2
213.79.136.128	255.255.255.128	R5	3

【解】由于在路由表中没有特定主机路由,路由器将查找路由表,寻找匹配表项。

213.79.136.130 AND 255.255.255.128＝213.79.136.128　　　不匹配

213.39.136.130 AND 255.255.255.0＝213.39.136.0　　　不匹配

213.79.136.130 AND 255.255.255.0＝213.79.136.0　　　不匹配

213.79.136.130 AND 255.255.255.128＝213.79.136.128　　　匹配

根据计算结果,R1 将会把目的地址为 213.79.136.130 的 IP 数据报从接口 3 向路由器 R5 转发。

3. 对 CIDR 地址的转发

回顾一下 CIDR 地址,地址块中的网络前缀越长,表明其地址越具体。比如,一个 ISP 有一个/16 的地址块,那么该 ISP 向下分配地址时,网络前缀所占位数只能越来越长,因为网络越来越向具体的用户靠近。由于 CIDR 地址的这一特性,支持 CIDR 技术的路由器在转发 IP 数据报时,要遵循最长匹配原则。

所谓最长匹配原则是指如果路由表里存在多个匹配项,那么就选择对应子网掩码最长的条目。假设某路由器要转发目的 IP 地址是 192.168.10.17 的数据报,该路由器的路由表里有两条路由,如表 10-11 所示。

表 10-11　给定的路由表

目的网络	掩码	下一跳	接口
192.168.10.0	/24	直接交付	e0
192.168.10.16	/28	直接交付	e1

注意,CIDR 地址中虽然不采用掩码的概念,但是一般在支持 CIDR 技术的路由器的路由表中仍然有掩码字段,其值是网络前缀的位数,该数值指明了参与运算的掩码的位数。

对于表 10-11 中的第一条表项,掩码字段为/24,那么参与运算的掩码应该是 11111111 11111111 11111111 00000000;同理,对应第二条表项的掩码应该是 11111111 11111111 11111111 11110000。

将目的 IP 地址 192.168.1.17 分别和两个掩码相与,得到的结果都与各自的网络地址匹配。根据最长匹配原则,应该选择网络更具体的地址。由于第二条记录的掩码长度更长一些,地址更具体,因此目的 IP 地址是 192.168.10.17 的 IP 数据报应该从接口 e1 转发。

10.5　ARP 地址解析协议

10.5.1　ARP 协议的作用

主机进行网络寻址时只能识别数据链路层的 MAC 地址(硬件地址),不能直接识别来自网络层的 IP 地址。要将网络层中传送的数据报转发给目的主机,必须知道目的主机的 MAC 地址。因此主机在发送报文之前必须将目的主机的 IP 地址解析为它可以识别的 MAC 地址,地址解析协议(Address Resolution Protocol,ARP)可以完成 IP 地址到 MAC 地址的映射。

当一个网络设备需要和另一个网络设备通信时,它首先把目的主机的 IP 地址与自己的子网掩码进行"与"操作,以判断目的主机与自己是否位于同一局域网内。

如果在同一局域网内,并且源主机不知道目的 IP 地址相对应的 MAC 地址信息,则源主机以广播的形式发送 ARP 请求报文,目的主机收到该报文后便将自己的硬件地址通过 ARP 响应报文告诉源主机。

如果目标主机与源主机不在同一局域网,由于 ARP 请求报文不能通过路由器以广播的形式发送,所以不能确定远程目标主机的硬件地址。此时,源主机首先把 IP 数据报发向自己的缺省网关(Default Gateway),由缺省网关对该分组进行转发。如果源主机没有关于缺省网关的 MAC 地址,它同样通过 ARP 协议获取缺省网关的硬件地址,然后将数据报发送到作为缺省网关的路由器,由路由器再向下转发。

所以 ARP 协议对地址的解析分为两种情况,一种是源主机和目的主机在同一局域网;另一种是源主机和目的主机不在同一局域网,发送 IP 数据报时需要通过路由器进行转发。

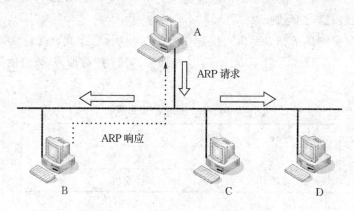

图 10-13　ARP 解析本地 IP 地址

1. 解析本地 IP 地址(源主机和目的主机在同一局域网)

在图 10-13 中,主机 A 希望和主机 B 通信,主机 A 在向主机 B 发送数据之前,首先要解析主机 B 的 IP 地址。具体过程如下:

(1) 主机 A 查看 ARP 映射表。当主机 A 要与主机 B 通信时。首先查看 ARP 映射表,在该映射表中保存有一些 IP 地址和 MAC 地址的映射关系。

(2) 主机 A 发送 ARP 请求。如果找到目的主机 B 的 IP 地址和硬件地址的映射,得到该 MAC 地址;如果找不到映射,主机 A 会发送一个 ARP 请求报文,并且在全网段范围内以广播的形式发送。此时,ARP 请求报文被封装在以太网帧中传输,由于是广播帧,所以帧头的目标 MAC 地址为全 1,帧头的源 MAC 地址字段取值为源主机的 MAC 地址,帧头的协议字段取值为 0x0806,代表封装的上层协议是 ARP 协议(关于以太网的帧格式,在 6.2.1 节中已经做了介绍)。在 ARP 的请求报文中包含有源主机 A 的 IP 地址和硬件地址,以及目的主机 B 的 IP 地址。

(3) 主机 B 添加 ARP 表项,并发送 ARP 响应。由于 ARP 请求是通过广播的形式发送的,所以本地所有主机均能接收到。但是在 ARP 请求报文中指明了主机 B 的 IP 地址,所有只有主机 B 响应该请求。当主机 B 收到 ARP 请求广播包,发现请求中的 IP 地址与自己的相符时,便形成一个 ARP 响应报文,在其中填入自己的硬件地址,并用单播的方式将 ARP 响应报文传给源主机 A。同时用主机 A 的 IP 地址和硬件地址更新自己的 ARP 映射表。

(4) 主机 A 添加 ARP 表项。主机 A 将主机 B 的 IP 地址和 MAC 地址对保存在自己的 ARP 映射表内。

当主机 A 确定了主机 B 的 MAC 地址后,就可以向主机 B 发送 IP 数据报了。

每台主机在自己的缓存中都保存有 ARP 映射表(也称为 ARP 缓存),映射表中保存的内容是近期主机记录或使用过的 IP 地址到硬件地址的映射。由于在发送 ARP 请求报文前首先查找映射表,因此 ARP 映射表可以加快解析速度,减少因解析而发送的广播包的数量。

为了控制 ARP 缓存的规模,保证 ARP 缓存能够保持着最新的映射关系,ARP 缓存中保存的映射关系都是有生存时间的。如果一段时间内某条映射没有被使用过,则该条映射被自动删除。一般情况下,在 PC 机的 Windows 环境中,ARP 映射表中的映射表项的生存时间是 2 分钟,即 2 分钟内未用则删除该表项;在部分 Cisco 交换机中,该值是 5 分钟。为保证 ARP 缓存保持着最新的映射关系而采用的另外一条原则是,当 ARP 缓存容量满时,删除保存时间最长的记录。

在 Windows 环境中,可以使用命令 arp - a 查看当前的 ARP 缓存;在路由器和交换机中可使用命令 show arp 完成相同的功能。图 10 - 14 中显示的内容是在 windows 环境中运行 arp 命令的结果。

```
C:\>arp -a

Interface: 10.1.17.200 --- 0x10005
  Internet Address      Physical Address      Type
  10.1.17.1             00-07-b3-90-88-00     dynamic
  10.1.17.151           00-40-05-46-99-51     dynamic
  10.1.17.232           00-11-2f-5a-b8-78     dynamic
  10.1.17.244           00-11-2f-a3-a7-a3     dynamic
```

图 10 - 14　arp - a 命令的执行结果

2. 解析远程 IP 地址(源主机和目的主机不在同一局域网)

图 10 - 13 展示了 ARP 解析本地 IP 地址的过程,但是如果本地的主机和处于不同局域网的一台远程主机通信时,数据报如何转发,地址如何解析呢? 此时,IP 数据报是向缺省网关(默认网关)转发。这里假设缺省网关为本地网络上的路由器的接口地址,此时 ARP 解析该接口的硬件地址。

当一台主机需要和另一台主机通信时,它将目的主机的 IP 地址与自己的子网掩码相“与”后,若发现目的主机与自己不在同一局域网内,就通过 ARP 请求广播自己的缺省网关 IP 地址,路由器应答主机的 ARP 请求。由于不是由目的主机直接响应源主机发出的 ARP 请求,所以这个过程也称为 ARP 代理。具体过程如下:

(1) 源主机在 ARP 缓存中查找默认网关的 IP 地址和硬件地址的映射。

(2) 若没找到网关的记录,ARP 将广播发送请求,此时 ARP 请求报文中包含有网关的 IP 地址,而不是目标主机的 IP 地址。

(3) 此时本网络中的所有主机包括路由器都能收到源主机发出的 ARP 广播包,但是只有路由器响应该广播包。路由器用自己的硬件地址响应源主机的 ARP 请求(用单播方式发送 ARP 响应报文),并将源主机的 IP 地址和硬件地址的映射关系保存在自己的 ARP 缓存中。

(4) 源主机收到 ARP 应答后,将路由器的 IP 地址和硬件地址写入自己的 ARP 缓存。

经过地址解析后,源主机就可以直接将数据报发送给默认网关,然后再由路由器做下一步的转发,经过若干次转发,最终到达目标主机。

10.5.2 ARP 报文的格式

ARP 报文被直接封装在以太网帧中进行传输,ARP 请求报文格式如图 10-15 所示。

图 10-15 ARP 请求报文格式

ARP 请求报文中各个字段的含义如下:

(1) 硬件类型:占 16 比特,表明 ARP 实现在何种类型的网络上,取值为 1 表示是以太网。

(2) 协议类型:占 16 比特,代表要解析的协议类型。0x0800 表示是 IP 协议。

(3) 硬件地址长度:占 8 比特,表示硬件地址的字节长度。对于以太网和令牌环来说,其长度为 6 字节。

(4) 协议地址长度:占 8 比特,即协议地址的字节长度,IP 协议的地址长度是 4 字节。

(5) 操作类型:占 16 比特,代表 ARP 报文类型。1 表示 ARP 请求报文,2 表示 ARP 应答报文。

(6) 源 MAC 地址:发送端的物理地址,长度为 6 字节。

(7) 源协议地址:占 4 字节,发送端协议地址,一般是指源 IP 地址。

(8) 目的 MAC 地址:目的端的硬件地址(待填充),占 6 字节。

(9) 目的协议地址:占 4 字节,一般指目的端 IP 地址。

ARP 响应报文和 ARP 请求报文类似。不同的是,操作类型字段为 2 表示的是 ARP 响应报文,目的 MAC 地址字段被填充为目的 MAC 地址。

10.6 因特网控制报文协议 ICMP

10.6.1 ICMP 的功能

因特网控制报文协议(Internet Control Message Protocol,ICMP)是 TCP/IP 协议族中的一个子协议,ICMP 报文被封装在 IP 数据报中传输。

ICMP 用于在 IP 主机、路由器之间传递控制消息。控制消息是指网络是否通畅、主机是否可达、路由是否可用等网络本身的消息。例如当某台主机或整个网络由于某些故障不可到达，当路由器缓存太多报文且路由器的转发速度低于它的接收速度或当一个 IP 数据报的 TTL 降低到零，路由器丢弃此数据报等等，在这些情况下，主机或路由器将会依据不同的情况产生不同的 ICMP 报文，并发往发送 IP 数据报的源结点进行通告。ICMP 控制消息虽然并不传输用户数据，但是对用户数据的传递起着重要的作用。

以下几种情况不产生 ICMP 报文：

(1) 对 ICMP 差错报文不再产生 ICMP 差错报文，防止 ICMP 的无限产生和传送；

(2) 对目的地址是广播地址或多播地址的 IP 数据报不产生 ICMP 差错报文；

(3) 仅对 IP 分片的第一片产生 ICMP 差错报文，对后续的分片不产生 ICMP 差错报文；

(4) 对源地址是特殊地址的 IP 数据报不产生 ICMP 差错报文。即源地址不能为零地址、回环地址。

ICMP 报文的格式如图 10 - 16 所示：

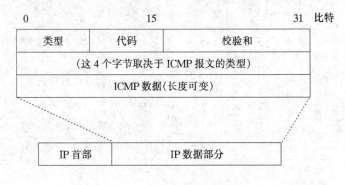

图 10 - 16　ICMP 报文结构

(1) 类型：用于指示 ICMP 报文携带的报文种类，是差错报文、查询报文还是控制报文。

(2) 代码：每种 ICMP 报文类型具有多种不同的代码，代码字段用于区分同一种大类下的不同小类。类型字段决定了大的分类，代码字段决定了小的分类。例如，类型字段为 3，表示目标不可到达 ICMP 报文，还可以根据代码字段更具体地细分为网络不可到达、主机不可到达、端口不可到达等。

(3) 校验和：对整个 ICMP 报文的校验结果。

上述三个字段占据 ICMP 报文的前 4 个字节，对于所有的 ICMP 报文来说，前 4 个字节的格式相同，而后续的 4 个字节的格式取决于 ICMP 报文的类型。

10.6.2　ICMP 报文类型

从上一节的介绍中我们得知，根据 ICMP 报文中的类型和代码字段，可以将 ICMP 报文划分为不同的种类。从大类上划分，可以将 ICMP 报文分为三大类：查询报文、差错报告报文和控制报文。查询报文用于 ping 查询、时间戳查询等；差错报告报文产生在数据传送发生错误的时候；控制报文用于拥塞控制和路由控制。详细的报文类型说明如表 10 - 12 所示。

表 10 - 12　ICMP 报文类型

报文种类	类型	含义	代码	报文名称
查询报文	0		0	回送应答(ping 应答)
	8		0	回送请求(ping 请求)
	13		0	时间戳请求
	14		0	时间戳应答
差错报告	3	目标不可达	0	网络不可达
			1	主机不可达(发生在最后一个路由器上)
			2	协议不可达(发生在目的主机上)
			3	端口不可达(发生在目的主机上)
			4	对不允许分段的报文分段传送
			5	源路由失败
			6	目的网络未知
			7	目的主机未知
			8	源主机被隔离
			9	与目的网络的通信被禁止
			10	与目的主机的通信被禁止
			11	对请求的服务类型,网络不可达
			12	对请求的服务类型,主机不可达
	11	超时	0	传输期间 TTL 为 0
			1	数据报重组期间 TTL 为 0
	12	参数出错	0	坏的 IP 头部
			1	缺少必要的选项
控制报文	4		0	源抑制(Source Quench)
	5	重定向	0	对网络重定向
			1	对主机重定向
			2	对服务类型和网络重定向
			3	对服务类型和主机重定向

1. 查询报文

查询报文的特点是报文成对出现,即包括请求报文和应答报文。常用的 ICMP 查询报文包括:回送请求/应答报文,时间戳请求/应答报文。

(1) 回送请求/应答。ping 命令是广泛使用的网络命令,该命令就使用了回送请求(类型为 8)和应答报文(类型为 0)。一台主机向一个目标节点发送一个类型为 8 的 ICMP 报文,如果在传输过程中没有出现异常,例如被路由器丢弃、目标不回应或传输失败,则目标返回类型为 0 的 ICMP 报文,说明这台主机存在。

（2）时间戳请求/应答报文。用于测试两台主机之间数据报来回一次的传输时间。传输时，主机填充原始时间戳，接收方收到请求后填充接收时间戳，然后返回类型为 14 的时间戳应答报文，发送方接收到应答报文后，通过原始时间戳和接收时间戳计算往返时间。

2. 差错报告报文

ICMP 的差错报告报文采用路由器向源主机报告的模式，即当路由器发现了 IP 数据报的错误后，使用 ICMP 报文向发送数据报的源主机报告错误情况；同时丢弃发生错误的 IP 数据报，不再进行转发。

ICMP 差错报告报文的格式如图 10－17 所示。报文的数据部分由接收到的 IP 数据报的首部和数据部分的前 8 个字节组成。ICMP 的差错报告报文包括目标不可到达报文、超时报文和参数出错报文。

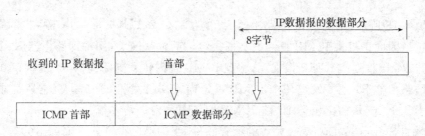

图 10－17　差错报告报文的格式

（1）目标不可到达报文。目标不可到达报文在路由器或主机不能传递数据报时使用，例如我们要连接对方一个不存在或关闭的端口（关于端口的概念将在 13 章"端到端传输控制"中介绍）时，将返回类型为 3、代码为 3 的 ICMP 差错报告报文。常见的不可到达类型还有网络不可到达、主机不可到达、协议不可到达、网络未知、主机未知等。

（2）超时报文。IP 网络采用的是无连接的方式，即在传输数据前不需要进行连接。无连接方式网络存在的一个安全问题就是数据报会丢失，或者在网络中传输时间过长，或者由于网络拥塞导致主机在规定时间内无法重组数据报的分片，这时就要触发 ICMP 超时报文。超时报文的代码有两种取值：代码为 0 表示传输超时，代码为 1 表示重组分片超时。

（3）参数出错报文。当路由器或目的主机发现接收到的 IP 数据报首部参数不正确时，就丢弃该报文，同时向源主机发送参数出错报文。

3. 控制报文

ICMP 控制报文主要用于网络拥塞控制和路由控制，包括用于流量控制的源抑制报文和用于路由控制的重定向报文。关于拥塞控制的概念将在第 14 章中介绍，路由的概念将在第 11 章"路由协议"中介绍。

（1）源抑制报文。IP 协议是一种不可靠的协议，它向上提供的是尽最大努力的交付，IP 协议也没有流量控制的功能，ICMP 协议通过源抑制报文为 IP 协议增加了流量控制机制。当路由器或主机因为网络拥塞而丢弃 IP 报文时产生源抑制报文，它通知源点减少数据报流量，放慢发送速率。停止该报文后，主机会逐渐恢复传输速率。

（2）重定向报文。当路由器发现能通过一条比当前更好的路由来发送数据报时，就会产生重定向报文。ICMP 协议通过 ICMP 重定向数据报指导数据报的流向，使数据流向正确的网关。

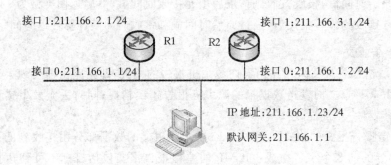

图 10-18 ICMP 的重定向功能

如图 10-18 所示，主机要 ping 路由器 R2 的接口 1:211.166.3.1，由于主机的默认网关是 211.166.1.1，因此主机将 ICMP 查询报文发往自己的默认网关，图中即路由器 R1 的接口 0。

路由器 R1 接收到该 ICMP 报文后，将此 ICMP 查询转发到路由器 R2 的接口 0:211.166.1.2。同时，路由器 R1 还要发送一个 ICMP 重定向报文给主机，通知主机它所请求地址的网关是 211.166.1.2。最后路由器 R2 将 ICMP 应答报文发送给主机。

使用诸如 Sniffer 或 Ethereal 之类的抓包软件，我们可以得到如下面列出的类似信息：

[211.166.1.23]	[211.166.3.1]	ICMP:Echo
[211.166.1.1]	[211.166.1.23]	**Expert:ICMP Redirect for Network**
		ICMP:Redirect(Redirect datagrams for the network)
[211.166.3.1]	[211.166.1.23]	ICMP reply

10.6.3 ICMP 应用实例

1. PING 命令

PING 命令的主要功能是用来检测网络的连通情况和分析网络速度。其原理是利用 ICMP 回送请求报文（类型码为 8）和回送应答报文（类型码为 0）来测试目标系统是否可达。ICMP 回送请求报文和回送应答报文是配合工作的。当源主机向目标主机发送了 ICMP 回送请求报文后，它期待着目标主机的回答。目标主机在收到一个 ICMP 回送请求报文后，它会交换源、目的主机的地址，然后将收到的 ICMP 回送请求报文中的数据部分原封不动地封装在自己的 ICMP 回送应答报文中，再发回给发送 ICMP 回送请求的一方。如果校验正确，发送者便认为目标主机的回送服务正常，即物理连接畅通。

在 windows 的命令行环境中键入 PING 命令，按回车键即可以判断网络是否连通。PING 命令的简单格式如下：

PING IP 地址/主机名

格式中的 IP 地址和主机名在实际使用中要用真实的值取代，例如 PING 搜索引擎百度：

```
C:\>ping www.baidu.com

Pinging www.a.shifen.com [202.108.22.5] with 32 bytes of data:

Reply from 202.108.22.5: bytes=32 time=95ms TTL=53
Reply from 202.108.22.5: bytes=32 time=95ms TTL=53
Reply from 202.108.22.5: bytes=32 time=95ms TTL=53
Reply from 202.108.22.5: bytes=32 time=95ms TTL=53

Ping statistics for 202.108.22.5:
    Packets: Sent = 4, Received = 4, Lost = 0 (0% loss),
Approximate round trip times in milli-seconds:
    Minimum = 95ms, Maximum = 95ms, Average = 95ms
```

图 10-19　用 PING 命令测试主机的连通性

从该 PING 命令的结果可以看出,百度的 IP 地址是 202.108.22.5,一个 PING 命令共发送 4 次回送请求报文,4 个请求报文的返回时间都是 95ms。从 TTL 可以计算出从源主机到达百度所经历的转发结点个数为 11,计算方法是用 64 减去 53。64 为源主机操作系统设定的 TTL 初始值,每经过一个转发结点 TTL 的值减去一。

用 Sniffer 或者其他抓包软件可以得到该命令运行中的报文信息:

[10.1.17.211]	[202.108.22.5]	ICMP:	Echo
[202.108.22.5]	[10.1.17.200]	ICMP:	Echo reply
[10.1.17.211]	[202.108.22.5]	ICMP:	Echo
[202.108.22.5]	[10.1.17.200]	ICMP:	Echo reply
[10.1.17.211]	[202.108.22.5]	ICMP:	Echo
[202.108.22.5]	[10.1.17.200]	ICMP:	Echo reply
[10.1.17.211]	[202.108.22.5]	ICMP:	Echo
[202.108.22.5]	[10.1.17.200]	ICMP:	Echo reply

```
ICMP: ----- ICMP header -----
ICMP:
ICMP: Type = 8 (Echo)
ICMP: Code = 0
ICMP: Checksum = 375C (correct)
ICMP: Identifier = 1024
ICMP: Sequence number = 4608
ICMP: [32 bytes of data]
ICMP:
ICMP: [Normal end of "ICMP header".]
ICMP:
```

图 10-20　回送请求报文的结构分析

对上述报文进行分析后可以看出,PING 命令一共使用了 4 个回送请求和回送应答报文。其中回送请求的报文结构如图 10-20 所示,回送应答报文的结构如图 10-21 所示。图中清楚地显示出 ICMP 包的类型、代码和校验和字段的值,以及 ICMP 回送请求和应答报文的数据部分长度为 32 字节。对照图 10-16 中 ICMP 的报文结构可知,标识和序列号是 4 字节的可变报头部分,具体含义在此不再赘述,感兴趣的读者可以参阅相关资料。

```
ICMP: ----- ICMP header -----
ICMP:
ICMP: Type = 0 (Echo reply)
ICMP: Code = 0
ICMP: Checksum = 3C5C (correct)
ICMP: Identifier = 1024
ICMP: Sequence number = 5376
ICMP: [32 bytes of data]
ICMP:
ICMP: [Normal end of "ICMP header".]
ICMP:
```

图 10-21 回送应答报文的结构分析

2. Tracert 命令

Tracert 命令的作用是实现路由跟踪,所谓路由就是从源点到达目的主机点所经历的路径。Tracert 利用 ICMP 的数据报超时报文来确定 IP 数据报访问目标所采取的路径。

Tracert 的工作原理是,首先给目的主机发送一个 TTL=1 的数据报,当第一个路由器收到这个数据报以后,就自动把 TTL 减 1,当 TTL 变为 0 以后,路由器就抛弃此包,并同时产生一个主机不可到达的 ICMP 数据报给主机。主机收到这个数据报以后再发一个 TTL=2 的数据报给目的主机,然后第二个路由器给主机发 ICMP 数据报。如此往复,并在随后的每次发送过程中将 TTL 递增 1,直到目标响应或 TTL 达到最大值,从而确定路由。通过这种方式,Tracert 命令就得到了到达目的主机所经过的所有路由器的 IP 地址。Tracert 的简单命令格式如下:

TRACERT IP 地址/主机名

格式中的 IP 地址和主机名在使用中应用真实的值取代。例如查看到搜索引擎百度的路由:

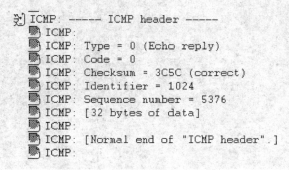

```
C:\>tracert 202.108.22.43

Tracing route to 202.108.22.43 over a maximum of 30 hops

  1    <1 ms    <1 ms    <1 ms  10.1.17.1
  2     *        *        *     Request timed out.
  3     *        *        *     Request timed out.
  4     1 ms     1 ms     1 ms  cd0.cernet.net [202.112.53.73]
  5    <1 ms    <1 ms    <1 ms  202.112.53.178
  6    <1 ms    <1 ms    <1 ms  202.38.123.18
  7    <1 ms    <1 ms    <1 ms  202.38.123.10
  8    95 ms    95 ms    95 ms  219.158.28.73
  9    96 ms    96 ms    96 ms  219.158.11.125
 10    96 ms    96 ms    95 ms  202.96.12.206
 11    97 ms    96 ms    96 ms  202.106.193.37
 12    96 ms    96 ms    96 ms  61.148.155.226
 13    96 ms    95 ms    96 ms  202.106.43.66
 14     *       96 ms    96 ms  202.108.22.43

Trace complete.
```

图 10-22 用 Tracert 命令获得的目的主机路由

10.7　IPv6

10.7.1　IPv6 概述

IPv6 是 Internet Protocol Version 6 的缩写,也被称作下一代互联网协议,它是由 IETF 设计的用来替代现行的 IPv4 协议的一种新的 IP 协议。IPv6 对 IPv4 在许多方面进行了改进,主要包括以下几个方面:

(1) 超大的地址空间。IPv4 中规定 IP 地址长度为 32 位,而 IPv6 中 IP 地址的长度为 128 位,可以提供多达 2^{128} 个地址。面对如此庞大的地址范围,有人戏言可以为地球上的每粒沙子分配一个 IP 地址。将来,越来越多的设备也会需要连接到互联网上,例如 PDA、汽车、手机、各种家用电器等。IPv6 足够为每一个设备分配一个 IP 地址。

(2) 简化的报头和灵活的扩展。IPv6 采用 40 字节的固定报头长度,但是只有 8 个字段,取消了 IPv4 中的首部长度、标识符、标志、片偏移和首部校验和。大多数 IPv6 数据报只需要简单的固定长度报头就可以了,如果需要额外的控制信息,再增加扩展报头。

(3) 更小的路由表。IPv6 采用层次化的地址结构,层次化的地址划分有利于聚合 IP 地址,减小了路由器中路由表的长度,提高了路由器转发数据包的速度。

(4) 对流的支持。流(Flow)是指一个特定源到一个特定目的的包序列,中间路由器应源节点的要求对流做特殊处理。这使得网络上的多媒体应用有了充分发展的空间,为服务质量(QoS)控制提供了良好的网络平台。

(5) 支持自动配置。自动配置也称即插即用的连网方式,用户无需为自己的主机配置 IP 地址等信息,而由主机自动配置。

(6) 更高的安全性。IPv4 在设计时没有考虑安全特性,因此应用程序只能通过本身的加密和认证机制来保证安全。IPv6 在设计之初就考虑到了安全性,通过 IPv6 的扩展首部实现 IPsec,使 IPsec 成为 IPv6 实现的一部分。

1. IPv6 报文格式

IPv6 采用简化的报头和灵活的扩展报头。IPv6 报头的固定长度为 40 字节,虽然比 IPv4 的 20 字节的固定报头长度要长,但是只包括 8 个字段。

(1) 版本:4 位,即 IP 协议版本号,值为 6 表示是 IPv6 报文。

(2) 通信类别:8 位,指示 IPv6 数据流通信类别或优先级。功能类似于 IPv4 的服务类型(ToS)字段。

(3) 流标记:20 位,是 IPv6 报文中的新增字段。标记需要 IPv6 路由器特殊处理的数据流。该字段用于某些对连接的服务质量有特殊要求的通信,诸如音频或视频等实时数据传输。

所谓流是指从同一个源节点到同一个目的节点的报文序列,一个流的报文有相同的流标记。对于具有流标记的报文,经路由器转发时,都要满足报文中的通信类别字段规定的服务质量要求。该字段值为 0,表示只做普通报文处理。IPv6 中依靠流标记、源地址和目的地址三个字段来决定数据报的流分类。

(4) 载荷长度:16 位,载荷长度包括扩展报头和数据部分长度,16 位最多可表示 65 535 字节的负载长度。超过这一字节数的负载,该字段值置为 0,使用扩展报头"逐跳选项"(Hop-by-

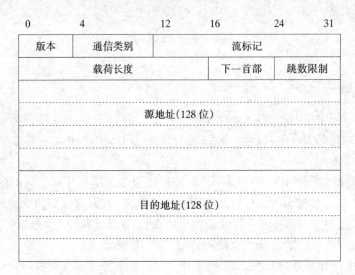

图 10-23　IPv6 的报文首部格式

Hop Options)中的巨量载荷(Jumbo Payload)支持更长的 IPv6 报文。

(5) 下一首部:8 位,识别紧跟在 IPv6 报文首部后面的报头类型,如扩展首部或某个传输层协议的首部,例如 TCP,UDP 或 ICMPv6。

(6) 跳数限制:8 位,和 IPv4 的 TTL 字段类似,用于控制数据报的生存时间。数据报每经过路由器转发一次,跳数限制字段减 1,减到 0 时就把该报文丢弃。

(7) 源地址:128 位,即发送方主机地址。

(8) 目的地址:128 位,IPv6 报文的接收方地址。该地址可以是一个单播、多播或任播地址。在大多数情况下,目的地址是最终的地址,但如果存在路由扩展头,目的地址可以是某一个中间节点的地址,例如发送方路由表中下一个路由器的接口地址。

通常,一个典型的 IPv6 报文,没有扩展报头。当需要路由器或目的主机做某些特殊处理时,才由发送方添加一个或多个扩展报头。与 IPv4 不同,IPv6 扩展报头长度任意,不受 40 个字节的限制,便于日后扩充新增选项。但是为了提高处理扩展报头和传输层协议的性能,扩展报头总是 8 字节长度的整数倍。目前,IPv6 定义了 6 种扩展报头:逐跳选项(Hop-by-Hop Options)报头、路由报头、分片报头、目的选项报头、认证(Authentication)报头和加密安全载荷(Encrypted Security Payload)报头。RFC2460 中详细描述了关于 IPv6 扩展报头的定义。

2. IPv6 数据报的分片

在 IPv4 中,由路由器负责数据报的分片,在 IPv6 中,由发送数据报的源主机负责数据报的分片。在分片之前,主机必须知道通往目的主机所经历的每一个网络的 MTU,在这些网络的 MTU 中,值最小的那个 MTU 称为路径 MTU,得到路径 MTU 的过程称为路径 MTU 发现。源主机在得到路径 MTU 后,选择一个值不大于路径 MTU 的数据作为分片的大小。

如果选择的数据报长度太大,无法由路由器转发到指定路径,则路由器向源主机发送一个数据报超长的 ICMP 报文,源主机会重新调整报文的大小。

10.7.2　IPv6 地址

1. 地址表示

（1）冒号十六进制形式。将 IPv6 的 128 位地址每 16 位划分一段,128 位地址共划分为 8 段,每段用一个 4 位的十六进制数表示,并用冒号隔开。例如,可将一个 IPv6 地址表示为: 2001:00D3:0000:2F3B:023C:00FF:FE28:0080。

在每个四位一段的十六进制数中,如高位为 0,则可以省略。例如可以将 00E0 简写成 E0,0000 简写成 0。

（2）零压缩法。在一个 IPv6 地址中包含多个零的情况十分常见,对此可以使用压缩形式进行简化,压缩的原则是,如果某一段或连续几段的值全为 0,则由双冒号::表示。例如,

链路本地地址 FE80:0:0:0:2AA:FF:FE9A:4CA2,可以简记为 FE80::2AA:FF: FE9A:4CA2。

多播地址 FF02:0:0:0:0:0:0:2,可以简记为 FF02::2。

多播地址 FFED:0:0:0:0:8898:3210:3A4F 的压缩形式为 FFED::8898:3210:3A4F。

单播地址 3FFE:FFFF:0:0:8:800:20C4:0 的压缩形式为 3FFE:FFFF::8:800:20C4:0。

回环地址 0:0:0:0:0:0:0:1 的压缩形式为::1。

未指定的地址 0:0:0:0:0:0:0:0 的压缩形式为::。

注意:双冒号在一个地址中只能使用一次。例如:地址 0:0:0:AB98:576C:0:0:0,可以写成::AB98:576C:0:0:0 或 0:0:0:AB98:123C::,但不能写成::BA98:576C::。原因是如果在压缩形式中存在两个或更多的双冒号::,就无法判断每个::究竟代表了几个全 0 段。

（3）前缀表示法。前缀表示法类似于采用 CIDR 技术的 IPv4 地址表示,表示形式是:

$$\text{IPv6 地址/前缀长度}$$

其中,前缀长度用十进制数表示。所有子网都有相应的 64 位前缀,所以 64 位前缀用来表示节点所在的单个子网;任何少于 64 位的前缀,要么是一个路由前缀,要么就是包含了部分 IPv6 地址空间的一个地址范围。例如:21DA:D3:0:2F3B::/64 是一个子网前缀,21DA:0: D3::/48 是一个路由前缀。

2. 地址划分

IPv6 的 128 位地址长度形成了一个巨大的地址空间。IPv6 不对地址进行分类,但是 IPv6 对地址的管理与 IPv4 的 CIDR 类似,将一个 IPv6 地址划分成前缀和后缀两部分,其中前缀用于指明一个网络,后缀用于指明网络上的某台主机,即采用层次化的地址结构。表10-13 是 IPv6 的地址前缀分配表。

在 IPv4 地址空间中,地址可以划分为单播地址、广播地址和多播地址,IPv6 对此进行了修改,将地址划分为单播地址、泛播地址（也称任播地址）和多播地址,取消了原来的广播地址, 增加了任播的概念。

（1）单播地址。用于标识一个唯一的接口,送往一个单播地址的报文将被传送至该地址标识的接口上。单播 IPv6 地址主要包括:全球单播地址、链路本地地址、站点本地地址、特殊地址等。

表 10 - 13　IPv6 的地址分配前缀

前缀	使用
0000 0000	保留
0000 0001	未分配
0000 001	留给 NSAP 分配
0000 010	留给 IPX 分配
0000 011	
0000 1	未分配
0001	
001	全球单播地址
010	
011	
100	
101	
110	
1111 0	未分配
1111 0	
1111 10	
1111 110	
1111 1110 0	
1111 1110 10	链路本地地址
1111 1110 11	站点本地地址
1111 1111	多播地址

① 全球单播地址　全球单播地址是 IPv6 的公网地址,相当于 IPv4 的单播地址。具有全球单播地址的 IPv6 数据报可以在全球 IPv6 网络中被路由器转发。全球单播地址的前缀是 001,图 10 - 24 是全球单播地址的格式:

n 位	64-n 位	64 位
全球路由前缀	子网 ID	接口 ID

图 10 - 24　全球单播地址结构

全球路由前缀　标识了路由层次结构的最高层。全球路由前缀由因特网地址授权机构 IANA 进行管理,通常根据地区的因特网注册机构分配给那些大的因特网服务提供商 ISP。

子网 ID　子网的标识符。子网 ID 是 ISP 在自己的网络中建立的多级寻址机构,用于识别其管辖范围内的站点,便于其下级的 ISP 组织寻址和路由。

接口 ID　IPv6 接口标识符,占 64 位,用于标识节点和子网的接口。RFC2373 声明,所有使用前缀 001~111 的单播地址,必须使用由扩展唯一标识 EUI - 64 地址派生的 64 位 IPv6 接口标识符。要想知道如何得到 64 位 IPv6 接口标识符,需要首先了解 EUI - 48 地址和 EUI - 64 地址。

· EUI - 48 地址

EUI-48 地址是 IEEE 802.3 规定的 48 位 MAC 地址。此地址由 24 位公司 ID(也称为制造商 ID)和 24 位扩展 ID(也称为网卡 ID)组成。公司 ID 被唯一指派给每个网络适配器的制造商;扩展 ID 在装配时由制造商唯一指派给每个网络适配器。公司 ID 和扩展 ID 的组合,即可生成全球唯一的 48 位地址。这个 48 位地址就是我们所称的物理地址、硬件地址或 MAC 地址。

EUI-48 地址中的全局/本地(U/L)位:

U/L 位是第一个字节的次最低位,用于确定该地址是全局管理还是本地管理。如果将 U/L 位设置为 0,表示 IEEE 对地址进行了统一管理;如果 U/L 位设置为 1,表示地址是本地管理的。

EUI-48 地址中的个人/组(I/G)位:

I/G 位是第一个字节的最低位,用来确定地址是个人地址(单播)还是组地址(多播)。设置为 0 时,地址是单播地址;设置为 1 时,地址是多播地址。

对于典型的 802.3 网络适配器地址,U/L 和 I/G 位均设置为 0,表示一个全球管理的单播 MAC 地址。

- IEEE EUI-64 地址

在 IEEE EUI-64 地址中,公司 ID 仍然是 24 位长度,但扩展 ID 是 40 位。EUI-64 地址使用 U/L 和 I/G 位的方式与 EUI-48 地址相同。

那么如何将 EUI-48 地址映射到 EUI-64 地址呢? 方法是将 11111111 11111110 (0xFFFE)插入到 EUI-48 地址的公司 ID 和扩展 ID 之间。EUI-64 地址用冒号十六进制表示即是 IPv6 接口标识符。

【例 10-7】EUI-48 地址转换示例。主机 A 的以太网 MAC 地址是 00-AA-00-3F-2A-1C,试求 IPv6 接口标识符。

【解】首先,在第三个和第四个字节之间插入 0xFFFE,将其转换为 EUI-64 格式:00-B8-00-FF-FE-3F-2A-4C。

然后,对 U/L 位求反。第一个字节的二进制形式为 00000000,将次最低位求反后,变为 00000010(0x02)。得到结果 02-B8-00-FF-FE-3F-2A-4C。

最后转换为冒号十六进制符号表示的 IPv6 接口标识符 2B8:FF:FE3F:2A4C。

② 链路本地地址   用于单个链路,路由器不对含有链路本地地址的数据报进行转发。链路本地地址的地址形式为:

FE80::接口标识符

当节点启动 IPv6 协议时,它的每个接口自动配置一个链路本地地址。链路本地地址的自动配置机制使得连接到同一链路的 IPv6 节点不需要做任何配置就可以通信。链路本地地址相当于 IPv4 中的私有地址。例 10-7 中对应于 MAC 地址 00-AA-00-3F-2A-1C 的网络适配器的链接本地地址是 FE80::2AA:FF:FE3F:2A1C。

③站点本地地址   类似于 IPv4 的私有地址。用于单个站点,格式如下:

FEC0::子网号:接口标识符

站点本地地址用于不需要全局前缀的站点内的寻址。

(2) 多播地址。多播地址是一组接口的标识符。送往一个多播地址的报文将被传送至有该地址标识的所有接口上。多播地址的前缀为 1111 1111。

（3）任播地址。任播地址也称泛播地址，是一组接口的标识符。送往一个任播地址的报文将被路由器转发给该地址标识的接口之一，该接口是距离路由器最近的一个网络接口。任播地址对移动通信能提供更好的支持，例如当移动用户接入到 IPv6 网络中时，使用任播地址可以寻找到一个离它最近的接收点。

关于 IPv6 任播地址有严格要求，限制如下：

① 任播地址不能作为一个 IPv6 数据报的源地址；

② 任播地址不能分配给主机，即泛播地址只能分配给路由器。

3. 特殊地址

在 IPv6 地址空间中，前 8 位前缀为 0 的地址为保留地址。其中某些地址作为特殊地址，这些特殊地址包括：

未指定地址　是一个全 0 地址，当没有有效地址时，可采用该地址。例如当一个主机从网络第一次启动时，它尚未得到一个 IPv6 地址，就可以用这个地址，即当发出配置信息请求时，在 IPv6 包的源地址中填入该地址。

回环地址　IPv4 的回环地址为 127.0.0.1，IPv6 回环地址的最低位为 1，其余 127 位全为 0。任何发送回环地址的分组必须通过协议栈发送到网络接口，但不发送到网络链路上。网络接口本身必须接受这些分组，就好像是从外面节点收到的一样，并传回给协议栈。回环功能用来测试软件和配置。

4. 自动地址配置

IPv6 可以采用静态配置方法，但是由于 IPv6 地址长达 128 位，手工的静态配置会给用户带来很大麻烦。IPv6 支持自动地址配置，并提供了两种地址配置方式：无状态地址自动配置和有状态地址自动配置。

· 无状态地址自动配置

在默认情况下，IPv6 主机可以为每个接口配置一个链路本地地址。需要配置地址的网络接口首先使用邻居发现机制获得一个链路本地地址，然后接收路由器公告的地址前缀，结合接口标识得到一个全球单播地址。

无状态地址自动配置过程如下：

（1）根据链路本地地址前缀 FE80::/64 和 EUI-64 的接口标识符，生成临时链路本地地址。

（2）发出邻居请求报文，使用重复地址检测过程检验临时链路本地地址的唯一性。

（3）如果接收到邻居公告报文，就表明本地链路上的另一个节点正在使用此临时链路本地地址，地址自动配置停止进行。此时必须对此节点进行手工配置。

（4）如果没有接收到邻居公告报文，则表明此临时链路本地地址是唯一并且有效的。接口的地址初始化为链路本地地址。

（5）主机发送路由器请求报文。请求路由器立即发送路由器公告报文进行响应。

（6）若收到了路由器公告报文，根据报文的内容来设置跳数限制、可到达时间、重发定时器和 MTU（如果存在 MTU 选项）的值。

（7）对于路由器公告报文中的每个前缀信息选项，做以下处理：

① 如果链路标志为 1，则将报文中的前缀添加到前缀列表中。如果自治标志为 1，则用前

缀和适当的接口标识符生成一个临时地址;用重复地址检测过程检测临时地址的唯一性。

② 如果临时地址正在使用中,则不会用临时地址来初始化接口。

③ 如果临时地址不在使用中,则用临时地址来初始化接口。这包括根据报文中的前缀信息选项的有效生存期和优先生存期字段的值来设置地址的有效生存期和优先生存期。

　　· 有状态地址自动配置

IPv6 使用 DHCPv6 协议进行有状态地址自动配置,并获得其他的配置选项。当主机收到一个不带前缀信息选项的路由器公告报文,并且报文中的管理地址配置标志或其他有状态配置标志都为 1 时,主机使用有状态地址自动配置。如果本地链路上没有路由器,主机也会使用有状态地址自动配置。

在有状态地址自动配置中,主机从 DHCP 服务器中获得接口地址、配置信息及参数,服务器维护一个数据库,记录已分配的地址,以及主机的配置信息。

10.7.3　从 IPv4 过渡到 IPv6 的方法

中国下一代互联网 CNGI 将采用 IPv6 作为核心协议以替代目前的 IPv4。然而,互联网的现状决定了 IPv6 替代 IPv4 的过程不是一蹴而就的。在过渡的初期,要利用 IPv4 网络连接不同的 IPv6 孤岛,第二步是大的 IPv6 网络连接不同的 IPv4 孤岛,最后,网络将完全使用 IPv6。可见,在 IPv6 完全替代 IPv4 之前,网络设备的一个重要功能就是实现 IPv4 和 IPv6 的互通。

在目前 IPv4 向 IPv6 过渡的过程中,存在多种技术,包括双栈技术、隧道技术、隧道代理(Tunnel Broker,TB)、协议转换技术、传输层中继(Transport Relay)、应用层网关(Application Level Gate,ALG)。不同的过渡策略各有优劣,但是目前在这些技术中,双栈技术、隧道技术是主流技术。

(1) 双栈技术。具有双协议栈的节点称作 IPv6/v4 节点或双栈节点,这些节点既可以收发 IPv4 分组,也可以收发 IPv6 分组。它们可以使用 IPv4 与 IPv4 节点互通,也可以直接使用 IPv6 与 IPv6 节点互通。

双栈技术是一切过渡技术的基础。双栈技术可以不构造隧道,可以只支持手工配置隧道,也可以既支持手工配置又支持自动隧道。

(2) 隧道技术。在 IPv6 发展初期,必然有许多局部的纯 IPv6 网络,这些 IPv6 网络被 IPv4 骨干网络隔离开来,为了使这些孤立的"IPv6 岛"互通,就采取隧道技术,使 IPv6 数据报能穿透 IPv4 网络。目前国际 IPv6 试验床 6Bone 的计划就是利用穿越现存 IPv4 因特网的隧道技术将许多个"IPv6 孤岛"连接起来,逐步扩大 IPv6 的实现范围。

跨越 IPv4 网络的 IPv6 互联和跨越 IPv6 网络的 IPv4 互联,这两种情况的原理基本一致。

图 10-25 显示了跨越 IPv4 网络的 IPv6 互联的示意图,图中,R1 和 R4 是纯 IPv6 节点,而 R2 和 R3 则是双栈节点,R2 和 R3 之间通过隧道技术提供两个 IPv6 网络的互联。

在 IPv6 网络与 IPv4 网络间的隧道入口处,路由器将 IPv6 的数据报封装到 IPv4 中,IPv4 分组的源地址和目的地址分别是隧道入口和出口的 IPv4 地址。在隧道的出口处再将 IPv6 数据报取出转发给目的节点。

在隧道入口处封装 IPv4 数据报的时候,入口节点一般还需要考虑如下问题:

(1) 数据报何时进行分片,对于超长的数据报何时通过 ICMP 把错误消息通告给源节点;

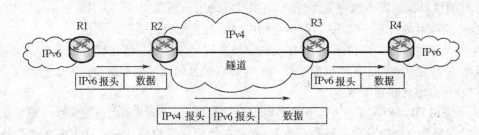

图 10-25　跨越 IPv4 网络的 IPv6 互联

（2）如何把 IPv4 的 ICMP 报文通过隧道传递给源节点。

隧道技术在应用中一般采用的方式包括：手工隧道、自动隧道、隧道代理、6over4 隧道和 6to4 隧道。

本章小结

◆ IP 协议中的数据传输单位是 IP 数据报，源 IP 地址和目的 IP 地址是 IP 数据报中的两个重要字段，这两个长度为 4 字节的字段确定了发送方和接收方主机在网络中的位置。

◆ IP 地址最先出现的形式为分类的 IP 地址，即将 IP 地址划分为 A、B、C、D、E 类地址，在 A、B、C 类地址中存在一些特殊的 IP 地址，例如回环地址，广播地址和具有特殊源地址的 IP 地址。

◆ 为缓解 IP 地址不够用的问题，采用了各种技术，包括：IP 地址私有地址和 NAT 技术、子网划分、变长子网掩码 VLSM、无类域间路由 CIDR 技术等。

◆ 路由器的两个重要功能是路由和转发。如果没有子网划分，则路由器采用的是不带子网掩码的转发算法；如果有子网划分，则路由器采用带子网掩码的路由转发算法。

◆ IP 数据报中携带了 IP 地址信息，但是实际的传递过程是根据 MAC 地址进行传递，地址解析协议 ARP 用于 IP 地址到 MAC 地址的映射。地址解析分两种情况：源主机和目的主机在同一局域网，源主机和目的主机不在同一局域网。

◆ 因特网控制报文协议 ICMP 是 TCP/IP 协议族的一个子协议，ICMP 用于在 IP 主机、路由器之间传递网络是否通畅、主机是否可达、路由是否可用等控制消息。ICMP 报文分为三大类：查询报文、差错报告报文和控制报文。

◆ IPv6 是对 IPv4 地址耗尽问题的一个根本解决方案，它提供了 128 位的 IP 地址。在目前 IPv4 向 IPv6 过渡的过程中，存在多种技术，双栈技术、隧道技术是其中的主流技术。

习　题

10-1 常用的网络互连设备有哪些？它们各有什么特点？

10-2 三层交换机与路由器在功能方面有哪些相同和不同的地方？在网络中如何使用第三层交换机与路由器比较适当？

10-3 简述路由器的主要功能。

10-4 中继器、网桥、路由器、网关有哪些差异?

10-5 三个网络经网桥 B 和路由器 R 互连在一起,如图 10-26 所示。图中的 HA 表示硬件地址,IP 表示 IP 地址。主机 A 向主机 H 发送数据帧 F1,经过网桥 B 后变成 F2,再经过路由器 R 后变成 F3。在每一个数据帧中都有四个地址:目的 MAC 地址,源 MAC 地址,目的 IP 地址和源 IP 地址。试问:

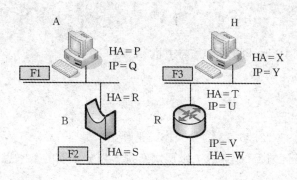

图 10-26　题 10-5 图

(1) 上述的四个地址都各在数据帧中的什么地方?

(2) 在数据帧 F1,F2 和 F3 中,这四个地址分别是什么?

10-6 假定有一个以太网要传递长度为 8 192 字节的 UDP 数据报,是否需要分片? 如果需要,要分成多少个数据报片? 每个数据报片的长度和片偏移字段的值是多少?

10-7 一个 IP 数据报长度为 4 000 字节,其中首部长度为 20 字节。现在经过一个网络传输,此网络能够传输的最大数据长度为 1 500 字节。试问应当划分为几个分片? 各分片的数据字段长度、片偏移字段和 MF 标志应为何值?

10-8 路由器接收到 IP 数据报时要将 TTL 字段减 1,为什么要做减 1 运算? 当 TTL 字段减为 0 时,路由器对 IP 数据报将如何处理?

10-9 为什么说 IP 网络是不可靠的?

10-10 当分组在传输过程中被分片并且超时后其中一个分片仍然未到达主机时会发生什么?

10-11 IP 地址与硬件地址有什么区别?

10-12 什么是 IP 地址? A、B、C 三类地址是如何划分的?

10-13 IP 地址的主机地址部分不能全为 1,请说明原因。

10-14 判定下列 IP 地址的类型。

(1) 131.120.54.21

(2) 76.34.6.90

(3) 240.9.32.6

(4) 22.5.128.210

(5) 189.9.234.52

(6) 220.103.9.56

(7) 125.78.6.2

10 - 15 判定下列 IP 地址中哪些是无效的,并说明其无效的原因。

(1) 127.21.19.109

(2) 20.256.162.56

(3) 240.190.12.80

(4) 10.255.255.254

(5) 192.5.91.255

(6) 129.9.255.254

10 - 16 试求下列 IP 地址的网络号与主机号。

(1) 122.56.31.72

(2) 129.12.11.36

(3) 216.33.122.65

10 - 17 IP 地址 196.72.76.13 的默认掩码是什么?

10 - 18 什么是子网与 IP 地址的三级层次结构? 划分子网的基本思想是什么? 如何划分子网?

10 - 19 已知下列 IP 地址和子网掩码,试求子网地址与主机号:

(1) IP 地址:120.282.36.53,子网掩码:255.255.192.0

(2) IP 地址:168.132.25.22,子网掩码为 255.255.224.0

10 - 20 假设某主机的 IP 地址为 210.114.105.164,子网掩码为 255.255.255.240,请问该主机所在网络的广播地址是什么? 该网络中可用的 IP 地址范围是什么?

10 - 21 某单位得到一 IP 地址块 166.112.64.0/19,试求内部可分配给主机的合法 IP 地址有多少?

10 - 22 网络结构如图 10 - 27 所示,网络 A 有 25 台主机,网络 B 有 7 台主机,网络 C 有 80 台主机。

图 10 - 27   题 10 - 22 图

(1) 判断每个子网所需的子网掩码;

(2) 假设网络可用地址为 152.100.0.0/16,请为子网中的主机和路由器分配 IP 地址,并保证每个子网中的 IP 地址在一连续的地址块范围内。

10 - 23 某单位的网络中心给其一个下属公司分配了一个地址块 172.20.0.0/20。这个下属公司有 10 个部门,各部门需要的 IP 地址数量分别为:有一个部门需要 280 个,有两个部门分别需要 100 个,有四个部门分别需要 50 个,有三个部门分别需要 10 个。请为该网络中心合理地分配 IP 地址。

10 - 24 B 类地址 172.38.0.0,如果用它的第三个字节的前四位来划分子网,求:

(1) 子网掩码是多少?

(2) 可以划分出几个子网? 每个子网的网络地址是什么?

（3）每个子网的主机地址范围是多少？

10-25 某校园网的网络中心要将 C 类地址 202.182.56.0 分配给两个系，每个系约有 120 台计算机，试求每个系的子网掩码、子网地址和 IP 地址范围。

10-26 有如下的 4 个/24 地址块，试进行最大可能的聚合。

　　　　198.22.55/24　　　198.22.56/24　　　198.22.57/24　　　198.22.58/24

10-27 已知路由器 R1 建立了如表 10-14 所示的路由表。

表 10-14　习题 10-27 中路由器 R1 的路由表

目的网络	子网掩码	下一跳	接口
128.96.39.0	255.255.255.128	直接交付	接口 0
128.96.39.128	255.255.255.128	直接交付	接口 1
128.96.40.0	255.255.255.128	R2	接口 2
0.0.0.0	0.0.0.0	R3	接口 3

现收到 4 个数据报，其中目的 IP 如下所示，试分别计算下一跳。

（1）128.96.39.170

（2）128.96.40.56

（3）128.96.39.33

（4）192.4.153.70

10-28 网络地址转换的作用是什么？地址转换是如何实现的？

10-29 地址解析协议 ARP 的作用是什么？当解析位于同一局域网的目标主机 IP 地址时，ARP 如何工作？当解析位于远程网络的目标主机 IP 地址时，ARP 如何工作？

10-30 因特网控制报文协议 ICMP 的作用是什么？

10-31 Tracert 程序如何利用 ICMP 报文查找从源节点到目的节点的完整路由？

10-32 IPv6 对 IPv4 进行了哪些主要的改进？

10-33 试给出下列 IPv6 地址的完整形式：

（1）0::0　（2）0:AA::0　（3）0:1234::3　（4）123::1:2

10-34 IPv6 的自动地址配置方法有哪些？其具体内容是什么？

第11章 路由协议

　　互联网由多个物理网络组成,这些物理网络通过路由器互联起来。路由器是网络互联中必不可少的重要设备。路由器的一个重要功能就是路由选择,这个功能的实现依赖于路由器所采用的路由选择协议,它使得 IP 数据报能够在互联网上快速传递。针对不同的管理范围,路由协议可以分为内部路由协议和外部路由协议。对于内部路由协议,本章将注重讲解路由信息协议 RIP 和开放最短路径优先协议 OSPF,其中 OSPF 是目前广泛应用的内部网关协议。对于外部路由协议,本章将讲述 BGP 协议。

11.1　路由器的原理

11.1.1　路由器的结构

　　一个典型的路由器主要由四部分组成:输入端口、输出端口、交换网络和路由处理器。如图 11-1 所示。

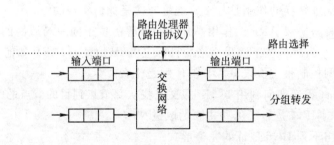

图 11-1　路由器基本结构

　　路由器能提供许多功能,例如实现异种网络的互联、路由功能、转发功能、网络地址转换 NAT 功能等等,但是路由和转发是路由器的两个基本功能。在图 11-1 中的路由选择功能由路由处理器完成,它根据路由选择协议构造并更新路由表,路由器根据路由表的内容为接收到的 IP 数据报选择适当的传递路径。分组转发功能由输入端口、输出端口和交换网络共同完成,将输入端口接收到的数据通过交换网络快速地转发到输出端口,实现数据报的转发。

　　(1) 输入端口:输入端口和物理链路相连,在输入端口要完成数据链路层帧的封装和解封装、路由查找功能。路由查找是在转发表中查找数据报中的目的地址来决定目的端口的。

　　(2) 输出端口:在数据报被发送到输出链路之前可以在输出端口缓存,输出端口同样要能支持数据链路层的封装和解封装,可以实现复杂的调度算法以支持优先级等要求。

　　(3) 交换网络:交换网络的作用是根据转发表处理接收到的数据报,将输入端口传入的报文从合适的输出端口转发出去。典型的交换网络包括:总线交换、共享存储交换和互联网络交换（interconnection network）。如图 11-2 所示。

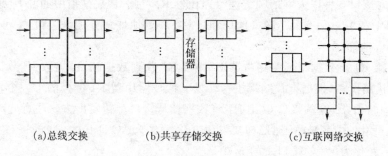

　　　(a)总线交换　　　　　　　(b)共享存储交换　　　　　(c)互联网络交换

图 11-2　典型的交换网络

　　总线交换的处理方法是当数据报到达输入端口时,通过共享总线将数据直接送往输出端口。由于总线是共享的,当总线上有数据传递时,其他数据只能在输入端口排队等待,因此路由器的交换能力受共享总线带宽的限制。Cisco 公司的 Catalyst1900 系列交换机使用的就是总线交换方式。

　　共享存储交换使用共享的存储器完成报文交换。当输入端口将接收到的数据报从输入端口缓冲送到共享存储器后,处理器查找路由表,并将数据转发给合适的输出端口。Cisco 公司的 Catalyst8500 系列交换机采用的就是共享存储交换方式。

　　互联网络交换就是把输入端口和输出端口用多条水平总线和垂直总线连接起来。纵横交换结构（Crossbar Switch Fabric）采用的就是这种结构,它有 2N 条总线,形成 N×N 个交叉点,当与该交叉点相连的输入总线和输出总线都空闲时,就可以通过该节点转发。Cisco 12000 系列路由器采用的就是互联方式进行交换方式,可达到 60 Gb/s 的交换速率。

　　（4）路由处理器:路由处理器运行对路由器进行配置和管理的软件以及各种路由协议,实现维护路由表等功能。

11.1.2　路由器的工作过程

　　图 11-3 是一个网络连接的示意图,主机 A 要发送数据给处于另一个远程网络的主机 B,那么数据是如何通过路由器从主机 A 传送到主机 B 的?

	源 IP	目的 IP	源 MAC	目的 MAC
A→R1	IP_A	IP_B	MAC_A	$MAC_{R1的接口0}$
R1→R2	IP_A	IP_B	$MAC_{R1的接口1}$	$MAC_{R2的接口1}$
R2→B	IP_A	IP_B	$MAC_{R2的接口0}$	MAC_B

图 11-3　路由器转发数据时的地址变化

（1）主机 A 把数据传递给路由器 R1。主机 A 和路由器 R1 同处一个以太网中，主机 A 通过 R1 路由器的接口 0 将以太网的帧传递给路由器 R1。此 IP 数据报中的源 IP 地址和目的 IP 地址分别是 IP_A 和 IP_B，但是源 MAC 地址和目的 MAC 地址却分别是主机 A 和路由器 R1 的接口 0 的 MAC 地址。

（2）路由器 R1 把数据报传给路由器 R2。当 R1 收到数据帧后，提取 IP 数据报中的目的 IP 地址，并查找路由表，根据查找结果进行转发。假设路由器 R1 选择的下一个转发路径是从 R1 的接口 1 到路由器 R2 的接口 0，则 R1 将数据帧从接口 1 转发出去。注意此时源和目的 IP 地址都不发生变化，但是 MAC 地址却要发生变化。源 MAC 变化为 R1 的接口 1 的 MAC 地址，目的 MAC 变化为 R2 的接口 1 的 MAC。

（3）路由器 R2 把数据传给主机 B。当 R2 从接口 1 收到数据后，同样是提取目的 IP 地址，查路由表获取数据的传递路径，并进行转发。由于路由器 R2 和主机 B 处于同一个以太网，R2 会直接将数据交付给主机 B，中间再经过其他路由器，因此这是直接交付。在这次传递过程中两个 IP 地址仍保持不变，此时源和目的 MAC 地址将是 R2 的接口 0 的 MAC 地址和主机 B 的 MAC 地址。

在上面的示例中，要注意几个关键点：

① 路由器的输入和输出接口的数据帧要重新封装和解封，因此入口和出口的帧是不完全相同的。

② 数据报中的 IP 地址始终不发生任何变化，所有的路由选择决策都是基于目的 IP 地址。

③ 每个数据链路层可能具有不同的数据帧首部，而且链路层的目的 MAC 地址始终指向下一个节点的 MAC 地址，MAC 地址通过地址解析协议 ARP 获得。

11.2   路由选择协议概述

在 TCP/IP 系统中，路由（Routing）是指在网络中选择一条用于传送 IP 数据报路径的过程。路由器是承担路由任务的网络设备。用于决策选路的信息称为路由信息（Routing Information），路由信息由路由表（Routing Table）提供，路由表可以经过路由协议计算得到或者由网络管理人员手工配置而来。

为了便于管理，因特网采用分层次的路由选择协议，将整个互联网划分为许多较小的自治系统（Autonomous system，AS），每个自治系统包括了处于一个机构管理下的若干网络和路由器。AS 通常由一个机构管辖，例如由某个 ISP 来控制或者属于某个网络公司，这些机构有权决定在该自治系统中使用何种路由协议。所有的 AS 都有统一编号的 16 比特代码，称为 AS 号。AS 的编号范围从 1 到 65 535，其中 1 到 65 411 是注册的互联网编号，65 412 到 65 535 是专用网络编号。AS 号由 ICANN 地区注册机构分配，因特网上每个 ISP 至少拥有一个唯一的 AS 号。

在 AS 内部使用的路由协议称为内部网关协议（Interior Gateway Protocol，IGP）或者内部路由协议，例如 RIP、OSPF 协议等。

AS 之间使用外部网关协议（External Gateway Protocol，EGP）或称为外部路由协议。目前使用最多的外部网关协议是 BGP4。

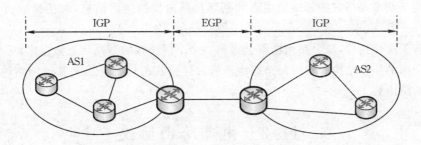

图 11-4　自治系统和内部网关协议、外部网关协议

　　路由器中的路由表可以由网络管理人员手动创建,由这种方式创建的路由表在网络运行时内容保持不变。如果网络的连接状态发生改变,需要管理人员手动对路由表进行修改。这种路由我们称之为静态路由。在小型的、变化缓慢的网络中,管理者可以用手工方式来建立和更改路由表。而在大型的、迅速变化的环境下,人工更新的办法让人不能接受,这就需要自动更新路由表的方法,即动态路由。所谓动态路由是指在网络拓扑发生改变时,能够动态、自适应地更新路由表,而不是由管理人员手动去修改。路由表的动态更新由动态路由协议实现。当前计算机网络中使用的动态路由协议包括:距离矢量协议和链路状态协议。目前在距离矢量协议中广泛使用的协议有路由信息协议 RIP(Route Information Protocol)和边界网关协议 BGP(Border Gate Protocol),链路状态协议中广泛使用的是开放最短路径优先协议 OSPF(Open Shortest Path First)。

　　在距离矢量协议中,每个路由器维护着一个一维数组(路由表),称之为矢量。在该路由表中包含着该路由器到网络中所有其他路由器的"距离"。在距离矢量协议中,"距离"的概念可用"跳数"来描述。一个路由器到与它直连的网络或路由器为 1 跳,每经过一台路由器,跳数加 1。跳数少的路由是最佳路由,因此会优先选择跳数少的路由。

　　在图 11-5 中,路由器 R3 直接和网络 C 相连,所以路由器 R3 到网络 C 的距离为 1。路由器 R2 通过 R3 和网络 C 相连,所以路由器 R2 到网络 C 的距离(跳数)为 2。同理,路由器 R1 到网络 C 的跳数为 3。

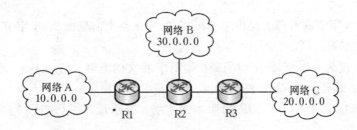

图 11-5　距离矢量协议中的跳数

　　每个路由器周期性地通过广播方式向它的邻接路由器发送含有跳数的路由信息。路由器在初始的时候只知道与它直连的网络的距离,但是通过相互之间发送路由信息,每个路由器很快就能得知到其他所有网络的距离。

　　在链路状态协议中,每个路由器向它的邻接路由器发送的不是矢量信息,而是链路状态信息。所谓链路状态是指它的邻接路由器和到邻接路由器的链路信息,包括类型、代价(cost)/度量(metric)等。

通过若干次交换后,每个路由器都会得到一个全网一致的链路状态数据库,这个数据库实际上就是全网的拓扑结构。然后每个路由器依靠链路状态信息计算到其他网络的最短路径,即建立它的路由表。

11.3   内部路由协议

11.3.1 路由信息协议 RIP

路由信息协议 RIP(Routing Information Protocol)是使用广泛的距离矢量协议,使用 Bellham-Ford 距离矢量算法计算路由,是在自治系统 AS 内部使用的内部网关协议。RIP 协议在实现原理上和配置方法上,都比较简单。RIP 协议比较适用于拓扑结构较为简单的网络,例如小型校园网和园区网等,不适用于复杂、大型的网络。

RIP 协议分两个版本,RIPv1 和 RIPv2。RIPv1 出现得较早,后来发现存在一些缺陷,例如不支持子网划分。RIPv2 在 RIPv1 的基础上增加了一些新的功能,例如支持子网路由、CIDR,支持多播(关于多播的概念将在第 12 章"多播技术"中介绍),并提供了验证机制。RIPv1 和 RIPv2 主要适用于 IPv4 网络,在 IPv6 中使用的路由信息协议称为 RIPng。

1. 报文结构

RIP 报文包含在 UDP 数据报中,如图 11-6 所示。关于 UDP 将在第 13 章"端到端传输控制"中详细介绍。图 11-6 是 RIPv1 和 RIPv2 的报文结构。

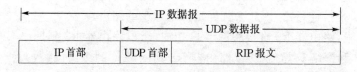

图 11-6 RIP 报文在 IP 数据报中的位置

RIP 报文由 4 字节的首部和路由部分组成,每一条路由信息由 20 个字节组成。RIP 报文各部分字段说明如下:

(1) 命令:长度为 1 字节,该字段用来指定 RIP 报文的类型。值为 1 表示该报文是 RIP 请求报文,为 2 表示该报文是 RIP 应答报文或 RIP 路由更新报文。

(2) 版本:长度为 1 字节。RIP 的版本号,为 1 表示版本 1(RIPv1),为 2 表示版本 2(RIPv2)。

(3) 地址族标识符(Address Family Identifier):长度为 2 字节,用于标识网络层的地址类型。RIP 报文可以使用几种不同的协议传送,使用该字段用于区分协议种类。如果采用 IP 地址,则此字段值为 2。

(4) 路由标记:用于区分路由信息来自自治系统 AS 内部还是外部。

(5) 网络地址:目标网络的地址。

(6) 子网掩码:为 0 时,说明不包括子网掩码。

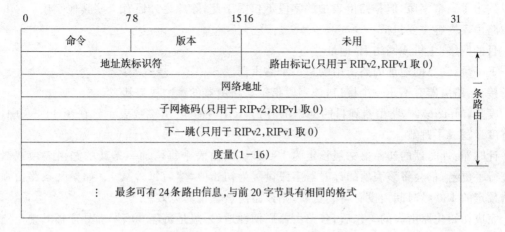

0	78	1516	31	
命令	版本	未用		
地址族标识符		路由标记(只用于 RIPv2,RIPv1 取 0)		一条路由
网络地址				
子网掩码(只用于 RIPv2,RIPv1 取 0)				
下一跳(只用于 RIPv2,RIPv1 取 0)				
度量(1−16)				
⋮ 最多可有 24 条路由信息,与前 20 字节具有相同的格式				

图 11-7 RIPv1 和 RIPv2 的报文结构

（7）下一跳：下一个转发 RIP 报文的路由器的地址。

（8）度量（Metric）：表示从主机到目的网络传送数据报过程中的整个代价。RIP 的度量用跳数（hops count）表示,每经过一台路由器,路径的跳数加 1。跳数越多,路径越长。RIP 协议认为跳数越少,路径越优。RIP 支持的最大跳数是 15,跳数为 16 的网络被认为不可达。

在 RIP 报文中,从地址族标识符字段到度量字段的 20 个字节用于表示一条路由信息,一个 RIP 报文最多可以包含 25 条路由信息。

2. RIP 协议的工作原理

在学习 RIP 协议的工作原理时,需要弄清楚三个关键问题：

① 路由器和谁交换信息？

② 交换的是什么内容？

③ 什么时候交换？

RIP 路由器刚启动时,首先对路由表进行初始化,初始化路由表只包含与本路由器直接相连的网络的路由。由于去往直接相连的网络不经过中间路由器,所以初始化的路由表中的各路由的距离均为 1。

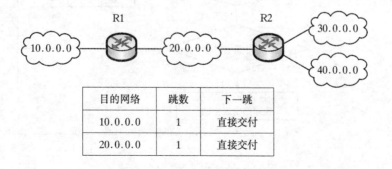

图 11-8 路由器 R1 的初始路由表

图 11-8 中的路由表是初始化路由表的一个示例。为了简化问题,在路由器 R1 的路由表

中只列出了三个字段,但是路由表中的字段不仅限于此,除此之外还有一些其他字段。RIP 协议中路由表内容主要包括:

目的网络:主机或网络 IP 地址。

下一跳:到目的地址的路由中的第一个路由器。

接口:路由器有不止一个接口,该字段指示从路由器的哪个接口转发。

度量(Metric):本路由器到目的网络的开销,RIP 中一般用跳数表示。在图 11-8 中,直接将度量写成了跳数。

计时器:计时器的初始值一般设定为 180 秒。路由表中每增加一条新的路由表项或对表项进行了更新,都会将该表项的计时器字段设置为初始值,然后每秒减 1。如果某条路由在计时器预定的 180 秒时间内没有得到更新,则该路由被标记为无效。

完成初始化路由表的工作后,各路由器周期性地(一般是每隔 30 秒)向外广播其整个路由表。与路由器直接相连的(位于同一物理网络)相邻路由器收到该路由器的路由更新报文后,通过运行距离矢量算法更新路由表。距离矢量算法具体描述如下:

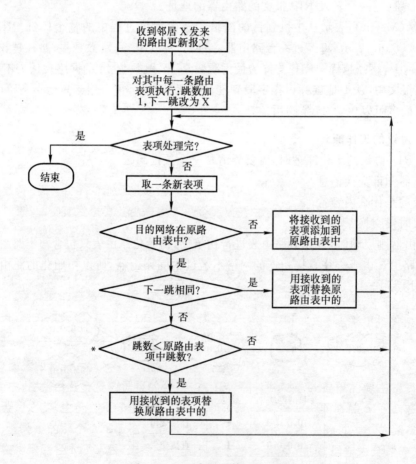

图 11-9　距离矢量算法流程图

注意流程图中标记 * 号一步的处理。在目的网络相同,下一跳不相同时,只有跳数小于原路由表中的跳数才进行路由表项的替换,当跳数相等时不做处理,为的是避免路由振荡。

RIP 协议的路由更新是通过定时广播实现的。路由器每隔 30 秒向与它直连的网络广播自己的路由表,接到广播的路由器将根据路由更新报文更新自己的路由表。每个路由器都如此广播,最终网络上所有的路由器都会得知全部的路由信息。

如果某路由表项经过 180 秒,没有得到确认,路由器就认为该路由表项失效。如果经过 270 秒,路由表项仍然没有得到确认,路由器就将该表项从路由表中删除。

通过上面的介绍,现在对本小节开始提出的三个问题有了明确的答案:

① 路由器是和自己相邻的路由器交换信息。

② 交换的是自己的整个路由表。

③ RIP 协议每隔 30 秒交换路由信息。

3. 路由更新示例

【例 11-1】有如图 11-10 所示的网络连接示意图,网络中共有 5 个路由器,分别为 R1、R2、R3、R4 和 R5,在每个路由器上都启动了 RIP 协议。试求当网络达到稳定状态时路由器 R3 的路由表内容。

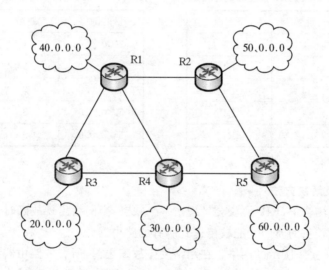

图 11-10　网络连接示意图

步骤一:建立初始路由表

在初始状态下,每个路由器自动创建初始的路由表,在初始的路由表中只包含与它直连的网络。路由器 R3 与 20.0.0.0 网络直连,因此 R3 的初始路由表只包含一个表项:

表 11-1　路由器 R3 的初始路由表

目的网络	跳数	下一跳
20.0.0.0	1	直接交付

步骤二:从邻居接收 RIP 更新报文,依此对自己原有的路由表进行更新。

在 RIP 协议中,一个路由器的邻居是指这样的路由器:它可以直接将 IP 数据报转发给自己,而不需要任何中间路由器进行转发。所以路由器 R3 的邻居为路由器 R4 和 R1。它能够接收到来自这两个邻居路由器发来的各自的路由表,并根据距离矢量算法更新自己的路由表。

假设在网络运行的某一时刻,路由器 R4 和 R1 的路由表如表 11-2 和表 11-3 所示,并且路由器 R3 先后收到了来自路由器 R4 和 R1 的 RIP 报文。

表 11-2　R4 的路由表

目的网络	跳数	下一跳
30.0.0.0	1	直接交付
40.0.0.0	2	R1
50.0.0.0	3	R1
60.0.0.0	2	R5

表 11-3　R1 的路由表

目的网络	跳数	下一跳
30.0.0.0	2	R4
40.0.0.0	1	直接交付
50.0.0.0	2	R2
60.0.0.0	3	R2

路由器 R3 在接收到来自 R4 和 R1 的 RIP 报文后,根据距离矢量算法更新自己的路由表。表 11-4 是路由器 R3 接收到 R4 的 RIP 报文后的更新结果,表 11-5 是接收到 R1 的 RIP 报文后的更新结果。

表 11-4　R3 收到 R4 的 RIP 报文后的路由表

目的网络	跳数	下一跳
20.0.0.0	1	直接交付
30.0.0.0	2	R4
40.0.0.0	3	R4
50.0.0.0	4	R4
60.0.0.0	3	R4

表 11-5　R3 收到 R1 的 RIP 报文后的路由表

目的网络	跳数	下一跳
20.0.0.0	1	直接交付
30.0.0.0	2	R4
40.0.0.0	2	R1
50.0.0.0	3	R1
60.0.0.0	3	R4

4. 路由回路及解决方法

在一种特定的场合下,RIP 协议会呈现出一个缺点:当网络出现故障时,会产生路由回路,故障信息要经过比较长的时间才能被传送到所有的路由器。

例如有如图 11-11 所示的网络。在网络发生故障之前,所有的路由器都具有正确一致的路由表,路由是收敛的。路由器 R2 与网络 20.0.0.0 直连,跳数为 1;路由器 R1 经过路由器 R2 到达网络 20.0.0.0,跳数为 2。但是如果在某一时刻网络 20.0.0.0 发生故障,路由器 R2 无法到达直连的网络 20.0.0.0,此时,就可能会在路由器之间产生路由回路。

(1) 当网络 20.0.0.0 发生故障时,路由器 R2 最先收到故障信息,把网络 20.0.0.0 设为不可达(跳数为 16),并等待更新周期到来将这一路由变化通知给相邻路由器 R1。但是,如果 R2 在发现网络故障的前一刻,刚到达它的 30 秒的更新周期,这就意味着 R2 要等待差不多 30 秒的时间才可以将网络故障的坏消息通告出去。如果 R1 的路由更新周期在路由器 R2 之前到来,那么 R2 就会从 R1 那里学习到去往 20.0.0.0 的新路由。这样 R2 的路由表中就记录了一条错误路由:经过路由器 R1,可去往网络 20.0.0.0,跳数为 3。

(2) R2 学习了一条错误信息后,它会把这样的路由信息再次通告给 R1,根据通告原则,R1 也会更新这样一条错误路由信息,认为可以通过 R2 去往网络 2.0.0.0,跳数增加到 4。

(3) R1 会再次把错误的路由信息通告给路由器 R2,R2 也会更新这条错误路由信息:认为可以通过 R1 去往网络 2.0.0.0,跳数增加到 5。

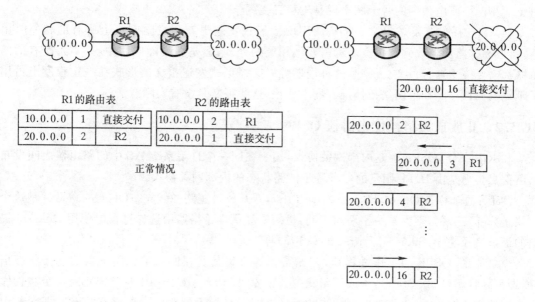

图 11-11　RIP 中的路由回路

这种错误的路由更新可能要一直持续到路由器 R1 和 R2 到网络 20.0.0.0 的距离增大到 16,才能知道网络 20.0.0.0 是不可到达的。在这个示例中,R1 认为可以通过 R2 到达网络 20.0.0.0,而 R2 则认为可以通过 R1 去往网络 20.0.0.0,形成了路由回路。

为了避免路由回路的产生,RIP 等距离矢量算法采用了下面 4 个机制:

(1) 水平分割(Split Horizon):保证路由器记住每一条路由信息的来源,并且不在收到这条信息的接口上再次发送它。这是保证不产生路由循环的最基本措施。

(2) 毒性逆转(Poison Reverse):当一条路由信息变为无效之后,路由器并不立即将其从路由表中删除,而是将该路由表项的度量(跳数)置为 16,并将它广播出去。

(3) 触发更新(Triggered Update):当路由表发生变化时,更新报文立即广播给相邻的所有路由器,而不是等待 30 秒更新周期的到来。同样,当一个路由器刚启动 RIP 时,它广播请求报文。收到此广播的相邻路由器立即应答一个更新报文,而不必等到下一个更新周期。这样,网络拓扑的变化会更快地在网络上传播开,减少了路由循环产生的可能性。

(4) 抑制计时(Hold-down Timer):一条路由信息无效之后,一段时间内这条路由都处于抑制状态,即在一定时间内不再接收关于同一目的地址的路由更新。

5. RIP 协议的特点

(1) 跳数的限制。RIP 协议中用于度量到目的网络的开销的参数为跳数,即到达目的网络所要经过的路由器个数。在 RIP 路由协议中,该参数被限制为最大 15,当跳数是 16 时被认为是不可到达。最大跳数的设定限制了 RIP 协议在大型网络中的使用。

(2) 不支持变长子网掩码 VLSM。这也是 RIP 路由协议不适用于大型网络的一个原因。

(3) 路由收敛较慢。RIP 路由协议周期性地将整个路由表作为路由信息广播至网络中,该广播周期为 30 秒。在一个规模较大的网络中,RIP 协议会产生大量的广播信息,占用较多的网络带宽资源;并且由于 RIP 协议 30 秒的广播周期,影响了 RIP 路由协议的收敛。另外 RIP 协议在处理网络故障时,其收敛速度也很缓慢,通常要耗时 4～8 分钟甚至更长的时间,这对于大型网络或电信网的骨干网来说是不可忍受的。

（4）以广播方式发送报文。RIP 使用广播形式发送更新报文给网络上所有的相邻路由器，所以相邻路由器收到此报文后都需要做相应的处理，但是在实际应用中，并不是所有的路由器都需要接受这种报文。因此，这种周期性以广播形式发送报文的形式在一定程度上占用了带宽资源；另外，如果网络拓扑没有发生变化，这些报文是没有实际意义的。

11.3.2　开放最短路径优先协议 OSPF

和 RIP 一样，OSPF 也是内部网关协议，用于在同一个自治系统 AS 中的路由器之间发布路由信息。它是由 IETF 制定的一种基于链路状态的内部网关协议。

OSPF 的全称是 Open Shortest Path First，即开放最短路径优先。Open 的意思就是这个协议是公开发表的，不受某一家厂商控制，最短路径优先是指路由选择过程中使用 Dijkstra 提出的最短路径优先（Shortest Path First，SPF）算法。

简单地说，OSPF 的工作过程是，首先路由器收集其所在网络上各路由器的连接状态信息，即链路状态（Link-State），生成链路状态数据库（Link-State DataBase，LSDB），这个数据库是全网的拓扑结构图，并且是全网同步的。所谓同步是指不同路由器的链路状态数据库的内容是完全一样的。然后每个路由器在 LSDB 上以自己为根运行最短路径优先算法 SPF，计算出到达任意目的网络的路由，从而产生各自不同的路由表。

图 11-12(a)是网络的拓扑结构，每一个路由器都以链路状态数据库 LSDB 的形式保存着网络的拓扑结构。图 11-12(c)是路由器 R1 运行 SPF 算法得到的到网络中其他节点的最短路径，最短路径信息以路由表的形式存在。

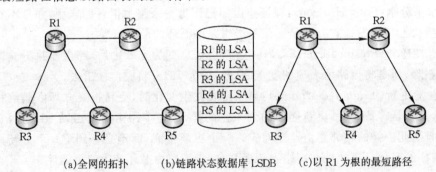

(a)全网的拓扑　　(b)链路状态数据库 LSDB　　(c)以 R1 为根的最短路径

图 11-12　链路状态数据库和最短路径

链路状态数据库 LSDB 中包含了网络中其他路由器的链路状态通告（Link State Advertisement，LSA）。LSA 中包含的内容有：和哪些路由器相邻以及链路度量（成本）等信息。在 OSPF 协议中，度量的依据可以是带宽、延迟、跳数、负载、MTU、开销和可靠性等，它是路由算法用来判定路由好坏的尺度。

OSPF 协议在目前应用的路由协议中占有相当重要的地位，具有以下优点：

（1）支持大型网络。不像 RIP 协议，OSPF 不受跳数的限制，因此适合应用于大型网络中，例如运行于拥有 100～200 台路由器的网络中。

（2）收敛速度快。路由收敛快慢是衡量路由协议的一个关键指标。OSPF 是一种链路状态的路由协议，当网络比较稳定时，网络中的路由信息是比较少的。OSPF 协议支持分层路由的概念,将网络划分为若干区域(Area),每个区域内的 OSPF 路由器只保存该区域的链路状态。划分区域可以减少路由表,提高路由器的运算速度。因此 OSPF 协议在大型网络中也能够较快地收敛。

OSPF 协议在刚开始工作时,通过相互间交换信息学习到整个网络的拓扑结构,并根据拓扑计算出路由表。只要网络拓扑不发生改变,路由表就不会发生变化。当网络拓扑发生改变时,例如有新的路由器加入或者网络发生故障,才会通知其他路由器发生变化的部分。接到通告的路由器除了继续传递该通告外,还会根据自己的路由信息重新计算发生变化的路由。重新计算的速度很快,网络会在极短的时间内收敛。

(3) 支持变长子网掩码 VLSM。RIP 协议不支持 VLSM,但是 OSPF 支持 VLSM。由于 OSPF 传播的路由包含有目的网络和掩码两部分,所以同一个网络内的不同子网可以有不同长度的变长子网掩码,数据报按最长前缀匹配的路由转发。

(4) 无路由回路。OSPF 采用 SPF 算法,从算法本身避免了回路的产生。计算的结果是一棵树,从根节点到叶节点是单向不可回转的路径。

(5) 对负载分担的支持性能较好。OSPF 路由协议支持多条代价相同的链路上的负载分担,如果到同一个目的地址有多条路径,而且代价都是相等的,那么可以将这多条路由显示在路由表中。目前一些厂家的路由器支持 6 条链路的负载分担。

(6) 以多播地址发送报文。OSPF 使用多播地址 224.0.0.5 发送包含链路状态的报文,运行 OSPF 协议的路由器接收发送来的报文。

1. OSPF 报文

OSPF 报文直接封装在 IP 报文中,协议号为 89。一个比较完整的 OSPF 报文结构如图 11-13 所示。

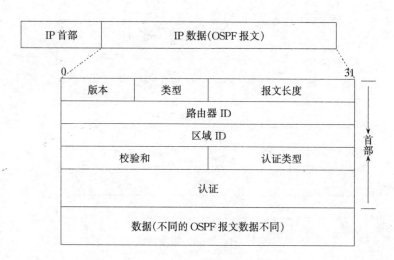

图 11-13　OSPF 报文格式

OSPF 报文的首部长度为 24 个字节,包含 8 个字段:

(1) 版本:占 1 个字节,指明 OSPF 的版本。对于 OSPFv2 来说,其值为 2。

(2) 类型:占 1 个字节,定义 OSPF 报文的类型。类型字段共有 5 种取值(1~5),对应 OSPF 的 5 种报文类型:问候分组、数据库描述分组、链路状态请求分组、链路状态更新分组和链路状态应答分组。这5种分组在链路状态数据库的建立和维护中担负着不同的作用。

（3）报文长度：占2个字节，指示OSPF报文的总长度，单位为字节。

（4）路由器ID(Router ID)：长度为4字节的无符号整数，是路由器的标识。一般情况下，将路由器的所有物理接口上配置的最大的IP地址作为该路由器的ID。路由器ID在整个自治系统AS内唯一。

（5）区域ID：长度为4字节，规定了一个32位的数字用于识别该区域。

（6）校验和：长度为2字节，是对整个报文的校验，验证报文的有效性。

（7）认证类型：长度为2字节，定义OSPF认证类型，取值为0或1。如果值为0，说明没有进行认证；值为1，表明采用简单口令认证。

（8）认证：长度为8字节，包含了OSPF认证信息，其数值根据认证类型而定。该字段是为了防止假冒的路由器发布虚假的LSA。

2. OSPF报文的不同类型

根据OSPF报文中类型字段的不同，可以将OSPF报文细分为5种不同类型的报文：

（1）问候分组：问候分组(Hello报文)用于发现及维持邻居关系，选举指定路由器(Designated Router,DR)和备份指定路由器(Backup Designated Router,BDR)。DR和BDR的作用是当几台路由器工作在同一网段时，可以减少网络中路由信息的交换数量。DR和BDR的概念只存在于广播型多路访问网络和非广播型多路访问网络中，点到点链路不需要选举DR和BDR。关于这几种网络的具体内容，在本书中将不详细展开，读者可以参考其他网络资料。

问候分组是周期性地（例如每隔10秒）定时发送，内容包括一些定时器的数值、DR、BDR以及自己已知的邻居路由器。问候分组的报文格式如图11-14所示。

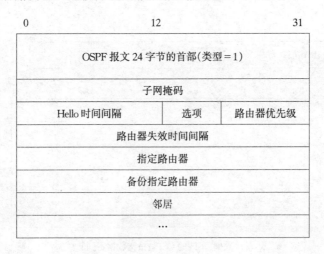

图11-14　Hello报文格式

在问候分组中，OSPF报文首部的类型字段值为1。其他主要字段解释如下：

① 子网掩码：发送Hello报文的接口所在网络的掩码，如果相邻两台路由器的子网掩码不同，则不能建立邻接(Adjacency)关系。

② Hello时间间隔：发送Hello报文的时间间隔。如果相邻两台路由器的时间间隔不同，则不能建立邻接关系。

③ 路由器优先级：通过交换问候分组，路由器能够了解邻接路由器的优先级和路由器 ID 的大小，从而选出 DR 和 BDR。如果优先级设置为 0，则该路由器接口不能成为 DR 或 BDR。DR 和 BDR 选举出后，会出现在问候分组中。

④ 路由器失效时间间隔：如果在此时间内未收到邻居路由器发来的 Hello 报文，则认为邻居关系失效。

⑤ 指定路由器（Designated Router）：选举出的 DR 的接口 IP 地址。

⑥ 备份指定路由器（Backup Designated Router）：选举出的 BDR 的接口 IP 地址。

⑦ 邻居：邻居路由器的路由器 ID。路由器会把 Hello 报文发送给它的邻居路由器。

注意：OSPF 中的邻居关系和邻接关系是不同的概念。两个路由器之间是邻居关系，是指这两个路由器之间有物理的连接。邻居路由器之间不一定存在邻接关系，例如以太网属于广播型多路访问网络，以太网中的路由器只和指定路由器 DR 和备份指定路由器 BDR 保持邻接关系，发送链路状态信息，其他路由器之间即便物理上相连，不是邻接关系，也不发送链路状态信息。OSPF 协议规定只有存在邻接关系的路由器之间才可以交换链路状态信息。

（2）数据库描述分组：数据库描述分组（Database Description Packet）也简称为 DD 报文，用于描述链路状态数据库的摘要，该数据报仅在 OSPF 初始化时发送，用于初始化它们的链路状态数据库。一对邻接的路由器之间会相互发送数据库描述分组。在交换过程中，一个路由器作为主（Master），另一个作为从（Slave）。从路由器通过发送响应报文对数据库描述分组进行确认。

数据库描述分组的内容包括链路状态数据库 LSDB 中每一条 LSA 的首部信息。由于 LSA 的首部可以唯一标识一条 LSA，接收端路由器根据 LSA 首部就可以判断出是否已有这条 LSA。由于 LSA 的首部只占 LSA 的一小部分，所以可以减少路由器之间的报文流量。

数据库描述分组格式如图 11 - 15 所示：

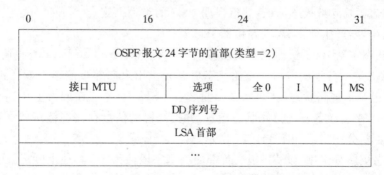

图 11 - 15　DD 报文格式

在数据库描述分组中，OSPF 报文首部的类型字段值为 2。其他主要字段解释如下：

① 接口 MTU：长度为 2 字节。规定了此接口可发出的最大 IP 数据报长度。

② I：占 1 比特。I 位指的是报文的序号，当发送连续多个 DD 报文时，第一个 DD 报文置为 1，其余置为 0。

③ M：占 1 比特。M 位指的是是否还有报文发送，当连续发送多个 DD 报文时，如果是最后一个 DD 报文，则置为 0，否则置为 1，表示后面还有其他的 DD 报文。

④ MS：占 1 比特。MS 位用来指示发送路由器是主路由器还是从路由器。当两台 OSPF

路由器交换 DD 报文时,首先需要确定双方的主(Master)从(Slave)关系,路由器 ID 大的一方会成为主路由器。当值为 1 时表示发送方为 Master,值为 0 表示是从路由器。

⑤ DD 序列号:数据库描述分组的序列号,OSPF 协议利用序列号保证数据库描述分组传输的可靠性和完整性。

(3) 链路状态请求分组:链路状态请求分组(Link State Request Packet)也简称为 LSR 报文,用于向邻接的 OSPF 路由器请求部分或全部的 LSA。在链路状态请求分组中,OSPF 报文首部的类型字段值为 3。

两台路由器互相交换过数据库描述分组之后,知道对方有哪些 LSA 是本地的链路状态数据库所缺少的,这时需要发送 LSR 报文向对方请求所需的 LSA。LSR 报文格式如图 11-16 所示。

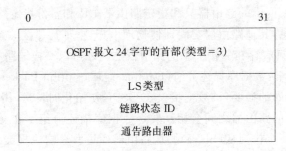

图 11-16 LSR 报文格式

在链路状态请求分组中,OSPF 报文首部的类型字段值为 3。其他主要字段解释如下:

① LS 类型:链路类型,指示 LSA 的类型号。LSA 的类型分为 7 种,例如类型 1 表示路由器 LSA,所有运行 OSPF 协议的路由器都会产生路由器 LSA。

② 链路状态 ID:链路状态标识,其值根据 LSA 的类型而定。

③ 通告路由器:产生此 LSA 的路由器 ID。

(4) 链路状态更新分组:链路状态更新分组(Link State Update Packet)也简称为 LSU 报文,是对链路状态请求分组的响应。链路状态更新分组用来向邻接路由器发送链路状态通告 LSA。LSA 中记录了链路状态的信息,必须封装在 LSU 中,才能在网络上传递。OSPF 路由器之间使用 LSA 来交换各自的链路状态信息,并把获得的信息存储在链路状态数据库 LSDB 中。链路状态更新分组格式如图 11-17 所示。

在链路状态更新分组中,OSPF 报文首部的类型字段值为 4。其他主要字段解释如下:

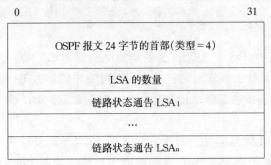

图 11-17 LSU 报文格式

① LSA 的数量:该链路状态分组中包含的 LSA 的数量。

② 链路状态通告 LSA:一个链路状态更新分组携带的 LSA 数量。

(5) 链路状态确认分组:链路状态确认分组(Link State Acknowledgment Packet)也简称为 LSAck 报文,是对链路状态更新分组的响应。

LSAck 报文用来对接收到的链路状态更新分组进行确认,内容是需要确认的 LSA 的首部信息。一个 LSAck 报文可对多个 LSA 进行确认。报文格式如图 11-18 所示。

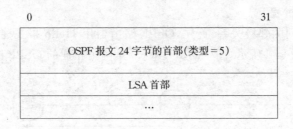

图 11-18 LSAck 报文格式

3. 链路状态通告 LSA 首部格式

链路状态通告 LSA 包含邻接关系和链路成本信息,通过链路状态更新分组向邻接的路由器发送。LSA 被用来维护链路状态数据库 LSDB。路由器在两种场合下需要发送 LSA:一种是每个路由器周期性地发送 LSA,另一种情况是路由器在发现链路状态发生改变时发出 LSA,及时通告链路状态的变化。所有 LSA 的首部格式相同,如图 11-19 所示。

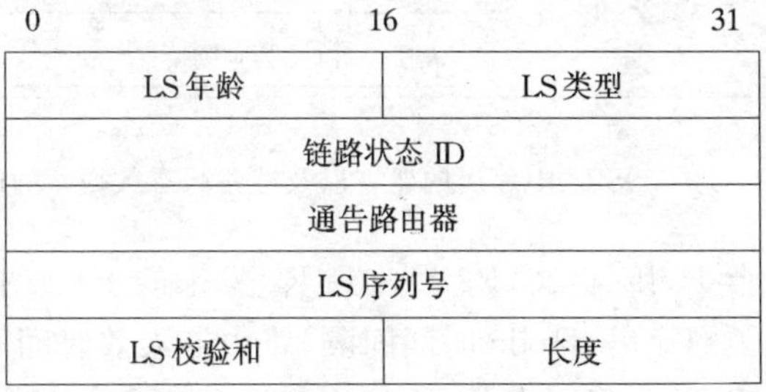

图 11-19 LSA 的首部格式

主要字段的解释如下:

(1) LS 年龄:长为 2 字节。即 LSA 产生后所经过的时间,以秒为单位。LS 年龄字段初始化为 0,每秒加 1,当达到一个预定义的最大值时,进行适当的处理并被清除掉。

(2) LS 类型:长为 2 字节,指示 LSA 的类型。LSA 共有 7 种不同的类型,对应的 LS 类型字段取值分别是 1~7。类型 1 的 LSA 是最基本的 LSA 类型,也称路由器 LSA(router LSA),所有运行 OSPF 的路由器都会生成这种 LSA,用于在路由器之间通告链路、接口和开销,但只能在本区域内传递;类型 2 的 LSA 称为网络 LSA(Network LSA),由区域内的 DR 或 BDR 产生,报文内容包括区域内所有路由器的链路状态和开销的总和。网络 LSA 也只在区域内部进行传递。类型 3~7 的 LSA 分别为:网络汇总 LSA、ASBR 汇总 LSA、自治系统 LSA、分组成员 LSA、NSSA 区域外部 LSA。

（3）链路状态 ID：长为 4 字节，其值根据 LSA 的类型而定。

（4）通告路由器：长度为 4 字节，产生此 LSA 的路由器 ID。

（5）LS 序列号：长度为 4 字节，路由器每发送一个新的 LSA，其序列号增 1。该字段可用于判断哪个 LSA 最新，是否是重复的 LSA。

（6）LS 校验和：长度为 2 字节，除了 LS 年龄字段外的 LSA 信息的校验和。

（7）长度：包括 LSA 首部在内的 LSA 的总长度，以字节为单位。

4. OSPF 的工作过程

（1）建立路由器间的邻接关系：首先，OSPF 路由器用 Hello 报文建立邻居关系。邻居关系的建立过程如图 11-20 所示，图中的 R1 和 R2 是两个相连的 OSPF 路由器。

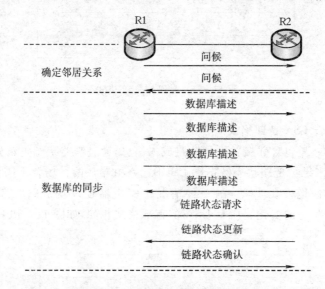

图 11-20　OSPF 中邻居的建立以及链路状态数据库的同步

R1 启动之后发送一个 Hello 报文，R2 接收到 R1 发来的 Hello 报文后，检查其中的参数是否与自己的相同，例如子网掩码、Hello 时间间隔、路由器失效时间间隔等，如果相同，R2 也向 R1 发送一个 Hello 报文，并且将路由器 R1 加入到该 Hello 报文的邻居字段中。R1 接收到 R2 的 Hello 报文后，知道 R2 已经接收到了自己的 Hello 报文，于是将 R2 加入到自己的邻居表中。这样 R1 和 R2 之间就建立起邻居关系。确定了邻居关系的路由器要把邻居路由器记录到邻居表中。OSPF 路由器之间每隔一个 Hello 时间间隔就相互交换 Hello 报文，如果经过 4 个 Hello 时间间隔没有收到邻居路由器的 Hello 报文，就认为邻居不可达，于是在自己的邻居表中删除该邻居关系，并且在发送的 Hello 报文的邻居字段中也删除该邻居关系。

在点到点链路中邻居路由器就是邻接路由器，在广播型多路访问网络（如以太网、802.11 无线局域网）和非广播型多路访问网络（如帧中继、ATM）中，必须指定 DR 和 BDR，网络中的路由器只能和 DR、BDR 建立邻接关系，这样做的目的是为了防止过多的广播。邻接路由器之间可以相互发送数据库描述分组、链路状态请求分组、链路状态更新分组和链路状态确认分组。

（2）建立同步的链路状态数据库：在建立起邻接关系后，会相互之间发送数据库描述分组。这里仅考虑 R2 向 R1 发送数据库描述分组,在数据库描述分组中包含 R2 的链路状态数据库中 LSA 的首部信息。R1 在得到这些信息后,就可以判断在 R1 的链路状态数据库中有哪些 LSA 是自己需要的,过程具体如下:

当 R1 收到数据库描述分组后,与自己本地 LSA 中的首部信息进行比较,如果发现不同,则向 R2 发送请求,即链路状态请求分组,请求对方发送完整的 LSA。

R2 收到链路状态请求分组后,发送链路状态更新分组,最后由 R1 发送链路状态确认分组。

每台路由器都在初始化的时候通过这种方式和邻接路由器交换链路状态,经过若干次交换后,每台路由器可以很快获得全网范围内同步的链路状态数据库,即达到了收敛状态。此时,邻接路由器之间建立起完全邻接(Full Adjacency)关系。

(3) 计算路由:建立起同步的链路状态数据库后,路由器将采用 SPF 算法计算并创建路由表。每个 OSPF 路由器依据各自的链路状态数据库 LSDB 的内容,以自己为树根,独立地用 SPF 算法计算出到每一个目的网络的路径,并将路径存入路由表中。

OSPF 利用开销计算目的路径,开销最小者即为最短路径。一般可以选择链路带宽、时延或经济上的费用作为链路开销的衡量指标。开销越小,则该链路被选为路由的可能性越大。

(4) 链路状态变化时的更新:当网络通过相互之间交换 OSPF 报文建立好链路状态数据库 LSDB 后,达到一种稳定状态。此时 OSPF 在网络上只传递问候分组。每两个相邻路由器一般每隔 10 秒交换一次 Hello 报文,如果 40 秒还没有收到邻居路由器发来的 Hello 报文,则认为该邻居不可到达,链路状态发生变化,要重新修改链路状态数据库 LSDB。链路状态的变化可能是由于链路上开销的变化或者网络拓扑的变化所致。

当链路状态发生变化时,OSPF 通过洪泛(Flooding)的方式及时将网络的变化通告给网络上其他路由器。检测到变化的路由器构造链路状态更新分组,通过多播地址 224.0.0.5 传送给所有的邻接路由器,接收到链路状态更新分组的路由器,更新自己的链路状态数据库,并用 SPF 算法重新计算路由表,同时将该报文转发给其他的邻接路由器。洪泛的方式保证了在链路状态发生改变的情况下路由能够比较快地收敛。值得注意的是,在链路状态没有发生改变的情况下,OSPF 路由信息也将自动更新,默认时间为 30 分钟。

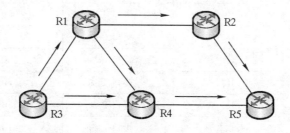

图 11-21 OSPF 通过洪泛发送链路状态更新分组

【例 11-2】 有如图 11-22 所示的网络拓扑,网络中共有 5 个路由器,图中标注出了每个路由器的接口编号和每条链路的代价,每个路由器都开启了 OSPF 协议,试求当路由收敛时路由器 R1 的路由表。

【解】 在本例中,每个路由器之间都是点到点的连接,所以不存在选举 DR、BDR 的问题,

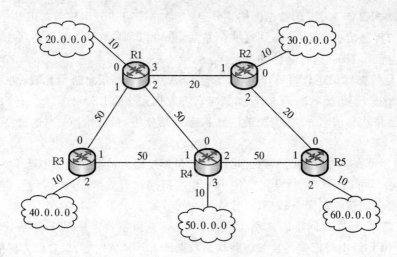

图 11-22 网络的拓扑

邻居路由器之间也是邻接关系。当路由器启动 OSPF 协议后,首先发送 Hello 报文建立邻居关系,然后通过邻接路由器之间相互发送 DD 报文、LSR 报文、LSU 报文和 LSAck 报文建立全网同步的链路状态数据库。本例中的 LSDB 内容如表 11-6 所示:

表 11-6 同步的链路状态数据库 LSDB

	R2	接口 3	20
R1	R3	接口 1	50
	R4	接口 2	50
	20.0.0.0	接口 0	10
	R1	接口 1	20
R2	R5	接口 2	20
	30.0.0.0	接口 0	10
	R1	接口 0	50
R3	R4	接口 1	50
	40.0.0.0	接口 2	10
	R1	接口 0	50
R4	R3	接口 1	50
	R5	接口 2	50
	50.0.0.0	接口 2	10
	R2	接口 0	20
R5	R4	接口 1	50
	60.0.0.0	接口 2	10

获得全网同步的 LSDB 后,每个路由器以自己为根,采用 SPF 算法计算到各网络和其他路由器的最短路径。

首先,路由器 R1 认定自己为根节点,并初始化到网络和其他路由器的代价:

$$COST(v) \begin{cases} cost(R1,v) & \text{若节点 v 与 R1 直接相连} \\ \text{无穷大} & \text{若节点 v 与 R1 不直接相连} \end{cases}$$

然后,路由器 R1 找出到自己代价最小的节点,记为 w,将该节点添加到树中,并对剩余的节点重新计算到根节点 R1 的代价:

$$COST(v) = min\{COST(v), COST(w) + cost(w,v)\}$$

重复上述步骤,直到所有的节点都加入到以 R1 为根的最短路径树中。最终以 R1 为根的最短路径树如图 11-23 所示:

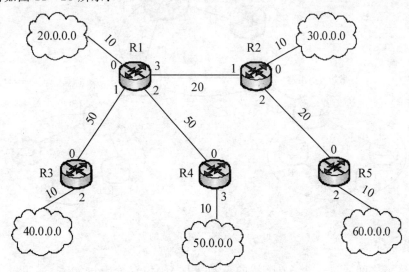

图 11-23　以 R1 为根的最短路径树

路由器 R1 以最短路径树和邻居表为依据,计算出路由表,如表 11-7 所示:

表 11-7　R1 的路由表

目的网络	代价	下一跳	接口
20.0.0.0	10	直接交付	0
30.0.0.0	30	R2	3
40.0.0.0	60	R3	1
50.0.0.0	60	R4	2
60.0.0.0	50	R2	3

5. OSPF 中的区域

和 RIP 协议相比,OSPF 的优点之一是可以支持大规模网络,然而支持大规模网络却是一件非常复杂的事情。首先,在大型网络中存在数量众多的路由器,会生成很多 LSA,链路状态数据库 LSDB 会变得非常庞大;其次,OSPF 采用 SPF 算法会消耗许多 CPU 资源。当设备出现故障或网络拓扑发生变化时,将给网络带来灾难。

"分而治之"的方法可以将全局的、大且复杂的问题分割成局部的问题,缩小问题范围,简化问题的难度,便于问题的实现,这种思想在我们的生活中随处可见,例如在 TCP/IP 体系结构中将协议按层次进行划分。OSPF 协议在设计上也采用了"分而治之"的思想。OSPF 采用层次结构的划分,将一个自治系统 AS 分成若干个更小的范围,称为区域(Area)。一个区域内的路由器之间相互交换链路状态信息,而对同一个 AS 内的其他区域隐藏本区域内的链路状态信息,即拓扑结构。这样的分层次管理可以减少路由信息的流量,简化路由表的计算。

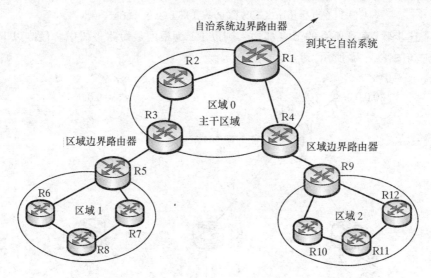

图 11 - 24　OSPF 中区域的划分

不同的区域之间通过一个 32 比特的整数来区分,用点分十进制表示,叫做区域标识符(Area ID)。OSPF 中的区域分为主干区域(Backbone Area)和非主干区域,主干区域也称为区域 0(Area 0)。每一个 AS 必须有主干区域,标识符为 0.0.0.0。每一个区域内部的路由器只需知道本区域内部的网络拓扑。

在 OSPF 中,区域 0 必须位于所有区域的中心,其余所有区域必须与区域 0 直接相连。当一个区域的路由信息对外广播时,其路由信息是先传递至区域 0,再由区域 0 将该路由信息向非主干区域广播。

当 OSPF 用洪泛交换链路状态信息的时候,洪泛只发生在本区域内,而不会扩散到自治系统的其他区域。这保证了收敛不在自治系统 AS 的所有路由器上发生,而只发生在受影响的区域中。这既加速了收敛又增加了网络的稳定性。

OSPF 将自治系统 AS 进行区域划分后,方便了网络的层次化管理,同时也产生了 4 种不同角色的路由器,分别是:内部路由器、区域边界路由器、自治系统边界路由器和主干路由器。

(1)内部路由器:当一个 OSPF 路由器上任何与其直联的链路都处于同一个区域时,称之为内部路由器。图 11 - 24 中,路由器 R6~R8,R10~R12 为内部路由器。任何一个内部路由器只知道本区域的完整网络拓扑,不知道其他区域的网络拓扑。内部路由器直接和本区域中的其他路由器交换链路状态信息,这些路由器包括本区域内的每一个内部路由器和区域边界路由器。

(2)区域边界路由器(Area Border Router,ABR):如果一个路由器和不止一个区域相连,则称之为区域边界路由器。图 11 - 24 中,R3~R5 为区域边界路由器,区域边界路由器有着与其相连的每一个区域的链路状态数据库,和相连的每个区域交换链路状态信息,并且知道如何将区域的链路状态信息广播至主干区域。

一个区域内的路由信息对该区域外的路由器是不可见的。例如在图 11－24 中,区域 0 中的路由信息不能传递到区域 1,区域 1 中的路由信息也不能传递到区域 0。但是在区域边界路由器中存在区域 0 和区域 1 的路由表。

区域边界路由器汇总了与其相连的所有区域中的路由。区域边界路由器使用类型 3 的 LSA,即网络汇总 LSA(Net Summary LSA)与其他区域中的区域边界路由器相互交换链路状态信息。

(3) 自治系统边界路由器(Autonomous System Border Router,ASBR):和本自治系统外部的路由器互相交换路由信息的路由器,该路由器在自治系统内部广播其所得到的自治系统外部的路由信息。图 11－24 中,R1 是自治系统边界路由器。

AS 与 AS 之间的路由学习是通过自治系统边界路由器来完成的。在 ASBR 上生成的 LSA 是第 5 类 LSA,即自治系统外部 LSA(AS External LSA),它会传送到 AS 内所有的区域。

(4) 主干路由器:在主干区域内的路由器叫主干路由器,图 11－24 中,R1～R4 是主干路由器。主干路由器负责维护主干拓扑信息,并且为自治系统 AS 中的每个其他区域传播汇总的拓扑信息。

由于有了区域的划分,OSPF 路由器不需要知道全网络的拓扑结构,从而降低了网络中的数据流量,简化了路由的计算。对于一个跨区域和自治系统的 IP 数据报的传递,一般的处理过程如下:在区域内部,首先将报文路由到区域边界路由器,由于区域边界路由器和主干区域相连,所以通过主干区域内的自治系统边界路由器传递到下一个自治系统 AS,直到传递到位于目的区域的区域边界路由器为止,最后通过区域内部的路由,将报文传递到目的地址。

在 10.2.3 节“无类域间路由 CIDR”中已经介绍了路由聚合的概念。在 OSPF 协议中的区域边界路由器采用了路由聚合的办法来减少路由的计算。例如,假设图 11－24 中的区域 1 存在 211.0.1.0/24、211.0.2.0/24、211.0.3.0/24,211.0.4.0/24 四个局域网,而区域 1 中的区域边界路由器向区域 0 通告的时候只需通告 211.0.0.0/16 到区域 0,也就是说可以通过路由聚合进行通告。这样做的好处是可以减少路由表中的路由表项,并且当区域 1 中无论发生什么变化,对于聚合后的路由没有任何影响。也就是说,无论区域 1 发生什么变化也不会影响区域 0。

11.4　外部路由协议

外部路由协议是用于连接自治系统 AS 的协议,是一种在自治系统 AS 的相邻两个路由器间交换路由信息的协议,是一种在因特网服务提供商 ISP 之间使用的协议。边界网关协议 BGP(Border Gateway Protocol)是目前 IP 网络中应用广泛的外部路由协议,目前协议版本号是 4,即 BGP4。BGP4 最早在 1995 年由 RFC1771 描述,在 2006 年发布了 BGP 的最新文档 RFC4271。BGP4 支持 VLSM、CIDR 和路由聚合,是一个比较完善的外部网关协议。

和 RIP、OSPF 协议不同,BGP 在自治系统 AS 之间交换关于网络的可达信息,可达信息包括到达这些网络所必须经过的自治系统 AS 中的所有路径。BGP 路由器经过若干次交换后,最终建立一个关于各个自治系统 AS 连通性的结构图。当一对 AS 都同意交换路由信息时,每个 AS 必须为自己指定一个路由器来运行 BGP,称两个 AS 之间相互交换路由信息的 BGP 路由器为对等端(peers),也称 BGP 发言人(speakers),每个 AS 的管理者至少会选择一个路由器作为 BGP 发言人。BGP 发言人和对等端之间建立 BGP 会话(BGP session),BGP 会话用于在自治系统 AS 之间交换可达信息。BGP 交换的网络可达性信息是到达某个网络要经过的自治系统序列。

BGP 协议考虑的是寻找一条到达目的网络的比较好的路由,而不是最佳路由,因为在配置 BGP 协议时还要考虑社会以及政治因素对路由策略的影响,也就是说 BGP 允许使用基于策略的路由选择。策略由自治系统 AS 的管理员制定。例如美国可能不希望自己的数据流经对自己不友好的国家,我国国内的数据不需要通过国外兜圈子,特别是不需要经过对我国安全有威胁的一些国家。策略的制定与政治、安全或经济因素有关,但是制订策略并不是协议的一部分。

1. BGP 报文格式

BGP 报文由首部和数据部分组成,首部由 3 个字段组成:一个 16 字节的标记字段,2 字节的长度字段和 1 字节的类型字段。图 11-25 表示了 BGP 报文的基本格式。

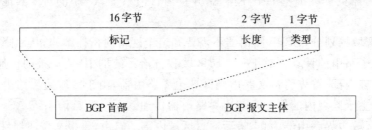

图 11-25 BGP 报文格式

(1) 标记:长度为 16 字节,该字段包含一个标记值,对等端双方都同意使用这个值来标记报文的开始。

(2) 长度:长度为 2 字节,表示以字节为单位的整个 BGP 报文的长度。最短的 BGP 报文为 19 字节(不携带数据的报文),最长不能超过 4 096 字节。

(3) 类型:长度为 1 字节,取值为 1~4,对应着 4 种不同的 BGP 报文类型:打开报文、更新报文、通知报文和保活报文。

① 打开报文(open message):用来与相邻的另一个 BGP 对等端(BGP 发言人)建立关系。BGP 报文基于 TCP 协议进行传输,当邻居之间建立 TCP 连接后,就开始发送打开报文。打开报文包括如下字段:

BGP 版本号:占 1 个字节,表示采用的 BGP 版本,其值可为 2,3 或 4,默认值是 4,指 BGP4。

AS 号:占 2 个字节,表示发送该报文的路由器所在自治系统的 AS 号。

保持时间:占 2 个字节,表示路由器接收保活报文或更新报文的最大时间间隔。一般默认为 180 秒。

BGP 标识:占 2 个字节,表示发送端路由器的 BGP 标识。

可选参数长度:占 1 个字节,指出可选项字段的总长度,以字节为单位。如果没有可选项,此字段值为 0。

可选参数：长度可变，表示 BGP 对等端协商期间使用的一系列可选参数。每个参数是一个三元组，由参数类型、参数长度和参数值三部分组成。内容涉及到认证、多协议支持等。

② 更新报文（update message）：当 BGP 发言人通告或撤消来自从对等端的一个路由时，使用更新报文。内容包括要撤消的不可达路由信息、路径属性以及网络层可到达性信息（Network Layer Reachability Information，NLRI）。一条更新报文可以向其对等端通告一条可达路由或撤销多条不可达路由，也可以一次通告一条可达路由和撤销多条不可达路由。

撤销的路由长度：占 1 个字节，表示撤销的路由字段的长度，单位为字节。

撤销的路由：长度可变，表示撤销的不可达的路由，出现的形式为（长度，前缀）。

路径属性的总长度：占 2 字节，表示标识路径属性字段的长度，单位为字节。

路径属性：长度可变，该属性用于选择最短路径、探测路由回路、决定路由策略。AS-mpath 是其中一个重要的属性，用于指出包含在更新报文中的路由信息所经过的自治系统 AS。

NLRI：长度可变，表示要撤消的路由的 IP 地址前缀列表。

③ 保活报文（keepalive message）：如果路由器接收到邻居发来的打开报文，那么它将发送一个保活报文予以响应，其目的是用于证实相邻路由器的存在。

④ 通知报文（notification message）：通知报文用来发送检测到的差错。当 BGP 检测到网络发生故障时，发送通知报文，并关闭相应的 BGP 连接。

BGP 的首部后面可以有数据部分，也可以没有，这取决于 BGP 报文的类型，例如保活报文，只有首部，没有数据部分。

2. BGP 工作过程

BGP 在路由器上以两种方式运行：IBGP（Internal BGP）和 EBGP（External BGP）。当 BGP 运行于同一自治系统 AS 内部时，称为 IBGP；当 BGP 运行于不同自治系统之间时，称为 EBGP。如图 11 - 26 所示。

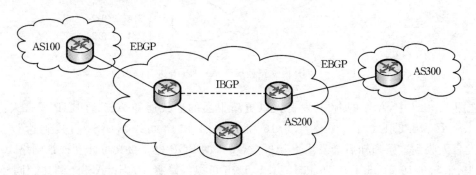

图 11 - 26 IBGP 和 EBGP

BGP 的基本工作过程如下：

（1）BGP 边界路由器初始化：BGP 报文的传送基于传输层的 TCP 协议，当两个路由器之间建立了 TCP 连接后就可以进行 BGP 会话了。会话开始时，首先有个协商过程。BGP 路由器首先向相邻的 BGP 路由器发送打开报文，它包括版本号、各自所在 AS 号、BGP 标识符等信息。如果相邻路由器接受，就发送一个保活报文作为响应。协商成功，则建立 BGP 对等关系。

BGP 通过周期性发送保活报文保持对等关系(一般是每隔 30 秒)。建立对等体连接关系后,最开始的路由信息交换将包括所有的 BGP 路由,也就是交换整个 BGP 路由表。BGP 路由表主要字段如下:

(目的网络前缀,下一跳路由器,到达目的网络要经过的各 AS 序列)

和内部网关协议中的 RIP 和 OSPF 协议不同,在每个 BGP 路由表中,包含的是到目的网络的可达路径。

(2) 路由更新:初始化交换完成以后,只有当路由条目发生改变或者失效的时候,才会发出路由更新。此时 BGP 并不交换整个路由表,而只更新发生变化的路由条目。BGP 的路由更新是触发性的,即只有在路由表发生变化时才更新路由信息,而并不发出周期性的路由更新。这样做的好处是可以节省网络带宽和减少路由器的处理开销。

路由更新由更新报文完成。更新报文包括要撤消的不可达路由信息、路由属性以及网络层可到达性信息 NLRI。路由属性是一组参数,由更新报文发送给对等端。这些参数记录了 BGP 路由信息,用于选择和过滤路由,可以将其看作选择路由的度量。目前共定义了 16 种 BGP 路由属性,其中有一个重要的属性:AS 路径(AS-Path)。AS-Path 中包括已通过的 AS 序列,当一个网络前缀传送到一个 AS 时,该 AS 将它自己的 AS 号增加到 AS-Path 中。BGP4 根据属性值,主要是根据 AS-Path 做出路由决策。

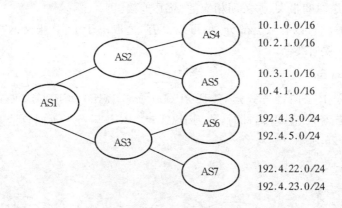

图 11-27 BGP 根据路径属性 AS-Path 进行路由决策

在图 11-27 中,AS2 的 BGP 发言人以更新报文的形式通知 AS1 的 BGP 发言人:"网络 10.1.1.0/16、10.2.1.0/16、10.3.1.0/16 和 10.4.1.0/16 可以从 AS2 直接到达",AS1 的 BGP 发言人收到这条通知后会发出更新报文,AS1 的 BGP 更新报文可能会说:"网络 10.1.1.0/16、10.2.1.0/16、10.3.1.0/16 和 10.4.1.0/16 可以经路径<AS1,AS2>到达。"同样,AS1 的 BGP 更新报文可能会说:"网络 192.4.3.0/24、192.4.5.0/24、192.4.22.0/24 和 192.4.23.0/24 可以经路径<AS1,AS3>到达"。

AS 路径本身采用一种防止产生路由循环的机制,路由器不会导入任何已经在 AS 路径属性中所包含的路由。

3. BGP 的特点

(1) BGP 是一种外部路由协议,属于距离矢量协议。与同属距离矢量协议的 RIP 不同,BGP 并不通告到目的网络的跳数,而是通告了到每个目的网络的路由和到达目的网络所经过的 AS 序列号。

（2）在 BGP 路由中携带 AS 路径信息，可以解决路由循环问题。

（3）BGP 用 TCP 作为传输层协议，TCP 提供的是面向连接的可靠传输，因此提高了协议的可靠性。关于 TCP 的详细内容请参见本书中第 13 章"端到端传输控制"。

（4）路由更新时，BGP 只发送更新的路由，大大减少了 BGP 传播路由所占用的带宽，适用于在因特网上传播大量的路由信息。

本章小结

◆ 路由协议决定了 IP 数据报传递的路径。路由协议可以划分为内部网关协议 IGP 和外部网关协议 EGP。IGP 包括 RIP 协议和 OSPF 协议；EGP 协议包括 BGP 协议。

◆ RIP 协议是基于距离矢量的路由协议，比较适用于拓扑结构较为简单的网络。RIP 协议认为跳数少的路由是最佳路由。RIP 路由器和自己相邻的路由器交换信息，交换的是自己的整个路由表；RIP 协议每隔 30 秒交换一次路由信息。

◆ RIP 协议存在一个缺点：当网络出现故障时，会产生路由回路，故障信息要经过比较长的时间才能被传送到所有的路由器，即收敛比较慢。

◆ OSPF 协议是基于链路状态的路由协议。OSPF 路由器之间相互交换链路状态信息，最后获得全网同步的链路状态数据库，即全网的拓扑结构图。然后根据 Dijkstra 的 SPF 算法从链路状态数据库得到路由表。

◆ OSPF 报文分 5 种类型：问候分组、数据库描述分组、链路状态请求分组、链路状态更新分组和链路状态应答分组。

◆ OSPF 通过链路状态通告 LSA 来同步链路状态数据库。

◆ BGP 协议是边界网关协议，目前应用的是 BGP4。BGP 允许使用基于策略的选路原则。BGP 报文包括：打开报文、更新报文、保活报文和通知报文。

习 题

11-1 请简述路由器的工作原理。

11-2 试比较距离矢量协议和链路状态协议的相同点和不同点。

11-3 假设一个使用可变长的子网掩码，举例说明 RIPv2 能正确工作而 RIPv1 不能正确工作的例子。

11-4 假设有如图 11-28 所示的网络，网络中的两个路由器运行的是 RIP 协议，请根据

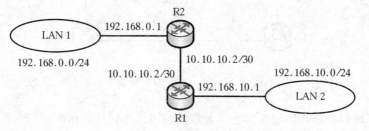

图 11-28 习题 11-4 图

图中给出的 IP 地址信息分别写出：

（1）路由器 R1 和路由器 R2 刚启动时的路由表；

（2）路由器间完成路由信息交换后的路由器 R1 和路由器 R2 的路由表。

11-5 在图 11-29 的网络连接示意图中，路由器采用 RIP 协议。请列出各路由器从初始化直到路由收敛时，路由表的一系列变化。

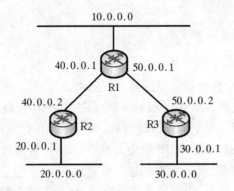

图 11-29   习题 11-5 使用的网络连接示意图

11-6 简述 RIPv2 协议中路由回路的问题，RIPv2 使用什么方法防止路由回路？

11-7 试比较 RIP 协议和 OSPF 协议的相同点和不同点。

11-8 试比较 RIP 协议和 OSPF 协议的优缺点。

11-9 请描述开放最短路径优先协议 OSPF 的特点。

11-10 OSPF 中有哪几种类型的分组？它们的作用分别是什么？

11-11 试述 OSPF 协议中链路状态数据库的建立过程。

11-12 试对例 11-2 中的 OSPF 路由器 R2、R3、R4 和 R5 分别运用 SPF 算法，求出以 R2、R3、R4 和 R5 为根节点的最短路径树，并求出路由收敛时这些路由器的路由表。

11-13 有如图 11-30 所示的网络拓扑结构图，网络中每台路由器都运行着 OSPF 协议，图中每条连接线上的数字代表链路上的开销，试求同步的链路状态数据库 LSDB 和路由收敛时的每台路由器的路由表。

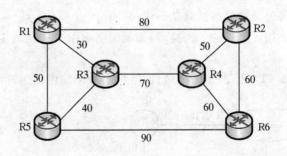

图 11-30   习题 11-13 图

11-14 区域对 OSPF 协议能够支持大规模的网络起到什么作用？

11-15 请解释内部路由器、区域边界路由器、自治系统边界路由器和主干路由器。

11-16 自治系统 AS 可以小到仅有一个局域网,也可以大到由多个远程网络构成,网络大小的差异为什么会使定义标准的 IGP 变得困难?

11-17 在因特网中,为什么要提出自治系统 AS 的概念?它对路由选择协议有什么影响?

11-18 请说明 IGP 和 EGP 的区别。

11-19 请简述 BGP 协议的工作过程。

第 12 章 多播技术

多播也称为组播,在互联网中有着广泛的应用,例如视频会议、网络音频/视频广播等。IPv4 和 IPv6 都支持多播。多播需要多播协议的支持,因特网组管理协议 IGMP 是作用于主机和路由器之间的多播协议,多播路由协议是作用于路由器和路由器之间的多播协议。本章在介绍多播地址后,将着重介绍 IGMP 协议和多播路由协议,包括密集模式多播路由协议和稀疏模式多播路由协议。

12.1 多播概述

12.1.1 IP 多播

在 10.1 节"分类的 IP 地址"中曾介绍过,IP 通信采用三种方式:单播(unicast)、广播(broadcast)和多播(multicast)。单播是一台源主机和一台目的主机之间进行一对一的通信;广播是一台源主机向网络中所有其他主机发送 IP 数据报;多播也称为组播,是指将 IP 数据报从一台主机发送到多个目的节点。图 12-1 是三种通信方式的示意图。

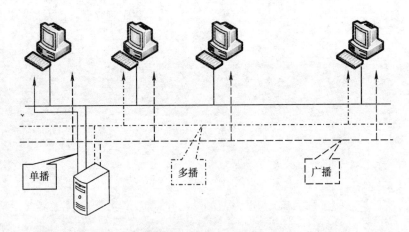

图 12-1 单播、多播和广播

多播技术于 1988 年提出,到现在已经经历了二十多年的发展历程。IP 多播的基本思想是,源主机只发送一份数据,这份数据中的目的地址为多播组地址;多播组(multicast group)中的所有接收者都可以接收到同样的数据拷贝,并且只有多播组内的主机可以接收到该数据,网络中其他主机不能收到。

多播组中的主机可以处于同一个物理网络,也可以来自不同的物理网络,如果来自不同的物理网络,则需要多播路由器的支持。

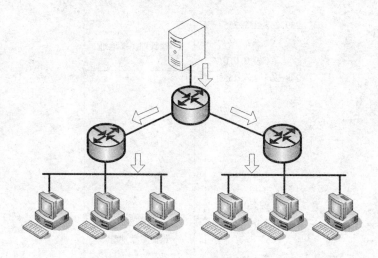

图 12-2　多播组中的主机处于不同物理网络时需要多播路由器的支持

目前,IP 多播技术应用最为广泛的是互联网上的音频和视频的传输,比如向成百上千的使用者发送音频和视频数据流。除此之外,IP 多播技术还应用在多媒体远程教育、"push"技术(如股票行情等)和虚拟现实游戏等方面。

实现 IP 多播传输,需要多播源和接收者以及两者之间下层网络的支持。具体包括以下几个方面:

① 主机支持发送和接收 IP 多播;

② 有一套 IP 地址分配策略,并能将三层的 IP 多播地址映射成二层的 MAC 地址;

③ 有一套用于加入、离开、查询的组管理协议,即 IGMP;

④ 所有介于多播源和接收者之间的路由器、交换机等均支持多播;

⑤ 有支持 IP 多播的应用软件。

12.1.2　IP 多播地址

多播地址用于标识一个 IP 多播组。IANA 把 D 类地址空间分配给多播使用,范围从 224.0.0.0 到 239.255.255.255。图 12-3 是多播地址的格式,注意:格式中多播地址前四位均为 1110。在多播数据报中,多播地址出现在 IP 数据报的目的 IP 地址位置,因为多播是一对多的发送,作为发送端的源节点只能有一个,而目的节点却有多个。

0 　　　　7	8 　　　　15	16 　　　　23	24 　　　　31	
1110XXXX	XXXXXXXX	XXXXXXXX	XXXXXXXX	32 位 IP 地址

图 12-3　IP 多播地址格式

IP 多播地址可以划分为三大类,图 12-4 给出了具体的划分:

预留多播地址　　　　　　224.0.0.0～224.0.0.255

用户多播地址　　　　　　224.0.1.0～238.255.255.255

本地管理多播地址　　　　239.0.0.0～239.255.255.255

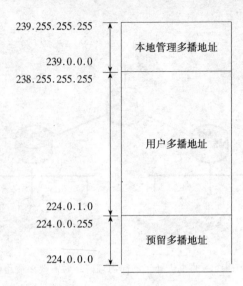

图 12 - 4　多播地址划分

　　和 A、B、C 类地址类似,用作多播地址的 D 类地址空间也保留了一些地址作为特殊用途。
224.0.0.0～224.0.0.255 之间的地址被 IANA 预留,其中地址 224.0.0.0 保留不做分配,
224.0.0.1 用作向同一网段中所有主机发送报文,其他地址供路由协议及拓扑查找和维护协
议使用。该范围内的地址属于局部范畴,不论 IP 数据报中的 TTL 字段值是多少,都不会被路
由器转发。表 12 - 1 列出了常用的预留多播地址。

表 12 - 1　常用的预留多播地址

D 类地址范围	含义
224.0.0.0	基准地址(保留)
224.0.0.1	网络上所有参加多播的主机和路由器
224.0.0.2	网络上所有参加多播的路由器
224.0.0.3	未分配
224.0.0.4	由距离矢量多播路由协议 DVMRP 使用
224.0.0.5	用于给同一网段中所有 OSPF 路由器发送路由信息
224.0.0.6	用于给同一网段中指定的 OSPF 路由器发送路由信息
224.0.0.9	RIP2 组地址,用来给所有使用 RIP2 的路由器发送 RIP 路由信息
224.0.0.13	所有 PIM 路由器

　　224.0.1.0～238.255.255.255 之间的地址作为用户多播地址,在全网范围内有效。其中
233/8 为 GLOP 地址。GLOP 是一种自治系统之间的多播地址分配机制,将 AS 号直接填入
多播地址的中间两个字节中,每个自治系统都可以得到 256 个多播地址。

　　239.0.0.0～239.255.255.255 之间的地址为本地管理多播地址(administratively scoped
addresses),仅在特定的本地范围内有效。

12.1.3　IP 多播到以太网多播的映射

IANA 将 MAC 地址范围 01:00:5E:00:00:00～01:00:5E:7F:FF:FF 分配给多播使用。那么如何将 28 位的 IP 多播地址空间映射到 23 位的 MAC 地址空间呢？具体的映射方法是将 IP 多播地址中的低 23 位放入多播 MAC 地址的低 23 位，如图 12-5 所示。

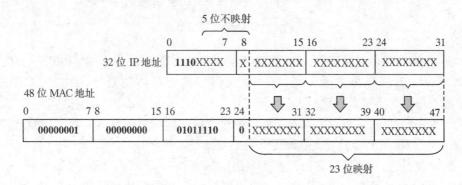

图 12-5　IP 多播地址到 MAC 地址的映射

IP 多播地址到多播 MAC 地址的映射存在映射不唯一的现象：由于 IP 多播地址的后 28 位中只有 23 位被映射到 MAC 地址，这样会有 32 个 IP 多播地址映射到同一 MAC 地址上。这种现象带来的后果是主机有可能会收到终点不是本机的某些多播数据报，因此 IP 软件必须仔细检查接收到的多播数据报的 IP 地址，以丢弃那些不需要的数据报。

12.2　因特网组管理协议 IGMP

12.2.1　IGMP 报文

IGMP 协议运行于主机和与主机直接相连的多播路由器之间。IGMP 是多播成员管理协议，用来控制多播组成员的加入和退出。主机使用 IGMP 通知子网的多播路由器，希望加入多播组；路由器使用 IGMP 查询本地子网中是否有属于某个多播组的主机。

到目前为止，IGMP 有三个版本，分别是 IGMPv1（RFC1112）、IGMPv2（RFC2236）和 IGMPv3（RFC3376）。IGMPv1 中定义了基本的组成员查询和报告过程；目前通用的是 IGMPv2，它在 IGMPv1 的基础上添加了组成员快速离开的机制；IGMPv3 中增加的主要功能是成员可以指定接收或不接收某些多播源的报文。

IGMP 报文长度固定。封装在 IP 数据报中进行传输，如图 12-6 所示，此时 IP 数据报首部中的协议字段值为 2。除该字段外，在 IP 数据报的首部还有两个字段和组播密切相关，一个是 TLL 字段，另一个是目的 IP 地址字段。

图 12-6　IGMP 报文封装在 IP 数据报中

图 12-7 是长度为 8 字节的 IGMPv2 报文格式。

图 12-7　IGMPv2 报文格式

（1）类型：类型字段取值不同，用于区分不同类型的 IGMP 报文。IGMP 报文总体上可以划分为查询报文和报告报文两大类，每一类又可以做更具体的划分，表 12-2 中列出了 IGMPv2 的不同报文类型。

（2）最大响应时间：主机对查询报文响应的最大时间。对整个 IGMP 报文检验，该字段只在查询报文中有效，用于指定对该查询报文后响应的最大等待时间。

（3）校验和：校验和的计算方法和 ICMP 协议相同。

（4）组地址：组地址为 D 类 IP 地址。在通用查询报文中组地址设置为 0，表示对所有多播组查询组成员。查询特定的组时，多播路由器填入特定多播组的组地址，在成员报告报文中组地址为要参加的多播组的组地址。

表 12-2　IGMPv2 报文类型

类型字段	组地址	发送者	说明
0x11	0	路由器	通用查询报文
0x11	被查询组的组地址	路由器	特定组查询报文
0x12	组地址	主机	IGMPv1 成员关系报告报文
0x16	加入的多播组的组地址	主机	成员关系报告报文
0x17	组地址	主机	离开组报文

表 12-2 中列出了 IGMPv2 的 5 种报文类型，其中成员报告（Membership Report）报文、离开组（Leave Group）报文和 IGMPv1 成员关系报告（Version 1 Membership Report）报文由运行 IGMPv2 的主机产生，通用查询（General Query）报文和特定组查询（Group-Specific Query）报文由运行 IGMPv2 的路由器产生。

通用查询报文由多播路由器产生，发送给多播组成员，用于查询多播组中是否还存在组成员。多播路由器每隔一段时间就会向其每个接口所连接的物理网络发送目的 IP 地址为 224.0.0.1 的通用查询报文，由于 224.0.0.1 是多播地址，因此，多播组里的每一台主机都会收到该报文，并且主机会以成员关系报告报文回应。如果在一定的时间间隔内路由器没有收到任何成员关系报告报文，就会认为该多播组内没有组成员。

和通用查询报文相同，特定组查询报文也是由多播路由器产生，发送给多播组成员的；和通用查询报文不同的是，特定组查询报文用于查询特定多播组中是否存在成员。当多播路由器收到主机发来的离开组报文时，它会发送特定组查询报文，查询该组中是否还有组成员存在。

成员关系报告报文由主机产生，发送给多播路由器，其作用是用于申请加入某个多播组或者应答 IGMP 查询报文。当某台主机第一次加入多播组时,要发出成员关系报告报文,向多播路由器申请加入一个多播组。

离开组报文是多播组成员向本网段内的多播路由器发送的报文,封装离开组报文的 IP 数据报的目的地址为 224.0.0.2,用于通知多播路由器主机离开了某个多播组。

IGMPv1 成员关系报告报文是为了 IGMPv2 主机的向后兼容性,用于检测和支持子网中 IGMPv1 主机和路由器的。

图 12-8 显示了两个 IGMP 报文,一个是主机发送的成员报告,另一个是路由器发送的查询。主机向多播路由器发送 IGMP 成员关系报告报文,报告自己所在的多播组;多播路由器发出的 IGMP 通用查询报文的目的 IP 地址是 224.0.0.1,表明该报文发送给所在网络内的所有主机。多播路由器在每个接口保持一张多播组地址表,其中记录了路由器的各个接口所对应的所有网络上的组成员。当路由器接收到某个组的数据报后,只向那些有该组成员的接口上转发数据报。

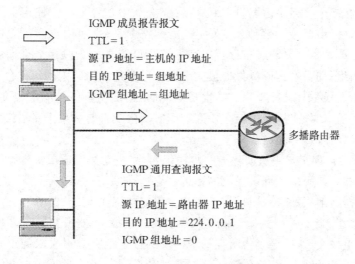

图 12-8　IGMP 的通用查询报文和成员报告报文

注意:图 12-8 中的生存时间 TTL 字段存在于 IP 的首部,图中的 IGMP 成员关系报告报文和查询报文中,TTL 字段的值均为 1。将 TTL 字段设为 1,目的是使多播 IP 数据报只能在同一网段内传送。因为每经过一个路由器,TTL 字段减 1,当 IP 数据报的 TTL 字段减至 0 时,路由器就丢弃该数据报。只有 TTL 字段的值大于 1 时,才能被多播路由器转发。

12.2.2　IGMP 工作原理

IGMP 协议运行于主机和与主机直接相连的多播路由器之间,帮助多播路由器创建和更新与每一个接口有关的多播组表。一方面,主机通过 IGMP 协议向本地多播路由器申请加入某多播组;另一方面,路由器通过 IGMP 协议周期性地查询网段内某个已知组的成员是否处于活动状态,即该网段内是否仍有属于某个多播组的成员。

IGMPv2 的工作原理如图 12-9 所示:

(1) 查询多播组:查询多播组的过程是用于查询网络内是否还有组成员存在,查询分两种:通用查询和特定查询。通用查询中,由多播路由器发送通用查询报文给多播组成员。如果

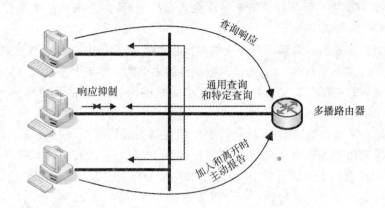

图 12-9　IGMPv2 的工作原理

同一个网络内存在多个多播路由器，IGMP 协议将会从中选择出一个路由器发送查询报文和接收响应报文。该路由器周期性地发送（一般是每隔 125 秒）通用查询报文进行成员关系查询；主机发送报告关系报文来响应查询。一个主机中可能有一个或多个进程加入到不同的多播组，对每个多播组，都要发送成员报告报文响应。同一个多播组内的每一台主机都要监听查询响应，当发现本网段中有其他本组成员发送响应时，则抑制自己的响应报文，这样做可以减少不必要的通信量。如果多播路由器在最大响应时间内没有收到某个多播组的成员关系报告报文，则不再转发该多播组的数据。

（2）加入多播组：如果某主机要加入一多播组，它将主动发送成员报告报文通知它所在网段中的多播路由器。如果加入到多播组的主机是它所在网络中第一台加入该多播组的主机，那么需要将该多播路由器加入到多播树。多播树的概念将在 12.3 节"多播树"中介绍。

（3）退出多播组：当要离开多播组时，主机发送离开组报文，此报文的目的 IP 为 224.0.0.2。路由器收到离开组报文后，向该主机所在的子网发送特定组查询报文来确定是否该组所有组成员都已离开。如果子网内还有该多播组成员，则会发回一个成员报告报文进行响应。如果没有主机响应，则路由器停止向该子网转发该组的数据。

在 IGMPv2 中，当某主机离开某一个多播组时，使用离开组报文通知本网络中的多播路由器，但是在 IGMPv1 中，当主机离开某一个多播组时，它将自行退出，不向多播路由器发送报文。因此 IGMPv2 减少了系统处理停止多播的延时。

通过和主机之间的交互，多播路由器建立和维护多播组地址表。多播路由器接收到具有多播地址的 IP 数据报后，根据 IP 数据报的目的 IP 地址（多播地址）查询多播组地址表，将 IP 数据报要向与其相连的多播路由器转发。具有多播地址的 IP 数据报在路由器之间的转发由多播路由协议决定，关于多播路由协议的内容将在 12.4 节"多播路由协议"中讨论。

12.3　多播树

与单播报文的转发相比，多播报文的转发相对复杂些。一方面，多播路由与单播路由不同，多播路由中 IP 数据报一般要发往多个下一跳路由器，所以多播路由是以源主机为根节点的一棵多播树；另一方面多播报文转发的处理过程也有所不同。当 IP 层收到多播数据报时，根据多播目的地址查找多播转发表,对报文进行转发。多播路由表通常的描述方法是:(源,组)对,对应的是源地址和目标多播地址。多播数据报的转发依靠的是多播路由协议。

在多播路由协议中采用的多播树有两大类:信源树(Source Tree)和共享树(Shared Tree)。

1. RPF 算法和信源树

信源树也被称为基于源的树。在多播中,报文是发送给一组接收者的。路由器在接收到报文后,必须根据源和目的地址确定出上游(指向多播源)和下游(远离多播源)方向,把报文沿着远离多播源的方向进行转发。这个过程称作逆向路径转发 RPF(Reverse Path Forwarding)。RPF 逆向路径转发算法的具体过程如下:

当多播数据报到达路由器时,路由器作 RPF 检查,以决定是否转发或抛弃该数据报,若成功,则转发,否则抛弃。RPF 检查过程如下:

(1) 路由器检查数据报的源地址,以确定该数据报经过的接口是否在从源到此的路径上;

(2) 若数据报是从可返回源主机的接口上到达,则 RPF 检查成功,转发该数据报到输出接口表上的所有接口,否则 RPF 检查失败,抛弃该数据报。

RPF 执行过程中会用到原有的单播路由表以确定上游和下游的邻接结点。只有当报文是从上游邻接结点对应的接口(称作 RPF 接口)到达时,才向下游转发。RPF 的作用除了可以正确地按照多播路由的配置转发报文外,还能避免由于各种原因造成的环路,环路避免在多播路由中是一个非常重要的问题。

采用 RPF 算法的最终结果是每一个路由器都建立了一棵多播树,这个多播树是一棵以源为根、分支到所有网络和路由器的最短路径树(Shortest Path Tree,SPT),称为信源树。

信源树的优点是能构造多播源和接收者之间的最短路径,使端到端的延迟达到最小,但是要为能够得到最小的延迟付出代价。信源树对应一个源就有一棵多播树,也就说,如果网络中有几个产生多播报文的源主机,就存在几棵多播树,因此多播转发表的项目条数为:组数×每组的成员数。在路由器中必须为每个多播源保存路由信息,这样会占用大量的系统资源,路由表的规模也比较大。

为了克服这些不足,人们已经对原始的 RPF 算法进行了一些改进,对 RPF 算法的改进技术称为广播和剪枝(Broadcast and Prune)。例如逆向路径多播(Reverse Path Multicast,RPM)是对 RPF 改进的一个优化算法,它可使一个路由器在其直连接口及所有下游路由器的接口上都没有活动组成员时,能向其上游路由器发送一条多播树修剪消息。对 RPF 算法进行了一些改进的多播路由协议通常被归类为"广播和剪枝"协议。

2. CBT 算法和共享树

CBT(Core Based Tree)是一些多播路由协议所采用的另一种算法,使用 CBT 算法构造的多播树称为共享树。CBT 定义了一个核心路由器,包含组成员的所有下行路由器都需要向核心路由器发送显式的加入消息。

CBT 算法以某个路由器作为多播树的树根,该路由器称为汇集点(Rendezvous Point,RP),所有的多播报文都需要从 RP 进行传送。RP 是预先设定的一个路由器,承担转发所有多播报文的责任。所有要发送多播报文的源主机在发送多播报文前,都需要到 RP 上进行注册,然后通过直连的路由器确定到 RP 的最短路径,再通过 RP 路由器来确定到目的地的最短路径。使用 CBT 算法时，一个多播组对应一棵共享树。所有的多播源和接收者都使用这棵树来收发报文，多播源先向树根发送数据报文，之后报文又向下转发到达所有的接收者。这种方法可以使相同多播组内的多个发送源共享相同的一棵多播树，因此 CBT 多播路由协议也被称为共享树协议。

CBT 的扩展性比广播/剪枝技术好，因为对每一个组来说，路由器只需要将自己与一个统一的基于核心的多播树相关联。此外，CBT 也不会像广播/剪枝协议那样周期性地向网络中发送大量数据。核心路由器在收到来自下行路由器显式的加入消息之前将阻塞多播分组的发送。而只有在路由器接收到来自主机的 IGMP 主机成员资格报告以后，这种显式的加入消息才可能产生。

相对于信源树，共享树的多播转发表项更为精简，缺点是，共享树在 RP 上的选择会导致从源主机到各个组地址的路由并非为最优路径。

共享树的最大优点是多播路由器中保留的状态数可以很少，缺点是多播源发出的报文要先经过 RP，再到达接收者，经由的路径通常并非最短，而且对 RP 的可靠性和处理能力要求很高。

12.4　多播路由协议

1. 多播路由协议的作用

多播路由协议作用在多播路由器之间，其作用就是找到一个以源主机为根节点的多播树，具体描述为：

（1）发现上游接口，即离源最近的接口。因为多播路由协议只关心到源的最短路径。

（2）决定下游接口，当所有的路由器都知道了它们的上下游接口，那么一棵多播树就已经建立完成。多播树的根是源主机直连的路由器，而树枝是通过 IGMP 发现有组成员的子网直连的路由器。

（3）管理多播树

多播把从一个由源产生的报文发送给一组目的。在一个特定的多播路由器上，一个数据报可能从多个接口上发出。如果存在环路，那么数据报回到其输入的接口，而且会被继续复制发送到其他的接口上，这一结果可能导致多播风暴。所有的多播路由器必须知道多播数据的源，并且需要保证多播数据不能从源接口发出。所以它必须知道哪些是上游接口和下游接口，由此可以分辨出数据报的流向。如果不是在源的上游接口收到数据报，就把它丢弃掉。

而多播路由协议必须关心到源的最短路径，或者说它关心到源的上游接口。同时，除了关心上游接口，在转发的时候，不能把数据报从除了上游接口的其他接口发送出去。所以路由器还要关心下游接口。当上下游接口都被判断出来了，一棵多播树就形成了。多播路由协议采用 RPF 或 CBT 算法创建多播树。

2. 多播路由协议的分类

根据协议的作用范围可以将多播路由协议划分为：域内多播路由协议、域间多播路由协议。

域内多播路由协议用于自治系统 AS 内部的路由，域间多播路由协议用于自治系统 AS

之间的路由。

　　域内多播路由协议包括：协议无关多播—密集模式 PIM – DM、距离矢量多播路由协议（Distance Vector Multicast Routing Protocol，DVMRP）、多播开放最短路径优先协议（Multicast Open Shortest Path First，MOSPF）等协议。域间多播路由协议包括：协议无关多播-稀疏模式（Protocol-Independent Multicast-Sparse Mode，PIM – SM）、边界网关多播协议（Border Gateway Multicast Protocol，BGMP）、多播源发现协议（Multicast Source Discovery Protocol，MSDP）等协议。

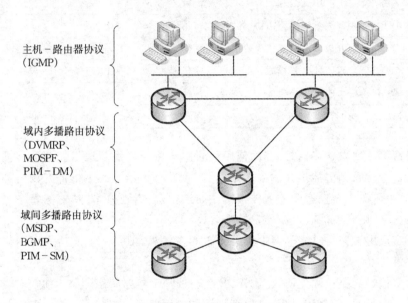

图 12 – 10　域内和域间多播路由协议

　　根据网络中多播组成员的分布可以将多播路由协议划分为：密集模式多播路由协议、稀疏模式多播路由协议。

　　所谓稀疏模式是指在一个整体网络中，参与多播的主机相对较少的一种拓扑，主要出现在 WAN 中；密集模式则是参与多播的主机较多，主要出现在 LAN 中。

　　密集模式多播路由协议假设多播组成员密集地分布在网络中，也就是说，网络大多数的子网都至少包含一个多播组成员，而且网络带宽足够大。信源树主要适用于密集模式。

　　密集模式路由协议包括距离矢量多播路由协议（Distance Vector Multicast Routing Protocol，DVMRP）、多播开放最短路径优先协议（Multicast Open Shortest Path First，MOSPF）和协议无关多播-密集模式（Protocol-Independent Multicast-Dense Mode，PIM – DM）等。

　　稀疏模式多播路由协议假设多播组成员在网络中是稀疏分散的，并且网络不能提供足够的传输带宽，比如因特网上通过 ISDN 线路连接分散在许多不同地区的大量用户。在这种情况下，广播就会浪费许多不必要的网络带宽从而可能导致严重的网络性能问题。稀疏模式多播路由协议必须依赖于具有路由选择能力的技术来建立和维持多播树。共享树适合在稀疏模式下使用。

　　稀疏模式主要有协议无关多播-稀疏模式（Protocol-Independent Multicast-Sparse Mode，PIM – SM）。表 12 – 3 列出了常用的多播路由协议。

距离矢量多播路由协议 DVMRP 是较早提出的多播协议,由单播路由协议 RIP 扩展而来。两者的相同之处是都使用距离矢量算法得到网络的拓扑信息,不同之处在于 RIP 根据路由表前向转发数据,而 DVMRP 则是基于改进的 RPF 算法——截断逆向路径多播算法(truncated RPM)进行多播数据报的转发。DVMRP 采用广播/剪枝的方式来构建一颗基于源的多播树,即信源树,这是一棵基于源的最短路径树。

表 12 - 3　　多播路由协议

英文名称	中文全称	密集/稀疏模式	算法	应用范围
DVMRP	距离矢量多播路由协议	密集模式	RPM	Intranet
MOSPF	多播开放最短路径优先协议	密集模式	Link-State	Intranet
PIM - DM	PIM 密集模式	密集模式	PRM	Intranet,Internet
PIM - SM	PIM 稀疏模式	稀疏模式	RPM/CDT	Intranet,Internet
CBTv2	核心基础树版本 2	稀疏模式	CBT	Intranet,Internet

当多播源第一次发送多播报文时,使用截断逆向路径多播算法沿着源的多播树向下转发多播报文。一个接收到多播报文的多播路由器,如果与它相连的主机都有没有加入到该多播组,则它向其上游路由器发送一个剪枝报文。如果一台多播路由器从它的每个下游多播路由器收到剪枝报文,则它就能向上游转发一个剪枝报文。

DVMRP 适用于密集模式子网中密集分布的多播组,但是不能支持大型网络中稀疏分散的多播组。

开放式多播最短路径优先协议 MOSPF 是一种基于链路状态的路由协议,是对单播OSPF协议的扩展。它是通过 OSPF 协议来发现到源的最短路径,也适用于密集模式。

同 OSPF 类似,MOSPF 定义了三种级别的路由:

(1) MOSPF 区域内多播路由:用于了解各网段中的多播成员,构造 SPT;

(2) MOSPF 区域间多播路由:用于汇总区域内成员关系,并在自治系统主干网(区域 0)上发布组成员关系记录通告,实现区域间多播报文的转发。

(3) MOSPF 自治系统间多播路由:用于跨自治系统的多播报文转发。

区域内 MOSPF 利用了链路状态数据库,对单播 OSPF 数据格式进行扩充,定义了新的链路状态通告 LSA,使得 MOSPF 路由器了解哪些多播组在哪些网络上。路由器使用 Dijkstra 算法构造 SPT。MOSPF 与 DVMRP 相比,路由开销较小,链路利用率高,然而 Dijkstra 算法计算量很大,为了减少路由器的计算量,MOSPF 执行一种按需计算方案,即只有当路由器收到多播源的第一个多播数据报后,才对 SPT 计算,否则利用转发缓存中的 SPT。

MOSPF 继承了 OSPF 对网络拓扑的变化响应速度快的优点,但拓扑变动使所有路由器的缓存失效,需要重新计算 SPT,因而消耗了大量路由器 CPU 资源。这就决定了 MOSPF 不适合组成员关系变化大、链路不稳定的网络环境,而适用于网络连接状态比较稳定的环境。

协议无关多播—密集模式 PIM - DM 是个与协议无关的多播协议,同时又是基于密集拓扑的多播协议。采用广播/剪枝的方法来建立多播树。

PIM 不依赖于某一特定单播路由协议,它可利用各种单播路由协议建立的单播路由表完成 RPF 检查功能,而不是维护一个分离的多播路由表实现多播转发。

PIM 密集模式如何转发数据报？当多播源开始发送多播数据时，域内所有的网络节点都需要接收数据，因此采用广播/剪枝的方式进行多播数据报的转发。多播源开始发送数据时，沿途路由器向除多播源对应的 RPF 接口之外的所有接口转发多播数据报。这样，PIM - DM 域中所有网络节点都会收到这些多播数据报。如果网络中某区域没有多播组成员，该区域内的路由器会发送剪枝消息。

PIM - DM 和 DVMRP 有些相似，这两个协议都使用了反向路径多播机制来构建多播树，都采用了广播/剪枝机制。它们之间的主要不同在于 PIM 完全不依赖于网络中的单播路由协议，而 DVMRP 依赖于某个相关的单播路由协议机制，而且 PIM - DM 比 DVMRP 简单。

PIM - DM 适合于下述几种情况：高速网络；多播源和接收者比较靠近，发送者少，接收者多；多播数据流比较大且比较稳定。

协议无关多播—密集模式 PIM - SM 采用共享树的方式建立多播树，通过建立多播树来进行多播数据报的转发。PIM - SM 的多播树分为两种：以组的 RP 为根的共享树和以多播源为根的最短路径树。

在大型网络中，共享树的路径未必是最短路径，PIM - SM 可以通过在源和目的地之间建立一个基于源的树实现最短路径的传送。每一个组有一个汇集点 RP，多播源沿最短路径向 RP 发送数据，此过程为单播，接下来由 RP 通过共享树将数据多播发送到各个接收端。

PIM - SM 通过显式的广播/剪枝机制来完成多播树的建立与维护。

PIM - SM 主要优势之一是它不局限于通过共享树接收多播信息，还提供从共享树向 SPT 转换的机制。PIM - SM 适用于有多对多播数据源和网络组数目较少的环境。

本章小结

◆ 多播也称为组播，是指将 IP 数据报发送到多个目的节点。多播地址空间不同于单播和广播的地址空间，D 类地址空间专用于多播地址，范围从 224.0.0.0 到 239.255.255.255。

◆ MAC 地址范围 01:00:5E:00:00:00～01:00:5E:7F:FF:FF 被分配给多播使用。发送多播数据报时需要将多播 IP 地址映射为多播 MAC 地址，映射的方法是将多播 IP 地址中的低 23 位放入 MAC 地址的低 23 位。

◆ IGMP 协议运行于主机和多播路由器之间，其作用是主机通知本地多播路由器希望加入并接收某个特定多播组的信息；多播路由器周期性地查询局域网内某个已知组的成员是否处于活动状态。

◆ 多播路由是一棵点到多点的多播树，多播路由协议采用的多播树有两大类：信源树和共享树。

◆ 多播路由协议的作用是发现上游接口、决定下游接口和管理多播树；多播路由协议包括 DVMRP、MOSPF、PIM - DM 和 PIM - SM 等，分别适用于不同的网络环境。

习 题

12 - 1 什么是 IP 多播？为什么要研究 IP 多播？

12 - 2 找出三个多播技术的应用实例。

12 - 3 IP 多播地址如何映射到 MAC 多播地址？

12 - 4 IP 多播环境中使用的主要协议有哪些？

12 - 5 请简述 IGMP 协议的工作原理。

12 - 6 试比较信源树和共享树的相同点和不同点。

12 - 7 多播路由协议的作用是什么？

12 - 8 请简述多播路由协议的分类。

12 - 9 简述 DVMRP 协议的工作过程。

12 - 10 试比较 PIM - DM 和 PIM - SM 的异同。

第 13 章　端到端的传输控制

端到端的传输控制是指在互联网提供的主机硬件端口之间通信的基础上,实现进程间通信的控制。其作用在于不同程度地弥补物理网络服务的不足,提高传输服务的可靠性,屏蔽物理网络在技术、设计上的差异,向高层特定网络应用程序之间的通信提供有效和可靠的传输。

本章将从端到端传输控制的意义和作用出发,首先介绍端到端传输控制协议的设计思想,进程的标识与作用模式,这对于理解和掌握端到端的进程之间的通信是非常有益的。之后切入到 TCP/IP 网络体系中的两个具体的端到端传输控制协议 UDP 和 TCP 上,从特点、传输单元格式、技术和应用几个方面展开具体而深入的介绍。

13.1　端到端的传输控制概述

13.1.1　端到端传输控制的意义和作用

尽管网络传输介质的质量和带宽不断提升,网络传输设备和技术不断升级和改善,但总体而言,由于需求、费用、技术、历史等各种原因,物理网络千差万别,相应的服务质量也是参差不齐,所以在包含各种不同物理网络的互联网环境中,就不能提供一致的网络服务,从而无法保证可靠的数据传输。

此外,位于端主机上的网络用户又无能为力,无法对物理网络加以管理和控制,以解决网络服务质量差、可靠性低的问题,来满足某些高可靠性和特定服务质量的传输需求。

为此,在网络体系结构中的网络层之上专门设置了一个传输层。设计传输层的目的是在源主机和目的主机进程之间提供一种端到端的数据传输控制机制,不同程度地弥补物理网络服务质量的不足,提高传输服务的可靠性,保证服务质量,屏蔽物理网络在技术、设计上的差异,向高层提供一个标准的、完善的通信服务。其目标是为应用层的特定网络应用程序之间的通信提供有效、可靠、保证质量的传输。

应该说,传输层的作用和数据链路层有很大的相似之处:数据链路层负责物理网络上一条数据链路的两个端点之间的数据通信;而传输层负责的是扩大了的点到点之间的通信,即跨越互联网的两个主机内进程之间的通信。但它们之间又有很大的区别:对数据链路层来说,由于点到点之间的信道是一条直接相连的物理链路,因此,只要进行点到点的差错控制和流量控制就可以保证传输质量了;而对传输层来说,由于端与端之间的连接可能要跨越互连的多个服务质量不同的网络,数据报在传输过程中可能会出现丢失、破损、超时、重发等多种情况,因此,要确保传输质量,传输层协议就要比数据链路层协议复杂得多。

此处需要特别强调的是,位于传输层之下的网络层所提供的是主机硬件端口之间的数据传输控制,而传输层不同于网络层,提供的是端到端软件端口之间的数据传输控制,而再下面的数据链路层协议则提供相邻结点间的链路级数据通信控制。不同层次协议的作用范围如

图 13 - 1所示。

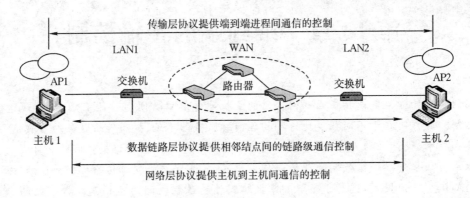

图 13 - 1　不同层次协议的作用范围

13.1.2　端到端传输控制协议的设计思想

端到端的传输控制可以有两种设计方式：一种方式是针对每种物理网络所需的传输服务都设计一个传输层协议。这种方式的好处在于：可以有针对性的解决问题，协议简洁，没有额外开销，但缺乏广泛的适应性；另一种方式是针对物理网络可能的服务类型和各种传输服务需求设计一个通用的传输层协议。这种设计方式将导致传输层协议变得大而全，但是效率必然很低。

在国际标准化组织(ISO/TC97/SC16)给出的开放系统互连参考模型中，采用了一种折中化的设计方法，即针对每一类子网设计相应级别的传输层协议，这样做，既保证效率又不失其通用性。具体来说，根据物理网络的可靠性将物理网络分为 3 类，即 A 类、B 类和 C 类，服务由强到弱。再将传输层协议分为 0～4 共 5 个级别，功能由弱到强，对应的匹配模型如图 13 - 2所示。

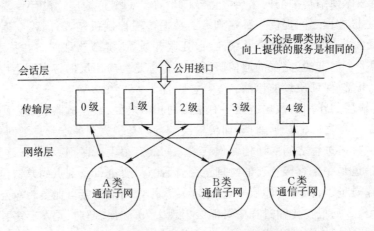

图 13 - 2　OSI/RM 端到端传输控制协议机制

在基于 TCP/IP 协议的网际层(IP 层)中，仅实现了面向无连接的数据报服务，只提供尽最大努力的交付服务，不保证数据传输的可靠性，更不保证服务质量。因此，对于传输层来说，根据不同的应用需求,就提供了传输控制协议(TCP)和用户数据报协议(UDP)两种协议。其中,前者是面向连接的端到端传输控制协议,需要通过复杂的传输控制机制来保证可靠的传输;后者是面向无连接的端到端传输控制协议,只需通过非常简单的但却是高效的传输控制机制来提供不保证可靠性的传输。传输层协议与下面的网络层协议以及向上所提供服务之间的关系如图 13-3 所示。

各种低可靠性应用	各种高可靠性应用
UDP 协议	TCP 协议
IP 协议	

图 13-3　TCP/IP 端到端传输控制协议机制

高可靠性的传输是最容易被人接受的。但不同的应用有不同的可靠性要求,不一定总要追求高可靠的传输服务。另外,高可靠性必然带来低效率,这也是一个必须考虑的问题。

尽管不可靠的传输听起来很难被用户接受,但如前所述,由于网络传输介质的质量和带宽的不断提升,以及网络传输控制技术的不断升级和改善,事实上,网络传输的可靠性还是比较高的,完全可以满足一些特定的应用。尤其是那些对实时性和高效率的要求远远胜过可靠性的应用来说,更是如此。比如对大量的音频或视频的多媒体数据传输来说,丢掉一个包的数据对其影响可能是微乎其微的,但过长的延时却是用户无法接受的。

13.1.3　进程的标识与作用模式

由于广泛采用多任务甚至是多用户的分时操作系统,因此一台主机中完全可以运行多个不同的进程,承担不同的计算或通信任务。那么,如何进行区分和识别位于一台主机中的多个进程呢? 在仅考虑单机的情况下,运行在主机中的多个进程可以用操作系统分配的一个唯一的进程标识符来进行标识,操作系统也是据此进行调度和管理的。但是,在互联网环境中有为数众多的主机,在各个主机上运行的操作系统也可能是种类繁多的,而不同的操作系统又往往使用不同的标识方法和不同的标识符格式。因此就无法让各自的操作系统来指派能够被其他操作系统识别的统一的进程标识符。为了使运行不同操作系统的主机中的应用进程能够互相通信,就必须另外采用某种统一的方法对其进行标识。

在 TCP/IP 网络体系中采用的方法是在传输层引入 16 位的协议端口号(protocol port number)来标识提供不同服务的应用进程。端口号也简称为端口(port),端口号在整个互联网范围内是统一的,但只具有本地意义,即端口号只是为了标志本主机应用层中的各进程。

端口号分为两大类,第一大类是服务器端使用的端口号,另一大类是客户端使用的端口号。其中服务器端使用的端口号又分为两个小类,一个小类叫熟知端口号(well-known port number)或系统端口号,意指用户应该知道并能够正确的应用,其范围为 0~1 023。IANA 已经将其中的一些端口号指派给了 TCP/IP 协议族中的一些重要的应用程序,当然还有很多是空余的。更多和更新有关端口号的指派情况可以在网址 www.iana.org 上查到。一些常用的熟知端口号如表 13-1 所示。

表 13 - 1　部分应用程序对应的熟知端口号

应用程序	FTP	TELNET	SMTP	DNS	TFTP	HTTP	SNMP	SNMP(trap)
熟知端口号	21	23	25	53	69	80	161	162

另一个小类叫登记端口号,范围为 1 024～49 151。这类端口号是为无法取得熟知端口号的一些应用程序提供使用的。但是如果要在因特网上使用,就要求事先在 IANA 上登记,以防重复。

第二大类叫客户端口号或短暂端口号,范围为 49 152～65 535。这类端口号是留给客户端通信进程在运行期间动态选择使用的。当服务器进程收到客户通信进程的报文时,就知道客户通信进程所使用的短暂端口号,因而就可以将数据发送给这个进程。通信结束后,这个端口号还将被收回,以供其他客户端通信进程使用。

端口号只能唯一的标识一台主机中的某一个进程,无法识别互联网上不同主机中的若干个进程,要想唯一地标识位于互联网上的某一台主机中的进程,还需要唯一地标识这台主机。唯一地标识主机完全可以采用前面介绍过的 IP 地址,所以将两者合起来就可以唯一地标识位于互联网上的某一台主机中的某一个特定进程了。将 IP 地址和端口号合成在一起,称为套接字(socket)。即:

套接字＝(IP 地址:端口号)

利用套接字就可以准确定位到某一个确定的应用进程,获取其提供的特定应用服务。套接字完全可以支持多个通信进程在互联网范围内同时进行通信。

网络环境中进程通信要解决的一个重要问题就是确定进程间的相互作用模式。在 TCP/IP 网络体系中,进程间的相互作用主要采用"请求驱动"的客户/服务器(Clients/Server,C/S)模式。在 C/S 结构模式中,每一次通信都由客户端进程发起,服务器进程开启后就处于等待状态,以保证及时响应客户的服务请求。

在网络环境中,客户进程何时向服务器进程发出请求完全是随机的,因此就可能有多个客户进程同时向一个服务器进程发送服务请求。在这种情况下,服务器上的网络操作系统可以通过队列管理和分时处理方式进行处理。

不仅如此,为了节省资金,提高设备的利用率,还经常在一台服务器上同时提供多种服务,如在一台服务器上同时提供域名服务和电子邮件服务。这样各种服务请求就会通过相应的端口汇集到服务器端。那么作为网络操作系统来说,就需要进一步通过多线程方式进行处理,甚至采用并行处理方式进行处理。

13.2　用户数据报协议 UDP

13.2.1　UDP 的特点

UDP 是一个极其简单的协议,同时也是十分高效的协议。它只是做传输层协议最基本的工作,即端到端进程之间的通信,而不保证传输的可靠性。主要特点如下:

(1) UDP 提供无连接的服务。当要在端到端的进程之间传输数据时,无需事先建立连接,在传输过程中,也无需对连接进行管理和维护,更无需在数据传输完成后释放连接。因此,可以大大减少时空开销。对于所传输的每个数据报,在经过封装后交给网际层,然后由网际层临时查找路由表,进行路由选择,获取正确的路由后向前传输,直至到达目标结点,交给由端口号指定的应用进程。由网际层提供的每次交换服务,都只是尽最大努力的交付,不保证可靠性。因此,UDP 所提供的也只是尽最大努力的交付,而无法保证传输的可靠性。

这样,对所传输的多个报文来说,就可能沿着不同的路径传输,因此就可能会出现错序的情况,即先发送的数据报可能会后到达,后发送的数据报可能会先到达。而且在各种不同质量和不同状态的传输路线中,其复杂程度是难以预料的,因此,有些报文可能会出现丢失、出错、延迟到达等情况。

这就如同我们通过邮局邮寄一封平信一样。我们邮寄的每一封信都必须写明确切的邮寄地址和收件人,但邮件传送的路线可能因车次或航班而有所不同,邮局只是尽最大努力的提供投递服务,但不保证可能出现丢失、投错或破损、延迟到达等情况。此处,邮寄地址即相当于IP,收件人即相当于端口号。

(2) UDP 是面向报文的。UDP 对应用层交接下来的报文既不拆分也不合并,而是完整地保留其边界。在填加自己的首部并进行封装后,就向下交付给网际层。在传送到对端后,也是在拆封后去除首部,然后原封不动地提交给由端口指定的应用程序。

UDP 的封装过程如图 13 - 4 所示。

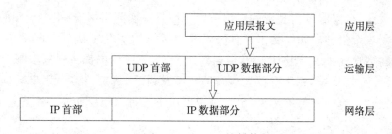

图 13 - 4　UDP 的封装过程

(3) UDP 没有流量控制机制和确认机制,也没有任何拥塞控制机制。只提供了极其简单的差错控制机制,即利用校验和校验数据的完整性。如果检测出在收到的报文中有差错,就默默地丢掉这个报文,而不产生任何差错报文。

(4) 正是由于不要求确认而带来的便利,UDP 除了能够实现正常的一对一通信外,还为实现一对多、多对一和多对多通信提供了可行性,也就是说,UDP 可以支持多播。

13.2.2　用户数据报的格式

UDP 协议封装的数据单元称为用户数据报(User Datagram)。用户数据报格式如图13 - 5 所示。整个数据报由首部和数据两部分组成。首部为固定的 8 个字节,非常简短。数据部分即为应用程序传输的数据,不限定长度,但是要求应用程序选择合适大小的数据长度。因为如果报文太长,在封装并交付给网际层后,一旦超出 MTU 的长度限制时就需要分片,从而降低传输效率。反之,如果报文太短,不仅传输次数多,而且每次传输的短数据相对逐级封装的多个首部来说不划算。这两种情况都将影响其传输效率。

首部各字段的含义如下:

(1) 源端口号:16 位长度,用于指明源主机上的进程所使用的端口号。若源主机是客户

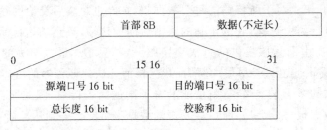

图 13-5　用户数据报的格式

端(当客户进程发送请求时),则该端口号一般为临时端口号;若源主机是服务器端(当服务器进程发送响应时),则在大多数情况下,该端口号为熟知端口号。

(2) 目的端口号:16 位长度,用于指明目的主机上的进程所使用的端口号。若目的主机是服务器端(当客户进程发送请求时),则该端口号一般为熟知端口号;若目的主机是客户端(当服务器进程发送响应时),则在大多数情况下,该端口号为临时端口号。

两个端口号的范围都是 0～65 535。

(3) 总长度:16 位,用于指明该用户数据报的总长度,即首部长度和数据长度之和。可定义的总长度范围也是 0～65 535 Byte,但最小值为 8 Byte(此时,数据部分长度为 0,即只有首部而没有数据,这也就意味着数据部分的最大长度为 65 535-8=65 527 Byte)。一般来说,这个数值是足够大的,可以满足大多数的应用需要。而且在实际当中,有很多应用的实际数据长度都是远远小于这个值的。如在路由信息协议 RIP、简单文件传输协议 TFTP、引导程序协议 BOOTP、简单网络管理协议 SNMP 以及域名系统 DNS 等应用中都将数据限制为 512 Byte。

(4) 校验和:16 位长度,用于存放发送端的校验和,目的是校验整个用户数据报在传输过程中是否会出错。但该部分是可选项,也就是说可以不进行差错校验。若不进行差错校验,则该部分填 0。

UDP 首部中的校验和计算过程比较特殊。在计算校验和时,要在 UDP 的数据报之前增加 12 个字节的伪首部。之所以称为"伪首部",是因为它并不是数据报的真正首部,而是为了计算校验和临时添加在用户数据报之前的,它既不向上提交也不向下传送。伪首部的结构和包含的字段如图 13-6 所示。

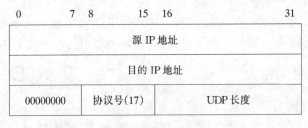

图 13-6　伪首部格式

其中,协议号字段的值固定为 17,代表这是 UDP 协议。UDP 长度仍指用户数据报的总长度,而不包括伪首部的长度。

UDP 的校验和计算过程和 IP 数据报首部校验和的计算过程比较相似,都是采用反码相加求和。不同之处在于,IP 数据报的校验和只检验 IP 数据报的首部,而 UDP 用户数据报的校验和是对伪首部、首部和数据三个部分都进行校验。

13.2.3　用户数据报传输技术

1. 端口与传输队列管理技术

下面以用户请求 DNS 服务(参见 15.1)为例,结合用户数据报的传输过程讲解其端口和队列管理过程。

当 DNS 服务器启动后,网络操作系统就要相应的创建 DNS 服务实体,并针对 DNS 所固有的熟知端口号(53)为其创建对应的输出队列和输入队列。

如果位于网络上某一个客户端的用户要访问 DNS 服务器,那么当该客户端进程将对 DNS 的请求报文下传给 UDP 时,UDP 就要首先为该进程分配一个临时的客户端口号(假定为 12345),同时还要建立与该端口相对应的一个输出队列和一个输入队列。然后,UDP 将客户端进程对 DNS 的请求报文封装成用户数据报后就挂到该客户端口(12345)所对应的输出队列的末尾。UDP 依次从输出队列的队列头取出用户数据报,下传给网际层,由网际层及以下各层负责传送到 DNS 服务器端,到达服务器端的用户数据报由 UDP 找到 DNS 端口号(53)对应的输入队列,首先将其挂接到该输入队列的末尾。然后 UDP 再从队列头依次取出数据报,拆封后提交给 DNS 服务实体。如果找不到 DNS 端口的输入队列,则通过 ICMP 返回一个端口不可达报文给客户端。

DNS 服务实体根据不同的请求提供相应的服务,并将服务结果返回给 UDP。在 UDP 被封装成数据报后挂到 DNS 端口(53)对应的输出队列的末尾。UDP 依次取出输出队列头的用户数据报下传给网际层,由网际层及以下各层负责传送到请求服务的客户端,到达客户端的用户数据报由 UDP 找到该端口号(12345)对应的输入队列,并将其添加到这个输入队列的末尾。然后还是由 UDP 从端口(12345)所对应的输入队列头取出数据报,拆封后提交给请求 DNS 服务的客户端进程,这样该用户就获得了服务的结果。

当请求和服务完成后,UDP 就将取消为该客户端分配的临时端口号。

2. 用户数据报的封装与拆封技术

要将用户数据从互联网一端的某个进程发送到另一端的某个进程,UDP 要做的一项重要工作就是进行用户数据报的封装。当应用进程要使用 UDP 传输数据,并将要传输的数据报文下传给 UDP 时,UDP 就要根据用户数据报的格式和最大长度开辟一个数据结构,然后顺序地组织用户数据报的各个部分。

首先,将应用进程下传的数据报文填加到数据部分,同时计算长度,加上首部的 8 字节后填写到总长度字段,再将分配的客户端口号填写到源端口号字段,将域名系统(DNS)对应的熟知端口号(53)填写到目的端口号字段。最后计算校验和并将结果填写到校验和字段。至此,用户数据报封装完毕。

拆封的过程比较简单,只要直接按照用户数据报的格式从各个字段取出各部分的内容即可。但要先进行差错校验,确认没有差错后,才可以放心使用各部分内容。如果发现差错,则丢弃该用户数据报。

3. 多路复用与分用技术

在 TCP/IP 网络体系中,可能会同时有多个进程使用 UDP,但 UDP 只有一个,因此 UDP 就通过端口号提供多路复用和分用服务。

UDP 通过多路复用技术从发送端的多个进程（端口）接受报文,并进行封装后下传给网际层。而通过多路分用技术从 UDP 取出数据报文并按照端口号分发给接收端的各个进程的过程可以通过图 13-7 来表示。

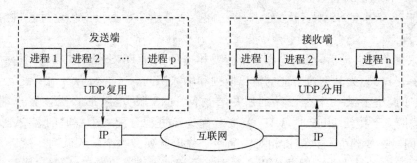

图 13-7   UDP 的复用与分用图例

后面将要介绍的 TCP 也同样需要进行复用和分用,其复用和分用过程同上。

13.2.4   UDP 的应用

如前所述,虽然 UDP 只提供不可靠的交付,但由于 UDP 无需事先建立、管理和维护连接,以及传输完成后释放连接的一系列过程,同时也由于没有复杂的流量控制、差错控制和拥塞控制等功能,因而大大减少了时空开销,提高了效率。正是因此,有很多场合更适合采用UDP。典型的情况如下:

（1）某些实时应用,如前面提到的音频和视频传输。此时,丢失一个包的数据可能对播放质量的影响并不大;相反,超长的等待往往是用户无法忍受的。

（2）路由信息的定期更新。如在基于最短路径优先算法的路由信息协议 RIP 中,其路由信息总是周期性地交换。因此,丢失一次路由信息的影响并不大,很快就会被更新的路由信息所取代。

（3）网络管理,如简单网络管理协议 SNMP。一般来说,运行网络管理程序通常发生在网络出现问题的时候,在这种情况下,可靠的和受控的传输很难实现。因此,采用高效、快捷的UDP 将更为明智。

（4）内部具有流量控制和差错控制等确保可靠性传输的应用,如简单文件传输协议TFTP。此时,应该理所当然地选择 UDP。

（5）基于 IGMP 进行多播和广播的情况。由于所发送的信息是给所有的多播组成员或所有的客户端,此时要想获得确认是不现实的。

其他常见的基于 UDP 的应用还包括:域名服务 DNS、动态主机配置协议 DHCP、引导程序协议 BOOTP、网络文件协议 NFS、远程过程调用 RPC 以及流媒体通信等。

13.3   TCP 协议

13.3.1   TCP 的特点

（1）提供面向连接的服务:与 UDP 协议提供无连接的服务不同,TCP 提供的是面向连接的服务。这意味着当要在端到端的进程之间传输数据时,必须事先建立连接,然后才能传输数据,在传输数据的过程中,还要对连接进行管理和维护,在数据传输完成后则要释放连接。

注意:这里所说的连接和网络层所说的硬件端口之间的连接不同,这里所说的连接是指端到端的进程之间的连接,或者说是软件端口之间的连接。

这种在客户端和服务器端的两个应用进程之间建立的传输连接就好象一条逻辑上的管道,但是需要注意的是,这里所说的管道只是一条在有限时间内存在的逻辑信道,而不是物理信道。但正是由于这条逻辑管道的短暂存在,可以确保双方所传输的报文段能够按序抵达对方。管道连接的形式参见图 13-8。

(2) 提供全双工服务:在客户端和服务器端的两个应用进程之间建立起传输连接以后,双方就可以在建立的连接上发送各自的报文段,而不用管对方。也就是说,双方可以同时发送和接收数据流而不受对方的影响。全双工通信的过程参见图 13-8。

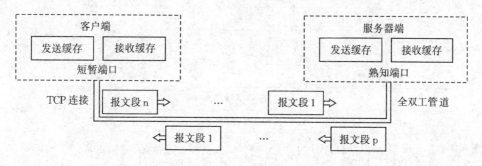

图 13-8　在建立的连接上以全双工方式传送报文段的过程

(3) 面向字节流传递:在建立连接后,双方就可以方便的在这条畅通的管道上以字节为单位交换数据,所交换的数据也因此称为字节流。发送端将产生的数据字节源源不断的送入发送缓存区,TCP 也马不停蹄地从发送缓存区中读取已有的数据字节,经封装后通过双方间的管道传送到接收端。到达接收端并经拆封后再将内部包含的数据字节送到接收缓存区,接收端再按需取用抵达的数据字节。字节流的传递过程如图 13-8 所示。

在建立起客户端和服务器端应用进程的连接之后,TCP 还将为每一端都开辟一个发送缓存区和一个接收缓存区。客户端的应用进程都将要把发送给对端的数据首先写入自己的发送缓存区,TCP 再从发送缓存区中取出适当字节的数据封装成 TCP 报文段,然后直接传送给服务器端。到达服务器端的 TCP 报文段将被拆封,拆封后的数据部分首先存放到服务器端的接收缓存区中,然后应用进程再从接收缓存区中取出所需要的数据。

TCP 的封装过程和 UDP 的封装过程相类似,可以参照图 13-4。拆封的过程刚好是一个与之相反的过程。

在数据字节的流动过程中,字节流的形式和语义并不重要。不管流动的数据是否以字节为单位计量,哪怕流动的是二进制位,或者是任何一种编码。因为 TCP 并不解释数据的含义,这是双方应用程序的事。相对而言,无论是应用层数据报文的边界还是 TCP 报文段的边界都显得并不重要,因为这只是一个中间传输过程,目的是实现字节流的传输。但是需要注意的是,字节流的流动不是任意或不受限制的,TCP 对每次传输字节的多少和传输速度要进行流量控制和拥塞控制。

（4）高可靠性传输：TCP 从多个方面来确保建立在端到端进程之间连接基础上的数据传输可靠性。首先，TCP 提供了确认与超时重传机制；其次，它还采用了基于滑动窗口的流量控制技术；此外，还进行了拥塞控制。当然，差错控制也是必不可少的。因此，确保实现了按序到达、不丢失、不重复和无差错。

13.3.2　TCP 的报文段格式

TCP 协议的数据单元叫报文段（Segment），报文段的格式如图 13－9 所示。一个 TCP 报文段由首部和数据两部分组成。首部的长度为 20～60Byte，其中固定部分为 20Byte，选项部分最多为 40Byte。由于 TCP 的全部功能都体现在它首部的各个字段上，因此，只有弄清 TCP 首部各字段的作用，才能够很好的掌握 TCP 的工作原理。下面，就着重介绍 TCP 报文段首部的各个字段。

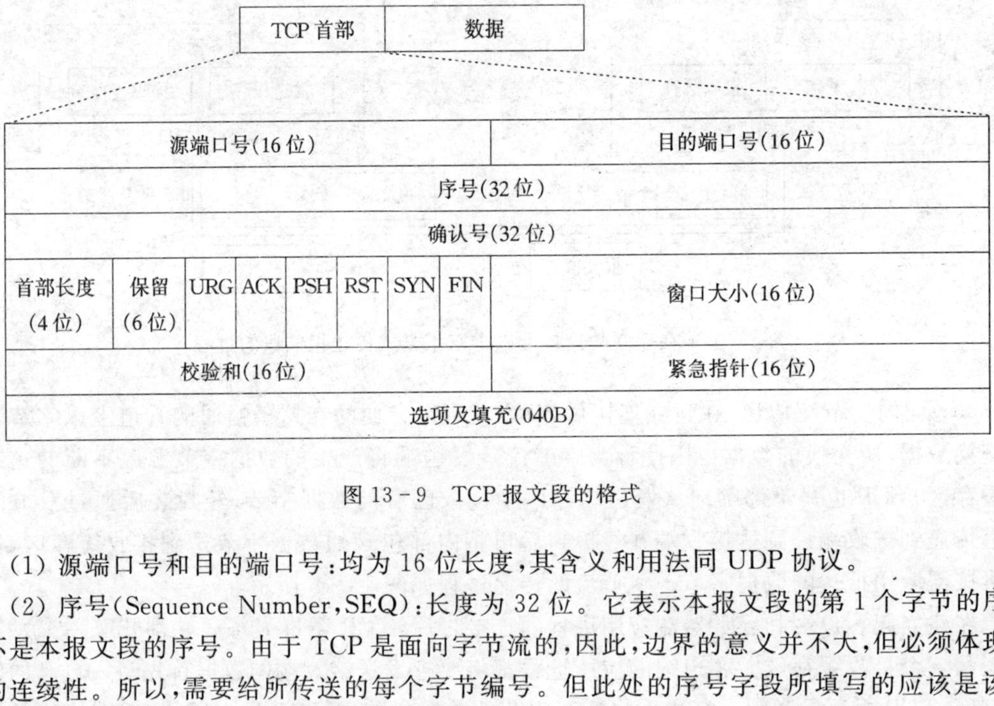

图 13－9　TCP 报文段的格式

（1）源端口号和目的端口号：均为 16 位长度，其含义和用法同 UDP 协议。

（2）序号（Sequence Number，SEQ）：长度为 32 位。它表示本报文段的第 1 个字节的序号而不是本报文段的序号。由于 TCP 是面向字节流的，因此，边界的意义并不大，但必须体现字节的连续性。所以，需要给所传送的每个字节编号。但此处的序号字段所填写的应该是该报文段的第 1 个字节的顺序号。例如，某一个报文段的序号值为 101，携带的数据为 100B，那么，标志这个报文段的第 1 个字节的序号为 101，最后一个字节的序号为 200，而且下一个报文段的序号应该是 201。

注意：

① 编号不一定从 0 开始，而是在 0～$2^{32}-1$ 产生一个随机数作为开始序号，然后循环使用。

② 由于 TCP 通信是全双工的，因此，每一个方向上的序号必须是相互独立的。当连接建立时，双方各自产生自己的开始序号。

（3）确认号（Acknowledgement Number，AN）：长度为 32 位。它表示期望接收的对方的下一个报文段的第 1 个字节的序号，而不是指已经正确接收的报文段的最后一个字节的序号。假定接收端已经正确地接收了对方发来的序号为 n 的报文段，那么，该报文段的确认号就应该是 n+1。例如,接收端已经正确地接收了对方发来的序号为 301,长度为 200B 的报文段,那么表示序号为 301～500 的字节已经正确接收。那么,本报文段的确认号就应该是 501。

注意:

① TCP 无法对一个报文段进行否认。例如,如果收到 301～500 字节的报文段,但通过校验和校验,发现该报文段有错。那么,TCP 需要发回一个确认号为 301 的确认报文,而不是仅仅丢弃该报文段。

② 确认号是与本报文段流动方向相反的字节流,而序号是指与本报文段同向流动的字节流。

(4) 首部长度:也称数据偏移,长度为 16 位,用于表示 TCP 首部的长度共有多少个 4B。也就是指出报文段中数据开始的地方距离 TCP 报文段起始处有多远,但它是以 4B 为单位测量的。由于首部长度是不固定的,因此这个字段很重要。另外,由于首部长度为 20～60B,因此首部长度的值为 5～15。

(5) 保留字段:6 位长度。预留,还没有使用,目前置 0。

(6) 控制域:共包含 6 个不同的控制位或标志位,这些位主要用于流量控制,连接的建立和终止,以及数据的传送方式等。6 个标志位的定义如下:

① URG(Urgent):紧急位,通常和后面的紧急指针字段配合使用。当 URG 的值为 1 时,用于指明后面的紧急指针字段有效,也同时隐含的说明该报文段中包含紧急数据。紧急方式主要用于连接的一端向另一端发送紧急数据。具体用法举例说明如下:

假定某用户在客户端向服务器端已经上传了一个大的应用程序要在服务器上执行,但后来发现这个程序还有些问题,便要取消这个程序在服务器上的执行。那么,该用户所能做的便是通过键盘发出中断信号,这就是典型的紧急数据,并将其封装成紧急方式的 TCP 报文段。当服务器端发现紧急数据时,该端的 TCP 便通知与连接有关的应用程序进入紧急方式。当所有紧急数据都被消耗完后,TCP 便通知应用程序返回正常运行方式。再如,终止文件下载的过程,也是一个类似的紧急操作过程。

② ACK(Acknowledgement):确认位,通常和前面的确认号字段配合使用。当 ACK 的值为 1 时,用于指明前面的确认号字段有效;当 ACK 的值为 0 时,用于指明前面的确认号字段无效,确认号字段的值将被忽略,即本报文段不包含确认信息。

③ PSH(Push):请求推送。当接收方收到 PSH 的值为 1 的报文段后,就知道发送方调用了推送操作,那么就应该立即将报文上交给相应的应用进程,而不再等到整个接收缓存放满后才向上交付。具体用法举例如下:

假如,当客户端和服务器端的两个应用程序在进行交互通信时,客户端的应用程序在发送一个请求后,希望立即接收到服务器端的应答,那么客户端的 TCP 便可以使用 PSH 标志告诉服务器端的 TCP 立即将接收到的数据全部提交给服务器端的应用程序。注意,这里所说的数据包括与 PSH 标志一起传送的数据以及服务器端已经接收并存放在缓存区里的其他数据。

④ RST(Reset):重建/重置位,当 RST 被置 1 时,用于重新建立连接。当一个连接出现严重问题时,就需要重置,即先释放已经建立的连接,再重新建立新的连接,以实现通信双方的重新同步,并初始化某些连接变量。RST 还可以用于拒绝一个非法的报文段或一个连接请求。

⑤ SYN:同步位,在建立连接时用于同步序号。若 SYN 被置 1,且 ACK 被置 0,表明这是

一个请求建立连接请求报文段;若 SYN 被置 1,且 ACK 也被置 1,则表明这是一个同意建立连接报文段。当一端为建立连接而发送 SYN 时,它将为连接选择一个初始序号 ISN。而当另一端对该连接请求进行确认时,则对应报文段的确认号就应该是 ISN+1,因为 SYN 占用了一个序号。

⑥ FIN(Final):终止位,用于释放一个连接。当 FIN 被置 1 时,表明发送端的数据已发送完毕,因而要求释放连接。但要注意,当一方提出释放连接的请求后,仍然可以继续接收到对方的数据,因为对方还没有释放连接。

(7) 窗口大小:16 位。TCP 的流量控制由连接的每一端通过声明的窗口大小来实现。窗口大小字段用来定义对方必须维持的窗口值(以字节为单位)。也就是说,通过该字段可以控制对方发送的数据量。窗口大小的值表明在确认号字段给出的字节序号后面可以发送的字节数,其值的范围是 0~65 535。当窗口大小为 0 时,表明它已经收到了包括确认号减 1 在内的所有数据,但当前接收缓存区已满,不能再接收数据了。发送方接收到该报文后,当然也就不能再发送数据了,只有等接收到窗口大小不是 0 的确认报文后,才能继续发送数据。

(8) 校验和:16 位。校验范围包括首部和数据两个部分。和 UDP 用户数据报一样,在计算校验和时,要在 TCP 报文段的前面加上 12 个字节的伪首部。其伪首部的格式也与 UDP 用户数据报伪首部的格式一样,如图 13-6 所示。但应将伪首部第 4 个字段的 17 改为 6,因为 TCP 的协议号是 6。同时还要将第 5 字段中的 UDP 长度改为 TCP 长度。接收方收到该报文段后,同样要加上这个伪首部来计算校验和。

(9) 紧急指针:16 位。只有当紧急标志置 1 时,该字段才有效。紧急指针字段给出的是本 TCP 报文段紧急数据的最后一个字节的序号,即本报文段中紧急数据的末尾在报文段中的位置。当紧急指针通过以后,或者说所有紧急数据都处理完以后,应用程序将恢复到正常操作。

(10) 选项:长度可变,范围是 0~40B。TCP 最初只规定了一种选项,即最大报文段长度 MSS(Maximum Segment Size)。但随着 Internet 的发展,又陆续增加了几个选项。如窗口扩大选项、时间戳选项以及选择确认(SACK)选项等。由于选择确认尚少采用,下面仅对前 3 个选项做以简单介绍。

1) 最大报文段长度 MSS:MSS 是指每一个 TCP 报文段中数据字段的最大长度,既不是本报文段的最大长度,也不是整个报文段的最大长度。

在连接建立过程中,连接的双方都要宣布它的 MSS,并且彼此查看对方的 MSS。因此,每一方都要在建立连接的第一个报文段中指明这个选项。在以后的数据传输过程中,MSS 就取不大于双方给出的这个 MSS 值。如果一方没有指明这个选项,那么就取 MSS 的默认值(为 536),表明可以接受 536 个字节的数据。

MSS 选项的格式如图 13-10 所示。

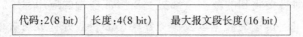

代码:2(8 bit)	长度:4(8 bit)	最大报文段长度(16 bit)

图 13-10　MSS 选项的格式

MSS 的大小并不是根据接收缓存区的大小来确定的,接收缓存区的大小只是用来确定窗口的大小的。MSS 则是为了确保网络传输效率而设定的一个值。一般来说,这个值越大,允许每个报文段携带的数据就越多,相应的传输效率就越高。但是,如果这个值过大,将导致网际层产生过多的分片,从而降低传输效率。因此,这个值要给得恰当。一般要求所有的 Internet 主机都能够接收 $536+20=556$ Byte 的 TCP 报文段。

关于 MSS 的使用,有以下几点值得注意:

① MSS 的长度是由目的端而不是由源端确定的;

② 两个方向上的 MSS 可以不同;

③ MSS 选项只能出现在 SYN 报文段中。

2) 窗口扩大:设置窗口扩大选项的目的就是为了扩大窗口。由于窗口长度字段为 16 位,因此最大窗口为 64 KByte。但由于内存空间的不断增大,相应可提供的缓存空间也不断增大,因此,扩大窗口值可以有效减少对流量的限制,提高数据传输的效率。

窗口扩大选项占 3 个字节,其中一个字节表示移位值 S。这样,表示新的窗口大小的位数的最大值就变成了 $16+S$,S 的最大值为 14,那么,相应的窗口的最大值就变成了 $2^{(16+14)}-1=2^{30}-1$。窗口扩大选项的值可以在双方初始建立 TCP 连接时进行协商。如果某一端的窗口得到了扩大,但以后又不需要那么大了,就可以通过发送 S=0 的选项,将窗口改变到原来的大小。

3) 时间戳:时间戳选项占 10 字节,其中最重要的是时间戳值字段(4 字节)和时间戳回送字段(4 字节)。时间戳选项的主要作用有以下 2 点:

① 用来计算往返时间 RTT。发送方在发送报文段的同时,将发送端的当前时间作为时间戳写入时间戳字段。接收方在确认该报文段的同时,将时间戳从时间戳字段复制到时间戳回送字段。那么,在发送方收到确认报文后,就可以用当前时间减去时间戳回送字段的时间戳值,准确地计算出 RTT。

② 用于处理 TCP 序号超过 2^{32} 种情况。我们知道,初始的序号就是随机产生的,因此很可能会很大,那么很快就会用到 $2^{32}-1$,之后从 0 开始重新使用。即使初始的序号不大,那么在经过一定时间以后,也将用到 $2^{32}-1$。为了使接收方能够把新的报文段和迟到很久的报文段区分开,就需要在报文段中加上时间戳。

13.3.3　TCP 的连接管理

由于 TCP 是面向连接的协议,因此,当要在端到端的进程之间传输数据时,需要事先建立连接,并在传输过程中,对连接进行必要的管理和维护,在数据传输完成后还要释放连接。

1. 建立连接

在建立连接的过程中需要解决两个基本问题:

(1) 彼此确认对方的存在;

(2) 通信双方的初始化(包括协商通信参数,如最大报文段长度,最大窗口长度,以及服务质量等;还包括分配通信所需的资源,如缓存区大小等)。

位于某个客户机中的一个客户进程和位于某个服务器中的一个服务器进程建立传输连接的过程如图 13-11 所示。整个传输连接建立的过程需要经过 3 个步骤,也就是通常所说的 3 次握手。

3 次握手的过程如下:

(1) 假定该客户进程要与该服务器进程建立连接,那么该客户进程向该服务器进程发出

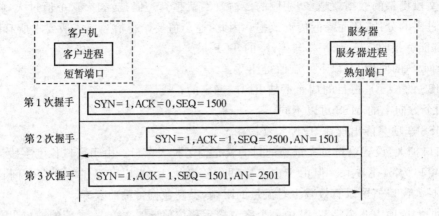

图 13-11 传输连接建立的过程

一个建立连接请求报文段。在这个连接请求报文段中 SYN=1,ACK=0,假定 TCP 为该报文段分配的随机序号为 1 500,那么 SEQ=1 500。

(2) 该服务器进程在接收到该客户进程发送的连接请求报文段后,如果同意与该客户进程建立传输连接,那么就发送应答报文段给该客户进程。在应答报文段中 SYN=1,ACK=1。确认号字段此时可起到一个捎带确认的作用,因此,AN=1 501。另外,同样要给该报文段分配一个随机的序号,假定为 2 500。

(3) 该客户进程在接收到该服务器进程发送的应答报文段后,还需要向该服务器进程发送一个连接确认报文段。在确认报文段中 SYN=1,ACK=1。序号 SEQ=1 501,确认号 AN=2 501。

3 次握手过程看上去比较繁琐,但却是为了保证连接建立的可靠性。

在经过上述的 3 次握手以后,该客户进程和该服务器进程之间的传输连接就建立成功了。接下来就可以在建立的连接(管道)上以全双工方式进行双向的数据传输了。

2. 释放连接

在 TCP 报文段传输完成后,就需要释放连接。传输连接的任何一方都可以提出释放连接的请求,但通常都是由客户进程首先提出。提出释放连接的请求后,还需要得到对方的应答和相互的确认,才能真正的释放连接。

释放传输连接的过程如图 13-12 所示。整个传输连接释放的过程需要经过 4 个步骤,也就是通常所说的 4 次握手。

4 次握手的过程如下:

(1) 假定该客户进程要释放与该服务器进程之间的连接,那么该客户进程向该服务器进程发出一个释放连接请求报文段。在这个释放连接请求报文段中 FIN=1,ACK=0。假定 TCP 为该报文段分配的随机序号为 3 500,那么 SEQ=3 500。

(2) 该服务器进程在接收到该客户进程发送的释放连接请求报文段后,如果同意释放与该客户进程之间的传输连接,那么就发送应答报文段给该客户进程。在应答报文段中 ACK=1,确认号 AN=3 501。另外,同样也要给该报文段分配一个随机的序号,假定为 4 500。

(3) 该服务器进程如果已经没有数据继续传输,那么,就需要释放与该客户进程之间的连

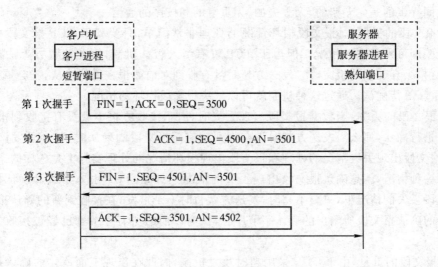

图 13-12　传输连接释放的过程

接。同样,该服务器进程也要向该客户进程发出一个释放连接的请求报文段。在它的释放连接请求报文段中 FIN=1,ACK=0,该报文段的序号 SEQ=4 501,确认号 AN=3 501。

(4) 该客户进程在接收到该服务器进程发送的释放连接请求报文段后,还需要向该服务器进程再次发送一个释放连接的应答报文段。在应答报文段中,ACK=1,序号 SEQ=3 501,确认号 AN=4 502。

同样道理,4 次握手过程看上去比较繁琐,但这是为了保证连接释放的可靠性。

在经过上述的 4 次握手以后,该客户进程和该服务器进程之间的传输连接就释放完成了。

3. 连接复位

所谓连接复位是指撤消当前的连接,重新建立新的连接。要想进行连接复位,报文段中的复位位 RST 必须置 1,此时的报文段也称为复位报文段。

通常,需要进行连接复位的情况有以下 3 种:

(1) 一端的连接请求连接到并不存在的端口上。此时,另一端的 TCP 就可以发送一个复位报文段,来取消这个请求。

(2) 一端的 TCP 出现了异常情况,愿意异常终止连接。那么,它就可以发送一个复位报文段,来撤消这个连接。

(3) 一端的 TCP 发现另一端的 TCP 已经空闲了很长时间,那么,它就可以发送一个复位报文段,来撤消这个连接。

为快速响应,收到复位报文段的一端不需要进行确认,立即撤消当前连接,并重新建立新的连接。

13.3.4　可靠传输技术

1. 差错控制技术

在报文传输过程中,可能出现的差错主要有报文段的损坏、丢失、重复和失序几种情况,但由于 TCP 是一种可靠的传输层协议,因此必须提供相应的机制来解决下面几个问题,确保在端到端之间提供的是无差错的、无丢失的、无重复的和按序的通信。

（1）报文段的损坏：对报文段损坏情况的处理非常简单，只要利用 TCP 报文段中的校验和进行校验即可发现这种情况。但由于 TCP 没有引入否认机制，因此接收方无法通知发送方，只是直接丢弃受损的报文段。发送方超时没有收到对前面报文段的确认，就会重发该报文段，然后重新等待确认。通过这种机制就可以解决报文段损坏的情况。

（2）报文段的丢失：当数据报文段出现丢失时，由于接收方根本就没有接收到报文段，自然就无法进行确认，那么当发送方超时没有收到对前面报文段的确认时，就会重发该报文段。因此，对报文段出现丢失情况的处理和报文段出现损坏情况的处理实际上是一样的。

还有一种情况，就是确认报文段出现丢失的情况。对此，TCP 引入了累计确认机制。在确认报文段丢失的情况下，只要不超时，发送方就暂时不予重发，在接收到新的确认报文段后，就根据新的确认报文段所给出的确认字节序号，认为以前的所有字节都已经被接收方正确接收。

（3）报文段的重复：由于 TCP 采用超时重发机制，因此在出现上面所述的确认报文段丢失的情况下，如果发送方超时没有接收到接收方的确认报文段，发送方就要重发没有获得确认的报文段，那么接收方就会出现重复的报文段。接收方对这种情况的处理方式非常简单，只要丢弃重复的报文段即可。

（4）报文段的失序：由于 TCP 报文段是封装在 IP 数据报中进行传输的，我们知道，IP 是无连接的、不可靠的网际协议，因此，发送方发送的报文段顺序可能与到达接收方的报文段顺序不一致，出现所谓的"失序"情况。对此，TCP 采用了延迟确认的处理方式。即当接收方接收到字节序号与前面不连续的报文段后并不马上确认，而是先将其保存在缓冲区中，当位于其前面的报文段抵达后，字节序号达到连续的情况下，再予以确认。这样，失序就没有影响了。

2. 流量控制技术

由于 TCP 是面向连接的可靠传输协议，因此需要提供流量控制机制。所谓流量控制就是控制发送方的发送速率，使之不要太快，确保接收方能够来得及接收。

对于流量控制，TCP 仍然采用前面第 4 章介绍过的滑动窗口法，但是与前面介绍的滑动窗口机制不同之处有两点：

① 由于 TCP 是以字节为单位交换数据的，因此 TCP 采用的窗口大小也是以字节为单位的，而不是以帧为单位；

② 由于 TCP 需要根据接收方对接收缓冲区中数据的实际处理能力对接收到的字节数量进行灵活确认，因此窗口的大小必须是可变的，而不是固定的。

下面，给出一个 TCP 通过滑动窗口机制进行流量控制的实例，如图 13-13 所示。从中可以看出 TCP 按字节确认和窗口变化的过程。

图 13-13 中，右侧的空白区域为接收方可用的缓冲区，阴影区域为已缓存但未处理的区域。rwnd 为由接收方确定的窗口大小。由图中可以看出，窗口大小随着接收方可接收字节数的变化而变化。

在端到端的数据传输过程中，当出现发送方产生数据很慢，或者接收方处理数据很慢的时候，就必须将窗口的大小设置为 1 或非常小的值。那么，发送方每次就只能传送包含一个或少数几个字节的报文段，接收方每次也仅对包含一个或少数几个字节的报文段进行确认。此时，网络的传输效率就会很低。网络出现的这种情况我们一般称为傻瓜窗口综合症。对此，目前

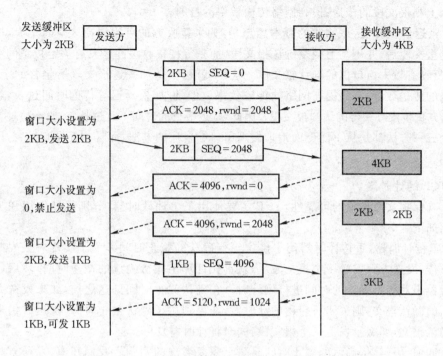

图 13 - 13　TCP 通过滑动窗口机制进行流量控制的过程

主要通过以下三种策略进行解决：

（1）Nagle 算法：该算法主要是针对发送方产生数据比较慢，造成发送的每个报文段中所包含的字节数比较少而频繁发送报文段的情况。其基本思想是：强迫发送方暂时等待发送，待汇集足够多字节的数据后，再一次发送一个较大的报文段，从而减少网上小报文段的传送，提高网络传输效率。Nagle 算法的流程图如图 13 - 14 所示。

（2）Clark 算法：该算法主要是针对接收方处理数据比较慢而造成发送的每个报文段中所包含的字节数比较少而频繁发送报文段的情况。其基本思想是：在接收方可用缓冲区很小的情况下，每次接收到报文段后就返回窗口值为 0 的确认报文段，从而使发送方停止向其传送数据。直到接收方的接收缓冲区能够容纳最大长度的报文段，或者有一半以上的接收缓冲区已经空闲，再发送一个相应窗口值的确认报文段。这时，发送方就可以一次发送一个足够大的报文段了，从而达

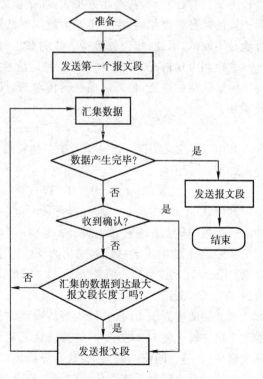

图 13 - 14　Nagle 算法流程图

到减少网上小报文段的传送、提高网络传输效率的目的。

（3）延迟确认算法：该算法的基本思想是：如果接收方的可用缓冲区空间不大，那么接收方接收到报文段后，并不马上回复确认报文段，而是等待接收缓冲区具有一定数量的空闲空间后，再回复具有较大窗口值的确认报文段。这样，就可以增加发送报文段所包含的字节数，减少报文段的传送数量，进而提高网络的传输效率。但是，如果延迟等待的时间过长，就有可能造成发送方重传没有获得确认的报文段。因此，延迟等待的时间不宜过长，一般不超过 500 ms。

以上三种方法都是从不同侧面治理傻瓜窗口综合症的方法，而且相互没有冲突，因此经常综合使用。

3. TCP 的计时器

为了确保报文段传输的可靠性，TCP 主要使用了三种计时器，分别就其作用和工作原理简单介绍如下。

（1）重传计时器：重传计时器用于确定等待确认的截止时间。为了实现对丢失或丢弃报文段的重传，发送方每发送一个报文段后，就首先计算出等待确认的截止时间，然后启用一个重传计时器来对等待确认的时间进行倒计时。在确认截止时间到达之前，如果发送方收到接收方返回的确认报文，则关闭所启用的计时器；如果到达了确认截止时间，发送方仍未收到接收方的确认报文，那么重发上一个报文段，同时将计时器复位。

但是如何计算等待确认的截止时间是一个需要考虑的问题。我们知道，发送方和接收方之间所建立的 TCP 传输连接可能在同一个物理网络之内，也可能相隔多个物理网络，甚至相隔成百上千个物理网络，因此一个传输连接所经历的路径长度和另一个传输连接所经历的路径长度就会存在差别，甚至相差很大，那么相应的等待确认的截止时间就应该是不同的。即便是相隔的路径长度相同，由于不同时段网络的流量和拥塞程度可能是不同的，所经过的路由也可能是不同的，因此，相应的等待确认的截止时间也应该是不同的。

考虑到上述情况，TCP 采用了一种适应性重传算法。该算法的基本思想是：TCP 监视每一个传输连接的性能，根据之前往返传输的时间计算出本次等待确认的截止时间。具体计算公式如下：

$$\text{Timeout} = \beta \times \text{RTT}$$

其中，β 为加权因子，是一个大于 1 的常数。RTT 为往返传输时间的加权平均值，其计算公式如下：

$$\text{RTT} = \alpha \times \text{Old\_RTT} + (1-\alpha) \times \text{New\_Round\_Trip\_Sample}$$

其中，Old_RTT 为上一次往返传输时间的估算值，New_Round_Trip_Sample 为实际测出的前一个报文段的往返传输时间。α 也是一个加权因子（常数），$0 \leqslant \alpha < 1$。

实际上，α 的值决定对延迟变化的反应速度。当 α 的值接近于 1 时，短暂的延迟时间变化对 RTT 不起作用；当 α 的值接近于 0 时，RTT 将紧随延迟时间的变化而变化。RFC 推荐的 α 值为 7/8，即 0.875。

当 β 的值接近于 1 时，将减少等待确认的截止时间，发送方会即时重传，但容易产生过多的重复报文段。随着 β 的增大，等待确认的截止时间将增加，那么可能产生的重复报文段就会越来越少；但是 β 的值如果太大，就会降低传输效率，影响网络性能。RFC 推荐的 β 值为 2，即等待确认的截止时间为往返传输时间加权平均值的 2 倍。

（2）坚持计时器：对于所建立的一个传输连接，如果在某个时段，接收方在确认报文段中将窗口大小宣布为 0,那么发送方就将停止发送报文段,直至接收到窗口大小不为 0 的确认报文段。由于 TCP 对确认报文段是不进行确认的,因此,一旦这个窗口大小不为 0 的确认报文段在传输过程中出现丢失,后果将是非常可怕的。因为双方都无法获知这种情况。接收方认为它已经通知发送方了,就等待接收新的报文段了;发送方由于没有接收到这个重要的报文段,还一直处于等待过程中。那么双方之间的传输过程就会进入死锁状态。

要解除这种可能出现的死锁,就要为每个传输连接设置一个坚持计时器。当发送方的 TCP 接收到一个窗口大小为 0 的确认报文段后,就启动这个坚持计时器。当这个坚持计时器到达等待确认的截止时间后,发送方就发送一个探测报文段,提醒接收方尚未接收到窗口大小不为 0 的确认报文段,同时将坚持计时器中等待确认的截止时间加倍。如果接收方确实已发出过这样一个确认报文段并因此处于等待接收新的报文段的情况下,就立即再发送一个窗口大小不为 0 的确认报文段,那么死锁就会被解除;如果接收方仍然处于等待空闲缓冲区的情况下,当接收到探测报文段后,就不予理睬对方。那么,在到达新的等待确认截止时间后,发送方就将再次发送探测报文段,并再次对坚持计时器中等待确认的截止时间加倍,直至到达最大截止时间(60s)。以后就重复使用这个值,直到窗口重新打开。

(3) 激活计时器:激活计时器用于解决传输连接的双方处于长时间空闲的问题。如果已经建立传输连接的 client 端停止了向 server 端传输数据,但并未关闭连接,那么为了防止长时间处于这种状态而消耗网络资源,就需要启用激活计时器。在计时到达确定的时间长度(通常为 2h)后,server 端就要定期激活 client 端。具体做法是:server 端每隔一定时间(75s)发送一个激活报文段给 client 端。如果连续发送 10 个激活报文段还没有获得响应,那么就中止与 client 端的连接,释放相应的网络资源。如果激活成功,那么就将计时器复位,重新开始新的计时过程。

除了以上三种计时器以外,还有控制释放连接时间的终止计时器,但工作过程与上雷同,故不在此介绍。

有关 TCP 的拥塞控制和服务质量协商的有关内容将在下一章单独介绍。

13.4 流控制传输协议 SCTP

流控制传输协议(Stream Control Transmission Protocol,SCTP)是为多媒体网络应用(如 IP 电话、网络视频播放等)而设计的,目的是为多媒体网络应用提供更高的效率和更好的性能。

为了更好地支持音频、视频数据的传输,SCTP 允许发送方主机和接收方主机采用多个 IP 地址,通过提供多宿主服务来实现在一个连接中同时传输多个数据流。这样,当一个流中断时,其他的流还可以继续传输数据。多宿主服务和采用多个数据流提供数据传输的情况分别如图 13 – 15 和图 13 – 16 所示。

和 TCP 一样,SCTP 也使用确认和重传机制进行差错控制,但是 SCTP 的确认序号是面向数据块的,而 TCP 的确认序号是面向字节的。另外两者确认信息的提供方式也不同,TCP 的确认信息是在报头中给出的,而 SCTP 的确认信息则是由控制块给出的。

在流量控制方面,SCTP 仍然采用面向字节的滑动窗口机制来进行流量控制。

SCTP 也采用慢开始和拥塞避免以及快重传和快恢复的拥塞控制策略。但是,SCTP 的

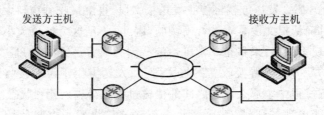

图 13-15   多宿主服务情况示例

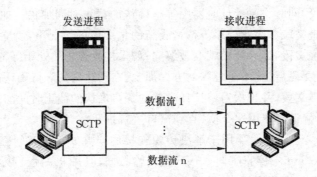

图 13-16   SCTP 多重流数据传输示例

拥塞控制要更加复杂,因为两个端主机之间有多条路径,不同的路径拥塞的情况不同。SCTP使用显式拥塞通知机制,告知端主机发生了拥塞。

本章小结

◆ 在 TCP/IP 网络中,端到端的进程之间通过套接字进行标识和控制。

◆ TCP/IP 提供了两种端到端的通信机制。一种是 UDP 协议,另一种是 TCP 协议。

◆ 目前,两种机制并存,以满足特定的应用对不同可靠性的要求。

◆ UDP 协议提供的是一种无连接服务,虽然不保证传输的可靠性,但却具有很高的效率。

◆ TCP 协议提供的是基于连接的服务,它从确认与重传、流量控制与差错控制、拥塞控制和服务质量协商等多个方面确保了数据传输的高可靠性。

◆ SCTP 是为多媒体网络应用提供的流控制传输协议,支持多宿主服务。

习   题

13-1 试说明传输层在 TCP/IP 网络体系中的地位和作用。

13-2 分别说明传输层和数据链路层及网络层有哪些重要的相同和不同之处。

13-3 在 UDP 协议中,为什么不对用户数据报进行编号?

13-4 既然 UDP 和 IP 都是关于数据报传输的协议,那么应用程序是否可以越过 UDP 而直接将要传输的数据报文交付给 IP 呢?

13-5 为什么在 TCP 首部中设置一个首部长度字段,而 UDP 的首部中不设置? 一个 TCP 报文段的数据部分最多为多少个字节? 为什么?

13-6 试举例说明,哪些应用服务程序适合采用 UDP 协议,哪些应用服务程序适合采用 TCP 协议。

13-7 在使用 TCP 传输数据时,如果有一个确认报文段丢失了,是否一定需要重传? 为什么?

13-8 在主机 A 和主机 B 之间建立了传输连接后,主机 A 向主机 B 连续发送了两个报文段,其序号分别为 100 和 150。试问:

(1) 第一个报文段携带了多少字节的数据?

(2) 主机 B 收到第二个报文段后发回的确认报文段中的确认号应该是多少?

(3) 如果 B 收到第二个报文段后发回的确认报文段中的确认号是 200,那么,A 发送的第二个报文段中的数据有多少个字节?

(4) 如果 A 发送的第一个报文段丢失了,但第二个报文段到达了 B。此时,B 向 A 发送确认,其中的确认号应该是多少?

13-9 在 TCP 报文段中,数据字段长度为 0 具有什么意义?

13-10 说明在出现以下几种情况时,TCP 所采用的处理方法。

(1) 报文段的损坏;(2)报文段的丢失;

(3) 报文段的重复;(4)报文段的失序。

13-11 说明 TCP 采用什么样的流量控制机制。

13-12 TCP 所采用的滑动窗口法,与前面第 4 章介绍的滑动窗口机制有何不同之处。

13-13 当出现发送方产生数据很慢,或者接收方处理数据很慢的时候,TCP 通过哪些策略进行应对和处理?

13-14 试分别给出 Clark 算法和延迟确认算法的流程图。

13-15 通过图示给出 TCP 采用滑动窗口法进行流量控制的过程。

(1) 初始,发送缓冲区的大小为 2 KB,接收缓冲区的大小为 3 KB;

(2) 初始,发送缓冲区的大小为 2 KB,接收缓冲区的大小为 2 KB。

第14章　拥塞控制与服务质量

随着 Internet 覆盖范围的不断扩大和接入主机数量的快速增长，Internet 中传输的数据量更是呈指数级增长。而且实时多媒体数据的传输所占的比例越来越大。因此，网络拥塞问题和服务质量问题越来越突出，正在成为制约 Internet 发展的一个主要因素，日益引起人们的关注和重视。

对于拥塞控制部分内容，将首先阐述一般原理和实现方法，接着介绍目前 TCP 中所采用的几种拥塞控制机制，最后给出路由器中进行拥塞控制的几种常用和经典的方法。对于服务质量部分内容，在介绍有关概念和衡量指标后，将围绕 IETF 提出的几种网络服务模型展开比较具体而深入的讲解。

14.1　拥塞控制概述

网络在工作的过程中，有时多个端结点都表现为数据传输速度缓慢，甚至出现停滞的现象，这就是网络拥塞的一种表现。一般来说，拥塞现象的发生和某一段时间内网络所传送的分组总量有关。

严格来说，所谓网络拥塞是指网络的吞吐量随输入负载的增大而下降这样一种情况。这种情况可以通过图 14-1 来获得更直观的了解。

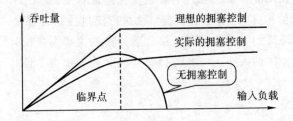

图 14-1　拥塞控制效果示意图

图 14-1 中的横坐标是输入负载(offered load)，代表单位时间内各端结点向网络发出的分组数量总和，纵坐标是吞吐量(throughput)，代表单位时间内通过网络的分组数量的总和。在对网络施加拥塞控制的理想情况下，网络吞吐量与输入负载成正比，并按线性规律增长。但当输入负载超过某一限度时，网络吞吐量就达到了饱和状态而不再增长，形式上呈现为一条水平线。此时，网络中的某些分组是要被丢弃的。尽管如此，网络的吞吐量也一直处于最大值。

但是，无拥塞控制的情况就大不相同了。从图 14-1 中可以看出：初始，随着输入负载的增大，网络吞吐量也相应地增加。但是当输入负载达到某一数值（临界点）时，网络的吞吐量就不再相应地增加，反而随输入负载的增大而减小。此时，表明网络已经出现了拥塞。当继续增大输入负载时,网络的吞吐量甚至会下降到零。此时,网络进入崩溃或瘫痪状态,完全不能工作。

从图 14 - 1 中还可以看出,当加上合适的拥塞控制后,网络吞吐量可以一直随输入负载的增加而增长,但却总是比理想拥塞控制时要小。通过合理、有效的拥塞控制,一般不会出现严重的拥塞,也不会发生崩溃或瘫痪的情况。

从本质上来说,网络拥塞的出现是因为网络对资源的需求超过了资源所能承受的能力,即:

$$\sum 对资源的需求 > 可用资源$$

这里所说的资源主要包括:①带宽;②路由器或交换机的缓存空间;③结点的信息处理能力。

从原理上讲,寻找拥塞控制的方案无非是寻找使不等式不再成立的条件。或者是增加网络的某些可用资源,或者减少用户对某些资源的需求或者使资源的使用更加合理。

增加资源的方案对应的有:

① 通过增加一些链路来增加网络带宽,既可以将新的链路捆绑到原来的链路上,也可以单独构成新的链路,形成分流效果;

② 扩充某些路由器或交换机结点的存储空间或更换更高性能的设备;

③ 提高某些结点处理机的运算速度。

减少需求和合理使用资源的策略有:

① 拒绝某些服务,如拒绝接受新的建立连接请求;

② 降低服务能力,如减轻负荷,减小发送窗口;

③ 重新调整用户对网络资源的使用方式,如采用轮询、加入优先级或进行预约等。

目前广泛采用的方法主要是设法减少对资源的需求和更合理地使用资源。因为增加资源的成本会很高,往往需要通过对网络进行升级改造来实现,不是技术本身能够解决的问题。因此,这样做可能不够现实。另外,网络拥塞是一个非常复杂的问题。简单地从以上 3 个方面增加资源,有时不但不能解决拥塞问题,甚至可能还会使网络的性能变得更坏。

这个道理并不难理解。例如,当某个设备的缓冲区容量太小时,那么到达该结点的分组就会因无缓存空间而不得不被丢弃。现在设想将该结点缓冲区的容量扩展到非常大。那么,凡是到达该结点的分组均可在其缓冲区的队列中排队,不受任何限制。但由于输出链路的容量和设备的处理速度并未提高,因此在这队列中的绝大多数分组的排队等待时间将会很长,结果由于超时,上层软件只好将它们进行重发。类似的,仅仅增加带宽或结点的处理能力,则会对结点的缓存造成压力,结果就可能会出现大量丢弃报文段的情况,等等。

由此可见,简单地增加资源供给不仅会造成网络资源的浪费,而且常常也解决不了网络拥塞的问题,除非全面、合理地同步增加资源供给。但这样做可能是完全没有必要的。因为在网络中,信息的传输具有突发性,拥塞多是由于某处峰值流量过高而导致的,平时一般不会出现。另外,成本也是可想而知的。

从处理机制上来讲也是如此。如果认识不到出现了网络拥塞,并对其处理不善,比如发现发出去的报文段超时没有得到确认,就简单地采用超时重发机制,那么只能加剧网络拥塞的程度,甚至可能会造成整个网络出现大面积瘫痪的状态,无法正常工作,以致各种基于网络的应用受到严重影响。

拥塞控制和流量控制具有一定的相似之处,都是通过对端到端的流量进行抑制来实现的。失控时,将会出现丢包、延时加大而使网速变慢,甚至停滞的情况。但拥塞控制和流量控制既有区别又有联系。拥塞控制是一个全局性的问题,涉及到大量的路由器、交换机、服务器、端主机和信道资源。而流量控制是对点到点通信量的控制,主要是通过抑制发送端发送数据的速率来确保接收端能够来得及接收,因此,只是个端到端的同步问题。拥塞控制和流量控制又是紧密相关的,如果端到端的流量控制问题解决得好,那么网络发生拥塞的概率就小,反之,网络拥塞概率就会增大。

还应该说明,进行拥塞控制是需要付出代价的。这是因为,要进行拥塞控制,首先必须获得关于网络流量的状态信息,这就需要在结点之间交换信息以便采取相应的控制策略。这样,就产生了信道、处理机和存储空间的额外开销。此外,拥塞控制有时需要将一些资源(如缓冲区等)进行调配,以解决一些因网络过载而产生的问题。这样就会使得在一段时间内网络资源不能很好地实现共享,使用不够公平与合理。

一般来说,由于网络的传输质量越来越高,那么因为出现传输差错而丢包的概率就越来越低。因此,只要发送方没有按时收到确认报文,就有理由认为网络可能发生了拥塞,因而就可以采取相应的行动。

通常,可通过对以下一些参数进行观测来发现可能发生的网络拥塞:吞吐量,丢包率,平均队列长度,超时重传率,平均分组时延,分组时延标准差等。有关指标的含义和计算将在14.4.2中介绍。

应该说明的是,监测到某些网络拥塞参数发生了变化,也未必真正出现了网络拥塞。因此,过于频繁的采取行动来解决可能出现的网络拥塞,就可能会给网络的正常工作带来影响,甚至可能会产生振荡。在有些情况下,也会由于拥塞控制机制本身设计的不合理,而导致网络出现拥塞。

网络拥塞的控制策略可以分为两种:一种是静态控制策略。该策略是指在设计网络时,充分考虑到各种可能导致拥塞的因素,并尽可能加以避免。另一种是动态控制策略。该策略主要通过监测某些参数来发现网络拥塞,并尽快将有关信息发送到可以进行拥塞控制的结点,然后有针对性地采取一些强制性的动作来解决网络拥塞问题。很显然,第一种策略是首先要考虑的,但必定要浪费一定的资源,而且往往收效较低。第二种策略虽然需要在运行过程中付出一定的开销,但却可以针对各种可能的情况采取相应的措施,因此收效较高。

网络的拥塞控制可以在不同的层次实现,如传输层和网络层。也可以在不同的位置实现,如中间网络设备和端结点。如下面要介绍的慢开始、拥塞避免、快重传和快恢复方法就是在端结点基于 TCP 实现的拥塞控制机制,而随机早期检测方法和公平排队与调度方法则是在路由器基于互联网层采取的拥塞控制机制。下面的两节内容就具体介绍各种拥塞控制机制。

14.2 TCP 的拥塞控制机制

TCP 的拥塞控制机制是在 1988 年首先引入因特网的,称为 TCP Tahoe 版本,其中只包含三种方法。在过去的二十多年时间里,一直处于不断的改进和完善中,并先后提出了多个TCP 协议的实现版本。在 1999 年颁布的 RFC2581 建议标准中,给出的 TCP Tahoe 版本中则包含了四种基于 TCP 的拥塞控制方法,随后又在 RFC2582 和 RFC3390 中提出了这些方法的改进算法。其中,TCP NewReno 对 TCP Reno 中的快速恢复算法进行了补充,实现了只有当所有报文都被应答后才退出快速恢复状态的功能,而 TCP SACK 则采用了选择性应答和重传策略。

这些方法的共同思想是:发送方维持一个叫做拥塞窗口 cwnd(congestion window)的状态变量和一个叫做发送窗口 swnd(send window)的状态变量。其中,拥塞窗口的大小取决于网络的拥塞程度,并且在动态地变化。拥塞程度越高,拥塞窗口越小,甚至关闭窗口。反之,拥塞程度越低,拥塞窗口越大,甚至开到最大。

为简化问题起见,暂时不考虑流量控制问题,不考虑传输过程中已发送和已确认的字节数。那么,在这种假定下,发送方就可以让自己的发送窗口的大小等于拥塞窗口的大小。发送方对拥塞窗口的调整原则是,只要网络没有出现拥塞,就将拥塞窗口设置为尽可能地大,以便能够将更多的分组发送出去。如果出现了拥塞,就缩小拥塞窗口的值,以此来控制进入网络的分组数量,减少网络的负荷,控制网络的拥塞。

14.2.1　慢开始和拥塞避免

一般来说,当端主机刚刚开始发送数据时,还不知道网络的负荷情况,如果立即就将大量数据字节注入到网络,那么就有可能导致网络的拥塞。因此,初始不宜将发送窗口值设置为太大。那么,窗口的大小初始设置为多大合适呢? 又如何进行调整呢?

慢开始方法就是先由小到大的试探性的开大窗口。具体做法是:初始发送报文时,先将拥塞窗口 cwnd 设置为一个最大报文段 MSS 的值,在每收到一个对新报文段的确认后,就将拥塞窗口再增加最多一个 MSS 的值。这样,通过逐步扩大拥塞窗口,就可以逐渐增加进入网络的字节数,使流入网络的速率更加合理。但同时也要对拥塞情况进行监测,并对拥塞窗口的大小进行控制,一旦发现可能出现拥塞的现象,就立即调小窗口。

下面通过一个例子来说明慢开始方法的窗口变化情况,见图 14-2。图中拥塞窗口 cwnd 的单位为报文段长度 ML。考虑非定长数据的情况,拥塞窗口 cwnd 的单位可取最大报文段长度 MSS。

初始,发送方置 cwnd 为 1 个报文段大小,发送第一个报文段 M1。接收方收到 M1 后,向发送方回复对 M1 的确认。发送方收到对 M1 的确认后,就可以将 cwnd 增大到 2 个报文段大小,那么就意味着可以连续发送 2 个报文段,于是,连续发送两个报文段 M2 和 M3。接收方收到 M2 和 M3 后,向发送方回复对 M2、M3 的确认。此时,发送方接收到对 M2、M3 的确认后,就可以将 cwnd 增大到 4 个报文段大小,那么就意味着可以连续发送 4 个报文段。于是,连续发送 4 个报文段 M4~M7。依此类推,可以发现,在以后陆续的传输过程中,拥塞窗口的大小是以 2 的幂次增加的,即呈指数级增加。由此可见,慢开始算法中拥塞窗口的大小只是起步值低,但增长的速度并不慢,而且增长得很快。

通过图 14-2 可以看出,随着拥塞窗口的快速增大,可连续发送的报文段数量也越来越多,如果不采取任何限制措施,就很容易发生拥塞。为此,需要设置一个称为慢开始门限 ssthresh 的状态变量,在拥塞窗口增加的同时,做如下判断:

当 cwnd<ssthresh 时,采用慢开始方法。

当 cwnd≥ssthresh 时,停止使用慢开始方法,而采用拥塞避免方法。

拥塞避免方法的思想是让拥塞窗口 cwnd 缓慢地增大而不是加倍,使拥塞窗口 cwnd 呈线

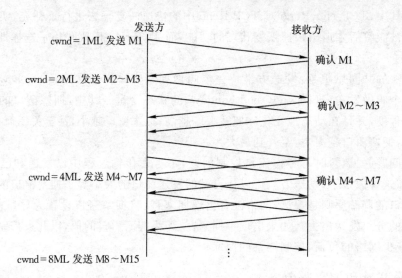

图 14 - 2 慢开始方法窗口变化情况

性增长而不是呈指数级增长。具体做法是,每个轮次只让拥塞窗口 cwnd 的值增加 1 个报文段大小。此时的窗口变化情况如图 14 - 3 所示。

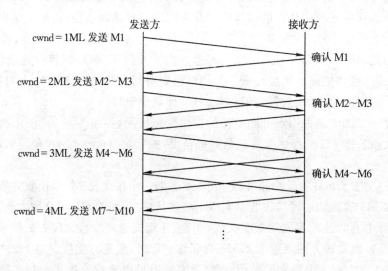

图 14 - 3 拥塞避免方法窗口变化情况

无论是在慢开始阶段还是在拥塞避免阶段,只要发送方超时没有收到确认信息,就可以据此判断网络可能出现了拥塞,于是就要将慢开始门限 ssthresh 设置为出现拥塞时发送方窗口值的一半,而将拥塞窗口 cwnd 重新设置为 1ML,然后执行慢开始方法。这样做的目的是,迅速减少主机发送到网络中的报文段数量,缓解拥塞的情况。

需要澄清的是,所谓拥塞避免方法并非是指不会出现拥塞,只是通过缓慢增加拥塞窗口而使得网络不会轻易出现拥塞。

图 14 - 4 说明了在两种方法的共同作用下,拥塞窗口的变化情况。

初始,发送方置拥塞窗口 cwnd 为 1 个报文段大小,即 1ML,慢开始门限 ssthresh =

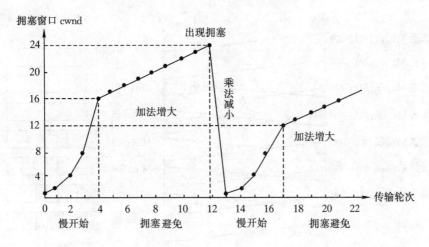

图 14-4　在慢开始和拥塞避免方法的共同作用下拥塞窗口的变化情况示例

16ML。首先执行慢开始算法,随着传输轮次的增加,拥塞窗口的大小呈指数级增长。随着传输轮次的增加,当拥塞窗口 cwnd 达到慢开始门限 ssthresh 值 16 后,执行拥塞避免算法。此后,随着传输轮次的增加,拥塞窗口的大小呈线性增长,该过程也被称为加法增大。当传输轮次达到 12,拥塞窗口大小增加到 24 个报文段时,假定未按时收到确认,那么可以据此判断网络可能出现拥塞,于是将拥塞窗口 cwnd 的大小减少为 1 个报文段,慢开始门限 ssthresh 也相应地减少到原值的一半,即为 12。此时,网络重新采用慢开始算法进行拥塞控制。随着传输轮次的增加,拥塞窗口的大小 cwnd 重新以指数规律增长,当达到新的慢开始门限 ssthresh,即 12 个报文段时,又要进入拥塞避免阶段。此时,随着传输轮次的增加,拥塞窗口的大小 cwnd 又开始按线性规律增长,重新进入加法增大阶段。

14.2.2　快重传和快恢复

前面介绍的慢开始和拥塞避免方法是 1988 年提出的拥塞控制机制,1990 年又增加了两种新的拥塞控制机制,即快重传和快恢复。

快重传方法的基本思想是,接收方每收到一个失序的报文段后就立即发送重复的确认,而不是采取累积确认的方式或等发送数据时再进行捎带确认,以让发送方尽早获知丢失了报文段。当发送方连续收到三个重复的确认信息后,就立即重传接收方尚未接收到的报文段,而无需等待重传计时器的到时,从而实现了快速重传。

采用快重传机制的例子如图 14-5 所示。图中,当接收方正确接收到了报文 M1 和 M2 后,只要向发送方发送对 M2 的确认即可。发送方继续向接收方发送后续报文 M3～M7,但假定 M3 被传丢了,而其他报文却依次相继到达接收方。此时,接收方每收到一个报文,就立即发送一个确认报文,而不再采用累积确认或捎带确认的方式进行确认。在每个确认报文中,都重复的对 M2 进行确认。当发送方收到 3 个对 M2 的重复确认信息后,就立即重传 M3。

与快重传机制配合使用的还有快恢复机制,其实现过程如下:

当发送方收到 3 个重复的确认后,就执行乘法减小算法,将慢开始门限 ssthresh 减半,以预防发生拥塞。但可以断定,此时还没有发生(严重的)拥塞,因为还能够连续接收到接收方发

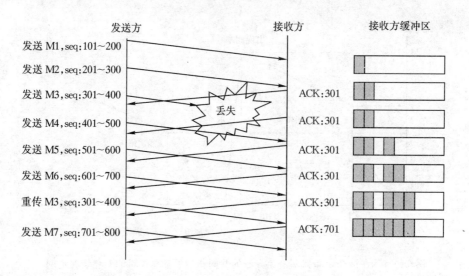

图 14-5　采用快重传机制的数据传输过程示意图

回的确认。因此,TCP Reno 版本认为接下来还没必要执行慢开始算法,只要执行拥塞避免算法就可以了。此时,拥塞窗口的大小也取慢开始门限 ssthresh 减半后的值。然后,使拥塞窗口在此基础上呈线性增长,而不是呈指数级增长,到达折半的慢开始门限以后再执行拥塞避免算法。而早期的 TCP Tahoe 版本则是先执行慢开始算法,到达折半的慢开始门限以后再执行拥塞避免算法。

采用快重传和快恢复机制的拥塞控制过程如图 14-6 所示。其中的慢开始算法只有在 TCP 连接刚刚建立或出现超时的时候才使用。

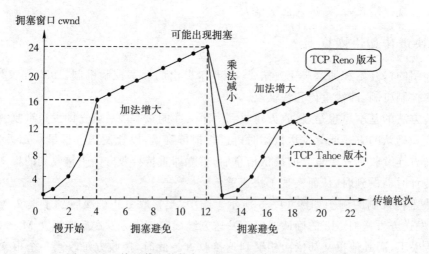

图 14-6　快重传和快恢复机制下拥塞窗口的变化情况示例

在前面的讨论中,我们并没有考虑流量控制问题,因而总是假定接收方有足够的缓冲区可用。但实际上,在考虑拥塞控制的同时,还必须考虑流量控制问题。在实际的数据传输过程中,由于接收方的缓存空间是有限的,因此接收方需要根据自己的接收能力来设定接收窗口 rwnd 的大小,并将接收窗口 rwnd 的大小写入 TCP 首部中的窗口字段,发送给发送方。接收窗口又称为通知窗口。这样做的目的是通知发送方,所发送的报文段的字节数量不要超过rwnd,以免超出接收方的接收能力。因此,发送方允许发送数据量的最大值,即发送窗口的上限值 MaxWindow 应取 cwnd 和 rwnd 中最小的一个,即:

$$MaxWindow = Min[cwnd, rwnd]$$

而实际的发送窗口或称有效窗口 EffectiveWindow 还应该考虑已发送的字节数和已确认的字节数,即:

$$EffectiveWindow = MaxWindow - (LastByteSent - LastByteActed)$$

其中,LastByteSent 表示已发送的字节数,LastByteActed 表示已确认的字节数。

14.3 网际层的拥塞控制机制

14.3.1 随机早期检测 RED

众所周知,路由器是互联网中必不可少的网络设备,主要用于实现不同网络之间的互连,需要交换大量来自不同网络的分组数据。但由于运算速度和处理能力的限制,往往难以满足集中到达的大量分组的交换需求。为了解决由于数据的突发性而造成的分组丢失,在设计上为每个端口都设置了一定容量的输入缓存区和输出缓存区,凡是需要通过路由器交换的分组都要先送到路由器相应端口的输入缓存区,形成输入队列。但是由于输入缓存区有限,因此输入队列的长度有限,那么当输入队列已满时,网络就出现了比较严重的拥塞,以后到达的所有分组就都要被自动丢弃,这种情况必将导致网络服务质量的急剧下降,甚至出现网络的大面积瘫痪甚至崩溃。

另外,发送方超时没有收到确认,就将启用 TCP 拥塞控制机制,使发送方进入慢开始状态,进行超时重传,但数据的发送速率却因此被下调到很低的值。由于复用的原因,这种情况也必将影响到其他通过该路由器的 TCP 连接,从而导致多条 TCP 连接同时进入慢开始状态,并进一步导致全网的数据量急剧下降。而当网络恢复正常后,通信量又将突然上升。这种现象被称为全局同步。

为了避免出现全局同步现象,就需要对路由器的输入队列情况进行早期检测和早期处理,相应的拥塞控制机制称为随机早期检测 RED(Random Early Detection)。在其开始工作之前需要首先设置两个参数,一个是队列长度最小门限 L_l,另一个是队列长度最大门限 L_h。具体的拥塞控制机制如下:

每当有一个分组到达时,首先计算当前的平均队列长度 L_{avg},然后根据其不同取值情况,采取不同的行动。

① 若 $L_{avg} < L_l$,则将新到达的分组送到输入队列进行排队,分组丢弃概率 $p=0$;

② 若 $L_{avg} > L_h$,则将新到达的分组丢弃,分组丢弃概率 $p=1$;

③ 若 $L_l \leqslant L_{avg} \leqslant L_h$,则按概率 p 丢弃新到达的分组。

也就是说,RED 不是等已经发生拥塞(即队列满)后才丢弃无法进入输入队列的全部分组,而是在检测到出现网络拥塞的早期征兆(即队列超过一定长度)时,就以概率 p 随机丢弃后到达的个别分组。

要确保该拥塞控制机制的正常有效工作,最小门限 L_l 和最大门限 L_h 的合理取值非常重要,这需要根据网络的数据流量和路由器的性能等情况来具体决定。比较典型的取值是最大门限 L_h 为最小门限 L_l 的 2 倍。

平均队列长度 L_{avg} 也是个值得讨论的问题。首先,大家可能就要问,为什么要用平均队列长度而不用即时队列长度呢? 即时队列长度不是更能反映当时的拥塞情况吗? 我们知道,网络中的数据传输具有突发性特点,但是突发性一般不会持续时间很长,甚至是瞬间的,因此路由器的输入队列长度也经常处于瞬时的起伏变化之中,如果瞬时超过最小门限 L_l 就触发拥塞控制是不必要的,也是不合理的。因此,采用平均队列长度代替瞬时队列长度来反映队列长度的长期变化趋势。

平均队列长度 L_{avg} 可以通过加权平均的方法来计算,即:
$$平均队列长度 L_{avg} = (1-q) \times L_1 + q \times L_2$$

其中,L_1 为在此之前的队列长度,L_2 为当前队列长度。$0 \leqslant q \leqslant 1$,$q$ 是个常数,其取值越小,越能反映队列长度的长期变化趋势,越能消除短时间的数据突发影响。

下面再来考虑丢弃概率 p 的取值情况。根据平均队列长度 L_{avg} 的三个区间分布,首先可以得出分组丢弃概率 p 的三种取值分布:

① 若 $L_{avg} \leqslant L_l$,则分组丢弃概率 $p=0$;
② 若 $L_{avg} \geqslant L_h$,则分组丢弃概率 $p=1$;
③ 若 $L_l < L_{avg} < L_h$,则 $0 < p < 1$,为随机数。

14.3.2 公平排队与分组调度

现在的 IP 路由协议都是先来先服务(First Come First Serve,FCFS)的,不区分数据类型。路由协议不管所要转发的数据是否有时间延迟的限制,都相同的排队等候通过。因此,现在的因特网(IPv4)提供的是单一的尽力而为(Best Effort)服务,任何应用都完全平等地共享网络资源,这种策略很适合于数据业务的传输,却并不适合于实时多媒体业务的传输。这种情况就好比你要买即将开行列车的车票,但在你的前面有很长的队伍,他们多数都是在排队买晚些时候甚至是未来两天开行列车的车票。显然,这是很不合理的。因此,倘若能够根据不同业务类别的紧急程度,制定优先级等级,然后按不同的优先级排队,并按照优先级从高到低的顺序进行调度,只有当高优先级队列为空时,才调度低优先级队列,那么这样就会更加合理。

简单的按优先级排队也存在一定的问题,就是只要高优先级队列陆续有分组到达,低优先级队列的分组就会长期得不到调度。显然,这是不够公平的。于是就有人提出了公平排队(Fair Queuing,FQ)方法,即轮流调度方法,总是先调度高优先级中队列中的一个分组,然后调度低优先级队列中的一个分组,依次轮转。

但是,公平排队方法也并非绝对的公平。首先,这种方法并没有很好地区分优先级;其次,对于长分组得到的服务时间长,而短分组得到的服务时间短,短分组相对比较吃亏。这种情况就好比你要办理登机手续,但是在你的前面有一个团体客户,他一个人要办理几十个人的登机手续,显然你会感到很郁闷,当然这也不能算公平。

为了更加公平合理,使高优先级队列中的分组有更多的机会得到调度,可以考虑针对不同优先级队列增加不同的"权重"值,将公平排队进一步改造成为加权公平排队(Weighted Fair Queuing,WFQ)。其工作原理如下:

根据不同的业务类别或特性构成不同的队列,每个队列对应不同的优先级。网络根据队列的优先级不同,分配不同的调度时间。假定网络给队列 i 指定的权重为 w_i,那么队列 i 得到的平均调度时间就是 $w_i/\sum w_j$,其中 $\sum w_j$ 为所有非空队列的权重之和。如果路由器输出链路的带宽为 R,那么队列 i 可获得的有保证的数据率 R_i 就应该是:$R\times w_i/\sum w_j$。

加权公平排队 WFQ 的原理示意图如图 14-7 所示。图中,分类器负责将到达路由器的分组按不同业务类别分配到不同优先级的队列中,调度器按优先级大小依次调度三个队列中的分组(当然遇到空队列时就直接跳到下一个队列),但每个队列分配到的服务时间是不同的,需要按权重比例分配。不同的权重和调度策略将产生不同的分组转发顺序。图 14-7 中右部分给出了两种可能的分组转发顺序。

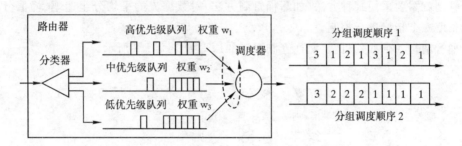

图 14-7　加权公平排队调度原理示意图

实际当中的调度算法要远比此复杂。一般来说,分组调度算法在设计上应充分考虑以下几个因素:

① 对网络性能的影响。如平衡网络负载,提高网络利用率,避免拥塞等。

② 可以满足服务质量要求,能够保证一个或多个 IP QoS(Quality of Service)性能。例如,当被调度的流量满足某些特点时,此算法可以保证端到端的时延有确定上界。

③ 公平性。网络资源在不同类型分组之间公平分配,超标数据流不能影响正常数据流应得到的服务质量。例如,在区分服务中,当网络负载较重时,通过采用加权公平排队 WFQ 机制(比例公平原则),就可以实现按比例分配网络资源,提供相对公平的服务质量保证。

④ 能够满足一般算法所要求的时间开销和存储开销等。

14.3.3　漏桶管制机制

首先我们介绍 3 个关于数据流传输的指标,这 3 个指标都和网络拥塞密切相关。然后再介绍一个对进入网络的数据流进行管制的方法,即漏桶管制方法。

(1) 平均分组速率(Sustained Packet Rate):一段时间内分组传输的平均速率。在此,时间段大小的选取非常重要,因为它反映拥塞控制的严格程度。例如,100 分组/秒钟和 6 000 分组/分钟的平均速率是相同的,但前者明显较后者严格。因为前者要求每秒钟的传输速率都不超过 100 个分组,而后者完全允许某一秒的传输速率超过 100 个分组,甚至达到 1 000 个分组或更多。尽管如此,在计算平均值时,如果将时间段选取的太小就失去了本身的意义,而变成了下面要介绍的峰值速率。

(2) 峰值分组速率(Peak Packet Rate):传输中的最大瞬时速率,可用产生两个相邻分组的最短时间间隔的倒数来表示。

　　由前可知,在计算平均值时,时间段的选取不可能太小,因此仅仅控制平均速率是不够的。峰值分组速率是造成网络瞬间拥塞的主要原因,因此必须考虑并限制数据流传输的峰值速率。

　　(3) 突发长度:峰值分组速率的持续时间。如果峰值分组速率的持续时间比较短,那么由于设置了足够容量的缓存,可能仅仅造成瞬时分组排队超长(超过队列长度最小门限 L_l)的情况,因此可能出现个别分组被丢弃。但是,如果峰值分组速率的持续时间比较长,那么排队的分组就会超出队列长度最大门限 L_h,因此后到达的所有分组就都会被丢弃,从而导致一系列严重的问题。

　　由此可见,为了控制网络拥塞,首先必须管制进入网络的数据流,而要对进入网络的数据流进行管制就需要采用某种方法(如漏桶管制方法)对数据流的平均分组速率、峰值分组速率和突发长度三个指标进行控制。

　　漏桶管制是一个抽象机制,漏桶管制方法的原理如图 14-8 所示。

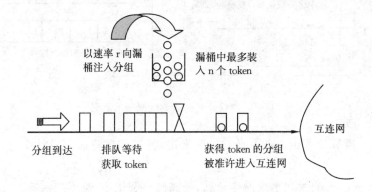

图 14-8　漏桶管制原理

　　可以将漏桶看成是有一定容量的容器,并假定可容纳的 token(令牌/标记)数量最大为 n。只要漏桶不满,网络就以速率 r 向漏桶中注入 token。若漏桶已满,则不再向其注入 token。如果漏桶已空,就要等待注入新的 token。

　　分组在源源不断地到达,但在进入网络之前必须先从漏桶中获取 token。如果漏桶为空,就要排队等待向漏桶中注入的 token。只有获得 token 的分组才被允许进入网络。

　　不难分析,在任何时间段 t 内进入网络的分组数量的最大值为 rt＋n。也就是说,将漏桶中已有的 n 个 token 连同新到达的 rt 个 token 全部消耗掉。即使进入网络的分组速率再快,受到漏桶中已有 token 的数量和流入速率的限制,那么分组进入网络的平均速率也只能达到(rt＋n)/t,峰值速率更是被有效抑制。由此可见,只要控制注入漏桶的 token 的速率 r,就可以对进入网络的分组数量或者说进入网络的数据流的速率进行有效的管制。

14.4　网络服务质量及衡量指标

14.4.1　网络服务质量概述

　　如前所述,互联网本身只能提供"尽力而为的服务"或称"尽最大努力交付的服务"。这对于早期的互联网来说是合适的,因为它是以纯数据传输业务为主的。一般来说,纯数据业务只对准确率有要求,而对时延等特性没有严格要求。然而,当互联网越来越多地用于传输多媒体信息(如声音、图像、视频)时,由于这些实时业务对网络的传输延时、延时抖动等特性较为敏感,这样网络的传输质量就难以保障了。因此网络的服务质量就越来越多地引起人们的关注,甚至成为网络技术研究的热点问题。

网络服务质量简称服务质量(Quality of Service,QoS),它是指 IP 数据报或数据流通过网络时网络所表现出来的性能。这种性能可以通过一系列可度量的参量来描述。IETF 在 RFC2216 中对 QoS 做出如下定义:用带宽、分组延迟和分组丢失率等参数描述的关于分组传输的质量。IETF 在 RFC2386 中又对 QoS 做出进一步描述:QoS 是网络在传输数据流时要求满足的一系列服务请求,它可以被量化为带宽、延迟、延迟抖动、丢失率、吞吐量等性能指标。有关网络的服务质量的衡量指标将在 14.4.2 中介绍。

QoS 涉及用户的要求和网络服务提供者的响应两个方面。用户的要求包括用户在互联网上进行数据通信的服务类型以及相应的传输性能和服务质量。需要说明的是,不同类型的业务对服务质量的要求是不同的,典型的网络服务对 QoS 的要求如表 14-1 所示。网络服务提供者的响应则是指互联网针对某一类服务所能够提供和达到的服务类型以及相应的传输性能和服务质量。因此,QoS 一般需要通过发送和接收信息的用户之间以及用户和网络之间事先进行协商。也就是说,需要提供什么样的服务质量,除了用户之间需要协商以外,用户和网络以及网络中的路由器、主机和应用程序等元素之间也需要进行 QoS 协商。当用户的 QoS 要求太高,网络无法满足时,将要求用户降低其 QoS 要求,甚至为了保证其他用户的服务质量而拒绝用户的 QoS 要求。由此可见,网络服务质量的协商机制是非常必要的,用户和网络系统之间的 QoS 协商过程也可以看成是准入控制过程。

表 14-1 典型的网络服务对 QoS 的要求

网络应用	带宽	分组延迟	延迟抖动	分组丢失率
FTP	较高	≤几分钟	无要求	0
E-Mail	一般	≤几分钟	无要求	0
Telnet	较低	≤几十秒	无要求	0
IP 电话	≥16 kb/s	≤150 ms	≤1 ms	≤10^{-2}
MPEG-1	≥1.86 Mb/s	≤250 ms	≤1 ms	≤10^{-2}(未压缩) ≤10^{-11}(压缩)
视频传输	≥20 Mb/s (有损压缩)	≤250 ms	≤1 ms	≤10^{-2}(未压缩) ≤10^{-11}(压缩)

还需要明确的是,QoS 不仅仅是网络中某个个体的行为描述,而是涉及用户与用户、用户与网络以及网络内部若干结点的的整体行为,或者说是整体服务效果。

用户与用户之间及用户与网络之间的相互协商机制如图 14-9 所示。

为了便于实现协商,IETF 将 QoS 定义为一个二维的空间:

<服务类型,参数类型>

其中,服务类型和参数类型都是整型数,取值范围为:1～254。

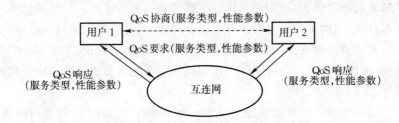

图 14-9　用户与用户及用户与网络之间的协商机制图示

对于服务类型来说,其取值范围又被进一步划分为 3 个区间,即:1,[2,127],[128,254]。其中,1 用于指定通用参数。即当服务类型的值为 1 时,参数类型中给定的任何参数都可以被所有的服务所使用。区间[2,127]用于表示由 IETF 定义的各种服务。例如,2 表示保证型服务,5 表示控制负载型服务。当前,IETF 尚未定义更多的服务类型。区间[128,254]是为研究和实验预留的,可在本地范围任意使用。

参数类型中的区间[1,12]是保留区间,用于指定那些供所有服务公用和共享的参数。例如,当前可利用的带宽等。服务类型 1 和该区间的参数值一起组成公用共享参数。例如,〈1,5〉表示一个可供各种服务共享的 QoS 参数。区间[128,254]由服务规范的设计人员针对特定的服务类型给定,不是共享的。

为了提供端到端的质量保证,很容易想到的是 TCP 协议,因为它是一种面向连接的可靠传输协议。但是,TCP 的重传纠错机制对实时业务的传输很有害,因为重传分组的延迟要远远大于其正常传送的延迟,这将带来相当大的延迟波动。另外,TCP 的滑动窗口流控制机制也会带来相当大的延迟波动。所以采用 TCP 协议进行实时业务的传输是有害而无益的,因此只能采用无重传纠错和流量控制机制的 UDP 协议,并在此基础上增加服务质量协商机制。

IP 网络不能保证特定业务的 QoS 要求已经成为 IP 网络向宽带综合服务网络发展的巨大障碍。有人提出可以用增大带宽来解决 QoS 问题,然而由于应用的需求是无止境的,不管网络有多大的带宽都有可能耗尽,所以这种方法并不十分可行。因此如何使互联网能够灵活地根据业务的具体特点提供给客户满意的服务是亟待解决的问题。

为了较好地解决网络的 QoS 问题,各研究团体纷纷开始组织大规模的 QoS 研究,一些大的通信厂商甚至还联合成立了 QoS 论坛,协商各种 QoS 技术标准的实施方案。Internet 工程任务组(IETF)则专门成立了综合业务(Integrated Services)工作组和区分业务(Differentiated Services)工作组进行研究。这两个工作组分别于 1994 年和 1998 年提出了各自基于 IP 网络的 QoS 服务协议模型:综合业务模型和区分业务模型。这两个模型及其综合解决方案将在第 14.5、14.6 和 14.7 中分别介绍。

QoS 研究的目的是针对不同的业务,通过最优化的使用和管理网络资源使其尽可能满足多种业务的需求。在当前的网络环境中,QoS 的研究内容主要体现在确保实时业务的通信质量方面。

14.4.2　网络服务质量的衡量指标

为了便于对 QoS 的理解,下面对以上定义和描述中出现的有关 QoS 的指标给予介绍。

1. 带宽和传输速率

所谓带宽(Bandwidth)是指信道所具有的频带宽度,是描述媒介物理特性的一个参数,单位用 Hz 表示。

与带宽紧密相关的一个指标为传输速率(Data Rate),它是指每秒种传输的二进制比特数,传输速率是描述数据流的一个参数,单位用 BPS 表示。

受信道物理特性的影响和信号识别对衰减程度的要求,具有一定带宽的信道,其信号传输速率是有限的。一般来说,信号传输的速率越快,要求信道的带宽就越高。信道的带宽越高,信号的传输速率就越快。由于两者成正比关系,因此,信号传输速率与信道带宽两个概念经常互换使用。下面,给出其计算方法:

(1) 对于无干扰的理想信道来说,可用奈奎斯特(Nyquist)公式计算:

$$极限传输速率(信道容量)C=2Flog_2S$$

其中,F 为信道带宽(Hz),S 为单位周期内数字信号的状态数。

(2) 对于有干扰的实际信道来说,这个极限值可以用香农(Shannon)公式计算:

$$极限传输速率(信道容量)C=Flog_2(1+S/N)$$

其中,S 为数据信号平均功率(W),N 为干扰信号平均功率(W)。一般的数据通信系统都必须保证 S/N 的比值。

【例 14-1】 若要在信噪比为 31 的电话信道上传输数据,问最高传输速率可以达到多少?

【解】 一般认为电话信道的可用带宽为 3 400 Hz,那么按照香农公式可以列出如下算式,并获得相应的运算结果:

$$C=Flog_2(1+S/N)=3\ 400\times log_2(1+31)=3\ 400\times 5=17\ 000\ b/s$$

2. 分组延迟和延迟抖动

分组延迟是指分组的第一个比特离开发送端与分组的最后一个比特到达接收端的时间间隔,分组延迟可以细分为以下四个部分:

(1) 发送时延(传输时延,transmission delay):发送数据时,数据分组从结点进入网络所需的时间。也就是从所发送分组的第一个比特算起,到该分组的最后一个比特发送完毕所需的时间。它取决于发送接口的速率和分组的大小。

$$发送时延=分组长度/信道带宽$$

(2) 传播时延:分组在网络中传播而花费的时间,即发送端发送出分组中的某一个比特到接收端接收到该比特所经过的时间间隔,它取决于传输介质和传输距离。

注意:信号传输速率(即发送速率)和信号在信道上的传播速率是完全不同的概念。

(3) 处理时延(processing delay):交换结点为存储转发分组而进行一些必要的处理所花费的时间,即分组从到达节点到进入输出队列的时间间隔,包括对分组头处理,路由查找等,它取决于节点的处理能力和分组处理的复杂度。

(4) 排队时延(queuing delay):分组从进入队列到开始传输所经过的时间间隔,或者说分组在路由器等结点的缓存队列中排队所经历的时延。排队时延取决于平均队列长度(反映的是网络中的数据流量)和调度策略。

分组的总时延则是以上 4 个时延的总和,即:

$$总时延=发送时延+传播时延+处理时延+排队时延$$

　　通过分析可以发现,要减小分组的时延可以通过提高网络的带宽、增加路由器等结点的缓存空间和处理能力来实现。

　　延迟抖动是指分组延迟的变化程度,反映的是端到端延时的变化特性,它是由延时的可变部分导致的,如:流量的突发、不公平的队列调度算法都可能导致较大的延迟抖动。延迟抖动越大,网络服务质量越难以控制,网络越容易出现拥塞。

3. 分组丢失率和超时重传率

　　分组丢失率即单位时间内丢失的分组数量与所传输的分组数量的比值。前已述及,分组在传输过程中有因为已经出现拥塞而被迫丢失的情况,还有因避免出现拥塞而被主动丢弃的情况。但我们知道,不同时刻,网络中的数据流量以及拥塞程度是不同的,因此,分组丢失率应该是一个平均值。

　　和分组丢失率相类似的一个指标是超时重传率。有些分组在发出后因超过规定时间而没有收到对方的确认,对这样的一些分组就需要被重传。单位时间内这样的一些被重传的分组数量与发送的分组总数的比率即为超时重传率。当然,这个值也应该是一段时间内的平均值。

　　和分组丢失率相关的另外一个指标是误码率。它是指二进制符号在传输系统中被传错的概率。误码率可以近似地用单位时间内被传错的二进制符号数与所传二进制符号总数的比值来表示。

　　即:误码率 Pe＝接收的错误比特数/传输的总比特数

　　分组丢失率、超时重传率和误码率都是衡量网络传输质量的一个重要参数。

4. 网络吞吐量和网络利用率

　　吞吐量(throughput)是指单位时间内通过网络(或信道、接口)的数据量。显然,网络的吞吐量越高越好,网络的吞吐量是衡量网络传输性能和质量的一个重要参数。

　　有时,还会遇到信道利用率和网络利用率的概念。信道利用率即信道的使用效率,而网络利用率则是指网络中全部信道的利用率的加权平均值。考虑到可能出现的网络拥塞,信道利用率或网络利用率并非越高越好。

14.5　综合服务模型 IntServ 和资源预留协议 RSVP

14.5.1　IntServ/RSVP 的体系结构模型和工作原理

　　IntServ/RSVP 综合服务体系结构模型是 IETF IntServ 小组于 1994 年提出的。其基本思想如下:同时支持多种不同级别的服务类型,一个应用要想获得某种服务质量,必须在向网络传送流量之前请求网络为其预留所需资源。这就要求在会话开始之前,源端和目的端之间首先要建立一条链路。因此从某种意义上来说,IntServ/RSVP 实际上是提供了一种类似于电路级(circuit level)的服务质量,理论上可以实现完全的端到端 QoS。

　　该模型中定义了三种服务类型:

　　(1) 有保证的服务(Guaranted Service,GS):对带宽、时延、丢包率提供定量的质量保证。例如,可以保证一个分组在通过路由器时的排队时延有一个严格的上限。

　　(2) 受控负载的服务(Controlled_Load Service,CLS):没有固定的服务质量(带宽、时延、丢包率)保证,能够提供一种相当于网络节点在低负载情况下的尽力服务。

(3)尽力而为的服务(Best Effort,BE):类似于 Internet 提供的尽力而为的服务,基本没有质量保证。

为了实现上面的服务,IntServ 定义了 4 个功能部件,网络中的每个路由器都要实现这 4 个功能部件。

(1)分类器(Packet Classifier):根据预置的一些规则,对进入路由器中的分组进行分类。分组经过分类以后被放到不同的队列中等待提供服务。

(2)接纳控制器(Admission Control):基于用户和网络达成的网络协议,对用户的访问进行一定的监视和控制,以利于保证双方的共同利益。

(3)调度器(Packet Scheduler):基于一些调度算法,对分类的分组队列进行调度。

(4)资源预留协议(Resource Reservation Protocol,RSVP):它是 Internet 上的信令协议。通过 RSVP,用户可以给每个业务流(或连接)申请资源预留,要预留的资源可能包括缓冲区及带宽的大小。这种预留需要在路由的每一跳上进行,这样才能提供端到端的 QoS 保证。RSVP是单向的预留,适用于点到点以及点到多点的通信环境。

RSVP 不属于传输层的协议,而是属于网络层的控制类协议,在此称为信令协议,只用于预留资源而不用于携带应用数据。在进行资源预留的时候,采用了多播树的方式。

IntServ/RSVP 综合服务体系结构模型如图 14-10 所示。

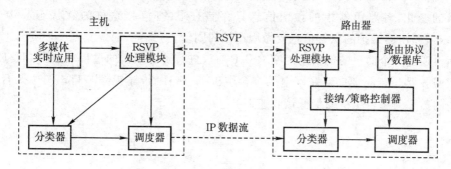

图 14-10　IntServ/RSVP 综合服务体系结构模型

IntServ/RSVP 的工作原理如下:

首先,发送端向所有的接收端发送 PATH 报文(即存储路径状态报文),报文中含有流规范(或称通信量规约,TSpec),用以指定流的特性,即所需的服务质量。沿途的每个中间路由器按照某种路由协议确定的路径逐跳转发 PATH 报文到接收端。收到此 PATH 报文的接收端通过发送一个 RESV 报文(即资源预留请求报文)进行响应,为该流请求资源。RESV 报文中含有请求类别(RSpec),用以指定服务质量类型及中间节点转发分组所需的优先级参数。然后,沿途的每个中间路由器都可以决定是否接受该请求。如果拒绝请求,路由器将发送一个出错消息给接收方,并且中断信令的处理过程;如果接受请求,路由器则为该流分配所请求的资源(如链路带宽和缓冲区空间),同时路由器保存相关的流状态信息。至此,预留通路就建立起来了。

以后,多媒体实时应用系统的主机所发生的每一个分组,都首先送分类器按服务类别进行分类,然后再送给调度器的相应队列进行排队,等待调度。调度成功后,就可以将分组发送到网络中的路由器。预留通路中的路由器收到分组后同样先送到分类器对服务分类,但同时,接纳控制器要根据当时的路由状态信息、可用资源情况和负载情况采用某种策略确定能否满足其资源要求,进而决定是否接纳该分组。因为已经进行了资源预留,所以正常情况就应该接纳该分组,并将分组送到调度器,调度器再按照 RSVP 预留的通路和分类标准将该分组送到相应的输出队列中,并由分组转发机制按一定的算法进行调度。

资源预留和流传输的过程可通过简化的图 14-11 来表示。上面箭头表示含有流特性的 PATH 报文的沿途传输过程,中间箭头表示含有特定 QoS 要求的 RESV 报文的沿途传输及资源预留过程,下面箭头表示预留资源成功后流的沿途传输过程。

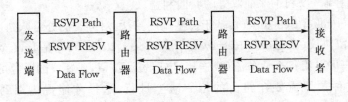

图 14-11   IntServ/RSVP 的资源预留过程

在此需要说明两点:首先,上面所提到的流是指具有同样的源 IP 地址、源端口号、目的 IP 地址、目的端口号、协议标识符及服务质量需求的一串分组。其次,为了适应网络拓扑路由及 QoS 要求的变化,各路由器中的预留信息只存储有限的时间(这称为软状态,soft-state), RSVP 请求及路由器维护的状态信息要做周期性的刷新。

下面再通过一个简单的例子来说明 RSVP 协议进行资源预留的过程。如图 14-12 所示, 假定视频服务器 Server 要向互联网上的 3 台主机 $H_1 \sim H_3$ 传输视频节目。图中 3 台主机右边所标注的数字为每台主机的最低接收速率。

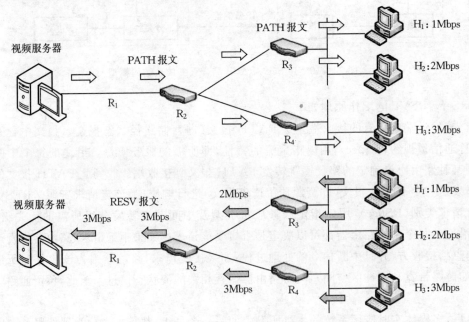

图 14-12   RSVP 进行资源预留过程示例

首先,视频服务器以多播方式向网络中的所有主机发送 PATH 报文,说明所要传播的视频流的特性,PATH 报文沿不同的路由经多次转发分别抵达 3 台主机 $H_1 \sim H_3$。每一台主机收到 PATH 报文后都要向发送该报文的视频服务器回送一个 RESV 报文,指明在收看该视频节目时所需的服务质量等级。沿途的某一台路由器若不能满足所要求的服务质量,则返回差错报文。若能满足所要求的服务质量,则为其预留特定的资源。但是处于汇聚结点的路由器(如 R_2)需要将来自不同主机的服务质量对资源的需求汇聚到一起,形成一个新的 RESV 报文向回发送。但是需要注意:由于视频流的传输将采用节省带宽的多播技术,因此,新的 RESV 报文并不是简单地将所要求的预留资源相加,而只需取其中的最大值即可。如果资源预留报文 RESV 成功地回到视频服务器,则视频服务器就可以成功地在这条已经预留资源的路径上传播流了。

14.5.2　对 IntServ/RSVP 的评价

1. IntServ/RSVP 模型的优点

(1) IntServ/RSVP 可提供严格的端到端细粒度的服务质量,能够提供绝对有保证的 QoS。RSVP 运行在从源端到目的端的每个路由器上,因此可以监视每个业务流,从而防止其消耗的资源比请求预留的资源多的情况。

(2) RSVP 在源和目的地之间可以使用现有的路由协议。RSVP 可通过 IP 分组来承载并且具有"软状态"的特点,通过周期性地重传 PATH 和 RESV 消息,协议能够动态地适应网络拓扑的变化。如果这些消息得到不到及时的刷新,RSVP 将释放其预留的资源。

(3) RSVP 能够像支持单播流那样方便地支持多播流。RSVP 采用了面向接收者的方法,它能够识别多播流中的所有接收端,然后发送 PATH 消息给它们。并且可以把来自多个接收端的 REVP 消息汇聚到一个网络汇聚点上。图 14-12 描述了一棵多播树上进行资源预留的情景,接收端 1 和接收端 2 发出的 RSEV 消息在汇聚点(如路由器)进行汇聚后,路由器根据可利用的网络资源情况来决定是否接受此预约,然后再将汇聚后的 RESV 消息发往上游节点。

2. IntServ/RSVP 模型的缺点

(1) 扩展性不好。由于它是基于流的、与状态相关的服务模型,随着流数目的增加,状态信息的数量将成比例地增长,因此它会占用过多的路由器存储空间和处理开销。但是,对于接近主机处的网络边缘,流量相对较低,IntServ 机制将会发挥其特长。

(2) 对路由器的要求较高,实现复杂。由于需要进行端到端的资源预留,因此必须要求从发送者到接收者之间的所有路由器都支持必要的信令协议,所有这些路由器都必须实现 RSVP、接纳控制、分类和调度。

(3) 不适合用于业务量较小的流。因为这种情况下为该流预留资源的开销很可能大于处理流中有效数据的开销。但是,目前 Internet 流量绝大多数是由业务量较小的突发流构成的(如 Web 应用),当这些流只需要一定程度的 QoS 保证时,综合服务模型的效率将会很低。

IntServ/RSVP 模型是对提高 Internet 的 QoS 性能做出的最初尝试,是为了保证视频会议这一类长生存期(long_lasting)的实时应用。对于一些随机的突发性实时业务流来说,如果对每一个短暂的会话都启动资源预留就有些得不偿失了。

(4) 综合服务 IntServ 所定义的服务质量等级太少,不够灵活。

3. 关于资源预留的争议

应该说明,目前国际上对资源预留还存在激烈的争论:预留是必要的呢,还是因特网保持原来的尽力而为服务更好一些?

显而易见,基于资源预留的各种 QoS 机制与 TCP 那种基于反馈的拥塞控制机制相比能提供更多的和可变的 QoS 保证。但是反对预留的人认为它增加了网络中路由器的复杂性,开销较大并且难以管理。他们认为当光纤和密集波分复用(DWDM)技术使网络带宽充裕和便宜到可以自动保证 QoS 的程度时,采用尽力而为服务比资源预留协议所带来的复杂性和成本要低得多。并且只需在接收端增加一个较大的缓冲区以及通过编写能够适应网络拥塞变化的自适应性程序来改善实时业务的质量。另外,他们认为具有预留能力的网络除非它的阻塞率(拒绝预留请求的频率)比较低,否则无法提供令人满意的服务。但是支持预留的人认为高可靠度的多媒体应用比传统的 Internet 所提供的尽力而为服务有更高的质量和更加可预测的网络服务要求。带宽总是稀少的资源,不管网络所提供的带宽充裕到何种程度,都会被不断涌现的新业务所吞噬。并且认为无论采用什么样的底层结构,QoS 承诺本身就需要资源预留。

事实上,"尽力而为"主宰了数据网络界,而通信界支持"连接和预留"。它们表面上是技术之争,更深层次上是由思想观念的差异造成的。前者强调如何在现有的网络环境中为用户提供各种可能的服务;而后者更强调 QoS 的保证。现在的观点认为由于需要提供 QoS 机制,因特网的结构将随之改变。比如,目前几乎所有主要的路由器/交换机生产厂商都在它们的高端产品中提供了一些 QoS 机制。但是引入 QoS 机制所带来的管理和计费等方面的问题,改变了数据网络界所倡导的"Internet 是自由的"的理念,而正是这种理念在某种程度上促成了 Internet 近年来的爆炸式增长。所以这使得我们很难对两种技术进行简单的取舍,而只能根据实际情况在两者之间做出一个适当的折衷。

14.6 区分服务模型 DiffServ

DiffServ 区分服务模型是由 IETF 的 DiffServ 工作组于 1998 年提出的,它采用和资源预留截然不同的解决方案,有效地解决了 IntServ 综合服务模型的复杂性和可扩展性问题。可以满足不同业务的 QoS 要求,为不同 QoS 要求的应用分配不同的服务优先级,并提供基于类的 QoS 保证。

14.6.1 区分服务模型 DiffServ 的基本原理

区分服务模型 DiffServ 的基本原理如下:

在"流"进入网络传输之前,Internet 服务提供商(Internet Service Provider,ISP)要和用户通过协商形成一个服务等级协定(Service Level Agreement,SLA),确定所支持的业务级别(也可称之为服务类别,包括吞吐量、分组丢失率、时延和时延抖动、网络的可用性等)连同在每个业务级别中所允许的通信量。SLA 可以采用静态和动态两种方式确定。静态 SLA 需要定期地协商,如以月或以年为单位。动态 SLA 的客户可用某种信令协议(如 RSVP)动态地请求所要求的服务。在网络入口处,根据用户和 ISP 签订的服务等级协定 SLA,为每个分组分配一个区分服务码点(DiffServ Code Point,DSCP),并填入每个分组的 DS 域。

在此需要说明,在 1998 年 IETF 推出区分服务模型 DiffServ 后,就重新命名了 IPv4 报头的 TOS 域和 IPv6 报头的 TC 域,统一定义为 DS 域。DS 域被分割为一个 6 比特的 DSCP 字段和一个 2 比特的未用(Current Unused,CU)字段。每个 DSCP 值就对应了一种特定的服务等级。DS 域的构成和使用情况如图 14－13 所示。

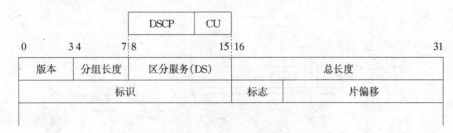

图 14－13　IPv4 协议报头中 DS 域的构成

在网络的核心处,路由器就根据该 DSCP 值来决定分组的逐跳行为(Per Hop Behavior,PHB)。具有相同 DSCP 值的分组将接受相同的处理,按相同的优先级进行转发。这样,还可以实现行为聚合(Behavior Aggregate,BA)。DiffServ 可以将网络中的若干个流根据其 DS 域中的 DSCP 值聚合成少量等级的流,以减少调度算法处理的队列数量,减少路由器转发机制的复杂程度。

区分服务 DiffServ 中提出了 DiffServ 域的概念。一个 DiffServ 域由许多路由器组成。处于域边缘的路由器称之为边缘路由器(Edge Router,ER),处于域核心的路由器称之为核心路由器(Core Router,CR)。DiffServ 将对流的复杂处理推向网络的边缘,由边缘路由器 ER 来完成分组的分类和流量调节等大量的工作。核心路由器 CR 的工作相对简单,不再维护节点的状态信息,仅完成相应的逐跳行为 PHB 操作。因此,对于 DiffServ 模型来说,具有很好的扩展性和伸缩性。区分服务 DiffServ 域的构成情况如图 14－14 所示。

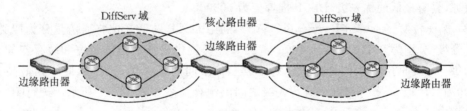

图 14－14　区分服务 DiffServ 域的构成

边缘路由器可以扩展为边缘结点,除路由器外,也可以是主机或防火墙。边缘结点中区分服务 DiffServ 的功能模块包括分类器(classifier)和通信量调节器(conditioner)。通信量调节器又包括标记器、整形器和测定器三个部分。分类器根据分组首部中的一些字段值(如源地址、目的地址、源端口号、目的端口号和分组的标识等)对分组进行分类,然后将分组提交标记器。标记器根据分组的类别和服务等级协定 SLA 设置分组的 DS 域中 DSCP 的值,然后将标记后的分组送入整形器按类排队,等待调度。与此同时,测定器也在不断测定分组流的速率,并与 SLA 中规定的值进行比较,将结果也送给整形器。整形器设置有不同服务级别的缓存队列,可以将突发的分组峰值速率平滑为平均速率。必要的时候,根据测定的速率采取相应的策略对不同队列中过载的分组进行处置,如丢弃个别分组。

当分组进入核心路由器后,核心路由器只要根据 DSCP 的值进行转发即可。但是当一个分组从一个域(domain)进入另外一个域时,其 DS 字段可能会被重新标记,这由两个域之间的 SLA 确定。

DiffServ 模型的工作原理示意图如图 14-15 所示。

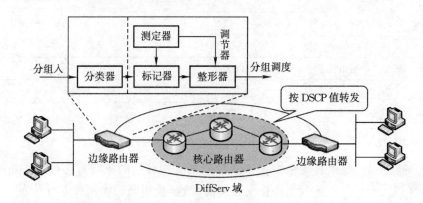

图 14-15　区分服务 DiffServ 工作原理示意图

DiffServ 中也定义了三种业务类型:

(1) 快速转发(Expedited Forwarding,EF):指离开路由器的速率不小于一个定值,DSCP 推荐值为 101110。通过快速转发 EF 可以提供低时延、低时延抖动、低丢失率和确保带宽的端到端有保证的服务。这种服务又称为最优(Premium)服务,类似专线或租用线的业务,如虚拟专用线路 VLL 的端到端服务。EF 分组具有高于其他分组的优先级,因此,对于实时业务应采用快速转发 EF 类型。

(2) 尽力而为(Best Effort,BE):类似目前 Internet 中尽力而为的服务。这种服务又称为默认服务,具有最低的优先级,DSCP 推荐值为 000000。

(3) 保证转发(Assured Forwarding,AF):利用 DSCP 的低 3 位将通信量分为四类,即四个服务等级(分别为 001,010,011,100),并给每一类提供最低数量的带宽和缓存空间。对于其中的每一个类再用 DSCP 的高 3 位划分成三种不同的丢弃优先级(从最低到最高分别为 010,100 和 110)。服务等级和丢弃优先级之间的组合关系如表 14-2 所示。进行 IP 分组转发取决于:

① 多少资源分配给此分组所属的 AF 等级;

② 此 AF 等级当前的负载和拥塞情况;

③ 分组的丢弃优先级。

表 14-2　服务等级和丢弃优先级组合关系表

服务等级 丢弃优先级	等级 1	等级 2	等级 3	等级 4
低	001010	010010	011010	100010
中	001100	010100	011100	100100
高	001110	010110	011110	100110

当网络发生拥塞时,路由器就首先将最低服务等级和最高丢弃优先级的分组丢弃。

14.6.2　对区分服务模型的评价

1. 区分服务 DiffServ 模型的优点

（1）扩展性好。DS 域只是规定了有限数量的业务级别，并没有定义特定的服务或特定的服务类别，这样当新的服务类别出现而旧的服务类别不再使用时，区分服务 DiffServ 机制不发生任何变化，仍然正常工作。DiffServ 的服务粒度不再是每个流，而是比流更"粗"的粒度。如按用户而不是按用户应用进行粒度区分。状态信息的数量正比于业务级别，而不是流的数量。

（2）便于实现。DiffServ 将其大部分实现复杂度转移到网络的边缘上，只在网络的边界上才需要复杂的分类、标记、测定和整形操作。而在网络核心只需实现最简单的服务保证机制。更为重要的一点是 DiffServ 模型通过约定的 DSCP 值来表示不同的服务等级，从而只需在网络边缘进行用户服务请求到 DSCP 的映射，免去了网络核心结点显式预留信令的必要，从而降低了其实现复杂度。并且区分服务模型对路由器的要求较小，这些都有利于在 Internet 上实现区分服务。

（3）不影响路由。与一些以虚电路方式实现 QoS 的方案（如 ATM）不同，区分服务结点提供服务的方法仅限于队列调度和缓冲管理，不涉及路由选择机制。因此，可广泛用于骨干网中。

2. 区分服务 DiffServ 模型的缺点

由于 Diffserv 仍采用了逐跳路由的分组转发方式，因而对端到端的 QoS 支持显得不足，自身无法提供端到端的 QoS 保证。

目前，DiffServ 仍在不断向前发展，一些新的业务类型不断涌现，有的已经形成标准，如兼容优先级队列的类型选择型（Class Selector, CS）业务。有的仍在讨论中，如允许丢失的快速型 EFD。但 DiffServ 的体系结构已经比较明确，有关服务提供的相关问题也在逐步清晰化，大量的路由器等产品都提供对区分服务 DiffServ 的支持。

14.7　IntServ 和 DiffServ 相结合的 QoS 模型

14.7.1　质量/效率因子的概念

网络管理者在提供各种 QoS 服务时必须要面临的一个问题是在 QoS 和资源使用效率上进行折衷。在一个网络中，如果采用固定的 QoS 机制，那么 QoS 和资源使用效率近似成反比。QoS 的提高在很大程度上依赖于网络中存在的可以利用的资源，如果网络资源缺乏时，QoS 将相应地下降。我们将一个网络中 QoS 和资源使用效率倒数的乘积称为该网络的质量/效率（QE）因子。现实中存在大量的 QE 应用。例如，LAN 能够提供较高质量保证的电话业务主要是因为 LAN 的接口速率远远高于电话业务所需的相对较低的速率；而 WAN 链路的带宽对于数量众多的业务而言则显得捉襟见肘，如果不采用相应的 QoS 机制，将无法得到满意的 QoS。

采用不同的 QoS 机制对网络增加的额外开销是不同的，所以当网络管理者决定实施某种 QoS 机制时必须考虑到这种情况。随着 Internet 上大量实时业务的不断涌现，网络对高质量的端到端 QoS 保证的要求将越来越高。但是，并不是所有的业务都要求高质量的服务保证。

例如,传统的 Internet 数据业务(如 Telnet、FTP、E-mail 和 Web 浏览等)只需较低的质量保证,甚至根本不需要质量保证。因此我们可根据不同的业务要求选用不同的 QE 因子,从而最大限度地提高网络资源的使用效率。实际上,我们可以通过在一个单独的物理网络上叠加多个具有不同 QE 因子的虚拟网络,来实现 QoS 网络对多种服务质量的要求。

在 IP 网络中可以通过采用多种 QoS 机制来满足多种业务对 QoS 的要求,但这些 QoS 机制并不是孤立存在的,我们应最优化地组合这些 QoS 机制来进一步提高网络的 QE 因子。并尽可能通过与网络结构的匹配,达到支持 QoS 的端到端及顶到底的通信保障的目的。目前,很多网络设备供应商和软件开发商已推出了种类繁多的能够支持 QoS 的硬件和软件产品。在软件上,微软的 Windows 操作系统能够支持 RSVP 信令和流量控制;并且一些 Unix 和 Linux 操作系统也已能够支持综合服务和区分服务。在硬件上,目前世界上很多网络设备供应商,包括 Cisco 和 3Com 等公司都推出了具有流量控制和分组优先调度能力的路由器和交换机。这些产品的推出和应用,使我们在争取 QoS 的道路上又前进了一步。但是由于综合服务模型的缺陷,现在大多数人都看好区分服务模型。区分服务模型吸取了尽力而为服务模型和综合服务模型的优点,是在两种服务模型之间的一种适当的折衷。但是区分服务模型也不能解决所有的 QoS 问题。实现综合服务和区分服务的有机结合是一种较好的端到端 QoS 的解决方案,但其具体实现还有待进一步研究和实践。

14.7.2 IntServ over DiffServ 模型

InterServ 和 DiffServ 作为 IETF 提出的两种 QoS 模型各有优势,分别适用于不同的场合。但两者都不能完全满足需要。为了最大限度地利用两种机制的互补特性,IETF 提出了 IntServ over DiffServ 机制。通过将两种服务模型结合在一起来提供端到端的 QoS 保证。该模型的基本思想就是将两者相结合,在网络的边缘处采用 IntServ/RSVP 机制,而在网络的核心处采用 DiffServ 机制。终端主机可以采用具有很高量化程度(如带宽、时延抖动门限等)的 RSVP 请求,然后由边缘路由器将此 RSVP 预留的资源映射到相应的服务级别上去。这种 InterServ 和 DiffServ 相结合的 QoS 模型如图 14 - 16 所示。

图 14 - 16   InterServ 和 DiffServ 相结合的 QoS 模型

对于这种综合模型,关键在于域交界处的处理。这又将包括两个层面:第一是控制层面的资源预留,第二是数据层面的服务类型映射,即如何把一个 IntServ 服务类型的分组分类映射为一个 DiffServ 的 PHB。

首先来看资源预留的过程。有两种模式,一种是静态的资源供给,一种是动态的资源供给。在静态模式下,DiffServ 域对 PATH 报文和回传的 RESV 报文做透明传输。只是 RESV 报文到达边缘路由器 ER 时,将触发接纳控制,以决定 DS 域能否接收指定的 flowspec(流规范)。在动态模式下,Diffserv 域中的每个节点都是标准的 IntServ/RSVP 节点,这样,DiffServ 网络是一个能感知 RSVP 的网络。同时采取一些策略来决定哪些分组由 RSVP 处理,哪些分组由 DiffServ 处理。但到目前为止,动态的资源供给还没有一个完善的解决方案。

对于服务类型的映射,IntServ 中有保证的业务 GS 可以完全映射为 DiffServ 中的快速转发 EF PHB。对于受控负载的业务 CLS 可映射为保证转发 AF PHB。但是由于在 DiffServ 中 AF 又分为四类,每类又有三种不同的丢包率。所以,需要在 CR 处进行分类。对此,可以根据 RESV 中的 flowspec 提供的参数(即漏桶容量 n 和 token 流入速率 r 之比,b/r)分为四类,每一类和保证转发 AF 类相对应。

IntServ 在企业网络的边缘实施,在这里,用户流程可以在桌面上进行管理。这更适合于在企业内部定义 QoS,因为在这里,对可缩放性的考虑可以通过定义合作区域来解决。DiffServ 比 IntServ 更易测量,根据其性能可由应用程序或传输路径优先考虑。它用于企业内部网络中,并在服务供应网络中扮演了一个重要的角色。使用 DiffServ 就不需再考虑 IntServ/RSVP 网络的可缩放性问题。根据资源有效性和策略判定,RSVP 信令的使用为 DiffServ 网络提供了许可控制,并在很大程度上简化了 DiffServ 的分级、策略和其他传输量调节组件的配置。DiffServ 模式的 IntServ/RSVP 尤其适合于提供定量的端到端服务。桌面上的 IntServ 推广主要依赖于软件厂商的 RSVP 实施和桌面操作系统中的 QoS 性能。

目前,一种混合构架已获得了广泛认可。它假定了一个模型,其周围的子网络是 RSVP 和 IntServ,这些子网络由 DiffServ 网络互连。在这个模型中,DiffServ 网络的可缩放性扩展到了 IntServ/RSVP 网络。附属于周围 IntServ/RSVP 网络的主机为每个通过 DiffServ 网络的流程资源请求互相发送信号。标准的 IntServ/RSVP 处理应用于 IntServ/RSVP 的周围网络内。RSVP 信令可准确地通过 DiffServ 网络,在 IntServ/RSVP 网络和 DiffServ 网络间边界上的设备对 RSVP 信令进行处理,并在 DiffServ 网络内提供基于资源有效性的许可控制。

今后很有可能的情况是,综合服务模型会因为扩展性等问题而无法在 WAN 上使用,但是它可以在企业网中很好地运行。而区分服务模型(配合 MPLS)在 WAN 上很可能占有主导地位。也就是说,我们可以采用在 WAN 上使用区分服务模型 DiffServ,而在 LAN 上使用综合服务 IntServ 和区分服务模型 DiffServ 的混合模型来提供端到端的 QoS 保证,但这需要涉及两种模型的互通问题。也就是说,当发送者和接收者之间的通路同时需要 LAN 和 WAN 时,如何才能够确保端到端的 QoS 呢? 目前 IETF 针对这个问题主要提出了两种互操作方法:一种方法是将综合服务覆盖在区分服务网上,同时 RSVP 信令可以完全透明地通过区分服务网进行传递。而由位于两种网络边缘的设备来处理 RSVP 信令,并且根据区分服务网络中的资源可用性来提供许可控制。另一种方法是进行简单地并行处理。区分服务网中的每个节点可能具有 RSVP 功能,同时采取一些策略来决定哪些分组由 RSVP 处理,哪些分组由 DiffServ 处理。但是这种模型通常只适用于小型网络。

如果能够正确配置,QoS 在 IP 层的巨大发展将可能使 Internet 成为全球通讯系统的实际通用平台。

14.8　拥塞控制和 QoS 的辅助策略

14.8.1　多协议标签交换 MPLS

如果说 IntServ 和 DiffServ 是从资源分配角度来保证 QoS,那么多协议标签交换(Multi

Protocol Label Switching,MPLS)则是更多地从优化整体网络性能的角度提供对 QoS 的支持,包括面向连接的 QoS 支持和流量工程两个方面。

最初 MPLS 并不是作为一个 QoS 的解决方案提出的,而是作为一个新的转发机制出现的,来源于 Cisco 提出的标记路由(Tag Switching)结构。其主要思想是将二层交换和三层路由有机结合,将二层的快速转发引入第三层,采用面向连接的前向转发策略,通过识别一个固定长度的标签来决定对包的处理,从而大大提高路由器的转发性能。

MPLS 能够和区分服务合在一起来提供 QoS。在这样的一种结构中,首先配置每个入口-出口对之间的 LSP。对于 LSP1(LSR1→LSR2)和 LSP2(LSR2→LSR1),他们之间的 LSR 无需彼此相反。很有可能对于每个入口—出口对,为每个流量类型创建一个分开的 LSP。为了减少 LSP 的数量,到某一出口的任何来自入口路由器的 LSP 被合并到一个树池(Sink Tree),即用一个树池传送不同流量类型的包,并且用 COS 比特区分包的类型。

这种结构中,随着正在传送的流量数的增加,每个 LSP 或树池的流量数也会增加。但所需要的 LSP 的数目或树池数却不会增加。因此这种体系结构是可伸缩的。

14.8.2 流量工程

从根本上讲,当网络负载严重时,综合型服务模型和区分型服务模型等 QoS 策略提供的是性能的平稳下降。当通信负载比较轻时,综合服务和尽力而为服务几乎没什么差别。那么,为什么不设法从根本上解决和避免拥塞呢? 这就是流量工程产生的动因。

导致网络拥塞的原因可能是网络资源不足或通信量分布不均匀。在前一种情况下,任何路由器和链路都可能会过载,唯一的解决办法就是升级网络基础设施,提供更多的网络资源。在后一种情况下,可能网络的一些地方过载而其他地方的负载却较轻,属于资源使用不合理的情况,这也正是流量工程所要解决的问题。

通过分析发现,现在的主要动态路由协议(如 RIP、OSPF 和 IS-IS)都会导致不均匀的通信分布,因为这些协议总是选择最短路径转发包。结果是,在两个结点之间顺着最短路径上的路由器和链路可能发生了拥塞,而沿较长路径的路由器和链路却是空闲的。OSPF 的等价多路径(Equal Cost Multiple Path,ECMP)选项,连同最近的 IS-IS,在给多个最短路径分配负载时是有用的。但是,假如只有一条最短路径,ECMP 就无能为力了。对于简单的网络,让网络管理员手工配置链路的代价,均匀地分配流量是可能的。但是对于复杂的网络,这几乎是不可能的。

流量工程就是安排数据流如何科学、合理地通过网络,以避免不均匀地使用网络而导致拥塞的技术。其实在避免拥塞和提供良好的性能方面,流量工程是对区分服务模型的补充。

14.8.3 约束路由

为使流量工程自动化,约束路由(Constrained Based Routing)是一种重要的工具。约束路由是用来计算受到多种约束时的路由。约束路由是从 QoS 路由发展而来的。对于给定 QoS 请求的一个流或一个流的聚集,QoS 寻径返回的路由能够最大限度地满足 QoS 需求。约束路由又进一步扩展了 QoS 路由,考虑管制等其他约束。约束路由的目标是:①选择能够满足特定 QoS 需求的路由;②提高网络的利用率。

当决定一个路由时,约束路由不但涉及网络的拓扑结构,而且还包括流提出的需求、链路资源的可用性、网络管理员规定的一些可能的管制等。因此,约束路由可能会找到一条较长和较轻负载的路径,这条路径优于重负载的最短路径,网络流量会因此而更均匀一些。要想实现约束寻径,路由器需要计算新链路的状态信息,再根据这些状态信息计算路由。

约束路由和 QoS 机制的关系如下:

① 综合服务模型:RSVP 和约束路由是相互独立却互为补充的。约束路由决定 RSVP 消息的通路,但并不预留资源。RSVP 预留资源但有赖于约束路由或动态路由决定通路。

② 区分服务模型:约束路由为流选择最优路由,因此最大限度地确保了 QoS。约束路由不是要取代区分服务模型,而是帮助它更好的传送。

③ MPLS:从理论上说,二者是互斥的,因为 MPLS 是一种前向转发策略,而约束路由是一种路由策略。约束路由基于资源和拓扑信息决定两个节点之间的路由,有没有 MPLS 都能够实现。MPLS 用标签分配协议建立 LSP,而不关心路由是由约束路由还是动态路由确定的。

根据因特网协议栈的关系,综合服务模型和区分服务模型是在传输层,约束路由是在网络层;而 MPLS 位于第 2、3 层之间。由于综合服务模型的缺点,现在几乎任何人都看好区分服务模型。将来区分服务模型配合 MPLS,在 QoS 方面很可能占有主导地位。但区分服务模型本身还不完善,比如它并不提供全网端到端的 QoS,有关的许多技术细节 IETF 都还未给出具体和明确的规定,包括业务类别的具体划分,每类业务性能的量化描述,IP 的业务类别和 ATM QoS 的映射等等。有关标准的进一步制定和相关试验都在加紧进行中。

本章小结

◆ 网络拥塞是指网络的吞吐量随输入负荷的增大而下降。

◆ 慢开始、拥塞避免、快重传和快恢复方法是在端结点基于 TCP 实现的拥塞控制机制。随机早期检测、公平排队与调度方法是路由器基于 IP 采取的拥塞控制机制。漏桶管制属于一种全局性的拥塞控制机制。

◆ QoS 可通过带宽、分组延迟和分组丢失率等一系列可度量的参量来描述,需要在进行流的传输之前进行协商。

◆ 网络服务质量的协商机制目前主要有三种。一种是综合服务模型 IntServ,其主要特征就是资源预留。另一种是目前大量采用的区分服务模型 DiffServ,它提供基于类的 QoS 保证。第三种是 IntServ over DiffServ 模型,它将前两种服务模型相结合,在网络的边缘处采用 IntServ/RSVP 机制,而在网络的核心处采用 DiffServ 机制。

◆ MPLS 可以看成是区分服务的一种特定实现,在进入 MPLS 作用域时给包赋予一定的标签。随后,包的分类、转发和服务都将基于标签完成。

◆ 流量工程作为对区分服务模型的补充,用于安排传输流如何通过网络,以避免不均匀地使用网络而导致拥塞的过程。

◆ 约束路由是流量工程自动化的一种重要工具。

习　题

14-1 什么是网络拥塞? 产生网络拥塞的根本原因是什么?

14-2 网络拥塞会产生什么样的后果？如何解决网络拥塞？

14-3 拥塞控制和流量控制有哪些相似之处和不同之处？

14-4 如何发现可能发生的网络拥塞？

14-5 TCP 拥塞控制的基本思想是什么？

14-6 试说明慢开始和拥塞避免以及快重传和快恢复方法的基本思想。

14-7 设 ssthresh 的初始值为 8，当拥塞窗口上升到 12 时开始出现分组超时的情况，在分别采用慢开始和拥塞避免以及快重传和快恢复方法的情况下，试分别求出第 1 轮次到第 15 轮次传输的各拥塞窗口的大小。

14-8 网际层有哪些拥塞控制方法？

14-9 随机早期检测的基本原理是什么？

14-10 试比较先进先出排队（FIFO）、公平排队（FQ）和加权公平排队（WFQ）的优缺点。

14-11 假定路由器的缓存中设置有三个不同优先级的队列，当前各排队等待队列为空，现在有编号为 1～12 的 12 个分组按顺序进入路由器，它们的业务类别如下：1、3、7、10 为视频数据分组，2、4、8、12 为 FTP 数据分组，5、6、9、11 为 Telnet 分组。假定三个队列的权重分别为 0.5、0.3 和 0.2，试给出采用先进先出排队（FIFO）、公平排队（FQ）和加权公平排队（WFQ）三种情况下的分组调度顺序。

14-12 漏桶管制的基本原理是怎样的？

14-13 什么是服务质量 QoS？一般需要通过什么方式或过程来获得？因特网本身具有怎样的服务质量？

14-14 服务质量通过哪些指标和参数来描述？他们又是如何定义或计算的？

14-15 假定要用 3 kHz 带宽的电话信道传输 64 kb/s 的数据，试问这个信道应具有多高的信噪比？分别用比值和分贝值表示。这个结果说明什么问题？

14-16 若要在带宽为 1 MHz 的信道（信噪比为 63）上传输数据，问可用的最大传输速率是多少？

14-17 在信噪比为 31 的信道上传输数据，要求获得 64 kb/s 的传输速率，问该信道的带宽至少为多少？

14-18 已知信道带宽为 3 100 Hz，最大信息传输速率为 35 kb/s，若要使最大信息传输速率增加 60%，问信噪比应增大多少倍？如果将信噪比增加 10 倍，问最大信息传输速率能否再增加 20%？

14-19 网络时延包括哪几个部分？如何计算？端到端时延和时延抖动有什么区别？产生时延抖动的原因是什么？

14-20 为什么在传输音频/视频数据时对时延和时延抖动有严格的要求？

14-21 试说明 IntServ/RSVP 综合服务模型的基本思想和工作原理。

14-22 试问 IntServ/RSVP 综合服务模型支持哪些服务类型？

14-23 给出 IntServ/RSVP 综合服务模型的框架体系结构，并说明其各个构件的作用。

14-24 通过实例说明 RSVP 进行资源预留的过程，并比较 IntServ/RSVP 模型的优缺点。

14-25 试说明区分服务模型 DiffServ 的基本原理。

14-26 区分服务模型 DiffServ 支持哪些业务类型？并比较 DiffServ 模型的优缺点。

14-27 解释质量/效率因子的概念和 IntServ over DiffServ 模型的基本思想。

14-28 说明 MPLS 和区分服务模型的关系和区别。

14-29 说明流量工程和约束路由的概念和相互关系。

14-30 根据因特网协议栈的关系,说明综合服务模型、区分服务模型、约束路由和 MPLS 所处的位置,预测 QoS 可能的发展和演变趋势。

第 15 章　网络服务

网络服务是指建立在物理网络和底层协议基础之上的直接面向终端用户、并为终端用户提供特定服务的网络应用。获取网络服务的客户端应用程序和提供网络服务的服务器端应用程序之间必须按照彼此都能够理解的规范交换和处理数据,这种应用程序之间遵循的规范就称为网络应用协议。网络应用协议包括通信双方请求或响应服务的信息格式、控制命令和对所传输数据的必要说明等。

本章将不同程度地介绍一些常规的网络服务、相应的实现技术及其协议。重点介绍域名服务 DNS、电子邮件 E-mail 以及万维网 WWW。此外,简要介绍几个典型的网络服务,包括远程登录、文件传输协议和动态主机配置协议。

通过对本章的学习,旨在掌握有关网络服务的实现原理和实现过程。

15.1　域名系统 DNS

15.1.1　域名系统概述

由前可知,采用 TCP/IP 协议的网络中,每一台主机和网络设备都要有一个唯一的 IP 地址,只有这样,才能够被网络上的其他主机或网络设备准确找到,并进行相互通信。尽管为了便于记忆和书写,已经将 32 位的 IP 地址用 4 组十进制数来表示,但是即便如此,这些枯燥的数字仍然难以记忆。为此,因特网管理机构还允许我们给每台提供网络服务的主机起个名字。名字的好处是可以代表一定的含义,因而更加容易记忆。

在因特网中,由于每个名字通常都代表一个组织机构,组织机构是分级别和管辖范围的,因此每个名字也就相应地具有一定的区域范围。以北京信息科技大学校园网为例,可以用英文缩写 bistu 代表北京信息科技大学提供网络服务的主机名字,用汉语拼音缩写 jsjxy 代表计算机学院提供网络服务的主机名字,用汉语拼音缩写 zdhxy 代表自动化学院提供网络服务的主机名字,用英文缩写 ned 代表网络工程系提供网络服务的主机名字,用英文缩写 sed 代表软件工程系提供网络服务的主机名字,等等。其中,北京信息科技大学下辖计算机学院和自动化学院,计算机学院下辖网络工程系和软件工程系。对应的,bistu 下辖 jsjxy 和 zdhxy,jsjxy 下辖 ned 和 sed,等等。由此可以看出,每个名字代表一个“域”,名字之间具有明显的层次所属关系。

可以将名字之间所具有的这种层次所属关系以层次化的形式表达出来,构成一个层次化的名字空间。此时,这种具有域概念的层次化结构的名字就称为域名。例如,计算机学院提供网络服务的主机可以用域名 jsjxy. bistu 表示,网络工程系提供网络服务的主机可以用域名 ned. jsjxy. bistu 表示,软件工程系提供网络服务的主机可以用域名 sed. jsjxy. bistu 表示,等等。这样做的好处是,不仅所属关系清晰,而且有效地避免了重名问题。例如,在上面的例子中,自动化学院的一个下属部门提供网络服务的主机即使取名为 ned,也不会与计算机学院下的网络工程系提供网络服务主机的名字 ned 重名。因为它的层次化名字表达方式为 ned.zdhxy. bistu,与计算机学院下属的网络工程系提供网络服务主机的层次化名字表达方式 ned.jsjxy. bistu 是不重复的。由此可以发现,只要同一个单位下属的各部门提供网络服务的主机不重名即可。

但是仅仅给因特网中提供网络服务的主机起个名字并不能实现"按名访问"的目的,因为因特网只能识别 IP 地址,并不能识别名字。因此,就要有一套由名字到 IP 地址之间的转换机制,这种转换机制就叫作域名解析。实现域名解析服务的设备就叫做域名解析服务器。只有这样,当输入某个提供网络服务的主机的域名后,才能由域名解析服务器按照域名转换机制转换成对应的 IP 地址,然后再按照解析出来的 IP 地址访问提供网络服务的主机。例如,输入北京信息科技大学的 Web 服务器的域名 www. bistu. edu. cn 以后,域名解析服务器将其转换成对应的 IP 地址 211.82.96.3,然后再按 IP 地址 211.82.96.3 访问 Web 服务器。

为了在因特网中实现按名访问,还必须确保域名的唯一性。因此,一个机构在使用一个域名之前,必须在因特网中按照预定的名字进行查找,看该域名是否已经被使用。在该域名没有被使用的情况下,向某域名管理机构申请该域名才有意义,并在批准备案(记录到域名数据库)后,才能正式采用。同样,每个下级单位在使用一个域名之前,也要事先进行查找,确信没有重名后,再向上级域名管理机构提出申请,获得批准和备案后方可使用。

如果某个组织机构向所属域名注册管理机构申请注册一个域名,那么在该域名注册管理机构审核完成后就会将该域名及其对应的 IP 地址插入到域名数据库中,之后便可以为该组织机构提供域名解析服务。那么,这个组织机构完全可以根据需要来决定是否建立自己的域名解析服务器,而不需要向上一层域名服务器报告。如果本单位和下属单位还要进一步开展Web 应用服务(例如提供独立的信息发布服务),那么就有域名使用要求,此时,就要建立自己的域名服务器,提供对本单位和下属单位域名的注册管理和域名解析服务。

例如,北京信息科技大学在 edu. cn 域名服务器注册了域名 bistu. edu. cn 以后,由于下属各学院(如 jsjxy 和 zdhxy)和机关、后勤等单位都要提供自己的 Web 信息服务,都有域名使用要求,另外,要提供 Web 服务、FTP 服务、E-Mail 服务等也同样有域名使用要求,因此就要建立自己的域名服务器 bistu. edu. cn,并将在 edu. cn 域名服务器中注册的 IP 地址赋予域名服务器 bistu. edu. cn。这样 ned 和 sed 等单位就可以在域名服务器 jxjxy. bistu. edu. cn 中注册自己的域名,将 jsjxy 和 zdhxy 等域名和对应的 IP 地址插入到 bistu. edu. cn 的域名数据库中。此后,就可以由域名服务器 bistu. edu. cn 为北京信息科技大学及下属各单位提供域名的注册管理和解析服务。

同样,如果计算机学院及其下属的网络工程系 ned 和软件工程系 sed 等单位也要开展Web 服务,那么就也有了对域名的要求,就可以建立自己的域名服务器 jsjxy. bistu. edu. cn,并将在 bistu. edu. cn 域名服务器中注册的 IP 地址赋予域名服务器 jsjxy. bistu. edu. cn。这样ncd 和 sed 等单位就可以在域名服务器 jxjxy. bistu. edu. cn 中注册自己的域名,将 ned 和 sed等域名和对应的 IP 地址插入到 jsjxy. bistu. edu. cn 的域名数据库中。此后,就可以由域名服务器 jsjxy. bistu. edu. cn 为计算机学院及下属各单位提供域名的注册管理和解析服务。

15.1.2　因特网的域名体系

为了统一和规范地表达域名,因特网名字与编号分配(管理)机构(ICANN)将所有的域名用一颗倒置的树来表示。这棵树最多有 128 层,从树根开始到最底层的叶子结点为止,分别编号为 0～127,如图 15-1 所示。树上的每个结点都有一个标号,每个标号由最多包含 63 个字符的字符串组成,不区分大小写,但一般使用小写字母书写。根的标号规定为空字符串,要求每一个结点的子结点都采用不同的标号,以确保标号的唯一性。将这些标号自底向上用点(.)连接起来,就构成了因特网中规定的域名。由多个标号组成的完整域名总共不得超过 255 个字符。

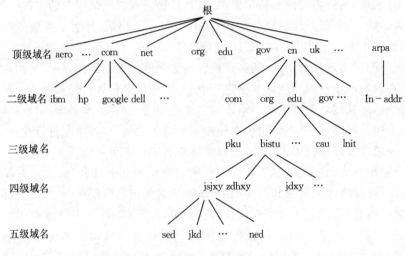

图 15-1　因特网的域名空间

根据因特网的域名空间树和域名构成规则,我们可以写出前面例子中提到的北京信息科技大学、北京信息科技大学计算机学院、北京信息科技大学计算机学院网络工程系的完整域名,它们分别为:bistu. edu. cn、jsjxy. bistu. edu. cn、ned. jsjxy. bistu. edu. cn。其中,edu 表示教育机构,cn 表示中国,edu. cn 后缀表示其前面域名的组织机构是中国的教育机构。从域名的后缀可以明显看出域名所代表的组织机构的类属关系。

在图 15-1 所示的层次化域名空间树中,共展现了 5 级域名。关于域名的级别没有限制,只要域名总长度不超过 255 个字符即可。但是,如果域名级别设置太多,不仅书写和表达不方便,解析速度慢,而且除最低一级域名外,其余各级都要设置域名服务器,提供对下级域名的解析服务。因此,域名一般不超过 4 级。位于最顶层的域名称为顶级域名,顶级域名分为三大类:通用顶级域名、国家顶级域名和反向顶级域名。

(1)通用顶级域名又称类属顶级域名,它是按照组织机构所属的行业类别或性质进行分类的,已知通用顶级域名如表 15-1 所示。其中,第一列为常见的顶级域名。后面两列使用得较少。

(2)国家顶级域名是按照组织机构所属的国家来分类的,由代表国家名字缩写的两个英文字母组成,如:cn 代表中国,uk 代表英国,jp 代表日本。只有美国例外,us 可以省略不写。在国家顶级域名下注册的二级域名由各个国家自行确定,不一定一致。例如,日本将其教育和商业机构的二级域名定为 ac 和 co,而不用 edu 和 com。

表 15-1　通用顶级域名表

域名	含义	域名	含义	域名	含义
com	商业机构	org	非赢利组织	name	个人
edu	教育机构	aero	航空航天企业	pro	专业人员
gov	政府机构	biz	公司或企业	jobs	人力资源机构
int	国际组织	coop	合作团体	travel	旅游行业
mil	军事机构	info	信息服务提供者	mobi	移动产品与服务类
net	网络服务机构	museum	博物馆	cat	加泰隆人语言与文化

我国将二级域名进一步划分为"类别域名"和"行政区域名"两大类。其中,类别域名共计 7 个,分别为:ac(科研机构)、com(商业机构)、edu(教育机构)、gov(政府机构)、mil(国防机构)、net(网络服务机构)、org(非赢利组织)。行政区域名共计 34 个,适用于各省、自治区和直辖市。例如,ln(辽宁省)、js(江苏省)、bj(北京市),等等。

我国修订后的域名体系也允许直接在 cn 顶级域名下注册二级域名。例如,google 中国直接在 cn 顶级域名下注册的一个域名即为:google.cn。我国的域名管理机构为中国互联网网络信息中心 CCNIC。

(3) 反向顶级域名用于反向域名解析,即将 IP 地址解析成域名。反向顶级域名只有一个,为 arpa。其二级域名也只有一个,为 in-addr。在二级域名的前面加上要解析的 IP 地址,以解析 212.64.96.126 为例,其反向解析的格式为:212.64.96.126.in-addr.arpa。

15.1.3　域名服务器

因特网的域名空间信息是进行域名管理和域名解析的基础,因此必须有效地进行存储与管理。但是,由于整个因特网的域名空间的信息量非常庞大,倘若用一台域名服务器来存储和管理,是非常低效和不安全的。因为它要为世界各地几十亿的网络用户提供服务,其访问量和服务能力是根本无法承受的。即使可以承受,一旦出现故障,全球的域名服务将全部瘫痪。

解决这个问题的方法是将这些信息分布到多台域名服务器上。让每台域名服务器只对域名体系中的一部分进行存储和管理,如图 15-2 所示。根据域名服务器管辖域名的级别和范围的不同,可以将域名服务器划分为以下四种不同的类型。

1. 根域名服务器

根域名服务器是最高层次的域名服务器。根域名服务器存放所有顶级域名服务器的域名和 IP 地址。任何一个域名服务器,对于自己不能解析的域名米说,首先就要求助于根域名服务器,因此根域名服务器是最重要的域名服务器,同时也是最繁忙的服务器。一旦出现故障,整个域名系统(Domain Name System,DNS)将无法正常工作。因此,因特网共设置了 13 个不同 IP 地址的根域名服务系统,其中 10 个在美国、1 个在欧洲、1 个在挪威、1 个在日本,名字分别为 a~m。这些根域名服务系统相应的域名分别为:a.rootserver.net,…,m.rootserver.net。

需要注意,根域名解析服务是由 13 个域名服务系统共同提供的,而不仅仅是由 13 台服务

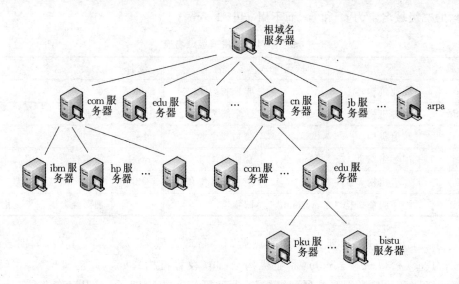

图 15-2　分级的域名服务器

器提供的，实际提供域名解析服务的服务器要多达一百多台，分布在世界各地。这样做的目的是为了方便用户，使世界上大部分域名服务器能够就近找到一个根域名服务器。例如，仅根域名服务系统 f 就有四十多台服务器，中国的北京、香港和台湾都有其 DNS 服务器。

　　根域名服务系统采用了任播技术，不同地点的域名服务器采用相同的 IP 地址，这样域名解析请求可以直接转发给离客户最近的一台根域名服务器。这样不仅大大加快了查询的速度，而且也节省了远程（主干）带宽资源。另外，根域名服务器并不能把要查询的域名直接转换成 IP 地址，而只是将查询指向相应的顶级域名服务器。

　　2. 顶级域名服务器

　　顶级域名服务器负责管理在该顶级域名服务器注册的所有二级域名。顶级域名服务器一般也不进行解析，当接收到查询请求后，或者给出下一步要查找的、相应的下一级域名服务器的 IP 地址，或者指向相应的下一级域名服务器，直接到那里去查找。

　　因特网名字与编号分配机构 ICANN 负责对顶级域名服务器进行管理和控制，以及对根域名服务器进行日常维护。中国互联网信息中心（China interNet Network Information Center，CNNIC）负责 cn 顶级域名服务器的管理和维护工作，以及 cn 域下的二级域名的审批与管理。

　　3. 权威域名服务器

　　从域名空间树结构可以看出，其中的每个结点就代表一个域名空间，以这个结点为根的子树上的所有结点都归属于这个域名空间。因此，每个域名服务器负责为以该结点为根的子树上的所有结点提供域名解析服务。但是提供服务的方式分为两种，一种是直接管理某些域名，并在域名数据库中为用户对某个域名进行真正的查找，给出相应的 IP 地址，那么该域名服务器就称为权威域名服务器。例如，bistu. edu. cn 域名服务器就是 jsjxy. bistu. edu. cn 和 zdhxy. bistu. edu. cn 的权威域名服务器，jsjxy. bistu. edu. cn 就是 ned. jsjxy. bistu. edu. cn 和 sed. jsjxy. bistu. edu. cn 的权威域名服务器。另外一种提供服务的方式是域名服务器将域名空间的一部分域名管理授权给其下一层的域名服务器。该域名服务器在接收到域名解析的请求后,只提供下一层域名服务器的 IP 地址。此时,用户需要进一步向下一层域名服务器提出域名解析请求。

在域名服务系统中,权威域名服务器具有非常重要的作用,因为它是最终向用户提供域名解析服务的服务器。

4. 本地域名服务器

本地域名服务器不是图 15-2 所示的域名服务器树结构中的一个层次,但是属于权威域名服务器。本地域名服务器强调的是域名服务器的工作位置,特指工作于用户网络区域的域名解析服务器。最典型的本地域名服务器就是位于园区网(如校园网、企业网、办公网等)上的 DNS 服务器。例如,北京信息科技大学校园网上的 DNS 服务器对于北京信息科技大学的网络用户来说,就是本地域名服务器。如果北京信息科技大学计算机学院设置一台 DNS 服务器,负责为下属的各个系、室提供域名解析服务,那么,该 DNS 服务器对于北京信息科技大学计算机学院的网络用户来说,即为本地域名服务器。

为了提高域名服务器的可靠性,在每一级进行域名解析允许设置两台 DNS 服务器,一台为主域名服务器,一台为辅助域名服务器。这样做有两个好处:一是提高域名解析服务的可靠性。一旦主域名服务器出现故障,无法提供域名解析服务,可以利用辅助域名服务器提供域名解析服务。主域名服务器定期把数据复制到辅助域名服务器中,以确保数据的一致性。二是分担负载。可以将域名请求服务分担到两台服务器上,从而提高域名解析的能力和效率。

15.1.4 域名的解析过程

DNS 提供两种域名解析方式,一种是迭代查询方式,一种是递归查询方式。下面以在外网查询 bistu.edu.cn 的 IP 地址为例,分别对域名的解析过程进行介绍。

1. 迭代查询

当用户输入一个域名时,浏览器就会形成域名解析请求报文,首先发送到本地域名服务器,在本地域名服务器进行查询,如果在本地域名数据库中找到了要查找的域名,那么就向用户返回该域名对应的 IP 地址。如果要查找的域名在本地域名服务器中没有找到,那么本地域名服务器就会向根域名服务器发出域名解析请求报文。根域名服务器存放着所有顶级域名及其对应的 IP 地址,于是根域名服务器根据请求解析域名中包含的顶级域名返回对应的顶级域名服务器的 IP 地址。接下来,本地域名服务器就会向顶级域名服务器发出域名解析请求报文。顶级域名服务器存放着所有二级域名及其对应的 IP 地址,如果请求查询的域名不在顶级域名服务器中,顶级域名服务器就会根据请求解析域名中所包含的二级域名返回对应的二级域名服务器的 IP 地址。再接下来,本地域名服务器就会向对应的二级域名服务器发出域名解析请求报文。如果在二级域名服务器中没有找到请求查询的域名,那么二级域名服务器就会根据请求解析域名中包含的三级域名返回对应的三级域名服务器的 IP 地址。依次向下查找,直至找到包含要查找域名的域名服务器为止,最后由该域名服务器向本地域名服务器返回查找到的 IP 地址,再由本地域名服务器将最终查询结果返回给用户。

下面以在北京大学校园网查找域名 bistu.edu.cn 为例,给出完整的域名解析过程,如图 15-3 所示。

(1) 用户输入域名 www.bistu.edu.cn 后,浏览器首先将域名解析请求报文发送给本地

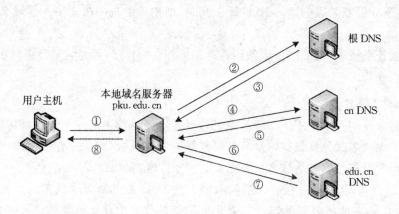

图 15-3 迭代方式域名查找过程举例

域名服务器 pku. edu. cn；

（2）pku. edu. cn 在本地域名数据库中对域名 bistu. edu. cn 进行查找,但由于 bistu. edu. cn 并没有在 pku. edu. cn 上注册,因此找不到域名 bistu. edu. cn,于是向根域名服务器发出查询请求报文；

（3）根域名服务器收到查询请求报文后,根据请求解析的域名 bistu. edu. cn 中包含的 cn 顶级域名查找对应的 IP 地址,然后向 pku. edu. cn 返回 cn 顶级域名服务器的 IP 地址给 pku. edu. cn；

（4）pku. edu. cn 根据返回的 IP 地址向 cn 顶级域名服务器发出查询请求报文；

（5）cn 顶级域名服务器收到查询请求报文后,在顶级域名服务器中进行查找,如果找不到,就根据请求解析的域名 bistu. edu. cn 中包含的 edu. cn 二级域名向 pku. edu. cn 返回 edu. cn 域名服务器的 IP 地址；

（6）pku. edu. cn 根据返回的 IP 地址向 edu. cn 二级域名服务器发出查询请求报文；

（7）edu. cn 二级域名服务器收到查询请求报文后,直接查找其内部是否包含三级域名 bistu. edu. cn,找到后将对应的 IP 地址返回给 pku. edu. cn；

（8）最后,本地域名服务器 pku. edu. cn 将域名解析结果返回给用户。

2. 递归查询

当用户输入一个域名时,浏览器就会形成域名解析请求报文,首先发送到本地域名服务器,在本地域名服务器进行查询,如果在本地域名数据库中找到要查找的域名,就向用户返回该域名对应的 IP 地址。当要查找的域名在本地域名服务器中没有找到时,本地域名服务器就会向根域名服务器发出域名解析请求报文。根域名服务器存放着所有顶级域名及其对应的 IP 地址,于是根域名服务器根据请求解析域名中包含的顶级域名向对应的顶级域名服务器发出请求查询的报文。顶级域名服务器存放着所有二级域名及其对应的 IP 地址,如果请求查询的域名不在顶级域名服务器中,顶级域名服务器就根据请求解析域名中包含的二级域名向对应的二级域名服务器发出查询请求报文。二级域名服务器接收到查询请求后,就会在该域名服务器中进行查找,如果找不到,就会根据域名中包含的三级域名向对应的三级域名服务器发出查询请求报文。依次向下查找,直至找到包含要查找域名的域名服务器为止,最后由该域名服务器沿着查找顺序,依次向回传送应答报文,直至传送给本地域名服务器,然后再由本地域名服务器将最终查询结果返回给用户。

　　下面仍以在北京大学校园网查找域名 bistu. edu. cn 为例,给出完整的域名解析过程,如图 15-4 所示。

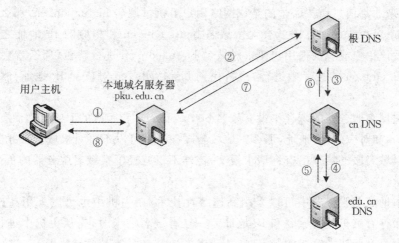

图 15-4　递归方式域名查找过程举例

　　(1) 用户输入域名 www. bistu. edu. cn 后,浏览器首先将域名解析请求报文发送给本地域名服务器 pku. edu. cn;

　　(2) pku. edu. cn 在本地域名数据库中对域名 bistu. edu. cn 进行查找,但由于 bistu. edu. cn 并没有在 pku. edu. cn 上注册,因此找不到域名 bistu. edu. cn,于是向根域名服务器发出查询请求报文;

　　(3) 根域名服务器收到查询请求报文后,根据请求解析的域名 bistu. edu. cn 中包含的 cn 顶级域名查找对应的 IP 地址,然后向 cn 顶级域名服务器发出查询请求报文;

　　(4) cn 顶级域名服务器收到查询请求报文后,开始查找域名 bistu. edu. cn,由于 bistu. edu. cn 并没有在 cn 域名服务器中注册,因此找不到结果,于是根据请求解析的域名 bistu. edu. cn 中包含的 edu. cn 二级域名查找对应的 IP 地址,并向 edu. cn 域名服务器发出查询请求报文;

　　(5) edu. cn 二级域名服务器收到查询请求报文后,开始查找域名 bistu. edu. cn,由于 bistu. edu. cn 是在 edu. cn 域名中注册的,因此就会找到 bistu. edu. cn 所对应的 IP 地址,接下来,就形成响应报文返回给 cn 顶级域名服务器;

　　(6) cn 顶级域名服务器收到查询响应报文后,将查询响应报文进一步转发给根域名服务器;

　　(7) 根域名服务器收到查询响应报文后,将查询响应报文再进一步转发给本地域名服务器 pku. edu. cn;

　　(8) 本地域名服务器 pku. edu. cn 收到查询响应报文后,将查询响应报文最后转发给用户,用户由此获得要查找的 IP 地址,即域名解析的结果。

　　为了提高域名解析的速度,并减少网络流量,在域名服务器中广泛采用了高速缓存技术。本地域名服务器可以将每次解析出来的域名和 IP 地址之间的映射关系在缓存中保留一段时间。这样,每当用户向本地域名服务器发出域名解析请求后,本地域名服务器并不是直接到本地域名数据库中进行查找,而是先在高速缓存中进行查找,如果找到,则快速返回找到的 IP 地址,如果没有找到,再到本地域名服务器的域名数据库中去查找,执行如前所述的域名解析过程。

例如,原来北京信息科技大学的某位网络用户解析过域名 bistu. edu. cn,那么在其本地域名服务器 pku. edu. cn 的缓存中就会保留域名 bistu. edu. cn 和相应的 IP 地址之间的映射关系。如果以后该用户或者其他用户要求对域名 bistu. edu. cn 进行解析,那么就会先在本地域名服务器 pku. edu. cn 的缓存中进行查找,找到 bistu. edu. cn 对应的 IP 地址,然后返回给用户。

假定本地域名服务器的缓存中没有域名 bistu. edu. cn 和相应的 IP 地址,而有顶级域名服务器的域名 cn 和对应的 IP 地址,那么本地域名服务器就可以不再对根域名服务器进行查询,而直接向顶级域名服务器发出查询请求报文,这样不仅减轻了根域名服务器的负荷,而且还减少了网络流量。

不仅在本地域名服务器中可以采用高速缓存技术,在主机中也可以采用高速缓存技术。有些主机也保存有解析过的域名和 IP 地址。一旦有域名请求时,先从主机中进行查询,只有在本机缓存中没有所请求解析的域名时,才请求本地域名服务器进行解析。

为了保持高速缓存中内容的正确性,域名服务器会定期更新域名与 IP 之间的映射关系,对于超期的项目,自动将其删除。确定合适的更新周期很重要,如果更新的周期过短,缓存的效果就不能充分显现出来,而更新的周期过长,就难以保证内容的正确性。

15.1.5　DNS 报文格式

DNS 通常采用 UDP 作为传输协议,端口号为 53。所有提供域名服务的域名服务器均在 53 端口无间断地运行 DNS 服务进程,等待接收并处理 DNS 服务请求。

之所以 DNS 通常采用 UDP 作为传输协议是考虑到以下两个因素的:

首先,由于 DNS 请求报文中只包含请求解析的域名信息,DNS 的响应报文中也只包含域名和 IP 地址之间的映射关系,这些较短的信息封装在 UDP 报文段中进行传输,即使 UDP 传输不够可靠,偶尔可能会出现报文丢失,但所丢失的信息造成的损失并不大,只要超时没有收到应答报文,再重新发送一次请求报文即可。

其次,由于域名解析是一个反复迭代或多次递归的过程,往往要访问多个域名服务器,如果采用 TCP 协议,在域名解析过程中必然要伴随着多次建立连接、拆除连接和确认、重传的过程,这样将大大增加网络时延,降低 DNS 服务的响应速度。

DNS 定义了两种类型的报文:查询报文和响应报文。这两种 DNS 报文采用相同的报文格式,都是由 12 字节的 DNS 首部和若干条 DNS 记录组成的,如图 15-5 所示。查询报文只包含首部和问题部分,而响应报文则除了首部和问题部分以外,还包括回答部分、权威部分以及附加部分。

对 DNS 报文各部分内容介绍如下:

(1) 标识符(2 Byte):由请求 DNS 域名服务的客户端程序自动产生的一个随机数,用于标识特定的查询报文,DNS 服务器在接收到特定的查询请求后,提供域名解析服务,并在返回的响应报文中保持该值不变,表明是对特定查询请求的响应。当 DNS 报文较大,必须被封装在几个 UDP 报文段中时,标识符还可以很好地体现出这种一对多的对应关系。但是当报文长

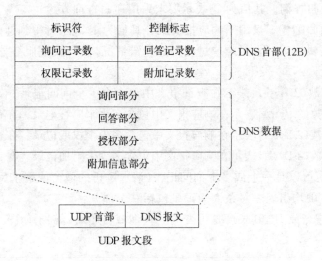

图 15 - 5　DNS 报文格式

度大于 512 字节时,就必须使用 TCP 协议,而不再使用 UDP 协议。

（2）控制标志（2 Byte）：包括如图 15 - 6 所示的一些子字段。

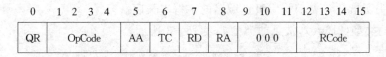

图 15 - 6　控制标志字段及各子字段

QR（1 bit）：查询/响应。其值为 0,表示查询报文;其值为 1,表示响应报文。

OpCode（4 bit）：查询响应类型选择。其值为 0,表示正向查询;其值为 1,表示反向查询;其值为 2,表示对服务器状态的请求。

AA（1 bit）：权威回答。只用于响应报文中。其值为 1,表示名字服务器是权威服务器。

TC（1 bit）：报文截断。其值为 1,表示响应报文超过 512 字节,但仍采用 UDP 协议,结果报文被截断为 512 字节。此后,域名解析程序就会打开 TCP 连接,并重新请求解析,以获得完整的响应结果。

表 15 - 2　rCode 错误代码表

值	意　　义
0	无差错
1	格式差错
2	问题在域名服务器
3	域参数问题
4	查询类型不支持
5	在管理上禁止
6～15	保留

RD(1 bit):递归查询。其值为 1,表示要求采用递归查询方式。

RA(1 bit):递归响应。只用于响应报文中。其值为 1,表示可得到递归响应。

rCode(4 bit):错误码。表示响应过程中的差错情况,只有权威服务器才能利用响应值进行差错判断。

(3) 询问记录数(2 Byte):表示在查询报文中包含多少个询问记录。

(4) 回答记录数(2 Byte):表示在响应报文中包含多少个应答记录。在查询报文中其值为 0。

(5) 权威记录数(2 Byte):表示在响应报文中包含多少个权威记录。在查询报文中其值为 0。

(6) 附加记录数(2 Byte):表示在响应报文中包含多少个附加记录。在查询报文中其值为 0。

(7) 询问部分:可以是一个或多个询问记录(请求解析的域名或请求反向解析的 IP),在查询报文和响应报文中均出现。每条询问记录包括三个部分:

① 要查询的域名或 IP,其长度是可变的。查询域名的典型例子如图 15 - 7 所示。

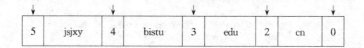

| 5 | jsjxy | 4 | bistu | 3 | edu | 2 | cn | 0 |

图 15 - 7   查询域名的典型例子

其中,箭头所指数字表示相应级别域名的字符串长度。

② 查询的类型(2Byte),常见的类型如表 15 - 3 所示。

表 15 - 3   常见的查询类型

类型	助记符	说　　明
1	A	32 位的 IP 地址,用于将域名转换为 IPv4 地址
12	PTR	指针,用于将 IP 地址转换为域名
28	AAAA	128 位的 IP 地址,用于将域名转换为 IPv6 地址

③ 查询的网络类型(2Byte):由于目前的网络已基本上演变为 Internet 形式,因此,网络类型也基本上只有 AN。

(8) 回答部分:可以是一个或多个资源记录(解析的结果),只出现在响应报文中。资源记录的格式如图 15 - 8 所示。

① 域名(2Byte):应为询问记录中域名的副本。但由于询问记录中已经出现域名,为了减少重复,因此这个字段给出的就是到达询问记录中相应域名的指针偏移值;

② 域类型:与询问记录部分的查询类型字段相同;

③ 网络类型:与询问记录部分的查询网络类型相同;

④ 生存时间:表示在高速缓存中存放的时间,单位为秒数;

⑤ 资源数据长度:指示资源数据的长度;

⑥ 资源数据:正向查询,返回的是 IP 地址;反向查询,返回的是域名。

(9) 权威部分:可以是一个或多个权威服务器的信息(域名),只出现在响应报文中。

(10) 附加信息部分:提供关于解析的附加信息(例如,对应的权威服务器的 IP 地址),只出现在响应报文中。

0	15	16	31
域 名		域类型	
网络类型		生存时间(1)	
生存时间(2)		资源数据长度	
数据(可变长度)			

图 15-8 资源记录的格式

15.1.6 利用 DNS 服务实现网络服务访问量的均衡

因特网的 DNS 服务除了可以提供域名解析服务之外,还可以用来实现对提供同一种服务的多台服务器进行访问量的均衡分配。例如,对于一个大型门户网站来说,其访问量之大是一台服务器所无法承受的。因此,往往需要采用多台服务器进行协作,共同提供信息服务,信息服务的内容可以由这些服务器互相复制。这些服务器必须共享同一个域名,但分别使用不同的 IP 地址,然后将域名与 IP 地址的映射关系存放到 DNS 服务器中。这样就出现了一个域名对应多个 IP 地址的情况,那么在这种情况下如何实现域名到 IP 地址的映射呢?

一种最基本的服务访问量分配方案就是在多台服务器之间进行轮流分配。对于这个共享域名的解析请求,DNS 服务器将返回全部的地址解析记录,但是在返回的记录中,轮流将不同的 IP 地址作为第一条记录。通常,浏览器会提取 DNS 响应报文中的第一个 IP 地址,然后按此地址进行访问,这样就达到了多个服务器轮流提供服务的效果。

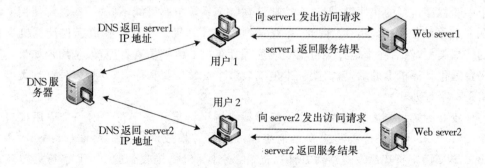

图 15-9 DNS 实现服务访问量均衡分配应用举例

如图 15-9 所示,假定有两台 Web 服务器(Web Server1 和 Web Server2)共同提供 Web 信息服务,它们使用同一个域名,两个不同的 IP 地址(IP1 和 IP2)。当用户 1 向 DNS 服务器提出域名解析请求后,DNS 服务器通过在整个分布的域名空间数据库中进行查找,返回两个资源记录,一个是 Server1 的 IP 地址,位于前面;另一个是 Server2 的 IP 地址,位于后面。这样,用户 1 的浏览器取出的就是 Server1 的 IP 地址,接下来就按照 Server1 的 IP 地址访问 Web Server1。当用户 2 向 DNS 服务器提出域名解析请求后,DNS 服务器通过在整个分布的域名空间数据库中进行查找,返回两个资源记录,一个是 Server2 的 IP 地址,位于前面;另一个是 Server1 的 IP 地址,位于后面。这样,用户 2 的浏览器取出的就是 Server2 的 IP 地址,接下来就按照 Server2 的 IP 地址访问 Web Server2。

通过改造域名服务器的一对多映射算法,使其能够根据每台服务器的负载状况、处理能力或资源占用等参数进行综合计算,还可以给出更加科学、合理的映射方案。

15.2　远程登录

15.2.1　远程登录的基本概念与实现原理

在个人计算机快速发展和大量普及之前,计算机数量有限,为充分利用系统资源,具有较强计算能力的主机可以连接多个终端,通过使用分时操作系统,允许多个用户通过终端按照管理员事先建立的账户(账号和密码)同时登录进入主机,共享该主机的资源。在这种方式下,终端和主机的连接距离有限,可以认为是近程登录。

远程登录是指通过网络(因特网),使用户的计算机作为一个终端连接到远程计算机系统,暂时成为远程主机的一个仿真终端。仿真终端等效于一个非智能的机器,它只负责把用户输入的每个命令行传递给远程主机,经远程主机处理后,再将输出的每个结果回显到自己的计算机屏幕上。这样,用户就可以用自己的计算机直接操纵远程计算机,享受远程计算机本地终端同样的权力。

但是问题并不像想象的那么简单,由于用户本地计算机的操作系统和远程计算机的操作系统对命令行和文本行的表示和处理方式可能不同。例如,一些操作系统需要每个命令行用 ASCII 码回车控制符(CR)结束,另一些系统则需要使用 ASCII 码换行符(LF)结束,还有一些系统需要用两个字符的序列,即回车-换行(CR-LF)结束;再比如,大多数操作系统为用户提供了一个中断程序运行的快捷键,但这个快捷键在各个系统中有可能不同(一些系统使用 Ctrl+C,而另一些系统使用 Escape)。因此,在登录到远程计算机之前需要知道远程计算机支持什么样的终端类型,然后在本地计算机上安装远程计算机的终端仿真程序,但是用户如果需要登录到多台远程计算机上的话,就需要在本地安装多个终端仿真程序,以支持多种终端类型。这显然不是一个好办法。

一种较好的解决方法是,定义一个网络虚拟终端字符集和该字符集的一个通用接口。通过这个接口,Telnet 客户进程将来自本地终端的字符转换成网络虚拟终端(Network Virtul Terminal,NVT)字符集后发送给对方计算机,由该计算机将接收到的 NVT 字符集转换成远程计算机可以接受的形式。此时,本地计算机为 Telnet 客户机,远程计算机为 Telnet 服务器。通过 Telnet 服务器,不仅可以实现远程登录,而且还可以实现对远程计算机的操作和控制。Telnet 服务器执行用户的命令后将结果返回给 Telnet 客户机的过程与前相反。首先,Telnet 服务器将执行结果转换成 NVT 字符集,然后通过网络传送给 Telnet 客户机,Telnet 客户机再将接收到的 NVT 字符集形式的执行结果转换成 Telnet 客户机的表示和处理方式。实现对 NVT 字符集的访问和相互转换的标准即为 Telnet 协议。Telnet 的实现原理如图 15-10 所示。

由于 Telnet 服务仍然采用客户机/服务器模型,因此使用 Telnet 协议进行远程登录时需要满足以下条件:

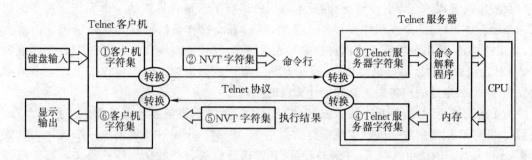

图 15-10　Telnet 实现原理

(1) 在本地计算机上必须装有包含 Telnet 协议的客户端进程；

(2) 在远程计算机上必须装有包含 Telnet 协议的 Telnet 服务器进程；

服务器中的主进程始终等待新的请求，并产生从属进程来处理每一个请求。Telnet 服务采用 TCP 协议进行连接，其连接的端口号为 23。

(3) 本地计算机必须知道远程计算机的 IP 地址或域名；

(4) 必须知道远程登录的账号和密码。

15.2.2　Telnet 的实现技术

我们知道绝大多数操作系统都提供各种快捷键来实现相应的控制命令，当用户在本地终端键入这些快捷键的时候，本地系统将执行相应的控制命令，而不把这些快捷键作为输入。那么对于 Telnet 来说，它是用什么来实现控制命令的远地传送呢？

Telnet 同样使用 NVT 来定义如何从客户机将控制功能传送到服务器。我们知道 US ASCII 码字符集包括 95 个可打印字符和 33 个控制码。当用户从本地键入普通字符时，NVT 将按照其原始含义传送；当用户键入快捷键（组合键）时，NVT 将把它转化为特殊的 ASCII 码字符在网络上传送，并在其到达远地计算机后转化为相应的控制命令。将正常 ASCII 码字符集与控制命令进行区分主要有两个原因：

(1) 这种区分意味着 Telnet 具有更大的灵活性：它可在客户机与服务器间传送所有可能的 ASCII 码字符以及所有控制功能；

(2) 这种区分使得客户机可以无二义性的指定信令，而不会产生控制功能与普通字符的混乱。

将 Telnet 设计为应用级软件有一个缺点，那就是效率不高。这是为什么呢？只要对 Telnet 中的数据流向进行一个简单的分析就清楚了。

数据信息被用户从本地键盘键入并通过操作系统传送到客户机程序，客户机程序将其处理后返回操作系统，并由操作系统经过网络传送到远地计算机系统，远地计算机操作系统将接收到的数据传给服务器程序，并经服务器程序再次处理后返回到操作系统上的伪终端入口点，最后，远地操作系统将数据传送到用户正在运行的应用程序，这便是一次完整的输入过程；输出将按照同一通路从服务器传送到客户机。

由此可见，每一次的输入和输出，计算机都将切换进程环境好几次，一般来说，这个开销是很昂贵的。还好，用户的键盘输入速率并不算高，这个缺点我们还可以接受。

我们应该考虑到这样一种情况：假设本地用户运行了远地计算机的一个无休止循环的错误命令或程序，且此命令或程序已经停止读取输入，那么操作系统的缓冲区可能因此而被占满，如果这样，远地服务器就无法再将数据写入伪终端，并且最终导致停止从 TCP 连接读取数据，TCP 连接的缓冲区最终也会被占满，从而导致阻止数据流流入此连接。如果以上事情真的发生了，那么本地用户将失去对远地计算机的控制。

为了解决这个问题，Telnet 协议必须使用带外信令以便强制服务器读取一个控制命令。我们知道 TCP 用紧急数据机制实现带外数据信令，那么 Telnet 只要再附加一个被称为数据标记(date mark)的保留八位组，并通过让 TCP 发送已设置紧急数据比特的报文段通知服务器便可以了，携带紧急数据的报文段将绕过流量控制直接到达服务器。作为对紧急信令的响应，服务器将读取并抛弃所有数据，直至找到了一个数据标记。服务器在遇到了数据标记后将返回正常的处理过程。

由于 Telnet 两端的计算机和操作系统的异构性，使得 Telnet 不可能也不应该严格规定每一个 Telnet 连接的详细配置，否则将大大影响 Telnet 的适应性。因此，Telnet 采用选项协商机制来解决这一问题。

Telnet 选项的范围很广。一些选项扩充了大方向性的功能，而另一些选项只涉及一些微小细节。例如：有一个选项可以控制 Telnet 是在半双工还是全双工模式下工作(大方向性)；还有一个选项允许远地机器上的服务器决定用户终端类型(小细节)。

Telnet 选项的协商方式对于每个选项的处理都是对称的，即任何一端都可以发出协商申请；任何一端都可以接受或拒绝这个申请。另外，如果一端试图协商另一端不了解的选项，接受请求的一端可简单地拒绝协商。因此，有可能将更新的(同时也是更复杂的)Telnet 客户机或服务器版本与较老的(同时也是不太复杂的)版本进行交互操作。如果客户机和服务器都理解新的选项，就可能会改善交互。否则，它们将一起转到效率较低但可工作的方式下运行。所有的这些设计，都是为了增强异构适应性，可见 Telnet 的异构适应性对其应用和发展是多么的重要。

Telnet 协议实际上定义了一个网络虚拟终端到远地计算机系统的标准接口。这样，客户机程序就可以不必详细了解远地计算机系统，他们只需构造使用标准接口的程序即可。Tel-net 协议是 TCP/IP 协议族中的一员。

15.3 文件传输

15.3.1 文件传输协议

文件传输协议(File Transfer Protocol，FTP)是因特网上使用最广泛的文件传送协议，早期用于实现不同主机之间的文件传输，目前主要是为因特网上的客户提供对服务器上共享文件的下载服务，同时也为具有权限的客户提供向服务器上传文件的服务。这样的功能实现起来似乎很简单，但实际上不然，主要是由于以下几个原因：

(1) 文件具有多种类型，不同类型的文件具有不同的存储格式；

(2) 不同类型的文件具有不同的访问控制方法；

(3) 不同操作系统对文件和文件目录的操作命令不同；

（4）不同操作系统中目录和文件的命名方式不同；

因此，尽管 FTP 协议的任务是从一台计算机将文件传送到另一台计算机，但是还要减少和消除不同系统下文件的不兼容性，确保与这两台计算机所处的位置、连接的方式、使用的操作系统无关。对此，双方之间传送的命令和响应就都要采用和 Telnet 相同的 NVT ASCII 码表示形式。

FTP 采用 TCP 作为传输层协议，以确保数据传输的可靠性。在进行文件传输之前，FTP 客户端和 FTP 服务器之间需要建立两个并行的 TCP 连接：一个是控制连接，一个是数据连接。控制连接在整个 FTP 工作过程中始终保持连接状态，用于双方传输命令和响应，但不传输数据。数据连接专门用于传输数据，但在每传输一个文件之前打开，传输完成之后关闭。FTP 服务器端对应的端口号分别为 21 和 20。由此可见，FTP 的控制信息是带外传输的。使用两个独立连接的好处是协议更加简单和容易实现。

FTP 的工作原理框图见图 15-11。

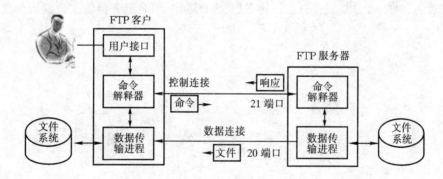

图 15-11　FTP 的工作原理框图

FTP 采用客户/服务器的方式工作，驻留在 FTP 服务器端的工作程序称为 FTP 服务器进程，位于 FTP 客户端的工作程序称为 FTP 客户进程。一个 FTP 服务器进程可以同时为多个 FTP 客户进程提供服务。FTP 服务器进程包括两个部分：一个主进程，负责接受新的请求；多个从属进程，每个从属进程负责处理一个请求。

FTP 服务器主进程的工作过程如下：

（1）打开熟知端口 21，等待客户进程的连接请求；

（2）一旦有客户进程发来连接请求，即创建一个控制进程处理客户的请求，一旦完成任务自行终止；

（3）继续在 21 端口等待接收新的客户请求。

假定 FTP 客户端要从 FTP 服务器下载文件，FTP 客户端与 FTP 服务器之间的交互过程如下：

（1）FTP 客户的控制进程在 49 152～65 535 之间随机选择两个短暂端口号作为自己的控制连接端口号和数据连接端口号；

（2）通过控制端口向 FTP 服务器的控制端口（熟知端口 21）发送建立连接请求，同时告知 FTP 服务器自己的数据端口号；

（3）FTP 客户与 FTP 服务器之间建立起控制连接后，FTP 客户向 FTP 服务器发出文件传输请求；

　　(4) FTP服务器的从属控制进程创建从属数据传输进程；

　　(5) FTP服务器的从属数据传输进程利用数据连接端口(熟知端口20)向FTP客户端提供的数据连接端口发送建立连接请求；

　　(6) 建立起数据连接后，FTP服务器的从属数据传输进程就利用此连接向FTP客户端的数据传输进程传输用户请求的文件；

　　(7) 整个文件传输完成，双方数据传输进程关闭数据传输连接，结束运行，同时通知双方控制进程；

　　(8) 双方控制进程关闭控制连接，结束运行。

　　FTP的工作过程如图15-12所示。图中表示，FTP服务器的主进程在接收了一个客户的请求后，即启动了一个控制进程和一个数据传输进程，双方通过控制连接正在传送请求和应答信息，与此同时，FTP数据传输进程通过数据传输连接向FTP客户端的数据传送进程传输客户所请求的文件。此外，又有一个新的FTP客户端向FTP服务器的主进程请求建立连接。

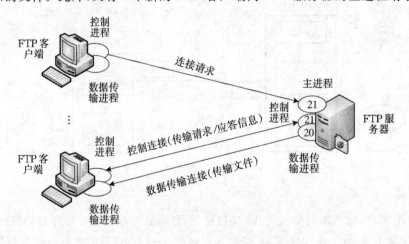

图15-12　FTP的工作过程

　　一般来说，要使用FTP，用户必须在FTP服务器上拥有账号(用户名)和密码，但是有些FTP服务器提供了匿名访问服务，用户只要使用anonymous作为用户名，使用guest或者用户的E-Mail邮箱名作为密码，即可登录FTP服务器查找和下载文件。

　　FTP支持两种模式，一种方式叫做Standard模式(也称PORT模式或主动模式)，一种是Passive模式(也称PASV模式或被动模式)。前面介绍的FTP工作原理和工作过程都是基于Standard模式的，其特点是：FTP客户端在需要上传或下载文件的时候，通过与FTP服务器的21端口建立控制连接，并向FTP服务器发送PORT命令。FTP服务器端则通过自己的20端口与FTP客户端新建立一个数据传输连接，并传输文件。

　　Passive模式在建立控制连接的时候和Standard模式类似，但建立连接后发送的不是Port命令，而是Pasv命令。FTP服务器收到Pasv命令后，随机打开一个短暂端口(端口号大于1024)，并且通知客户端，FTP客户端通过此端口与FTP服务器建立连接，然后FTP服务器就通过这个连接将用户请求的文件传送给FTP客户端。

　　注意：并不是所有的FTP服务都支持Passive模式，如Windows自带的FTP客户端就不支持 Passive 模式。另外,很多防火墙在设置的时候都是不允许接受外部发起的连接的,所以许多位于防火墙后内的网 FTP 服务器都不支持 Passive 模式,因为 FTP 客户端无法穿过防火墙打开 FTP 服务器的高端端口。

FTP 的传输有两种方式:ASCII 码传输模式和二进制数据传输模式。

(1) ASCII 码传输方式:假定用户要下载的文件是 ASCII 码文件,如果在 FTP 客户端运行的是另外的操作系统,当文件传输时 FTP 通常会自动地调整文件的内容以便于把文件解释成 FTP 客户端存储的文本文件的格式。

如果你在 ASCII 码传输方式下传输二进制文件,即使不需要也仍会转译。这会使传输稍微变慢,而且还可能会损坏数据,使文件变得不可用(在大多数计算机上,ASCII 码方式一般假设每一字符的第一有效位无意义,因为 ASCII 码字符组合不使用它。如果你传输二进制文件,所有的位都是重要的)。如果你知道这两台机器使用的操作系统是同样的,则二进制方式对文本文件和数据文件都是有效的。

(2) 二进制传输模式:在二进制传输中,保存文件的位序,以便原始文件和下载的文件是逐位一一对应的,即使在目的地机器上包含位序列的文件是没意义的。例如,macintosh 以二进制方式传送可执行文件到 Windows 系统,在对方系统上,此文件通常不能执行。

如果用户正在传输的文件包含的不是文本文件,它们可能是程序、数据库、字处理文件或者压缩文件(尽管字处理文件包含的大部分是文本,其中也包含有指示页尺寸,字库等信息的非打印字符)。在这种情况下,拷贝任何非文本文件之前,都要用 binary 命令告诉 FTP 逐字拷贝,不要对这些文件进行处理。

FTP 包括大量内部命令,只有熟悉这些 FTP 内部命令,才能灵活运用 FTP 服务器提供或获取文件服务,更好地为因特网用户提供服务。有关 FTP 内部命令的格式和列表限于篇幅,不在此处述及。

15.3.2　简单文件传输协议 TFTP

简单文件传输协议(Trivial File Transfer Protocol,TFTP)是 TCP/IP 协议族中的一个简化的文件传输协议,只限于文件传输等非常简单的功能,不提供权限控制,也不支持客户与服务器之间复杂的交互过程,没有一个庞大的命令集,甚至都没有列目录的功能。因此 TFTP 的功能要比 FTP 简单很多,占用的内存和外存空间和网络资源都很少。TFTP 是基于 UDP 协议而不是 TCP 协议的,因此文件传输的正确性需要由 TFTP 本身来保证。TFTP 的端口为69。

TFTP 一共有 5 种类型的报文,分别是:RRQ、WRQ、DATA、ACK 和 ERROR,下面分别进行介绍。

(1) RRQ(Read Request,读请求报文):由 TFTP 客户发送给 TFTP 服务器,用于请求从 TFTP 服务器读取数据;

(2) WRQ(Write Request,写请求报文):由 TFTP 客户发送给 TFTP 服务器,用于请求向 TFTP 服务器写入数据。

RRQ 和 WRQ 报文格式除了操作码不同外,其余部分均相同。RRQ/WRQ 报文的格式如图 15-13 所示。

其中,操作码的值分别为 1 和 2;文件名域是 netascii 码字符,以 0 结束;而 MODE 域包括

2Byte	String	1B	String	1B
Opcode	Filename	0	Mode	0

图 15-13　RRQ/WRQ 包的报文格式

了字符串"netascii","octet"或"mail",名称不分大小写。接收到 netascii 格式数据的主机必须将数据转换为本地格式。octet 模式用于传输文件,这种文件在源主机上以 8 位格式存储。如果机器收到 octet 格式文件,返回时必须与原来文件完全一样。在使用 mail 模式时,用户可以在 FILE 处使用接收人地址,这个地址可以是用户名或用户名@主机的形式,如果是后一种形式,允许主机使用电子邮件传输此文件。如果使用 mail 类型,必须以 WRQ 开始,否则它与 netascii 完全一样。

（3）DATA(数据报文)：由 TFTP 客户发送给 TFTP 服务器,或者由 TFTP 服务器发送给 TFTP 客户,用于传输数据。数据报文的格式如图 15-14 所示。

2Byte	2Byte	nByte
Opcode	Block#	Data

图 15-14　DATA 包的传输格式

数据包的操作码为 3,它还包括有一个数据块号和数据。数据块号域从 1 开始编码,每个数据块加 1,这样接收方可以确定这个包是新数据还是已经接收过的数据。数据域从 0 字节到 512 字节。如果数据域是 512 字节,则认为它不是最后一个包,如果小于 512 字节则表示这个包是最后一个包。除了 ACK 和用于中断的包外,其他的包均需要得到确认。发出新的数据包等于确认上次的包。WRQ 和 DATA 包由 ACK 或 ERROR 数据包确认,而 RRQ 数据包由 DATA 或 ERROR 数据包确认。

（4）ACK(ACKnowledgment,确认报文)：由 TFTP 客户发送给 TFTP 服务器,或者由 TFTP 服务器发送给 TFTP 客户,用于确认收到的数据块。ACK 包的格式如图 15-15 所示。其操作码为 4。其中的块号为要确认的数据块的块号。

2Byte	2Byte
Opcode	Block#

图 15-15　ACK 包的格式

（5）ERROR(差错报告报文)：由 TFTP 客户发送给 TFTP 服务器,或者由 TFTP 服务器发送给 TFTP 客户,用于对读或报文传输过程中出现的错误进行报告。ERROR 包的格式如图 15-16 所示。它的操作码是 5,此包可以被其他任何类型的包确认。错误码指定错误的类型。错误的值和错误的意义在附录中。错误信息是供程序员使用的。

2Byte	2Byte	nByte	1B
Opcode	ErrorCode	ErrMsg	0

图 15-16　ERROR 包的格式

文件的读写过程如下：

(1) 当 TFTP 客户要从 TFTP 服务器读取文件时，TFTP 客户首先发送包含文件名和文件传输方式在内的 RRQ 报文给 TFTP 服务器。如果 TFTP 服务器可以传送这个文件，就以 DATA 报文响应，DATA 报文包含文件的第一个数据块（编号为"1"），接收到 ACK 报文之后，继续发送后续的 DATA 报文（按递增顺序编号），直到整个文件传输完毕。如果 TFTP 服务器不能传送这个文件，则发送 ERROR 报文进行否定应答。

(2) 当 TFTP 客户要写文件到 TFTP 服务器时，TFTP 客户首先发送包含文件名和文件传输方式在内的 WRQ 报文给 TFTP 服务器。如果 TFTP 服务器允许写入这个文件，就以 ACK 报文（编号为"0"）予以肯定应答。否则，发送 ERROR 报文进行否定应答。如果收到 ACK 报文，TFTP 客户就可以发送第一个数据块（编号为"1"），接收到 ACK 报文之后，继续发送后续的 DATA 报文（按递增顺序编号），直到整个文件传输完毕。

TFTP 将一个大的文件分为若干个数据块进行传输，除最后一块外，其他数据块的长度都是 512 字节，不足 512 字节的最后一个数据块即作为文件结束标志。如果文件的最后一个数据块恰好是 512 字节，那么发送方必须再额外发送一个 0 字节的数据块作为文件结束标志。TFTP 可以传送 NVT ASCII 码（netascii）、二进制（octect）或邮件（mail）形式的数据。

TFTP 采用"停止—等待"方式传输数据。为了保证文件传输的正确性，TFTP 采用"确认-重传"的差错控制机制，每发送完一个数据块后，就等待对方的确认，而不是继续发送后续数据块。由此可见，TFTP 相对于 FTP 的"连续发送方式"和"确认-重传"差错控制机制要简单得多。TFTP 对每个数据块都进行编号，每读或写一个数据块都要求对这个数据块进行确认，并且启动一个定时器进行超时控制。如果未超时接收到 ACK，则继续发送下一个数据块；如果超时未接收到 ACK，则重发前一个数据块。

由于 TFTP 很简单，占用存储空间很小，因此很容易配置在 ROM 中，主要用于某些特殊用途的设备，或者对一些如路由器或网桥等网络设备进行初始化。当这类设备加电后，首先执行只读存储器中的代码，在网络上广播一个 TFTP 请求。网络上的 TFTP 服务器收到请求后，就向其发送二进制代码的执行程序。这类设备接收到可执行文件后，就运行该程序。可见，TFTP 大大减少了这类设备的开销。

15.4 电子邮件

15.4.1 电子邮件概述

1. 电子邮件的概念

电子邮件（Electronic mail，简称 E-mail）是一种通过网络提供的与邮政系统的信件邮递过程相类似的一种服务。但是电子邮件的传递速度与邮政系统邮寄信件的速度是无法比拟的，电子邮件可以在几秒钟之内发送到因特网覆盖范围内位于任何指定位置的电子信箱，而且无需额外承担任何花费。此外，电子邮件还可以进行一对多的邮件传递，同一邮件可以一次发送到多个人的信箱。还有，现在的电子邮件除了文字形式外，还可以是图像、声音甚至视频等各种形式，可以满足人们不断增加的各种需求。电子邮件系统承担从邮件进入系统到邮件到达目的地为止的全部处理过程。正是由于电子邮件系统使用简易、投递迅速、收费低廉、易于保存、全球畅通无阻,使得电子邮件获得了广泛的应用,成为 Internet 上应用最广泛的服务,同时也促进了人们通信方式的改变。

要采用电子邮件进行通信,必须在网络上(即服务器上)建立若干个电子邮件的"邮局"。这里的每个"邮局"实际上是网络文件服务器上的一组数据库文件。作为电子邮件的中心集散地,每个邮局可以为若干个用户设置带有地址的信箱。这里的每个信箱实际上就是数据库中的一张数据表。任何人都可以向该信箱发送电子邮件,信箱的主人则可以在方便的时候从信箱中取出他的邮件。

每一个申请 Internet 账号的用户都会有一个电子邮件地址。它是一个类似于家庭门牌号码的邮箱地址,或者更准确地说,相当于你在邮局租用了一个信箱。因为传统的信件是由邮递员送到你的家门口,而电子邮件则需要自己去查看信箱,只是您不用跨出家门一步。

电子邮件地址的典型格式是:收件人邮箱名称@邮箱所在服务器的域名。其中,@是英语中 at 的符号,是"在"的意思。@之前是电子邮件用户的邮箱名字,@之后是为用户提供电子邮件服务的服务商的域名,如:user@bistu. edu. cn,user@sina. com. cn 等。电子邮件地址要求收件人的邮箱名称在邮箱所在服务器中必须是唯一的。由于邮件服务器的域名也是唯一的,这样就确保了电子邮件地址的唯一性。

2. 电子邮件系统的组成

电子邮件系统由以下五个部分组成,电子邮件系统的组成及其邮件传输过程如图 15 - 17 所示。

(1) 邮件用户代理(Mail User Agent,MUA):MUA 是一个邮件系统的客户端程序,用户对电子邮件系统的使用都是通过用户代理程序完成的。邮件用户代理 MUA 是用户发送和接收电子邮件的操作台和工具,通过 MUA 提供的人机界面,可以实现对电子邮件的编辑、生成、发送、接收、阅读和管理。邮件用户代理常用的 MUA 有:Linux 环境下的 Mail、Pine、Netscape;Windows 环境下的 Outlook、Foxmail 等。

(2) 邮件传输代理(Mail Transfer Agent,MTA):MTA 作为邮件系统的服务器端程序,它负责邮件的发送、接收、存储和转发(Store and Forward),其作用相当于邮局。具体工作是监视用户代理的请求,根据电子邮件的目标地址找出对应的邮件服务器,将信件在服务器之间传输并且将接受到的邮件进行缓冲。常用的 MTA 有:Linux 环境下的 Sendmail、Qmail、Postfix、Exim 等;Windows 环境下的 Exchange、Imail 等。

(3) 邮件提交代理(Mail Submmission Agent,MSA):MSA 负责消息发送之前必须完成的所有准备工作和错误检测,MSA 就像在 MUA 和 MTA 之间插入了一个头脑清醒的检测人员,对所有的主机名和从 MUA 得到的信息头等信息进行检测。

(4) 邮件投递代理(Mail Ddlivery Agent,MDA):MDA 从 MTA 接收邮件并进行本地投递,投递到接收者或发送者的以信箱为索引的邮件数据库中。Linux 下常用的 MDA 是 Mail. local、Smrsh 和 Procmail。

(5) 邮件访问代理(Mail Access Agent,MAA):MAA 用于将用户连接到邮件数据库,使用 POP 或 IMAP 协议按照邮箱名提取邮件。Linux 下常用的 MAA 有 UW-IMAP、Cyrus-IMAP、COURIER-IMAP 等。

电子邮件在 Internet 上传送依赖于简单邮件传输协议(Simple Message Transfer Protocol,SMTP),SMTP 由 RFC821 定义。SMTP 决定了 MUA 与 MTA 建立连接的方法以及

MUA 发送电子邮件的方法，MTA 也使用 SMTP 在它们之间进行电子邮件的转发。SMTP 协议能够将报文发送给邮件服务器或者 MTA，但并没有提供将报文转发至最终目的地的方法，该目的地是指与邮件接收者接口的 MUA 程序。要使用 MUA 从 MTA 上收取邮件，就要使用邮局协议（Post Office Protocol，POP3）或者是互联网消息访问协议（Internet Message Access Protocol，IMAP），还可以是 HTTP 协议。

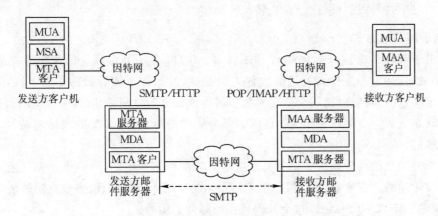

图 15-17 电子邮件系统的组成

3. 电子邮件的传输过程

为确保传输的可靠性，电子邮件采用 TCP 协议作为底层传输协议，端口号为 25。同样采用客户/服务器方式工作。

当发件人要发送一封电子邮件时，首先调用当前计算机中的邮件用户代理 MUA，撰写和编辑电子邮件，同时要给出电子邮件的标题和接收者的电子邮箱地址。然后点击发送按钮。那么，MUA 首先将邮件传送给邮件提交代理 MSA，由 MSA 检测要发送邮件的正确性和完整性。如果发现错误返回给 MUA，同时指示错误信息。如果没有发现错误，则进一步将邮件传送给本地邮件传输代理 MTA。本地 MTA 作为客户端程序，向位于发件人邮箱所在的邮件服务器（也称发送方邮件服务器）中的 MTA 发出 TCP 连接请求，若邮件服务器中的 MTA（作为服务器端）响应连接请求，则双方建立连接。之后，本地 MTA 客户就可以采用 SMTP 协议或 HTTP 协议（通过端口号 25）将邮件传送给发送方邮件服务器中的 MTA 服务器。

发送方邮件服务器中的 MTA 服务器首先将接收到的邮件暂存到缓存中，判断收件人信箱的地址是否就是发送方邮件服务器，如果是，则调用邮件投递代理 MDA，直接投递到由邮件地址指定的信箱中，不再进行后续操作，只是等待收件人通过 MUA 对邮件进行阅读等操作。如果不是，则进一步调用发送邮件服务器中的 MTA，作为客户端向位于收件人邮箱所在的邮件服务器（也称接收方邮件服务器）中的 MTA 发出 TCP 连接请求，若接收方邮件服务器中的 MTA（作为服务器端）响应此连接请求，则双方建立连接。之后，发送方邮件服务器中的 MTA 客户就可以采用 SMTP 协议通过端口号 25 将邮件传送给接收方邮件服务器。同时根据需求，决定是否将邮件保存到发件人信箱中。

接收方邮件服务器中的 MTA 服务器首先将接收到的邮件暂存到缓存中，然后调用邮件投递代理 MDA，将接收到的邮件投递到由邮件地址指定的信箱中。

收件人可以随时通过 MUA 来调用客户机上的邮件访问代理 MAA，作为客户端向自己邮箱所在地的接收方邮件服务器中的 MAA 发出连接请求,若接收方邮件服务器中的 MAA (作为服务器端)响应此连接请求,则双方建立连接。之后,接收方邮件服务器中的 MTA 服务器就可以根据接收方 MUA 的请求,采用 POP 协议、IMAP 协议或 HTTP 协议将该邮箱对应的邮件传送给收件人所在计算机中的 MAA 客户端,MAA 客户端进一步将该收件人的邮件信息提交给收件人所在计算机中的 MUA。这样,收件人就可以通过 MUA 获取自己信箱中的信件列表,并对邮件进行阅读、删除、转发等操作。

4. 电子邮件的格式

每封电子邮件都由信头(Header)和主体(Body)两个部分组成。信头由一系列的字段(Fields)组成,主体就是发件人发送给收件人的数据,附加在主体后面的是签名区,签名区是一些事先定义好的落款选项,用于节省每次书写落款信息的时间,同时也可以清晰表达发件人的身份和联系方式等。附件也作为主体的一部分同时进行传输,大量的数据都是以附件的形式进行传输的。

信头部分的字段可分为两类。一类是由电子邮件程序产生的,另一类是邮件通过 SMTP 服务器时被添加的。在所有被 SMTP 服务器添加的字段中,对我们而言最重要的是 Message-Id 字段,这是一个唯一的 ID 号,这个号码将作为邮件的编号。

表 15 - 4 列出了电子邮件的所有信头字段,但这并不意味着所有的字段都是必须的。实际上可以忽略信头中的某些字段,只添加必需的字段。信头字段名和信头字段内容之间通过":"分隔。除了标准字段外,信头还可以包含用户自定义的字段。这些用户自定义的字段名必须由 X 开始。

表 15 - 4　电子邮件信头字段及其含义

信头字段	含义	信头字段	含义
From	邮件作者	Comments	备注
Sender	发信人	Keywords	关键字,用来进一步搜索邮件
Reply-To	指示对方回复时采用该地址,目的是与发件人地址不同	In-Reply-To	被当前邮件回复的邮件 ID
To	一个或多个收信人地址	References	几乎同 In-Reply-To 一样
CC	抄送的邮件地址,用于发送邮件副本	Encrypted	加密邮件的加密类型
BCC	暗送,收信人地址	Date	发信日期
Subject	主题。用于表达邮件的内容,类似于文件名,便于检索		

在 MTA 之间用来传送电子邮件的协议是 SMTP,但 SMTP 只能用来传送键盘上看得见的 7 位 ASCII 码字符,即 NVT ASCII 码。因此,信头和主体也只支持 NVT ASCII 码。尽管邮件格式经过 MIME 扩充后可以支持各种类型数据的传送,但是这些数据最后仍然被转换成 ASCII 码形式进行传送。主体长度取决于邮件缓存区的大小和传输可靠性的限制,一般不超过 10MB。

无论是信头还是主体都是以回车符 CR 和换行符 LF 指示结束的,信头和主体之间还使用一个空字符串分隔。也就是说,用一个空行标记信头的结束和主体的开始。

15.4.2　简单邮件传输协议 SMTP

1. SMTP 的命令和响应

SMTP 通过一系列命令实现对邮件的传输过程进行控制,每条命令是由<CRLF>结束的字符串,以明文方式进行传输。在带有参数的情况下,命令本身由<SP>和参数分开。命令和应答可以是大写、小写或两者的混合。SMTP 定义了 14 条命令和 21 种应答信息。SMTP 的命令及其功能描述如表 15 - 5 所示:

表 15 - 5　SMTP 的命令及其功能描述

命令	描述
DATA	开始信息写作。表示下面是邮件的数据部分,输入完毕以后,以一个".."开始的行作为数据部分的结束标识
EXPN ＜string＞	EXPAND(EXPN),在指定邮件列表中返回名称
HELO ＜domain＞	HELLO(HELO),客户向对方邮件服务器发出的自己身份的标识
HELP ＜command＞	返回指定命令的帮助信息
MAIL FROM ＜host＞	指明邮件的发送者
NOOP	空操作,不引起任何反应
QUIT	终止邮件会话(结束邮件发送)
RCPT TO ＜user＞	RECIPIENT(RCPT),指明邮件的接收者
RSET	当前邮件操作将被放弃,重设邮件连接,清除所有缓冲区和状态表
SAML FROM ＜host＞	SEND AND MAIL(SAML),发送邮件到一个或多个用户终端和邮箱
SEND FROM ＜host＞	发送邮件到一个或多个用户终端上
SOML FROM ＜host＞	SEND OR MAIL(SOML),发送邮件到一个或多个用户终端或邮箱
TURN	接收端和发送端交换角色
VRFY ＜user＞	VERIFY(VRFY),确认用户身份

对于这些命令的顺序有一定的限制。对话的第一个命令必须是 HELLO 命令,此命令在此后的会话中也可以使用。如果 HELLO 命令的参数不可接受,则返回 501(失败应答)。NOOP、HELP、EXPN 和 VRFY 命令可以在会话的任何时候使用。MAIL、SEND、SOML 或 SAML 命令开始一个邮件操作。一旦开始了以后就要发送 RCPT 和 DATA 命令。邮件操作可以由 RSET 命令终止。在一个会话中可以有一个或多个操作。会话的最后一个命令必须是 QUIT 命令,此命令在会话的其他时间不能使用。如果操作中的命令顺序出错,则返回 503(失败应答)。邮件传输的最小命令集为:HELO、MAIL、RCPT、DATA、RSET、NOOP、QUIT。

对 SMTP 命令的响应是多样的,它确定了在邮件传输过程中请求和处理的同步,也保证了发送 SMTP 知道接收 SMTP 的状态。每个命令必须有且仅有一个响应。

SMTP 的响应由三位的数字和紧随其后的文本组成。三位的数字帮助决定下一个应该进入的状态,文本仅起到注释说明的作用。正规的情况下,响应由下面序列构成:三位的数字,

＜SP＞,一行文本,＜CRLF＞。或者也可以是一个多行响应,但只有 EXPN 和 HELP 命令可以导致多行应答。

发送者和接收者之间的通信是一问一答的交替对话形式,由发送者控制。这样,发送方发出一条命令,接收方发回一个响应。发送方在发送下一条指令前必须等待应答。

2. SMTP 的邮件传输过程

邮件的传送分为三个阶段,分别是连接建立阶段、邮件传送阶段和连接释放阶段。

(1) 连接建立:发送方 MTA 作为客户使用熟知端口号 25 与接收方 MTA(作为服务器)建立 TCP 连接,连接建立后,MTA 服务器向 MTA 客户发送"220 Service ready(服务就绪)"应答,收到此应答后,MTA 客户就向 MTA 服务器发送包括自己域名的 HELO 命令,MTA 服务器若有能力接收邮件,则回答"250 OK",表示已准备好接收。若 MTA 服务器不能接收,则回答"421 Service not available(服务不可用)"。

(2) 邮件传送:正式的邮件传送过程由 MTA 客户向 MTA 服务器发送 MAIL 命令开始,后面给出发件人地址。如:MAIL FROM:＜abc@bistu. edu. cn＞。若 MTA 服务器已准备好接收邮件,则回答"250 OK";否则,返回一个代码,指明原因。如 451(处理时出错),452(存储空间不够),500(命令无法识别)等。

接下来 MTA 客户根据收件人的数量向 MTA 服务器发送一条或多条 RCPT 命令,后面为收件人邮箱地址。形式如:RCPT TO:＜xyz@sina. com. cn＞。如果命令被接收,接收方返回一个"250 OK"应答。如果收件人未知,接收方会返回一个"550 No such user here"应答。

再接下来是 MTA 客户向 MTA 服务器发送 DATA 命令,准备发送邮件内容。如果 MTA 服务器能够接收邮件,则返回"354 Start mail input;end with ＜CRLF＞.＜CRLF＞"应答,并认定以下发送的各行都是信件内容,依次接收。MTA 客户则依次发送包括 Date、Subject、To、Cc、From 提示的邮件内容,最后发送＜CRLF＞.＜CRLF＞,表示邮件内容结束。如果不能接收邮件,则返回"421(服务器不可用)"或"500(命令无法识别)"等。当 MTA 服务器收到信件结尾后,将此符号过滤掉并存储,MTA 服务器返回一个"250 OK"应答。否则,返回差错代码。

在邮件传输过程中还必须保证数据的透明性,若没有对数据透明性的保证,在发送类似"＜CRLF＞.＜CRLF＞"的邮件内容时就会发生错误。因此必须采取以下措施:

① 当邮件被发送时,MTA 客户必须检查邮件的每一行,如果是一个句号,就在行首再加一个句号。

② 当邮件被接收时,MTA 服务器必须检查邮件的每一行,如果发现一行仅有一个句号,邮件就此结束,如果一行中有两个句号,那么这一行中就只应该有一个句号,而将第一个句号删除。

(3) 连接释放:邮件发送完毕,MTA 客户向 MTA 服务器发送 QUIT 命令,表示要中止邮件传输过程。如果 MTA 服务器同意,则返回"221(服务关闭)",释放连接。

下面给出一个邮件传送过程的例子,此例是在 wlgc. com 主机的 xyz 发送邮件给 rjgc. com 主机的 abc,def 和 ghi 的,这里假定主机 wlgc 与主机 rjgc 直接相连。

　　　　R:220 Service ready
　　　　S:HELO mail. wlgc. com
　　　　R:250 OK
　　　　S:MAIL FROM:＜xyz@wlgc. com＞

```
R:250 OK
S:RCPT TO:<abc@rjgc.com>
R:250 OK
S:RCPT TO:<def@rjgc.com>
R:550 No such user here
S:RCPT TO:<ghi@rjgc.com>
R:250 OK
S:DATA
R:354 Start mail input; end with <CRLF>.<CRLF>
S:FROM:<Zhang>xyz@wlgc.com
S:TO:abc@rjgc.com, def@rjgc.com, ghi@rjgc.com
S:DATE:1/3/2010
S:SUBJECT:Communication
S:
S:Dear Li,
S:I miss you very much!
S:……
S:Yours faithfully
S:.
R:250 OK
S:QUIT
R:221
```

该过程表明,abc 和 ghi 接收到了 xyz 发送的邮件,而由于 def 在此主机上没有邮箱,因而无法接收。

15.4.3　通用因特网邮件扩充 MIME

如前所述,SMTP 只能用来传送 7 位的 NVT ASCII 码,因此它不能用来传送中文等非英文国家的文字,同样,也不能用来传送二进制文件、图像、音频、视频等类型的文件。

多用途因特网邮件扩充(Multipurpose Internet Mail Extension,MIME)是对电子邮件协议的一个扩展,它允许除 NVT ASCII 码以外的数据(包括各国的文字和各种类型的文件)能够通过 SMTP 传输。但 MIME 并不是一个电子邮件传输协议,只是对 SMTP 的扩充,而不是取代 SMTP。MIME 的实现原理如下:发送端将要发送的非 ASCII 码数据的邮件内容通过 MIME 首先转换为 NVT ASCII 码数据,然后再交给 MTA 客户端,通过因特网进行传输,MTA 服务器接收到 NVT ASCII 码数据格式的邮件后,也是通过 MIME 将其转换为非 ASCII 码格式的邮件内容进行存储和处理的。

MIME 和 SMTP 之间的关系如图 15-18 所示。

MIME 定义了 5 个新的首部字段,添加到 SMTP 邮件的信头中,主要用来定义在原 SMTP 邮件中所增加的数据类型和采用的编码方式等。

(1) MIME 版本(MIME-Version):定义 MIME 的版本。

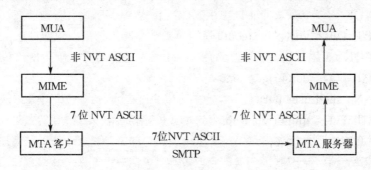

图 15-18 MIME 和 SMTP 之间的关系

（2）内容-类型（Content-Type）：定义邮件主体的内容类型和子类型。其中，内容类型只是用于表示内容的类别，子类型用于表示具体的文件格式，内容类型和子类型用斜线分隔开。根据子类型的不同，还可以包括其他一些参数。形式如下：

Content-Type：<type/subtype：parameters>

MIME 支持 7 种基本内容类型和 15 种子类型，除了内容类型和子类型外，MIME 还允许发件人和收件人自己定义专用的内容类型，但为了避免可能的名字冲突，要求对自定义的专用内容类型的前面加"x-"。还处于试验当中或者非官方的 MIME 类型在其二级分类开头也会加一个"x-"。例如 Flash 文件的 MIME 类型就是 application/x-shockwave-flash，它就是一个非官方的 MIME 类型，它会被用户代理程序识别出来并且使用 Flash Player 打开这种文档。

MIME 支持的内容类型和子类型及其相应的说明如表 15-6 所示。

表 15-6 MIME 支持的内容类型和子类型

类型	子类型	说　　明
Text（文本）	plain	主体是无格式的文本
	richtext	主体是含有少量格式的文本
Image（图像）	gif	主体是 GIF 格式的静止图像
	jpeg	主体是 JPEG 格式的静止图像
Audio（音频）	basic	主体是可听得见的声音
Video（视频）	mpeg	主体是 MPEG 格式的视频数据
Application（应用）	octet-stream	主体是 8 位组的数据流（二进制数据）
	postscript	主体包含附件
Message（报文）	RFC822	主体是 RFC822 格式的邮件
	partial	主体是大报文的分片
	external-body	主体是对另一个报文的引用
Multipart（多部分）	mixed	主体包含多个独立的子报文
	alternative	主体是不同格式的同一内容
	parallel	主体是由必须同时读出的几个部分构成
	digest	主体中含有由摘要说明的一组其他报文

由于 Multipart 内容类型和相应的子类型的作用非常大,因此特别对其作如下说明:

① mixed 子类型允许报文中含有多个相互独立的子报文,并且每个子报文可以有自己的类型和编码,并在开始被定义。正是 mixed 子类型使得用户可以在邮件的正文之后添加文本或多媒体形式的附件。但是,对多个相互独立的子报文(如正文和各个附件)必须采用一个特定的字符串进行分隔,这个特定的字符串需要在 mixed 的后面使用一个关键字进行定义,形式为:"Boundary=",要求该字符串不能在邮件内容中出现。在邮件主体中对独立的子报文进行分隔的形式是以两个连字符"－－"开始,后面紧跟该字符串。以"－－"+该字符串+"－－"结束。

② alternative 子类型允许报文中含有同一数据的多种表示形式,使用户可以在不同的环境中打开。这对于有不同硬件和软件环境的用户来说,非常有意义。

③ parallel 子类型用于定义报文中的哪些部分需要同时显示。例如对于视频数据来说,就要求声音和图像同时播放。

④ digest 子类型用于定义报文中含有的一组其他报文,其中每一个报文都是一个完整的 RFC822 邮件。

(3) 内容-转换-编码(Contnet-Transfer-Encoding):邮件主体的内容有以下三种情况:

① 邮件内容就是 7 位的 ASCII 码:MIME 对这种由 ASCII 码构成的邮件主体不进行任何转换。

② 邮件主体包含非 ASCII 码:采用 quoted-printable 编码。这种编码方法对于除"="以外的所有可打印的 ASCII 码都不进行转换。"="和不可打印的 ASCII 码以及非 ASCII 码数据的编码方法如下:首先,将每个字节的二进制代码用两个 16 进制数字表示,然后在其前面再加上一个"="。例如,"系统"的二进制编码为:11001111 10110101 11001101 10110011,其对应的 16 进制数字表示为:CF B5 CD B3,那么相应的 quoted-printable 编码表示为:=CF=B5=CD=B3,这样就转换成为 12 个可打印的 ASCII 码字符。他们的二进制编码需要 96 位,编码效率下降了 200%。相应的,存储开销增加了 200%。"="的二进制代码为:00111101,即 16 进制的 3D,相应的 quoted-printable 编码为:"=3D"。

③ 邮件内容为任意长的二进制文件:采用 base64 编码。这种编码方法如下:首先把二进制代码划分成若干个 24 位长的单元,然后再进一步将每个 24 位单元划分成 4 个 6 位组。每一个 6 位组均按以下方法对应转换成 ASCII 码:6 位组的二进制代码共有 $2^6=64$ 种不同的值,从 0 到 63,用 A 表示 0,用 B 表示 1,等等。26 个大写字母排列完毕后,再接下来排 26 个小写字母,再接着排 0~9 十个数字,最后用"+"表示 62,用"/"表示 63。而用"=="和"="分别表示最后一组的代码只有 8 位或 16 位的情况。

下面给出一个 base64 编码的例子:

24 位二进制代码:　　　　　000000000001000110111001

划分为 4 个 6 位组:　　000000　　000001　　000110　　111001

形成的 base64 编码:　　　　A　　　　B　　　　F　　　　5

对应的 ASCII 码:　　01000001　01000010　01000110　00110101

由此可见,原来为 24 位的二进制代码采用 base64 编码后变成了 32 位,编码效率下降了 25%,相应的,存储开销增加了 25%。

(4) 内容-标识(Id):在多报文环境中用于唯一的标志整个报文。其形式如下:

Content-mid:id=<content-mid>

(5) 内容-描述(Content-Description):定义主体是否为图像、音频或视频。其形式如下：

Content-Description:<description>

一个包含文本和图片的 MIME 邮件的形式如下所示：

From:xyz@bistu. edu. cn

To:abc@sina. com. cn

MIME-Version:1.0

Content-Type:multipart/mixed；boundary=qazwsx

-- qazwsx

Abc：

你所要的图片见附件。

　　　　　　　　　　xyz

-- qazwsx

Content-Type:image/gif

Content-Transfer-Encoding:base64

图片数据.....

-- qazwsx-

15.4.4　邮件读取协议 POP 与 IMAP

SMTP 是推送协议。不管 MTA 服务器是否愿意接收邮件，SMTP 都将邮件从 MTA 客户推送到 MTA 服务器。在邮件传输的第一和第二阶段需要使用 SMTP。但是，在第三阶段就不能再使用 SMTP 了，因为读取邮件操作必须由收件人启动，收件人只能在方便的时候打开邮箱，读取其中的邮件。因此第三阶段需要的是拉取协议。在这种情况下，邮件一直存放在接收端邮件服务器的邮箱中，直到收件人读取为止。

目前有两种邮件读取协议，分别是邮局协议(Post Office Protocol，POP)和网际报文访问协议(Internet Message Access Protocol，IMAP)。当用户想从邮箱取出他们的邮件时，必须使用 MUA 连接到 POP 或 IMAP Server 上，由服务器代为访问邮箱。POP 或 IMAP 之间最大的差异在于邮箱的管理方式。POP 用户需要将所有的邮件从服务器搬回自己的主机，由自己进行管理；IMAP 可以不用把所有的邮件全部下载，允许用户通过网络要求服务器代为管理邮件，可以通过客户端直接对服务器上的邮件进行操作。许多服务器同时提供两种协议，所以我们通常统称它们为 POP/IMAP Server。POP 与 IMAP 两者都没有寄信的能力，只能帮用户处理事先收到的邮件。POP3 和 IMAP4 的主要作用在于，邮件客户端(例如 MS Outlook Express)可以通过这种协议从邮件服务器上获取邮件的信息，下载邮件等。

POP 协议由 RFC 1939 定义，当前版本为 3.0，通常简称为 POP3，目前已经成为 TCP/IP 协议族中的一员。POP3 运行在 TCP/IP 协议之上，也采用客户/服务器的工作模式，在收件人计算机中的用户代理 MUA 必须运行 POP3 客户程序，而在接收端邮件服务器中除运行 MTA 服务器程序外，还必须运行 POP3 服务器程序，POP3 服务器所用的端口为 110。只有在用户输入鉴别信息(用户名和密码)后，POP3 服务器才允许对其邮箱进行读取操作。

IMAP 协议由 RFC3501 定义,当前版本为 4.0,通常简称为 IMAP4,目前也已经成为 TCP/IP 协议族中的一员。IMAP4 也运行在 TCP/IP 协议之上,也采用客户/服务器的工作模式,在收件人计算机中的用户代理 MUA 必须运行 IMAP4 客户程序,而在接收端邮件服务器中除运行 MTA 服务器程序外,还必须运行 IMAP4 服务器程序,使用的端口是 143。

15.4.5　基于万维网的电子邮件

与使用 Microsoft Outlook、Mozilla Thunderbird 等电子邮件客户端软件的电子邮件服务不同,基于万维网的电子邮件服务(Webmail)是因特网上一种主要使用网页浏览器来阅读或发送电子邮件的服务。用户可以在任何连接至互联网且拥有网页浏览器的地方读取和发送电子邮件,而不必使用特定的客户端软件。邮件也不必被下载。此时,用户发送和接收电子邮件都使用 HTTP 协议,而不再分别使用 SMTP 和 POP3(或 IMAP4)。

世界上第一个 Webmail 服务是杰克·史密斯和印度的沙比尔·巴蒂亚(Sabeer Bhatia)一起创办的 Hotmail。后来微软将 Hotmail 买下并将其与 Windows Live 服务相结合。目前提供电子邮件信箱的门户网站及 ISP 普遍提供了 Webmail 供用户使用。

多数 Webmail 具有下列特色:不同的邮件分入不同的文件夹,以及垃圾筒、地址簿、垃圾邮件检查、检查附件中的电脑病毒、字典(词典)功能、拼写错误检查等。

但是,Webmail 也具有一定的缺点:用户若没有连接至互联网,就无法使用 Webmail,即使是读取从前的邮件也无法进行;一般 Webmail 的存储量有限;用户可能必须接受广告邮件;若网络速度较慢,Webmail 很难使用;由于 Webmail 要在原来的邮件基础上添加 HTML 的指令和结构,所以会使邮件体积变大。

15.5　万维网 WWW

15.5.1　万维网概述

WWW(World Wide Web)简称 Web,一般翻译为"万维网",可以形象地将其比喻为一张附着在 Internet 上的覆盖全球的信息"蜘蛛网",上面镶嵌着无数以超文本形式存在的信息资源。正是通过这张网,将 Internet 上不同形式的各种信息资源连接起来,供全球的 Internet 用户浏览查阅。

有人把万维网误解为因特网的同义词,其实万维网只是依附于因特网运行的一项信息检索服务。如今,万维网已成为 Internet 上使用最便捷和功能最强大的信息检索服务系统。下面我们来了解一下万维网的起源。

1989 年 3 月,欧洲粒子物理研究所(CERN)的蒂姆·伯纳斯·李(Tim Berners-Lee)提出一项计划,目的是使科学家们能很容易地通过网络传阅同行的文档,此项计划的后期目标是使科学家们能在服务器上创建新的文档。为了支持此计划,Tim 创建了一种新的语言来传输和呈现不仅包括文本,而且还包括图像、声音甚至视频的超文本文档。这种语言就是超文本标识语言 HTML(Hyper Text Markup Language)。它是标准通用标识语言 SGML(Standard Generalized Markup Language)的一个子集。用于传输超文本文档的协议被称为超文本传输协议 HTTP(Hyper Text Transfer Protocol)。

1990 年 11 月 12 日伯纳斯·李和罗伯特·卡里奥（Robert Cailliau）合作提出了一个更加正式的关于万维网的建议，并书写了第一个网页。就是在那年的圣诞假期，伯纳斯·李制作了第一个万维网浏览器（同时也是编辑器）和第一个网页服务器。1991 年 8 月 6 日，他在 alt. hypertext 新闻组上发布了万维网项目简介的文章。由此标志着因特网上万维网公共服务的首次亮相。

WWW 具有以下特点：用户可以根据自己的兴趣，通过事先建立的页面之间的链接（简称超链接），方便地从因特网上位于某一个站点上的页面跳转到另一个站点上的页面，随心所欲地阅读各种感兴趣的信息。

万维网提供的链接服务情况如图 15 - 19 所示。

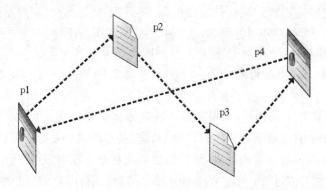

图 15 - 19　万维网链接服务举例

用户在浏览位于某个 Web 站点上的页面 p1 时，如果对其中某一个具有超链接（通常带有下划线或不同颜色，当鼠标移动到此处时，会呈现手形）的内容感兴趣，那么就可以点击该超链接。此时，系统就会打开链接的页面 p2，在浏览页面 p2 时，如果对其中某一个带有超链接的内容感兴趣，就可以点击该超链接。此时，系统就会打开链接的页面 p3。同样，在浏览页面 p3 时，如果对其中某一个带有超链接的内容感兴趣，那么就可以点击该超链接，此时，系统就会打开链接的页面 p4，在浏览完页面 p4 时，如果仍有感兴趣的超链接，那么点击后甚至有可能指回页面 p1。由于这些页面可能位于 Internet 上不同的 Web 站点。因此，通过超链接可以在由Internet 连接的不同 Web 站点之间实现自由跳转，从而方便地满足用户在整个 Internet 范围内获取各种信息的需要。由此可见，在 WWW 服务方式下，页面的跳转顺序是随机的和不确定的，完全取决于用户各自的兴趣和爱好。

Web 服务系统的基本组成如图 15 - 20 所示。从图中可以看出，一个基本的 Web 服务系统由 Web 服务器程序、客户机浏览器、网页文件以及 HTTP 协议四个部分组成。

万维网采用的是客户/服务器工作方式，计算机上的浏览器就是客户端程序，存储万维网文档（页面）的主机即为 Web 服务器。用户通过计算机上的浏览器向某一台 Web 服务器发出对某一个页面的请求后，该 Web 服务器即向该用户所在的计算机回送他所请求的页面，浏览器接收到该页面后，就将该页面在自己的计算机上显示出来。

由上可知，要提供万维网服务，必须解决以下五个问题：

（1）怎样标志和查找分布在因特网上的万维网文档？

目前的解决方案是，使用统一资源定位符（Uniform Resource Locator，URL），在整个因

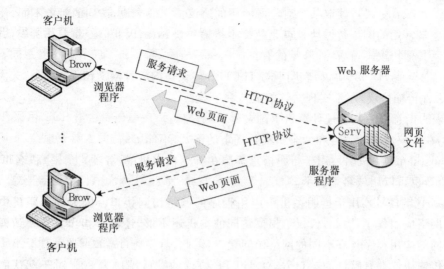

图 15 - 20　Web 服务系统的基本组成

特网范围内唯一地标识和查找每一个万维网文档。具体标志和查找方式见 15.5.2。

（2）如何在因特网上实现万维网文档的有效传输？

采用超文本传送协议（HyperText Transfer Protocol，HTTP），在万维网客户端程序（浏览器）与万维网服务器程序（Web 服务器）之间传输请求信息和页面信息。HTTP 协议的工作原理和过程见 15.5.3。

（3）如何在因特网上显示万维网文档和表示超链接？

目前普遍采用超文本标记语言（HyperText Markup Language，HTML），有关内容介绍见15.5.4。

（4）客户端和服务器端如何支持和提供对 Web 信息资源的访问？

在客户端需要有网络浏览器，在服务器端需要有 Web 服务器程序，有关内容介绍见15.5.5。

（5）怎样使用户能够在万维网上方便地查找未知位置的信息资源？

对此需要使用各种搜索工具/搜索引擎，其实现原理见 15.5.6。

15.5.2　统一资源定位符 URL

统一资源定位符 URL 是对因特网上信息资源位置的标示。通过给定一个确定的 URL，就可以唯一地查找到因特网上一个特定的信息资源。这里所说的信息资源是指因特网上可以被访问的任何对象，包括万维网文档，也包括文件目录和文件等，文件的形式可以是文本文件，也可以是音频、视频文件和图形、图像文件等。因此，URL 相当于一个文件名在网络范围的扩展，因此也可以把 URL 看成是与因特网相连的机器上的任何可访问对象的一个指针。

只有通过 URL 给信息资源定位，才能对信息资源进行查找、存取、更新和替换等操作。因此，统一资源定位符 URL 在因特网中占据着至关重要的位置。

URL 的一般形式：

Protocol://hostname［:port］/ path / filename［; parameters］［? query］［♯ fragment］

格式说明：

(1) Protocol(协议)：读取某个对象所使用的协议。一般来说，访问的对象不同，使用的协议也不同。最常用的网络传输协议就是超文本传输协议 http，因此已经将其作为默认的协议，可以省略。其他协议不可省略，常见的有：

https：安全的 HTTP 协议，表明通过 HTTPS 协议访问万维网文档。

ftp：文件传输协议，用于实现文件的上传和下载。

file：表明信息资源是本地计算机上的文件，可省略。

注意：在协议后面的冒号和两个斜线是规定的格式，不能省略。

(2) hostname(主机名)：用于指明信息资源在哪一台主机(服务器)上。主机名可以用 IP 地址来表示，也可以用域名来表示。

(3) port(端口号)：用于指明主机中应用程序的网络访问接口。因为一台主机中可能运行不同的网络应用程序，因此，仅仅给出要访问的主机还不够，还需要指出具体要访问的应用程序。不同的应用程序具有不同的网络访问接口，因此，需要通过端口号来指定。

各种传输协议都有默认的端口号，如 HTTP 协议的默认端口为 80。对于默认的端口号通常可以省略。有时候出于安全或其他考虑，可以在服务器上对端口进行重定义，即采用非标准端口号，此时，URL 中就不能省略"端口"这一项。

(4) path/filename(路径/文件名)：一般用来表示主机上位于特定位置的一个万维网文档，或者文件、目录。仅仅指明主机和端口是不够的，还需要给出相应的路径信息。如果采用 HTTP 协议，不给出路径，表明访问的是万维网文档的主页。因为主页有固定的存放位置和名字。例如在 IIS 中，默认的主页名字为 default.htm 或 index.htm(注意：index 文档的后缀取决于主页的编写语言，除了 htm 外，还可以是 html、asp、aspx、php、jsp 等)，存在于 C:\ Inetpub\wwwroot。

(5) parameters(参数)：可选，用于指定特殊的参数。

(6) query(查询)：可选，用于给动态网页(如使用 CGI、ISAPI、PHP/JSP/ASP/ASP.NET 等技术制作的网页)传递参数，可以有多个参数，多个参数之间用"&"符号隔开，每个参数的名和值用"="符号隔开。

(7) fragment(信息片断，字符串)：可选，用于指定网络资源中的片断。例如一个网页中有多个名词解释，可使用 fragment 直接定位到某一名词解释。

注意，Windows 主机是不区分 URL 中字符的大小写的，但是，Unix/Linux 主机区分 URL 中字符的大小写。

例 1：北京信息科技大学主页的 URL，可以用下式来表示：

http://www.bistu.edu.cn

注意：这里省略了端口号 80 和路径/文件名信息。

例 2：北京信息科技大学计算机学院页面的 URL，可以用下式来表示：

http://www.bistu.edu.cn/jgsz/jsjxy/index.htm

注意：这里直接给出了要访问的万维网文档的路径和页面文件信息。

15.5.3　超文本传输协议 HTTP

HTTP 定义了本地浏览器向 Web 服务器请求万维网文档，以及从 Web 服务器传输 Web 文档到本地浏览器的报文格式和传输过程。

1. HTTP 的报文格式

HTTP 定义了两种类型的报文,即请求报文和响应报文。

请求报文是由 Web 用户通过浏览器向 Web 服务器发送的请求获取 Web 文档的报文,如图 15－21(a)所示。响应报文是由 Web 服务器向 Web 用户发送的载有用户请求的 Web 文档的报文,如图 15－21(b)所示。

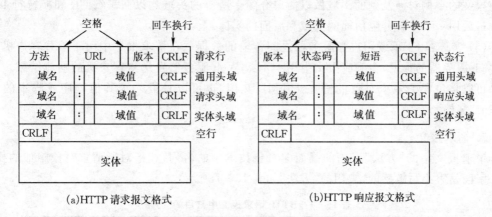

(a)HTTP 请求报文格式   (b)HTTP 响应报文格式

图 15－21 HTTP 请求和响应报文格式

从图中可以看出,HTTP 的请求报文和响应报文都是由一个开始行,一个或者多个头域,一个指示头域结束的空行和可选的消息体组成的。HTTP 的头域包括通用头、请求头、响应头和实体头四个部分。每个头域由一个域名、冒号(:)和域值三部分组成。域名是大小写无关的,域值前可以添加任何数量的空格符,头域可以被扩展为多行,在每行开始处,使用至少一个空格或制表符。

(1) 开始行:用于区分是请求报文还是响应报文。请求报文中的开始行叫做请求行,响应报文中的开始行叫做状态行。开始行的三个字段之间用空格分隔,最后的"CR"和"LF"分别表示"回车"和"换行"。

(2) 通用头域包含请求和响应消息都支持的头域,通用头域包含:Cache-Control、Connection、Date、MIME-Version、Pragma、Transfer-Encoding、Upgrade、Via 等。对通用头域的扩展要求通信双方都支持此扩展,如果存在不支持的通用头域,一般将会作为实体头域处理。

(3) 请求头域允许客户端向服务器传递关于请求或者关于客户机的附加信息。请求头域可能包含下列字段:Accept、Accept-Charset、Accept-Encoding、Accept-Language、Authorization、From、Host、If-Modified-Since、If-Match、If-None-Match、If-Range、If-Unmodified-Since、Max-Forwards、Proxy-Authorization、Range、Referer、User-Agent。对请求头域的扩展要求通讯双方都支持,如果存在不支持的请求头域,一般将会作为实体头域处理。

(4) 响应头域允许服务器传递不能放在状态行的附加信息,这些域主要描述服务器的信息和 Request-URI 进一步的信息。响应头域包含:Age、Location、Proxy-Authenticate、Public、Retry-After、Server、Vary、Warning、WWW-Authenticate。对响应头域的扩展要求通信双方都支持,如果存在不支持的响应头域,一般将会作为实体头域处理。

(5) 实体头域包含关于实体的原信息,实体头域包括:Allow、Content-Base、Content-Encoding、Content-Language、Content-Length、Content-Location、Content-MD5、Content-Range、

Content-Type、Etag、Expires、Last-Modified、Extension-header。Extension-header 允许客户端定义新的实体头,但是这些域可能无法被接受方识别。实体可以是一个经过编码的字节流,它的编码方式由 Content-Encoding 或 Content-Type 定义,它的长度由 Content-Length 或 Content-Range 定义。

由于各种头域数量很大,取值范围更加广泛,因此不在此逐项介绍,只是结合请求报文和响应报文的举例对涉及到的头域做以简单介绍。所有的头域均以回车符 CR 和换行符 LF 结束。最后用一个空行分隔前面的头域和后面的实体。

(6) 实体:用于承载用户和服务器之间传输的数据。在请求报文中用于承载客户机发送给 Web 服务器的数据,在响应报文中用于承载 Web 服务器发送给客户机的响应结果。响应结果可以是包含了多个对象的静态 HTML 文档,也可以是嵌入了其他程序或脚本的动态 HTML 文档。

2. 请求报文

请求报文中的"方法"引用的是面向对象技术中的名词,意指对所请求对象施加的操作。这个字段是大小写敏感的,常用的"方法"如表 15-7 所示。

表 15-7　HTTP 请求报文中常用的"方法"

方　法	意　　义
GET	向 Web 服务器请求读取由 URL 标示的信息资源
POST	请求 Web 服务器接收包含在实体部分的数据,用于输入、提交表单等
PUT	向 Web 服务器发送数据并存储在 URL 标示的位置
HEAD	向 Web 服务器请求读取由 URL 标示的信息资源的元(头)信息
DELETE	删除 Web 服务器上由 URL 标示的信息资源
TRACE	跟踪到 Web 服务器的路径
CONNECT	指定连接状态
OPTIONS	请求可选项的信息

URL 字段表示所请求访问的 URL,在此字段为星号(＊)时,说明请求并不用于某个特定的资源地址,而是用于服务器本身。版本字段表示支持的 HTTP 版本,例如为 HTTP/1.1。CRLF 表示回车换行符。

以访问北京信息科技大学计算机学院的页面为例,其请求报文的形式举例如下:

GET /jsjxy/index. htm HTTP/1.1　　{此处使用了相对 URL,因为下面的 Host 域包含域名}

Host:www. bistu. edu. cn　　{给出要访问的 Web 服务器的域名和端口号(默认:80)}

Accept:＊/＊　　{接受各种对象的格式,包括:文字、图像、音频、视频等}

Accept language:cn　　{选择接收中文版本的网页}

Accept-Encoding:gzip,deflate　　{指出客户端可接受的对象编码和压缩方式}

Connection:keep-alive　　{告诉服务器发送完请求的文档后继续保持连接}

User-Agent:Mozilla/5.0　　{说明客户端浏览器的名称和版本号等信息}

Content-Length:3678　　{说明请求报文中实体的长度}

Content-Type：text　　　{说明请求报文中实体的文件类型，此处表示文本文件}

3. 响应报文

响应报文的状态行中，版本表示支持的 HTTP 版本，例如为 HTTP/1.1。状态码是一个三位数字，短语给状态码提供一个简单的文本描述。状态码主要用于机器自动识别，短语主要用于帮助用户理解。状态码的第一个数字定义响应的类别，后两个数字没有分类的作用。第一个数字可能取 5 个不同的值：

1xx：信息响应类，表示接收到请求并且继续处理；

2xx：处理成功响应类，表示动作被成功接收、理解和接受；

3xx：重定向响应类，为了完成指定的动作，必须接受进一步处理；

4xx：客户端错误，客户请求包含语法错误或者是不能正确执行；

5xx：服务端错误，服务器不能正确执行一个正确的请求。

响应报文中最常出现的三种状态行如下：

HTTP/1.1 202 Accepted　　　{接受请求}

HTTP/1.1 400 Bad Request　　　{错误的请求}

HTTP/1.1 404 Not Found　　　{找不到请求的信息资源}

响应报文的形式举例如下：

HTTP/1.1 200 OK　　　{表示请求成功}

Date：Mon，31 Dec 2010 04：25：57 GMT　　　{描述消息产生的日期和时间}

Server：Apache/2.0.52(Red Hat)　　　{描述 Web 服务器的基本特征，包括服务器使用的软件和版本号等}

MIME-Version：1.0　　　{指明因特网邮件扩展的版本，此处用于对报文中的内容类型进行说明}

Content-type：text/html；charset＝GB2312　　　{说明响应报文中实体的文件类型，此处表示响应文件类型为 HTML，字符集为简体中文 GB2312}

Last-modified：Tue，17 Apr 2010 04：26：08 GMT　　　{记录响应文档被创建或最后修改的时间，对于缓存网页具有极其重要的意义}

Etag："a030f020ac7c01：1e9f"　　　{服务器为每个网页随机产生的标识符，用于唯一的识别网页}

Content-length：39725426　　　{说明响应报文中实体的长度}

Content-range：bytes554554-40279979/40279980　　　{服务器给出的对资源请求的接收范围}

Connection：close　　　{告诉客户端发送完响应报文后断开连接}

当你想访问一个在互联网上的文档时，HTML 文档、图片、样式表文件和任何文件都有一个 MIME 类型。在每一次请求时，网络服务器都会在 HTTP 头信息中插入 MIME 类型的信息。客户端程序(如浏览器)利用这个 MIME 信息来分别处理数据。例如，如果一个文件的 MIME 类型是 image/gif，浏览器就会把这个文件当作图片来处理。

4. HTTP 报文传输过程

为保证 HTTP 请求报文和响应报文传输的可靠性，HTTP 使用面向连接的 TCP 作为传输层协议。因此,客户端在向 Web 服务器发出 HTTP 请求之前,首先要建立一个到 Web 服务器的 TCP 连接,之后的 HTTP 请求报文和响应报文就基于这个 TCP 连接进行,传输完成后释放这个连接。试想,如果从 Web 服务器传回的网页中还包含多个到其他网页的超链接,那么当客户点击这些超链接时,浏览器就会向 Web 服务器发出新的 HTTP 请求报文,请求获取相应的网页,如果大部分链接所指向的页面是处于相同的服务器时,那么客户端是重新建立一些新的 TCP 连接呢,还是继续利用以前已经建立的 TCP 连接来处理这些新的 HTTP 请求呢?显然,后一种效率更高。为每次 HTTP 请求建立新的 TCP 连接这种方式称为非持续连接方式,HTTP1.0 使用的就是这种方式。而使用相同的连接处理多个 HTTP 请求称为持续连接方式,HTTP1.1 使用的是这种方式。

任何 Web 服务器除了包括 HTML 文档以外,还都有一个服务器进程,它不断地监听 80 端口,以便发现是否有 HTTP 请求,并响应请求。只要在浏览器的地址栏中输入要访问页面的 URL,或者是通过鼠标单击 Web 服务器页面上的某个超级链接,HTTP 的工作就开始了。一次 HTTP 操作为一个事务,其工作过程包括不可分割的四个步骤:

(1) 客户机与服务器建立 TCP 连接。

(2) 建立连接后,客户机发送一个请求报文给服务器。

(3) 服务器接到请求后,给予相应的响应报文。

(4) 客户端接收到服务器返回的响应报文后,通过浏览器显示 Web 页面。

HTTP 的传输过程如图 15-22 所示。

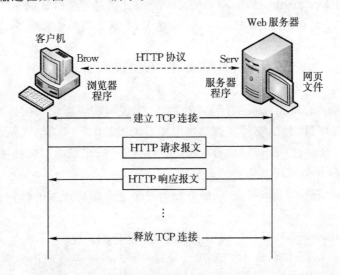

图 15-22   HTTP 的传输过程

如果在以上过程中的某一步出现错误,那么产生错误的信息将返回到客户端,通过浏览器显示输出。

HTTP 是无状态的协议。也就是说,Web 服务器不记得曾经访问过的某个客户,更不记得曾经为该客户服务过多少次。客户每次访问同一个服务器上的页面和第一次访问相同。HTTP 的无状态特性降低了对服务器的要求,使服务器可以支持大量并发的 HTTP 请求。但是有的时候,Web 服务器还是希望能够通过简便的途径来识别用户,并通过跟踪用户的访问行为了解用户的兴趣爱好和访问习惯,以便能够在同一个客户再次访问该服务器时,为该用户提供有针对性的服务。

下面给出两个典型的例子。一个例子是:当客户在网上购物时,当他选好一件物品并放入购物车后,他还要继续浏览并选购其他物品,那么这时,服务器就要记住该用户的身份,让他能够将接着选购的其他物品放入同一个购物车中,以便统一结账。另一个例子是:当某客户第一次在某网上书店购买图书时,该网站即将该客户信息存储起来,即记住了该客户。该网站通过分析该客户所购买的图书,便获知他对于哪一类图书感兴趣,那么当该客户下次再光临这个网上书店时,该网站在识别出该客户后,便将该客户感兴趣的最新图书信息提供给这个客户,不仅可以方便客户购买,减少客户的浏览时间,提高服务的效率,而且还可以达到商业促销的目的。

那么,如何实现这样的功能呢? 对此,可以在 HTTP 中使用 Cookie 来实现这样的功能。图 15-23 给出了 Cookie 的工作过程。Web 服务器第一次接收到某个客户发出的 HTTP 请求时,就为该客户生成一个唯一的识别码(假定为:1342628),接着便在构建的 HTTP 响应报文中添加一个用于设置 Cookie 的头域 Set-cookie,其值域即为识别码 1342628。形式为:Set-cookie:1342628。同时,Web 服务器将这个用户的识别码以及该客户的访问行为记录到一个数据库中。

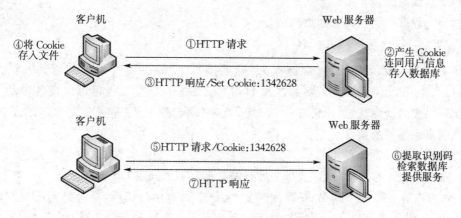

图 15-23 Cookie 的工作过程

当客户收到这个响应时,其浏览器就在它管理的特定 Cookie 文件中添加一行,其中包括这个服务器的主机名和 Set-cookie 后面的识别码。当该客户再次浏览这个网站,每发送一个 HTTP 请求报文,其浏览器都会从 Cookie 文件中取出这个网站的识别码,并放入 HTTP 请求报文的一个头域中,形式为:Cookie:1342628。

当 Web 服务器接收到该客户的 HTTP 请求报文后,首先根据其中的 Cookie 识别码 1342628 在数据库中进行检索,结果就会很容易地识别出该客户及其历史访问情况,那么就可以开展有针对性的服务及进一步跟踪记载客户的访问行为。

Cookie 为 Web 服务器跟踪识别客户并开展有针对性的服务提供了方便,但同时也产生了一些负面影响。其中最主要的就是客户的隐私问题,因为客户在访问网站的过程中将自己的部分信息暴露给了网站,网站可能会将这些信息出卖或不正当利用(如发布广告等)。当然,用户也可以在本地的 Cookies 文件夹中打开某个 Cookie 文件,看到其中的识别码和对应的

Web 服务器,并删除该文件。客户甚至还可以通过设置浏览器的选项,不同程度地拒绝接受Cookie 的跟踪。例如在 IE6.0 中,就可以设置隐私受保护的程度。

15.5.4　Web 网页与 HTML

1. Web 网页

Web 服务器中存储的各种信息资源都是以 Web 文档的形式存储的,每个 Web 文档对应一个在客户端浏览器上显示的网页,因此习惯上我们也将 Web 文档称为网页(Web Page)。Web 文档是采用超文本标记语言(Hyper Text Mark-mup Language,HTML)或结合某种描述性的脚本(Script)设计语言编写的。当客户端向 Web 服务器发出对某个网页的请求后,Web 服务器就将对应的 Web 文档发送给客户端,客户端浏览器对接收到的 Web 文档进行解释,以文本、图像、声音和动画等形式按预先定义好的格式呈现给用户的就是网页。

Web 服务器(网站)中最重要的网页就是主页(Home Page)。一般来说,主页是访问最频繁的网页,它是一个网站的标志,体现了整个网站的制作风格和性质。主页上通常会有整个网站的导航目录,所以主页也是一个网站的起点站或者说主目录。Web 文档的扩展名可以有多种形式,包括:.html、.htm、.asp、.aspx、.php、.jsp 等,用于表明 Web 文档是用 HTML 或不同的脚本语言编写的。

网页分为静态网页和动态网页两种。

2. 静态网页

纯粹 HTML 格式的网页通常被称为“静态网页”。静态网页的 URL 形式通常是以.htm、.html、.shtml、.xml 等为后缀的。在 HTML 格式的网页上,也可以出现各种动态的效果,如.GIF 格式的动画、FLASH、滚动字母等,这些“动态效果”只是视觉上的,与下面将要介绍的动态网页是不同的概念。

静态网页具有以下特点:

(1) 静态网页的内容相对稳定,每个静态网页都有一个固定的 URL;

(2) 网页内容一经发布到 Web 服务器上,无论是否有用户访问,每个静态网页的内容都是保存在 Web 服务器上的,也就是说,静态网页是实实在在保存在服务器上的文件,每个网页都是一个独立的文件;

(3) 静态网页一般没有数据库的支持,因此在网站制作和维护方面工作量较大,因此适用于更新较少的展示型网站;

(4) 静态网页制作简单,无需编程基础,但要制作出漂亮的网页,通常要求具有一定的美术功底或平面设计技术。

3. 动态网页

动态网页设计通常在 HTML 文档中嵌入 ASP、PHP、JSP、Javascript 等脚本语言,其网页是可交互的,显示的内容可以根据客户的不同输入或选择而动态变化,通常有后台数据库的支持。动态网页的 URL 形式通常是以.asp、.php、.jsp、.aspx 等为后缀的。

动态网页具有以下特点:

(1) 动态网页以数据库技术为基础,可以大大降低网站维护的工作量;

(2) 采用动态网页技术可以实现更多的功能,如用户注册、用户登录、在线调查、用户管理、订单管理等等；

（3）动态网页实际上并不是独立存在于服务器上的 Web 文档，只有当用户请求时服务器才返回一个完整的网页。

4. 活动网页

动态文档仍然存在一定的问题，就是客户端屏幕显示的网页不能及时刷新，不能根据用户的输入和选择及时更新屏幕显示的结果。对于这一问题，有两种解决办法。一种解决办法是采用服务器推送技术。这种技术将所有的工作都交给 Web 服务器去做，Web 服务器不断运行 Web 应用程序，定期更新信息，并发送更新过的文档。但是这样做，有两个明显的缺点。一个缺点是，服务器要运行很多的服务器推送程序，将带来很大的开销；另一个缺点是，服务器要与每一个客户端浏览器长期维持 TCP 连接，不断发送更新过的文档，这将占用很大的带宽，从而导致网络性能的下降。

另外一种解决方法是采用活动文档技术。这种技术将所有的工作都交给客户端，每当浏览器请求一个活动文档时，Web 服务器就返回一段活动文档的程序副本，并在浏览器端运行该程序副本。这样，活动文档程序就可以直接与用户进行交互，并可连续改变屏幕的显示。

新近出现的 Ajax 技术是一种客户端方法，可以与 J2EE、. NET、PHP、Ruby 和 CGI 脚本交互，而不必关心服务器是什么。这种技术允许浏览器与服务器通信而无须刷新当前页面。

5. 超文本标记语言 HTML

（1）什么是 HTML：HTML 文本是由 HTML 命令组成的描述性文本，HTML 命令可以说明文字、图形、动画、声音、表格、链接等。HTML 的结构包括头部（Head）、主体（Body）两大部分，其中头部描述浏览器所需的信息，而主体则包含所要说明的具体内容。

HTML 实际上就是通过若干类似于排版命令的标签对 Web 文档进行的描述。这些标签如同乐队的指挥，告诉乐手们哪里需要停顿，哪里需要激昂。标签一般是成对出现的，将其间的内容括起来。基本 HTML 页面以＜HTML＞标签开始，以＜/HTML＞结束。在它们之间，整个页面有两个部分：标题和正文。标题夹在＜HEAD＞和＜/HEAD＞标签之间，其中页面标题夹在＜TITLE＞和＜/TITLE＞之间；正文夹在＜BODY＞和＜/BODY＞之间，其中的段落夹在＜P＞和＜/P＞之间，＜H1＞和＜/H1＞之间为一级标题，＜H2＞和＜/H2＞之间为二级标题，等等。

下面给出建立一个简单网页的例子。

首先建立一个新的文本文件（注意：如果使用比较复杂的文字处理器，就应该用"纯文本"或"普通文本"来保存）。

在文件里输入以下内容：

```
＜HTML＞
  ＜HEAD＞
    ＜TITLE＞万维网 WWW＜/TITLE＞
    ＜H1＞15.2 万维网 WWW＜/H1＞
  ＜/HEAD＞
  ＜BODY
    ＜H2＞15.2.1 万维网概述＜/H2＞
```

　　　　<P> WWW(World Wide Web)简称 Web，一般翻译为"万维网"，可以形象地将其比喻为一张附着在 Internet 上的覆盖全球的信息"蜘蛛网"，上面镶嵌着无数以超文本形式存在的信息资源。正是通过这张网，将 Internet 上不同形式的各种信息资源连接起来，供全球的 Internet 用户浏览查阅。</P>

　　　　</BODY>

　　</HTML>

　　将它命名为"HTML2.htm"，然后用浏览器将它打开，就会看见一个简单的页面，如图 15－24所示。

图 15－24　简单的 HTML 网页

　　下面我们介绍一下如何在 HTML 文档中嵌入非文本信息，如图像、声音、视频等信息。通常，非文本信息并不直接插入到 HTML 文档中，而是以一个独立的文件保存在 Web 服务器的某一个文件夹中，但在 HTML 文档中要包含对该文件的引用。当浏览器遇到这些引用时，就从服务器中读取该文件并将其插入到所显示的文档中。例如，在 HTML 文档中用 IMG 标记来引用图像，标记"<IMG SRC＝"pict.gif">"表明要将"pict.gif"插入到页面中。

　　HTML 文档的最大特点是它可以包括超文本和超媒体引用，每个超文本和超媒体就是指向其他信息的一个超链接。HTML 文档允许任何一项被指定的超链接引用。比如，一个单词、一个短语、一小段文章或者是一幅图像。指定超链接引用的 HTML 机制称为锚（Anchor）。HTML 用标记<A>和</A>来标注所引用的文本或图像，两个标记之间的所有内容都是锚的一部分。在标记<A>中给定对应的 URL 信息。例如，如果在 HTML 文档中有下列语句：

　　<A HERF＝"www.bistu.edu.cn"> 北京信息科技大学 </A> 位于北京市朝阳区。

　　那么，在浏览器上将显示下面的结果：

　　　　　　　　北京信息科技大学位于北京市朝阳区。

　　其中，北京信息科技大学就是一条指向北京信息科技大学 Web 主页的超链接。

　　HTML 文档制作不是很复杂，且功能强大，支持不同数据格式的文件嵌入，这也是 WWW 盛行的原因之一。其主要特点就是平台无关性，HTML 可以在常见的各种平台上使用。

　　（2）HTML 的编辑：HTML 的编辑器大体可以分为三种，

　　①基本编辑软件，使用 Windows 自带的记事本或写字版都可以编写，当然，如果你用 Word 来编写也可以。不过存盘时请使用.htm 或.html 作为扩展名，这样浏览器就可以解释执行了。

　　②半所见即所得软件，这种软件能够大大提高开发效率，使用它可以在很短的时间内做出

Homepage，且可以学习 HTML，这种类型的软件主要有 Hotdog，还有国产的软件，如网页作坊等。

③所见即所得软件，使用最广泛的编辑器，完全可以一点不懂 HTML 的知识就可以做出网页，这类软件主要有 Frontpage、Dreamwaver 等。

15.5.5　Web 服务器程序和浏览器

1. Web 服务器程序

Web 服务器程序运行在 Web 服务器中，用于存储和管理各种信息资源，接受来自不同客户端的服务请求，进行相应的处理，并将处理的结果以 Web 页面的形式返回给客户端。Web 服务器程序除了维护 Web 服务器上的一些静态的网页文件外，还可以通过运行相应的脚本或程序生成可以根据客户端提供的数据而变化的动态网页返回给客户端。

构建动态 Web 文档广泛使用的技术是通用网关接口（common gateway interface，CGI）。CGI 是 Web 应用程序与 Web 服务器程序之间进行交互的一个标准接口。CGI 标准说明了 Web 服务器程序如何和 Web 应用程序进行交互，实现与 HTML 文档之间的数据交换。按照 CGI 标准编写的 Web 应用程序可以处理客户端通过浏览器输入的数据，通过访问外部数据库并进行必要的加工处理，生成动态 Web 文档，从而实现客户端与 Web 服务器的交互。

CGI 程序可以由大多数的编程语言编写，如 Perl（Practical Extraction and Report Language）、C/C++、Java 和 Visual Basic 等。CGI 可以是一个编译的程序，或者是一个批处理文件，或者任何可执行的二进制文件。CGI 存放在 Web 服务器的 cgi-mbin 子目录下，必须要求系统管理员开放对 cgi-mbin 目录的访问权。

Web 服务器的响应速度至关重要，为提高 Web 服务器的性能，除了可以采用镜像技术和内容分发网络 CDN 技术以外，还可以采用代理服务器（Proxy Server）技术。代理服务器技术是指在本地网络采用一台代理服务器，该服务器将本地网络最近的一些 Web 访问请求和响应暂存在磁盘中。当本地网络有新的 Web 访问请求时，代理服务器首先获取，然后检索磁盘中已存储的请求，如果找到，就返回对应的响应，而不再按 URL 去访问因特网中的资源。如果找不到，再转发客户的访问请求，去访问因特网中的信息资源，然后将客户的 Web 访问请求和 Web 服务器返回的响应存储起来。

2. Web 浏览器

目前，使用最多的浏览器主要有 Microsoft 公司的 Internet Explorer（IE）、Netscape 公司的 Navigator、Google 公司的 Chrome、Mozilla 公司的 Firefox 等。浏览器的基本结构如图 15-25 所示。

浏览器由一个控制程序、一组客户程序和一组解释程序组成。其中，控制程序用于管理这些客户程序和解释程序，解释鼠标的点击或键盘的输入，并调用有关的组件来执行用户的操作。例如，当用户点击一个链接或输入一个 URL 后，控制程序首先接受该请求，然后调用 HTTP 客户程序来处理这个 Web 请求。HTTP 客户负责向指定的服务器发送 HTTP 请求报文，以及从该服务器接收 HTTP 响应报文。当接收到 HTTP 响应报文后，HTTP 客户将控制交给控制程序，由控制程序根据所接收 Web 页面的编码格式调用相应的解释程序解释该文档。HTML 解释程序将采用 HTML 语法表示的 Web 页面内容转换成适合硬件处理的形式，

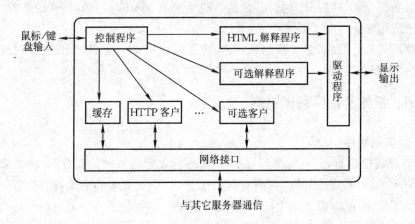

图 15 - 25　浏览器的基本结构

然后驱动硬件显示输出该文档。

典型的可选解释程序是 Java 解释程序,可以解释嵌入在 HTML 文档中的 Java 程序。当浏览器接收到嵌入 Java 程序的 HTML 文档时,使用 HTML 解释程序解释文档中的 HTML 部分,通过 Java 解释程序运行 HTML 文档中的 Java 程序,最终将这个动态的网页显示出来。

为了方便网络应用,浏览器中除了包含 HTTP 客户端程序以外,还可以包含 FTP、SMTP 等其他客户端程序,这样,浏览器除了可以通过 HTTP 协议与 Web 服务器进行连接,实现 Web 信息传输以外,还可以通过 FTP 协议与 FTP 服务器进行连接,实现文件的上传和下载。通过 SMTP 协议实现电子邮件的发送和接收。

浏览器中还设有一个缓存,用于缓存每一个网页副本。这样做的好处是,每当用户要访问一个 Web 页面时,总是先检查缓存中是否有该页面。如果有,并且没有超期,那么就不再通过网络获取,而直接从缓存中取出,从而大大提高访问的效率。但是缓存周期控制和缓存容量限制如果处理不当,反而可能会影响浏览器的性能。

15.5.6　Web 信息检索系统

随着因特网的迅猛发展、Web 信息的增加,用户要在信息海洋里查找信息,就像大海捞针一样,搜索引擎(Search Engine)技术恰好解决了这一难题因为它可以为用户提供信息检索服务。

搜索引擎是指互联网上专门提供检索服务的一类网站,这些站点的服务器通过网络搜索软件(例如网络爬虫、网络搜索机器人)或正常登录方式,将 Intemet 上大量网站的页面信息收集到本地,经过加工处理建立信息数据库和索引数据库,从而对用户提出的各种检索作出响应,提供用户所需的信息或相关指针。用户的检索途径主要包括自由词全文检索、关键词检索、分类检索及其他特殊信息的检索(如企业、人名、电话黄页等)。

搜索引擎是随着 Web 信息的迅速增加,从 1995 年开始逐渐发展起来的技术。搜索引擎以一定的策略在互联网中搜集、发现信息,对信息进行理解、提取、组织和处理,并为用户提供检索服务,从而起到信息导航的目的。搜索引擎提供的导航服务已经成为互联网上非常重要的网络服务,搜索引擎站点也被美誉为"网络门户"。搜索引擎技术因而成为计算机工业界和学术界争相研究、开发的对象。

1. 分类

按照信息搜集方法和服务提供方式的不同,搜索引擎系统可以分为三大类。

(1) 目录式搜索引擎:以人工方式或半自动方式搜集信息,由编辑员查看信息之后,人工形成信息摘要,并将信息置于事先确定的分类框架中。信息大多面向网站,提供目录浏览服务和直接检索服务。该类搜索引擎因为加入了人的智能,所以信息准确、导航质量高,缺点是需要人工介入,维护量大,信息量少,信息更新不及时。这类搜索引擎的代表是:Yahoo、LookSmart、Open Directory、Go Guide 等。

(2) 机器人搜索引擎:由一个称为蜘蛛(Spider)的机器人程序以某种策略自动地在互联网中搜集和发现信息,由索引器为搜集到的信息建立索引,由检索器根据用户的查询输入检索索引库,并将查询结果返回给用户。服务方式是面向网页的全文检索服务。该类搜索引擎的优点是信息量大,更新及时,无需人工干预,缺点是返回信息过多,有很多无关信息,用户必须从结果中进行筛选。这类搜索引擎的代表就是 Google 和百度(Baidu)。

(3) 元搜索引擎:这类搜索引擎没有自己的数据,而是将用户的查询请求同时向多个搜索引擎递交,将返回的结果进行重复排除、重新排序等处理后,作为自己的结果返回给用户。服务方式为面向网页的全文检索。这类搜索引擎的优点是返回结果的信息量更大、更全,缺点是不能够充分使用所使用搜索引擎的功能,用户需要做更多的筛选。这类搜索引擎的代表是WebCrawler、InfoMarket 等。

2. 性能指标

我们可以将 Web 信息的搜索看作一个信息检索问题,即在由 Web 网页组成的文档库中检索出与用户查询相关的文档。所以我们可以用衡量传统信息检索系统的性能参数——召回率(Recall)和精度(Pricision),来衡量一个搜索引擎的性能。

召回率是检索出的相关文档数和文档库中所有的相关文档数的比率,衡量的是检索系统(搜索引擎)的查全率;精度是检索出的相关文档数与检索出的文档总数的比率,衡量的是检索系统(搜索引擎)的查准率。对于一个检索系统来讲,召回率和精度不可能两全其美,召回率高时,精度低,精度高时,召回率低。所以常常用 11 种召回率下 11 种精度的平均值(即 11 点平均精度)来衡量一个检索系统的精度。对于搜索引擎系统来讲,因为没有一个搜索引擎系统能够搜集到所有的 Web 网页,所以召回率很难计算。目前的搜索引擎系统都非常关心精度。

影响一个搜索引擎系统的性能有很多因素,最主要的是信息检索模型,包括文档和查询的表示方法、评价文档和用户查询相关性的匹配策略、查询结果的排序方法和用户进行相关度反馈的机制。

3. 主要技术

一个搜索引擎由搜索器、索引器、检索器和用户接口四个部分组成。

(1) 搜索器:搜索器的功能是在互联网中漫游,发现和搜集信息。它常常是一个计算机程序,日夜不停地运行。它要尽可能多、尽可能快地搜集各种类型的新信息,同时因为互联网上的信息更新很快,所以还要定期更新已经搜集过的旧信息,以避免死连接和无效连接。目前有两种搜集信息的策略:

① 从一个起始 URL 集合开始,顺着这些 URL 中的超链接(Hyperlink),以宽度优先、深

度优先或启发式方式循环地在互联网中发现信息。这些起始 URL 可以是任意的 URL,但常常是一些非常流行、包含很多链接的站点(如 Yahoo)。

②将 Web 空间按照域名、IP 地址或国家域名划分,每个搜索器负责一个子空间的穷尽搜索。

搜索器搜集的信息类型多种多样,包括 HTML、XML、Newsgroup 文章、FTP 文件、字处理文档、多媒体信息。

搜索器的实现常常用分布式、并行计算技术提高信息发现和更新的速度。商业搜索引擎的信息发现可以达到每天几百万网页。

(2) 索引器:索引器的功能是理解搜索器所搜索的信息,从中抽取出索引项,用于表示文档以及生成文档库的索引表。

索引项有客观索引项和内容索引项两种:客观项与文档的语意内容无关,如作者名、URL、更新时间、编码、长度、链接流行度(Link Popularity)等等;内容索引项是用来反映文档内容的,如关键词及其权重、短语、单字等等。内容索引项可以分为单索引项和多索引项(或称短语索引项)两种。单索引项对于英文来讲是英语单词,比较容易提取,因为单词之间有天然的分隔符(空格);对于中文等连续书写的语言,必须进行词语的切分。

在搜索引擎中,一般要给单索引项赋予一个权值,以表示该索引项对文档的区分度,同时用来计算查询结果的相关度。使用的方法一般有统计法、信息论法和概率法。短语索引项的提取方法有统计法、概率法和语言学法。

索引表一般使用某种形式的倒排表(Inversion List),即由索引项查找相应的文档。索引表也可能要记录索引项在文档中出现的位置,以便检索器计算索引项之间的相邻或接近关系(Proximity)。

索引器可以使用集中式索引算法或分布式索引算法。当数据量很大时,必须实现即时索引(Instant Indexing),否则不能够跟上信息量急剧增加的速度。索引算法对索引器的性能(如大规模峰值查询时的响应速度)有很大的影响。一个搜索引擎的有效性在很大程度上取决于索引的质量。

(3) 检索器:检索器的功能是根据用户的查询在索引库中快速检出文档,进行文档与查询的相关度评价,对将要输出的结果进行排序,并实现某种用户相关性反馈机制。

检索器常用的信息检索模型有集合理论模型、代数模型、概率模型和混合模型四种。

(4) 用户接口:用户接口的作用是输入用户查询、显示查询结果、提供用户相关性反馈机制。主要的目的是方便用户使用搜索引擎,高效率、多方式地从搜索引擎中得到有效、及时的信息。用户接口的设计和实现使用人机交互的理论和方法,以充分适应人类的思维习惯。

用户输入接口可以分为简单接口和复杂接口两种。

简单接口只提供用户输入查询串的文本框;复杂接口可以让用户对查询进行限制,如逻辑运算(与、或、非)、相近关系(相邻、NEAR)、域名范围(如.edu、.com)、出现位置(如标题、内容)、信息时间、长度等等。目前一些公司和机构正在考虑制定查询选项的标准。

4. 未来动向

搜索引擎已成为一个新的研究、开发领域。因为它要用到信息检索、人工智能、计算机网络、分布式处理、数据库、数据挖掘、数字图书馆、自然语言处理等多领域的理论和技术,所以具有综合性和挑战性。又由于搜索引擎有大量的用户,有很好的经济价值,所以引起了世界各国计算机科学界和信息产业界的高度关注。目前的研究、开发十分活跃,并出现了很多值得注意的动向。

(1) 十分注意提高信息查询结果的精度,提高检索的有效性。用户在搜索引擎上进行信息查询时,并不十分关注返回结果的多少,而是看结果是否和自己的需求吻合。对于一个查询,传统的搜索引擎动辄返回几十万、几百万篇文档,用户不得不在结果中筛选。为了解决查询结果过多的问题,目前出现了几种解决方法:一是通过各种方法获得用户没有在查询语句中表达出来的真正用途,包括使用智能代理跟踪用户检索行为,分析用户模型;使用相关度反馈机制,使用户告诉搜索引擎哪些文档和自己的需求相关(及其相关的程度),哪些不相关,通过多次交互逐步求精。二是用正文分类(Text Categorization)技术将结果分类,使用可视化技术显示分类结构,用户可以只浏览自己感兴趣的类别。三是进行站点聚类或内容聚类,减少信息的总量。

(2) 基于智能代理的信息过滤和个性化服务:信息智能代理是另外一种利用互联网信息的机制。它使用自动获得的领域模型(如 Web 知识、信息处理、与用户兴趣相关的信息资源、领域组织结构)、用户模型(如用户背景、兴趣、行为、风格)知识进行信息搜集、索引、过滤(包括兴趣过滤和不良信息过滤),并自动地将用户感兴趣的、对用户有用的信息提交给用户。智能代理具有不断学习、适应信息和用户兴趣动态变化的能力,从而提供个性化的服务。智能代理可以在用户端进行,也可以在服务器端运行。

(3) 采用分布式体系结构提高系统规模和性能:搜索引擎的实现可以采用集中式体系结构和分布式体系结构,两种方法各有千秋。但当系统规模到达一定程度(如网页数达到亿级)时,必然要采用某种分布式方法,以提高系统性能。搜索引擎的各个组成部分,除了用户接口之外,都可以进行分布:搜索器可以在多台机器上相互合作、相互分工进行信息发现,以提高信息发现和更新速度;索引器可以将索引分布在不同的机器上,以减小索引对机器的要求;检索器可以在不同的机器上进行文档的并行检索,以提高检索的速度和性能。

(4) 重视交叉语言检索的研究和开发:交叉语言信息检索是指用户用母语提交查询,搜索引擎在多种语言的数据库中进行信息检索,返回能够回答用户问题的所有语言的文档。如果再加上机器翻译,返回结果可以用母语显示。该技术目前还处于初步研究阶段,主要的困难在于语言之间在表达方式和语义对应上的不确定性。但对于经济全球化、互联网跨越国界的今天,无疑具有很重要的意义。

目前搜索引擎领域的商业开发非常活跃,各大搜索引擎公司都在投巨资研制搜索引擎系统,同时也不断地涌现出新的具有鲜明特色的搜索引擎产品,搜索引擎已经成为信息领域的产业之一。在这种情况下,对搜索引擎技术相关领域的学术研究得到了大学和科研机构的重视。如 Stanford 大学在其数字图书馆项目中开发了 Google 搜索引擎,在 Web 信息的高效搜索、文档的相关度评价、大规模索引等方面作了深入的研究,取得了很好的成果。

15.6　动态主机配置协议

15.6.1　DHCP 及其工作流程

1. DHCP 协议简介

动态主机配置协议(Dynamic Host Configuration Protocol,DHCP)的前身是 BOOTP,是

一种帮助计算机从指定的 DHCP 服务器获取它们的网络配置信息的协议。DHCP 使用客户端/服务器模式，请求配置信息的计算机叫做 DHCP 客户端，而提供信息的计算机叫做 DHCP 服务器。DHCP 服务器负责处理客户端的 DHCP 请求，为客户端提供的配置信息包括：IP 地址、子网掩码、域名解析服务器的地址、网关等。这使得客户端无需动手就能自动配置并连接到网络。但 DHCP 服务器分配给 DHCP 客户端的 IP 地址是临时的，因此 DHCP 客户只能在一段时间内使用这个分配到的 IP 地址，因此称这段时间为租用期。租用期的长短由 DHCP 服务器自己决定，可以从 1 秒到 136 年。

DHCP 非常适合于客户机的位置经常发生变化或网络中 IP 地址资源比较紧张的情况使用。DHCP 基于传输层的 UDP 传输数据，客户端使用的端口号为 68，DHCP 服务器使用的端口号为 67。DHCP 为客户端进行网络协议配置的方法有两种：自动配置和动态配置。

(1) 自动配置：一旦 DHCP 客户端第一次成功地从 DHCP 服务器端租用到 IP 地址之后，就会永远使用这个地址。

(2) 动态配置：当 DHCP 第一次从 HDCP 服务器端租用到 IP 地址之后，并非永久地使用这个地址，只要租约到期，客户端就得释放这个 IP 地址，以分配给其他工作站使用。当然，客户端可以比其他主机更优先地延续(Renew)租约，或是租用其他的 IP 地址。

动态配置显然比自动配置更加灵活，尤其是当实际 IP 地址不足的时候。例如：有一个 ISP，拥有 254 个 IP 地址，这意味着该 ISP 同时最多只能提供 254 个 IP 地址给拨号客户，但这并不意味着该 ISP 的网络客户最多只能有 254 个，由于客户各自的行为习惯不同以及电话线路的限制，一般不会全部都在同一时间上网。这样，该 ISP 就可以将这 254 个地址轮流地租用给拨进来的客户使用了。这也是为什么当您每次查看所使用的 IP 地址的时候，都会发现每次使用的 IP 地址都可能不同的原因了。除了能动态地设定 IP 地址之外，DHCP 还可以帮助客户端指定子网掩码、域名解析服务器的地址、网关等项目。

动态主机配置的方法很简单，对于客户机来说，只要在进入本地连接属性后，采用自动获得 IP 地址和自动获得 DNS 服务器地址即可。而服务器端只要在网络服务或管理工具中选择 DHCP，然后进一步选择"新建作用域"，并指定作用域的各项属性即可。

2. DHCP 的工作流程

(1) 发现阶段，即 DHCP 客户机寻找 DHCP 服务器的阶段。DHCP 客户机发现本机上没有任何网络配置信息，于是它就向网络发出一个 DHCP DISCOVER 报文。因为客户端还不知道自己属于哪一个网络，所以将 IP 包的源地址置为 0.0.0.0，而目的地址设为 255.255.255.255，然后再附上 DHCP DISCOVER 的信息，向网络进行广播。在 Windows 的预设情形下，DHCP DISCOVER 的等待时间为 1 秒，也就是当客户端将第一个 DHCP DISCOVER 报文发送出去之后，在 1 秒之内没有得到响应的话，就会第二次发送 DHCP DISCOVER 广播包。如果仍没有得到 DHCP 服务器的响应，客户端就会再次发送，总共发送四次 DHCP DIS-COVER 广播包，除了第一次等待 1 秒之外，其余三次的等待时间分别是 9、13、16 秒。若一直得不到响应，客户端则会显示错误信息，宣告 DHCP DISCOVER 失败。之后，基于使用者的选择，系统可能会继续在 5 分钟之后再重复一次 DHCP DISCOVER 的过程。

网络上每一台安装了 TCP/IP 协议的主机都会接收到这种广播信息，但只有 DHCP 服务器才会做出响应。

(2) 提供阶段，即 DHCP 服务器提供 IP 地址的阶段。在网络中每一个接收到 DHCP

DISCOVER 发现报文的 DHCP 服务器都会做出响应,它从尚未出租的 IP 地址中挑选一个分配给 DHCP 客户机,向 DHCP 客户机发送一个包含出租的 IP 地址和其他设置的 DHCP OFFER 提供报文。

(3) 选择阶段,即 DHCP 客户机选择某台 DHCP 服务器提供的 IP 地址的阶段。如果有多台 DHCP 服务器向 DHCP 客户机发来 DHCP OFFER 提供报文,则 DHCP 客户机只接受第一个收到的 DHCP OFFER 提供报文,然后它就以广播方式回答一个 DHCP REQUEST 请求报文,该报文中包含向它所选定的 DHCP 服务器请求 IP 地址的内容。之所以要以广播方式回答,是为了通知所有的 DHCP 服务器,它将选择某台 DHCP 服务器所提供的 IP 地址。

(4) 确认阶段,即 DHCP 服务器确认所提供的 IP 地址的阶段。当 DHCP 服务器收到 DHCP 客户机回答的 DHCP REQUEST 请求报文之后,它便向 DHCP 客户机发送一个包含它所提供的 IP 地址和其他设置的 DHCP ACK 确认报文,告诉 DHCP 客户机可以使用它所提供的 IP 地址。然后 DHCP 客户机便将其与网卡绑定,另外,除 DHCP 客户机选中的服务器外,其他的 DHCP 服务器都将收回曾经提供的 IP 地址。

前四个过程的工作流程如图 15 - 26 所示。

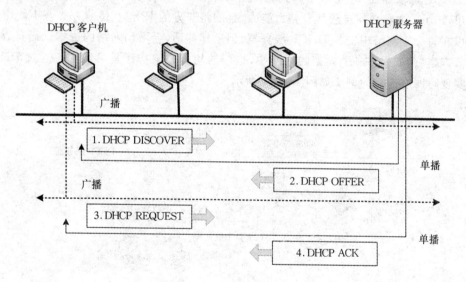

图 15 - 26　DHCP 的工作流程

(5) 重新登录。以后 DHCP 客户机每次重新登录网络时,就不需要再发送 DHCP DISCOVER 发现报文了,而是直接发送包含前一次所分配的 IP 地址的 DHCP REQUEST 请求报文。当 DHCP 服务器收到这一报文后,它会尝试让 DHCP 客户机继续使用原来的 IP 地址,并回答一个 DHCP ACK 确认报文。如果此 IP 地址已无法再分配给原来的 DHCP 客户机使用时(比如此 IP 地址已分配给其他 DHCP 客户机使用),则 DHCP 服务器给 DHCP 客户机回答一个 DHCP NACK 否认信息。当原来的 DHCP 客户机收到此 DHCP NACK 否认报文后,它就必须重新发送 DHCP DISCOVER 发现报文来请求新的 IP 地址。

(6) 更新租约。DHCP 服务器向 DHCP 客户机出租的 IP 地址一般都有一个租借期限,期满后 DHCP 服务器便会收回出租的 IP 地址。如果 DHCP 客户机要延长其 IP 租约,则必须更新其 IP 租约。当 DHCP 客户机的 IP 租约期限过半时,DHCP 客户机便会自动向 DHCP 服务器发送申请更新其 IP 租约的信息。如果 DHCP 服务器同意,则发回确认报文 DHCP ACK。DHCP 客户机得到新的租用期后,就重新设置计时器。如果 DHCP 服务器不同意,则发回否认报文 DHCP NACK。此时,DHCP 客户必须立即停止使用原来的 IP 地址,而必须重新发送 DHCP DISCOVER 发现报文,重新申请 IP 地址。如果 DHCP 服务器不响应,则 DHCP 客户可继续使用原租约期,等再过一半时间(即 87.5%)后,再发送请求更新租约期的报文。DHCP 客户可随时提前终止 DHCP 服务器所提供的租用期,这时只要向 DHCP 服务器发送释放报文 DHCP RELEASE 即可。

3. DHCP 的跨网络传输

通过前面的描述我们不难发现,DHCP DISCOVER 报文是以广播方式进行的,但路由器是不会将其广播包传送出去的,因此发现 DHCP 服务器的过程只能在同一网络内进行。那么,如果 DHCP 服务器位于其他的网络上面,DHCP DISCOVER 是永远没有办法抵达 DHCP 服务器的,当然 DHCP 服务器也不会发出 DHCP OFFER 响应报文了。要解决这个问题,我们可以用称为 DHCP Agent 的 DHCP 中继代理(一般为路由器或 DHCP Proxy 主机)来接管客户的 DHCP 请求,然后将此请求传递给真正的 DHCP 服务器,并将服务器的回复传给客户。这里,Proxy 主机必须自己具有路由能力,且能将双方的 IP 包互传对方。若不使用 Proxy,也可以在每一个网络中安装 DHCP 服务器,但这样的话,会增加网络的成本。而且,管理也比较分散。当然,如果在一个大型的网络中,这样的均衡式架构还是可取的。通过 DHCP 中继代理实现跨网络传输的例子如图 15-27 所示。

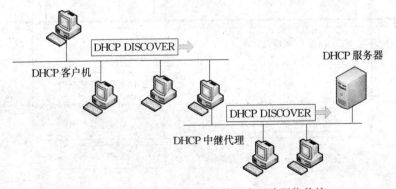

图 15-27　通过 DHCP 中继代理实现跨网络传输

15.6.2　DHCP 的报文格式

DHCP 的报文格式如图 15-28 所示:

格式中各字段后面括号中的数值表示长度,单位为字节。各字段的含义如下:

(1) OP(OP Code):若是由客户机发送给服务器的报文,设为 1;若是由服务器发送给客户机的报文,设为 2;

(2) Htype(Hardware Type):硬件类别,以太网为 1;

(3) Hlen(Hardware Address Length):硬件地址长度,以太网为 6;

(4) Hops:若数据包需经过路由器传送,每站加 1,若在同一网内,为 0;

(5) Xid(Transaction ID):事务 ID,是个随机数,用于客户和服务器之间匹配请求和响应

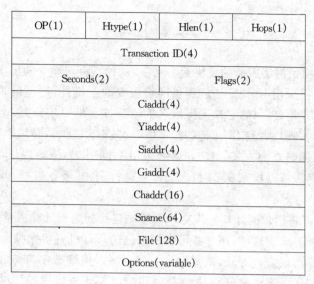

OP(1)	Htype(1)	Hlen(1)	Hops(1)
Transaction ID(4)			
Seconds(2)		Flags(2)	
Ciaddr(4)			
Yiaddr(4)			
Siaddr(4)			
Giaddr(4)			
Chaddr(16)			
Sname(64)			
File(128)			
Options(variable)			

图 15 - 28 DHCP 的报文格式

消息;

(6) Secs(Seconds):由用户指定的时间,指开始地址获取和更新进行后的时间;

(7) Flags:0—15bits,最左边的位为 1 时表示服务器将以广播方式传送 IP 包给客户机,其余尚未使用;

(8) Ciaddr(Client IP Address):客户机 IP 地址;

(9) Yiaddr(Your IP Address):你的(客户机)IP 地址;

(10) Siaddr(Server IP Address):服务器 IP 地址;

(11) Giaddr(Relay IP Address):转发代理(网关)IP 地址;

(12) Chaddr(Client Ethernet Address):客户机的硬件地址;

(13) Sname(Server Host Name):服务器主机的名称,以 0x00 结尾;

(14) File:启动文件名;

(15) Options:可选的参数字段,允许通过协商提供更多的配置信息(如:子网掩码、网关、域名服务器等)。其长度可变,同时可携带多个选项,每一选项的第一个 byte 为信息代码,其后一个 byte 为该项数据长度,最后为项目内容。

DHCP 系统存在一定的缺陷,只要一个局域网提供 DHCP 服务,那么一个即使没有授权的非法用户连接局域网时也能从 DHCP 服务器那里获取地址。为了解决这个问题,可以采用基于 MAC 地址的认证机制,即在访问网络之前先在 DHCP 服务器上注册 PC 机的 MAC 地址,当有地址请求时,DHCP 服务器就根据 MAC 地址来认证 PC 机以决定是否分配 IP 地址。但此机制也有其不足,首先,只有注册过的 PC 机才能从 DHCP 服务器那里获取 IP 地址,其不便之处可想而知;另一方面,非法用户可以轻而易举地通过修改 MAC 地址从 DHCP 服务器那里获取 IP 地址。为此,只有采用基于用户认证的安全 DHCP 系统,通过认证用户的 ID 和密码才能有效解决非法用户盗用合法的 IP 地址及 MAC 地址的问题。

本章小结

◆ 可以给每台提供网络服务的主机起个名字,这种具有域概念的层次化结构的名字被称为域名,这样除了可以采用 IP 地址访问提供网络服务的主机外,还可以采用更加容易记忆的域名进行访问。和 IP 地址一样,必须确保域名的唯一性。但要实现"按名访问",还必须提供一套域名解析机制,实现域名到 IP 地址的转换服务。DNS 提供两种域名解析方式,一种是迭代查询方式,一种是递归查询方式。DNS 通常采用 UDP 作为传输协议,端口号为 53。所有提供域名服务的域名服务器均在 53 端口无间断地运行 DNS 服务进程,等待接收并处理 DNS 服务请求。

◆ 远程登录是指将用户的计算机作为一个终端连接到远程计算机系统,成为远程主机的一个仿真终端的服务方式。这样,用户就可以用自己的计算机直接操纵远程计算机,享受远程计算机本地终端同样的权力。为此,需要定义一个网络虚拟终端字符集和该字符集的一个通用接口。虚拟终端和远程主机之间传输的命令和响应都通过该虚拟终端字符集进行相互转换。Telnet 服务采用 TCP 协议进行连接,其连接的端口号为 23。

◆ 文件传输服务主要用于为因特网上的客户提供对服务器上共享文件的下载服务,同时也为具有权限的客户提供向服务器上传文件的服务。为了减少和消除不同系统下文件的不兼容性,双方之间传送的命令和响应就都要采用和 Telnet 相同的 NVT ASCII 码表示形式。FTP 客户端和 FTP 服务器之间需要建立两个并行的 TCP 连接,一个是控制连接,一个是数据连接,端口号分别为 21 和 20。TFTP 是基于 TCP 协议的一个简化的文件传输协议,端口号为 69。

◆ 电子邮件是一种通过网络提供的与邮政系统的信件邮递过程相类似的服务。电子邮件采用 TCP 协议作为底层传输协议,端口号为 25。在发件人计算机和发件人所在邮件服务器之间以及发件人所在邮件服务器和收件人所在邮件服务器之间采用的传输协议为推送协议 SMTP,SMTP 通过一系列命令实现对邮件的传输过程进行控制。但在收件人所在邮件服务器和收件人计算机之间需要采用读取协议 POP3 或 IMAP4。MIME 是对 SMTP 的一个扩展,它允许除 NVT ASCII 码以外的数据能够通过 SMTP 传输。基于万维网的电子邮件服务(Webmail)是因特网上使用网页浏览器来阅读或发送电子邮件的服务。此时,用户发送和接收电子邮件都使用 HTTP 协议,而不再分别使用 SMTP 和 POP3(或 IMAP4)。

◆ 万维网是依附于因特网运行的一项信息检索服务。在 WWW 服务方式下,用户可以根据自己的兴趣,通过事先建立的超链接,方便地从因特网上位于某一个站点上的页面跳转到另一个站点上的页面,随心所欲地阅读各种感兴趣的信息。通过使用 URL,可以在整个因特网范围内唯一地标识和查找每一个万维网文档。在万维网客户端程序与万维网服务器程序之间采用 HTTP 协议传输请求信息和页面信息,采用 HTML 描述万维网文档和表示超链接。通过使用各种搜索工具/搜索引擎可以在万维网上方便地查找所需的信息。

◆ DHCP 是一种帮助计算机从指定的 DHCP 服务器获取它们的网络配置信息而无需自己进行网络配置的协议。DHCP 非常适合于客户机的位置经常发生变化或网络中 IP 地址资源比较紧张的情况下使用。DHCP 基于传输层的 UDP 传输数据,客户端使用的端口号为 68,DHCP 服务器使用的端口号为 67。DHCP 为客户端进行网络协议配置的方法有两种:自动配置和动态配置。但 DHCP 服务器分配给 DHCP 客户端的 IP 地址是临时的,租用期到达后还要将其归还。

习 题

15-1 什么是域名？域名的意义是什么？域名的结构是怎样的？

15-2 如何实现按名访问因特网中的某一台主机？

15-3 试给出图 15-1 中北京大学(PKU)的域名。

15-4 试列举出你所知道的四个以上的顶级域名。

15-5 假定你制作了一个网站,试说明应该如何申请域名。

15-6 试分别举例说明迭代查询和递归查询两种方式下域名解析的过程。

15-7 DNS 主要基于什么传输层协议进行传输？熟知端口号是多少？为什么这样设计？

15-8 域名服务器如何决定是按照迭代查询还是按照递归查询方式进行域名解析？

15-9 试说明本地域名服务器、根域名服务器、顶级域名服务器以及权威域名服务器的作用和区别。

15-10 试问:如果域名服务器出了问题,还能够发送电子邮件吗？

15-11 DNS 服务器中资源记录的作用是什么？

15-12 如何用 DNS 来实现对提供同一种服务的多台服务器进行访问量的均衡分配？

15-13 何谓远程登录服务？通过远程登录服务可以达到什么样的效果？适合于在什么情况下应用？

15-14 Telnet 中为什么要引入 NVT 协议,如何确保远程登录服务的有效实现？

15-15 试说明 Telnet 的基本工作原理。

15-16 FTP 和 Telnet 相比,有哪些相同和不同之处？

15-17 FTP 基于什么协议进行传输？其技术特点是什么？

15-18 FTP 有几种传输模式？分别应用于什么样的文件传输？

15-19 简单文件传输协议具有什么特点？其读写过程是怎么样的？

15-20 通过电子邮件邮递信件与邮政系统邮寄信件相比有哪些好处？

15-21 简述电子邮件系统的组成及各组成部分的作用。

15-22 简述电子邮件的一般传输过程。

15-23 电子邮件传输过程中可能用到哪些协议？

15-24 SMTP 可以传送什么样的数据？用实例说明 SMTP 邮件的传输过程。

15-25 如何用电子邮件来传送中文等非英文国家的文字,以及二进制文件,图像、音频、视频等类型的文件。

15-26 什么是 MIME？其作用是什么？

15-27 MIME 与 SMTP 的关系是怎样的？

15-28 如何获知邮件主体中包括的多媒体信息？该如何描述和标识？

15-29 如何实现对邮件中包含多个报文情况下的数据传输(例如,邮件中包括附件)？

15-30 对于邮件主体中仅包含 ASCII 码、包含大量非 ASCII 码和二进制文件这三种情况,如何进行邮件传输？

15 – 31 邮件读取协议 POP 与 IMAP 的作用是什么？与 SMTP 相比，有什么特点？

15 – 32 目前发件人和收件人发送和读取邮件都普遍采用什么方式？应用什么协议？

15 – 33 什么是万维网？万维网具有什么特点？

15 – 34 基本的 Web 服务系统的组成是什么样的？并说明其数据传输过程。

15 – 35 什么是统一资源定位符 URL？其主要作用是什么？

15 – 36 试分别给出访问北京大学 FTP 服务器和 Web 服务器的 URL。

15 – 37 试给出采用 HTTP 协议的数据传输过程。

15 – 38 试述 Cookie 的作用和应用。

15 – 39 试给出网页的种类和每种网页的特点。

15 – 40 试编写出既包括文字和超链接，又包括声音和图像的 HTML 代码的页面，并给出实际显示结果。

15 – 41 构建动态 Web 文档都需要用到什么技术？

15 – 42 Web 浏览器包括哪些部分？各部分的作用是什么？

15 – 43 搜索引擎技术分为哪些类别？其基本工作原理是什么？

15 – 44 什么是 DHCP？其主要作用是什么？

15 – 45 试给出 DHCP 的工作流程。

15 – 46 如何确保 DHCP 服务的跨网络传输？

15 – 47 DHCP 基于什么样的传输层协议和端口进行传输？动态配置的实现特点是什么？

第 16 章　多媒体网络应用

随着互联网范围的不断扩大和网络技术的不断发展,基于 Internet 的网络应用越来越多,已经从单一的数值和文字应用,发展为包括图形、图像、音频和视频的多媒体数据应用,出现了 IP 电话、视频播放、视频会议等多种网络应用,从而使网络提供的信息服务越来越丰富多彩。

但是多媒体网络应用不同于传统的网络应用,多媒体数据在网络上的传输对带宽、时延和时延抖动都有特殊的要求。因此所采用的协议和技术也有所不同。

本章将首先对多媒体网络应用进行概要的介绍,之后给出针对多媒体信息传输的三个协议。在此基础上,对主要应用于语音传输的二个协议进行阐述。最后,对多媒体网络应用的两个技术热点,即内容分发网络 CDN 及对等网 P2P 做以简单介绍。

通过上面的介绍,旨在使读者掌握多媒体网络应用的技术特点和实现方法。

16.1　多媒体网络应用概述

16.1.1　多媒体网络应用的特点

多媒体数据是指包含数值、文本、图形、图像、音频和视频等不同类型数据的总称。但多指图像、音频和视频数据。多媒体数据在网络上的传输不同于普通数据的传输,具有以下特点:

1. 数据量大,要求保证足够的带宽

我们知道,传统的图像、音频和视频等多媒体信息都是模拟的信号形式,要想在网络上传输,必须首先进行数字化处理。为了确保数字化处理后的信息不失真,能够真实再现原来的模拟信号,就需要采样密度足够大,这样编码后的数据量就会很大,从而占用大量的存储空间。

同样的道理,目前直接制作生成的数字化多媒体资源也具有很大的数据量,占用很多的存储空间。因此在网络上传输这类数据时,就必然要占用大量的带宽。尽管在网络设计时,就提供了较高的网络主干链路的带宽,但也是有限的,往往无法满足多路多媒体数据传输的要求,因此可能会造成网络的拥塞。

一种解决办法就是直接增加网络的带宽,但是要增加网络带宽就需要对现有的网络进行升级改造,如大量采用光纤链路和光传输设备。这往往需要增加大量的成本。而且随着 IP 电话、网上视频、网络游戏、网络电视等多媒体网络应用的不断扩展和广泛应用,多媒体数据传输的需求越来越大,对带宽的需求是无止境的。因此,这种解决办法的有效性和可挖掘的潜力是有限的。

第二种解决办法就是设法减少网络传输的数据量,对此最好和最直接的解决办法就是采用数据压缩技术,通过对所要传输的多媒体数据进行压缩来减少所占用的带宽。当多媒体数据传输到对方后,再通过解压缩技术恢复原始数据。

数据压缩技术一般可以分为有损压缩和无损压缩两种。

　　无损压缩是指对压缩后的数据进行重构(还原,解压缩)后所得到的数据与压缩前的数据完全相同。典型的用于无损压缩的算法有:Huffman 编码、算术编码、行程编码等。这类算法的主要特点是"压缩比"较低,典型的为 2:1～5:1。一般用于对数据准确性有严格要求的应用,如数值和文本数据的传输。

　　有损压缩是指对压缩后的数据进行重构后所得到的数据与原来的数据有所不同,但不至于影响其应用的效果。典型的用于有损压缩的算法有:混合编码的 JPEG 标准、预测编码、变换编码等。这类算法的主要特点是"压缩比"高,通常为几十到几百倍。一般用于对数据准确性要求不是很严格的应用,如图像、声音、视频等多媒体数据的传输。

　　此外,还可以采用更加先进和适宜的网络传输技术,如带宽预留技术和区分服务技术等。

2. 对时延和时延抖动要求高

　　对于要在网络上传输的多媒体数据来说,需要拆分成多个部分并分别进行封装,从而形成一个一个的多媒体数据分组,网络发送这些分组的时间间隔通常是恒定的,因此这些分组进入网络的速率也是恒定的,一般称这种数据发送为等时发送。但是当这些分组进入网络后,由于每个分组都是独立传输的,因此必然经历不同的境遇,可能会走不同的路径,甚至有的分组还可能会丢失,那么当这些分组到达接收端后,就变成非等时的了,如图 16-1 所示。所以当我们播放这些非等时到达的多媒体数据时,就必然会出现失真的效果。

图 16-1　网络中非等时传输过程示例

　　解决这个问题的一种方法就是在接收端设置适当大小的缓存区。非等时到达的分组首先进入缓存区缓存起来,当缓存中的分组数达到一定的比例后,再以恒定的速率顺序读出这些分组,进行解压和播放。这样就可以等时的播放这些分组了,如图 16-2 所示。

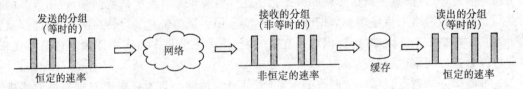

图 16-2　非等时传输经过缓存处理后变成等时传输过程示例

　　这样就消除了时延抖动,但是所付出的代价却是增加了时延,降低了实时性。

　　解决这个问题的第二种方法就是选择 UDP 作为传输层协议,而不是选择 TCP。因为分组在网络中传输的时候,分组中的数据可能会出现差错,甚至还可能丢失。如果采用 TCP 协议,由于它采用的是确认和重传机制,因此就要重传这样的分组。结果网络传输的速率就会因此而降低,相应的时延将会因此而增大,从而降低多媒体数据传输的实时性。此外,由于 TCP 采用了拥塞控制机制,如果出现一定的拥塞,它会自动改变传输的节奏,结果导致出现时延抖动。如果采用 UDP 协议,就不再重传这样的分组,也不会改变传输的速率。因此不会产生额外的时延和时延抖动。相对来说,UDP 协议具有较高的传输速率和实时性,以及较低的时延抖动性。尽管这样做会存在一定的错误数据位或缺失少量的几个分组,但是对于用肉眼来观察的播放效果的影响并不大,一般是可以容忍的。这样,就确保了多媒体数据传输的实时性。

当然也可以采用更加先进和适宜的网络传输技术,如流媒体技术、对等网(P2P)技术、内容分发网络(CDN)技术等。

16.1.2　多媒体网络应用组件

实现多媒体网络应用(以音、视频数据为代表)通常需要具有以下几个组件:

1. 多媒体服务器

多媒体服务器类似于前面介绍过的 Web 服务器,具有丰富的多媒体数据资源,可以根据请求为用户提供多媒体数据服务。常见的多媒体服务器主要有视频服务器和音频服务器。为减少对存储空间和网络带宽的占用,其内部数据通常以压缩形式存放。

2. 媒体播放器

媒体播放器主要用于对视频或音频数据的播放。其主要功能是将所接收到的视频或音频形式的数据进行解压缩、消除时延抖动,以及进行必要的差错和同步等处理,获得一定质量的视频或音频信号,然后将这些信号以相应的速率发送给显卡和声卡等硬件设备,并驱动这些硬件设备工作,从而实现播放过程。

当用户通过浏览器访问某个提供视频或音频服务的多媒体服务器时,该服务器就会根据用户请求提供相应的下载服务。当客户端浏览器接收到下载的文件后,就会传送给媒体播放器,进行解压缩后播放。

之所以不能直接通过浏览器播放视频或音频文件,是因为现在的浏览器中没有集成媒体播放器,因此要另外采用一个媒体播放器。目前比较流行的媒体播放器有 Real Networks 公司的 Real Player,微软公司的 Windows Media Player 和苹果公司的 Quick Time 等。

3. 多媒体网络应用协议

多媒体网络应用协议是为了确保多媒体数据传输与网络应用而专门开发的协议。包括提高多媒体数据传输的实时性、时延稳定性以及数据传输可靠性的实时传输协议(Real-time Transport Protocol,RTP)和与其协同工作的实时传输控制协议(Real-time Transport Control Protocol,RTCP),以及在多媒体服务器和媒体播放器之间进行暂停、快进、快退控制的实时流协议(Real-time Stream Protocol,RTSP)。这些协议位于传输层和应用层之间。

16.1.3　多媒体网络应用方式

1. 下载—回放方式

这是传统的多媒体网络应用方式。在这种应用方式中,多媒体信息资源就存放在 Web 服务器中。用户可通过 Web 浏览器随时向 Web 服务器提出对特定多媒体信息资源的请求,Web 服务器根据用户请求提供对所请求的整个多媒体文件的下载服务。下载完成后,用户可以根据需要随时启动媒体播放器播放下载的文件。

其工作过程如图 16-3 所示。

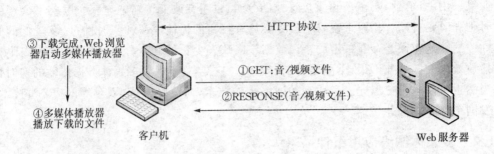

图 16-3　下载—回放式多媒体网络应用

（1）客户端通过 Web 浏览器点击 Web 服务器上的某个音、视频文件，请求下载服务。

（2）Web 服务器获取下载请求后，就会向客户端发送响应报文，并将相应的音、视频文件作为响应报文的数据。

（3）Web 浏览器接收到音、视频文件后，启动媒体播放器。

（4）媒体播放器播放下载的音、视频文件。

从图中可以看出，请求的数据和下载的文件在应用层都是通过 HTTP 协议传输的，而在传输层是通过可靠的 TCP 协议传输的，因而可以确保传输质量。而且对带宽和时延也没有特殊的要求。其最大缺点是必须将整个视频或音频文件全部下载到本地，并且只有当这个文件下载完成后，才能启动相应的播放器播放这个文件。如果这个文件很大，这个过程就会历时很长时间，从而可能导致用户无法忍受，甚至会失去耐心而放弃。

2. 流媒体方式

流媒体服务的实现过程如图 16-4 所示。

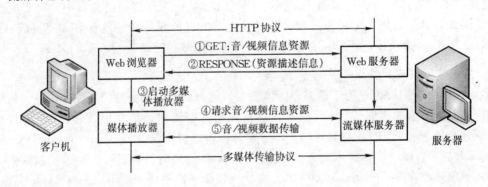

图 16-4　流媒体数据传输过程

（1）客户机通过 Web 浏览器点击 Web 服务器上的某个多媒体资源链接，将对特定多媒体资源的访问请求提交给 Web 服务器；

（2）Web 服务器首先将该多媒体资源链接对应的多媒体信息资源的描述信息（包含：文件的名称、文件的大小、文件的类型、存放的位置、压缩的格式等）作为响应报文返回给客户端的 Web 浏览器；

（3）Web 浏览器接收到所要访问的多媒体信息资源的描述信息后，就将其提交给本地的

媒体播放器,同时启动媒体播放器;

(4) 媒体播放器根据所接收到的描述信息,直接向流媒体服务器发出对特定多媒体信息资源的访问请求;

(5) 流媒体服务器将所请求的多媒体文件拆分成多个段,连同每一段的描述信息封装成一个一个的多媒体数据包,陆续传输给客户机中的媒体播放器,媒体播放器可以对每一个多媒体数据包单独处理并播放,而不必等到整个多媒体文件下载完成后才开始播放。在边下载边播放的过程中,用户甚至还可以通过媒体播放器进行暂停、快进、快退等控制。因而可以很好的满足用户的视听需要。

需要注意的是,在 Web 浏览器和 Web 服务器之间的数据传输(对应过程(1)和过程(2))采用的是建立在 TCP 协议基础上的 HTTP 协议,而在媒体播放器和流媒体服务器之间的数据传输(对应过程(5)和过程(6))则不再采用 HTTP 协议,而采用的是建立在 UDP 协议基础上的某种多媒体传输协议,如 RTP 和 RTCP。

传输到客户端的每个多媒体数据包只存储在其内存中,播放完成后就被后续的多媒体数据包所覆盖。而不是将其存储到外存中,因而客户端也就不会获得任何一部分多媒体信息资源。这样,音、视频信息资源的知识产权还可以得到很好的保护。

16.2　多媒体网络应用协议

本节将要介绍的多媒体传输协议包括:实时传输协议(Real-time Transport Protocol,RTP)、实时传输控制协议(Real-time Transport Control Protocol,RTCP)和实时流式协议(Real-time Streaming Protocol,RTSP)。而主要应用于语音传输的 H. 323 和 SIP 协议将在16.3 专门予以介绍。

16.2.1　实时传输协议 RTP

实时传输协议 RTP 是由 IETF 的 AVT 工作组(Audio/Video Transport Work Group)开发的,为实时应用提供端到端的传输控制协议。RTP 目前已经成为因特网建议标准,被广泛应用,并且还已经成为 ITU-T 的标准。

需要发送的音、视频多媒体数据块经过压缩编码处理后,被封装成 RTP 分组。由于 RTP 采用 UDP 传输,因此需要将 RTP 分组作为 UDP 的数据装入 UDP 用户数据报,最后 UDP 再作为 IP 的数据部分封装成 IP 分组,进行传输。

RTP 分组的格式及其封装情况如图 16-5 所示。

RTP 分组格式中各部分内容的含义如下:

(1) 版本(V):2 位,标识 RTP 的版本,当前版本为 2。

(2) 填充标识(P):1 位,在需要对应用数据加密时,往往要求每一个数据块的长度是确定的,如果不满足对长度的要求,就需要进行填充,其最后一个字节表示所填充的字节数。之后,将填充标识位置 1。

(3) 扩展(X):1 位。扩展位置 1 表示在此 RTP 首部后面还有扩展首部,该扩展首部紧跟在固定首部之后。

(4) 参与源数(CSRC Count):4 位,用于标识"参与源"的数目。有关"参与源"的含义参见

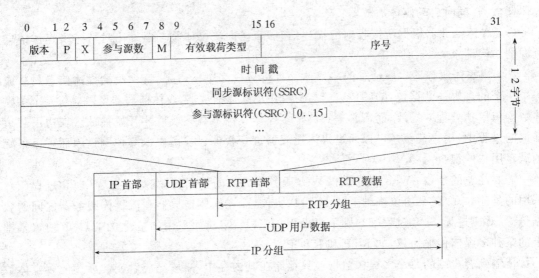

图 16-5　RTP 分组的格式及其封装情况

后面"参与源标识符"的介绍。

（5）标记（M）：1 位，该位的作用由特定应用的配置文件解释。

（6）有效载荷类型（Payload Type）：7 位，用于指明多媒体数据的类型及其压缩格式。接收端据此对接收到的数据包进行解压缩和播放。RTP 最多支持 128 种有效载荷类型，包括多种媒体格式，如 MPEG、PCM、GSM、H.261、H.263 等。

（7）序号（Sequent Number）：16 位。在一次 RTP 会话开始时的初始序号是随机选择的。以后每发送一个 RTP 包，序号值就加 1。接收方可以据此获知是否有丢失的数据包，并按序处理数据包。

（8）时间戳（Timestamp）：32 位，用于标识 RTP 数据包中第一个字节的采样时刻。接收端使用时间戳可以准确知道应当在什么时间还原哪一个数据块，从而消除时延抖动。时间戳还可以用来实现视频应用中声音和图像的同步。在一次 RTP 会话开始时，时间戳的初始值也是随机选择的。但是在 RTP 协议中，并没有规定时间戳的粒度，因此可以由信号的类型来决定。例如，对于 12kHz 采样的语音信号来说，如果每隔 10ms 构成一个数据块，那么每个数据块中将包含 120 个样本。对应的，发送端每发送一个 RTP 分组，其时间戳的值就将增加 120。

（9）同步源标识符（SSRC）：32 位，用于指明 RTP 流的来源，即发送方。目的是用来标识同一个节点所发出的不同媒体流。但 SSRC 不是发送方的 IP 地址，而是在新的 RTP 流开始时发送方随机分配的一个号码。每一个 RTP 流都有一个 SSRC。

（10）参与源标识符（CSRC）：可选项，长度可变。与同步源标识符（SSRC）相反，参与源标识符（CSRC）用于标识来自于不同源（发送方）的 RTP 流，最多可以有 15 个源。在多播情况下，为节省带宽，可以用混合站（mixer）将发往同一地点的多个 RTP 流混合成一个流发送，在接收端，再根据 CSRC 的值将不同的 RTP 流分开。

由（9）和（10）可知，RTP 可以按照一对一和一对多的方式工作。

RTP 数据部分则用于装载要传输的多媒体数据。

RTP 首部的作用主要是为多媒体应用程序提供序号、时间和同步信息。而如何利用这些信息实现多媒体数据的下载和播放将由多媒体应用程序来决定。在开始每一次会话时,RTP在端口号 1025 和 65 535 之间选择一个未使用的偶数 UDP 端口号,而 RTCP 则使用下一个奇数 UDP 端口号。由此可见,RTP 既像应用层又像传输层。但我们可以将 RTP 看成是位于传输层之上、应用层之下的一个特殊子层。

RTP 本身并不能提供可靠的传送机制来按顺序传送数据包,也不提供流量控制或拥塞控制。它需要与 RTCP 配合工作,由 RTCP 提供这些服务。

16.2.2　实时传输控制协议 RTCP

由于实时传输协议 RTP 通常使用 UDP 作为传输层协议,但 UDP 并不会对所接收的报文段进行确认,因此发送端也就无从了解其发送数据的速率是否适合接收端的处理能力,或者说是否能够适应网络的传输能力。

RTCP 也是由 IETF 的 AVT 工作组(Audio/Video Transport Work Group)开发的,并已成为因特网建议标准。RTCP 的基本功能是为使用 RTP 进行多媒体实时传输的端系统提供必要的监控信息,参加 RTP 会话的终端能够通过这些监控信息提高实时媒体传输质量。RTCP 数据包携带有服务质量监控的必要信息,如 RTP 数据包丢失率、RTP 数据包的时延抖动情况以及图像和音频的同步信息等。这些信息通过 RTCP 协议周期性的在 RTP 会话终端之间进行交换,发送端和接收端能够实时监控整个媒体传输的状况,并通过相应的措施对媒体传输质量进行管理和控制。

RTCP 使用的五种分组类型如表 16-1 所示。

表 16-1　RTCP 的 5 种分组类型

类型	缩写表示	意义
200	SR	发送端报告分组
201	RR	接送端报告分组
202	SDES	源点描述分组
203	BYE	结束分组
204	APP	特定应用分组

(1) 发送端报告分组(SR):发送端通过多播方式周期性的向所有接收端进行报告。发送端每发送一个 RTP 流,就发送一个发送端报告分组 SR。SR 分组的主要内容包括:该 RTP 流的 SSRC;该 RTP 流中最新产生的 RTP 分组的时间戳和绝对时钟时间;该 RTP 流包含的分组数;该 RTP 流包含的字节数。

由于 RTP 要求每一种媒体使用一个流。例如,传输视频的图像和相应的时间就要发送 2个流。有了绝对时钟时间就可以进行图像和声音的同步。

(2) 接收端报告分组(RR):接收端通过多播方式周期性的向所有源点进行报告。接收端每接收一个 RTP 流,就发送一个接收端报告分组 RR。RR 分组的主要内容包括:所收到的RTP 流的 SSRC;该 RTP 流的分组丢失率;在该 RTP 流中的最后一个 RTP 分组的序号;分组到达时间间隔的抖动等。

(3) 源点描述分组(SDES):用于对会话中源点的描述,如规范的名字等。

（4）结束分组（BYE）：用于表示要关闭一个流。

（5）特定应用分组（APP）：应用程序用于定义新的分组类型。

与 RTP 类似，RTCP 报告只是为端系统提供了 RTP 传输的各种监控信息，不同的应用程序可自行决定如何根据 RTCP 得到的信息调整数据流量，或实现不同流的同步控制。

16.2.3 实时流式协议 RTSP

实时流式协议（Real Time Streaming Protocol，RTSP）是由 IETF 的 MMUSIC 工作组（Multiparty MUltimedia SessIon Control Work Group）发布的协议，目前已成为因特网建议标准。RTSP 本身并不承载数据，仅仅是提供媒体播放器对多媒体流的传输进行控制。多媒体流的传输则可以使用前面介绍过的 RTP 协议。因此，和 RTCP 一样，RTSP 被称为带外协议。

RTSP 是实现多媒体播放控制的应用层协议，采用客户/服务器方式工作，可以对边下载边播放的多媒体数据进行暂停/继续、快退、快进等控制。RTSP 的语法和操作与 HTTP 协议相类似。但与 HTTP 不同之处在于 RTSP 是有状态的协议，需要记录客户机当前所处的状态。RTSP 控制报文既可以利用 TCP 传输，也可以利用 UDP 传输。RTSP 既没有规定音、视频数据的压缩标准，也没有明确其封装方式。

使用 RTSP 的多媒体播放过程如图 16-6 所示。

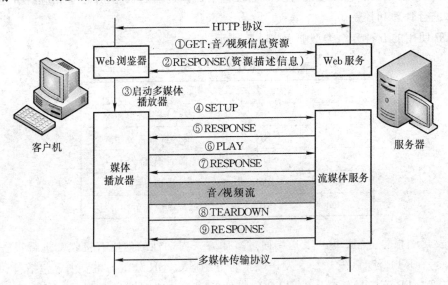

图 16-6 RTSP 的多媒体播放过程

（1）客户机通过 Web 浏览器点击 Web 服务器上的某个多媒体资源链接，即可将对特定多媒体资源的访问请求提交给 Web 服务器；

（2）Web 服务器首先将该多媒体资源链接对应的多媒体信息资源的描述信息（包含：文件的名称、文件的大小、文件的类型、存放的位置、压缩的格式等）作为响应报文返回给客户端的 Web 浏览器；

（3）Web 浏览器接收到所要访问的多媒体信息资源的描述信息后，就将其提交给本地的媒体播放器，同时启动媒体播放器；

（4）媒体播放器根据所接收到的描述信息，使用 RTSP 向流媒体服务器发出建立连接的报文 SETUP；

（5）流媒体服务器使用 RTSP 发回响应报文 RESPONSE；

（6）媒体播放器使用 RTSP 发送 PLAY 报文，请求下载音、视频文件；

（7）流媒体服务器使用 RTSP 发回响应报文 RESPONSE；

此时，开始采用 RTP 协议下载音、视频数据。在边下载边播放的过程中，媒体播放器可以随时通过 RTSP 发出暂停、继续、快进、快退等控制操作。

（8）用户如果不想继续收看音、视频文件，则使用 RTSP 发送 TEARDOWN 报文，请求断开连接；

（9）流媒体服务器使用 RTSP 发回响应报文 RESPONSE。

16.3　VOIP

VOIP（Voice Over IP）也称 IP 电话或网络电话，是指通过 Internet 进行语音通信的一种技术。目前 VOIP 有两套信令标准：一套是 ITU-T 发布的 H.323 协议，另一套是 IETF 发布的会话发起协议（Session Initiation Protocol，SIP）。

H.323 试图把 IP 电话看作传统电话，只是传输方式发生了改变，由电路交换变成了分组交换。SIP 协议倾向于将 IP 电话作为因特网上的一个应用，所不同的是，较其他应用（如 FTP，E-mail 等）增加了信令和 QoS 控制。H.323 和 SIP 都是利用 RTP 作为媒体传输的协议。

16.3.1　H.323

H.323 是 ITU-T 于 1996 年发布的"在局域网上传输语音信息的建议"，1998 年在其第二个版本中将其修改为"基于分组的多媒体通信系统"。不仅将其网络范围由局域网扩展为所有基于分组的网络（包括：局域网、城域网、广域网以及因特网），而且将其应用范围从单独的语音扩展为以音、视频信息为代表的多媒体信息。但最典型的应用仍然是 IP 电话，因此本小节仍然是以 IP 电话为例进行介绍。

H.323 定义的多媒体通信系统由 4 种基本构件组成，任何形式的通信都是建立在这些构件的基础上。下面对这 4 种构件分别予以介绍：

（1）终端（Terminal）：可以是 PC 机、传统的电话、IP 电话，以及集数据、语音和图像于一体的多媒体业务终端。

（2）网关（Gateway）：语音网关是通过 IP 网络提供 PC-to-Phone、Phone-to-PC、Phone-to-Phone 语音通信的关键设备，也是 IP 网络和 PSTN/ISDN/PBX 网络之间的接口设备，主要实现电话呼叫接续在两种网络之间的转换。网关需要具备以下功能：

① 提供 IP 网络接口和与 PSTN/ISDN/PBX 交换机互联的接口；

② 信号的转换和压缩。将来自电话网的语音信号进行数字化处理和压缩后，分段转换成 IP 网络上传送的 IP 包；反之，将 IP 包解压（解码）还原成语音信号；

③ 呼叫的接续和转换。包括信令的转换、路由选择、呼叫转发与控制等。

语音网关是实现因特网和电话网这两种不同特性的网络互联必不可少的设备，是连接两个网络的桥梁。

（3）网闸（Gate Keeper）：负责对整个多媒体通信系统的管理与控制。为此，需要具有以下功能：

① 用户注册与管理：为需要通信的用户提供注册服务，并提供用户信息的维护功能；

② 呼叫认证与管理：对接入用户的身份进行认证，防止非法用户的接入；

③ 计费管理：根据制定的计费策略，对通话过程进行计费；

④ 地址解析：实现电话号码和 IP 地址之间的转换；

⑤ 带宽管理：给语音通信设置一定的带宽，避免在话务高峰期造成网络拥塞，影响网络通信的正常进行；

⑥ 路由管理：可以对不同的路由设置不同的优先级，优先选择高优先级的路径。

（4）多点控制单元（Multipoint Control Unit，MCU）：支持 3 个或更多终端同时进行通信，如电话会议（多方通话）、视频会议等。

图 16-7 给出了由 H.323 定义的各个构件组成的多媒体通信系统。

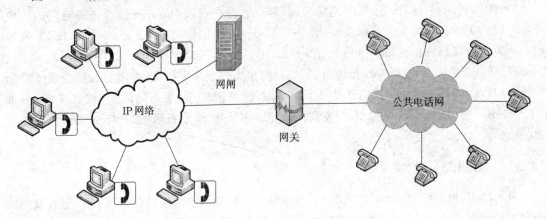

图 16-7 H.323 多媒体通信系统的组成

H.323 不是一个单独的协议，而是一组协议，构成了 H.323 协议族。其主要构成及其所使用的底层协议的情况如图 16-8 所示。

音频/视频应用		信令与控制				数据应用
G.711 等 音频编解码	H.261 视频编解码	RTCP	H.225.0 登记 信令	H.225.0 呼叫 信令	H.245 控制 信令	T.120 数据
RTP						
UDP			TCP			
IP						

图 16-8 H.323 协议栈

其中，H.225.0 登记信令用于获得网闸的授权，或者说通过网闸的认证；H.225.0 呼叫信令用于在两个终端之间建立连接;H.245 用于交换端到端的控制报文;T.120 用于实现在音、视频数据通信的同时进行数据交换。

16.3.2 会话发起协议 SIP

虽然 H.323 是一个很成熟和很完善的协议,但 H.323 也是一个相对复杂的协议。因此 IETF 的 MMUSIC 工作组将 IP 电话看成是因特网上的一种新的应用,又制定了会话发起协议(Session Initiation Protocol,SIP)。SIP 是一套简单实用的 IP 电话协议,参与会话的成员既可以通过单播方式进行通信,也可以通过组播方式进行通信。SIP 系统采用客户/服务器方式工作。

基于 SIP 协议的系统由以下 4 种元素组成:

(1) 用户代理(User Agent,UA):用户代理又称为 SIP 终端,是 SIP 系统中的最终用户。根据他们在会话中扮演的角色不同,又可分为用户代理客户(UAC)和用户代理服务器(UAS)。其中,UAC 用于发起呼叫请求,UAS 用于响应呼叫请求。

(2) 代理服务器(SIP Proxy Server):代理服务器接受来自主叫用户的呼叫请求(实际上是来自用户代理客户的呼叫请求),并将其转发给下一跳代理服务器,然后下一跳代理服务器再将呼叫请求转发给被叫用户(实际上是转发给用户代理服务器)。

(3) 重定向服务器(Redirector Server):重定向服务器不接受呼叫,它通过响应告诉客户下一跳代理服务器的地址,让客户按此地址直接向下一跳代理服务器重新发送呼叫请求。

(4) SIP 注册服务器(SIP Register Server):SIP 注册服务器用来实现对 UAS 的注册,以便 UAC 能够找到它们。

SIP 定义了两种类型的报文。即请求报文和响应报文。两种报文都采用文本表示,简单易于实现。其中,请求报文是客户发给服务器的报文,请求消息包含一个请求头、几个消息头、一个空行和一个消息体。响应报文是服务器发给客户的报文,是服务器对所接收请求报文的应答。SIP 响应消息包含状态行、消息头、空行和消息体。

SIP 协议目前定义了 7 种报文。其中,INVITE 报文用于邀请用户参加一次会话。ACK 用于确认;OK 用于应答;INVITE 和 OK、ACK 合用可建立呼叫,完成 3 次握手。OPTIONS 用于查询服务器的功能;BYE 用于中止呼叫双方通信,释放建立的呼叫连接;CANCEL 用于中止已经发出但还没有接收到响应的请求;REGISTER 用于客户机向注册服务器注册。

SIP 的地址非常灵活,可以是 IP 地址、电子邮件地址、电话号码等,但一定要使用 SIP 的地址格式。SIP 的典型地址格式如下:

sip:abc@210.30.211.69

sip:abc@010-64884706

sip:abc@bistu.edu.cn

16.4 多媒体内容分发技术

16.4.1 应用层组播技术

在第 12 章中介绍的 IP 组播技术实际上并没有得到很好的发展和广泛的应用,其主要原因在于,路由器需要为每个活动的组播组维护路由状态信息,如果网络中存在大量的组播组,将给路由器造成很大的存储和处理开销;另外因特网中的绝大多数路由器、交换机都不支持组播。

应用层组播技术的基本思想是避免让路由器处理组播数据,组播数据的路由选择、复制和转发任务都由组播组中的成员主机来完成。成员主机之间的数据传输依然采用 IP 单播方式。但与真正的单播方式不同之处在于,这些成员主机中都维护一个路径信息转发表,每个成员主机在接收到从其他成员主机发送来的数据分组时,根据其路径转发表决定是否需要将所接收到的数据再复制和转发给组播组中的其他成员。

如图 16-9 所示,假定结点 A、B、C、D 同属于一个组播组,共同在线点播流媒体服务器提供的视频点播服务。并假定流媒体服务器的路由转发表指向 A 和 C,A 的路由转发表指向 B,C 的路由转发表指向 D。那么,流媒体服务器首先查询其组播路由转发表,按路由转发表的指向将视频流发送给结点 A 和 C。A 收到视频流后,查询其组播路由转发表,按路由转发表的指向将视频流转发给结点 B。同样,C 收到视频流后,查询其组播路由转发表,按路由转发表的指向将视频流转发给结点 D。在拥有更多组播组成员的情况下,这个过程一直重复,直到组播组中的所有成员都接收到从流媒体服务器发出的所有视频流为止。

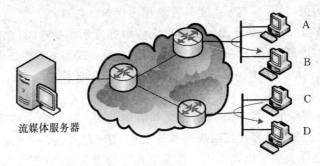

图 16-9   应用层组播技术数据传输过程示例

实际上,正是通过应用层组播技术将组播组中的所有成员自组织形成了一个逻辑网络。数据不再由路由器负责复制和转发,而是由主机实现分组的复制和转发,数据沿着因特网的物理链路在逻辑网络的成员之间采用 IP 单播技术进行传输。

这种由固定的结点构成的应用层组播网络,不需要处理组播节点的动态加入或离开,因而每个组播结点对数据的路由选择和转发处理也相对稳定和简单。但缺点是扩展性和灵活性较差。

16.4.2　内容分发网络 CDN

1. CDN 概述

从一台视频服务器下载视频流到客户机,存在两个明显的问题:

(1) 客户机可能离视频服务器很远,那么从视频服务器向客户机传递的视频流可能会产生较大的时延和丢包率;

(2) 如果视频非常流行,那么该视频流就可能会通过相同的通信链路传送许多次,消耗大量带宽。

实际上,通过远地视频服务器下载视频流的问题和访问远地各类门户网站、电子商务网站以及各种专业网站所存在的问题是相同的。因此,研究如何使各种应用服务器与各地的客户尽可能地"接近",从而减少访问请求和响应所途经的网络节点,达到缩短网络时延的目的是非常有意义的。

缩短应用服务器与客户之间"距离"的方案主要有两种:

方案 1:在各地建立应用服务器远程镜像站点。应用服务器异地镜像服务的实现方式是:通过更新数据中心用户 DNS 中的域名记录,把广域网负载平衡设备设置为用户应用服务器的指定授权域名解析服务器,从而当 Internet 客户访问该应用服务器时,广域网负载平衡设备就会接收到该 Internet 客户的域名解析请求,并依据一定的负载平衡算法为该客户就近访问该应用服务器"指明道路"。

采用远程镜像站点方案,各网络公司可以自主地选择在用户群较大的地区设立镜像站点。但这种方案需要在异地的数据中心建设与原服务器一样的系统,并支付相应的主机托管费用。因此初期投资大、维护成本高,而且随着异地镜像站点的不断增多,成本将直线上升。

方案 2:采用内容分发技术,建立内容分发网络(Content Distribution Network,CDN),提供内容分发服务(Content Distribution Service,CDS)。内容分发技术将缓存服务器分布于 Internet 各大骨干节点上,同时利用其他广域网的负载平衡技术使各地的客户在访问站点时首先访问距离自己最"近"的缓存服务器,从而得到最快的响应。所谓最"近",就是网络延迟时间最小。

以视频播放为例,视频服务器可以首先将视频数据分发到不同地域的一些 CDN 服务器中,然后再由这些 CDN 服务器向周边的用户提供下载和播放服务,如图 16-10 所示。这样就可以减少视频流跨越网络主干的数据流量,提高媒体传输的效率。

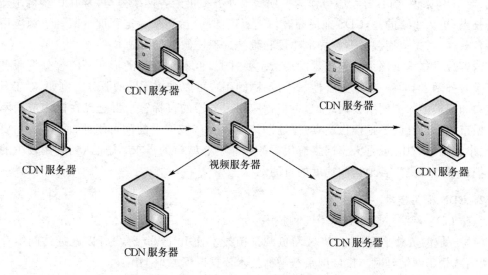

图 16-10　内容分发网络示例

将前面介绍的应用层组播技术应用到基于内容分发网络的视频播放中,内容分发过程如图 16-11 所示。在这样的网络环境中,流媒体服务器首先查找其路由转发表,按照路由转发表的指向将视频流传送到某几个近邻 CDN 服务器中,这几个近邻 CDN 服务器收到视频流后

进一步查找自己的路由转发表,按照路由转发表的指向继续转发视频流,直到其他所有的
CDN 服务器都接收到视频流为止。每个 CDN 服务器在复制和转发视频流给其他的 CDN 服
务器的同时,也向请求视频播放的用户提供视频流的传输服务。

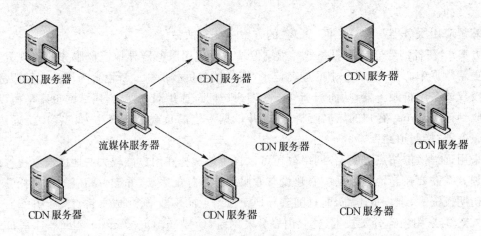

图 16-11　基于应用层组播技术的内容分发网络示例

在这种情况下,如果配置的 CDN 服务器足够多,就可以同时为成千上万的多媒体用户提
供流媒体下载服务。

采用 CDS 方案有利于 ISP、ICP、IDC 以及最终用户等。对最终用户来说,CDS 缩短了其
访问等待的时间,减少了上网费用;对 ISP 来说,由于用户大部分的 Web 请求都是由本地缓存
服务器响应的,从而为 ISP 节省了带宽资源;对 ICP 来说,他提供的内容可以高效地被用户访
问到;对 IDC 来说,内容分发服务作为一项增值业务提供给各网络公司,为 IDC 获得了新的利
润增长点;更为重要的是,CDS 在提高客户满意度的同时,还从一定程度上减轻了源应用服务
器的负载,降低了应用服务器在异地建设和维护远程镜像站点的成本。

内容分发技术是网络加速技术的一个重要补充,但不是唯一的形式。内容分发服务与异
地镜像服务两者具有一定的互补性,针对不同的用户可以采用不同的服务。例如,对于具有相
当实力和规模的大型网络公司来说,可根据应用服务器的目标客户群选择在国内或国际重点
中心城市建立自己的异地镜像站点,保证网络应用在广域网上的高可用性;而 CDS 主要是面
对中、小型网络应用,或是大型网络应用服务在非中心城市的需求,从而达到利用较少的投资
和维护成本即可提高各地访问速度的目的。

2. CDN 相关技术

组建 CDN 网络主要要用到以下 4 种技术:

(1) 广域网负载平衡技术:广域网负载平衡技术使 Internet 客户可以就近访问缓存服务
器,从而减少了网络延时。广域网负载平衡技术依据以下原理工作:

① 广域网负载平衡设备查询各个节点的状态信息;

② 客户端在访问服务前,首先向广域网负载平衡设备发起域名解析请求;

③ 广域网负载平衡设备将最“近”的 IP 地址作为域名解析结果返回给客户端;

④ 客户端依据得到的 IP 地址请求访问最“近”的节点;

⑤ 最“近”的节点响应客户端的请求。

（2）本地负载平衡技术：用于实现缓存服务器的负载平衡和高可用性。即在各地节点上实现缓存服务器组的负载平衡，不仅保证了缓存服务器的冗余设计和高可用性，还可以基于轮询方式或响应时间方式分担来自用户端的 Web 请求。

（3）缓存技术：通过在 IDC 前端部署高速缓存服务器并采用反向代理模式，可加快服务器的响应时间。缓存服务器的作用是把用户访问过的内容保存在服务器中，以便其他用户再次访问该内容时可以从就近的缓存服务器中得到，从而缩短服务器的响应时间。而反向代理模式是一种"拉"的技术，即当用户请求访问的内容在缓存服务器节点中并不存在时（即用户首次访问该内容时），缓存服务器就从源服务器中下载得到。或者说，缓存服务器是一种被动的方式，用户不访问，缓存服务器就不会事先主动地保存相关内容。

（4）内容分发和管理技术：内容分发和管理技术能够主动、实时地更新缓存服务器的内容，使缓存服务器的内容与源服务器，保持同步。对于内容经常更新或网页文件较大的网站，采用这种方式效果更为显著。

内容分发和管理技术是有别于反向代理缓存技术的一项新技术。内容分发和管理技术是一种"推"的技术。它主要包含内容分发和内容管理两项功能：

① 内容分发功能。一旦源 Web 服务器的内容被更新，内容分发系统立即主动将其"推"到分布在各地的缓存服务器中，使各缓存服务器的内容与源 Web 服务器一致；或在设定的某个时间段或网络流量较小时将源 Web 服务器中的内容主动分发到各地的缓存服务器中，使访问服务器中新的内容或已更新页面的用户不必因缓存服务器临时下载新的内容而等待过长的时间。

② 内容管理功能。内容管理功能又称"日志网关"。它的主要作用是从分布式的缓存服务器中收集源服务器的内容（包括页面和 Web 对象的访问记录等），并集中式的监管。统计和分析所有缓存服务器的当前状态和性能，以利于有效地管理 CDN。当源服务器内容发生变更时，内容分发系统能够对缓存服务器中过期的内容定期地进行自动删除。

16.4.3　P2P 对等网络

1. P2P 对等网络的基本原理

所谓对等网络（Peer to Peer，P2P），是指网络中每个结点的地位都是对等的，没有服务器和客户端之分。每个结点既可以充当服务器，为其他结点提供服务，同时也享用其他结点提供的服务。P2P 网络实际上是一个以因特网为基础，将若干个对等结点通过某种软件协作机制相互连接构成的逻辑网络，目的是实现对等结点之间的资源共享。

P2P 网络主要基于两种最基本的模式，即集中目录模式和非集中目录模式。集中目录式的 P2P 模式也称为结构化的 P2P 模式。在这种模式中，通过设置一个中心服务器来负责记录和管理所有结点的共享信息资源。每个对等结点通过查询该服务器来了解对等网络中哪一个结点拥有自己所需要的共享信息资源，查找到以后，获取其主机地址，然后进一步向该主机请求自己所需要的信息资源，最后由该主机将其共享信息复制并发送给请求的主机。

集中目录式 P2P 网络的工作过程如图 16－12 所示。如果结点 C 要下载一首叫"流星雨"的 MP3 歌曲，但是结点 C 不知道哪个结点有这首歌曲，于是结点 C 到集中目录服务器中去查询，如果查找结果表明该首歌曲存放在结点 A，于是集中目录服务器向结点 C 返回应答信息，说明该首歌曲存放在结点 A，同时给出结点 A 的地址。那么，接下来结点 C 就向结点 A 发出资源请求,结点 A 收到请求后就向结点 C 提供"流星雨"歌曲的下载服务。

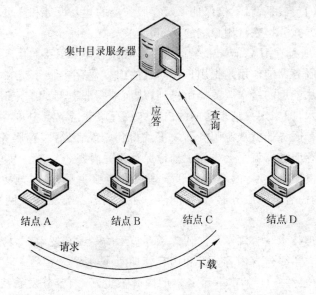

图 16-12　集中目录式 P2P 模式

集中目录式的 P2P 模式的最大优点在于系统维护简单,资源发现效率高。但是所存在的最大的问题就是,一旦中心服务器出现故障,整个 P2P 系统将出现瘫痪。而且在 P2P 结点规模较大时,中心服务器将成为网络瓶颈,很容易出现拥塞。

非集中目录的 P2P 模式也称为纯 P2P 模式。在非集中式的 P2P 模式中,对等网络不需要设置一个中心服务器来负责记录和管理所有结点的共享信息资源。任何一个结点要获取某个共享信息资源都是首先询问其相邻结点是否有该资源,如果某个相邻结点没有,则进一步向它的相邻结点询问(询问报文中必须包括初始请求结点的地址),直到具有该信息资源的结点接收到询问请求,那么就由这个结点向最初的请求结点进行肯定应答(同时指明自己的地址)。最后,由初始请求结点向这个结点提出资源请求,这个结点就将其共享信息复制并发送给初始请求结点。

纯 P2P 网络模式的工作过程如图 16-13 所示。如果结点 A 要下载一首叫"流星雨"的 MP3 歌曲,但是结点 A 不知道哪个结点有这首歌曲,于是结点 A 询问相邻结点 B 和 C 是否有这首歌曲,结点 B 和 C 都没有这首歌曲,于是结点 B 继续向下询问其相邻结点 D 和 E,结点 C 继续向下询问其相邻结点 F 和 G。当结点 C 询问到结点 F 时,结点 F 回答结点 C 有这首歌曲,于是结点 C 进一步将应答返回给结点 A。那么,结点 A 就知道结点 F 有这首歌曲了,于是结点 A 向结点 F 发出下载请求,结点 F 收到下载请求后,就将"流星雨"这首歌曲下载给结点 A。

这种纯 P2P 网络模式的扩展性和健壮性都明显优于集中目录式的 P2P 网络模式,但是也存在以下一些问题:

(1) 纯 P2P 网络模式没有办法快速定位共享信息资源的存放位置,只能通过洪泛式查询方式(注意:不同于广播方式)来查询共享信息资源的存放位置,这样就会产生大量的信息流量,很容易造成网络的拥塞。

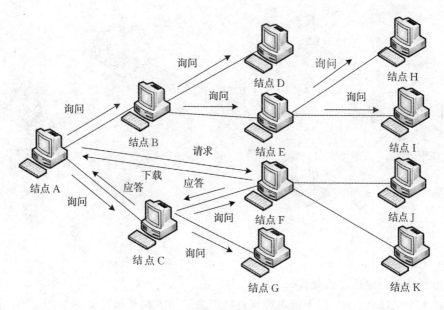

图 16-13　纯 P2P 模式

（2）即使已经查找到存放所需共享信息资源的结点，但是在此之前所发起的洪泛式查询仍然会通过其他结点进行扩散，直至询问信息报文中的 TTL 值递减至 0 为止。然而，这往往还需要持续一定时间，而这些无谓的流量对网络的影响却是很大的。读者可能会想到，将报文中的 TTL 值设置的小一些就会好一点。但是如果将 TTL 的值设置的比较小，就会出现这样一种情况：所要查找的共享信息资源还没有被定位，就因为 TTL 的值递减为 0 而不再继续查询了。

还有一种将前两种模式相结合的混合 P2P 模式。在这种模式中，将对等结点分成若干组，每组内采用集中目录式的 P2P 模式，每组间采用纯 P2P 模式。但事实上，目前大量的 P2P 网络应用都是纯 P2P 模式的。

2. 基于 P2P 对等网络的内容分发服务

由于 P2P 网络不仅具有大范围快速传播的优势，而且由于传播过程中不需要服务器等硬件而带来的成本优势，因此完全可以利用 P2P 对等网络，采用应用层组播技术实现多媒体信息内容的分发。基于 P2P 对等网络的多媒体信息分发系统的组成和分发过程如图 16-14 所示。

从图中可以看出，整个系统由一台提供视频直播服务的视频流服务器和若干台用户主机组成。其中每个用户主机既是请求视频流下载服务的客户，同时又是向其他结点提供视频流下载服务的服务器。视频流服务器首先将视频流传输给由其路由转发表指示的相邻请求结点 A、B 和 C 中，结点 A、B、C 在下载视频流的同时，也向由其路由转发表指示的相邻结点 D、E 和 F 中转发，依此进行。

要实现这样一个基于 P2P 对等网络的组播系统，首先需要构造一棵以视频流服务器为根的组播树。然后，选择一个或多个请求下载服务的相邻结点直接从组播源接收视频流，这些结点再分别将接收的视频流传送到与其相邻的其他请求下载服务的结点，直到 P2P 网络中的所

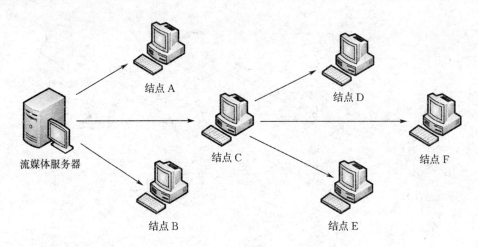

图 16-14　基于 P2P 网络的应用层组播技术

有结点都得到从源点发出的视频流。

　　在这样一个组播系统中,每个请求视频直播服务的结点都要做 3 件事情:①作为用户接收从组播系统中其他结点发来的视频流数据,并启动相应的媒体播放器播放该视频;②作为服务器根据路由转发表将接收到的视频流发送给其他请求结点;③结点之间交换信息,维护路由转发表。

　　利用组播技术基于 P2P 网络提供内容分发服务,具有这样的特点:用户数越多,意味着服务提供者也越多,那么每个用户所得到的媒体服务质量就更好。但是随着用户数的增多,P2P网络规模的增大,相应的网络流量将急剧增大,往往会给网络带来很大的压力,以至于很多网络不得不限制这种流量。

本章小结

◆ 多媒体信息在网络上传输具有数据量大、对时延和时延抖动性要求高的特点。

◆ 多媒体网络应用组件包括:多媒体服务器、媒体播放器和多媒体网络应用协议。

◆ 多媒体网络应用有下载回放式和流媒体方式两种,前一种方式是先下载后播放,后一种方式是边下载边播放。

◆ 视频网络应用协议主要有位于传输层和应用层之间的实时传输协议/实时传输控制协议(RTP/RTCP)和位于应用层的实时流式协议 RTSP。其中,RTP 用于承载数据并提供序号、时间和同步信息,RTCP 只为端系统提供 RTP 传输的各种监控信息。而 RTSP 用于媒体播放器对多媒体流进行传输控制。

◆ 音频网络应用有两套信令标准:一套是 ITU-T 发布的 H.323 协议,另一套是 IETF 发布的会话发起协议 SIP。H.323 相对 SIP 来说,功能强大,但比较复杂。

◆ 多媒体内容分发可以利用基于应用层的组播技术,内容分发网络技术和 P2P 对等网络技术。

习 题

16-1 什么是多媒体数据？多媒体数据在网络上传输与普通数据在网络上传输有哪些不同？

16-2 针对不同数据类型，多媒体数据压缩有哪些标准和算法？

16-3 要解决实时数据传输的时延抖动问题，可以采用什么方法？

16-4 要在网络上传输多媒体数据，需要做哪些处理？采用 TCP 协议还是 UDP 协议作为传输层协议更加合适？

16-5 进行网络视频播放需要用到哪些组件？

16-6 多媒体网络应用有哪些不同的方式？各自具有什么特点？应用情况如何？

16-7 实时传输协议 RTP 起什么作用？RTP 报文的首部中为什么要使用序号、时间戳和标记？RTP 协议能否提供应用分组的可靠传输？为什么？

16-8 为什么要使用实时传输控制协议 RTCP？RTCP 起什么作用？

16-9 何谓带外协议？哪些多媒体传输协议属于带外协议？

16-10 RTP、RTCP 和 RTSP 分别属于哪一层的协议？它们之间是什么关系？

16-11 试以视频流播放为例，完整描述多媒体数据的播放过程。

16-12 为什么有两个有关语音通信的协议？分别是什么协议？各自有什么特点？目前大量应用的是哪一种协议？预测今后会是什么样一个情况？

16-13 试给出 H.323 网络的组成和语音播放过程。

16-14 试述 SIP 系统的组成和语音播放过程。

16-15 IP 电话的通话质量和哪些因素有关？为什么 IP 电话的通话质量是不确定的？

16-16 试说明应用层组播技术和 IP 组播技术有哪些不同？并说明应用层组播技术的工作原理。

16-17 什么是内容分发网络 CDN？内容分发网络 CDN 主要用在什么场合？基于应用层组播技术的 CDN 如何实现多媒体内容分发？

16-18 什么是应用服务器异地镜像技术？它和内容分发网络有什么不同？它们的应用场合是否相同？

16-19 网络游戏是否需要采用内容分发网络？如果需要，那么应该建立一个什么样的内容分发网络？如何建立？

16-20 什么是 P2P 网络？P2P 网络有哪些模式？其基本工作原理分别是什么？

16-21 如何采用 P2P 网络和应用层组播技术实现多媒体内容分发？

第 17 章　网络管理

随着网络规模的不断扩大,网络的结构变得越来越复杂。相应的,网络管理的任务就越来越繁重,用户对网络性能、运行状况以及安全性越来越重视。在这样一种情况下,网络管理在计算机网络中的地位逐渐提升,占据着越来越重要的位置。

SNMP是目前广泛使用的网络管理协议,其主要特点就是结构简单,可扩展性强。SNMP经历了3个版本的发展,在安全性等方面得到了很大提高。

本章首先介绍网络管理的概念、网络管理功能域和网络管理系统的体系结构模型,在此基础上重点介绍 SNMP 协议的原理与特点,作为 SNMP 网络管理基础设施的管理信息结构SMI 和管理信息库 MIB,以及 SNMP 的报文格式和协议数据单元的构造。在本章的最后一节,简单介绍典型的网络管理平台和网络管理工具。

17.1　网络管理的基本知识

17.1.1　网络管理的概念

随着用户对网络应用需求的不断扩大,网络在各行各业得到了广泛的应用,人们对网络的依赖程度越来越高,网络的地位也变得越来越重要。但是随着网络应用范围的不断扩大和应用程度的不断深入,网络的规模也在不断的扩大,网络的结构也变得越来越复杂。因此网络管理的任务就越来越繁重,用户对网络性能、运行状况以及安全性也越来越重视,因此,网络管理在计算机网络技术中逐渐占据着越来越重要的位置。

网络管理是指如何合理有效的调度和协调资源,使网络能够可靠、安全、高效的运行,以合理的成本和最优的性能满足用户的需求。网络管理的过程包括:①通过状态监测获得分析网络性能的原始数据;②将分散监测到的数据收集在一起;③利用收集到的数据进行分析和计算;④根据分析计算的结果对网络进行控制。

网络管理主要涉及三个方面:网络服务提供、网络维护和网络事物处理。网络服务提供是指向用户提供新的服务类型及增加网络设备、提高网络性能;网络维护是指网络性能监控、故障报警、故障诊断、故障隔离与恢复;网络事物处理是指对网络线路和设备利用率、数据的采集和分析、以及提高网络利用率等进行的各种控制。

一般来说,对于管理一个大型、异构、多厂家产品的复杂网络来说,仅仅具备丰富的网络管理知识与网络管理经验往往是不够的,还需要配备功能完善的专业网络管理软件来辅助进行。

17.1.2　网络管理功能域

按照 ISO 的标准,一个完整的网络管理系统应该具有 5 个功能,按 ISO 术语称为五个功能域,分别完成不同方面的网络管理职能。

1. 配置管理

在网络管理系统中,一个最基本的内容就是配置管理。配置管理主要用来定义、识别、初始化和监控网络中的被管对象,改变被管对象的操作特性,报告被管对象状态的变化。网络配置管理需要监视与控制的主要内容包括:网络资源及其活动状态、网络资源之间的关系以及新资源的引入与旧资源的删除等。从管理控制的角度看,网络资源可以分为三类:可用的、不可用的和正在测试的。从网络运行的角度看,网络资源又可以分为两个状态,即活动的和不活动的。

配置管理是网络中对被管对象的变化进行动态管理的核心。当配置管理软件接到网络管理员或其他管理功能设施的配置变更请求时,配置管理服务首先确定管理对象的当前状态并确认变更的合法性,然后对管理对象进行变更操作,最后验证变更是否完成。因此,网络的配置管理活动经常是由特定的配置管理软件来实现的。

对网络配置的改变可能是临时性的,也可能是永久性的。网络管理系统必须有足够的手段来支持这些改变。不论这些改变是长期的还是短期的。有时甚至要求在短期内自动修改网络配置,以适应突发性需要。

2. 故障管理

要维持网络的正常运行就需要进行故障管理。网络故障管理包括:通过故障监测及时发现网络中出现的故障,进行故障告警,找出网络故障产生的原因,必要时启动"控制活动"来排除故障。"控制活动"包括:诊断测试活动、故障修复或恢复活动、软件系统重启、启动备用设备等。

故障管理是网络管理功能中与检测设备故障、故障设备的诊断、故障设备的恢复或故障排除有关的网络管理功能,其目的是保证网络能够提供连续、可靠的服务。故障管理功能包括以下五个部分:

(1) 检测管理对象的差错现象,或接收管理对象的差错事件通报;

(2) 当存在冗余设备或迂回路由时,提供新的网络资源用于服务;

(3) 创建与维护差错日志库,并对差错日志进行分析;

(4) 进行诊断测试,以跟踪并确定故障位置与故障性质;

(5) 通过资源的更换、维修或其他恢复措施使其重新开始服务。

网络中所有的部件,包括设备与线路,都有可能成为网络通信的瓶颈。事先对它们进行性能分析,将有助于避免在运行前或运行中出现网络通信的瓶颈问题。但是,进行这项工作需要对网络的各项性能参数(如可靠性、延时、吞吐量、网络利用率、拥塞与平均无故障时间等)进行定量评价。

3. 性能管理

性能管理的根本目的在于提高网络服务质量(QoS)和网络资源利用率,保证网络能够可靠、连续的进行通信。具体来说,网络性能管理的功能包括:从管理对象中收集与性能有关的数据,对与性能相关的数据进行分析与统计,根据统计分析的数据判断网络性能,报告当前网络性能,产生性能报警,将当前统计数据的分析结果与历史模型进行比较,以便预测网络性能的变化趋势,形成并调整性能评价标准与性能参数标准值,根据实测值与标准值的差异去改变操作模式,调整网络管理对象的配置,实现对管理对象的控制,以保证网络的性能达到设计要求。

典型的网络性能管理可以分为性能监测和网络控制两部分。性能监测指网络工作状态信息的收集和整理,而网络控制则是为改善网络设备的性能而采取的动作和措施。在 ISO 的网络管理标准中,明确定义了对性能管理的需求,以及对网络性能的度量标准,定义了用于度量网络负荷、吞吐量、资源等待时间、响应时间、传播延时、资源可用性与表示服务质量变化的参数。

实现网络性能管理需要持续地评测网络运行过程中的主要性能指标,以检验网络服务是否达到了预定的水平,找出已经发生或潜在的瓶颈,报告网络性能的变化趋势,为网络管理决策提供依据。

4. 安全管理

安全管理主要提供对信息的私有性、可靠性和完整性的保护机制,使网络中的各种资源(硬件、软件和数据)和服务(实体)免受侵扰和破坏,降低网络运行的风险。安全管理通常具有以下功能:能够利用各种层次的安全防卫机制,使非法入侵事件尽可能少发生;能够快速检查未授权的资源使用,并对非法活动进行审查与追踪,通过分析网络安全漏洞将网络风险最小化;对网络受到的侵扰和破坏的风险进行分析和评价。

ISO 的网络管理标准共定义了 8 种网络安全机制,分别是:加密、数字签名、数据完整性、认证、访问控制、路由控制、伪装业务流和公证。目前,常用的安全机制包括:身份认证、访问控制、数据加密、数据完整性保护、数字签名、防火墙、入侵检测等。

安全管理也要收集有关数据并产生报告,由网络管理中心的安全事务处理进程进行分析、记录、存档,并根据不同情况采取相应的措施,如给入侵用户以警告信息、取消其使用网络的权力等。无论是积极或消极行动,均要将非法入侵事件记录在安全日志中。非法侵入活动包括无权限的用户企图修改其他用户定义的文件,修改硬件或软件配置,修改访问权限,关闭正在工作的用户,以及任何其他对敏感数据的访问企图。

5. 计费管理

对于公用分组交换网和部分内部网络(也称园区网,如校园网)来说,用户使用网络的服务并不是免费的,那么网络管理系统就需要对用户使用网络资源的情况进行收集、记录并核算费用。尽管在大多数网络中,用户使用网络资源并不需要交费,但是记费功能可以用来记录用户对网络的使用时间,统计网络的利用率与资源使用等情况。因此,计费管理对任何网络都是有用的。

记费管理的功能主要包括:统计网络的利用率等效益数据,根据记账管理事件确定不同时期与时间段的资费标准;根据用户使用资源的情况分摊费用;支持采用信用记账方式收取费用,包括提供有关账单的审查功能;当用户同时使用多种信息服务时,能够将分别计费的各个服务的费用累加。

要进行计费就需要首先确定资费政策和计费方式。资费政策可以是灵活多样的,如可以采用分时段的优惠政策等。计费方式也可以是灵活多样的,如按使用时间长短计费,按数据流量大小计费,或者是按确定时间段收取固定费用(如包月/包年)。在激烈的商业竞争中,记费管理功能对于网络管理者和 ISP 来说都是非常重要的。通过记费管理不仅可以掌握网络资源使用情况,而且还可以为准确、平等、合理地收取网络资源使用费提供数据。网络管理者和

ISP 都应该允许用户查询有关的计费信息,如每次上网的开始时间和结束时间,通信过程中的数据流量和访问的信息资源等。

17.1.3　网络管理系统的体系结构

一个网络管理系统的体系结构和运行方式与一个拥有多家分支机构的集团公司的体系结构和运行方式非常相似。假定你是这个拥有多家分支机构的集团公司总裁(暂且称为企业管理者),你的一项主要工作就是确保集团下属的各分支机构正常运转,那么你将如何进行管理呢? 至少,你将定期的从各分支机构获得各种经营数据和工作报告,通过认真阅读这些数据和报告,并采取一定的方法考评各个分支机构的工作情况,可能你会从数据或报告中发现某一个分支机构的运行存在一些明显的问题。当然,如果你有足够的经验和敏锐的判断力,也可能会通过分析和归纳发现某一个分支机构在运行中存在的一些隐藏问题。如果必要的话,你就要和分支机构的经理取得联系,进一步明确所存在的问题。接下来,你就要提出解决问题的方法或制定解决问题的方案。再接下来,你就要下命令指示该分支机构的经理按照你的策略去做,逐步解决所存在的问题。如果你的工作能力很强,提出的方法或制定的方案很得当,解决问题的时间也很及时,那么,问题就必然会得到有效的解决。

每个分支机构内一般有多个被管对象;各分支机构的经理作为企业管理者代表,需要汇总本分支机构的生产和经营数据,按照规定的格式和程序撰写并提交相应的报表和工作报告,向企业管理者汇报和沟通情况,接受企业管理者的命令,完成指定的工作。

将上述集团公司的组织结构和一个网络管理系统相对比,企业管理者就相当于网络管理者(简称网管),其核心为网络管理实体;每个分支机构就相当于被管设备,每个被管设备内可以有多个被管对象;各分支机构的经理就相当于网络管理者的代表,这里称网络管理代理;网络管理代理需要按照特定的网络管理协议向网络管理者提交数据和报告,接受网络管理者的指令,对被管对象施行特定的操作。

由此可见,一个网络管理系统总体上可以分为三个部分:网络管理实体、被管设备和管理协议。其中,被管设备中还包含着管理代理、被管对象和与之相对应的一个不太明显的部分,即管理信息库。

网络管理系统的体系结构模型如图 17-1 所示。

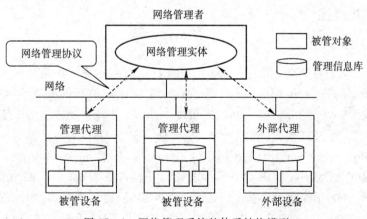

图 17-1　网络管理系统的体系结构模型

图中的网络管理实体即网络管理软件,又称网络管理进程,运行在网络(运营)中心的一台(此时为集中管理方式)或多台(此时为分布管理方式)网络管理工作站上。作为网络管理系统的核心,网络管理实体通常具有良好的图形用户界面。通过对每个被管设备中的被管对象进行轮询,收集被管对象的状态信息,并进行相应的显示、分析和处理。"处理"需要根据网络中各个被管对象状态的变化来决定对不同的被管对象应该采取何种操作,如调整工作参数、重新设置工作状态等。

被管设备可以是交换机、路由器、防火墙、服务器、主机、网络打印机等,也可以是网桥、集线器、调制解调器等老式设备,但需要一个代理服务器对它们进行管理和控制。每个被管设备可以有多个被管对象。被管对象可以是被管设备中的某个硬件(如一块网卡),也可以是某些硬件或软件的配置参数集合(如路由协议)。这些被管对象需要保存和维护供管理实体访问的若干状态和控制信息,这些信息的特定存储形式被称为管理信息库(Management Information Base,MIB),网络管理实体就依据 MIB 中的这些信息对网络进行管理。

在每个被管设备中还驻留一个称为网络管理代理 Agent 的程序,通过网络管理协议与网络管理实体进行通信,将收集在每个与被管对象对应的 MIB 中的信息提供给网络管理系统(Network Management System,NMS)中的网络管理实体。同时对网络管理实体的轮询做出响应,即在网络管理实体的命令和控制之下,在被管设备上执行相应的网络操作。一旦发现异常事件,就不再等待轮询到自己而是采取自陷的方式快速向网络管理实体告警。

网络管理协议则负责规范在网络管理工作站中的网络管理实体与被管设备中的网络管理代理之间传递的各种状态信息和控制命令,有效的实现网络管理实体对被管对象的状态查询或操作控制,同时,也可以有效地实现网络管理代理向网络管理实体发出异常事件通告。

外部管理代理是专为那些不符合该网络管理标准的网络元素附加的,除行使网络管理代理的职责外,还需要完成网络管理协议转换和信息过滤等操作。外部管理代理就相当于一个"管理桥",一边采用当前的网络管理协议和网络管理实体进行通信,一边采用另外的某种网络管理机制与外部设备中的被管对象进行通信和实施管理操作。

17.2 简单网络管理协议 SNMP

17.2.1 SNMP 概述

1. SNMP 的演变

Internet 体系结构委员会 IAB 在 1988 年 3 月制定的网络管理策略是以已有的网络管理工具 SGMP(Simple Gateway Monitor Protocol)为蓝本,通过简单的改造,尽快形成的一个简单网络管理协议 SNMP(Simple Network Management Protocol),作为短期的基于 TCP/IP 的网络管理解决方案,并打算在适当的时候转向以 ISO 和 ITU-T 共同推出的 CMIS(Common Management Information Service)和 CMIP(Common Management Information Protocol)为蓝本形成的 CMOT(CMIS/CMIP Over TCP/IP)。随后,IETF 成立了两个相应的工作组。SNMP 工作组于 1988 年晚些时候就很快推出了 SNMP 的第一个版本,一经推出就得到了众多的支持和广泛的应用。CMOT 工作组是在 1989 年推出 CMOT 标准的,但是由于其复杂性和开销大的原因而一直难以得到推广和应用。在这种情况下,SNMP 于 1990 年作为 IETF 的标准草案正式发布,成为唯一的 Internet 网络管理标准。之后又通过进一步的修改和完善,相继推出了后续版本。SNMP 凭借其结构简单、使用方便的特点获得了广泛使用。

到目前为止,已经开发了三个版本的 SNMP,即 SNMPv1、SNMPv2 和 SNMPv3,各个版本的基本情况如下:

(1) SNMPv1:SNMPv1 提供了最基本的网络管理功能,但授权功能的缺乏是 SNMPv1 最严重的安全性问题,从而导致 SNMPv1 易受到未授权用户对网络配置的改变。因此,许多厂商没有实现 set 操作,也就使 SNMPv1 仅仅成为一个监视设施。

(2) SNMPv2:相对于 SNMPv1 而言,SNMPv2 具有以下增强的功能:强大的安全管理机制、扩展的数据类型、改进的效率与性能、确认的时间通知、更丰富的差错处理、更精细的数据定义语言。SNMPv2 既支持如 SNMPv1 那样的集中式网络管理,又支持分布式网络管理。

SNMPv2 主要的安全机制包括:

① 数据的私有性(Privacy of Data)保护:通过加密和认证等手段有效地防止重要信息的泄密和被窜改。

② 身份验证(Authentication):有效地避免一个未授权实体假冒授权实体来执行管理操作。

③ 访问控制(Access Control):有效的管理和控制某些可能导致被管对象状态改变的特定操作。

(3) SNMPv3:SNMPv3 主要增加了 SNMPv2 中所缺乏的安全和管理方面的功能。增强的功能包括:鉴别、授权和访问控制、实体的命名管理、人员和策略管理、用户名和密钥管理、通过 SNMP 操作的远程配置等。可以认为,SNMPv3 提供的网络管理机制达到了商业级的安全和管理水准。

2. SNMP 的原理与特点

SNMP 最重要的指导思想就是尽可能简单,施加的网络管理不会对网络的正常运行造成影响。SNMP 的基本功能包括监视网络性能、检测分析网络差错和配置网络设备等。在网络正常工作时,SNMP 可以实现统计、配置和测试等功能,在网络出现故障时,可以实现差错检测和恢复功能。

SNMP 采用和图 17-1 完全相同的体系结构。其网络管理的基础设施包括 3 个部分,即 SNMP 本身、管理信息结构(Structure of Management Information,SMI)和管理信息库 MIB。其中,SNMP 用于定义网络管理实体和网络管理代理之间所交换的分组格式。所交换的分组包含各代理中的对象(变量)名及其状态(值),SNMP 负责读取和改变这些数值。SMI 是有关被管对象的命名、数据类型的定义以及编码的规则。而 MIB 是各被管设备中的命名对象及其状态值的集合。

它们之间的关系可以和我们所熟悉的程序设计来做很好的对比说明。我们知道,程序当中所使用的变量也好,语句也好,都必须遵守严格的语法规则,这些语法规则在网络管理中就是由 SMI 来定义的。另外在程序中,变量在使用前必须进行定义和说明,对其名字和数据类型做出规定,如 int counter32。程序中的这一部分内容就相当于网络管理中的 MIB。在程序的说明语句之后,则是一些涉及保存、读取和修改这些变量的值的语句,在网络管理中,SNMP 就是干这件事的。总之,SMI 是规则,MIB 是对被管对象的描述和说明,SNMP 是完成网络管理的行动。

需要特殊说明的有两点:①SNMP 的作用范围为域,只有域内的网络管理系统 NMS 和管理代理之间才能通过 SNMP 交互,从而控制网络管理信息的流动范围;②SNMP 是建立在 UDP 协议基础之上的应用层协议,因而具有很高的管理效率。

　　SNMP 协议的最大优势就是设计简单,既不需要复杂的实现过程,也不会占用太多的网络资源,非常便于使用。SNMP 协议的另外一个优势就是使用非常广泛,几乎所有的网络管理人员都喜欢使用简单的 SNMP 来完成操作。这就促使各大网络硬件厂商在设计和生产交换机、路由器等网络设备时都加入了对 SNMP 协议的支持(除非这个设备本身不支持网络管理)。良好的可扩展性是 SNMP 协议的另外一个可取之处。因为协议本身非常简单,所以对协议的任何升级或扩展也非常方便,能够满足今后网络的发展需求。

17.2.2　管理信息结构 SMI

　　前面我们已经介绍了网络管理系统的体系结构、组成部分和大致的工作机制,但是要确保网络管理活动的正常开展,尚需要有一种语法和语义清晰明确、无二义性的定义语言,用于精确的定义和描述被管对象和管理信息库 MIB 中存储的管理信息,以及对网络上传输的数据进行编码。完成上述功能并符合这样要求的语言就称为管理信息结构 SMI。这个名字听起来有点怪,和含义不太相符,主要取材于由 ISO 和 ITU-T 两个标准化组织共同研究制定的抽象语法记法 1(ASN.1)。

1. 被管对象的命名

　　SMI 只能对位于对象命名树(object name tree)上的被管对象进行管理,因此要求所有的被管对象都位于对象命名树上。该对象命名树是利用 ISO 已经提出的一种标准化对象命名框架,主要采用著名的抽象语法记法 1(ASN.1)来表示的。考虑到多个标准化组织的若干个标准化对象,该树非常庞大,可以标识任何网络中的每个标准化对象,而不管该对象是由哪个标准化组织、设备制造商、软件开发商或网络拥有者所定义的。图 17-2 所示的仅仅是一棵经过剪枝处理后的对象命名树。

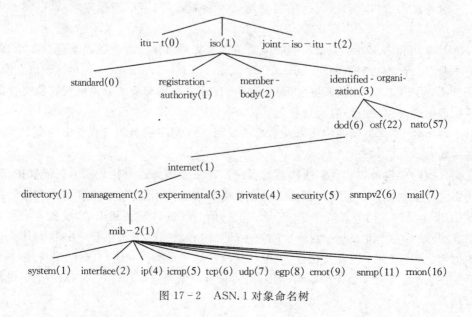

图 17-2　ASN.1 对象命名树

对象命名树的根没有名字,它的下面有 3 个顶级对象,分别是国际电信联盟电信标准化组织 ITU-T、国际标准化组织 ISO、以及这两个组织联合工作的一个分支机构,它们的标号分别是 0—2。除顶级对象直接用标号表示外,下面各级的每个对象可以用点分隔的名字的文本序列来表示,也可以用点分隔的标号序列来表示。但用点分隔的标号序列来表示更加简洁(SNMP 就是这样表示的)。所有的名称习惯上都用英文小写字母表示。在 ISO 下面为 ISO 标准(点分隔的标号序列为 1.0)和各个 ISO 成员国的标准化组织(member-body)所发布的标准(点分隔的标号序列为 1.2)。尽管没有能够在图中显示出来,但是在 ISO 成员国的标准化组织下应该可以发现 USA(1.2.840),在它的下面还可以发现大家所熟悉的 IEEE、ANSI 和某些企业的特定标准,如微软的企业标准(1.2.840.113556),在微软企业标准的下面还可以发现微软文档格式标准(1.2.840.113556.4),微软文档格式标准下面是微软文档类产品标准,如 Word(1.2.840.113556.4.2)。由此可见,这的确是一棵非常庞大的树,我们没有办法也没有必要全部将其展示出来。

现在我们只来关注标号为 1.3 的分支,即由 ISO 认可的组织发布的标准,下面包括美国国防部 DOD 标准(1.3.6)、开放软件基金会 OSF 标准(1.3.22)和北大西洋公约组织 NATO 认同的成员组织标准(1.3.57)等分支,其余的分支同样无法全部展示和说明。在美国国防部 DOD 标准的下面是有关 Internet 的标准(1.3.6.1),在 Internet 的标准下面有 7 个类别,其余的类别我们还是不去关心,只关心和当前网络管理有关的类别,即 management(1.3.6.1.2)。在网络管理类 management 下面可以发现管理信息库 MIB—2(1.3.6.1.2.1)。在 MIB—2 的下面所包含的就是能够被 SNMP 管理的若干个对象,如 IP(1.3.6.1.2.1.4)、UDP(1.3.6.1.2.1.7)、RMON(1.3.6.1.2.1.16)等。

2. 被管对象的数据类型

SMI 使用基本的抽象语法记法 1(ASN.1)来定义数据类型,但是又增加了一些新的定义。因此,SMI 既是 ASN.1 的子集,又是 ASN.1 的超集。采用 ASN.1 的记法来定义数据类型是很严格的,不会出现任何可能的二义性问题。如使用 ASN.1 时绝不能用"一个具有整数值的变量"来表达,而必须说明该变量的准确格式和整数取值的范围,可见其严格程度。

我们知道,任何一个数据都具有两个重要的属性,即类型(type)和值(value)。类型相当于面向对象中的"类",如果给定一种类型,那么这种类型的一个值就可以看成该类型的一个"实例"。

SMI 把数据类型分为两大类,即简单类型和结构化类型。简单类型是原子数据类型,有的取自 ASN.1,有的是 SMI 新增加的。结构化数据类型有两种,即 sequence 和 sequence of。

sequence 和高级程序设计语言中使用的结构或记录的概念类似,是简单数据类型的组合,但不必都是相同的类型。

sequence of 与高级程序设计语言中使用的数组的概念相似,是相同数据类型的组合,或者是所有相同类型的 sequence 数据类型的组合。

表 17—1 给出了一些重要的简单数据类型,其中前 5 个取自 ASN.1,后 7 个是由 SMI 定义的。

表 17-1　一些重要的简单数据类型

类　型	大小	说　明
INTEGER	4B	$-2^{31}\sim2^{31}-1$ 之间的整数
Integer32	4B	$-2^{31}\sim2^{31}-1$ 之间的整数
Unsigned32	4B	$0\sim2^{31}-1$ 之间的无符号数
OCTET STRING	可变	不超过 65 535B 的字节串
OBJECT IDENTIFIER	可变	对象标识符
IPAddress	4B	由 4 个字节组成的 IP 地址
Counter32	4B	可从 0 增加到 2^{32} 的整数,到达最大值后返回到 0
Counter64	8B	64 位计数器
Gauge32	4B	可从 0 增加到 2^{32} 的整数,到达最大值后一直保持
Time Tics	4B	记录时间的计数值。以 0.01 秒为单位
BITS		位串
Opaque	可变	不解释的串

　　下面以访问 MIB-2 中的 UDP 对象为例,来看一看 MIB-2 中对被管对象及其数据类型的定义,以及管理实体是如何通过代理访问被管对象的。

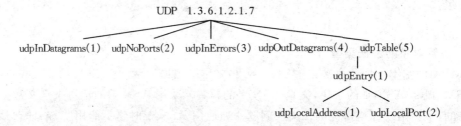

図 17-3　UDP 对象命名树分支

　　UDP 的对象命名树分支如图 17-3 所示。从图中可以看出,UDP 对象包括 4 个简单变量(接收报文 udpInDatagrams、端口数目 udpNoPorts、错误数量 udpInErrors 和发送报文 udpOutDatagrams)和 1 个结构变量(表 udpTable)。要访问其中的某个简单变量,只要在 UDP 对象的标号(1.3.6.1.2.1.7)后面直接加上对应变量的标号即可,如图 17-4(a)所示。但是,上面所访问的仅是变量而不是实例(内容)。要访问某个变量的实例,还必须增加 1 个实例后缀。简单变量的实例后缀为 0,如图 17-4(b)所示。

udpInDatagrams → 1.3.6.1.2.1.7.1	udpInDatagrams → 1.3.6.1.2.1.7.1.0
udpNoPorts → 1.3.6.1.2.1.7.2	udpNoPorts → 1.3.6.1.2.1.7.2.0
udpInErrors → 1.3.6.1.2.1.7.3	udpInErrors → 1.3.6.1.2.1.7.3.0
udpOutDatagrams → 1.3.6.1.2.1.7.4	udpOutDatagrams → 1.3.6.1.2.1.7.4.0
udpTable → 1.3.6.1.2.1.7.5	udpTable → 1.3.6.1.2.1.7.5.0
(a)	(b)

图 17-4　UDP 简单变量访问实例

接下来再看一看如何访问 UDP 的表。从图 17-3 所示的 UDP 对象命名树分支可知,表 udpTable 并不是对象命名树的叶子结点,所以不能直接访问,需要通过 UDP 的入口 udpEntry 找到两个叶子结点对应的项目:本地地址 udpLocalAddress 和本地端口 udpLocalPort。但是,仅仅找到项目还不够,还需要找到项目的具体实例,因为 UDP 表上的本地地址和本地端口可以有多个实例(值)。这样就需要给实例加上索引,索引一般基于项目中的一个或多个字段的值。此处,udpTable 的索引基于本地地址和本地端口号,那么 udpTable 中第一行的 IP 地址项和端口号项就需要加上本地地址(假定为 168.1.3.25)和本地端口号(23)作为索引,基于索引访问的方法如下:

udpLocalAddress.168.1.3.25.23 → 1.3.6.1.2.1.7.5.1.1.168.1.3.25.23

udpLocalPort.168.1.3.25.23 → 1.3.6.1.2.1.7.5.1.2.168.1.3.25.23

可见,在这样一棵大树中要找到某个对象需要走很长的路径,但是这样做的好处是不会重名。

3. 编码方法

SMI 使用 ASN.1 制定的基本编码规则(Basic Encoding Rule,BER)对管理数据进行编码。在 BER 编码规则中,将所有的数据元素都表示为由标记域 T、长度域 L、值域 V 组成的三元组,如图 17-5 所示。其中,标记域 T(Tag)表示数据的类型,值域 V(Value)表示数据的值,长度域 L(Length)表示 V 字段的长度。下面分别介绍一下各个域。

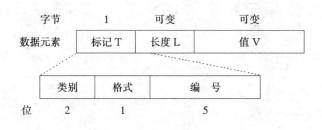

图 17-5 BER 编码格式

(1) 标记域 T:占 1 个字节。由于定义的数据类型比较多,标记域 T 又分为 3 个字段:

① 类别(class,2 位):定义数据的作用域。包括 4 种:通用类(00),由 ASN.1 定义的类型;应用类(01),由 SMI 定义的类型;上下文类(10),由上下文定义的类型,随协议而改变;专用类(11),为特定厂商保留的类型。

② 格式(format,1 位):指定数据类型的种类。包括 2 种:简单数据类型(0)和结构化数据类型(1)。

③ 编号(number,5 位):标志不同的数据类型。编号的范围一般为 0~30。当编号大于 30 时,标记域 T 就要扩展为多个字节。

几种常见数据类型的编码如表 17-2 所示。

表 17-2　几种常见数据类型的编码表

类型	类	格式	编号	标记(二进制)	标记(十六进制)
INTEGER	00	0	00010	00000010	02
OCTET STRING	00	0	00100	00000100	04
OBJECT IDENTIFIER	00	0	00110	00000110	06
NULL	00	0	00101	00000101	05
Sequence,Sequence of	00	1	10000	00110000	30
IPAddress	01	0	00000	01000000	40
Counter	01	0	00001	01000001	41
Gauge	01	0	00010	01000010	42
Time Tics	01	0	00011	01000011	43
Opaque	01	0	00100	01000100	44

(2) 长度域 L:占 1 个或多个字节。当 L 为 1 个字节时,其最高位必须置 0。此时,后面的7 位表示后续字节的字节数;当 L 为多个字节时,其最高位必须置 1。此时,所有的后续字节并置起来构成的二进制数表示值域 V 的长度。长度域 L 的表示方式如图 17-6 所示。

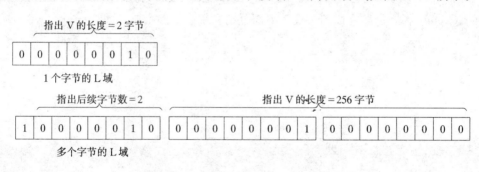

图 17-6　长度域 L 的表示方式

(3) 值域 V:占 1 个或多个字节,用于表示数据元素的值。

最后,我们给出两个 BER 编码的例子。

【例 17-1】 INTEGER 15

根据表 17-2 得知其标记为 02,再根据表 17-1,得知 INTEGER 类型要用 4 字节进行编码,由此得到 INTEGER 15 的 TLV 形式的 BER 编码为:02 04 00 00 00 0F。

【例 17-2】 IPAddress 192.3.1.2

根据表 17-2 得知其标记为 40,再根据表 17-1,得知 IPAddress 类型要用 4 字节进行编码,由此得到 IPAddress 192.3.1.2 的 TLV 形式的 BER 编码为:40 04 C0 03 01 02。

17.2.3　管理信息库 MIB

前面提到的管理信息库 MIB 就是和被管对象有关的可以被网络管理实体查询和设置的各种管理信息的集合。尽管每个被管设备都必须安装 MIB,但并不需要装入 MIB 中所有的对象。完全可以根据设备的特定用途和特点有选择的安装。为此,需要将对象分类,以便实现分类安装。MIB 有两个版本,MIB-1 是早期的标准,给出了管理 Internet 所需要的最小限度的对象。MIB-2 则在 MIB-1 的基础上,增加了地址变换类对象、传输类对象和组操作类对象等,使管理对象类从原来的 8 个增加到 13 个以上。

下面仅将常用的 12 个对象类通过表 17-3 简单介绍如下:

表 17-3　SNMP 所定义的对象类

对象类	对象数目	说　　明
System	7	设备名,生产厂商,包含的硬件和软件,设备地点,设备的作用,上次启动时间等
Interfaces	23	网络适配器的信息,包括接收的、发送的、丢弃的、广播的包和字节数
AT	3	Address Translation,地址映射信息。如以太网到 IP 地址的映射等
IP	42	有关 IP 包的信息,如接收的、发送的、丢弃的 IP 包数
ICMP	26	收到的 ICMP 报文统计信息
TCP	19	有关 TCP 的信息,如当前的、累计连接数,TCP 段的统计信息以及各种差错统计信息
UDP	7	UDP 流量统计信息
RIP	20	RIP 统计信息
OSPF	108	OSPF 统计信息
EGP	20	EGP 路由信息
BGP	37	BGP 流量统计信息
SNMP	30	SNMP 自己的统计信息

17.2.4　远程监控 RMON

鉴于 SNMP 所存在的一些弱点,Internet 工程特别小组(IETF)于 1991 年 11 月公布了建立远程监控管理信息库(RMON MIB)的标准,以解决 SNMP 在日益扩大的分布式网络中所面临的局限性。开发 RMON 的目的是为了提供信息流量的统计结果和对很多网络参数进行分析,以便于综合做出网络故障诊断、规划和性能改善,使 SNMP 更有效、更积极主动地监控远程设备。

RMON MIB 是由一组统计数据、分析数据和诊断数据构成的。RMON 的工作原理是在客户机上放置一个探测器,这个探测器和 RMON 客户机软件结合在一起,有效的收集和存储 SNMP 无法得到的、丰富的网络统计信息。利用许多供应商生产的标准工具都可以显示出这些数据,因而它具有独立于供应商的远程网络分析功能。RMON 的监控功能是否有效,关键在于其探测器是否具有存储统计历史数据的能力,这样就不需要不停地轮询才能生成一个有关网络运行状况趋势的视图。"RMON MIB 功能组"功能框可以通过 RMON MIB 收集的网络管理信息类型进行描述。

RMON 对监测和管理交换式局域网特别有用。它提供了一种用于业务流量分析、故障检测、趋势报告及网络管理的强有力的分布式管理结构。完全的 RMON 由 9 组目标对象组成,一般的交换机至少支持4组(1,2,3,9组)RMON,如表17-4所示。其余5组RMON为主机统计组(Hosts)、前N个主机组(Host Top N)、通信矩阵组(Matrix)、过滤存储组(Filter)和包捕获组(Packet Capture)。

表 17-4　RMON 基本功能说明

组号	RMON 组	功能说明
1	统计组 (Statistics)	维护代理监视的每一子网的基本统计信息,需要定时获取端口芯片寄存器的统计计数值
2	历史组 (History)	周期性地对以太网一个或多个端口的统计样本进行采样,得到各时间段内的网络信息,并将这些历史统计保存起来
3	警报组 (Alarm)	利用警报组和事件组,可以实现对网络的预警管理。网络管理者可以根据网络的应用需要对网络中比较敏感的参数设置门限,例如利用率、出错率等。当门限被越过时,代理就会将情况记录下来,或向注册的管理站发送一个 SNMP 陷阱(trap)消息,通知管理站,网络某项参数出现异常,需要进一步的处理
9	事件组 (Event)	决定当监测变量超限时,是采用记录日志还是产生 SNMP 陷阱消息。该组与警报组一起实现,没有专门的事件组任务

在工作方式上,RMON 分为嵌入式和分布式两种:

(1) 嵌入式 RMON:当 RMON 嵌入到网络设备(如交换机)中时,它的作用效率更高,经济上更划算,可以一次监控所有连通的局域网网段。

(2) 分布式 RMON:交换机的扩展容量将嵌入式 RMON 的发展带入到一个新的层次,即分布式 RMON。分布式 RMON 监控数据包活动,将来自多个远程局域网网段的状态和运行状态统计数据综合在一起,使网络管理员查看拓扑结构变化如何全面地影响网络。

作为 RMON 的补充技术,RMON II 标准能将网络管理员对网络的诊断和监控层次提高到网络协议栈的应用层。因而,除了能监控网络通信与容量外,RMON II 还提供有关各应用所使用的网络带宽量的信息,这是在客户机/服务器环境中进行故障排除的重要因素。

RMON 在网络中查找物理故障。RMON II 进行的则是更高层次的观察,它监控实际的网络使用模式。RMON 探测器观察的是由一个路由器到另一个路由器的数据包。RMON II 则深入到内部,它观察的是哪一个服务器发送的数据包,哪一个用户预定要接受这一数据包,以及这一数据包表示何种应用。网络管理员能够使用这种信息,按照应用带宽和响应时间要求来区分用户,就像使用网络地址生成工作组一样。

17.2.5　SNMP 的报文

如前所述,SNMP 是一个基于 UDP 协议的应用层协议,网络管理实体通过它可以控制网络管理代理读取或改变被管设备 MIB 中属于某个对象的某个变量的值;被管设备中的管理代理也可以主动的将被管设备发生的异常事件报告给网络管理实体。为了实现这样的管理,SNMPv3 定义了 8 种协议数据单元 PDU,如表 17-5 所示。

表 17 - 5　SNMP 定义的协议数据单元 PDU

编号	名称	T 域值	说　　　明
0	GetRequest	A0	管理实体请求获得被管设备 MIB 中一个或多个变量的值
1	GetNextRequest	A1	管理实体请求获得被管设备 MIB 中当前变量的下一个变量的值(可以不给出名字;依此可以按顺序读出所有变量的值)
2	Response	A2	管理代理或管理实体向其他管理实体发出的对 5 种 Request 的响应
3	SetRequest	A3	管理实体对被管设备 MIB 中的一个或多个变量的值进行设置
5	GetBulkRequest	A5	管理实体请求从被管设备的 MIB 中获得大量数据(结构化)
6	InformRequest	A6	管理实体请求获得另一管理实体管理的被管设备 MIB 中的数据
7	Trap	A7	管理代理向管理实体报告所发生的异常事件
8	Report	A8	管理实体之间相互报告差错

图 17 - 7 给出了这 8 种 PDU 的传输描述,同时也表明了位于被管设备中的管理代理需要使用熟知端口 161 来接收装载 Get 类 PDU 或 SetRequest PDU 的报文,而位于网络管理工作站中的网络管理实体需要使用熟知端口 162 来接收 trap 报文。

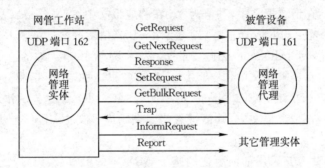

图 17 - 7　SNMP 操作的描述

SNMP 的报文格式如图 17 - 8 所示。从图 17 - 8 中可以看出,一个 SNMP 报文由 4 个部分组成:版本、SNMP 首部、安全参数和 SNMP 报文的数据部分。

(1) 版本:如果使用 SNMPv3,那么版本字段的值就是 3。

(2) SNMP 首部:包括报文标识、最大报文长度和报文标志三部分。其中,报文标志占 8 位,用于定义安全类型或其他信息。

(3) 安全参数:用于实现鉴别。

(4) SNMP 报文的数据部分:也包括三部分。其中,上下文 ID 和上下文名两个字段用于实现对 SNMP 报文的数据部分进行加密。第三个部分 SNMP PDU 就是有关网络管理的协议数据单元了。

下面,我们以表 17 - 5 中前 4 种 SNMP PDU 为例来进一步阐述 SNMP PDU 的构成情况。SNMP PDU 由 PDU 类型、PDU 首部和若干个变量绑定组成,各部分的具体构成和取值情况如下:

(1) PDU 类型:在 SNMP PDU 的第一个部分即为 PDU 类型,关于 PDU 的分类情况、对

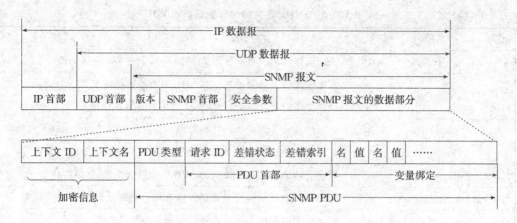

图 17-8 SNMP 的报文格式

应的类型编号和 T 域编码参见表 17-5,不再介绍。

(2) 请求 ID:是由管理实体在发送给某一个管理代理的请求报文(以后简称请求报文)中设置的一个 4 字节的整数值。管理代理在发送对请求报文的响应报文(以后简称响应报文)时,也要附加该请求 ID,用于说明该响应报文对应于哪一个请求报文。

(3) 差错状态:在请求报文中,其值为 0。在响应报文中,就需要给出差错状态的值。其取值范围为 0~18,0 表示 noError(正常),1 表示 tooBig(请求的数据量太大,代理无法将其装入到 PDU 中),2 表示 noSuchName(无此变量),3 表示 badValue(无效的值),等等。

(4) 差错索引:在请求报文中,其值为 0。在响应报文中,用于指明有差错的变量在 MIB 的变量表中的偏移(当出现 noSuchName、badValue 或 readOnly 这样的错误时)。

(5) 变量绑定:在请求报文中,其值被忽略。在响应报文中,用于指明一个或多个变量的名字和对应的值。

实际上,由于 SNMP 采用如前所述的基于 ASN.1 的 BER 编码,因此在阅读和理解上会比较困难,此处,仍然采用大家所熟悉的方式和值进行表示。

17.2.6 SNMP 的工作机制

在 SNMP 的网络管理过程中,要实现使网络管理信息库 MIB 中的数据与实际网络设备的状态、参数保持一致,就需要网络管理实体周期性地发送 GetRequest 和 GetNextRequest 协议数据单元主动轮询每个网络设备的工作状态和参数,网络管理实体轮流查询后,返回的结果正常,则不做处理;如果返回的结果表明网络设备已经出现故障,或者根本就没有任何结果返回,则说明网络设备存在难以克服的故障,需要网络管理实体采取措施才能够恢复。此外,如果网络设备在运行过程中自己检测到故障,就进入自陷状态,并立即主动向网络管理实体发送有关差错报告信息。网络管理实体对各种响应报文和差错报告均不再进行应答,而是直接采用 SetRequest 协议数据单元对故障进行修复或重置。

如果一个网络管理员希望得到某一个网络设备的某些信息,那么这个网络管理实体就可以在网络管理工作站发出一个请求报文给该网络设备。当这个网络设备中的管理代理收到这个请求报文后,就要按要求读取 MIB 中被管对象的值,并发回响应报文。

SNMP 协议本身的作用就是实现网络管理实体和网络管理代理之间的信息交换,一个

SNMP 实体可以按照网络管理实体的身份工作，也可以按照网络管理代理的身份工作。如果一个 SNMP 实体发起了一个管理操作，那么它就是管理者，反之则为代理。SNMP 中可以通过三种方式来访问管理信息库（MIB）：第一种方式是网络管理实体向网络管理代理发出请求，网络管理代理对网络管理实体做出应答；第二种方式是网络管理实体向另一个网络管理实体发出请求，后者对前者做出应答；第三种方式是网络管理代理主动传递信息到网络管理实体，网络管理实体不做应答。

17.3　网络管理平台与工具

17.3.1　网络管理平台与工具简介

网络管理产品按照管理的规模，可以分为网元级网管产品和平台级网管产品。网元级网管产品也常被称为网元管理系统（Network Element Management System，NEMS）或网络设备管理系统，一般由网络设备厂商提供，主要用于管理自己生产的网络设备。基本上都是 Agent形式，配有 MIB 库，可以实现对设备的配置管理、故障管理和性能管理。但通常需要和网络平台级产品配合使用，才能实现对异构的大规模网络进行管理。典型的网元级网管产品有：Cisco Works、3Com Transcend、Bay Optivity 等，它们都可以和著名的平台级网管产品 HP OpenView 相集成。

平台级网管产品由于基于标准的 SNMP 协议，因此又被称为标准的网络管理系统 NMS。一般由实力雄厚的专业网络软件厂商开发，作为网络管理的实体需要和 Agent 配合使用，可以实现对不同厂商提供的不同类别的网络设备进行管理。适用于各种规模和不同范围的网络，并具有丰富的网络管理功能。典型产品有：HP 公司的 OpenView、IBM 公司的 NetView、Sun 公司的 NetManager 等。

其中，Hp OpenView 是第一个综合的、开放的、基于标准的网络管理平台，可提供标准化的、多功能的网络系统管理解决方案。OpenView 最大的特点是得到第三方应用开发厂商的广泛接受和支持，并且可以在多个厂商的硬件平台（如 HP 9000、SUN SPARC、IBM RS6000 等）和操作系统（UNIX、Windows 等）上运行。

现以 Hp OpenView 为代表，简单介绍一下网络管理系统的主要功能：

① Maps：用图形的方式表示网络中的设备及其网络拓扑结构。

② Autodiscovery：可以根据用户提供的地址范围和设备类型等信息自动搜索网络中运行的设备及类型并形成拓扑图。

③ Alarms：自动跟踪网络设备的状态变化，并以一定的方式告警。

④ SNMP Manager：采用 SNMP 协议管理网络。可以查询被管设备的运行状态及配置等信息，同时也能够进行相应的设置。

为了实现网络管理的方便性和灵活性，很多公司的网络管理平台既能提供标准的网络管理功能，也能提供一个管理开发界面，以供有关厂商和用户在此基础上开发自己的管理系统，从而具有可以管理这些厂商或用户产品特有的功能。

除了网络管理平台外，在网络操作系统中还提供了丰富的网络管理命令（工具），如 Windows 环境下的 ping、nbtstat、netstat、tracert、net、ARP、route、nslookup、ipconfig、telnet 等。

有些命令的功能非常强大,在缺少必要的网络管理平台的情况下,可以直接利用这些命令对网络进行管理。当然,在这种情况下更需要我们有足够的网络知识和经验。

此外,还有各种类型的网络管理工具,他们有的已经结合到网络操作系统中,而有的是以单独的软件形式出现的,其中包括:流量监视工具、状态监视工具、路由监视工具、故障检查和分析工具等。在众多影响网络性能的因素中,网络流量是最为重要的因素之一。通过对网络流量的监测和分析,可以为网络的运行和维护提供重要的信息,并对网络性能分析、异常监测、链路状态监测、容量规划和网络优化等发挥重要作用。

目前使用最广泛的网络管理工具有:Etherreal、Sniffer 和 CommView。其中,著名的 Etherreal 是一款开放源代码的许可软件,允许用户向其中填加改进的方案,可以运行在 Unix、Linux、Windows 各种环境,具有协议分析器的所有标准特征以及其他同类产品所不具备的特征,是当前最流行的网络调试和数据包嗅探软件。

Sniffer 是由 NAI 公司开发的一款功能非常强大的协议分析软件。除提供数据包的捕获、解码及诊断外,还提供了包发生器等一系列工具。CommView 被称为网络监视分析器。它可以截取线路上的每一个数据包,实现过滤、检查、保存、导入、导出,可以通过协议解码查看最底层的数据,能够统计和显示出各种有关网络连接和协议方面的重要信息。

17.3.2　存在的问题和发展的方向

网络管理是网络技术发展和应用的关键。当前,尽管许多网管平台和网管工具软件已经被开发了出来,但仍存在较多的问题,这些问题包括:

① SNMP 管理模式本身存在安全性问题。这是由 SNMP 的认证方式太简单造成的。

② 网络技术的发展使得 MIB-Ⅱ 中所定义的管理对象无法满足当前网络管理的要求。

③ 现存网络管理工具虽然能够在被管理设备发生故障后由 SNMP 的 trap 功能获得信息,但由于 SNMP 协议是基于无连接的,因此有可能丢失信息或需要较长时间才能锁定故障设备。

④ 不同厂商的管理工具之间缺乏兼容性,这里主要指图形界面方面。

⑤ 缺乏对中小型企业网络管理的管理工具和支持网管人员进行二次开发的工具等。

针对以上问题,在网络管理的技术方面,除提出了作为 MIB 一部分的 RMON(Remote Network Monitoring:RFC1757),以及 SNMPv2 和 SNMPv3(RFC2273)外,网络管理技术还在向以下几个方面发展。

(1) 基于策略的网络管理技术。所谓策略就是在具有相同属性的被管对象上实施全局管理的操作。例如,设置一个地址块内所有设备的出口路由或 DNS。基于策略管理的核心是策略管理信息库模块 MIB,使用基于策略的网络管理技术可以大大提高管理效率,忽略不同厂商设备之间的差异。

(2) 网络管理平台广泛支持第三方软件产品。由于存在着大量不同类型的网络设备,单个供应商几乎不可能在所有的方面都做得很出色,它经常要依赖第三方产品来提供某些功能。例如,Cabletron 公司的 Spectrum 就支持第三方应用程序与它们进行系统集成,之后整个系统以无缝方式呈现在用户面前。

(3) 网管系统智能化。现在的网络正变得越来越复杂,相应的,网络管理系统要更加智能化才能管理好整个网络。用户宁可只要一条提示问题本质的消息,也不要几十条显示问题症状的消息。当然,为做到这一点,网络管理系统不仅要有关于网络的高层次知识,还要有一些推理能力。因此越来越多的公司正朝这个方向努力。

(4) 网管系统全面支持 Web 浏览器。这意味着任何拥有 Web 浏览器(还要有适当的权限)的网络用户都可以察看网管系统提供的信息,同时也可以修改一些简单的配置。很明显,支持 Web 浏览器的网管系统解决了长期困扰网络管理的一个问题:分布式网络管理。

当然,这种方式并不能完全取代目前的集中管理模式。出于安全方面的考虑,网管系统不可能允许 Web 浏览器用户访问所有的管理工具,而在解决网络问题时这是必须的,因此仍然需要管理者坐在控制台前面,直接修改网络的配置。

各种类型的网络管理工具,它们有的已经结合到网络操作系统中,有的则是以单独的软件形式出现,包括:流量监视工具、状态监视工具、路由监视工具、故障检查和分析工具等。

本章小结

◆ 网络管理包括配置管理、性能管理、故障管理、安全管理和计费管理。

◆ 网络管理系统包括网络管理实体、被管设备和管理协议三个部分。其中,被管设备中包含管理代理、被管对象和管理信息库。

◆ SNMP 是一个基于 UDP 协议的应用层协议,其作用范围为域。

◆ SNMP 网络管理的基础设施由 SNMP 本身、管理信息结构 SMI 和管理信息库 MIB 三部分构成。

◆ 通过网络管理可以合理、有效的调度和协调资源,能够使网络更加可靠、安全、高效的运行,以合理的成本和最优的性能满足用户的需求。

习　题

17-1 网络管理的主要含义是什么? 网络管理的一般过程是怎样的?

17-2 何谓网络管理功能域? 简述一个完整的网络管理系统应具备哪些功能。

17-3 试给出网络管理系统的体系结构模型,并简单说明其各个部分的作用。

17-4 试说明 SNMP 的原理与特点。

17-5 为什么 SNMP 使用 UDP 而不使用 TCP 作为底层协议? 这样的网络管理可靠吗?

17-6 什么是管理信息结构 SMI? 什么是管理信息库 MIB?

17-7 说明 SMI 是如何保证对象命名的唯一性的。

17-8 假定 IP Address=192.168.1.3,试给出其 BER 编码。

17-9 SNMPv3 有几种协议数据单元 PDU 和几种报文? 并分别说明对应的发送者和接收者。

17-10 为什么在网络管理代理发往网络管理实体的应答报文中也要使用请求标识符?

17-11 总结说明 SNMP 的工作机制。

17-12 当前典型的网络管理平台和著名的网络管理工具有哪些?

第 18 章　网络安全

网络安全是指网络系统的硬件、软件及其系统中的数据受到保护,不因偶然的或者恶意的原因而遭受到破坏、更改、泄露,系统连续可靠正常地运行,网络服务不中断。从其本质上来讲,网络安全就是网络上的信息安全。从广义来说,凡是涉及到网络上信息的保密性、完整性、可用性、真实性和可控性的相关技术和理论都是网络安全的研究领域。

网络安全是一门涉及计算机科学、网络技术、通信技术、密码技术、信息安全技术、应用数学、数论、信息论等多种学科的综合性学科。但是由于篇幅所限,本章只是从密码学、网络安全协议和网络安全的技术应用三个方面做简单摘要的介绍,这些都是目前网络安全领域使用的主要技术手段。首先介绍密码学技术中的加密和数字签名技术以及公钥的管理,这些技术是实现信息安全的理论基础。在网络安全协议中按层介绍三个典型的安全协议:IPSec、SSL、PGP,并强调其实现过程。最后介绍网络安全技术的两种典型应用:防火墙技术和入侵检测技术。

18.1　网络安全概述

18.1.1　网络安全性要求及威胁分析

随着计算机及通信技术的不断发展,计算机网络的应用渗透生活的方方面面,在信息化社会中扮演着越来越重要的角色,因特网就是全球最大的互联网络。但由于计算机网络的开放性、共享性和互联程度的扩展,致使网络易受黑客、恶意软件的攻击,所以网络安全是一个至关重要的问题。因此,网络必须有足够强的安全措施,否则网络将给社会、个人带来严重的威胁、甚至危及国家安全。

但是,无论是在局域网还是在广域网中,都存在着自然和人为等诸多因素的潜在威胁。所以网络的安全措施应是能全方位地针对各种不同的威胁,这样才能确保网络信息的保密性、完整性和可用性。

计算机网络所面临的威胁大体可分为两种:一是对网络中信息的威胁;二是对网络中设备的威胁。影响网络安全的因素很多,有些因素可能是有意的,也可能是无意的;可能是人为的,也可能是非人为的;可能是外来黑客对网络系统资源的非法使用,归结起来,针对网络安全的威胁主要有三点:

(1)人为的无意失误。如操作员安全配置不当造成的安全漏洞,用户安全意识不强,用户口令选择不慎,用户将自己的帐号随意转借他人或与别人共享等都会对网络安全带来威胁。

(2)人为的恶意攻击。这是计算机网络所面临的最大威胁。此类攻击又可以分为以下两种:一种是主动攻击,是对数据甚至网络本身恶意的中断、篡改和破坏;另一类是被动攻击,是指进行非法的数据截获、窃取、破译以获得重要机密信息。

（3）网络软件的漏洞。网络软件不可能是百分之百的无缺陷和无漏洞的，而这些漏洞和缺陷恰恰是黑客进行攻击的首选。

常见的恶意攻击类型有包嗅探、IP欺骗、口令攻击、拒绝服务攻击（Deny of Service，DoS）和分布式拒绝服务攻击（Distributed Deny of Service，DDoS）、中间人攻击（Man-in-the-middle attacks）、应用层攻击、端口重定向、病毒、特洛伊木马等。

（1）包嗅探：包嗅探指监视、拦截、解读网络中的数据包。如果数据在网络上以明文形式传递，就会给攻击者可乘之机，攻击者只要获取数据通信路径，就可轻易侦听到明文数据流。包嗅探虽然不破坏数据，却可能造成通信信息外泄，甚至危及敏感数据安全。

（2）IP 地址欺骗：IP 地址欺骗又称身份欺骗。大多数网络操作系统使用 IP 地址来标识网络主机。然而在一些情况下，貌似合法的 IP 地址很有可能是经过伪装的，这就是所谓 IP 地址欺骗，也就是身份欺骗。另外网络攻击者还可以使用一些特殊的程序，对某个从合法地址传来的数据包做些手脚，借此合法地址来非法侵入某个目标网络。

（3）口令攻击：口令攻击是指攻击者通过不法手段获取用户的合法帐号，在有了合法帐号进入目标网络后，攻击者就可以随心所欲地盗取合法用户信息以及网络信息；修改服务器和网络配置，包括访问控制方式和路由表；篡改、重定向、删除数据等等。

（4）拒绝服务攻击：拒绝服务攻击（Denial of Service，DoS）的目的不在于窃取信息，而是要使某个设备或网络无法正常运作。在非法侵入目标网络后，这类攻击者惯用的攻击手法有：

① 向某个应用系统或网络服务系统发送非法指令，致使系统出现异常行为或异常终止；

② 向某台主机或整个网络发送大量数据流，导致网络因不堪过载而瘫痪；

③ 拦截数据流，使授权用户无法取得网络资源。

18.1.2 网络安全策略

（1）物理安全策略：物理安全策略的目的是保护计算机系统、网络服务器、打印机等硬件实体和通信链路免受自然灾害、人为破坏和搭线攻击；验证用户的身份和使用权限、防止用户越权操作；确保计算机系统有一个良好的电磁兼容工作环境；建立完备的安全管理制度，防止非法进入放置重要设备的机房和各种偷窃、破坏活动的发生。

（2）访问控制策略：访问控制是网络安全防范和保护的主要策略，它的主要任务是保证网络资源不被非法使用和非法访问。它也是维护网络系统安全、保护网络资源的重要手段。各种安全策略必须相互配合才能真正起到保护作用，但访问控制可以说是保证网络安全最重要的核心策略之一。防火墙的安全策略就属于访问控制策略。

（3）信息加密策略：信息加密的目的是保护网内的数据、文件、口令和控制信息，保护网上传输的数据，保证信息的机密性。加密过程由加密算法来具体实施，按照收发双方密钥是否相同来分类，可以将加密算法分为对称加密算法和非对称加密算法。

（4）网络安全管理策略：在网络安全中，除了采用上述技术措施之外，加强网络的安全管理，制定有关规章制度，对于确保网络的安全、可靠地运行，将起到十分有效的作用。

网络的安全管理策略包括：确定安全管理等级和安全管理范围；制订有关网络操作使用规程和人员出入机房管理制度；制定网络系统的维护制度和应急措施等。

18.1.3　网络安全层次结构

在前面内容的学习中我们知道,为了便于管理,网络采用了分层的体系结构,每一层完成不同的功能,下层为上层提供服务,相互协作共同构建互联网络。网络的分层体系结构决定了在网络安全范畴内,一个单独的层次无法提供全部的网络安全服务,每个层次都要做出自己的贡献。

在物理层,可以在通信线路上采用某些技术使得搭线偷听变得不可能或容易被检测出。

在数据链路层,可以进行点对点的链路加密,当信息离开一台机器进入链路时进行加密,而离开链路进入另外一台机器时进行解密。主要用于保护通信节点间传输的数据。

在网络层,使用防火墙技术处理信息在内外网络边界的流动,拒绝或允许数据包的访问。

在传输层,可以进行端到端的加密,也就是进程到进程之间的加密。

在应用层,网络的安全主要是指针对用户身份进行认证,并建立安全的通信信道。

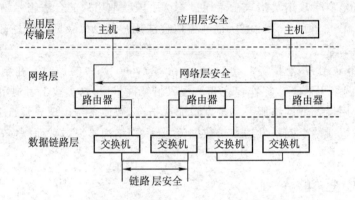

图 18-1　网络安全层次结构

18.2　加密与数字签名

18.2.1　数据加密

数据加密是实现网络安全的关键技术之一,所谓加密,是一种限制对网络上传输数据的访问权的技术。将未被加密的原始数据称为明文,明文经加密算法加密而产生的数据称为密文。将密文还原为明文的过程称为解密。

加密技术可以应用在从数据链路层到应用层的不同层次中。按照加密和解密密钥是否相同来区分,可以将加密算法分为对称加密算法和非对称加密算法。

(1) 对称加密算法:对称加密算法(Symmetric Encryption Algorithm)又称对称密钥密码算法。对称加密算法是指加密运算与解密运算使用同样的密钥。信息的发送者和接收者在进行信息的传输与处理时,必须共同持有该密钥,称为对称密钥或共享密钥。

对称密钥密码算法使用的加密算法比较简单高效,所以适合于对大量数据进行加密;但是对称密钥的管理是个大问题,要保证能够在公共的计算机网络上安全地传送和保管密钥。对称加密算法的密钥管理过程比较复杂,本书将不展开介绍,感兴趣的读者可以参考相关的书籍。

对称加密算法中的典型算法有 DES,3DES 和 IDEA 等。

数据加密标准(Data Encryption Standard,DES)算法是一个分组加密算法,它以 64 位(8 字节)为分组对数据加密,其中有 8 位奇偶校验,有效密钥长度为 56 位。64 位一组的明文从算法的一端输入,64 位的密文从另一端输出。DES 综合运用了置换、代替、代数多种密码技术。DES 的安全性依赖于所用的密钥。3DES 是 DES 的加强版,该算法对信息逐次做三次加密。

国际数据加密算法 IDEA(International Data Encryption Algorithm)是一个分组大小为 64 位,密钥为 128 位,迭代轮数为八轮的迭代型密码体制。

(2) 非对称加密算法:非对称加密算法(Asymmetric Encryption Algorithm)又称公钥密码算法。它使用了一对密钥:一个用于信息的加密,另一个则用于解密信息。加密和解密的密钥不相同,加密的密钥是公开的,任何人都可以得到,称为"公钥",解密的密钥是私有的,只有自己知道,称为"私钥"。

若以公钥作为加密密钥,以私钥作为解密密钥,则可实现多个用户加密的信息只能由一个用户解读;反之,以用户私钥作为加密密钥而以公钥作为解密密钥,则可实现由一个用户加密的信息而多个用户解读。前者可用于数据加密,后者可用于数字签名。数字签名的内容将在 18.2.2"数字签名"一节中介绍。

在通过网络传输信息时,公钥密码算法体现出了单对称加密算法不可替代的优越性。例如对于参加电子交易的商户来说,希望通过互联网与成千上万的客户进行交易,并且希望每一笔交易都是安全的。如果使用对称加密算法,商户需要为每个客户分配一个独一无二的密钥,并且密钥的传输必须通过一个单独的安全通道。对于拥有成千上万客户的商家来说,需要准备成千上万的密钥。相反,在公钥密码算法中,每个商户只需自己产生一对密钥:私钥和公钥,私钥由商家自己保留,公钥对外公开。客户只需用商户的公钥加密信息,就可以保证将信息安全地传送给商户。

但是,非对称加密算法采用了复杂的算术运算,所以相对于对称加密算法来说运算速度慢,一般地,非对称加密算法比对称加密算法慢 100～1 000 倍,所以非对称加密算法适合于小数据量的加密,例如数字签名、密钥交换等。

非对称加密算法中的典型算法有 RSA。RSA 的命名取自三个创始人:Rivest、Shamir 和 Adelman。RSA 算法的安全性基于数论中大素数分解的困难性,所以,RSA 需采用足够大的整数。因子分解越困难,密码就越难以破译,加密强度就越高。

18.2.2　数字签名

对签名大家并不陌生,在我们的工作和生活中经常遇到签名的场景,例如文件、合同、银行取款等都需要当事人的签名。那么如果用网络进行信息沟通,该如何实现签名的过程,以保证文件、合同等的安全性呢? 数字签名(Digital Signature)是基于加密算法的电子签名,用一套规则和一系列参数来运算,以认证签名者的身份和验证数据的完整性。数字签名的实现方法是用户用自己的私钥对要发送的原始数据或原始数据的报文摘要进行加密,所得到的加密结果便是数字签名。数字签名是电子信息时代保证电子文档安全性的一种可靠手段。

数字签名不同于手写签名:数字签名随文本的变化而变化,手写签名反映的是个人特性,是不变化的；数字签名与文本信息是不可分割的，而手写签名是附加在文本之后的，与文本信息是分离的。

数字签名可用于解决下面情况的安全问题：

① 身份认证（Authentication）：接受方能够确认报文确实来自于发送方；

② 不可抵赖性：发送方不能否认所发送的报文；

③ 完整性（Integrity）：发送的报文没有被篡改过。

数字签名一般采用非对称加密算法实现，图 18-2 说明了基于非对称加密算法的数字签名的实现过程。在图中，主机 A 要发送明文 P 给主机 B，为安全起见，A 将明文 P 进行加密变为密文，接收端 B 对密文进行解密还原成明文 P。具体过程如下：

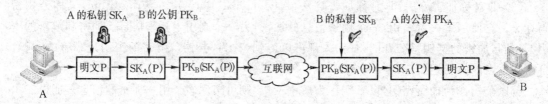

图 18-2　具有加密功能的数字签名的工作过程

（1）A 用自己的私钥 SK_A 对报文 P（明文）进行加密，生成的密文为 A 的数字签名，记做 $SK_A(P)$；

（2）利用 B 的公钥 PK_B 进行加密，结果记做 $PK_B(SK_A(P))$；

（3）B 收到加密的报文后，首先用 B 的私钥 SK_B 对报文解密，得到 $SK_A(P)$；

（4）B 用 A 的公钥 PK_A 解密出原始的报文 P。

A 的一对密钥用于产生数字签名和将数字签名还原成明文，B 的一对密钥用于对数字签名进行加密和解密。

图中除 A 外没有别人持有 A 的私钥 SK_A，所以除 A 外没有人能产生密文 $SK_A(P)$（身份认证）；如果报文被篡改过，则 B 不可能还原出明文（完整性）。

A 的数字签名 $SK_A(P)$ 如果不经过加密，任何人都能还原出明文，因为解密的公钥 PK_A 是公开的，所以在发送前需要用 B 的公钥再次加密。但是在某些场合下不需要对发送者的数字签名进行加密，例如在电子商务中，只要进行数字签名就可以了。

在前面曾介绍过，非对称的加密算法运算过程比较复杂，运算时间长，适合于小数据量的加密，那么在某些不需要保密而只要认证的场合，可以考虑只对报文摘要（Message Digest）进行数字签名。

对一段明文运用 Hash 算法，可以得到明文的报文摘要，对报文摘要加密后得到数字签名。和加密明文得到数字签名的方法相比，此种方法在速度上快得多，所以报文摘要可以用来加速数字签名算法。

报文摘要又称指纹，是一种防止信息被改动的方法，它通过 Hash 函数生成。对这类 Hash 函数的特殊要求是：

① 接受的输入报文数据没有长度限制；

② 对输入任何长度的报文数据能够生成该报文固定长度的摘要输出；

③ 从报文能方便地算出摘要；

④ 极难从指定的摘要生成一个报文,再由该报文又反推出该指定的摘要;

⑤ 两个不同的报文极难生成相同的摘要。

常用的两种报文摘要函数是 MD5 和 SHA-1。消息摘要 MD5(Message Digest 5)是一种符合工业标准的单向 128 位的 Hash 算法,它可以从一段任意长的报文中产生一个 128 位的 Hash 值。SHA-1(Secure Hash Algorithm)是一种产生 160 位 Hash 值的单向 Hash 算法。它类似于 MD5,但安全性比 MD5 更高。

图 18-3 说明了加入了报文摘要的数字签名过程。

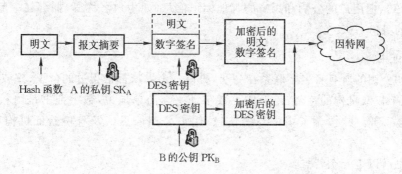

图 18-3 加入了报文摘要的数字签名的发送过程

(1) A 准备好要传送的报文(明文)。

(2) A 对数字信息进行哈希(Hash)运算,得到一个报文摘要。

(3) A 用自己的私钥(SK$_A$)对报文摘要进行加密得到 A 的数字签名,并将其附在要传送的报文(明文)上。

(4) A 随机产生一个加密密钥(DES 密钥),并用此密钥对要发送的信息进行加密,形成密文。

(5) A 用 B 的公钥(PK$_B$)对刚才随机产生的 DES 密钥进行加密,将加密后的 DES 密钥连同密文通过因特网一起传送给 B。

当 B 接收到 A 发来的密文和数字签名后,也按照 5 个步骤还原出 A 发来的明文:

(1) B 收到 A 传送过来的密文和加过密的 DES 密钥,先用自己的私钥(SK$_B$)进行解密,得到密文和 DES 密钥。

(2) B 然后用 DES 密钥对收到的密文进行解密,得到明文的数字签名,然后将 DES 密钥抛弃(即 DES 密钥作废)。

(3) B 用 A 的公钥(PK$_A$)对 A 的数字签名进行解密,得到明文和报文摘要。

(4) B 用相同的 hash 算法对收到的明文再进行一次 hash 运算,得到一个新的信息摘要。

(5) B 将收到的报文摘要和新产生的报文摘要进行比较,如果一致,说明收到的信息没有被修改过。

如果第三方冒充发送方发出了一个文件,因为接收方在对数字签名进行解密时使用的是发送方的公开密钥,只要第三方不知道发送方的私有密钥,解密出来的数字签名和经过计算的数字签名必然是不相同的。这就提供了一个安全的确认发送方身份的方法。

安全的数字签名使接收方可以得到保证:文件确实来自声称的发送方。鉴于签名的私钥只有发送方自己保存,他人无法做一样的数字签名,因此发送者不能对自己的身份予以否认。

18.2.3　PKI 和公钥管理

在非对称加密算法中,公钥的管理是一个大问题,公钥是公开的,任何人都可以得到,问题是如何证明该公钥属于哪个用户。公开密钥基础设施 PKI(Public Key Infrastructure)可用于证明公钥的身份。PKI 是通过使用公钥密码算法和数字证书来保证系统的信息安全并负责验证数字证书持有者身份的一种体系。PKI 负责数字证书的创建、管理、颁发、作废等任务。

PKI 技术采用数字证书管理公钥,通过第三方的可信任机构——认证中心(Certificate Authority,CA),把用户的公钥和用户的其他标识信息(如用户名称等)捆绑在一起,在因特网上验证用户的身份。

1. 数字证书

将公钥和公钥的所有者名字联系在一起,再请一个大家都信得过的公正、权威机构 CA 确认,并加上这个权威机构的签名,就形成了数字证书。简单地说,数字证书是由权威机构 CA 颁发的一组数字信息,包含了用户身份信息、用户公钥信息以及身份验证机构数字签名等内容。

数字证书有以下几个特点:

(1) 包含了身份信息,因此可以用于证明用户身份;

(2) 包含了非对称密钥,可以用于数据加密和数字签名,以保证通信过程的安全和不可抵赖;

(3) 由权威机构颁发,有很高的可信度。

数字证书的格式一般采用 X. 509 国际标准(RFC X. 509)。一个标准的 X. 509 数字证书主要包含以下内容:

表 18－1　X. 509 数字证书的主要内容

字段	内容
版本	数字证书的版本信息
序列号	每个用户都有唯一的数字证书序列号
签名算法	为数字证书做签名的算法
颁发者	数字证书发行机构 CA 的名称
数字证书的有效期	有效期的起止时间
主题名	数字证书所有人的名称
公钥	数字证书所有人的公开密钥
签名	数字证书发行机构 CA 对数字证书的签名(用 CA 的私钥做的签名)

由于数字证书上有权威机构 CA 的签字,所以大家都认为数字证书上的内容是可信任的;又由于数字证书上有证书所有者的名字等身份信息,别人就很容易地知道公钥的所有者。

2. CA

数字证书权威机构 CA 是 PKI 的核心,CA 负责管理 PKI 结构下的所有用户的证书,把用户的公钥、用户的其他信息和 CA 的签名绑在一起,在网上验证用户的身份。简单地说,CA

的作用就是证明某个公钥属于个人、公司或组织。

CA 也拥有一个数字证书(内含公钥,与表 18-1 所示相同),当然,它也有自己的私钥,所以它有签名的能力。网上的公众用户通过验证 CA 的签名而信任 CA,任何人都应该可以得到 CA 的数字证书,用以验证它所签发的数字证书。

如果用户想得到一份属于自己的数字证书,他应先向 CA 提出申请。在 CA 判明申请者的身份后,便为他分配一个公钥,CA 将该公钥与申请者的身份信息绑在一起,并为之签字后,便形成数字证书发给该用户(申请者)。

如果有另一个用户想鉴别该用户的数字证书的真伪,他就用 CA 的公钥对那个数字证书上的签名进行验证(如前所述,CA 签名实际上是经过 CA 私钥加密的信息,签名验证的过程还伴随使用 CA 公钥解密的过程),一旦验证通过,该数字证书就被认为是有效的。

由此可见,数字证书就是用户在网上的电子个人身份证,同日常生活中使用的个人身份证作用一样。CA 相当于网上公安局,专门发放、验证身份证。

18.3 网络安全协议

18.3.1 网络层安全协议 IPSec

IPSec(IP Security)协议是由 IETF 制定的网络层安全协议。IPSec 不是单独的一个协议,而是一组协议。IPSec 协议的定义文件包含了 12 个 RFC 文档和几十个因特网草案。

IPSec 工作在网络层,可以从 4 个方面保证通信的安全:

(1) 保证数据的机密性:加密算法可以采用对称加密算法或非对称加密算法;

(2) 保证数据的完整性:用 HMAC(Hash Message Authentication Codes)算法实现,例如 HMAC-MD5、HMAC-DHA1;

(3) 对数据源认证:保证通信的对方确实就是自己要通信的一方,即对发送方的身份认证;

(4) 防止重放攻击:所谓重放攻击就是对截获的 IP 数据包处理后重新发送,欺骗接收方的主机。

IPSec 提供了两种模式:传输模式(Transport Mode)和隧道模式(Tunnel Mode)。传输模式用于两台主机之间,保护的是 IP 数据报的有效载荷;隧道模式用于主机与路由器或路由器之间,保护的是整个 IP 数据报。一般情况下,只要 IPSec 双方中有一方是安全网关或路由器,就必须使用隧道模式。

在传输模式下,在 IP 首部的后面增加 IPSec 首部;在隧道模式下,原始的 IP 数据报作为 IPSec 的数据部分,在前面添加 IPSec 首部,然后再添加新的 IP 首部。

图 18-4 IPsec 传输模式

图 18-5 IPsec 隧道模式

IPSec 协议族包含两个重要的协议：认证头协议（Authentication Header，AH）和封装安全负载协议（Encapsulated Security Payload，ESP）。一个 IP 数据报的载荷是否包含 AH 或 ESP 协议，由 IP 数据报首部的协议字段来判断，AH 协议是 51，ESP 协议是 50。AH 和 ESP 都支持传输模式和隧道模式，因此可以产生 4 种组合方式：传输模式的 AH，隧道模式的 AH，隧道模式的 ESP 和传输模式的 ESP。

1. AH 协议

AH 协议用来提供数据完整性、数据源认证以及防止重放攻击，但是不保护 IP 数据报的机密性。图 18-6 显示了 AH 的首部结构。

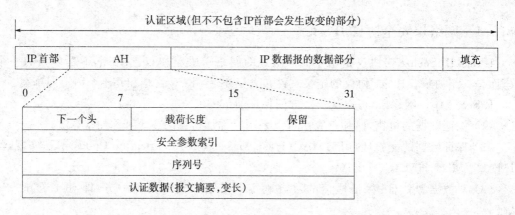

图 18-6 AH 头结构

注意，图 18-6 中显示的是传输模式下 AH 在 IP 数据报中的位置。

（1）下一个头：占 8 位，指定紧接着 AH 的下一个头的类型。例如在遂道模式下，一个完整的 IP 数据报被封装，该字段的值是 4；在传送模式下，当被封装的是 TCP 数据报时相应的值是 6。

（2）载荷长度：占 8 位，指定 AH 头部的长度。

（3）保留：占 16 位，两个保留字节。

（4）安全参数索引（Security Parameter Index，SPI）：占 4 字节，该字段指定了安全联盟 SA（Security Association）。SA 是两个 IPSec 实体（主机、安全网关）之间经过协商建立起来的一种协定，包括采用何种 IPSec 协议（AH 还是 ESP）、运行模式（传输模式还是隧道模式）、认证算法、加密算法、加密密钥、密钥生存期、抗重放窗口、计数器等内容。

（5）序列号：占 4 字节。32 位长的序号用于防止重放攻击。

（6）认证数据：该字段长度可变，但必须是 4 字节的倍数，若长度不够进行填充。该字段是根据 HMAC 算法的计算结果进行填充的,称为完整性校验值(Integrity Check Value, IVC)。HMAC 保护了 IP 数据报的完整性。

在 AH 的传输模式下,参与认证计算的数据是从 IP 数据报的头部开始,直到最后的填充字段。但是不包含 IP 头部的可变字段,例如服务类型 ToS、标志字段、片偏移、TTL 字段、首部校验和、选项字段等。

2. ESP 协议

ESP 协议既可以使用 HMAC 算法来确保数据包的完整性,又可以使用加密算法保证机密性。在加密数据包并计算出 HMAC 值后,生成 ESP 头并加入数据包。ESP 头包括两部分, 见图 18 - 7:

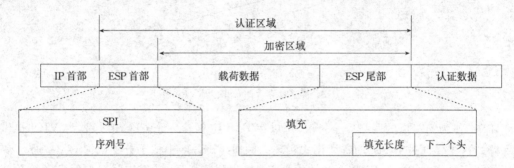

图 18 - 7　ESP 报文结构

注意:图 18 - 7 显示的是传输模式下 ESP 在 IP 数据报中的位置。

(1) SPI:占 4 字节,作用和 AH 中的相同。

(2) 序列号:占 4 字节,序号被用来预防重放攻击。

(3) 载荷数据:变长字段。包含了 IP 数据报的数据部分,如果采用了加密,该部分就是加密后的密文;否则是明文。

(4) 填充:如果载荷的长度不是 4 字节的整数倍时需要填充一些额外的字段。

(5) 填充长度:占一个字节,指明填充字段的长度,以字节为单位,取值范围 0~255。

(6) 下一个头:占一个字节,作用和 AH 中的相同。

(7) 认证数据:变长字段,存放 HMAC 的计算结果,用来确保数据的完整性。

3. 用 IPSec 实现 VPN

VPN(Virtual Private Network)即虚拟专用网,是指利用公用网络为用户提供专用网的各种功能。可以用 IPSec 技术实现 VPN,即通常所说的 IPSec VPN。VPN 有两种构建模式:

(1) 远程接入 VPN:远程接入 VPN 工作于客户/服务器模式。该方式适合于移动用户、小型办公场所、SOHO(Small Office House Office)。用户先使用合适的方式连接到互联网, 然后通过客户/服务器方式向服务器端发出请求。在客户和服务器之间建立起一条加密的通道,用户信息就可以在公众网上安全地传输。

(2) 对等 VPN:对等 VPN(peer-to-peer VPN,site-to-site VPN)也称为网关 VPN。当远程分支机构是一个比较大型的办公场所,例如人数超过百人,此时可以选择对等 VPN。此种 VPN 在异地两个网络的网关之间建立了一个加密的 VPN 隧道,两端的内部网络可以通过

VPN 隧道安全地进行通信，就好像和本地网络通信一样。

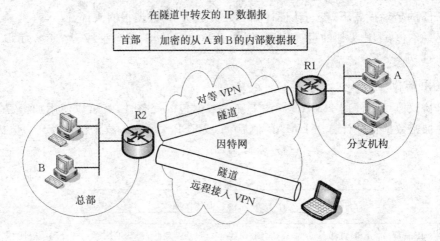

图 18-8　通过对等 VPN 和远程 VPN 接入

　　IPSec 作为第三层的网络安全协议，可以在 IP 层上创建一个安全的隧道，为 VPN 提供安全保障。这主要通过 IPSec 的隧道模式实现。例如图 18-8 中位于分支机构的 PC 机 A 要和远程的位于总部的 PC 机 B 通信，当路由器 R1 接收到数据后，发现该数据是要发送给总部的内部 IP 数据报，于是对整个 IP 数据报进行加密，然后添加新的首部控制信息形成在因特网上传输的外部 IP 数据报。当外部 IP 数据报转发到路由器 R2 时，R2 取出 IP 外部 IP 数据报的数据部分，然后解密，还原为原来在内部专用网络中传输的内部 IP 数据报；最后在内部的专用网络中将该 IP 数据报转发给 PC 机 B。在图 18-8 中，总部和分支机构在物理上虽然不属于同一个专用网络，但是通过使用 IPSec 技术，使它们在逻辑上就好像在同一个本地的专用网络中，所以这种专用网络称为虚拟专用网络 VPN。

18.3.2　传输层安全协议 SSL

　　安全套接字层协议（Security Socket Layer，SSL）最初由 Netscape 公司提出，是基于 WEB 应用的安全协议，可以提供服务器认证、可选的客户认证、SSL 链路上的数据完整性和 SSL 链路上的数据保密性。1996 年，Netscape 将 SSL 移交给 IETF 进行标准化，IETF 对 SSL 进行了一些改进，形成了传输层安全标准（Transport Layer Security，TLS）。

　　SSL 现已成为网络用来鉴别网站和网页浏览者身份，以及在浏览器使用者及网页服务器之间进行加密通讯的全球化标准，被所有常用的浏览器和 WWW 服务器所支持。

　　SSL 协议包括握手协议、记录协议以及警告协议三部分。握手协议负责确定用于客户机和服务器之间的会话加密参数；记录协议用于交换应用数据；警告协议用于在发生错误时终止两个主机之间的会话。

　　在双方的联络阶段协商将要使用的加密算法（如 RSA 或 DES）、密钥和客户与服务器之间的鉴别。在联络完成后，所有传输的数据都使用在联络阶段商定的会话密钥。

　　SSL 工作在传输层，它指定了在应用程序协议（如 HTTP、Telnet 和 FTP 等）和 TCP/IP 协议之间进行数据交换的安全机制，为 TCP/IP 连接提供数据加密、服务器认证以及可选的客户认证功能。

（1）SSL 服务器认证：用户证实服务器的身份。具有 SSL 功能的浏览器维持一个表，上面有一些可信的 CA 和它们的公钥。当浏览器和一个具有 SSL 功能的服务器进行 SSL 通信时，浏览器就从服务器得到含有服务器的公钥的数字证书。此证书是由某个 CA 发出的（此 CA 在客户的表中）。

（2）加密的 SSL 会话：浏览器和服务器交互的所有数据都经过加密处理。

（3）SSL 客户鉴别：服务器证实客户的身份。这个信息对服务器是很必要的，例如当银行将保密的有关财务信息发送给某个顾客时，就必须检验接收者的身份。

1. SSL 的工作过程

图 18-9 给出了 SSL 的工作过程：

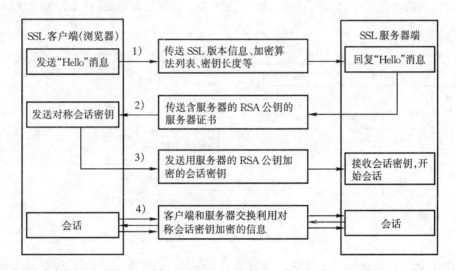

图 18-9　SSL 的工作过程

（1）浏览器→服务器：浏览器向服务器传送 SSL 版本号、加密算法列表、密钥长度等相关信息，协商在两者之间会话使用何种对称加密算法。

（2）服务器→浏览器：服务器向浏览器发送自己的数字证书，在证书中包含了服务器的公钥。该证书是由某个 CA 颁发的。浏览器收到证书后，检查服务器的数字证书是否正确。浏览器中有一个可信的 CA 表，表中有每一个 CA 的公钥。当浏览器收到服务器发来的数字证书时，首先检查此证书的发行者是否在自己可信的 CA 表中。若在，浏览器就用 CA 的公钥对服务器的数字证书解密，得到服务器的公钥。

（3）浏览器→服务器：浏览器随机地产生一个对称会话密钥，并用服务器的公钥加密，然后传送给服务器。服务器用自己的私钥解密获取对称会话密钥。

（4）浏览器←→服务器：接下来，浏览器和服务器之间就可以使用对称会话密钥开始通信了。

2. SSL VPN

所谓的 SSL VPN，是指利用浏览器内置的 SSL 协议，用浏览器访问远程 SSL VPN 服务器。浏览器和 VPN 服务器之间传输的数据用 SSL 协议进行加密，从而在应用层保护了数据的安全性。它是远程访问公司、办公室等内部网络资源而广为使用的一项技术。一般而言，SSL VPN 必须满足最基本的两个要求：

① 使用 SSL 协议进行认证和加密。

② 直接使用浏览器完成操作，无需安装独立的客户端。因为 SSL 协议被内置于 IE 等浏览器中，使用 SSL 协议进行认证和数据加密的 SSL VPN 可以免于安装客户端，用户可以轻松实现，这可以降低用户的总成本并增加远程用户的工作效率。而同样在这些地方，设置传统的 IPSec VPN 却非常困难，这是由于必须更改网络地址转换 NAT 和防火墙的设置。

18.3.3 应用层安全协议 PGP

PGP(Pretty Good Privacy)于 1991 年被发布，它是一个完整的安全电子邮件软件包，提供了加密、认证、数字签名和压缩功能。PGP 使用现有的密码学算法，而不是新发明的算法。

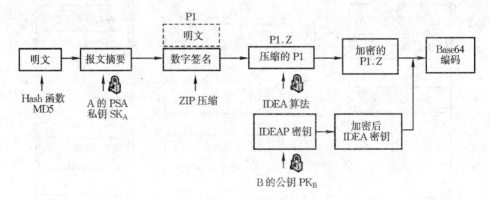

图 18 - 10　PGP 的发送过程

工作于应用层的 PGP 协议可用于增强电子邮件发送的安全性。例如 A 给 B 发送一封邮件，里面包含着重要的内容，涉及到双方的金融资金的往来信息，因此 A 希望邮件的信息是保密的，除 B 之外的任何人不能阅读到信件的内容。A 决定采用 PGP 实现这个想法。

发送方一侧的工作过程：

（1）PGP 首先使用哈希函数 MD5 算法对要发送的明文做散列运算，然后用 A 的私有密钥 SKA 通过 RSA 算法对 MD5 散列值进行加密；

（2）将经过加密的散列值和原始的报文（明文 P）连接，形成密文 P1；

（3）对 P1 运用 ZIP 压缩算法进行压缩，形成 P1.Z；

（4）用 IDEA 加密算法（密钥是 128 位，假设密钥是 KIDEA）对 P1.Z 进行加密；用 B 的 RSA 公钥 PKB 对 IDEA 加密算法的密钥 KIDEA 进行加密。再将这两个加密后的信息串接起来；

（5）最后转换成 base64 编码。

接受方一侧的工作过程：

（1）B 首先做一个反向的 base64 解码过程；

（2）B 用自己的私有 RSA 密钥 SKB 解出 IDEA 密钥 KIDEA；

（3）B 用 K_{IDEA} 解密用 IDEA 加密的消息 IDEA(P1.Z)，得到 P1.Z，也即压缩后的报文；

（4）经过解压缩后，B 得到明文 P 和经过加密的散列值 RSA(MD5(P))；

（5）B 用 A 的公钥 PK_A 解密散列值 RSA(MD5(P))，得到 A 计算的散列值 MD5(P)；同时 B 对得到的明文 P 计算散列值（使用相同的散列函数），如果两个散列值相等，B 就可以确信邮件 P 来自于发送方 A。

18.4　防火墙技术

18.4.1　防火墙的基本概念

防火墙是目前实现网络安全的一种重要手段，用于阻断来自外部网络的威胁和入侵，保护内部网络的安全。一般将防火墙设置于内部网络与外部网络的接口处，图 18-11 为防火墙在网络中的位置。

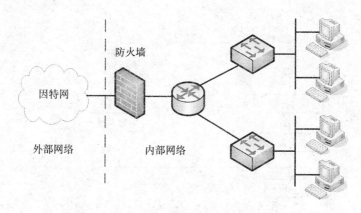

图 18-11　防火墙在网络中的位置

防火墙可以对内网和外网之间的通信进行检测，拒绝未经授权的用户访问，允许合法用户顺利地访问网络资源，保护内部网络资源免遭非法入侵，限制内部网络对某些外部信息的访问等等。总之，防火墙的功能比较多，但是一般都包含下面 3 个基本功能：

① 限制未授权的用户进入内部网络，过滤掉不安全的服务和非法用户；

② 防止入侵者接近网络防御设施；

③ 限制内部用户访问特殊站点。

防火墙可以在很大程度上提高网络安全性能，但也有一些问题是防火墙不能解决的。比如，防火墙对外部网络的攻击能有效的防护，但对来自内部网络的攻击却没有有效的办法，在目前的网络环境中，有相当多的安全问题来自内部网络，例如在局域网内部常出现的 ARP 欺骗攻击。所以网络安全仅仅依靠防火墙技术是不够的，还需要考虑其他技术和非技术因素。

防火墙可以以软件的形式出现，称为软件防火墙。软件防火墙是运行在一台或多台计算机上的一组特别软件，但是在更多情况下，防火墙是以专门的硬件形式出现，另外配以专用的操作系统，以高速为实现目的。

18.4.2　防火墙的分类

从实现技术上,可以将防火墙分为三类:包过滤防火墙、应用代理防火墙和状态检测防火墙。

1. 包过滤防火墙

包过滤防火墙工作在网络层和传输层,它检查收到的 IP 分组的源 IP 地址、目的 IP 地址、TCP 或 UDP 端口号、协议类型等内容,根据事先设定的过滤规则进行过滤,符合规则的 IP 分组允许通过,不符合的分组则被拒绝。比较流行的包过滤防火墙产品包括 CheckPoint,Cisco PIX 等。包过滤防火墙的工作流程如图 18-12 所示。

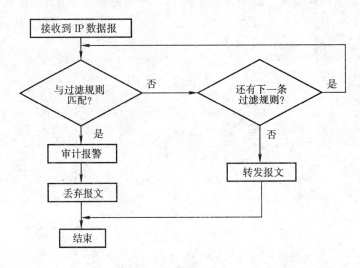

图 18-12　包过滤防火墙处理 IP 数据报的流程

当包到达端口时,防火墙对包的报头进行解析,检查是否与过滤规则匹配,在过滤规则里要检查的协议字段通常包括:源 IP 和目的 IP 地址、TCP 或 UDP 的源和目的端口以及协议类型。如果有一条规则阻止包的传输或接收,便拒绝此包通过。

包过滤防火墙对用户来说是透明的、处理速度快、易于维护。但是,包过滤通常无用户的使用记录,所以无法得到入侵者的攻击记录。

2. 应用代理防火墙

应用代理防火墙,也称应用网关级防火墙,工作于应用层,这类防火墙可以用专用服务器实现。在专用服务器上配置有专门完成多种网关功能的代理软件,例如 WinRoute,Wingate 等,所有进出网络的数据都必须通过应用网关。这类具有网关过滤功能的专用服务器常被称为代理服务器。

在代理服务器上通常有一个高速缓存,这个缓存存储用户经常访问的信息,在下一次或下一个用户访问同一站点时,服务器就不必重复获取相同的内容,直接将缓存内容发送即可,这样就提高了网络效率。

应用代理防火墙可以进行身份认证、授权、日志记录和帐号管理,但是要对每一项服务建立对应的应用层网关,例如 Telnet、HTTP、FTP、E-mail 网关等,这限制了新应用的引入。

3. 状态检测防火墙

状态检测防火墙又称动态包过滤防火墙。这种类型的防火墙采用动态设置包过滤规则的方法,对通过其建立的每一个连接都进行跟踪,并且根据需要可动态地在过滤规则中增加或删除过滤规则。

状态监测防火墙中有一个监测引擎。监测引擎在不影响网络正常运行的前提下,对网络通信的各层实施监测,抽取状态信息,并动态地保存起来作为以后执行安全策略的参考。

与前两种防火墙不同,当用户访问请求到达网关的操作系统前,状态监测器要抽取有关数据进行分析,结合网络配置和安全规定做出接纳、拒绝、身份认证、报警或给该通信加密等处理动作。

与传统包过滤防火墙的静态过滤规则相比,状态检测防火墙具有更好的灵活性和安全性。

18.4.3　包过滤技术

数据包过滤在网络安全中起着重要的作用,可以在单点位置为整个网络提供安全保护。所制定的过滤规则决定网络的安全程度。

1. 包过滤技术的实施步骤

包过滤是根据用户在防火墙中实现建立的过滤规则允许或拒绝流经防火墙的数据流,因此防护效果的好坏在很大程度上取决于过滤规则的建立。一般来说,建立过滤规则需要经过3个步骤:

(1) 建立安全策略,写出允许的和禁止的任务;

(2) 制定规则顺序,规则的安置顺序会影响防火墙的执行效果;

(3) 用防火墙提供的过滤规则设置规则集。

安全策略的制定直接影响了防火墙的防护效果,所以在使用包过滤技术的防火墙时,要制定好的安全策略,首先要明确的是允许什么服务或拒绝什么服务。

制定包过滤安全策略时一般要考虑下列一些因素:

① 数据包的源 IP 地址

② 数据包的目的 IP 地址

③ 数据包的 TCP/UDP 源端口

④ 数据包的 TCP/UDP 目的端口

⑤ 数据包的标志位

⑥ 用于传输数据包的协议

由于包过滤技术和协议密切相关,因此要求安全策略的制定者和实施者对协议有着比较详细的了解,对攻击的方法也有着全面的掌握,这样才有可能制定出有效的安全策略。

在制定安全策略时,可以考虑从按地址过滤和按服务过滤两个方面着手。按地址过滤是最简单的过滤方式,只限制数据包的源 IP 地址和目的 IP 地址。按服务过滤是根据相应的 TCP/UDP 端口进行过滤。在实际应用中,一般使用的是目的端口过滤,对源端口过滤是有风险的,因为源端口是可以伪装的。例如要禁止外部网络对内部网络的 Telnet 访问,就需要检查数据包的目的端口和 TCP 标志,如果是 23 端口,并且是 SYN 包,则拒绝此包。

表 18-2 列出了几条防火墙规则:

表 18 – 2　防火墙的规则集

组序号	动作	源 IP	目的 IP	源端口	目的端口	协议类型
1	允许	30.1.1.1	*	*	*	TCP
2	允许	*	30.1.1.1	20	*	TCP
3	禁止	*	30.1.1.1	20	<1024	TCP

第一条规则：允许 IP 地址为 30.1.1.1 的主机从任何端口访问任何主机的任何端口，要求采用的协议类型是 TCP 协议；

第二条规则：允许任何主机从 20 端口访问 IP 地址为 30.1.1.1 的主机的任何端口，要求采用的协议类型是 TCP 协议；

第三条规则：禁止任何主机从 20 端口访问 IP 地址为 30.1.1.1 的主机的 1024 以下的端口，协议类型规定为 TCP 协议。

2. 动态包过滤

动态包过滤的理论基础是使用客户机/服务器模式连接过程中的连接状态，根据连接开始直到中断连接中的各种状态，动态包过滤防火墙允许或拒绝包。

例如对于 TCP 协议，通过三次握手的过程进行连接，在释放连接的时候要进行四次握手。具体过程可以参见 13.3.3 节"TCP 的连接管理"。仔细分析 TCP 的连接建立和释放过程，可以看出 TCP 包中的 6 个标志位 FIN、SYN、RST、PSH、ACK 和 URG 的值在不同的连接阶段是要发生变化的，这种变化可以反映出 TCP 连接的不同阶段。动态包过滤技术通过观察 TCP 包中标志位的变化，判断连接双方目前处于何种状态。一旦发现发送包和正常状态不符，就可认为是状态异常的包而拒绝。

18.5　入侵检测技术

入侵检测技术是为保证计算机系统的安全而设计与配置的一种能够及时发现并报告系统中未授权或异常现象的技术，是一种用于检测计算机网络中违反安全策略行为的技术。

用于入侵检测的所有软硬件系统称为入侵检测系统 IDS(Intrusion Detection System)。这个系统可以通过网络和计算机动态地搜集大量关键信息资料，并能及时分析和判断整个系统环境的目前状态，一旦发现有违反安全策略的行为或系统存在被攻击的痕迹等，立即启动有关安全机制进行应对，例如，通过控制台或电子邮件向网络安全管理员报告案情，立即中止入侵行为、关闭整个系统、断开网络连接等。

18.5.1　入侵检测的分类

1. 按照检测方法划分

从技术上划分，入侵检测有两种检测模型：

(1) 异常检测模型：异常检测(Anomaly Detection)：也称为基于行为的检测技术。检测当前行为与可接受行为之间的偏差。所以在异常检测模型中，首先总结正常操作应该具有的特征，当用户活动与正常行为有重大偏离时即被认为是入侵。这种检测模型的特点是漏报率低，因为不需要对每种入侵行为进行定义,所以能有效检测未知的入侵,但是缺点是误报率高。

（2）误用检测模型:误用检测（Misuse Detection）也称基于知识的检测或模式匹配检测。检测与已知的不可接受行为之间的匹配程度。如果可以定义所有的不可接受行为,那么每种能够与之匹配的行为都会引起告警。收集非正常操作的行为特征,建立相关的特征库（规则库）,当监测的用户或系统行为与库中的记录相匹配时,系统就认为这种行为是入侵。与前者相反,误用检测模型误报率低、漏报率高。对于已知的攻击,它可以详细、准确地报告出攻击类型,但是对未知攻击却效果有限,而且特征库必须不断更新。

2. 按照检测对象划分

（1）基于主机的 IDS:主机型入侵检测系统保护的一般是所在的主机系统,系统分析的数据是计算机操作系统的审计数据,例如事件日志、应用程序的事件日志、安全审计记录等。审计数据的获取是基于主机的 IDS 的基础,是进行主机入侵检测的信息来源。基于主机的入侵检测能够较为准确地检测到发生在应用进程级别的复杂攻击行为,但是过分依赖于操作系统平台,并且也无法监测到网络上发生的攻击行为。

（2）基于网络的 IDS:网络型入侵检测系统担负着保护整个网络的任务,系统监听网络中的数据包,并对截获数据包的首部进行分析,发现可疑现象,从而达到入侵检测的目的。分析的方法一般采用协议分析、特征匹配、统计分析等手段。网络数据包的截获是基于网络的入侵检测系统的基础工作,数据包截获的方式可以分为两种:一种是利用以太网的广播特性,在这种方式下,需要将以太网网卡置于混杂模式,才可以嗅探到网络上的数据包;另一种方式是通过设置交换机或路由器的监听端口或镜像端口来实现,此时网络中所有的数据包除按正常情况转发外,还同时转发到镜像或监听端口,从而达到数据捕获的目的。

（3）混合型的 IDS:基于网络和基于主机的入侵检测系统都有不足之处,会造成防御体系的不全面,综合了基于网络和基于主机的混合型入侵检测系统既可以发现网络中的攻击信息,也可以从系统日志中发现异常情况。

18.5.2　入侵检测的基本原理与方法

目前对 IDS 进行标准化工作的组织有两个:IETF 的 IDWG（Intrusion Detection Working Group）和 CIDF（Common Intrusion Detection Framework）。

CIDF 阐述了一个 IDS 的通用模型。它将一个入侵检测系统分为以下组件:事件产生器（Event generators）、事件分析器（Event analyzers）、响应单元（Response units）、事件数据库（Event databases）。各组件之间采用统一入侵检测对象（General Intrusion Detection Object,GIDO）格式进行数据交换。在 CIDF 模型中,将 IDS 要分析的数据称为事件（Event）。

图 18-13 所示的 CIDF 模型结构中,事件产生器的任务是收集事件数据,并将这些数据转换成 GIDO 格式传递给其他组件;事件分析器负责分析收到的 GIDO 格式的事件数据,并将分析的结果传递给其他组件;事件数据库存储来自事件产生器和事件分析器的 GIDO 数据,并为分析提供信息;响应单元负责处理收到的 GIDO,并采取适当的响应措施。

在 CIDF 模型中,入侵检测的过程分为三部分:信息收集、信息分析和结果处理。

① 信息收集:收集内容包括系统、网络、数据及用户活动的状态和行为。

② 信息分析:将收集到的有关信息送到检测引擎进行分析,一般通过三种技术手段进行分析:模式匹配、统计分析和完整性分析。

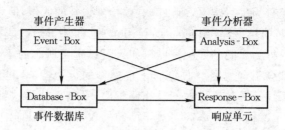

图 18 - 13　CIDF 模型结构图

③ 结果处理:控制台按照告警产生预先定义的响应并采取相应措施。

18.5.3　入侵检测系统 Snort

Snort 是一个开源的入侵检测系统,由 Martin Roesch 编写,并有分布于世界各地相当多的程序员对它进行着维护和升级。Snort 基本上是一个基于规则的 IDS,通过对数据包内容进行规则匹配来检测多种不同的入侵行为和探测活动,例如缓冲区溢出,隐藏端口扫描等。

Snort 的规则存储在文本文件中,并可以用文本编辑器修改。规则以类别分组。不同类别的规则存储在不同的文件中。Snort 在启动时读取这些规则,并建立内部数据结构或链表以用这些规则来捕获数据。Snort 已经预先定义了许多入侵检测规则,用户也可以自由添加、删除规则。

Snort 在逻辑上可以分成多个部件,主要部件包括包解码器、预处理器(预处理程序)、探测引擎(检测引擎)、日志和告警系统、输出模块。图 18 - 14 显示了这些部件之间的关系。

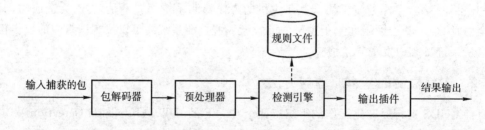

图 18 - 14　Snort 的主要结构

任何来自因特网的包首先进入包解码器,然后被送到预处理器,在这里或者被丢弃,或者产生日志或报警。包解码器可以从不同的网络接口中获取包,网络接口可能是以太网、SLIP、PPP 等等。

预处理器是 Snort 在检测引擎之前做出的一些操作,主要作用是将数据包送到检测引擎之前执行一些探测工作,并产生报警、丢弃包等操作。预处理器的另外一项任务是将数据包进行统一的格式化处理。预处理器的工作对于任何 IDS 检测引擎的数据分析都非常重要。

检测引擎是 Snort 的核心部分,它的作用是探测数据包中是否包含着入侵行为。检测引擎通过 Snort 规则来达到目的。规则被读入到内部的数据结构或者链表中,并与所有的数据包比对。如果一个数据包与某一规则匹配,就会产生相应的动作,例如记录日志或告警等,日志可以保存为简单的文本文件或者其他文件形式;如果没有找到匹配的规则,数据包被丢弃。

输出插件用来控制日志和告警系统产生的输出信息的格式,可以指定日志和告警系统的信息输出方式。

表 18 - 3　IDS 的主要部件

名称	描述
包解码器	为处理过程准备包
预处理器或输入插件	分析协议头部,规格化头部,探测头部异常,包分片组装,TCP 流组装
探测引擎	将包与规则比对
日志和告警系统	产生告警和日志
输出模块	将告警和日志输出到最终目标

本章小结

◆ 数据加密是实现网络安全的关键技术之一,加密算法可以分为对称加密算法和非对称加密算法。

◆ 数字签名是基于加密算法的电子签名,用一套规则和一系列参数来运算,以认证签名者的身份和验证数据的完整性。数字签名一般采用非对称加密算法实现,经常用于对报文摘要进行数字签名。

◆ PKI 是通过使用公钥密码算法和数字证书来保证系统的信息安全并负责验证数字证书持有者身份的一种体系。PKI 技术采用数字证书管理公钥,通过 CA 把用户的公钥和用户的其他标识信息捆绑在一起,在因特网上验证用户的身份。

◆ 网络安全协议包括网络层安全协议 IPSec,传输层安全协议 SSL 和应用层安全协议 PGP 等安全协议。

◆ 防火墙和入侵检测是构建安全的防护体系最常用的两种技术,在实现上各采用不同的方法。防火墙一般分为三种类型:包过滤防火墙、应用代理防火墙和状态检测防火墙。入侵检测的模型按检测方法分,可以分为异常检测模型和误用检测模型;按检测对象划分,可以分为基于主机的 IDS、基于网络的 IDS 和混合型 IDS。

习　题

18 - 1　网络安全中存在的问题主要有哪几类?

18 - 2　网络黑客攻击方法有哪几种? 试分别扼要叙述。

18 - 3　在网络应用中一般采取哪两种加密算法? 简述两种算法的异同。

18 - 4　简述数字签名的原理。

18 - 5　什么是 PKI? PKI 主要由哪几部分组成? 其作用分别是什么?

18 - 6　简述 PKI、CA 和数字证书的关系。举几个数字证书在实际中应用的例子。

18 - 7　密码技术的基本原理是什么? 私钥密码技术和公钥密码技术的区别是什么?

18 - 8　常用公钥密码技术的典型算法有哪些? 什么是数字签名?

18 - 9　什么是数字证书和数字认证? 数字证书有几种类型? 各有什么特点?

18 - 10 简述防火墙技术的分类。

18 - 11 防火墙的工作原理是什么？它有哪些功能？

18 - 12 除 Snort 外，目前还有那些流行的入侵检测系统？试简述它们的工作原理。

18 - 13 入侵检测有几种类型？

18 - 14 如何构建一个健全的网络安全体系？试举例说明。

18 - 15 在考虑网络安全时，应注意哪些影响因素？网络安全的目标是什么？

第 19 章　网络高可用性技术

网络中的各种服务都是通过相应的网络服务器提供的,因此保证网络服务器提供持续稳定的服务是至关重要的。此外,有些网络中还存储着大量的关键数据,这些数据一旦丢失,将造成不可弥补的灾难性损失,因此如何实现网络中数据的集中管理和集中访问,确保网络数据的一致性、安全性和可用性,也是我们所面临的一个非常重要的问题。为此,本章首先介绍旨在提高网络服务器高可用性的网络服务器集群技术。其次,为了确保数据存储的安全性和可用性,将给出目前所使用的各种 Raid 技术和相应的实现方式。最后,还将深入浅出的介绍目前采用的几种网络数据存储技术。

19.1　网络服务器的高可用性技术

19.1.1　网络服务器概述

1. 网络服务器的分类

(1) 按网络服务器的架构划分:按服务器的架构可以将服务器分为复杂指令系统计算机、精简指令系统计算机和超长指令字计算机 3 种。

① 复杂指令系统计算机(CISC):32 位及其以下的处理器都普遍采用 CISC 指令集,其特点是控制简单,但指令复杂、长短不一,通常具有多种寻址方式和 100 多条指令,因而导致控制和编译部分的设计复杂,执行速度较慢。由于在这种类型的服务器中,Intel 处理器占有绝对的统治地位,因此又称这种类型的服务器为 Intel 架构(或简称 IA)或 x86 架构。

② 精简指令系统计算机(RISC):UNIX 服务器普遍采用 RISC 指令集,其特点是采用更加简单和统一的指令格式、固定的指令长度和优化的寻址方式,并大幅减少指令的数量,用简单的指令组合代替复杂的指令,通过优化指令系统来提高运行速度。

③ 超长指令字计算机(VLIW):在目前出现的 64 位或未来的 128 位计算机中采用,由于采用先进的清晰并行指令计算(EPIC)方式,因此每时钟周期可运行 20 条指令,而 CISC 只能运行 1～3 条指令,RISC 则是 4 条指令。其最大特点是简化了处理器的结构,去除了内部许多复杂的控制电路。

(2) 按应用层次划分:根据服务器可提供服务的用户数量可以分为:入门级服务器、工作组级服务器、部门级服务器和企业级服务器四种。

① 入门级服务器通常是最低档的服务器,与普通 PC 的配置很相似,只能支持几台客户机的访问。

② 工作组级服务器在性能、可靠性和可扩展性等方面略有提高,但容错性和冗余性方面仍不够完善。典型的配置为 1～2 个 CPU、ECC 内存,SCSI 接口,可选装 Raid 卡、热插拔硬盘和电源,一般可支持十几台客户机的访问。

③ 部门级服务器通常具有较高的性能和配置。典型的可配置 2～4 个 CPU，Raid 卡、热插拔硬盘和电源，一般可支持几十台客户机的访问。

④ 企业级服务器通常具有很高的性能和配置，具备所有服务器的特性和品质。典型的可支持 4～8 个 CPU 和 8G 以上的内存，具有超强的数据处理能力、容错能力和扩展能力。一般可支持上百台客户机的访问。

(3) 按网络服务器的外观形式划分：按照服务器的外观形式可以分为塔式、机架式、刀片式和机柜式四种。

① 塔式服务器又称台式服务器，其外观与普通 PC 机的外观基本相同，只是空间略大，目的是为了散热和硬件扩展。

② 机架式服务器。为了节省空间和便于管理，往往将若干台服务器集中到一个服务器机柜中，这样就要求服务器能够像交换机或路由器一样具有标准的尺寸规格，如 1U、2U、4U，并易于安装在服务器机柜中。同一机柜内的多台机架式服务器共享一套可通过滑轨前后移动的显示器和键盘。多台服务器通过 KVM 切换器进行自动连接切换。

③ 刀片式服务器是一种高密度和高可靠性的服务器，往往是为满足高强度或并行计算环境而特殊设计的，目的是便于集成到一个或几个机柜中，构成服务器集群。刀片式服务器通常只有 1U 的尺寸规格。

④ 机柜式服务器无论是性能还是外观都类似于一台小型机，不仅处理能力强，而且具有丰富的插槽和接口，可以集成并扩充大量的专用板卡和 I/O 设备，如热插拔硬盘等，甚至包括冗余电源、冗余风扇等。

(4) 按照服务器的用途划分：按照服务器的用途可以将服务器分为专用型服务器和通用型服务器两种。

① 专用型服务器是针对某一特殊用途而提供专门服务的服务器，这种服务器的硬件往往针对特定的应用而设计，并且一般配备有功能强大的专用软件。和采用通用服务器并自行安装软件相比，更能发挥出其配置的性能优越性。典型的如视频点播服务器、图像处理服务器、高性能计算服务器等。

② 通用型服务器是指可以满足各种不同服务需求而设计的服务器，可以安装各种不同的软件，提供各种不同的服务。例如，根据应用需要可以将其配置成文件服务器、数据库服务器、应用服务器、打印服务器、代理服务器、Web 服务器、E-mail 服务器等。

2. 网络服务器的特性

(1) 高性能：一台网络服务器通常要响应十几台、几十台、甚至几百台主机的服务请求，因此，必须要求服务器具有很高的运算处理能力和工作效率，以满足特定应用的需要，减少用户的等待时间。因此决定了服务器的性能不同于一般的计算机，必须具有超群的性能。目前，服务器的配置和技术特点如下：

高性能 CPU：在 CISC 架构（也通常称为 x86 架构）的服务器上采用高主频和具有 2 级或 3 级大容量 Cache 的酷睿双核（Core 2 Duo）处理器，或具有更高性能的至强（XEON）多核处理器。

但在 RISC 架构的 UNIX 服务器上，处理器的主频并不高，而其运算速度和处理能力却并不差。正因如此，温升和功耗都比较小，且不易发生故障和老化。

并行处理技术：采用多个 CPU 协同处理。目前最普遍的方式是采用对称多处理器技术，提供 2 个、4 个、8 个,甚至多达 64 个 CPU 进行协同计算和处理。

大容量内存和高速磁盘:提供具有 2 GB 以上,甚至可多达 16 GB 的大容量内存;提供平均寻道时间小于 5 ms、转数达 10 000 转甚至 15 000 转的高速磁盘。

SCSI 总线接口:I/O 性能已经成为评价服务器总体性能的重要指标。SCSI 即小型计算机系统接口,已成为服务器 I/O 的标准,可以提供高达 40 Mb/s、80 Mb/s、160 Mb/s、320 Mb/s 传输速率的 Ultra、Ultra2、Ultra3、Ultra4 接口。目前工作组级以上的服务器基本上都采用 SCSI 总线接口。

支持或配置高性能的网络操作系统和网络管理软件。

尽管服务器可以达到很高的性能,但应根据实际需要进行选择,以够用为原则,不宜过分追求高性能,因为高性能必然导致高成本。

(2) 高可用性:由于需要服务器长时间不间断地为整个网络提供各种重要的网络服务,因此,必须要求网络服务器能够进行 7×24 小时的不间断工作,尽量减少停机待修的情况。对于某些特定的应用,一旦出现故障将造成整个网络的瘫痪,或大量重要数据的丢失。为此,需要从各个方面提高服务的品质和可靠性,另外还要具备快速替换和恢复能力。

为确保可靠性,一般要求服务器具有足够的散热空间,根据不同级别的应用需要有选择的提供冗余电源、冗余风扇、冗余网卡和冗余连接,要求采用具有纠错功能的 ECC 内存,支持热插拔技术及 Raid 技术,配备 UPS 不间断电源和空调,提供数据备份或网络存储设施等。

(3) 可扩展性:可扩展性是指网络服务器的硬件配置可以根据网络应用数据量的增加、规模和范围的扩大而进行扩展的能力,包括对处理器、内存、外存以及外部设备的扩展。一般来说,在选择网络服务器时首先需要根据实际应用的需求对服务器的运算和存储能力进行估算,然后根据估算值确定服务器的配置,进而选择服务器的品牌和型号。但是对当前配置要留有余地,绝不能满负荷或超负荷运行,要能够胜任当前和今后一段时间内数据和应用增加的需要。此外,还要具有一定的可扩展能力,如 CPU 的插槽、内存条的插槽和磁盘的位置等,以便能够进行硬件的扩充。

(4) 可管理性:可管理性主要指系统是否具有人性化的管理界面,是否具有对硬盘、内存、处理器和电源、接口等进行配置和管理的能力,是否具有在线诊断和故障恢复的功能,是否具有对关键部件的故障监控和报警功能,以及支持远程管理和监控的能力,是否具有安全保护措施、应急管理端口等,是否提供对冗余、备份操作的管理和支持能力。

19.1.2　网络服务器集群技术

1. 集群的概念与分类

网络中有些服务器运行着重要的应用程序或存储着大量的关键数据,支撑着某些不可停顿的业务。因此,其可用性对网络来说,至关重要。一旦发生致命故障而停止提供服务,不仅会导致正常业务的中断,而且还可能丢失部分未来得及回存的关键数据,从而造成灾难性的损失。因此必须采用某种技术来提高服务器的可用性,防止服务器因硬件或软件故障而导致关键业务的中断。

服务器的高可用性技术可以分为 2 种,一种是早期采用的双机热备技术,另一种是当前广泛采用的高可用性集群(Cluster)技术。它们都是为实现系统的高可用性服务的,都解决了一台服务器出现故障时,由其他服务器接管应用,从而持续可靠地提供服务的问题。

高可用性集群,英语原文为 High Availability Cluster, 简称 HA Cluster,是指以减少服务中断(宕机)时间为目的的服务器集群技术。具体来说,集群就是一组服务器,它们作为一个整体向用户提供一组网络资源。尽管这些单个的服务器就是集群的节点(node),但用户从来不会意识到集群系统底层的节点,并且集群系统的管理员可以随意增加和删改集群系统的节点。因此,可以将集群看成是由多个服务器构成的一个整体的系统。高可用集群不是用来保护业务数据的,保护的是用户的业务程序对外不间断提供服务,把因软件/硬件/人为造成的故障对业务的影响降低到最小程度。

集群技术又可分为双机集群和多机集群,目前大量采用的仍然是双机集群。双机集群和双机热备的作用基本相同,不同之处在于可扩展性。即双机集群可进一步扩展成多机集群,满足不断增加的关键业务需要,提高容错能力。

在双机热备或双机集群方式中,一般采用共享的存储设备,两台服务器在各自利用一块网卡和网络连接的同时,通过另外一块网卡或者串口借助于"心跳线"实现两台服务器之间的直接连接,通过运行专业的集群软件或双机热备软件相互监视对方的工作状态。如图 19-1 所示。

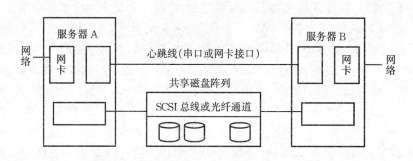

图 19-1　共享磁盘阵列的双机集群工作模式

2. 集群的实现方式

双机集群或双机热备技术在实现上有 3 种不同的实现方式,即主从方式、对等方式和混合方式。在主从方式中,需要在两台服务器上部署相同的处理任务,两台服务器做完全同步和独立的读写操作。从服务器通常时刻监控主服务器 CPU 的工作状态,一旦从服务器发现主服务器出现故障即可自动切换工作状态,成为唯一的主服务器继续工作。当主服务器恢复正常时,系统可自动或经人工干预切换回主服务器运行。由此可见,在双机热备方式中,由备用服务器解决了在主服务器出现故障时服务不中断的问题。

在对等方式中,两个服务器同时处于活动状态。也就是说,可以在两个节点上同时运行应用程序。当一个节点出现故障时,运行在出故障节点上的应用程序就会转移到另外的没有出现故障的服务器上。在这种方式中,由于每个节点都通过网络对客户机提供资源,因此可以最大程度的利用硬件资源。但是,在发生应用转移后,两个节点的工作现在需要由一个服务器来承担,因此会在一定程度上影响服务的性能。而且,一旦发生致命的故障,将无法实现转移。

混合方式是上面两种方式的结合,只针对关键应用进行故障转移。在正常工作时,无论是关键的应用还是非关键的应用都在服务器上运行。当出现故障时,出现故障的服务器上的不太关键的应用就不可用了,但是那些关键应用会转移到另一个可用的节点上,从而达到性能和容错两方面的平衡。

后两种模式的最大优点是不会有服务器的"闲置"，两台服务器在正常情况下都在工作。但如果有故障发生并导致切换，那么应用将归并到同一台服务器上提供，但是由于服务器的处理能力恐怕不能同时满足叠加应用的峰值要求，这将会出现处理能力不足的情况，降低业务响应水平。

由于用户核心业务越来越多，永不停机需求的关键应用也越来越密集，服务器与网络的连接已经从电缆升级到光纤，存储环境已经从直接附加存储升级到 SAN（这部分内容将在 19.3 中介绍），这就使得原本可以通过双机热备方案满足的高可用性应用开始力不从心，迫使我们不得不寻求新的解决方案。因此，能够兼容原有双机热备系统，又有很强大扩展能力的高可用集群方案逐渐成为用户的首选。

目前集群系统拥有两种典型的运行方式，一种是比较标准的，数台服务器通过一个共享的存储设备（一般是共享的磁盘阵列或存储区域网 SAN），并且安装集群软件，实现高可用集群，这种方式也称为共享方式，如上图 19-1 所示。

另一种方式是通过纯软件（如联鼎 LanderSync 软件）的方式，一般称为纯软件方式或镜像方式（Mirror），如图 19-2 所示。

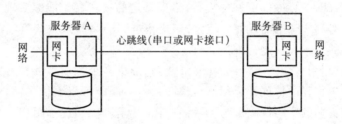

图 19-2　基于镜像技术的双机集群工作模式

对于共享方式，数据库部署在共享的存储设备上。当一台服务器提供服务时，直接在存储设备上进行读写。而当系统切换后，另一台服务器也同样读取该存储设备上的数据，这种方式由于数据的一致性由共享存储设备来保障，不占用系统资源，而且没有数据传输的延迟，因此是中高端用户及拥有大量关键数据的用户的首选方案。

对于纯软件的方式，通过镜像软件，将数据可以实时复制到另一台服务器上，那么同样的数据就在两台服务器上各存在一份，如果一台服务器出现故障，就可以及时切换到另一台服务器上。由于可以节省共享存储硬件部分的大量投资，纯软件方式可以在一定程度上降低成本，并且由于在多个地方拥有数据的副本，数据的可用性反而有所加强，另外由于脱离了直联存储的模式而使用 TCP/IP 协议，使得纯软件方式在理论上可以实现远程容灾备份。

但是纯软件方式也有一些不足：

（1）在占用部分系统资源的同时，还需要占用部分网络资源。

（2）大数据量环境初始镜像时间较长，对于较大的并且变化频繁的数据，可能会存在传输延迟现象。因此，在选择使用何种集群方式之前，需要对用户的应用进行一定的评估，选择最理想的解决方案。

3. 集群的应用

随着应用和需求的不断升级，单纯的"双机集群"技术显然越来越不适应高可用网络及应用的需要,逐渐显示出疲态,"双机集群"技术逐渐演变为一些入门级用户及低端用户的选择,而具有更高可用性的"多机集群"技术将接替"双机集群"技术,成为用户更好的选择。

显然,多机集群软件较双机集群软件具有更高的技术含量,但价格(平均到每台服务器)也往往高于双机集群软件。在选择产品时,应根据应用的实际情况来确定。最理想的方式,则是在应用数量少、负载不是很大时先使用双机集群软件,然后在应用数量增多、负载增大时平滑过渡到多机集群软件。

通常,在两种情况下需要使用多机集群软件:一是有超过两个应用,本身就需要部署三台或更多的服务器。二是只有两个应用,但每个应用的负载均较大,不宜采用双机互备的方式,而是需要由第三台服务器来作为这两个应用的备机。

由于"集群"系统可以整合大量的核心应用,甚至是不同操作系统平台的应用,并实现统一管理,而且"集群"中的每个节点通常拥有两个以上的备援节点,因而使得整个被"集群"保护起来的核心应用较"双机"更加强壮,整体可靠性、可用性也更高。在多节点"集群"系统中,备援服务器的数量可以大大减少,比如8个节点的"集群"通常最多只需要2台备援服务器,这样将大大减少高可用性网络建设的硬件投资,大大降低应用的成本。

"多机集群"系统往往可以对目前流行的服务器、数据库及应用(如 Oracle、SQL、SAP 等)存储环境(如 SAN,ISCSI)提供更好的支持,借助一定的技术甚至能够实现"应用虚拟化",对于用户来说,将更有利于未来的发展。但是"多机集群"技术较"双机集群"技术的复杂度有所提高,需要更专业的技术人员进行维护。

集群系统可以利用最新的 SAN 及 ISCSI 链路,形成多个可用点的核心系统,而且可以方便的增减节点,带来很强的扩展性。用户对核心系统的调配可以更加灵活,统一管理,减少投资,而且可以使用更多的策略保障最为关键的应用,甚至可以实现远距离的集群系统,令整个关键系统具有很强的容灾能力。因此,多节点高可用集群将成为双机热备用户的未来潜在选择。

19.2　Raid 技术

19.2.1　Raid 技术概述

随着网络应用的不断持续和深入发展,服务器中积累的数据量越来越大,而且有些服务器还积累了越来越多的关键数据,这些数据一旦丢失,将造成不可弥补的灾难性损失,因此就需要采取特殊的存储技术来提高服务器中数据存储的性能和安全性。Raid 就是这样一种技术,其最初是 1988 年由美国加州大学伯克利分校的 D. A. Patterson 教授提出的,目前获得了广泛的应用。

Raid 的全称为 Redundant Arrays of Inexpensive Disks,即廉价磁盘冗余阵列的意思。其思想是将多个廉价的小磁盘以某种"冗余"的存储方式组合起来,以实现大容量、高性能的存储。尽管数据存储系统由若干个物理磁盘组成,但对操作系统来说可以统一看成一个大的逻辑磁盘。其中部分空间用于存储关键数据,部分用于存储容错信息。一旦部分盘空间失效造成数据丢失,可以利用"冗余"数据恢复原始数据,避免损失。

Raid 技术的实现有硬件和软件两种形式。硬件 Raid 的实现需要借助于 Raid 卡和可选的磁盘阵列柜(盘阵)来实现。Raid 卡上集成有 CPU、内存、阵列控制器以及软件,可与服务器操作系统并行工作,提高效率。磁盘阵列柜可放置多台磁盘,并支持热插拔操作,构成不同级别的磁盘阵列。硬件 Raid 方式价格较高,但性能占绝对优势。

软件磁盘阵列是指通过网络操作系统自身提供的磁盘管理功能将连接在普通 SCSI 卡上的多块硬盘配置成逻辑盘,软件磁盘阵列可以提供数据冗余,但硬盘子系统的性能会有所降低。目前 Windows 200x、NetWare、Linux 几种操作系统都可以提供软件阵列功能,其中 Windows 200x 可以提供 Raid0、Raid1、Raid5。NetWare 操作系统可以实现 Raid1 功能。

分析一下软件磁盘阵列的工作原理就可以了解软件磁盘阵列的优点与缺点。当使用软件阵列将硬盘配置成 Raid1 或 Raid5 时,数据以镜像或校验方式存储,当某块硬盘出现故障时,可以通过存储在镜像或校验盘中的数据进行恢复,确保不会丢失,从而保障了数据的安全。由于软件磁盘阵列使用普通 SCSI 卡,因此,几乎所有的网络服务器都可以使用软件磁盘阵列配置。软件由网络操作系统免费提供。配置软件阵列时,只需另外添加相同的硬盘即可实现,因此,软件磁盘阵列实现成本低,配置简单方便,易于使用。

软件阵列的缺点是需要执行相应的磁盘管理程序。过去对一块硬盘进行操作,而现在需要对更多的硬盘进行操作,因此需要占用网络服务器的 CPU 及内存资源。同时为了保证数据的同步,需要额外增加数据校验的步骤,因此服务器在硬盘子系统的整体性能比单一硬盘要有所下降,服务器还需要额外提供 CPU 和内存资源供磁盘管理工具使用,因此服务器的整体性能下降了大约 20%～30%。同时软件磁盘阵列还不具有硬件磁盘阵列的在线扩容、动态修改盘阵级别,自动数据恢复等诸多功能。可以说,软件磁盘阵列是用性能换可靠。

19.2.2　Raid 的级别与实现方式

Raid 技术分为 Raid0～Raid6 共 7 个不同的级别。其中,Raid0、Raid1、Raid3、Raid5 是最常用的方式。以上几种方式还可以组合应用。如 Raid0 和 Raid1 结合构成 Raid10,Raid0 和 Raid3 结合构成 Raid30,Raid0 和 Raid5 结合构成 Raid50 等。目前 Raid 技术已成为一种工业标准。现对 Raid0～Raid6 及常用的 Raid10、Raid30 和 Raid50 介绍如下。

1. Raid0

Raid0 技术是将多个磁盘并列起来,形成一个大容量的逻辑磁盘。在写入数据时,先将数据按磁盘的个数进行条带划分,然后同时写入到不同的磁盘中,数据存储方式如图 19-3 所示。在所有的 Raid 级别中,Raid0 的数据读写速度最快,但由于没有提供数据的冗余存储,因此没有容错功能,一个物理磁盘的损坏将导致所有的数据都无法使用。

图 19-3　Raid0 数据存储方式

2. Raid1

Raid1 技术是将两组相同的磁盘系统互为镜像,在向主磁盘写入数据的同时,也向镜像磁盘写入相同的数据,数据存储方式如图 19－4 所示。这样,当主磁盘损坏时,就可以用镜像磁盘代替主磁盘工作。由于采用相同容量的镜像磁盘对主磁盘做数据备份,因此,其容错功能是最强的。但磁盘空间的利用率却只有 50%,是所有 Raid 级别中最低的。

图 19－4　Raid1 数据存储方式

3. Raid2

Raid2 将数据条块化分布于不同的硬盘上,条块单位为位或字节。使用称为海明码的"加权平均纠错码"编码技术来提供错误检查及恢复,数据存储方式如图 19－5 所示。这种编码技术需要多个磁盘存放检查及恢复信息,使得 Raid2 技术实施很复杂。因此,在商业环境中很少使用。

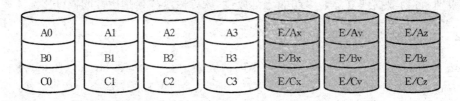

图 19－5　Raid2 数据存储方式

4. Raid3

Raid3 将数据分成多个"条带"存放在 N 个硬盘上,另外使用 1 个独立的磁盘专门存放 N 个数据盘的奇偶校验码,数据存储方式如图 19－6 所示。当这 N＋1 个硬盘中的其中一个硬盘出现故障时,均可以从其他 N 个硬盘中的数据通过异或运算恢复原始数据。由于在一个磁盘阵列中,多于一个硬盘同时出现故障的几率很小,所以一般情况下,Raid3 的安全性是可以得到保障的。与 Raid0 相比,Raid3 在读写速度方面相对较慢。使用的容错算法和分块大小

图 19－6　Raid3 数据存储方式

决定 Raid3 的性能和应用场合。通常情况下，Raid3 比较适合大文件类型且安全性要求较高的应用，如视频编辑、硬盘播出机、大型数据库等。

5. Raid4

Raid4 对分布在不同磁盘上的同级数据块通过 XOR 进行校验，结果保存在单独的校验盘上，如图 19-7 所示。所谓同级是指在每个硬盘中同一柱面同一扇区位置的数据。与 Raid3 相比，Raid4 只是将条带改成了"块"。即 Raid4 是以数据块为单位存储的，那么数据块应该怎么理解呢？简单的说，一个数据块就是一个完整的数据集合，比如一个文件就是一个典型的数据块。Raid4 这样按块存储可以保证块的完整性，不会因条带存储在其他硬盘上而可能受到不利的影响（比如当其他多个硬盘损坏时，数据就会因此而丢失）。

图 19-7　Raid4 数据存储方式

在写入时，Raid4 就是按这个方法把各硬盘上同级数据的校验统一写入校验盘，等读取时再即时进行校验。因此即使是当前硬盘上的数据块损坏，也可以通过 XOR 校验值和其他硬盘上的同级数据进行恢复。由于 Raid4 在写入时要等一个硬盘写完后才能写下一个，并且还要写入校验数据，因而写入效率比较低。读取时也是一个硬盘一个硬盘地读，但校验迅速，所以相对速度较快。

6. Raid5

Raid5 是一种存储性能、数据安全和存储成本兼顾的存储解决方案。以 5 个硬盘组成的 Raid5 为例，其数据存储方式如图 19-8 所示。由图中可以看出，Raid5 不对存储的数据进行备份，而是把数据和相对应的奇偶校验信息存储到组成 Raid5 的各个磁盘上，并将奇偶校验信息和相对应的数据分别存储于不同的磁盘上。当 Raid5 的一个磁盘数据发生损坏后，利用剩下的数据和相应的奇偶校验信息就可以恢复被损坏的数据。

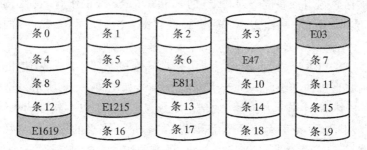

图 19-8　Raid5 数据存储方式

Raid5 可以理解为 Raid0 和 Raid1 的折衷方案。Raid5 可以为系统提供数据安全保障，但保障程度要比镜像低，而磁盘空间利用率却比镜像高。Raid5 具有和 Raid0 相近似的数据读取速度,只是多了一个奇偶校验信息;写入数据的速度比对单个磁盘进行写入操作稍慢。但是由于多个数据对应一个奇偶校验信息,Raid5 的磁盘空间利用率要比 Raid1 高,存储成本相对较低。

7. Raid6

Raid6 是由一些大型企业提出来的私有 Raid 级别标准,它的全称叫"Independent Data disks with two independent distributed parity schemes(带有两个独立分布式校验方案的独立数据磁盘)"。这种 Raid 级别是在 Raid5 的基础上发展而成的,因此它的工作模式与 Raid5 有异曲同工之妙,不同的是 Raid5 将校验码写入到一个磁盘里面,而 Raid6 将校验码写入到两个磁盘里面,这样就增强了磁盘的容错能力,同时 Raid6 阵列中允许出现故障的磁盘也就达到了两个,而相应的阵列磁盘数量最少也要 4 个。

8. Raid10

Raid10 又称 Raid0+1,是 Raid0 和 Raid1 的组合形式。以四个磁盘组成的 Raid10 为例,其数据存储方式如图 19-9 所示。Raid0+1 是存储性能和数据安全兼顾的方案。它在提供与 Raid1 一样的数据安全保障的同时,也提供了与 Raid0 近似的存储性能。由于 Raid0+1 也通过数据的 100%备份功能提供数据安全保障,因此 Raid0+1 的磁盘空间利用率与 Raid1 相同,存储成本高。Raid0+1 的特点使其特别适用于既有大量数据需要存取,同时又对数据安全性要求严格的领域,如银行、金融、商业超市、仓储库房、各种档案管理等。

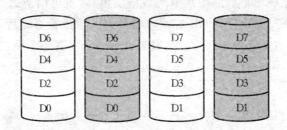

图 19-9 Raid10 数据存储方式

9. RAID30

Raid30 也被称为专用奇偶位阵列条带,是 Raid3 和 Raid0 的组合,具有 Raid3 和 Raid0 的双重特征。既可以像 Raid0 一样实现跨磁盘抽取数据;又可以像 Raid3 一样使用专用奇偶位实现容错。

Raid30 最少要求有 6 个磁盘,而且只能由磁盘阵列控制器实现。先使用 3 块或更多的磁盘作 Raid3,然后将形成的低级阵列重新组合成 Raid0,如图 19-10 所示。这样,Radi30 可以在两个硬盘同时损坏(每个阵列中一个)的情况下继续工作,所以容错能力大大提高。由于采用多个阵列组合,因此,支持更大的卷尺寸和较高的容量。冗余的硬盘也增加为两个,所以有效使用的容量为 N-2。通过采用 Raid30 技术,硬盘的读性能较高,非常适合作为检索服务器等读性能要求较高的系统使用,同时也最适合非交互的应用程序,如视频流、图形和图象处理等。这些应用程序顺序处理大型文件,而且要求高可用性和高速度。

图 19-10　Raid30 数据存储方式

10. Raid50

Raid50 也被称为分布奇偶位阵列条带，是 Raid5 和 Raid0 的组合，具有 Raid5 和 Raid0 的双重特征。既可以像 Raid0 一样跨磁盘抽取数据，又可以像 Raid5 一样使用分布式奇偶位实现容错。

Raid50 最少需要 6 个磁盘，而且只能通过磁盘阵列控制器实现。先使用 3 块或更多的硬盘作 Raid5，然后将形成的低级阵列重新组合成 Raid0，如图 19-11 所示。Raid50 可以提供更高的数据可用性和优秀的整体性能，并支持更大的卷尺寸。由于采用多个阵列组合，冗余的硬盘也增加为两个，所以有效使用的容量为 N-2。像 Raid10 和 Raid30 一样，即使两个物理磁盘发生故障（每个阵列中一个），也不会有数据丢失。它最适合需要高可用性存储、高读取速度、高数据传输性能的应用。这些应用包括事务处理和有许多用户存取小文件的办公应用程序。

图 19-11　Raid50 数据存储方式

几种常用的 Raid 级别与对应的性能如表 19-1 所示。

表 19-1　**Raid 的级别与性能比较**

级别	Raid0	Raid1	Raid3	Raid5	Raid10	Raid30	Raid50
容错性	无	有	有	有	有	有	有
冗余类型	无	复制	校验	校验	复制	校验	校验
热备操作	不支持	支持	支持	支持	支持	支持	支持
所需磁盘数	≥2	≥2	≥3	≥3	≥4	≥6	≥6
可用容量	最大	最小	中等	中等	最小	中等	中等
减少的容量	无	50%	1 个磁盘	1 个磁盘	50%	1 个磁盘	1 个磁盘
读性能	快	中等	快	快	中等	快	快
随机写性能	最快	中等	最慢	慢	中等	最慢	慢
连续写性能	最快	中等	慢	最慢	中等	慢	最慢

19.3 网络数据存储技术

随着网络应用的不断广泛和深入,网络中积累的数据量迅速增长,如何实现网络中数据的集中管理和集中访问,如何确保网络数据的一致性、安全性和可用性,是我们所面临的一个重要问题。下面我们就介绍三种目前可用于解决网络数据存储的技术。

19.3.1 直接附加存储 DAS

直接附加存储 DAS(Direct Attached Storage)又称为直接连接存储或服务器附加存储 SAS(Server Attached Storage),是较早出现的一种存储技术。尽管已经出现了很多新的存储技术,但由于历史和价格等因素,目前大多数网络仍然采用 DAS。在 DAS 模式中,磁盘、磁带(库)或磁盘阵列等存储设备作为附属设备直接与服务器相连,并直接受服务器的管理与控制,如图 19 - 12 所示。

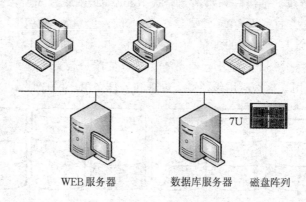

WEB 服务器   数据库服务器   磁盘阵列

图 19 - 12   DAS 存储示例

从图中可以看出,服务器与存储设备之间采用内部 I/O 总线相连,客户机对数据的访问必须通过服务器,服务器实际上起到一种存储转发的作用。最典型的存储设备是磁盘阵列,它与服务器之间通过 SCSI 总线相连。

由于每个关键服务器都需要一个 DAS,因此其特别适合于服务器数量较少的中小型局域网。DAS 的实施简单、快捷,投资少、见效快,但是不能提供跨平台文件共享。

19.3.2 网络附加存储 NAS

网络附加存储 NAS(Network Attached Storage)又称为网络连接存储。在该存储方式中,存储设备不是直接连接到某个服务器上,而是直接连接到网络上。客户机对存储设备的访问不再需要通过服务器进行存储转发,而是直接进行数据存取,因而具有更高的数据传输带宽和更快的响应速度,便于实现海量数据的网络共享。NAS 存储模式如图 19 - 13 所示。

一个 NAS 实际上就是一台专用的存储服务器,功能上相当于传统的文件服务器。但这种专用的存储服务器又不同于传统的文件服务器,因为它舍弃了通用服务器原有的功能强大的计算能力,仅仅提供文件管理功能,专用于存储服务,并优化了系统硬件体系结构。在轮件上,通常采用多线程、多任务的网络操作系统内核处理来自网络的 I/O 请求,不仅响应速度

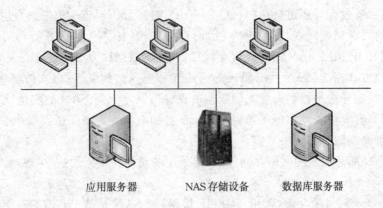

图 19 - 13　NAS 存储示例

快,而且数据传输速率也很高。

最典型的网络附加存储设备仍然是磁盘阵列,但也可以包括磁盘、光盘(塔)和磁带(库)。NAS 的主要特点是易于安装和部署,方便使用和管理。由于 NAS 集中管理和分配存储空间,因此,可以充分发挥存储设备的利用率,提高性价比。此外,NAS 还支持跨平台使用,支持不同操作系统下的存储访问。比较适合作为中小企业的网络存储解决方案。

19.3.3　存储区域网络 SAN

存储区域网络 SAN(Storage Area Network)实际上是一种专门的网络,它独立于承载应用的网络。这种网络通过光纤通道协议(Fiber Channel Protocol,FCP)使用光纤或铜缆来传输数据。不依赖于承载业务的网络服务器,也不占用网络服务器的带宽,因而具有很高的可用性、良好的扩展性和超长距离支持能力。

SAN 的存储模式如图 19 - 14 所示。从图中可以看出,SAN 不同于承载一般业务的网络,而是将需要提供存储支持的各种网络服务器和各种存储设备(包括光盘(塔),磁带(库)和

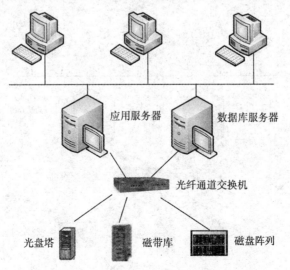

图 19 - 14　SAN 存储示例

磁盘阵列)在后台通过光纤通道交换机(FC Switch)连接起来,形成一个带宽高达 2.5 Gb/s 的高性能网络。这种存储模式提供了非常灵活的存储连接,任何一台服务器都可以通过 SCSI 命令而不是 TCP/IP 访问 SAN 上的任何存储设备,并以数据块为单位进行高速的数据传输。

与其他存储方式相比,SAN 具有更高的可用性和更高的性能,可以支持集中管理和远程管理,支持服务器的异构平台和海量关键数据的存储与共享。但 SAN 的实施成本也很高,因此,主要应用于具有大量关键数据的银行、保险、证券和电信等大型或超大型企业。SAN 架构还可以作为一种高端的容灾解决方案。

NAS 与 SAN 都是主流的网络存储方式,但采用的是两种不同的技术,现对二者的区别总结如下:

① NAS 是基于网络的存储,采用 TCP/IP 协议;而 SAN 是基于通道的存储,采用光纤通道协议。

② NAS 是专门的文件存储服务器,提供文件级的数据访问能力,可以实现异构环境下的文件共享;而 SAN 是独立的数据存储网络,提供数据块级的数据访问能力,不支持异构环境下的文件共享。

由上可以看出,NAS 与 SAN 具有明显不同的性能,因此适用于不同的应用需求。但是 SAN 也可以通过光纤通道将 NAS 设备连接到一起,形成分级的综合存储解决方案。

19.3.4　iSCSI 技术

iSCSI 又称 IP SAN,是一种在 IP 网络上传输 SCSI 数据块的技术。iSCSI 将 NAS 与 SAN 两种技术相结合,其性能介于两者之间,从而可以实现以较低的成本提供较高的性能,更多的满足不同级别的存储需求。

iSCSI 技术的实现方式如图 19-15 所示。从图中可以看出,在架构形式上,iSCSI 与 SAN 完全相同,但 iSCSI 采用的是普通以太网交换机和支持 iSCSI 的各种存储设备,构建的是传统的以太网,将 iSCSI 数据块打成标准的 IP 包传输。

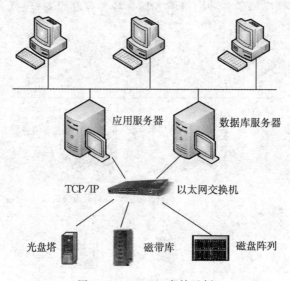

图 19-15　iSCSI 存储示例

此外,还可以通过路由器将通过光通道交换机构建的基于光通道传输的 FC SAN 和通过以太网交换机构建的基于 iSCSI 技术的 IP SAN 进行连接,实现两级存储。

19.3.5　分级存储典型案例

分级存储的思想建立在对服务器的数据类型进行分类的基础上。由于重要服务器中的数据对存储的性能和可靠性要求比较高,因此就需要将其配置为光纤 SAN 的存储方式,通过给该服务器配置 HBA 光纤卡,将其连接到光纤通道交换机 FC Switch,由此访问磁盘阵列。而针对重要程度相对略低的大量应用数据,可将其配置为通过以太网交换机对 NAS 的存储访问方式,实现多用户对共享文件的高速访问。

一个典型的分级存储方案如图 19 - 16 所示。其中的网络存储设备为美国 NetApp 公司的存储阵列 FAS2050,其最大特点是一套解决方案可同时支持 NFS、CIFS、iSCSI 和 FC SAN 等多种存储协议和虚拟主机协议,能够同时满足 NAS、iSCSI、SAN 等多种存储需求。该存储系统采用业界领先的 4Gb 光纤通道技术,最多可以支持 32 个连接到 SAN 的服务器,存储为光纤直连,同时提供 NAS 连接方式,为主机进行大量的数据访问和迁移提供了高速可靠的双通道。其磁盘阵列配置 12 块 250GB 的 1 万转 SATA II 硬盘,共计达到 3TB 的裸容量。内置采用微内核设计的存储操作系统 Data ONTAP,包含实现文件系统、RAID、集群和镜像等功能所必须的软件,简化了实现高可用存储系统的复杂性,并有助于 Network Appliance 获得很高的系统可用性。需要另外为 NetApp FAS2050 上配置的软件包括:用于文件即时备份的 SnapShot 快照软件、用于整个文件系统即时恢复的 SnapRestor 软件和用于数据复制和容灾备份的 SnapMirror 存储管理软件等。

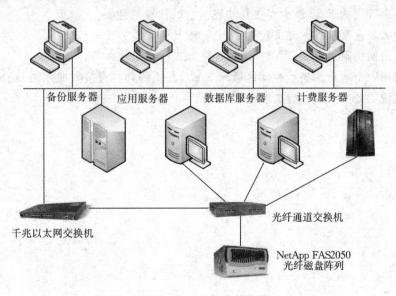

图 19 - 16　分级存储示例

本章小结

◆ 网络服务器有不同的类别和形式,具有高性能、高可靠性、可管理性和可扩展性。

◆ 集群技术可分为双机集群和多机集群,双机集群可进一步扩展成多机集群。

◆ 服务器集群可以满足不断增加的关键业务需要,提高网络的容错能力。

◆ 双机集群在实现上有 3 种不同的实现方式,即主从方式、对等方式和混合方式。

◆ Raid 技术可以实现大容量、高性能的存储,并可以实现数据恢复。

◆ Raid 技术分为 Raid0～Raid6 共 7 个不同的级别,还可以组合成 Raid10、Raid30 和 Raid50 等应用方式。

◆ 网络存储技术有直接附加存储 DAS、网络附加存储 NAS、存储区域网络 SAN 和 iSCSI 四种技术。

习　题

19-1 网络服务器有哪些类别和特性?

19-2 何为双机热备和双机集群技术? 试给出双机热备和双机集群的硬件实现方式和软件实现方式,并说明二者的区别。

19-3 什么是 Raid? Raid 的硬件实现方式和软件实现方式是怎样的?

19-4 Raid 有哪些级别? 当前常用的级别是什么?

19-5 各个级别的 Raid 最少需要几块磁盘? 试比较其性能。

19-6 什么是直接附加存储 DAS? 其主要特点有哪些?

19-7 何谓网络附加存储 NAS? 这种存储方式适用于什么场合?

19-8 请用一个示意图表示存储区域网 SAN,并说明其与直接附加存储 DAS 的区别?

19-9 试说明 iSCSI 技术的基本原理。

第 20 章　网络系统集成

结构化综合布线是构建规范、可靠、灵活、可调、便于管理和维护的计算机网络的基础,是网络系统集成的前提,也是计算机网络必不可少的组成部分。因此本章第一节首先从结构化综合布线系统的概念和特点出发,系统地介绍结构化综合布线系统的组成和线缆。

网络系统集成在 IT 领域占有很大的市场份额,因此学习和掌握网络系统集成技术至关重要。为使大家对网络系统集成不仅有概念性的了解,而且能够理论联系实际,深入体验并领会其实质,在本章第二节介绍完网络系统集成的概念和特点之后,还将进一步给出网络系统集成的一般过程、模型和普遍遵循的原则。

为了将前面各章节讲述的知识融合起来,对网络的规划和设计有一个全面的了解和掌握,第三节将以某大学校园网建设为例,具体而详细地介绍校园网规划建设的有关内容。

20.1　结构化综合布线技术

20.1.1　结构化综合布线的概念与特点

1. 结构化综合布线的概念

综合布线系统(Premises Distribution System,PDS)的概念最早是由美国电报电话(AT&T)公司的贝尔(Bell)实验室提出的,并于 20 世纪 80 年代末期率先推出了相应的产品。综合布线系统的特点就是将所有语音信号、数据信号、监控信号的线缆经过统一的规划与设计,综合在一套标准的配线系统中。随着综合布线系统 PDS 的概念和产品的深入人心和广泛采用,EIA/TIA 建立并形成了商业建筑电信布线标准 EIA/TIA-568A 和 EIA/TIA-568B,以及商业建筑电信通道和空间标准 EIA/TIA-569,这些标准与 CCITT(ITU-T)建议的 ISDN 配线标准相兼容,旨在规范相应的技术和产品,使其具有很好的开放性和兼容性。与此相对应,各国也陆续颁布了相应的标准。如:中国工程建设标准 CECS72:97 建筑与建筑群综合布线系统工程设计规范、中国国家标准 GB/T50311-2000 建筑与建筑群综合布线系统工程设计规范和中国通信行业建筑物综合布线规范 YD/T926-2001。

由于综合布线系统 PDS 按统一的标准和结构化的方式部署和设计建筑物内或建筑群之间的网络系统、电话系统、监控系统等各种通信线路,综合利用和充分共享空间和线路资源。因此,综合布线系统又经常称为结构化综合布线系统或结构化布线系统。综合布线系统 PDS 在形式上呈现一种立体交叉的层次化结构,在线路连接上采用扩展性和灵活性很强的星型拓扑结构,系统的各个组成部分都是模块化的。PDS 的突出特点在于每个部分都是相对独立的单元,每个单元的改变都不会影响其他子系统。因此,整个系统便于扩展,易于管理和维护。

目前,综合布线系统主要包括网络通信系统、语音通信系统和监控系统,如图 20-1 所示。一般不包括传输视频信号的有线电视系统(一般需要单独布线),更不包括供电和照明系统。

另外,结构化综合布线系统只包括布署在建筑物内的常用弱电线缆及其连接设施,如配线架、接线盒、信息面板等。不包括各种交换设备,如电话交换设备或网络交换机等。结构化综合布线系统提供的只是通信的基础设施,并不是一个完整的通信系统。

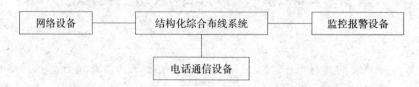

图 20-1 结构化综合布线系统与各设备之间的关系

结构化综合布线系统与传统网络布线的最大差别就在于网络布线系统本身与网络设备独立。传统的网络布线是设备在哪里,线就布到哪里,一旦设备位置发生变化就要增加甚至重新调整布线。而结构化综合布线则是先按结构化综合布线的规范将线路部署好,然后再将不同位置的设备通过便利的信息点(信息面板)接入到网络。这样做的好处是,如果设备位置发生变化,不必重新布线,只要简单的调整配线间或设备间的跳接即可,无需做其他工作。

在信息时代,人们对现代化建筑不仅要求合理的空间和采光等,而且更加追求快速、方便的通信,能够易于获取和交换信息。因此,出现了智能大厦的概念。所谓智能大厦的"智能"就是指采用电子信息技术,对建筑楼宇进行自动防火和安全监控,对各种设备和设施进行管理和控制,为用户提供畅通和方便的信息和通信服务等。现在,结构化综合布线系统已经成为智能大厦和数字园区建设的基础和核心。

一个智能大厦基本上由以下一些系统构成:现代建筑系统、通信系统、办公自动化(OA)系统和大厦自动化控制系统。也就是说,智能化大厦是以上 4 种系统的灵活集成,是电子信息技术与建筑技术相结合的产物,它所具有的各种高度自动化功能,使其具有经济性、功能性、安全性和可靠性等特点。

其中,通信系统主要包括:以程控交换机为核心的电话、传真通信网;大楼内的局域网;与国内外连接的远程数据通信网。目前,OA 与通信系统已密不可分,通过将两者结合共同实现语音、文本、图像、视频的综合传输与处理。其中的大厦自动化控制系统主要包括大楼的电力、空调、电梯、供水与排水、防火设备实行全自动的综合监控管理,所采用的技术主要包括传感技术、计算机技术和现代通信技术。

2. 结构化综合布线系统的特点

(1) 结构化和标准化:综合布线系统采用统一的网络布线标准,具有明显的结构化和模块化特征。它将整个布线系统分成 6 个标准和通用的部分(工作区子系统、水平布线子系统、垂直干线子系统、配线间管理子系统、设备间管理子系统、建筑群子系统),这样,既便于将各部分互连,又便于连接不同厂商生产的网络设备。涉及的所有连接器件都是模块化的,布线清晰、简单。

(2) 单一化:无论布线系统如何复杂、庞大,语音、数据和监控设备都可以统一采用相同的电缆和配线架、相同的接口和模块。这样系统的设计和施工过程将大为简化,而且系统的维护和管理也十分简单、明了。需要注意的就是在施工过程中,给线缆打好标记,对配线架和信息插座进行编号,并统一记录在案,以保证布线的准确无误。

（3）可靠性高：由于综合布线系统具有标准的体系结构和生产规范，各个部分都是结构化和模块化的，而且目前著名的生产厂商普遍通过了国际标准认证，因此，其产品具有很高的可靠性。由此连接的网络就可以建立在一个稳定、可靠的基础之上。

（4）易于扩展和维护：如果是少量的设备扩充，只要有空闲的端口，只要简单的增加跳线就可以实现设备的接入。如果要进行较大范围的网络扩充，只要增加相应的布线设施，并与原有的布线系统进行集成即可，无需改变结构化综合布线系统的架构和现有的连接。

此外，当用户设备需要更换位置时，只需要在配线架上进行简单、灵活的跳线即可，不需要更改或重新布线，从而大大减少了所耗费的人力、物力和财力。

20.1.2　结构化综合布线系统的组成

一个完整的结构化综合布线系统由以下六个部分组成：

（1）工作区子系统：由安装在墙壁上的信息面板和从信息面板连接到终端设备的双绞线跳线组成。在智能大厦室内的墙壁上一般安装有一个或数个单口或双口的 RJ45 和 RJ11 端口信息面板。通过信息面板既可以连接数据终端（通过 RJ45 端口），也可以连接电话（通过 RJ11 端口）。

（2）水平布线子系统：指从每个用户工作区的信息面板开始到位于每个楼层的配线架之间所有水平方向的布线。正是通过水平布线子系统将用户工作区的每个信息点汇聚到配线架。水平子系统一般位于同一楼层，对同一楼层各办公室的计算机提供网络接入。水平布线一般采用 5 类（超 5 类）双绞线铺设到每个房间，通常数据通信使用 2 对双绞线，电话使用 1 对双绞线，监控报警装置也使用 1 对双绞线。水平布线一般在建筑施工时走暗管。如果是没有进行综合布线的早期建筑，就只能采用 PVC 线槽或金属桥架明式安装。

（3）垂直干线子系统：从位于设备间的主配线架开始到位于各楼层配线架的垂直布线系统。垂直干线子系统是建筑物内网络系统的中枢，可以采用双绞线也可以采用光纤。垂直布线一般走专门的竖井。

（4）管理子系统：由落地式的网络机柜或壁挂式的配线箱、内置的配线架和连接到接入交换机的双绞线跳线组成，主要实现水平布线子系统和垂直干线子系统的连接。管理子系统通常每层一个，一般设置在楼层的中间位置，通常就安置在各楼层的弱电间。

如果某些楼层的网络终端数量不多，也可以几个楼层共用一个落地机柜或配线箱，构成跨楼层管理子系统。如果整个建筑物的网络终端数量不多，甚至可以取消所有楼层的管理子系统，直接接入到位于设备间的布线设施中，从而形成后面所述的准结构化布线系统。

（5）设备间管理子系统：主要指设备间内的全部布线设施和线缆连接。包括网络机柜、配线架、垂直布线到配线架之间的连接，从配线架到汇聚交换机之间的连接，以及汇聚交换机到核心交换机之间的连接，核心交换机到路由器之间、核心交换机到管理交换机之间、管理交换机到服务器之间的连接，甚至包括路由器到防火墙、网关之间的连接等。这些连接跟据所要求的传输速度不同以及接口形式不同，有的采用双绞线跳线，有的采用光纤跳线。

（6）建筑群连接子系统：从一个建筑物的设备间到另一个建筑物的设备间，连接各建筑物的通信子系统。通常由多芯单模或多模的光缆担当此任。典型的结构形式是星型和环型，或者是二者相结合，主干为环型，分支为星型。对于进入设备间的光缆，需要首先接入到光纤配线架，再由标准的光纤接口通过光纤跳线连接到汇聚交换机或核心交换机。或者首先接入到光电耦合器,转换成电信号,再通过双绞线跳线连接到交换机。

由于建筑群连接子系统的光缆位于室外,为了避免遭受意外而导致光缆中断,造成网络的瘫痪,需要按有关通信施工标准进行施工。

一个结构化综合布线系统的各个组成部分示意图如图20-2所示。通过这种结构化布线,我们可以方便地进行网络的通信线路管理,在不妨碍系统运行的情况下,能够很容易地增加和调整线路的使用分配,并可以很方便地检测和排除线路故障。

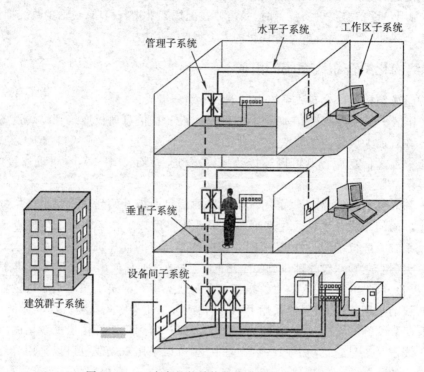

图 20-2 一个完整的结构化综合布线系统的组成

值得说明的是,目前有些建筑物的结构化布线系统并非是如上所述的标准结构化布线系统,而是对标准的结构化综合布线系统中的水平布线子系统、管理子系统、垂直干线子系统进行合并和压缩,即省去管理子系统,从设备间引出的双绞线沿垂直和水平方向直接到达每个工作区,这样就形成了所谓的"准结构化综合布线系统"。这种结构化综合布线系统虽然不如标准的结构化综合布线系统灵活,但是成本有所降低,易于集中管理。

20.1.3 结构化综合布线系统的线缆

1. 双绞线

(1)双绞线的种类:双绞线(TP)一般分为非屏蔽双绞线(UTP)和屏蔽双绞线(STP)两种。非屏蔽双绞线实际上是由4对相互缠绕的铜线和一个塑料封套构成,形式如图20-3所示。各个线对按螺旋结构缠绕是为了使导线之间的电磁干扰最小,因为每根铜导线在数据传输过程中放出的电波会被另一根铜导线上发出的电波所抵消,从而减少串扰及信号放射影响的程度。

屏蔽双绞线的内部是由2对相互缠绕的铜线构成,但包覆一层铝箔或金属网,以实现对外

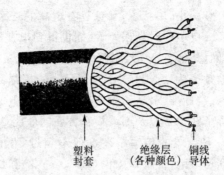

塑料　绝缘层　铜线
封套　（各种颜色）导体

图 20-3　非屏蔽双绞线电缆的结构形式

部电磁信号的屏蔽,提高抗干扰性。屏蔽双绞线电缆的形式如图 20-4 所示。相比而言,屏蔽双绞线电缆具有较高的传输速率和性能。例如,5 类屏蔽双绞线 100 m 内传输速率可达 150 Mb/s。但屏蔽双绞线相对来说要贵一些,它的安装也要比非屏蔽双绞线电缆复杂一些,必须配有支持屏蔽功能的特殊连接器和相应的安装技术。屏蔽双绞线一般用于具有特殊要求的网络传输,不适于进行结构化综合布线。

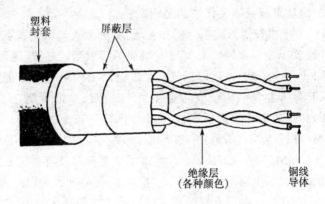

塑料　　　屏蔽层
封套

绝缘层　　　铜线
（各种颜色）　导体

图 20-4　屏蔽双绞线电缆的结构形式

由于布线工程中大量使用的都是非屏蔽双绞线,因此习惯上就将非屏蔽双绞线直接称为双绞线。

根据电子工业协会(EIA)和通信工业协会(TIA)所设计的规格,双绞线有以下几类:

第 1 类:早期作为电话线用于音频传输,一般不用于数据传输。

第 2 类:传输频率为 1 MHz,可用于语音传输和最高传输速率为 4 Mb/s 的数据传输,早期曾经作为令牌传输协议网络的传输介质。

第 3 类:传输频率 16 MHz,大量用于传输速率为 10 Mb/s 的 10Base-T 以太网。

第 4 类:该类电缆的传输频率为 20 MHz,用于语音传输和最高传输速率为 16 Mb/s 的数据传输,主要用于早期基于令牌控制的局域网(令牌环)。

第 5 类:该类电缆增加了绕线密度,并采用高质量的绝缘外套,传输率为 100 MHz,可用于语音传输和最高传输速率为 100 Mb/s 的数据传输,主要用于 100BASE-T 和 10BASE-T 网络。这是目前比较常用的以太网电缆。

超 5 类：超 5 类电缆具有衰减小，串扰少，并且具有更高的衰减与串扰的比值（ACR）和信噪比（Structural Return Loss）、更小的时延误差，性能也得到很大提高。超 5 类线主要用于各种快速以太网和千兆位以太网（1000 Mb/s），应用非常广泛。

第 6 类：该类电缆的传输频率为 1 MHz～250 MHz，它提供 2 倍于超五类的带宽。六类布线的传输性能远远高于超五类标准，最适用于传输速率为 1Gb/s 的应用。六类与超五类的一个重要的不同点在于：改善了在串扰以及回波损耗方面的性能。

（2）双绞线的性能指标：双绞线的传输距离一般不超过 100m，典型的数据传输速率为 10 Mb/s、100 Mb/s 和 1 000 Mb/s。传统以太网（10Base-T）和快速以太网（100Base-TX）使用 UTP 四对线中的两对，一对用于发送数据，一对用于接收数据。千兆以太网（1000Base-T）使用 5 类双绞线中的全部 4 对线，并在每一对线上同时实现收发操作，每对线的传送速率为 250 Mb/s（250 Mb/s×4＝1 Gb/s）。

ANSI/EIA/TIA-568-A 关于 5 类线的性能评价参数如下：

信号衰减（attenuation）：是发送过程中由于线缆阻抗而引起的信号强度的减弱，其随着频率的升高而增大。

回波（echo）：是由于信号的双向传输而引起的，即发射信号和接收信号都在同一对线中进行。我们通常用回波损耗来测量回波带来的影响。

串扰（crosstalk）：是指相邻线对间信号的相互干扰，分为近端串扰和远端串扰。

IEEE 对需要升级到千兆以太网的 CAT-5 增加了两项测试参数，返回损耗（return loss）和远端串扰（Far-End Crosstalk）。返回损耗定义了链路中因阻抗不匹配引起的反射信号能量。远端串扰（FEXT）则是指某线对受发送电缆远端其他线对的干扰，实际测试中常用等效远端串扰（ELFEXT）和总功率等效远端串扰（PSELFEXT）来表示。在 10Base-T 中返回损耗和远端串扰的影响可以忽略不计，但在 100Base-TX 和 1 000Base-T 中它们对网络性能将有重要影响。原有 ANSI/TIA/EIA568-A 标准的 5 类布线没有指定返回损耗和 ELFEXT 及 PSELFEXT 的测试（1995 年制定此规范时，这些问题没有引起人们的重视）。1998 年新标准 ANSI/TIA/EIA-TSB-95 在原有规范的基础上加了这两项参数测试，并称其为增强型 5 类布线。

（3）EIA/TIA568 的接线（线序）标准：为了确保每条通信线路的正确使用，双绞线的 4 对铜线采用了不同颜色的色标，并进行排序和编号。双绞线的接线标准有两种，分别是 EIA/TIA568A 和 EIA/TIA568B，对应的线序排列如表 20-1 所示。EIA/TIA568A 和 EIA/TIA568B 只是颜色上的区别，并没有本质的区别，但工程上一般采用 EIA/TIA568B 标准。

表 20-1　EIA/TIA568A 和 EIA/TIA568B 标准线序

EIA/TIA568A 标准			EIA/TIA568B 标准		
引线端顺序	介质直接连接信号	双绞线绕对的排列顺序	引线端顺序	介质直接连接信号	双绞线绕对的排列顺序
1	TX＋（传输）	白绿	1	TX＋（传输）	白橙
2	TX－（传输）	绿	2	TX－（传输）	橙
3	RX＋（接收）	白橙	3	RX＋（接收）	白绿

EIA/TIA568A 标准			EIA/TIA568B 标准		
引线端顺序	介质直接连接信号	双绞线绕对的排列顺序	引线端顺序	介质直接连接信号	双绞线绕对的排列顺序
4	没有使用	蓝	4	没有使用	蓝
5	没有使用	白蓝	5	没有使用	白蓝
6	RX -（接收）	橙	6	RX -（接收）	绿
7	没有使用	白棕	7	没有使用	白棕
8	没有使用	棕	8	没有使用	棕

通常,我们会看到双绞线的两种常用的连接方法:直通线缆和交叉线缆。下面分别介绍这两种线缆的引线端排序及适用场合。

① 直通线缆:水晶头两端都遵循 568A 或 568B 标准,双绞线的每组绕线是一一对应的。颜色相同的为一组绕线。直通线缆的典型连接情况:

交换机(或集线器)UPLINK 口 ↔ 交换机(或集线器)普通端口

交换机(或集线器)普通端口 ↔ 计算机(终端)网卡

② 交叉线缆:交叉线缆的线序排列如表 20 - 2 所示。水晶头一端遵循 568A,而另一端遵循 568B 标准。即线缆两端的水晶头交叉连接:A 水晶头的 1、2 引线端对应 B 水晶头的 3、6 引线端;而 A 水晶头的 3、6 引线端对应 B 水晶头的 1、2 引线端。颜色相同的为一组绕线。交叉线缆的典型连接情况:

交换机(或集线器)普通端口 ↔ 交换机(或集线器)普通端口

计算机网卡(终端) ↔ 计算机网卡(终端)

表 20 - 2　交叉线缆线序表

标准的交叉线缆		
A 端水晶头排列顺序	引线端顺序	B 端水晶头排列顺序
白橙	1	白绿
橙	2	绿
白绿	3	白橙
蓝	4	蓝
白蓝	5	白蓝
绿	6	橙
白棕	7	白棕
棕	8	棕

说明:目前有些交换设备和网卡已经能够自动识别对方的设备并在设备内部进行连接转换。因此,就不再需要采用交叉线缆了,在任何情况下均可采用直通线缆。

2. 光缆

光缆的外部有一个塑胶保护层,光缆的内部往往包含多条光纤,光纤内传播的是光信号,光源可以是发光二极管 LED 或激光二级管 ILD,对光载波的调制采用幅移键控法 ASK,也称为亮度调制(Intensity Modulation)。典型的做法是在给定的频率下,以光的出现和消失两个状态来表示 0 和 1 两个二进制数字。

每条光纤由纤芯和包层两种光学性能不同的纤维构成。其中,纤芯为光通路,光线由此沿径向传输;包层由多层反射玻璃纤维构成,用来将散射到包层上的光线以全反射的方式向前推进。

光纤有单模(长波)和多模(短波)之分。

单模光纤:这种光纤的芯很细(10 μm 以内),因而可以认为从光源射入的光信号基本沿轴线以一条途径向前传输,带宽可达几百 GHz,常用的为 8.3/125 μm(芯径/包层直径)。

多模光纤:这种光纤的芯较粗(10～75 μm),从光源射入的光波以辐射的形式沿不同角度进入光通道再以不同路径(非轴路径)进行传输,因而造成重叠反射的情况,如图 20-5 所示。由于光信号行走距离较长,且不同时到达终点,结果造成光脉冲在接收端重叠、混乱,致使带宽下降,速率只能达到几千 Mb/s,带宽约几千 MHz,常用的为 62.5/125 μm、50/125 μm、100/140 μm(芯径/包层直径)。

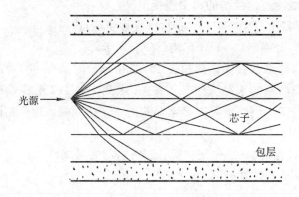

图 20-5　光纤的信号传播形式

光纤主要用于千兆及以上传输速率的主干网络。各类光纤和双绞线对应的千兆网络标准及其有效传输距离如表 20-3 所示。

表 20-3　千兆以太网不同传输介质对应的性能

标准	类别	传输介质	有效传输距离
IEEE 802.3z	1000 BASE-SX	多模光纤	2～550 m
	1000 BASE-LX	多模光纤	2～550 m
		单模光纤	≤10 000 m
	1000 BASE-CX	平衡、屏蔽铜缆	≤25 m
IEEE 802.3ab	1000 BASE-T	非屏蔽 5 类双绞线	≤100 m

由于光纤两端需要连接到光学接口上,因此每一条光纤的连接都需要小心地磨光端头,通过电烧烤或化学环氯工艺与光学接口连在一起,确保整个光传输通道畅通不被阻塞。

目前常用的光纤一般都是采用多成份的玻璃纤维制造,这种光纤的性价比较好。当然也有用超纯二氧化硅和塑料制造的,但价格太高,少有应用。光纤又细又脆,缺乏挠性,无法直接施工使用,另外由于价格和性能等原因,主要用于在远程主干线路上传输数据,因此就需要将多条光纤汇集到一起,加以很好的保护,构成光缆。尽管如此,在光纤铺设过程中,也不能将光纤拉得太紧或形成直角。

目前市场的光缆结构有多种形式。常见的两种结构形式如下:一种结构形式的光缆是在中心加钢丝或尼龙丝,之外束有若干根光纤,最外面再加一层塑胶护套;另一种是高密度光缆,它由多层丝带叠合而成。每一层丝带上平行敷设了一排光导纤维,然后在中心和周边通过几根钢丝来增加其挠性,最外面是塑胶护套。

光缆的优点是传播过程不受电磁及静电干扰,因而误码率低。此外由于损耗小,所以传播距离远。光缆的缺点是价格昂贵,不易施工。

电信号和光信号可以通过光电转换器实现相互转换。因此光缆和电缆可以混合使用。

20.2　网络系统集成概述

20.2.1　网络系统集成的概念与特点

1. 网络系统集成的概念

所谓网络系统集成是指根据用户的需求和投资规模,优选各种技术和硬件、软件产品,包括成型的子系统,设计出合理可行的网络系统建设方案,再将各个分离的部分连接成一个完整、可靠、经济和有效的网络系统的过程。网络系统集成涉及的硬件部分可能有交换机、路由器、防火墙、布线系统、服务器、客户机、存储系统等。网络系统集成涉及的软件部分可能有网络操作系统、网络数据库、网络服务软件、网络管理软件、入侵检测软件、网络防病毒软件以及特定的网络应用软件等。网络系统集成的目标就是要将各种网络硬件和网络软件进行有机的结合,并使之协调一致的工作,建立一个具有较高性价比的综合的网络应用环境。

严格来说,网络系统集成只是系统集成的一个子集。也就是说,系统集成包括的范围更广泛,涉及到的技术和内容可能更复杂、更具有随机性。但是,从目前和可以预见的将来来看,一般的信息系统(尤其是大型的、复杂的信息系统)都离不开网络。因此从这个意义上来说,系统集成和网络系统集成的含义是基本相同的,本书中不再进行区分。

网络系统集成是一项系统、完整和复杂的网络工程,涉及多方面的技术,以及不同类别、不同层次的技术和管理人员。对于从事系统集成工作的企业和人员来说,要求较高。为此,国家制定了 1~4 级(由高到低)的系统集成资质,从注册资金、施工能力(经验)、各种级别的技术人员数量以及经营业绩等多个方面对企业进行严格的认证和定期的考核。很多系统集成项目都对从事系统集成的企业的资质有严格的要求,通常是根据项目的规模和复杂程度的不同而对系统集成的资质提出不同的要求。

2. 系统集成的特点

系统集成具有以下特性:

(1) 工程性:系统集成首先是一项完整的工程,而不是一种单纯的技术。具有很强的工程特征,涉及到工程的方方面面。既涉及商务又涉及财务,既涉及技术又涉及管理,既涉及质量又涉及效益,既涉及需求分析又涉及规划设计,既涉及工程施工又涉及验收培训以及后期维护。因此,必须按工程进行严格管理和规范施工。

（2）管理性：管理在系统集成中占据重要的地位。任何一项工程都必须经过认真的分析和论证，进行严格的经费和进度预算，建立明确的规范和质量指标。通过精神的和物质的奖励，充分调动大家工作的积极性和负责精神。没有科学和严格的管理，就很难协调各方面的关系和各种人员之间的关系。

系统集成从事的是具体的工程，因此必然涉及工程的质量问题。只有认真按需求和规范设计，按文档和图纸严格管理和精心组织施工，才能确保系统的可靠性和完整性，才能确保工程质量，才能赢得客户的满意。同时，也能够减少资源和材料的浪费，避免不必要的返工和工期的延误。

（3）技术性：系统集成往往做的是一项大型而复杂的工程，涉及到很多方面的技术，如硬件技术、软件技术和网络技术等，而且对技术的要求也比较高。因此，要求从事系统集成的技术人员必须熟练掌握和精通这些技术，并能够很好的将这些技术灵活、有效的运用到各种可能的实际应用环境中，才能充分发挥技术本身的价值，确保工期和质量。

（4）经验性：经验对系统集成很重要。如果所从事的是一项和以前相类似的项目，那么就会驾轻就熟。只要与原来从事过的项目相对比，各方面都很容易处于掌握和控制之中，一般不会出现大的偏差。因此，一般的项目单位都会有相似的工程案例要求，而且也便于考核系统集成商的工程施工能力、质量和口碑等。

（5）规范性：系统集成涉及的范围广泛，不仅涉及要集成的各种硬件、软件产品和设备，而且还涉及建筑、环境、质量和安全等方面，因此，必须遵守有关的各项设计和施工规范。只有这样，才能保证各部分、各环节的协调一致，确保系统集成工作的有效开展和工程的最后测试和验收。不按规范施工，必然会出现这样或那样的问题。

（6）协调性：如前所述，系统集成往往是一项复杂而庞大的工程，涉及到方方面面。因此，必须协调好各个方面的关系，包括企业和用户的关系，企业和供应商的关系，管理人员和技术人员的关系，商务人员和财务人员的关系，质量和效益的关系，等等。

总之，系统集成不仅具有很强的工程和技术特性，而且具有很强的管理和经验特性。此外，还必须遵守规范、协调一致。

进行系统集成还要注意以下几点：

① 接口的一致性或兼容性

如前所述，系统集成是根据需求将各种可能的硬件和软件有机的结合在一起，构成一个整体的系统。但是要做到这一点，首先就需要所选择的各种硬件和软件在接口形式和接口规范上保持一致或相互兼容。只有这样，才能确保各个部分协调一致的工作，才能发挥整体的作用。由于要集成的硬件或软件具有很大的随机性，因此在有的时候是难以做到这一点的。但是至少得能够进行相互转换，或者能够借助某些接口或设备进行转换。对于软件来说，由于还普遍缺少严格的接口规范，具有一定的任意性，因此，集成的难度会更大一些。

② 文档和图纸

系统集成是一项系统性工程，在每一个阶段都需要具有规范和完善的文档或图纸，包括设计文档、管理文档、技术文档、施工文档和验收文档等，以及必要的设计图纸和施工图纸等。只有这样，每一项工作才能有据可依，才能避免出现可能的错误和返工，这既是工程管理所必需的，同时也是测试和验收工作所必不可少的。

③ 进度计划

一般来说,任何一项工程都是有进度要求的,很少是没有完成期限的。因此,必须采用科学、有效的方法,根据各项工作之间的相互制约关系安排好先后顺序,严格控制工程进度,确保工期和减少施工费用。目前,进度计划管理最简洁和最有效的方法还是采用甘特图。对此,可以利用一些项目管理工具(如 Project)来辅助完成。在制定进度计划时,要充分考虑到工程施工中存在的不可预见性,要保留一定的时间裕度。

④ 整体性能

有时会遇到这样的情况,一个系统的很多部分或所有部分都具有很高的性能,但系统整体的性能并不高,甚至还会很低,这就是因为没有充分考虑到系统工作的瓶颈及整体性能。因此,一个系统集成项目必须充分考虑系统各个部分之间的衔接,注重提高系统的整体性能。

⑤ 良好的客户关系

可以说,系统集成的成败主要取决于 3 个因素,即技术、管理和客户关系。其中,技术是基础,管理是保障,而融洽的客户关系则是成败的关键。因此,必须虚心接受用户的建议和批评,自始至终都要与客户和谐相处,相互理解和相互信任。只有这样,在工程初期才能充分理解和掌握用户的真正需求;在工程施工的某些环节或过程中才能够及时沟通并取得用户的谅解,以避免工程返工;减少后期验收、培训和维护的工作量和可能存在的问题。

20.2.2 网络系统集成的一般过程

系统集成通常包括需求分析、规划设计、安装调试、测试验收以及培训和维护六个常规的过程,有时还要涉及到程度不同的网络硬件和网络软件的应用开发工作。下面我们将对六个常规过程分别展开介绍。

1. 需求调研与分析

任何一项工程在开始之前都必须先进行需求分析,只有通过认真的需求分析才能理解和掌握用户的真正需求,才能够在此基础之上正确开展后期的所有工作。如果需求理解错误,必然导致设计的错误和后期一些毫无意义的工作,延误工期,浪费大量的人力、物力和财力,甚至可能需要将前期部分或所有的工作推倒重来,造成的损失常常是无法弥补的。因此,需求分析在网络系统集成中占有举足轻重的地位。

为了确保需求分析工作的准确性和质量,该项任务应该由用户和承担系统集成的管理和设计人员共同来承担,二方面缺一不可。需求分析的内容包括:

系统现状调研:包括硬件现状、软件现状、网络现状、应用现状、人员现状等,以及业务量、业务特点和数据类型、数据量、数据流量等。

网络需求调研:哪些部门需要上网、哪些人员需要上网、哪些资源需要上网、需要添加的客户机数量和档次、互连网的接入方式、以及网络接入结点的位置分布、实际距离、可能的走向等。

需求分析:即对系统功能的要求、对系统性能的要求(如带宽、时延、传输质量等)、对可靠性和安全性的要求、对开展网络服务的要求、对网络数据存储的要求、对网络布局的要求、网络的覆盖范围和应用边界、将来可能的扩充需求等。

成本/效益分析:对建立网络系统所需的人力、物力、财力的投入与可能产生的经济、社会效益进行分析和对比。

最后还要根据以上需求分析的结果撰写需求分析报告或可行性研究报告。

2. 网络规划与设计

网络系统的规划设计包括的内容如下：

（1）总体方案设计：总体方案设计包括以下几个部分的内容：

① 网络类型的选择和设计：根据应用需求、环境条件、资金费用、时间周期等综合考虑来确定是建设有线的网络还是建设无线的网络，还是有线和无线相结合的网络。随着无线网技术的逐渐成熟和成本的下降，无线网的应用越来越广泛，不失为一种好的选择。接下来应该进一步研究和确定采用哪一种技术来建设，如有线网的 Ethernet、FDDI、ISDN、ATM、SONET、MPLS 等，无线网的 WiFi、WiMax、微波、CDMA 等；与此同时，还要充分研究和分析采用不同类型和不同技术的网络所具有的性能指标范围和发展前景等。假定我们选择了当前应用最广泛的 Ethernet 技术，那么我们还可以在百兆、千兆和万兆三种不同的性能指标之间进行选择。

② 网络拓扑结构的选择和设计：确定是采用星型拓扑结构还是环型拓扑结构，或者是网状拓扑结构。从目前来讲，星型拓扑结构是最简单和最容易管理的网络拓扑结构，因此，中小型网络一般采用星型拓扑结构进行设计。尽管以太网不直接支持连接成环，但是通过生成树协议是支持环型结构的，环连接的最大好处是可以实现链路冗余，从而提高网络的可靠性。网状拓扑结构是最复杂和最难于管理的，因此，中小型网络一般不采用网状拓扑结构进行设计，而大型网络由于接入的随意性，不得不采用网状拓扑结构。

③ 网络的层次结构规划与设计：通常将一个大型和复杂的网络划分为核心层、汇聚层和接入层三个层次，进行分层设计。层次划分情况如图20-6所示。每一层具有不同的分工，从而完成不同级别的任务。其中，核心层对应骨（主）干网，主要负责传输和交换不同子网之间的高速率、大容量的数据，以及和外网之间的数据传输和交换。其在很大程度上决定了网络的整体传输能力，影响网络

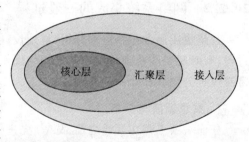

图 20-6　网络的分层结构图示

的整体性能和可靠性，因此对网络的设计和设备的要求比较高，一般由高性能、大容量的核心级路由交换设备连接构成环型结构，目前典型的带宽为万兆或更高。

汇聚层对应各子网的中心交换结点，主要负责将子网内部要上传的数据汇聚到一起，统一传输到位于核心层的主干网上，实现和其他子网以及外网之间的数据传输和交换。当然，它也要负责实现子网内部的数据传输和交换，以及来自主干网的数据到子网内部设备的传输。它主要影响子网本身的性能，通常需要根据各子网传输和交换的数据量和数据特点来决定汇聚层设备的档次和性能指标，目前典型的带宽为千兆，结构上呈现为星型结构。

接入层网络主要用于连接大量的用户主机，实现网络的接入控制，向上与子网的中心交换机相连接。接入层网络对设备的要求一般不太高，其性能只影响个别设备和个别用户。因此，只要满足基本的带宽要求即可，目前典型的带宽为百兆，结构上也呈现为星型结构。

④ Internet 接入方式的选择和设计：目前可供选择的方式有多种，如 xDSL 接入、HFC 接入、以太网接入、光纤接入、无线接入等。采用何种 Internet 接入方式需要根据用户对带宽的需求和资费水平等综合研究和确定。

⑤ 网络运行环境的规划与设计：主要包括以下几个方面：

网络协议：选取适合的网络协议，包括网络层和传输层的协议（多采用 TCP/IP 协议），也

包括物理层和数据链路层协议（局域网多采用 IEEE 802.3 协议，广域网多采用 MPLS 协议）。

网络服务：根据用户需求提供必要的网络服务，如 E-mail、FTP、Telnet、DNS、WWW 等。

网络操作系统：根据应用的需求和特点以及服务器的配置，目前普遍在 Unix/Linux/Windows 三者之中做出选择。

网络管理：根据网络的规模和复杂程度，提供相应的网络管理平台或网络分析工具，以方便对网络进行管理。

网络安全：根据网络传输数据的重要程度和用户的特定需求，提供网络安全设计方案，经论证选择后予以实现。

网络应用：首先确定网络计算模式，选择是采用客户机/服务器方式还是浏览器/服务器方式，或者是两者相结合的方式，甚至也可能选择对等网方式；其次选择网络开发环境或开发工具；最后选择或开发网络应用软件。

（2）结构化综合布线系统的规划与设计：包括光缆类型（单模/多模、芯数）的选择以及铺设的范围和长度，电缆类型（3 类/5 类/5e 类/6 类）的选择以及铺设的范围和长度，设备间和配线间的位置选择和设计，建筑物内竖井和线槽的位置选择和设计，建筑物之间的线缆采用何种铺设方式（直埋/缆线通道/架空）和工程量的估算，网络布线规范（EIA/TIA 568A 或 EIA/TIA 568B）的选择，对用到的机柜、电缆和光缆配线架、理线器、耦合器、光电转换器、跳线、信息插座等布线设施进行数量的估算以及结构和位置的设计，最后形成标准的设计图纸和规范的设计文档。

（3）网络中心机房的规划和设计：包括结构布局（设备间、供电间、工作间等）和工作环境（工作台/椅、照明等）的设计、交流供电系统的设计、机房/设备接地设计、空调系统设计、不间断电源的连接和分配、防静电地板和线缆的铺设等。这部分设计同样要给出标准的设计图纸和规范的设计文档，一般还要给出效果图。

（4）网络的逻辑设计：在需求分析和网络规划完成以后，结点的数量和分布、网络的结构以及设备的配置就基本明确了，接下来就可以进行网络的逻辑设计了。所谓逻辑设计即指根据不同的组织机构和人员、设备的分布情况，绘制出网络连接结构图，并进行端口的分配，甚至包括 IP 地址/掩码、路由的分配，以及 VLAN 的划分。对大型和复杂的网络，还可以根据需求分析的结果对网络的设计进行模拟，以便通过调整或更改设计，确保网络的性能。工作完成也都要给出详细的网络连接结构图和设计文档。

3. 设备选型与询价采购

这里所说的设备包括网络工程当中所涉及的交换机、路由器、防火墙、布线系统、服务器、客户机等硬件设备，也包括网络操作系统、网络数据库、网络服务软件、网络管理软件、入侵检测软件、网络防病毒软件以及特定的网络应用软件等；设备选型的根本原则是既满足用户对网络系统的性能要求，同时又具有较高的性价比。需要注意的有 3 点：一是尽可能选择主流厂商的产品；二是尽可能选择同一厂商的产品；三是设备的端口数量和数据交换能力等要留有余地。

规划设计完成并确定了设备的型号以后，接下来就要进行采购了。采购的方式有多种，可以进行询价采购，也可以进行招标采购，如果熟悉产品的价格和生产厂商的话，甚至还可以直接订货。关键是看哪一种方式能够拿到最低的价格。为减少资金占用，一般根据工程进度分阶段进行相应设备的采购。

4. 工程施工与安装调试

对于一个比较大型的网络工程来说,首先,应该有不同类别的技术和施工人员从事不同的工作,以确保人员的专业性和提高工程的并行程度。另外,为降低工程的复杂性,一般需要将整个网络工程按时间顺序分期或分阶段建设。

(1)网络布线施工:如果是建设有线网,则按照结构化综合布线设计的图纸和文档组织施工,包括建筑物之间(室外)的光缆铺设施工和建筑物内部(包括:设备间、配线间和工作区,以及竖井和线槽等)的布线施工。如果是建设无线网,则按照设计规划在合适的建筑物顶部建立无线通信基站或微波通信基站,在每个建筑物内部的合适位置设置无线接入访问点。

(2)网络中心机房施工:按照规划和设计图纸进行配电与接地工程、装修工程和内部布线工程几个部分的施工。

(3)网络设备的安装与调试:在结构化综合布线系统的基础上,安装、配置和调试交换机、路由器、防火墙等通信设备以及客户机;将购置的网络硬件设备和软件产品在确认没有受到损坏后,就要将其安装在网络的指定位置,进行硬件和软件配置(包括 IP 地址、掩码、路由、VPN、VLAN、协议、服务等),以及网络的连接(包括内网连接和外网连接)和运行调试。不仅要确保设备的正常工作,而且还要在网络中发挥其应有的作用。

(4)网络资源的提供与服务的开通:在网络通信系统的基础上,安装、配置和调试网络服务器、网络打印机等,提供可供网络共享的各种资源,开通各种用户需要的网络服务。

(5)网络应用系统的安装与调试:安装通过购买或开发的满足特定应用需要的硬件或软件,将其与网络资源与服务系统相集成。

5. 测试与验收

网络安装调试完毕后,必须进行相关的测试,以证明网络能够正常、可靠的工作。同时,发现问题及时解决。测试可以由施工方进行测试,也可以委托第三方进行测试。测试的内容包括网络布线测试,网络设备测试、网络服务测试、网络安全测试、网络性能测试和网络应用测试。其中,网络布线测试需要采用专业的网络测试仪,测试后的数据不可修改,并可直接生成测试报告。而其他测试则必须给出由测试用例和对应的测试结果组成的测试报告(文档),以证明测试的有效性和完整性。

测试工作完成后,就可以着手进行验收了。验收需要由双方管理人员和技术人员参加,严格依据合同条款,逐项进行验收,同时提交各种文档。如果完全达到合同条款的要求,或者甲方能够谅解或认可某些偏离条款的内容,那么就会通过验收,通过验收后要形成由双方技术或管理负责人签字的验收报告,并进行项目费用结算。如果要证明工程施工的水平和先进性,还可以邀请部分专家进行鉴定,形成鉴定报告。

6. 培训与维护

一般来说,一项工程完成后,要对用户进行必要的培训,以确保用户能够理解其设计原理,掌握其使用方法。也只有这样,用户才能够充分、有效的利用网络,发挥网络的作用,提升其价值。培训往往需要分层次进行,针对网络管理员和一般用户分别进行培训。

网络在通过测试验收和必要的培训后,就要进入到维护期。维护期一般是一个完整的运行周期,典型的为一年。在维护期内,一旦网络出现网络管理员所解决不了的问题时,就要施工方上门进行维护。

20.2.3　网络系统集成的模型与原则

1. 网络系统集成的模型

系统集成的过程可以通过类似于软件工程当中的瀑布模型来描述,如图 20-7 所示。从图 20-7 中可以看出,正常情况下,五个过程就像瀑布流水一样非常流畅的逐级向前推进。但是每个过程都可能会发现存在的一些问题,如果问题在当前过程中能够得到有效解决,那么就直接解决。如果在当前过程中无法解决,那么就很有可能是前一阶段的设计存在问题,那么就应该追溯到前一阶段,甚至继续向前追溯,直到找到问题的根源并彻底解决问题为止,然后再继续向前推进。

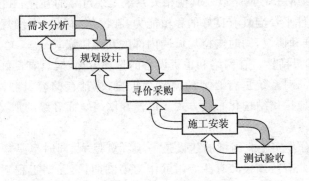

图 20-7　网络系统集成模型

例如,在测试阶段发现无法完成应有的功能或达不到应有的性能,那么首先就要怀疑是否硬件或软件的安装与调试或者布线连接存在问题。因此,就要返回前一阶段,检查安装和调试或者布线连接阶段可能存在的问题。如果安装调试没有问题,那么就可能是采购的设备存在问题。如果采购的设备没有问题,那么就可能是规划设计的问题,就要再向前返回一个阶段,检查规划设计是否存在不合理的情况。如果规划设计也没有问题,那么就一定是需求分析没有做细、做好,那么就要针对问题重新进行需求分析。当然,如果出现这种情况,可能就很难挽回局面了。如果向后倒推到某一阶段,查找到问题并相应地解决了问题,那么就可以继续向前推进。

2. 网络系统集成的原则

在系统集成过程中应该普遍遵循以下设计原则:

(1) 可靠性。在网络设计和应用设计上必须选用高可靠性的设备,在关键网络设备的模块、端口、链路、电源以及交换设备和服务器上消除单点失效,提供必要(须)的冗余备份设计。根据特定应用的需要,为了确保可靠性,甚至需要提供网络存储设备和建立异地容灾备份系统。

(2) 安全性。随着网络黑客对网络的不断攻击和信息被窃取和篡改事件的屡屡出现,信息的安全性越来越受到关注,越来越彰显出其在网络中的重要性。因此,网络在设计和管理上必须提供严格的安全保密技术,实现不同级别的安全认证设置,并建立高效的防火墙系统和入侵检测系统来防止外界可能的攻击和病毒的破坏与影响。

(3) 先进性。由于网络技术和设备更新换代的周期比较短,应用需求的变化也比较频繁,因此在网络设计时,应保证所采用的设备是世界主流产品,在相应的应用领域占有较大的市场,并能够方便的进行配置和维护,以及今后的升级和换代;所采用的网络技术和网络设备应处于世界先进水平,在保证系统性能要求的同时,具有一定的超前意识,以保证系统的长期稳定运行,防止被迅速淘汰。

(4) 实用性和经济性。系统的性能指标必须首先满足一个时期内对处理能力和存储空间的要求,并具有一定的超前意识,留有发展空间;但从经济的角度出发,还需尽量压缩设备投资,降低成本费用。这样就要求采用的设备和技术以实用和够用为主,不提倡采用最新的产品和最好的性能,避免出现大马拉小车的现象,只要保持适度超前即可。通过合理配置和选择,确保系统具有最优的性价比。

(5) 开放性和规范性。在网络和主机方面,应支持符合国际标准和工业标准的相关接口,能够与各接入单元网络、ISP 网络以及其他相关系统实现可靠的互连;在支持标准的应用开发平台方面,系统软硬件平台应具有良好的移植能力;在网络协议和布线规范等的选择方面,应选择广泛应用的标准和协议,同时支持局域网内部的其他协议。

(6) 可扩充性和灵活性。在网络和主机设备的选择方面,应具有良好的可扩充能力,可以根据网络的临时需要,对系统进行必要的调整和扩充,包括存储容量和网络规模等方面的扩充。在布线形式上,应采用结构化布线方式。以便在网络全面升级的情况下,能够最大限度保护现有投资。

(7) 统一规划、分步实施。网络的建设是一项耗资巨大、同时也是规模庞大的系统工程,不可能一步到位,因此有些连接和有些应用可作为第二期、第三期工程建设实施,但是必须统一规划,必须留有接口,做到着重现在,放眼未来。

(8) 网络平台建设和网络应用建设同步进行。有时会遇到这样的情况,一个单位花费了很多资金建立了网络,但是却没有考虑(或者很少考虑)基于网络的应用,结果网络上没有(或者很少有)信息可以传输。这就好比花很多钱修了路,但是却没有准备好车,结果路上无车可跑。实际上,这是一种浪费,因为设备贬值很快,淘汰率很高。因此,网络应用应该和网络平台同步建设,甚至应该由网络应用驱动网络平台建设。

最后应当说明的是,网络工程的实施在很大程度上受到时代的制约和技术的限制,因此,应当把网络的规划和建设工作当成是一项长期性的工作。一方面必须不断的丰富和充实网上可共享的信息资源,提高其可用性;另一方面,随着各种新技术的不断出现和成熟,还必须不断的完善其设计,改进其性能,以适应新的发展要求。

20.3　校园网系统集成案例

20.3.1　校园网建设需求分析

1. 校园网建设需求

校园网建设主要包括以下 6 个方面的需求:

(1) 网络覆盖校园所有教学、科研、实验、行政单位所在的楼宇及全部学生宿舍,实现有条件的互连互通。

(2) 利用无线网络技术进一步扩大校园网的使用范围,使全校师生在任何时间、任何地点都能方便高效地使用网络。

（3）确保全院师生畅通无阻的访问因特网。

（4）在此基础上建立学校网站及各部门网站，开通电子邮件、文件下载、视频点播等常规网络服务。

（5）在此基础上建立多媒体教学、精品课教学、教务管理、科研管理、图书管理等各种信息管理平台，以及办公自动化平台。

（6）确保网络快速、安全、可靠、经济、实用，易于管理、维护和扩展。

2. 信息点分布

根据调研和勘查情况获知，某高校所有教学、科研、实验、行政、后勤单位分布在 28 个建筑物中。其中包括 2 个宿舍区共计 12 栋学生宿舍/公寓楼、9 栋教学楼、办公楼、图书馆、网络/计算中心、医院和后勤中心。以上建筑物按照每间办公室、会议室、实验室、宿舍 2 个信息点进行布线。对于室内设备台数多于信息点数而不能满足接入要求的情况，可以通过另外增加低成本的傻瓜交换机或集线器来满足接入要求。全校信息点分布情况如表 20 - 4 所示。此表中的电脑台数为直接接入网络的电脑台数，主要用于进行 IP 地址分配和 VLAN 划分。由于对机房、计算机类实验室以及宿舍、公寓只按信息点分配 IP 地址，其中的每台电脑并不予分配固定 IP 地址。因而只按 2 台电脑计算。

表 20 - 4　信息点分布情况一览表

序号	建筑楼宇	信息点数	电脑台数	序号	建筑楼宇	信息点数	电脑台数
1	办公楼	180	250	15	4#公寓	240	240
2	科研实验楼	160	240	16	校医院	40	60
3	1#教学楼	120	220	17	后勤集团	40	60
4	2#教学楼	120	230	18	国际交流中心	100	120
5	3#教学楼	120	210	19	图书馆楼	90	120
6	4#教学楼	120	240	20	网络/计算中心	60	40
7	5#教学楼	120	250	21	1#宿舍楼	240	240
8	6#教学楼	120	220	22	2#宿舍楼	240	240
9	7#教学楼	120	210	23	3#宿舍楼	240	240
10	8#教学楼	120	230	24	4#宿舍楼	240	240
11	9#教学楼	120	240	25	5#宿舍楼	240	240
12	1#公寓	240	240	26	6#宿舍楼	240	240
13	2#公寓	240	240	27	7#宿舍楼	240	240
14	3#公寓	240	240	28	8#宿舍楼	240	240
		2 140	3 260			2 490	2 560
合计信息点数		4 900		合计设备台数		5 820	

3. 需求分析

根据校园网建设需求，通过本次网络建设将形成一个高速、稳定、安全、易管理、易扩展的下一代校园网络。特点体现在以下几个方面：

（1）高速：建设万兆到区域，千兆到楼宇，百兆到桌面的高速有线网络。并以有线网为依托，在校园内同步建设无线网络，使师生访问网络不受时间和地点限制，从而为教师、学生的工作和学习进一步提供便利。

（2）稳定：稳定分为两个层面，一方面充分考虑网络设备自身的稳定性，另一方面要求网络提供充分冗余和备份能力，提高整个网络的稳定性。

（3）安全：进行整个网络的安全部署，将安全融合到网络架构中，保证关键设备、关键应用的正常运行。

（4）易管理：网络拓扑规范、统一、简单，能够方便的对全网进行策略管理。

（5）易扩展：能满足今后 5-8 年的建设需要，适应各种变化。

（6）保护现有投资：在网络改造建设的过程当中，对现有设备尽量加以利用。

20.3.2　校园网的规划与设计

1. 网络结构的规划与设计

星型拓扑结构是最简单和最易于管理的网络结构，因此，在网络的拓扑结构设计上，就应该以星（树）型拓扑结构为主。但为了提高网络的可靠性，还需要在较高的层次上提供一定数量的冗余连接。因此，骨干网络的拓扑结构就会发生一定的变化，形成环状或网状。尽管如此，我们仍然可以通过生成树协议将其简化为树型拓扑结构进行管理。

网络的层次结构设计方案如下：

（1）接入层：将前面计算出的每个建筑物（楼宇）所包括的信息点数量作为对交换机端口数量（略有富余）的需求来计算所需要部署的 2 层交换机数量。例如，统计出某一建筑物内有126 个信息点，如果统一采用 24 端口的 2 层交换机，由于 $126=24\times5+6$，就至少需要 6 台 2层交换机。建筑物内所有计算机通过结构化综合布线系统接入位于每层管理间或设备间的若干台 2 层交换机。

（2）汇聚层：汇聚层主要用于将分布在不同地理位置的分散数据汇聚到骨干网中。常见的汇聚方式有两种：

第一种方式是将每个建筑物作为一个汇聚结点，设置一台具有一定交换能力和路由功能的 3 层交换机，负责将每台接入交换机来的数据通过其上连端口直接汇集到位于骨干网上的核心交换机。

第二种方式是首先将接入层交换机之间彼此通过堆叠口实现背板连接而不是通过普通端口或上连端口实现级联，效果如同一台交换机，这样既可以避免形成网络瓶颈又可以节省端口数量。然后根据网络预覆盖建筑物的分布位置和信息点数量分布情况，将建筑物分成若干个区域，每个区域中心设置一台具有足够交换能力和路由功能的 3 层交换机。区域中每个建筑物内部的堆叠交换机再通过一个上连端口统一接入到区域中心的 3 层交换机，将来自接入层设备的数据汇聚到骨干网。

堆叠连接方式如图 20-8 所示。

当然最好是将以上两种方式相结合。对于建筑物数量较少、建筑物内信息点数较多的情况宜采用第一种方式进行汇聚；而对于建筑物数量较多、建筑物内信息点数较少的建筑物宜采用第二种方式汇聚。另外，第二种方式中的若干台 2 层交换机也可以不采用堆叠方式连接，而直接通过上连端口接入到一台 3 层交换机实现建筑物内的局部汇聚，然后再将不同建筑物内

图 20 - 8　交换机堆叠连接示意图

设备来的数据汇聚到位于区域中心的 3 层交换机。随着 3 层交换设备价格的不断走低,这种汇聚方式应用的越来越多。本次校园网设计即采用这种汇聚方式。

(3) 核心层:对于园区骨干网来说,网络的性能和可靠性至关重要,因此提供冗余连接是非常必要的,通常有以下三种可供选择的骨干网设计方案:

① 第一种方案由两个核心路由交换机通过双万兆光纤链路相连接,形成双核心网络,两个核心路由交换机之间做链路绑定和负载均衡。再将每个核心路由交换机通过万兆或千兆光纤链路与每个区域中心的汇聚层交换机相连。采用这种连接方式构造的校园网拓扑结构如图 20 - 9 所示。由于这种拓扑结构提供了成倍的冗余链路,因此可以确保高速、可靠的数据通信。但这种方式结构复杂,因此配置和管理困难。另外,不仅光纤链路成本高,而且设备成本也高。

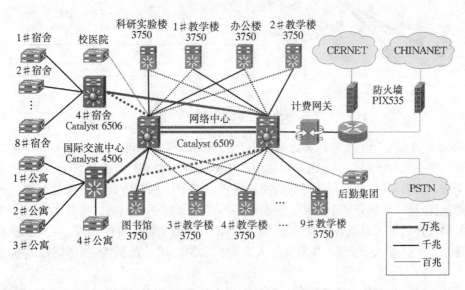

图 20 - 9　双核心校园骨干网络拓扑结构

② 第二种方案是将每个区域中心的核心路由交换机以及网络中心的核心路由交换机通过万兆光纤链路连接到一起,构成环型园区骨干网。环形网络提供了灵活的冗余链路配置特性,任何一条骨干链路中断都不会影响网络的连通性。正是由于这种连接方式可以大大提高网络的可靠性,因此逐渐成为一种常见的骨干网连接方式。每个区域中心的核心路由交换机与每个建筑物内的汇聚交换设备采用最易于管理的星形结构通过千兆光纤链路相连。采用这

种环形和星形结合的连接方式构造的校园网拓扑结构如下图 20 - 10 所示。显然这是一种既高速、可靠又经济、实用的解决方案。

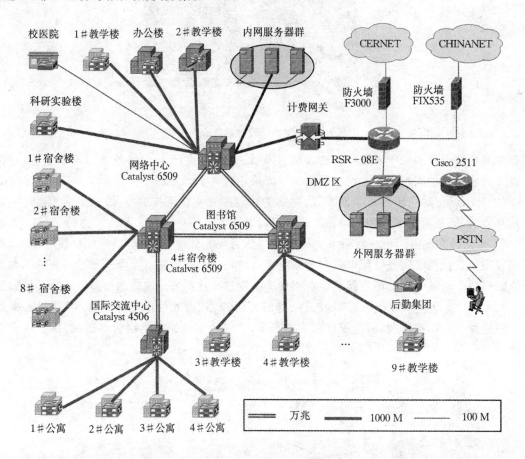

图 20 - 10 多核心环型校园骨干网络拓扑结构

③ 第三种方案实际上是前两种方案的结合。与第二种方案相类似,还是将每个区域中心的核心路由交换机以及网络中心的核心路由交换机通过万兆光纤链路连接到一起,构成环形园区骨干网。然后,其中的两台核心路由交换机再以星型结构的方式与每个建筑物内的汇聚交换机相连接,形成双链路冗余连接。这与第一种方案又是相类似的。另外一台核心路由交换机主要负责外网接入以及各种服务的管理与控制。每台负责设备接入的二层交换机根据需要可以连接若干台接入点设备,以无线接入方式扩大网络覆盖范围,解决随时随地接入的问题。

由于核心层网络设备主要负责数据在骨干网上的高速转发,因此应尽可能少的在该层部署策略。整个网络一般要提供多个出口,分别连接到教育科研网(Cernet)和公网(Chinanet)。如果考虑对外提供 VoIP 服务,那么还要实现公共电话网(PSTN)的接入。为了提高网络的安全性,在出口一般要配置防火墙、入侵检测设备以及安全网关等设备,内部要配置计费服务器和网络管理服务器。为了提高网络访问的速度和安全性,办公类、教学类、科研类等服务器要置于内网。而提供 Web 服务、E - Mail 服务、FTP 服务的服务器可以置于内网和外网之间的非军事区,这样,对内对外都具有较高的访问速度。

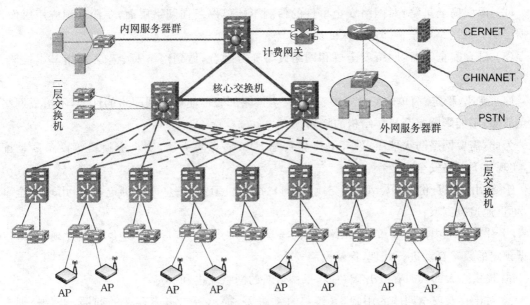

内网服务器群

计费网关

CERNET

CHINANET

PSTN

二层交换机

核心交换机

外网服务器群

三层交换机

AP　　AP　　　　AP　　AP　　　　AP　　AP　　　AP　　AP

图 20-11　多核心环型校园骨干网络拓扑结构

2. 因特网接入的规划与设计

作为一所大学的校园网,接入因特网进行国际与国内的学术交流与合作,充分利用国际互联网上的信息资源是必然的选择。考虑到教育科研网 Cernet 上具有丰富的学术科研信息资源,同时考虑到 IP 地址申请和网上招生就业等工作的需要,因此应首选接入教育科研网 Cernet,为了能够保持足够的带宽,需要采用光纤接入,带宽为 1 000 Mb/s。

此外,考虑到获取其他各种丰富的互联网信息资源的快速性和方便性,接入中国公用计算机网 Chinanet 也是必不可少的。同时,多增加一个网络出口,对减轻网络出口的瓶颈影响也大有益处。为此,需要另外采用一条光纤接入公网 Chinanet,带宽也是 1 000 Mb/s。

考虑到校外居住的教师和工作人员远程接入校园网并进行网上办公的需要,还要提供 VPN 接入,为此还要提供相应的 VPN 接入设备和路由器,通过部署访问策略限制来允许用户访问特定的资源和服务。

由于 IP 地址已经非常紧缺,为每个信息点申请一个外网 IP 地址已不可能。因此不可避免的需要大量采用内网地址。为此,就需要在网络出口位置部署大容量 NAT 设备,支持进行内网和外网地址的转换。但要注意:NAT 转换功能不宜部署在出口路由器中,否则会影响出入的速度和性能。

尽管访问校园网是免费的,但上因特网通常是按流量计费的,因此需要在网络出口位置设置计费和认证网关,对出校园网的用户提供分时段、分用户等多种灵活方便的计费和认证方式。另外,还要部署网络防火墙 FW、入侵检测系统 IDS 和病毒防火墙,确保网络安全。

3. 网络安全策略的规划与设计

本次网络建设的安全部分要考虑以下要素:

(1) 全局安全策略:网络安全部署是一个全局的概念,要充分考虑全局统一的安全部署,将现有安全设备有机的联动起来,对网络形成一个由内至外的整体安全构架。

（2）深度安全策略：对网络安全事件的侦测不能仅停留在网络层面，要深入到应用层面，数据层面。对网络安全事件进行深度探测。

（3）融合安全策略：网络安全要和网络设备充分融合，做到网络安全融入网络基本构架、融入网络设备。

（4）高速、稳定、简单的安全策略：要求安全策略部署不能影响到网络的性能，不造成网络单点故障，不能影响整个拓扑结构的规划。

为此，需要网络防火墙 FW、入侵检测系统 IDS、病毒防火墙、安全交换机等设备联动配合，实现如下网络安全功能：

① 对用户的身份和 IP、MAC、交换机端口、交换机 IP 等信息严格绑定，一旦出现安全事件，可迅速追查到人；

② 针对网络中的安全事件（网络攻击、异常数据流、蠕虫病毒等），能够自动发现，并可以依据预定的策略自动进行处理，保障网络安全；

③ 提供强大的实时在线升级功能，抵御最新的网络攻击和病毒；

④ 对于存在安全问题的用户，系统将自动告警，提示用户可能存在的问题，以及处理方式；提升用户安全意识，让用户切身体会到安全问题的严重性；

⑤ 网络安全组件统一管理，协同工作，构建一个全局安全网络。

⑥ 所有安全设备均旁路部署，不形成性能瓶颈和单点故障；部署完成后将确保网络性能；

⑦ 系统将详细记录用户的网络行为，当需要进行审计时，可迅速关联到用户身份、接入时间、接入地点、访问目的等相关信息；可提供不可抵赖的审计证据。

⑧整套系统管理简单，后期需投入的管理工作量小；

网络安全系统的工作过程如下：

（1）身份认证：用户通过安全客户端进行身份认证，以确定其在该时间段、该地点是否被允许接入网络；

（2）身份信息同步：用户的身份认证信息将会从认证计费管理平台同步到安全策略平台。为整个系统提供基于用户的安全策略实施和查询；

（3）安全事件检测：用户访问网络的流量将会被镜像给入侵防御系统，该系统将会对用户的网络行为进行检测和记录；

（4）安全事件通告：用户一旦触发安全事件，入侵防御系统将自动将其通告给安全策略平台；

（5）自动告警：安全策略平台收到用户的安全事件后，将根据预定的策略对用户进行告警提示；

（6）自动阻断（隔离）：在告警提示的同时，系统将安全阻断（隔离）策略下发到安全交换机，安全交换机将根据下发的策略对用户数据流进行阻断或对用户进行隔离；

（7）修复程序链接下发：被隔离至修复区的用户，将能够自动接收到系统发送的相关修复程序链接；

（8）自动获取并执行修复程序：安全客户端收到系统下发的修复程序连接后，将自动下载并强制运行，使用户系统恢复正常。

4．IP 地址分配和 VLAN 划分

（1）IP 地址分配策略

① 全网采用公网 IP 地址：通过向 Cernet 申请，全网采用公网 IP 地址。这种方式可减少出口 NAT 的负载，保障各种应用的高效运行，并能有效的对网络安全事件进行审计。这种地址分配方案适于采用 IPv6。而对于目前的 IPv4 来说，随着设备的增加和 IP 地址的减少，这种方案几乎是不可能实现的。

② 全网内部采用私有 IP 地址，出口采用公网 IP 地址：这是一种最不易管理的方式，进出网络都需要进行地址转换，对 NAT 设备的要求很高，一般只适用于小规模的网络。

③ 部分采用公网 IP 地址，部分采用私有 IP 地址：如无法申请到足够的网络地址，则可利用现有的网络地址保障教学和办公的使用，而宿舍则采用私有地址。这是一种现阶段比较合理的解决方案。

校园网的信息点多，如何对 IP 地址的分配进行有效的管理，是十分重要的。针对不同的情况，可以对 IP 地址采用静态或动态的分配方式。

① 静态分配的情况：针对需要对内和对外提供信息服务的服务器来说，必须提供静态 IP 地址，以便能够访问该服务器提供的信息服务。包括路由器、交换机等网络设备的 IP 地址，校园网内提供信息及管理服务的服务器，以及对于一些老师或学生用户来说，需要对校园网内部或外部提供信息服务的信息点。

② 动态分配的情况：对于不提供信息服务，只访问校园网内部或互联网资源的情况，其 IP 地址分配都采用动态分配的方式。动态地址分配需要在网络中心配置一台 DHCP 服务器，给客户端分配 IP 地址、DNS 服务器、网关等配置信息。

（2）IP 地址分配方案

对全网的 IP 地址进行全面的规划，确定各子网内主机的数量，并根据 IP 子网内主机的数量确定掩码的长度。

本网络设计考虑在部分区域采用公网的 IP 地址，部分区域采用内网 IP 地址，具体规划方案如下：

① 行政、教学采用公网 IP 地址。

② 服务器区采用公网 IP 地址。

③ 特殊网络应用部分采用公网 IP 地址。

④ 宿舍楼采用内网 IP 地址。

⑤ 无线网络区采用 DHCP 动态分配 IP。

⑥ 网络管理员可随时随地接入设备管理 VLAN 进行管理工作。

⑦ 要充分考虑 DHCP 动态地址规划的安全性，防止动态地址池耗尽。

对申请到的 16 个 C 类网段中的 10 个分配给教学、办公使用，剩余的 6 个 C 类的公网网段中的 4 个作为 NAT 使用，另外 2 个作为 DHCP 的地址池使用。

本方案的接入交换机配合认证计费系统，可以实现以下地址管理职能：

① 对于静态分配地址的用户，只有用预先分配的 IP 地址才可以上网；

② 对于动态分配地址的用户，只有通过 DHCP 方式获得 IP 地址才可以上网；

③ 获得有效 IP 地址上网后，试图修改 IP 地址，均会自动与网络断线。

以上手段，保证了 IP 地址不会冲突，因而可以对 IP 地址资源的使用进行有效的管理和控制。

（3）VLAN 划分的原则

VLAN 划分的一般原则和常规做法如下：

① 根据 IP 子网的规划，需要对交换机进行 VLAN 划分，并建立 VLAN 和 IP 子网的对应关系。

② 网络管理系统采用完全独立的 IP 子网和 VLAN，实现更安全的对所有网络设备进行管理。

③ 根据信息流量的走向和分布，确定服务器集群的 VLAN 和 IP 子网。

④ 在三层路由交换机建立相应的 VLAN 以及与 VLAN 绑定的 IP 子网网关。

⑤ 建立相应的子网间的访问策略，在三层路由交换机配置访问列表。

（4）VLAN 及 IP 地址分配表

为了更加便于记忆和管理，在校园网网络建设中，VLAN 编号采用统一的编码规则，可以按照地理位置、部门或按业务种类进行划分。在本校园网中采用按地理位置结合应用规划VLAN。常规来说，VLAN ID 只要是在有效的范围内（1～4K），都是可以随意分配和选取的，但为了提高 VLAN ID 的可读性，我们一般采用 VLAN ID 和网段关联的方式进行分配。

从表 20 - 4 中可以看出，大多数建筑楼宇的电脑台数都不超过 254，因此，可以为其分配 1个 C 类地址，并划分为 1 个 VLAN。但国际交流中心和图书馆由于设备台数均不足 127，因此可以共用 1 个 C 类地址，但各自为 1 个 VLAN。而校医院、后勤集团和网络中心的设备台数均不超过 63，因此可以连同服务器集群共用 1 个 C 类地址，同样各自为 1 个 VLAN。

具体 VLAN 及 IP 地址分配情况如表 20 - 5 所示。

表 20 - 5　VLAN 及 IP 地址分配表

VLAN	地理位置	网　段	网　关	VLAN	地理位置	网　段	网　关
VLAN184	办公楼	210.30.184.0/24	210.30.184.254	VLAN195	8#教学楼	210.30.195.0/24	210.30.195.254
VLAN185	科研教学楼	210.30.185.0/24	210.30.185.254	VLAN196	9#教学楼	210.30.196.0/24	210.30.195.254
VLAN860	图书馆	210.30.186.0/25	210.30.186.127	VLAN1	1#宿舍楼	192.168.1.0/24	192.168.1.254
VLAN861	国际交流中心	210.30.186.128/25	210.30.186.254	VLAN2	2#宿舍楼	192.168.2.0/24	192.168.2.254
VLAN870	校医院	210.30.187.0/26	210.30.187.63	VLAN3	3#宿舍楼	192.168.3.0/24	192.168.3.254
VLAN871	后勤集团	210.30.187.64/26	210.30.187.127	VLAN4	4#宿舍楼	192.168.4.0/24	192.168.4.254
VLAN872	网络中心	210.30.187.128/26	210.30.187.191	VLAN5	5#宿舍楼	192.168.5.0/24	192.168.5.254
VLAN873	服务器集群	210.30.187.192/26	210.30.187.254	VLAN6	6#宿舍楼	192.168.6.0/24	192.168.6.254
VLAN188	1#教学楼	210.30.188.0/24	210.30.188.254	VLAN7	7#宿舍楼	192.168.7.0/24	192.168.8.254
VLAN189	2#教学楼	210.30.189.0/24	210.30.189.254	VLAN8	8#宿舍楼	192.168.8.0/24	192.168.8.254
VLAN190	3#教学楼	210.30.190.0/24	210.30.190.254	VLAN9	1#公寓	192.168.9.0/24	192.168.9.254
VLAN191	4#教学楼	210.30.191.0/24	210.30.191.254	VLAN10	2#公寓	192.168.10.0/24	192.168.10.254
VLAN192	5#教学楼	210.30.192.0/24	210.30.192.254	VLAN11	3#公寓	192.168.11.0/24	192.168.11.254
VLAN193	6#教学楼	210.30.193.0/24	210.30.193.254	VLAN12	4#公寓	192.168.12.0/24	192.168.12.254
VLAN194	7#教学楼	210.30.194.0/24	210.30.194.254				

20.3.3　网络设备选型

1. 核心层网络设备

为确保高性能,两种方案的核心交换机都将使用 Cisco 公司的 Catalyst 6509 核心路由交换机。该设备最大可以支持 192 个 1 Gb/s 或 32 个 10 Gb/s 骨干端口,具有每秒数亿个数据包的处理能力。作为万兆骨干链路的核心结点,首先需要为其配备万兆模块(67xx 模块)。另外,通过配备 720 交换引擎(Supervisor Engine),利用其分布式 Cisco Express Forwarding dCEF720 平台,可以将 Catalyst 6509 配置为 dCEF 全分布式转发模式,提供高达 400 Mpps 的交换机性能。Catalyst 6509 可提供冗余的电源、风扇甚至是交换引擎,支持热备份路由器协议/虚拟路由器冗余协议(HSRP/VRRP),其数千兆位的集成式 SSL 加速模块与集成式内容交换模块(CSM)结合在一起,可以为服务器和防火墙提供高性能的网络负载均衡连接,并大大提高网络基础设施的安全性、可管理性和强大控制。因此,完全可以担当网络核心的重任,实现高性能数据包转发。

2. 汇聚层网络设备

由于除少数汇聚结点提供万兆或百兆的汇聚连接外,多数汇聚节点需要通过(双)千兆链路连接至核心交换机,因此汇聚交换机需要采用具有至少 2 个千兆光纤上连端口和至少等于 2 层交换机数量的百兆端口。鉴于万兆核心路由交换机承担的数据交换量很大,而每个汇聚结点汇聚的数据量并不大,因此可考虑在汇聚层采用包转发能力和背板交换能力不是很强的 3 层交换机,按此要求进行筛选,确定采用 Catalyst 3750 - 24/48TS。该设备提供的 8.8 Gb/s 交换结构和最大 660 万包/秒的传输速率,足可满足楼宇汇聚交换的要求。其自身的 2 个千兆上连端口实现和骨干网的连接,其余 24/48 个百兆端口实现和信息点的连接或 2 层交换设备的连接。这样在高性能、高稳定性快速转发的同时,还可提供最优的性价比。

国际交流中心作为公寓区域中心,需要汇聚来自本身及 4 个公寓的数据访问需求,相对骨干结点来说,数据量要小一些,因此可以考虑采用交换能力次之的 Catalyst 4506 作为区域中心交换机,确保公寓区访问校园网资源或访问公网不会由于设计瓶颈而出现拥塞。通过为其配备 Supervisor Engine V - 10GE 模块,可以增加两条万兆以太网上行链路,并获得通过硬件捕获数据流(NetFlow),实现基于流和 VLAN 的统计监控功能。

3. 接入层网络设备

为了更好的为边缘化策略部署提供支持,以及便于网管,接入层网络设备应选择可管理、可配置的 2 层交换机。为确保性能和可靠性,核心层和汇聚层选择了 Cisco 网络公司的设备,尽管其设备价格较高,但数量毕竟较少,因此成本并没有提高很多。但是,对于大量的接入交换机来说,则可以考虑采用国产的华为(3Com)、锐捷、神州数码产品,以及台湾的产品,如 D - Link,ACCTON 等。这类产品往往具有很高的性价比,从而可以大大降低整个网络的成本。此外,还可以考虑采用国内教育行业广泛应用的锐捷 STAR - 21XXG 交换机,不仅和 Cisco 网络设备具有很好的兼容性,而且配置方式完全相同。

路由器、防火墙、服务器及网络存储等设备的选型,限于篇幅在此省略。

20.3.4　结构化综合布线系统的设计

由于校园面积过大、建筑物过多,因此无法展示整个校园网光纤布线施工图,截取的部分光缆布线施工示意图见图 20-12。

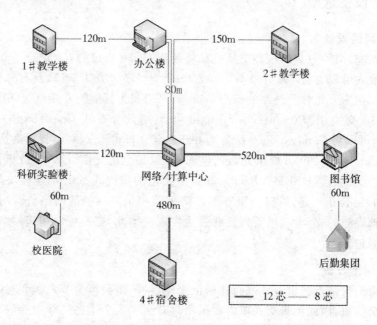

图 20-12　校园网部分光缆布线施工示意图

由于区域中心到各建筑物之间的分支链路距离均不超过 550 m，因此一律采用 50/125 μm 的 8 芯多模铠装光缆。同样由于网络中心到图书馆和 4＃宿舍楼之间的主干链路及 4＃宿舍楼到国际交流中心的链路距离都不超过 550 m，因此考虑采用 50/125 μm 的 12 芯多模铠装光缆。由于图书馆到 4＃宿舍楼之间的主干链路距离远远超过 550 m，因此考虑采用 8.3/125 μm 的 12 芯单模铠装光缆。之所以采用更多的芯数，是为了适应可能的网络结构的调整和变化，并确保网络的可扩展性。

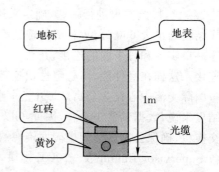

图 20-13　光缆直埋施工示意图

主干链路及大多数的分支链路的光缆施工要求采用直埋方式，施工示意图如图 20-13 所示。直埋深度为 1 米，光缆周围铺以黄沙，上铺红砖，地表面每隔 30 米距离设置一个石刻地下光缆标志，以对光缆起到很好的保护作用。对于个别不易施工的建筑物之间辅以架空方式。

20.3.5　无线网络的规划与设计

在部署无线局域网时，一定要考虑信道的重叠和干扰情况。802.11b/g 的信道分配情况参见图 9-3。根据无线信道频率分布情况，要对某一区域采用无线局域网进行无缝覆盖，就要按图 9-4 所示的方式进行无线设备的部署和频率分配。

规划 WLAN 的第一步首先需确定目标覆盖区域，然后根据地形环境、建筑分布等现场因素估计 AP 大致覆盖范围，进而确定接入点 AP 的位置和数量。每个基本服务集可以按照百米为半径来计算其覆盖的区域。要画出类似于图 9-4 所示的无线网络分布图。对覆盖区域进行调查可以权衡实际环境和用户需求,包括覆盖频率、信道使用和吞吐量需求等。

为了保证在房间的大部分位置可接入无线网络,设计时,应尽量保证无线信号通过直射、一次折射等方式覆盖目标区域,通过墙壁等障碍物过多将影响信号的传输范围。

由于无线 AP 的信号强度和覆盖范围有限,平均每 2 个楼层至少要布设 1~3 个 AP,因此要想实现无线信号覆盖整个校园就需要大量布设无线 AP,成本很高。鉴此,可以考虑在校园范围建立基于 WiMax 技术的无线网络,这样将大大改善这种情况。

WLAN 的安全认证是一个必须考虑的问题。为使客户端设置简单化,可选用微软的 Windows 系统自带的 PEAP 认证方式,该认证方式在客户端不需安装任何第三方软件,只需简单设置网络属性即可,但该认证类型不支持安全快速漫游,只支持安全漫游,所以该种认证方式适合笔记本和台式机的无线用户。针对无线电话和需要快速漫游的用户我们可以结合 WLSM 做到无缝的快速漫游解决方案,目前 WLSM 模块只支持 EAP - Fast 和 LEAP 快速安全漫游,而且客户端需要安装第三方软件。

限于篇幅,关于网络服务的规划与设计,网络中心机房的规划与设计,交换机、路由器、防火墙等设备的配置清单,设备采购、施工安装、网络测试、验收与维护的内容都没有进行介绍。另外,有关 IPv6 网络的规划与设计的内容也没有包括在内。

本章小结

◆ 结构化综合布线系统将所有的线缆经过统一的规划与设计,综合在一套标准的配线系统中,按统一的标准和结构化的方式部署和设计建筑物内或建筑群之间的网络系统、电话系统、监控系统等各种通信线路,综合利用和充分共享空间及线路资源。

◆ 结构化综合布线系统在线路连接上采用星型拓扑结构,系统的各个组成部分都是模块化的和相对独立的单元,每个单元的改变都不会影响其他子系统。

◆ 标准的结构化布线系统由工作区子系统、水平布线子系统、垂直布线子系统、管理子系统、设备间管理子系统、建筑群连接子系统六个部分组成。

◆ 结构化综合布线系统的线缆主要有双绞线和光纤两种。双绞线的主要性能指标包括:信号衰减、回波和串扰,布线标准有 EIA/TIA568A 和 EIA/TIA568B 两种。

◆ 网络系统集成是指根据用户的需求和投资规模,设计出合理、可行的网络系统的建设方案。然后在综合布线系统的基础上,将各个分离的硬件和软件部分连接成一个完整、可靠、经济和有效的网络系统的过程。

◆ 网络系统集成具有工程性、管理性、技术性、经验性、规范性、协调性六个特点。

◆ 系统集成通常包括需求分析、规划设计、安装调试、测试验收以及培训和维护六个常规的过程。

◆ 在系统集成过程中应该普遍遵循可靠性、安全性、先进性、实用性、经济性、开放性、规范性、可扩充性、灵活性的设计原则。要统一规划和分步实施,网络平台建设和网络应用建设同步进行。

习 题

20-1 什么是结构化综合布线系统和准结构化综合布线系统？结构化综合布线系统的突出特点是什么？

20-2 结构化综合布线系统的标准有哪些？

20-3 结构化综合布线系统由哪些部分组成？

20-4 结构化综合布线系统有哪些特点？

20-5 双绞线有几类？目前常用的是哪些类别？各自的性能指标和评价参数是怎样的？

20-6 按照 EIA/TIA 568A 和 EIA/TIA 568B 的标准，直通线和交叉线的线序是怎样的？

20-7 试给出光纤的信号传输原理。

20-8 试给出光纤的分类和对应的性能指标描述。

20-9 什么是网络系统集成？网络系统集成包括哪些内容？

20-10 网络系统集成有哪些特性？包括哪些过程？试通过图示给出一般实现模型。

20-11 网络系统集成应遵循哪些原则？

参考文献

[1] 谢希仁.计算机网络[M].5 版.北京:电子工业出版社,2008.

[2] 陈向阳,谈宏华,巨修练.计算机网络与通信[M].北京:清华大学出版社,2005.

[3] 张新有.网络工程技术与实验教程[M].北京:清华大学出版社,2005.

[4] 陈鸣.网络工程设计教程:系统集成方法[M].北京:机械工业出版社,2008.

[5] 徐雅斌,李昕,李国义,褚丽莉.计算机网络原理[M].沈阳:辽宁科技出版社,2002.

[6] 杨延双.TCP/IP 协议分析及应用[M].北京:机械工业出版社,2008.

[7] 张尧学,郭国强,王晓春,赵艳标.计算机网络与 Interner 教程[M].2 版.北京:清华大学出版社,2006.

[8] 蔡开裕,朱培栋,徐明.计算机网络[M].2 版.北京:机械工业出版社,2008.

[9] 李军怀,张璟.计算机网络实用教程[M].北京:电子工业出版社,2007.

[10] 郭秋萍.计算机网络技术[M].北京:清华大学出版社,2008.

[11] 吴功宜.计算机网络高级教程[M].北京:清华大学出版社,2007.

[12] 郭银景,孙红雨,段锦.计算机网络[M].北京:北京大学出版社,2007.

[13] 石炎生,羊四清,谭敏生.计算机网络工程实用教程[M].北京:电子工业出版社,2007.

[14] 李峰,陈向益.TCP/IP 协议分析与应用编程[M].北京:人民邮电出版社,2008.

[15] 张曾科.计算机网络[M].4 版.北京:清华大学出版社,2005.

[16] 李振强,赵晓宇.IPv6 技术揭密[M].北京:人民邮电出版社,2006.

[17] Peterson L L, Davie B S.计算机网络系统方法[M].4 版.北京:机械工业出版社,2007.

[18] Olifer N.计算机网络网络设计的原理、技术和协议[M].高传善,等,译.北京:机械工业出版社,2008.

[19] 唐正军,李建华.入侵检测技术[M].北京:清华大学出版社,2004.

[20] Comer D E.计算机与因特网[M].4 版.林生,译.北京:机械工业出版社,2008.

[21] 王卫红,李晓明.计算机网络与互联网.北京:机械工业出版社,2009.

[22] Ramadas Shanmugam.TCP/IP 详解[M].2 版.北京:电子工业出版社,2004.

[23] Comer D E.用 TCP/IP 进行网际互连(第一卷):原理,协议与结构[M].5 版.北京:电子工业出版社,2009.

[24] 魏大新.Cisco 网络技术教程[M].北京:电子工业出版社,2005.

[25] Kurose J E.计算机网络自顶向下方法与 Internet 特色[M].3 版.陈鸣,译.北京:机械工业出版社,2005.

[26] 陆魁军.计算机网络工程实践教程:基于华为路由器和交换机[M].北京:清华大学出版社,2005.

[27] 白建军.路由器原理与设计[M].北京:人民邮电出版社,2002.

[28] 白建军.Internet 路由器结构分析[M].北京:人民邮电出版社,2002.

［29］沈鑫剡.计算机网络［M］.北京:清华大学出版社,2008.

［30］周贤伟.IP 组播与安全［M］.北京:国防工业出版社,2006.

［31］胡道元,闵京华.网络安全［M］.2 版.北京:清华大学出版社,2008.

［32］石志国.计算机网络安全教程(修订本)［M］.北京:清华大学出版社,北京交通大学出版社,2008.

［33］张基温.信息安全实验与实践教程［M］.北京:清华大学出版社,2005.

［34］彭晖等.新型的骨干网路由平台——MPLS.北京:人民邮电出版社,2002.

［35］王达.网络工程师必读——接入网与交换网.北京:电子工业出版社,2006.

［36］李晓明,刘建国.http://www.se-express.com/se/se07.htm.

［37］http://zh.wikipedia.org/wiki/IEEE_802.11.

［38］802.11 标准的最新进展与研究.http://www.ccidcom.com/Standard/Research/200603/8986.html.

［39］无线局域网标准 802.11x 总览.http://yangsir.blog.51cto.com/1549/4090.

［40］http://network.chinabyte.com/317/8098817.shtml.

［41］史志才.计算机网络［M］.北京:清华大学出版社,2009.

［42］杨风暴.计算机网络教程［M］.北京:国防工业出版社,2009.